Lehrbuch

der

Gesteins- und Bodenkunde.

Für

Land- und Forstwirthe sowie auch

für Geognosten

von

Dr. Ferdinand Senft

Hofrath, Professor und Lehrer der Naturgeschichte an der Forstlehranstalt
zu Eisenach, Ritter des Grossherzogl. S. weissen Falkenordens I. Cl.

Mit in den Text gedruckten Holzschnitten.

Zweite vermehrte und verbesserte Auflage
von des Verfassers „Steinschutt und Erdboden".

1877
Springer-Verlag Berlin Heidelberg GmbH

ISBN 978-3-642-90401-1   ISBN 978-3-642-92258-9 (eBook)
DOI 10.1007/978-3-642-92258-9

Vorrede
zur zweiten Auflage.

Zu der neuen Auflage meines Werkes: „Felsschutt und Erdboden", welche ich hiermit dem Publicum übergebe, erlaube ich mir folgende Bemerkungen:

1) Es wurde mir von mehreren beachtungswerthen Seiten die Bemerkung gemacht, dass die Bezeichnung „Felsschutt" dem Inhalt meines Buches nicht ganz entsprechend sei, „indem dieselbe eigentlich auch schon wenigstens den Verwitterungboden der Felsarten bezeichne, dagegen streng genommen die Beschreibung der Felsarten selbst als fester, compakter Erdrindemassen ausschliesse." Dieser Bemerkung rechtgebend, habe ich daher die zweite Anflage meines Buches in ein: „Lehrbuch der Gesteins- und Erdbodenkunde" umgewandelt.

2) Indem ich nun aber mein Buch in ein „Lehrbuch" umwandelte, musste ich auch gar Manches, was in der ersten Auflage desselben theils nur kurz angedeutet, theils gar nicht erwähnt worden war, weiter ausführen und sogar durch neue Abschnitte vermehren. In dieser Weise wurde z. B. die Lehre von den Felsarten (d. i. die Gesteinskunde) vollständig umgearbeitet und mit ausführlicheren Beschreibungen der einzelnen, für die Bodenbildung wichtigeren, Gesteine versehen; wurde ferner die Lehre von den Humussubstanzen den neueren Erfahrungen über diese merkwürdigen Bodenbeimengungen gemäss vielfach abgeändert und vervollständigt; wurde weiter „das Verhalten des Bodens zur Pflanzenwelt" ausführlicher behandelt; wurden endlich auch „die Erd-

bodenarten in den verschiedenen geologischen Formationen der Erdrinde", also als Glieder der Erdrinde, betrachtet. Dabei habe ich sorgfältig alles Neue, was die Wissenschaft über alle diese Punkte bis jetzt gelehrt, aber auch alle die Einwendungen und Winke, welche eine ehrliche, wohlwollende Kritik mir bei der Beurtheilung der ersten Auflage meines Buches mitgetheilt hat, sorgfältig benutzt, sobald sie nicht gradezu meinen vieljährigen Erfahrungen widersprachen.

3) Den Anhang, welcher eine kurze einfache Anleitung zur übersichtlichen Untersuchung eines Bodens für den Praktiker enthält, wollte ich eigentlich weglassen, da eine genaue wissenschaftliche, namentlich chemische, Untersuchung des Erdbodens streng genommen Sache der Agriculturchemie, nicht aber der Bodenkunde ist. Vielfache, — und zum Theil gewichtige — Aufforderungen von Praktikern aber, welche „keine Zeit zu weitläufigen Untersuchungen des von ihnen zu behandelnden Bodens hatten und meine Angaben grade für ausreichend hielten", haben mich bestimmt, diesen Nachtrag in dieser neuen Auflage meines Buches stehen zu lassen.

Soviel über die neue und unter neuem Titel auftretende Auflage meiner Bodenkunde. Indem ich nun noch wünsche, dass das sachverständige Publicum dieselbe ebenso günstig, nachsichtig und wohlwollend aufnehme, als die erste, und sie nicht eher verwerfe, als bis auf wirkliche Thatsachen gegründete und aus der Natur selbst entlehnte Frfahrungen dazu gegründete Veranlassung geben, bitte ich schliesslich folgenden Fehler, welcher durch ein Versehen stehen geblieben ist, zu verbessern: Auf Tabelle A zu S. 4 muss statt A gesetzt werden „Tabelle I".

Eisenach, am 20. August 1876.

Dr. Senft.

Inhalt.

I. Abschnitt.

Von den Bestandesmassen der Erdrinde im Allgemeinen.

Erstes Kapitel.

Von den Felsarten oder dem Bildungsmateriale des Gesteinsschuttes und Erdbodens.

A. Die krystallinischen Felsarten.

I. Bildungsmineralien der krystallinischen Felsarten.

1. Beschreibung der mineralischen Felsgemengtheile.

2. Von den krystallinischen Nebengemengtheilen der Felsarten.

Zweites Kapitel.

Die Felsarten als Schutt- und Bodenbildungsmittel.

Von dem Bildungsprocesse des Stein- und Erdschuttes im Allgemeinen.

II. Abschnitt.
Von dem Gesteins- oder Verwitterungschutte im Besonderen.

A. Vom Steinschutte.

I. Beschreibung des groben Steinschuttes.

II. Beschreibung des feinen Steinschuttes.

Der Sand.

E. Die Erdbodenarten in den einzelnen Formationen der Erdrinde.

Anhang.

Kurze praktische Anleitung zur Untersuchung einer Bodenmasse.

I. Untersuchungen der physischen Eigenschaften und der mechanischen Gemengtheile eines Bodens.

II. Chemische Untersuchung des Bodens.

Tabelle A.

Uebersicht der als Felsbindungsmittel wichtigen krystallinischen Mineralien.

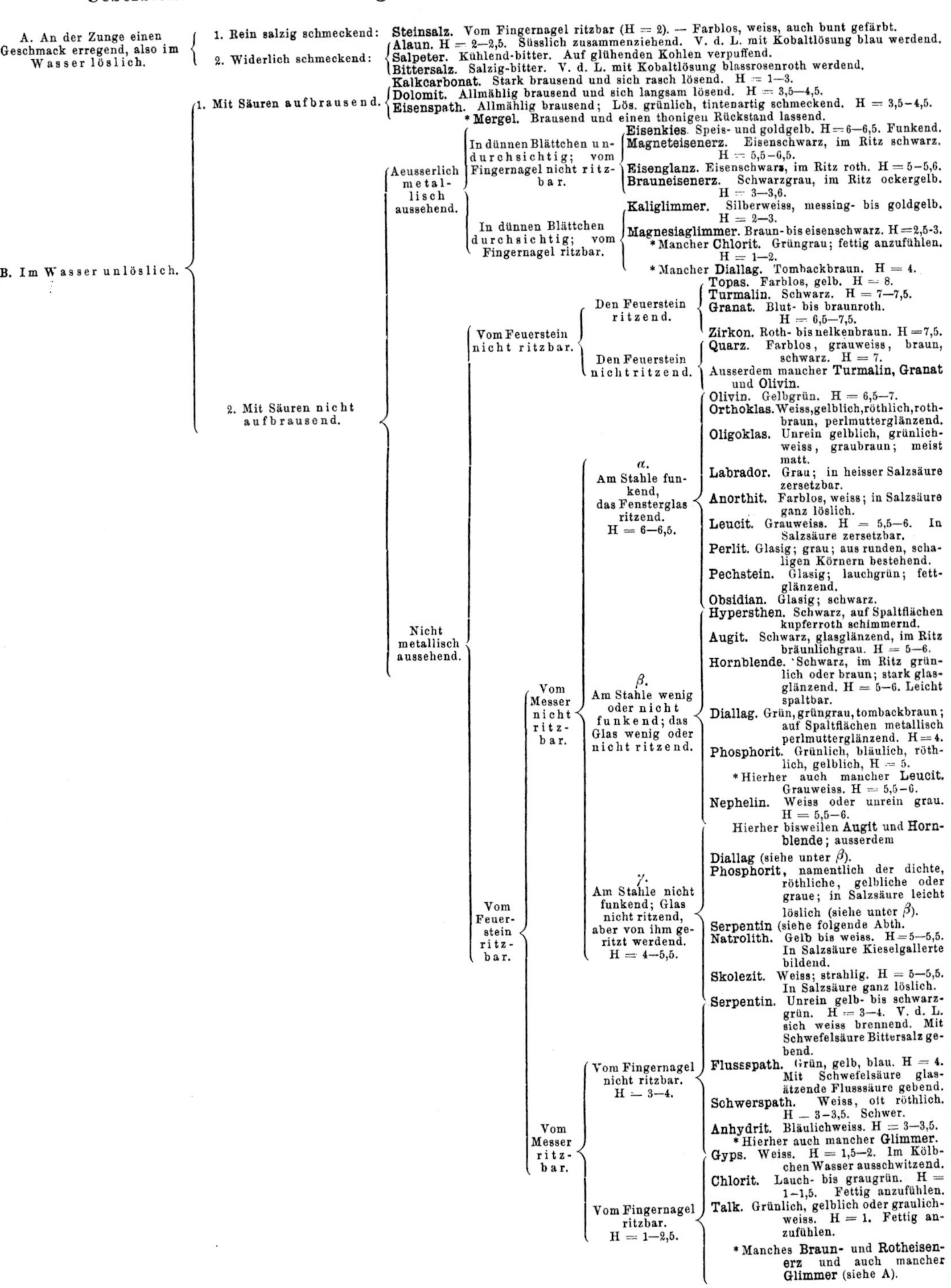

A. An der Zunge einen Geschmack erregend, also im Wasser löslich.

- **1. Rein salzig schmeckend:**
  - **Steinsalz.** Vom Fingernagel ritzbar (H = 2). — Farblos, weiss, auch bunt gefärbt.
- **2. Widerlich schmeckend:**
  - **Alaun.** H = 2—2,5. Süsslich zusammenziehend. V. d. L. mit Kobaltlösung blau werdend.
  - **Salpeter.** Kühlend-bitter. Auf glühenden Kohlen verpuffend.
  - **Bittersalz.** Salzig-bitter. V. d. L. mit Kobaltlösung blassrosenroth werdend.

B. Im Wasser unlöslich.

- **1. Mit Säuren aufbrausend.**
  - **Kalkcarbonat.** Stark brausend und sich rasch lösend. H = 1—3.
  - **Dolomit.** Allmählig brausend und sich langsam lösend. H = 3,5—4,5.
  - **Eisenspath.** Allmählig brausend; Lös. grünlich, tintenartig schmeckend. H = 3,5—4,5.
  - *****Mergel.** Brausend und einen thonigen Rückstand lassend.
- **2. Mit Säuren nicht aufbrausend.**
  - **Aeusserlich metallisch aussehend.**
    - **In dünnen Blättchen undurchsichtig; vom Fingernagel nicht ritzbar.**
      - **Eisenkies.** Speis- und goldgelb. H = 6—6,5. Funkend.
      - **Magneteisenerz.** Eisenschwarz, im Ritz schwarz. H = 5,5—6,5.
      - **Eisenglanz.** Eisenschwarz, im Ritz roth. H = 5—5,6.
      - **Brauneisenerz.** Schwarzgrau, im Ritz ockergelb. H = 3—3,6.
    - **In dünnen Blättchen durchsichtig; vom Fingernagel ritzbar.**
      - **Kaliglimmer.** Silberweiss, messing- bis goldgelb. H = 2—3.
      - **Magnesiaglimmer.** Braun- bis eisenschwarz. H = 2,5-3.
      - *****Mancher Chlorit.** Grüngrau; fettig anzufühlen. H = 1—2.
      - *****Mancher Diallag.** Tombackbraun. H = 4.
  - **Nicht metallisch aussehend.**
    - **Vom Feuerstein nicht ritzbar.**
      - **Den Feuerstein ritzend.**
        - **Topas.** Farblos, gelb. H = 8.
        - **Turmalin.** Schwarz. H = 7—7,5.
        - **Granat.** Blut- bis braunroth. H = 6,5—7,5.
        - **Zirkon.** Roth- bis nelkenbraun. H = 7,5.
      - **Den Feuerstein nicht ritzend.**
        - **Quarz.** Farblos, grauweiss, braun, schwarz. H = 7.
        - Ausserdem mancher **Turmalin, Granat** und **Olivin.**
    - **Vom Messer nicht ritzbar.**
      - **α. Am Stahle funkend, das Fensterglas ritzend. H = 6—6,5.**
        - **Olivin.** Gelbgrün. H = 6,5—7.
        - **Orthoklas.** Weiss, gelblich, röthlich, rothbraun, perlmutterglänzend.
        - **Oligoklas.** Unrein gelblich, grünlichweiss, graubraun; meist matt.
        - **Labrador.** Grau; in heisser Salzsäure zersetzbar.
        - **Anorthit.** Farblos, weiss; in Salzsäure ganz löslich.
        - **Leucit.** Grauweiss. H = 5,5—6. In Salzsäure zersetzbar.
        - **Perlit.** Glasig; grau; aus runden, schaligen Körnern bestehend.
        - **Pechstein.** Glasig; lauchgrün; fettglänzend.
        - **Obsidian.** Glasig; schwarz.
      - **β. Am Stahle wenig oder nicht funkend; das Glas wenig oder nicht ritzend.**
        - **Hypersthen.** Schwarz, auf Spaltflächen kupferroth schimmernd.
        - **Augit.** Schwarz, glasglänzend, im Ritz bräunlichgrau. H = 5—6.
        - **Hornblende.** Schwarz, im Ritz grünlich oder braun; stark glasglänzend. H = 5—6. Leicht spaltbar.
        - **Diallag.** Grün, grüngrau, tombackbraun; auf Spaltflächen metallisch perlmutterglänzend. H = 4.
        - **Phosphorit.** Grünlich, bläulich, röthlich, gelblich, H = 5.
        - *****Hierher auch mancher Leucit.** Grauweiss. H = 5,5—6.
        - **Nephelin.** Weiss oder unrein grau. H = 5,5—6.
        - Hierher bisweilen **Augit** und **Hornblende**; ausserdem
    - **Vom Feuerstein ritzbar.**
      - **γ. Am Stahle nicht funkend; Glas nicht ritzend, aber von ihm geritzt werdend. H = 4—5,5.**
        - **Diallag** (siehe unter β).
        - **Phosphorit,** namentlich der dichte, röthliche, gelbliche oder graue; in Salzsäure leicht löslich (siehe unter β).
        - **Serpentin** (siehe folgende Abth.
        - **Natrolith.** Gelb bis weiss. H = 5—5,5. In Salzsäure Kieselgallerte bildend.
        - **Skolezit.** Weiss; strahlig. H = 5—5,5. In Salzsäure ganz löslich.
        - **Serpentin.** Unrein gelb- bis schwarzgrün. H = 3—4. V. d. L. sich weiss brennend. Mit Schwefelsäure Bittersalz gebend.
      - **Vom Messer ritzbar.**
        - **Vom Fingernagel nicht ritzbar. H = 3—4.**
          - **Flussspath.** Grün, gelb, blau. H = 4. Mit Schwefelsäure glasätzende Flusssäure gebend.
          - **Schwerspath.** Weiss, oft röthlich. H = 3—3,5. Schwer.
          - **Anhydrit.** Bläulichweiss. H = 3—3,5. *****Hierher auch mancher Glimmer.**
        - **Vom Fingernagel ritzbar. H = 1—2,5.**
          - **Gyps.** Weiss. H = 1,5—2. Im Kölbchen Wasser ausschwitzend.
          - **Chlorit.** Lauch- bis graugrün. H = 1—1,5. Fettig anzufühlen.
          - **Talk.** Grünlich, gelblich oder graulichweiss. H = 1. Fettig anzufühlen.
          - *****Manches Braun- und Rotheisenerz** und auch mancher **Glimmer** (siehe A).

Tabelle II.

Arten der einfachen krystallinischen Felsarten.

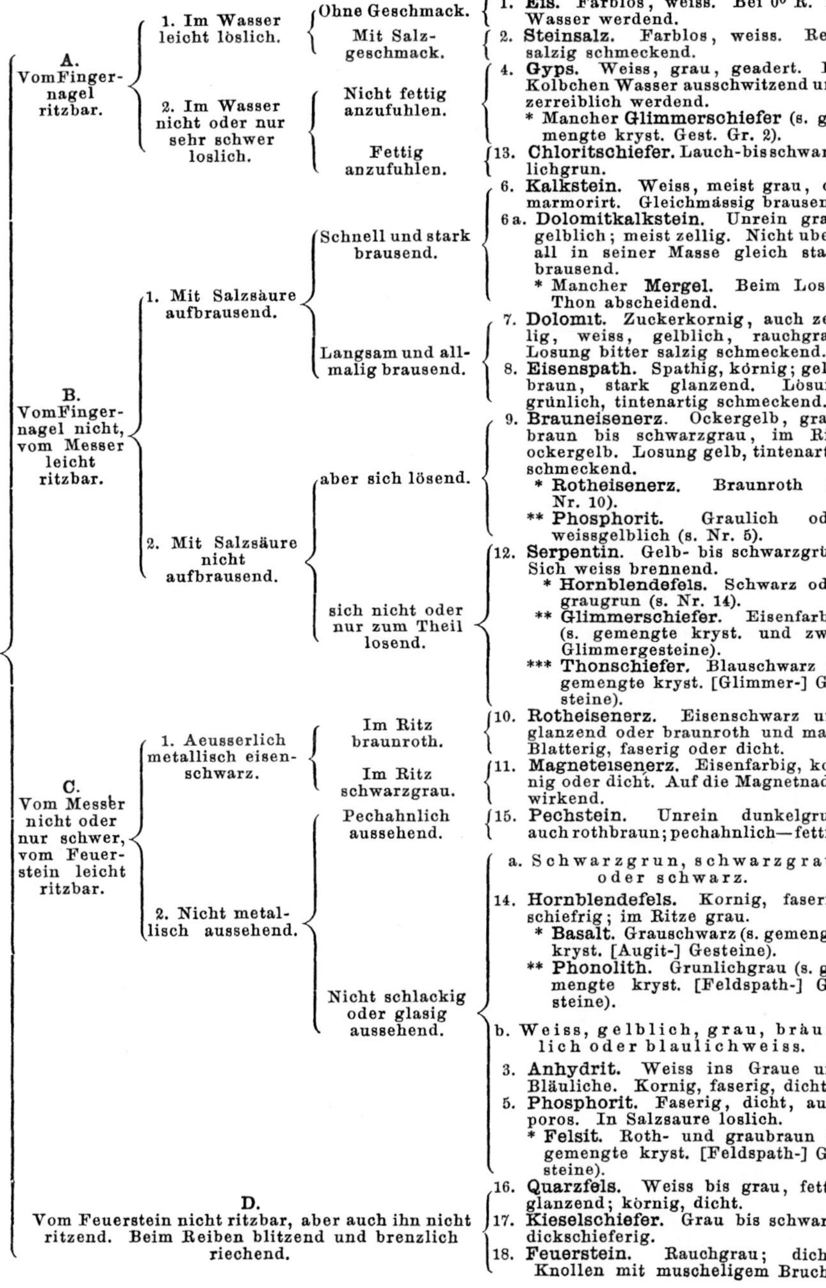

A. Vom Fingernagel ritzbar.

- **1. Im Wasser leicht löslich.**
  - *Ohne Geschmack.* — 1. **Eis.** Farblos, weiss. Bei 0° R. zu Wasser werdend.
  - *Mit Salzgeschmack.* — 2. **Steinsalz.** Farblos, weiss. Rein salzig schmeckend.
- **2. Im Wasser nicht oder nur sehr schwer löslich.**
  - *Nicht fettig anzufühlen.* — 4. **Gyps.** Weiss, grau, geadert. Im Kölbchen Wasser ausschwitzend und zerreiblich werdend. — * Mancher **Glimmerschiefer** (s. gemengte kryst. Gest. Gr. 2).
  - *Fettig anzufühlen.* — 13. **Chloritschiefer.** Lauch-bis schwarzlichgrun.

B. Vom Fingernagel nicht, vom Messer leicht ritzbar.

- **1. Mit Salzsäure aufbrausend.**
  - *Schnell und stark brausend.* — 6. **Kalkstein.** Weiss, meist grau, oft marmorirt. Gleichmässig brausend. — 6a. **Dolomitkalkstein.** Unrein grau, gelblich; meist zellig. Nicht uberall in seiner Masse gleich stark brausend. — * Mancher **Mergel.** Beim Losen Thon abscheidend.
  - *Langsam und allmalig brausend.* — 7. **Dolomit.** Zuckerkornig, auch zellig, weiss, gelblich, rauchgrau. Losung bitter salzig schmeckend. — 8. **Eisenspath.** Spathig, kornig; gelbbraun, stark glanzend. Losung grünlich, tintenartig schmeckend.
- **2. Mit Salzsäure nicht aufbrausend.**
  - *aber sich lösend.* — 9. **Brauneisenerz.** Ockergelb, graubraun bis schwarzgrau, im Ritz ockergelb. Losung gelb, tintenartig schmeckend. — * **Rotheisenerz.** Braunroth (s. Nr. 10). — ** **Phosphorit.** Graulich oder weissgelblich (s. Nr. 5).
  - *sich nicht oder nur zum Theil losend.* — 12. **Serpentin.** Gelb- bis schwarzgrün. Sich weiss brennend. — * **Hornblendefels.** Schwarz oder graugrun (s. Nr. 14). — ** **Glimmerschiefer.** Eisenfarbig (s. gemengte kryst. und zwar Glimmergesteine). — *** **Thonschiefer.** Blauschwarz (s. gemengte kryst. [Glimmer-] Gesteine).

C. Vom Messer nicht oder nur schwer, vom Feuerstein leicht ritzbar.

- **1. Aeusserlich metallisch eisenschwarz.**
  - *Im Ritz braunroth.* — 10. **Rotheisenerz.** Eisenschwarz und glanzend oder braunroth und matt. Blatterig, faserig oder dicht.
  - *Im Ritz schwarzgrau.* — 11. **Magneteisenerz.** Eisenfarbig, kornig oder dicht. Auf die Magnetnadel wirkend.
- **2. Nicht metallisch aussehend.**
  - *Pechahnlich aussehend.* — 15. **Pechstein.** Unrein dunkelgrun, auch rothbraun; pechahnlich—fettig.
  - *Nicht schlackig oder glasig aussehend.*
    - a. Schwarzgrun, schwarzgrau oder schwarz. — 14. **Hornblendefels.** Kornig, faserig, schiefrig; im Ritze grau. — * **Basalt.** Grauschwarz (s. gemengte kryst. [Augit-] Gesteine). — ** **Phonolith.** Grunlichgrau (s. gemengte kryst. [Feldspath-] Gesteine).
    - b. Weiss, gelblich, grau, bräunlich oder blaulichweiss. — 3. **Anhydrit.** Weiss ins Graue und Bläuliche. Kornig, faserig, dicht. — 5. **Phosphorit.** Faserig, dicht, auch poros. In Salzsaure loslich. — * **Felsit.** Roth- und graubraun (s. gemengte kryst. [Feldspath-] Gesteine).

D. Vom Feuerstein nicht ritzbar, aber auch ihn nicht ritzend. Beim Reiben blitzend und brenzlich riechend.

- 16. **Quarzfels.** Weiss bis grau, fettig glanzend; kornig, dicht.
- 17. **Kieselschiefer.** Grau bis schwarz; dickschieferig.
- 18. **Feuerstein.** Rauchgrau; dichte Knollen mit muscheligem Bruche.

I. Abschnitt.

Von den Bestandesmassen der Erdrinde im Allgemeinen.

§ 1. Felsarten, Steinschutt und Erdboden. — Der Erdkörper besteht aus einem, uns gänzlich unbekannten, Kerne und einer, diesen letzteren umschliessenden, Rinde. Soweit nun diese Erdrinde dem Menschen bekannt geworden ist, besteht sie theils aus massiven, fest zusammenhängenden, Steinmassen, welche man Felsarten oder Gesteine nennt, theils aus lockeren oder losen Zusammenhäufungen oder Aggregationen von einzelnen Mineralindividuen oder Felstrümmern, welche Gesteins- oder Gebirgsschutt genannt werden. Jene Felsgesteine bilden in der Regel das Grundgemäuer der Erdrinde und das Fundament, auf welchem dieser Gebirgsschutt lagert und aus welchem er hervorgegangen ist und noch fortwährend erzeugt wird.

Wenngleich nun auch die festen Gesteinsmassen, aus denen das ganze Gemäuer der Erdrinde zusammengefügt ist, für den Menschen einen gewaltigen Werth haben müssen, da sie es ja sind, welche erst die Erdoberfläche bewohnbar machen, indem sie dem Menschen nicht nur die besten Baumaterialien und Erwärmungsmittel, sowie in ihrem Steinsalze das gesündeste Gewürz und in ihren Erzen die unentbehrlichen Metalle darbieten, sondern auch die Substanzen enthalten, aus denen der eigentliche Erdboden, dieser Lebensträger der Pflanzenwelt, gebildet wird, so ist doch vorzüglich der Gesteinsschutt für jeden Menschen von unbeschreiblich hohem Werthe; denn seine Massen sind es, durch welche zunächst die feste Gesteinsrinde der Erdoberfläche für die Ansiedlungen der Pflanzen, dieser Lebensbedinger des ganzen Thierreiches und auch des Stoffwechsels im Mineralreiche, zugänglich gemacht wird; seine Massen sind es aber sodann auch, welche, von den Fluthen des Wassers transportirt, einerseits die weitklaffenden Thalspalten und Klüfte zwischen dem festen Felsgemäuer der Erdrinde und andererseits die Sammelbecken der Gewässer, selbst der grössten, allmählig ausfüllen oder schon zum Theile ausgefüllt haben und zu blühenden Wohnstätten der Menschen umwandeln. Freilich aber sind diese Massen des Gebirgsschuttes es leider oft auch, welche des Menschen Hab und Gut, die mühevollen Producte seines Fleisses, die Früchte jahrhundertlanger Anstrengungen, und die von ihm mit der grössten Sorgfalt gepflegten Pflanzstätten zerstören und häufig grade unter ihren unwirthbarsten Bildungssubstanzen vergraben. — Da nun diese Massen zugleich es sind, durch welche die Natur aus dem alten, morschen Gemäuer der Erdrinde schon seit den ältesten Zeiten immer wieder neue Ablagerungen schafft, da endlich auch sie es gerade sind, welche uns am ersten noch einen Anhaltepunkt gewähren, um aus dem, was jetzt noch geschieht, einen Schluss auf das zu ziehen, was ehedem mit der Entwickelung der Erdrinde geschehen ist, so ist die Untersuchung der Bildungsweise und Natur des Gesteinsschuttes nicht blos für den Pflanzenzüchter und Techniker, sondern auch für den Gebirgsforscher von der grössten Wichtigkeit.

Es ist aber einleuchtend, dass man diesen Schutt des festen Gesteines, mag er nun in der Form von Felsblöcken oder in der Gestalt von Geröllen, Kies, Sand oder Erdkrume auftreten, nicht eher genau kennen lernen kann, als bis man eine sichere Kenntniss von der Natur seines Bildungsmateriales und der Art seiner Entstehung gewonnen hat. Aus diesem Grunde muss vor allen Dingen in den folgenden Kapiteln zunächst speciell von den Mineralmassen, aus denen die verschiedenen Modificationen dieses Schuttes entstehen, und dann von dem Bildungsprozesse desselben aus festem Gesteine gesprochen werden.

<hr>

Erstes Kapitel.

Von den Felsarten oder dem Bildungsmateriale des Gesteinsschuttes und Erdbodens.

§ 2. Allgemeine Angabe der Steinschutt- und Erdbodenbildungsmittel. — Wie im vorigen § schon angedeutet worden, so ist aller Gesteinsschutt, mag er nun in der Form von Blöcken, Geröllen, Grus, Kies, Sand oder von krümlicher Erde auftreten, das Zertrümmerungs- oder Zersetzungsproduct von festen, compacten Erdrinde- oder Gesteinsmassen. Will man daher die wahre Beschaffenheit der verschiedenen Schuttarten kennen lernen, so muss man vor allen Dingen die Natur der sie bildenden Gesteinsarten erforschen. Nun giebt es aber zweierlei Gesteinsarten: Die Einen bestehen in ihrer ganzen Masse aus mit einander verwachsenen krystallinischen Mineralarten (d. h. aus Mineralien, welche in der Natur auch als Krystalle auftreten), weshalb man sie auch krystallinische Felsarten nennt; die anderen Gesteinsarten aber bestehen aus grösseren und kleineren, von krystallinischen Felsarten abstammenden, Trümmern (— Grus, Geröllen oder Sand —), welche durch ein hart gewordenes Bindemittel (z. B. durch Thon oder Mergel) zum Ganzen verkittet erscheinen, weshalb man sie auch Trümmergesteine oder klastische Felsarten nennt. Diese letztgenannten Arten der Gesteine, welche im Allgemeinen als Conglomerate und Sandsteine bekannt sind, erscheinen demnach erst aus den Zertrümmerungsproducten der krystallinischen Felsarten entstanden; wer daher sie kennen lernen will, der muss zuerst ihre Bildner, die krystallinischen Felsarten, erforschen; will man aber diese erforschen, dann muss man vor allem diejenigen krystallischen Mineralarten kennen, aus denen sie bestehen. Demgemäss müssen also im Folgenden zunächst die krystallinischen Felsarten nach ihrem Bildungsmateriale und ihren Arten untersucht werden.

A. Die krystallinischen Felsarten.

§ 3. Bestand derselben. — Jede krystallinische Felsart ist zu betrachten als ein festes Aggregat von einzelnen, unmittelbar — und ohne Zuthun eines Bindemittels — miteinander verwachsenen, Mineralindividuen, deren jedes aber einer Mineralart angehört, welche auch für sich·allein in der Form eines Krystalles auftreten kann.

Zum Wesen einer krystallinischen Felsart gehört also nach dem eben aufgestellten Begriffe dreierlei, nemlich:

1) Die sie bildenden Mineralindividuen dürfen nicht durch irgend eine verkittende Masse, sondern müssen durch gegenseitige Verschmelzung oder Verwachsung zum Ganzen verbunden sein.

2) Jedes einzelne Mineralindividuum einer gemengten Felsart muss auch für sich allein in der Natur als Krystall vorkommen.

3) In dem Innern der Masse einer krystallinischen Felsart darf keine thonartige oder thonhaltige Substanz (— also weder Thon, noch Lehm, noch Mergel —) vorhanden sein, weil diese selbst schon ein Zersetzungsproduct von krystallinischen Mineralien ist. Zeigt aber demungeachtet eine krystallinische Felsart thonige Eigenschaften (— z.B. Geruch nach Thon oder Ankleben an der feuchten Lippe —), so ist dieses ein Beweis, dass sie sich im Verwitterungs- oder Zersetzungszustande befindet.

Die ganze Natur einer krystallinischen Felsart nun ist ebenso, wie ihr Verhalten zur Erdbodenbildung abhängig von den Mineralienarten, aus denen ihre Masse zusammengesetzt wird. Aus diesem Grunde sollen im Folgenden zunächst diejenigen Mineralarten, welche als Hauptfelsgemengtheile auftreten, nach einfachen, leicht in die Augen fallenden, Merkmalen zusammengestellt und näher beschrieben werden.

I. Bildungsmineralien der krystallinischen Felsarten.

§ 4. Uebersichtliche Angabe der krystallinischen Felsgemengtheile. — Die für die Zusammensetzung und das Wesen der Erdrindemassen wichtigen Mineralarten lassen sich in folgende Gruppen einreihen:

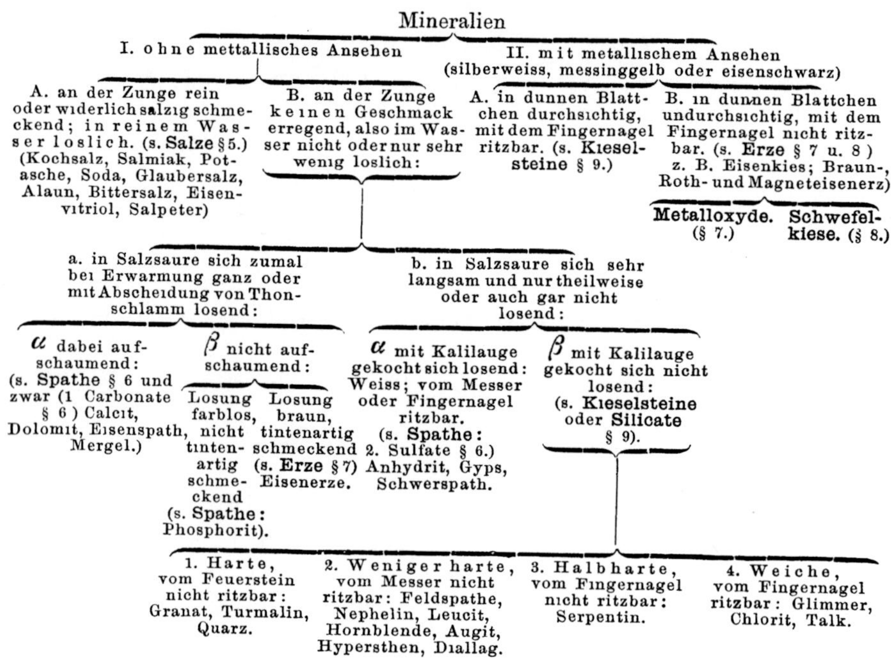

Um nun auch die einzelnen Arten der in der vorstehenden Uebersicht angegebenen Mineralien näher bestimmen zu können, muss man sich der Tafel A. im Anhange bedienen. Auf dieser Tafel sind ähnlich, wie in der vorstehenden Uebersicht, die für die Felsarten und Bodenkunde wichtigeren Minerale nach ihren, am leichtesten zu erkennenden, Merkmalen so zusammengestellt, dass man ihre Namen leicht auffinden kann, wenn man stets zunächst die unter einer und derselben Klammer angegebenen beiden Gegensätze (I. und II.) untersucht, dann von dem, auf ein zu bestimmendes Mineral passenden, Satze zu dem unter diesem Satze befindlichen Paare von Gegensätzen (A. und B.) übergeht und von diesen wieder zu den unter ihnen angegebenen Sätzen (a. und b.) und so fort von Gegensatz zu Gegensatz fortschreitet, bis man zu demjenigen Satze gelangt, unter welchem der Name des zu bestimmenden Minerales steht.

Beispiel: Ein gegebenes Mineral x wird untersucht

1) nach den Gegensätzen I und II. Man findet, dass dasselbe weder eine metallische Farbe noch einen metallischen Glanz hat: Es passt demnach auf dieses Mineral der Satz I.

2) Unter diesem Satze I befinden sich wieder die beiden Gegensätze A und B. Man findet nach diesen, dass das Mineral x keinen Geschmack an der Zunge erregt; folglich passt der Satz B auf dasselbe.

3) Unter diesem Satze B aber befinden sich wieder die beiden Gegensätze a und b. — Bei der Untersuchung findet man, dass unter diesen beiden Sätzen a auf das Mineral x passt. Man geht folglich nun von dem Satze a weiter aus.

4) Von diesem Satze ausgehend gelangt man weiter zu den Gegensätzen α und β und findet nun endlich, dass der Satz α auf das Mineral x passt. Mithin ist das untersuchte Mineral Quarz.

Erläuterungen: a. Die sämmtlichen Geräthschaften, welche man zu den Untersuchungen nach der beifolgenden Uebersicht braucht, sind

1) ein durchscheinender, scharfkantiger und scharfeckiger Feuerstein,

2) ein spitzeckiges Stückchen reinen Fensterglases,

3) ein gutes Stahlmesser mit Feuerstahl,

4) ein kleines Gläschen Salzsäure, welches man leicht in einer Blechkapsel bei sich führen kann.

b. die bei jedem Mineralnamen befindliche Paragraphenzahl bezieht sich auf den im Texte befindlichen § vor der speciellen Beschreibung eines jeden Minerales.

c. Endlich sei noch bemerkt, dass zu den Versuchen über die Löslichkeit eines Minerales nie mehr als ein hanfkorn- oder erbsengrosses Stückchen desselben verwendet wird. Dieses Stückchen wird pulverisirt und dann in einem Probirgläschen mit 4—5 Tropfen vorher erwärmter Salzsäure oder Kalilösung, am besten über einer Spiritusflamme, allmählig erwärmt

1. Beschreibung der mineralischen Felsgemengtheile.

§ 5. **Die Salze.** — In der Mineralogie und Chemie werden alle diejenigen Mineralien, welche entweder aus einem Metalle und einem Halogen (Chlor, Jod, Brom, Fluor) oder einem Metalloxyde (Metallrost) und einer Säure bestehen, — mögen sie nun im Wasser löslich sein oder nicht —, zu den Salzen gerechnet; im Sprachgebrauche des gewöhnlichen Lebens aber nennt man nur die im Wasser löslichen und rein oder widerlich salzig schmeckenden Mineralien Salze. Und diese letzteren sind es nun, von denen hier allein die Rede sein soll.

Sieht man von dem, colossale Ablagerungen in der Erdrinde bildenden, Steinsalze ab, so spielen zwar diese im Wasser löslichen Salze als Bildungsmittel von Erdrindemassen nur eine sehr nntergeordnete Rolle, trotzdem aber sind sie im Haushalte der Natur von unbeschreiblich hohem Werthe, indem sie, wie später noch ausführlich gezeigt werden soll, einerseits der Pflanzenwelt und durch diese dann weiter auch dem Reiche der Thiere die Hauptnahrungsmittel darbieten, und andererseits die Materialien bilden, durch welche die Natur einen nie ruhenden Stoffwechsel im Gebiete der Erdrindemassen hervorruft, indem sie eben durch diese leicht löslichen Salze zunächst aus altem, mürben oder zerfallenden Gesteine neue, feste Felsarten schafft, sodann aber mittelst dieser die klaffenden Spalten und Klüfte in dem Gemäuer der Erdrinde ausfüllt oder auch im Bette der fliessenden, wie der stehenden Gewässer, vor allen aber des Oceanes, neue Erdrindeablagerungen erzeugt. Es ist dieser Einfluss der im Wasser löslichen Salze auf den Naturhaushalt in und auf dem Erdkörper so ausserordentlich, dass er schon an dieser Stelle etwas näher betrachtet werden muss:

1) Wie allbekannt sind die Hauptbildungsmassen des Pflanzenkörpers zusammengesetzt aus:

Kohlenstoff,   Wasserstoff,   Sauerstoff und   Stickstoff   nebst etwas Schwefel und Phosphor.

Diese Stoffe erhält die Pflanze vorzüglich durch:

kohlensaure Wasser	salpetersaure	schwefelsaure phosphor-
Salze	Salze	Salze saure Salze

also durch lauter im Wasser auflösliche Salze, deren Salzbasen dann auch noch im Verbande mit organischen Säuren alle Zellen des Pflanzengewebes mit einem sie festigenden Kitte überziehen.

2) Ebenso lehrt aber auch die Erfahrung, dass, wenn ein im Wasser gelöstes Salz mit einem Minerale in innige und dauernde Berührung kommt, welches einen Bestandtheil hat, zu welchem das gelöste Salz eine grössere Verbindungsneigung besitzt, als zu dem schon mit ihm verbundenen, es stets eine Umwandlung des von ihm berührten Minerales herbeiführt, dabei aber selbst auch umgewandelt wird. — Die hierdurch herbeigeführten Umwandlungen lassen sich im Allgemeinen in folgender Weise übersichtlich darstellen:

Das im Wasser gelöste Salz A

entzieht einem Minerale B einen Bestandtheil, ohne ihm einen andern dafür zu geben; das angegriffene Mineral B wird also ganz zersetzt.	tauscht mit einem Minerale B einen Bestandtheil; nimmt ihm also einen Bestandtheil b und gibt ihm von sich den Bestandtheil a.	gibt einem Minerale B Bestandtheile, ohne ihm welche zu nehmen; verbindet sich also in seiner ganzen Masse mit ihm.

Aus dieser Uebersicht schon kann man ersehen, dass ein im Wasser gelöstes Salz auf seinem Zuge durch die Erdrinde unaufhörlich und um so mehr Gelegenheit finden wird, seine Umwandlungskraft wirken zu lassen, je verschiedenartiger die Mineralmassen sind, mit denen es auf seinem Zuge in Berührung kommt. Es wird alsdann unter den gewöhnlichen Verhältnissen so lange in Wirksamkeit bleiben, als es sich noch nicht mit einem Stoffe verbunden hat, zu welchem einer seiner Bestandtheile die grösste Verbindungskraft hat, oder durch welchen es im Wasser unlöslich und hierdurch zu einem festen Bestandtheile der Erdrinde geworden ist.

Ebenso wird aber auch alles eben Mitgetheilte hinreichen, um die Wichtigkeit der löslichen Salze im Haushalte der Natur zu zeigen. Die nun folgende Beschreibung der am häufigsten in der Erdrinde vorkommenden Salze wird dieses Alles noch mehr bestätigen.

1) Das Stein- oder Kochsalz: Es krystallisirt in Würfeln, bildet aber auch unermessliche Ablagerungsmassen mit körnigem oder faserigen Gefüge und findet sich ausserdem noch in Körnern oder staubgrossen Theilen in der Masse von anderen Erdrindemassen eingewachsen. — Seine Härte ist gering; es lässt sich vom Fingernagel schon ritzen; sein specifisches Gewicht ist = 2,1 — 2,2. Im reinen Zustande erscheint es farblos, durchsichtig und glasglänzend; sehr häufig aber zeigt es sich durch Beimengung von Eisenoxyd gelb oder roth, von Gyps milchig weiss oder von erdigen Theilen rauchgrau, bisweilen auch blau oder grün. Sein Geschmack ist im reinen Zustande rein salzig; sind ihm aber andere Salze, wie Glauber- oder Bittersalz oder Chlorkalium, beigemischt, dann zeigt es einen unangenehm bitterlichen Beigeschmack. — Im Wasser ist es leicht löslich, an feuchter Luft zerfliesst es allmählig. — Auf Kohle erhitzt schmilzt es; bei sehr starker Erhitzung aber verdampft es und färbt dabei die Flamme schön gelb. Sein chemischer Bestand ist = 40 Natrium und 60 Chlor, daher NaCl.

Vorkommen: Das Steinsalz bildet, wie oben schon angegeben, für sich allein gewaltige Ablagerungsmassen im Gebiete der Sandstein- und Kalksteinformationen, so vorzugsweise in der Zechstein-, Buntsandstein-, Muschelkalk- und Keuperformation. In der Regel lagert es dann unter oder auch wohl zwischen Ablagerungen von Thon, wasserfreiem oder wasserhaltigen Gyps und Mergel. — Ausserdem kommt es auch als mehr oder minder starker Ueberzug auf Lavaklüften und im Krater der Vulkane vor; endlich findet man es auch aufgelöst im Meerwasser und in dem Wasser solcher Quellen, welche aus steinsalzhaltigen Erdrindemassen hervortreten. Und durch diese Quellen gelangt es nun in die verschiedenartigsten Bodenarten. Bisweilen zeigen sich alsdann diese Bodenarten, vor allen die thon- und humusreichen, so von Salztheilen durchdrungen, dass jedes einzelne Krümchen derselben salzig schmeckt und nach Regengüssen und hinterher eintretender recht warmer Witterung mit einer weissen Kruste von Kochsalz überzogen erscheint. Bei Bodenarten, welche über Steinsalzablagerungen ruhen oder vom Meereswasser abgesetzt und benetzt werden, so bei den sogenannten Marschen, bemerkt man dies am häufigsten und deutlichsten. Es kommen indessen oft auch Kochsalztheile in den Quellen und Bodenarten von Felsmassen vor, welche ihrer Natur nach scheinbar gar kein Kochsalz enthalten, so im Boden von Gneissen, Thonschiefern, Graniten und Porphyren. Wenn man jedoch die Masse dieser Felsarten pulverisirt und mit Wasser auskocht, dann aber zunächst ein Pröbchen der so erhaltenen Lösung mit Silberlösung (salpetersaurem Silberoxyd), sodann ein zweites Pröbchen derselben mit einer Lösung von antimonsaurem Kali mischt, so erhält man in beiden Versuchen eine weisse Trübung, welche nur von Chlor und Natrium herrühren kann. Es ist demnach in der Masse der oben genannten Felsarten wirklich Chlornatrium oder Kochsalz vorhanden. Dies ist eine merkwürdige, durch viele Versuche bewährte Thatsache, durch welche sich nicht nur das Vorhandensein von Kochsalz in Quellen und Bodenarten, die in gar keiner Verbindung mit Steinsalzlagern stehen, sondern überhaupt auch das Vorkommen dieses Salzes im Wasser vieler Quellen, Flüsse und selbst der Meere erklären lässt.

Auffindung des Kochsalzes im Erdboden. — Selbst nur unbedeutende Mengen des Kochsalzes kann man durch die beiden eben erwähnten Prüfungsmittel — (Silberlösung und antimonsaures Kali) — in einer Erdkrume auffinden, wenn man sich einen Wasserauszug von derselben macht und dann zwei Proben desselben mit diesen Reagentien versetzt: Giebt jedes derselben eine weisse Trübung in der Lösung, so deutet dies auf Chlornatrium. — Etwas grössere Mengen desselben in dem Erdboden werden verrathen durch die sogenannten Salzpflanzen, welche sich dann auf dem Boden ansiedeln, und unter denen namentlich Salicornia herbacea, Triglochin maritimum, Chenopodium, Arenaria maritima, Aster Tripolium und Scirpus maritimus bemerklich machen. — Und noch grössere Mengen von ihm werden verrathen durch den salzigen Geschmack der Bodenfeuchtigkeit, vor allem aber durch die Begierde aller zweihufigen Thiere — z. B. der Schafe —, solche Bodenarten aufzusuchen und sie abzulecken, da bekanntlich Kochsalz für alle diese Thiere die grösste Delicatesse ist.

Gesellschafter des Steinsalzes. — Mit dem Steinsalze zusammen, sei es in inniger Beimischung von dessen Masse, sei es in besonderen, oft sogar mächtigen, Lagermassen zwischen oder über dessen Ablagerungen, kommen mehrere Salze vor, welche in neuerer Zeit vielfache Verwendung sowohl in der Technik wie auch als Bodendüngmittel gefunden haben. Zu diesen Begleitern des Steinsalzes gehören:

a) der Carnallit, ein hässlich laugenhaft schmeckendes, leicht in Wasser lösliches, farbloses, weisses oder durch beigemengtes Eisenoxyd fleischroth gefärbtes Salz, welches aus 36 Theilen Chlormagnesium, 27 Theilen Chlorkalium und 37 Th. Wasser besteht, aber oft auch 4,5 pCt. Chlorkalium und etwas Gyps enthält. Ein Gesellschafter von ihm ist der wachs- oder braungelbe, leicht zerfliessende und aus Chlorcalcium und Chlormagnesium bestehende Thachyhydrit; ·

b) der Kieserit, ein weissliches, bisweilen jedoch auch braunrothes, im Wasser nur allmählich lösbares, aus 58 Theilen Schwefelsäure, 29 Th. Magnesia und 13 Th. Wasser bestehendes Salz, welches zwischen dem Carnallit 1—6 Zoll mächtige Lagen bildet;

c) der Kainit, ein gelbliches, im Wasser leicht lösliches, widerlich bitter schmeckendes und aus einem Gemenge von schwefelsaurer Magnesia und schwefelsaurem Kali besteht, häufig aber auch Kochsalz enthält;

d) Ausser diesen Salzen kommen nun aber auch nicht selten die im Folgenden beschriebenen Salze (Salmiak, Bitter- und Glaubersalz) mit der Masse des Steinsalzes vermischt vor.

2) Salmiak, Chlorammonium oder salzsaures Ammoniak, ein kühlend und stechend salzig oder etwas urinös schmeckendes, im Wasser leicht lösliches, bei der Erhitzung sich ganz verflüchtendes und beim Zusammenreiben mit Natron stark nach Ammoniak riechendes Salz, welches aus 32 pCt. Ammoniak und 68 pCt. Salzsäure besteht und nicht allein in den Klüften und Spalten vulkanischer Krater und brennender Steinkohlenflötze, sondern auch bisweilen auf Bodenarten, welche mit dem Dünger von Zweihufern stark versorgt sind, weisse mehlige Ueberzüge bildet.

3) Die Salpeterarten (— Kalk-, Natron-, Ammoniak- und Kalisalpeter), unangenehm salzig kühlend schmeckende, im Wasser leicht lösliche Salze, welche auf glühenden Kohlen lebhaft verpuffen und umherspritzen, auf kali- oder kalkhaltigen, mit thierischem Dünger wohlversorgten, Bodenarten nach Gewitterregen und gleich darauf folgender sonniger Witterung weisse mehlige Beschläge erzeugen und aus 54—64 Th. Salpetersäure und (31 Th.) Kalkerde oder· (36 Th.) Natron oder (47 Th.) Kali bestehen.

Bildungsstätten und Vorkommen. — Die Salpeter-Arten entstehen in der Natur überall da, wo faulige oder verwesende, Stickstoff haltige Organismenreste mit den kohlensauren Salzen des Kali, Natrons oder Kalkes in innige Berührung treten, wie dieses z. B. bei Untermischung von thierischem Dünger mit Holzasche oder Kalksteinsand der Fall ist. Die nach starken Säuren gierigen Basen der eben genannten kohlensauren Salze regen nemlich den Stickstoff oder auch das schon

aus ihm entstandene Ammoniak an, durch Sauerstoffanziehung Salpetersäure zu bilden, mit welcher sie sich dann unter Ausstossung ihrer
Kohlensäure zu Salpeter verbinden. Am meisten findet dieses statt in
Bodenarten, welche Kalk oder verwitterte Feldspathtrümmer enthalten
oder künstlich mit Kalkschutt, Asche oder Seifensiedeabfällen gemengt
worden sind, sobald diese Bodenarten von Viehheerden beweidet oder
tüchtig mit thierischem Dünger versorgt werden. Aber auch in Klüften
und Höhlungen von Kalksteingebirgen, von leicht verwitternden Trachyt-,
Phonolith- und Basalttuffbergen findet man bisweilen Ueberzüge von Salpeter ·in beträchtlicher Menge, sobald die Wände dieser Klüfte von
thierischen Fäulnissflüssigkeiten oder Düngerjauchen berieselt werden.
Berühmt durch die Menge ihres Kalisalpeters ist die Umgegend von
Kálló in Ungarn, von Belgrad, Homburg, Algerien u. s. w., während in
den Thon- und Sandablagerungen bei Iquique und Tarapaca im Departe-
ment Arequiba in Bolivien grosse Massen von Natron- oder Chilesalpeter
vorkommen. Am meisten jedoch macht sich der Kalksalpeter bemerklich. An Mauern, welche aus Kalkstein oder kalkhaltigen Sandsteinen
bestehen und an den mit Kalkmörtel belegten Wänden der Viehställe
zeigt sich derselbe gar bald als ein mehlartiger Ueberzug, sobald dieselben mit den Flüssigkeiten thierischer Abfälle oder auch mit den Ammoniak haltigen Dünsten dieser letzteren in Berührung kommen; ja an den
Wänden der menschlichen Wohnzimmer bildet sich derselbe, wenn dieselben mit einem Mörtel bekleidet worden sind, welchem Kuhhaare als
Kittungsmittel beigemengt worden waren. Wem ist nicht der Kehr-
oder Mehlsalpeter oder Mauerfrass bekannt? Er besteht vorherrschend
aus Kalksalpeter. — Um selbst kleine Mengen Salpeter in einem Erdboden aufzufinden, laugt man eine Hand voll Erde mit Wasser aus und
versetzt dann die Lösung mit grünem Eisenvitriol und ein paar Tropfen
Schwefelsäure. Beim Vorhandensein von salpetersauren Salzen wird der
Eisenvitriol um so rascher braun, je mehr derselben in der untersuchten
Erdkrume vorhanden sind.

      Bemerkung: Mehr über die Salpeterarten findet man in Senfts
Synopsis der Mineralogie S. 872—876, aus welcher auch das
oben Mitgetheilte entlehnt ist.

4) Das Bittersalz oder der Epsomit (wasserhaltige schwefelsaure
Magnesia), ein salzig bitter schmeckendes, sehr leicht lösliches Salz, welches ebenso mit Barytwasser, wie mit phosphorsaurem Natron in seinen
Lösungen einen weissen unlöslichen Niederschlag bildet. Es entsteht
überall, wo Lösungen von Eisen- oder Kupfervitriol auf Magnesia haltige Carbonate oder Silicate einwirken, so namentlich in schwefelkies-
haltigen Dolomiten, dolomitischen Mergeln, Hornblende- und Augitge-
steinen und bildet dann mehlige Beschläge auf Klüften und Spalten oder

auf der Oberfläche dieser Gesteine und ihrer Bodenarten. Ausserdem zeigt es sich auch als einen Hauptbestandtheil der sogenannten Bitterwasser (z. B. von Epsom, Saidschütz und Püllna).

5) Das Glaubersalz oder schwefelsaures Natron, ein leicht lösliches, widerlich kühlend bitter schmeckendes Salz, welches ein treuer Begleiter des Steinsalzes und der Kochsalzsoolen ist, und auch in manchen Gyps- und Thonablagerungen vorkommt. Beim Gradiren der Salzsoole bildet es dann in Untermischung mit Gyps an den Reissigwellen der Gradirhäuser den als Düngmittel benutzbaren Dornenstein.

6) Alaun, ein süsslich zusammenziehend schmeckendes Doppelsalz, welches aus schwefelsaurer Thonerde und einem schwefelsauren Alkali (Kali, Natron oder Ammoniak) nebst 24 Theilen Wasser besteht, sich in Wasser leicht löst und dann aus diesem in regelmässigen Achtflächnern herauskrystallisirt, aber auch auf Spalten oder Oberflächen von Gesteinen und thonigen Bodenarten mehlige Ueberzüge bildet. Es entsteht namentlich in thonigen Gesteinen und Erdkrumen, wenn dieselben Eisenkiese enthalten, dadurch, dass diese letzteren bei ihrer Verwitterung Schwefelsäure bilden, welche nun den Thon versetzt und sich mit der in ihm enthaltenen Thonerde und seinem Alkaligehalte zu schwefelsaurer Alkalithonerde d. i. Alaun verbindet. Ausserdem bildet es sich auch in eisenkieshaltigen Feldspathgesteinen durch den Einfluss des vitriolescirenden Eisenkieses auf den Thonerde- und Alkaligehalt der Feldspathe. — Daher kommt es, dass sich dieses Salz am meisten in den eisenkiesreichen Thonschiefern und Schieferthonen (namentlich der Stein- und Braunkohlenformation) zeigt und dann gewöhnlich durch Eisenvitriol verunreinigt ist.

In Lösungen dieses Salzes erzeugt erstens Barytwasser und zweitens Ammoniak einen weissen unlöslichen Niederschlag; ausserdem bildet noch entweder Platinchlorid einen strohgelben — wenn Kali oder Ammoniak —, oder antimonsaures Kali einen weissen Niederschlag, — wenn Natron vorhanden ist.

7) Eisenvitriol oder wasserhaltiges schwefelsaures Eisenoxydul, ein meist in Stalaktiten oder in mehligen oder schimmelähnlichen Beschlägen auftretendes, meergrünes, an der Luft sich gelb beschlagendes, leicht lösliches, herb tintenartig schmeckendes, Salz, welches auf Kohle stark geglüht erst weiss und dann zu braunrothem Eisenoxyd wird, in seinen Lösungen aber mit Barytwasser einen weissen unlöslichen, mit Kaliumeisencyanürlösung einen anfangs blass-, später dunkelblauen, Niederschlag und mit Galläpfeltinctur eine schwärzlich bläuliche Tinte giebt. — Es entsteht aus dem Eisenkies oder Schwefeleisen, sobald dieses mit feuchter Luft in Berührung kommt (also durch Oxydation) und wirkt nun in seinen Lösungen mannigfach umwandelnd auf alle die Mineralien ein, mit denen es in Berührung kommt, so

1) tauscht es mit den kohlensauren Salzen der Alkalien und alkalischen Erden die Säuren, so dass einerseits schwefelsaure Alkalien (Kali, Natron) oder schwefelsaure alkalische Erden (Baryt, Kalk, Magnesia) und andererseits kohlensaures Eisenoxydul, aus welchem dann durch weitere Oxydation Eisenoxydhydrat oder Brauneisenstein wird, entstehen. In dieser Weise wird der kohlensaure Kalk in schwefelsauren Kalk oder Gyps, die kohlensaure Magnesia-Kalkerde (Dolomit) in Gyps und Bittersalz umgewandelt. Das hierbei entstehende kohlensaure Eisenoxydul kann dann durch Kohlensäure haltiges Wasser aufgelöst und in Erdkrumen gefluthet werden, wo es mit Luft in Berührung kommend Veranlassung zur Bildung von Brauneisenstein und Raseneisenerz giebt.

2) tauscht der Eisenvitriol mit phosphorsaurem Kalk (z. B. Knochen) die Säuren, so dass wieder Gyps und andererseits phosphorsaures Eisenoxyd entsteht, welches ebenfalls zur Bildung von Rasen- oder Sumpfeisenerz Veranlassung giebt, sobald es durch kohlensaures Wasser in den Erdboden gelangt.

3) tauscht der Eisenvitriol endlich auch mit kieselsauren Salzen der Thonerde und Alkalien die Säuren, so dass schwefelsaure Kali-Thonerde d. i. Alaun entsteht, wie oben gezeigt worden ist.

In dieser Weise übt demnach der Eisenvitriol einen nicht zu unterschätzenden Einfluss auf alle diejenigen Mineralgemengtheile eines Bodens aus, welche kohlen-, phosphor- oder kieselsaure Salze der Alkalien und alkalischen Erden enthalten. Sind nun die hierdurch entstehenden schwefelsauren Salze neutral (d. h. färbt ihre Lösung weder blaues Lackmuspapier roth, noch geröthetes Lackmuspapier blau), dann bilden sie gute Pflanzennahrungsmittel. In diesem Falle wirkt demnach der Eisenvitriol günstig auf einen Boden ein. Sind dagegen die durch ihn gebildeten Salze sauer (d. h. färben sie Lackmuspapier roth), wie dieses beim Alaun und bei dem Vitriol selbst der Fall ist, dann ätzen sie die zarten Wurzeln der Pflanzen an, so dass diese letzteren verderben. In diesem Falle wirkt also der Eisenvitriol schädlich.

Bildung und Vorkommen des Eisenvitrioles. — Wie oben schon angedeutet, so entsteht der Eisenvitriol aus dem Eisen- oder Schwefelkiese dadurch, dass der letztere Sauerstoff und Wasser anzieht, wodurch der Schwefel desselben in Schwefelsäure und sein Eisen in Eisenoxydul umgewandelt wird. Demgemäss wird nun auch in jedem Boden, welcher Trümmer von Eisenkies haltigen Felsarten besitzt, so z. B. im Boden von manchem Thonschiefer, Schieferthon, Serpentin, Dolomit und Mergel, Eisenvitriol entstehen, wie später bei der Beschreibung des Eisenkieses noch näher gezeigt werden wird.

Die im Vorstehenden beschriebenen Arten der Salze sind es, welche in den Massen der Erdrinde, sowie in den verschiedenen Bodenarten nicht selten in bedeutenden Mengen wahrnehmbar sind; alle übrigen Salze aber, vor allen die **kohlensauren Alkalien**, sind nur selten in namhaften Mengen zu finden, theils in Folge ihrer leichten Wegfluthung durch Wasser, theils weil sie begierig von den Wurzeln der Pflanzen aufgesogen werden. Von ihnen kann daher an dieser Stelle nicht weiter die Rede sein, aber im II. Abschnitte wird dieses da, wo die Bodensalze besprochen werden, sowohl von ihnen, wie überhaupt von den im Wasser löslichen Salzen noch ausführlicher geschehen.

§ 6. **Die Spathe** oder **Halite:** Vorherrschend weiss oder grau gefärbte, aber oft auch mannichfach gefleckte und geaderte (marmorirte) Steine, welche sich im reinen Wasser nicht oder nur sehr wenig, aber in Säuren (— namentlich in Salz- oder Salpetersäure —) oder auch in Aetzkalilösung leicht lösen lassen und aus Verbindungen der alkalischen Erden (— vorzüglich der Kalk- und Baryterde —) oder des Eisenmonoxydes mit Schwefel-, Phosphor- oder Kohlensäure bestehen. —

Ihre kohlen- und phosphorsauren Verbindungen sind alle in Säuren löslich und geben dann mit Barytwasser einen weissen — bei Zusatz von Salzsäure wieder lösbaren — Niederschlag; ihre schwefelsauren Verbindungen dagegen lösen sich nicht in Säuren, sondern in Aetzkalilösung und geben dann mit Oxalsäure einen weissen Niederschlag. — In quellsaurem Ammoniak aber sind sie alle lösbar.

Vom Messer sind sie alle mehr oder minder leicht ritzbar, aber vom Fingernagel ist nur der Gyps und erdige Kalkstein ritzbar. Zu ihnen gehören:

§ 6a. **Der Gyps.** Er tritt theils in Krystallen, welche vorherrschend rhomboidisch tafel- oder säulenförmig sind und sich in der Richtung der rhomboidalen Flächen in papierdünne, durchsichtige Blätter spalten lassen, theils in derben Massen auf, welche entweder 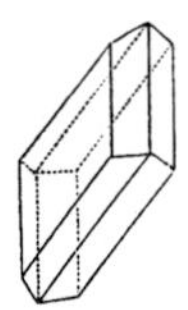 ein körnig-krystallinisches, parallelfaseriges oder auch dichtes Gefüge haben. Ausserdem bildet er auch schuppig erdige Aggregate. Sein Zusammenhalt ist milde, schneidbar; seine Härte gering, da er sich vom Fingernagel ritzen lässt; sein spec. Gewicht = 2,3—2,4.

In Krystallen erscheint er farblos, durchsichtig, perlmutterig glasglänzend, in seinen derben Aggregaten aber weiss oder auch durch erdige oder oxydische Beimengungen rauchgrau, ockergelb, braun oder auch grünlich gefärbt, gefleckt oder geadert; durchscheinend bis undurchsichtig, seiden- oder glasglänzend oder auch matt. — Beim Erhitzen in einem Glaskölbchen schwitzt er Wasser aus und wird ganz mürbe; der krystallisirte wird dabei undurchsichtig und mehlig. Von Säuren wird er nicht angegriffen; in einer kochenden Lösung von kohlensaurem Kali aber wir der in kohlensauren Kalk umgewandelt, welcher sich dann in Salzsäure unter Aufschäumen wieder auflöst. — In reinem Wasser löst er sich nur schwer, indem 1 Theil Gyps nahe an 500 Theilen Wassers zu einer Lösung braucht; in Wasser dagegen, welches Kochsalz enthält, ist er leichter löslich. — Im reinen Zustande besteht er aus 46,5 Schwefelsäure, 42,6 Kalkerde und 20,9 Wasser.

Abarten: Man unterscheidet je nach seinem Gefüge späthigen Gyps, welcher sich leicht in durchsichtige dünne Tafeln und Blätter spalten lässt, körnigen Gyps oder Alabaster, welcher fast wie Marmor oder Zucker aussieht, Faser- oder Seidengyps, dichten oder gemeinen Gyps.

Vorkommen: Der Gyps tritt zwar nie als Gemengtheil einer krystallininischen Felsart auf, aber er bildet für sich allein sehr bedeutende Ablagerungsmassen in dem Gebiete fast aller Erdrindeformationen, namentlich aber derer, welche Steinsalzlager besitzen, so der Zechstein-, Buntsandstein-, Muschelkalk-, Keuper- und Tertiärformation. In der Regel erscheint er daun im Verbande theils mit Anhydrit und Steinsalz, theils mit Thon, buntem Mergel und Dolomit und zwar in der Weise, dass über ihm zunächst Mergel und dann Dolomit und unter oder auch zwischen seinen Massen Anhydrit, Thon- und Steinsalz lagern. Ausserdem zeigt er sich auch hie und da — z. B. in den Alpen am St. Gotthard — eingelagert im Glimmerschiefer, oder wohl auch in der Grauwacke- und Steinkohlenformation, dann aber gewöhnlich in der nächsten Umgebung von Dolomit. — Endlich findet man namentlich seine krystallisirten, späthigen und faserigen Abarten auch in Rissen und Spalten von Thonablagerungen, ja selbst in der Masse dieser letzteren selbst eingebettet. — Nach allem diesen besitzt also der Gyps ein ausserordentlich grosses Ablagerungsgebiet. Aber noch mehr: Man findet ihn aufgelöst in unzähligen Boden- und Quellwassern und selbst in solchen, welche in gar keiner Verbindung mit Gypsablagerungen stehen. Wüsste man nun nicht, dass überall da, wo vitriolescirende Eisenkiese (Eisenvitriol) mit kalkerdehaltigen Mineralien, mögen diese nun zu den Arten des kohlensauren Kalkes und Dolomites oder der Feldspathe, Hornblenden und Augite gehören, in Berührung kommen, Gyps gebildet wird, so würde man sich sein Erscheinen in den Spalten und Quellen des Basaltes, Melaphyres, Diorites und Granites einerseits und sein Auftreten in den eisenkieshaltigen Dolomiten, Mergeln und Thonlagern vieler neueren Formationen andererseits nicht erklären können, würde man auch nicht mit Zuversicht behaupten dürfen, dass die meisten der gypsführenden Thonablagerungen früher einmal Mergellager waren, welche entweder selbst in ihrer Masse Eisenkiese eingesprengt besassen oder doch von Wassern durchsintert wurden, welche Eisenvitriol gelöst enthielten. Hierdurch lässt es sich dann auch erklären, warum diese gypshaltigen Thone in der Regel ockergelb oder rothbraun gefärbt sind. Nach allem diesen dauert also auch die Gypsbildung noch gegenwärtig überall da fort, wo kalkerdehaltige Minerale und Bodenarten noch in irgend einer Verbindung mit Eisenkiesen stehen; nach allem diesen werden demnach aber auch alle die Quellen, welche dem Gebiete dieser letztgenannten Felsarten entrieseln, so lange noch Gyps in sich aufgelöst enthalten, als in ihnen noch Eisenkiese und Kalkmineralien vorhanden sind.

Für die Pflanzenwelt ist diese so allgemein verbreitete Gypsbildung vom höchsten Werthe; denn der Gyps ist für sie das Hauptnahrmittel, welches seinen Schwefel zur Bildung ihres Eiweisses im Körper der Samen und anderer Glieder liefert, wie man namentlich bei der Familie der Hülsenfrüchte beobachten kann. — Als Bodenbildungsmittel hat der Gyps aber nur einen vorübergehenden Werth, indem er sich verhältnissmässig bald im Wasser des Bodens auflöst. Von einem wahren, dauernden Gypsboden kann daher vielleicht nur da die Rede sein, wo ein Boden auf oder am Fusse einer Gypsablagerung ruht, welche immer von Neuem den ausgelaugten Gyps im Boden ersetzt.

Prüfung des Boden- und Quellwassers auf Gyps: Man dampft ein Quart des zu untersuchenden Wassers auf die Hälfte ein und versetzt dann eine Probe desselben mit einigen Tropfen Barytwasser, wodurch die Schwefelsäure in Verbindung mit dem Baryt einen weissen unlöslichen Niederschlag bildet, und eine zweite Probe mit der Lösung von oxalsaurem Ammoniak, wodurch die Kalkerde des Gypses als oxalsaurer Kalk weiss niedergeschlagen wird.

Anhang zum Gyps: Sowohl mit dem Gypse, wie mit dem Kalkspathe wird sehr häufig von dem Nichtmineralogen der Anhydrit und Schwerspath verwechselt. Der erstere, welcher häufig mit dem Gypse zusammen in einer und derselben Ablagerung vorkommt und dann gewöhnlich die untere Region derselben einnimmt, ist eigentlich wasserloser Gyps und unterscheidet sich von dem wahren Gypse zunächst eben durch seine Wasserlosigkeit, der zu Folge er nicht wie der Gyps beim Erhitzen Wasser ausschwitzt, sodann durch seine grössere Härte, indem er sich nicht vom Fingernagel ritzen lässt, und endlich durch ein grösseres spec. Gewicht, welches = 2,8—3 ist. Er ist absolut nicht als Düngemittel zu gebrauchen.

§ 6b. **Der Baryt** oder **Schwerspath**. Ein vorherrschend in rhombischen Tafeln und Säulen krystallisirendes, aber auch in derben, späthigen, körnigen und dichten Massen auftretendes Mineral, welches sich vom Messer, aber nicht vom Fingernagel ritzen lässt, spröde ist und ein spec. Gewicht = 4,3—4,8 besitzt, also viel schwerer als der Gyps und Kalk ist. Farblos, gewöhnlich aber weiss oder auch durch Eisenoxyd rothbraun gefärbt; durchsichtig bis undurchsichtig glasglänzend bis matt. Im reinen Zustande besteht er aus 55,4 Baryterde und 34,6 Schwefelsäure. — Dieses, äusserlich namentlich dem Kalkspath ähnliche und darum von dem Nichtkenner mit dem letzteren oft verwechselte, Mineral bildet für sich allein oft beträchtliche Gang- und auch wohl Stockmassen, aber nie einen wesentlichen Bestandtheil von gemengten Felsarten und unterscheidet sich sowohl vom Gyps- wie vom Kalkspath

1) durch seine (rhombischen) Krystallformen;

2) durch seine **grössere Härte**; denn es ritzt sowohl den Kalk- wie den Gypsspath (Härte = 3,5);

3) durch sein **grösseres spec. Gewicht** (Baryt = 4,3—4,8; Gyps = 2,2 bis 2,4; Kalkspath = 2,6—2,8);

4) durch sein **Verhalten gegen Lösungsmittel**, gegen welche er völlig unempfindlich erscheint.

> **Bemerkung:** Man halte diese Beschreibung nicht für überflüssig; dem Verfasser selbst ist es vorgekommen, dass ein Landwirth seinen Boden mit Schwerspath statt mit Kalkspath „mergeln" wollte.

§ 6c. Der Phosphorit oder phosphorsaure Kalk. — Ein merkwürdiges und für die Ernährung der Pflanzenwelt bedeutsames Mineral, welches zwar in keiner gemengten krystallinischen Felsart als wesentlicher Gemengtheil auftritt, aber doch selten ganz in dem Gemenge namentlich der Glimmer, Chlorit, Hornblende oder Augit haltigen Gesteine ganz fehlt, wenngleich man sein Vorhandensein oft erst nur bei der mikroskopischen oder chemischen Untersuchung dieser Gesteine bemerkt. Dagegen bildet er für sich allein nicht blos stalaktitische Ueberzüge auf den Spalten und Klüften des Granites, Gneisses, Chloritschiefers, Dolerites, Basaltes, Phonolithes und Trachytes, sondern auch derbe Massen mit körnigem, faserigen oder dichten Gefüge, kleine knochenähnliche Aggregate und Knollen von verschiedener Grösse und Gestalt. — Man unterscheidet hiernach verschiedene Arten des phosphorsauren Kalkes:

1) **Den Apatit oder Spargelstein**, welcher in sechsseitigen Säulen krystallisirt und auch in derben Massen vorkommt, gewöhnlich gelb- oder blaugrün (spargelgrün) gefärbt, nicht selten aber auch weisslich, erscheint und sich gewöhnlich theils eingewachsen im Granit, Gneiss, Glimmer- und Chloritschiefer oder auch im Dolerit, Basalt, Phonolith und Trachyt, theils auf Gängen und Lagern im Gebiete dieser ebengenannten Gesteine zeigt. Er lässt sich vom Glase, aber nicht vom Messer ritzen und hat ein spec. Gewicht = 3,13—3,24. Von ihm hat man seinem chemischen Bestande nach

    Chlorapatit mit 10,65 Chlorcalcium,
    Fluorapatit mit 7,74 Fluorcalcium
zu unterscheiden.

2) **Den eigentlichen Phosphorit**, welcher derbe Massen mit körnigem, faserigen oder dichten Gefüge, stalaktitische Ueberzüge oder auch länglich eirunde Knollen von weisslicher, gelblicher, röthlicher, brauner oder grauer Farbe bildet und in der Regel neben seiner Kalkerde auch noch Eisenoxyd, Thonerde und Magnesia, sowie neben seiner Phosphorsäure auch noch Kohlensäure, ja bisweilen auch noch etwas Schwefelsäure enthält, weshalb man ihn in vielen Fällen als ein Gemisch von eigentlichem Apatit mit kohlensaurem Kalk betrachten muss. Von ihm unterscheidet man nun wieder:

a) den Osteolith oder Knochenstein, welcher weiss, erdig und knochenähnlich aussieht, kleine Lager und Nester im Gebiete der Basalte, Dolerite, Phonolithe und Trachyte bildet und wesentlich aus 45,81 Phosphorsäure und 54,19 Kalkerde besteht, gewöhnlich aber auch Thonerde und Kieselsäure enthält;

b) den thonigen Knollenphosphorit, welcher ein mit Thon, Kalk-, Magnesia- und Eisenoxydulcarbonat verunreinigter Fluor-Apatit zu sein scheint, 22,92 Phosphorsäure und 44,22 Kalkerde besitzt und lagenweise vertheilte Knollen in den Mergel- und Thonschichten der Jura- und Kreideformation bildet;

c) den gemeinen Phosphorit, welcher bald wie ein grauweisser Kalkstein, bald wie ein gelblichgrauer, poröser oder zelliger Dolomit aussieht, nicht selten auch Versteinerungen einschliesst, nesterweise in den verschiedenen Kalkformationen auftritt und sehr oft nichts weiter als ein mit phosphorsaurem Kalk untermischter Kalkstein, Dolomit oder Mergel ist.

Chemische Eigenschaften. — Aller Phosphorit ist, wenn ihm nicht Thon oder Kieselsäure beigemischt ist, in Salz- und Salpetersäure auflösbar und giebt dann in seinen Lösungen mit Barytwasser einen weissen, in Salzsäure wieder löslichen, durch Silberlösung einen schön gelben oder gelblichweissen, durch Eiweisslösung aber keinen Niederschlag. Ebenso erzeugt Salmiak, Ammoniak und Bittersalz in denselben einen weissen Niederschlag, so lange sie nicht sauer reagiren; ist dieses letzte aber der Fall, dann entsteht durch Eisenchlorid und essigsaures Natron ein solcher Niederschlag. Alle diese Reaktionen zeigen das Vorhandensein von Phosphorsäure an; dagegen zeigt der weisse Niederschlag, welchen oxalsaures Ammon in den Lösungen des phosphorsauren Kalkes erzeugt, die Gegenwart von Kalkerde an. — Seinen Fluorgehalt erfährt man, wenn man Splitterchen des Minerales mit etwas geschmolzenem und gepulvertem Phosphorsalz in einer offenen Glasröhre erhitzt und dabei ein angefeuchtetes Fernambukpapier oben in diese Röhre hält: beim Vorhandensein von Fluor wird dann das Fernambukpapier gelb gefärbt und auch wohl die Glasröhre selbst angeätzt. Um endlich den Gehalt von Chlor zu finden, löst man ein Pröbchen des Minerales in Salpetersäure und setzt dann etwas Silberlösung hinzu; entsteht jetzt ein krümlicher, weisser, durch Ammoniak wieder löslicher, Niederschlag, so ist Chlor im Phosphorit vorhanden.

Ausser in Salz- oder Salpetersäure löst sich der phosphorsaure Kalk nun auch noch in Flussigkeiten, welche humin- und quellsaure Alkalien (namentlich quellsaures Ammoniak) enthalten, wie dieses z. B. der Fall ist bei der Dünger-jauche. Ob er sich aber auch in Kohlensäure haltigen Wasser löst, ist noch zweifelhaft; wenigstens soll nach G. Bischof 1 Theil gepulverten Apatites bei ruhigem Stehen 393 Theile solchen Wassers zu seiner Lösung brauchen.

Bedeutung. Wie oben schon angedeutet, so ist der Phosphorit von Wichtigkeit für das Pflanzenreich; denn er allein liefert den Pflanzen den Bedarf von Phosphor, welchen sie zur normalen Darstellung ihres Fasergewebes und der meisten ihrer Samensubstanzen brauchen. Hierdurch wird er aber auch zugleich mittelbar von hoher Bedeutung für das Thier; denn dieses erhält erst durch die Pflanze allen den für den Aufbau seines Knochengerüstes, sowie zur Darstellung seiner meisten weichen und flüssigen Körperstoffe nöthigen phosphorsauren Kalk.

§ 6d. **Der Calcit** oder **Kalk**. Kein anderes Mineral tritt wohl unter

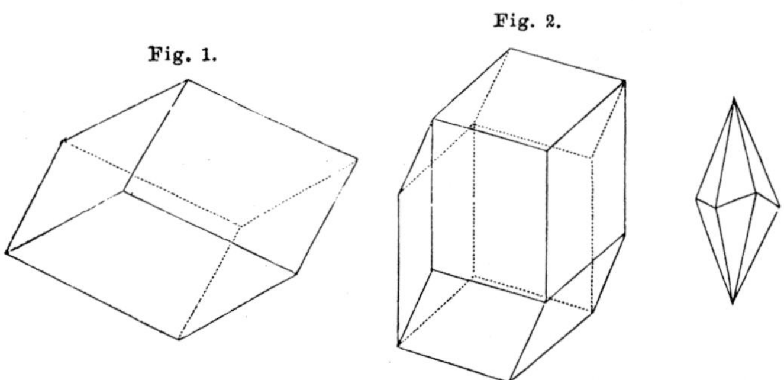

Fig. 1.   Fig. 2.

verschiedeneren Formen auf, wie dieses. Unter seinen Krystallgestalten macht sich am meisten ein stumpfes Rhomboëder (Fig. 1) und eine sechsseitige Säule (Fig. 2), welche entweder ebene Endflächen besitzt oder durch eine bald stumpfe bald spitze, drei- oder vierseitige Pyramide zugespitzt ist, bemerklich. Ausserdem tritt es aber auch auf in zapfen-, korallen-, büschel- und rindenförmigen Aggregaten, wie man an den Stalaktiten, Stalagmiten, Tropfsteinen, Sinterrinden etc. in Höhlen bemerken kann. Endlich bildet es derbe Massen mit späthigem, körnig-krystallinischem, stengeligem, faserigem, rogensteinartigem, dichtem bis erdigem Gefüge. — Seine späthigen Massen lassen sich alle sehr leicht in immer kleinere Rhomboëder spalten, welche bei vollkommener Durchsichtigkeit hinter ihnen befindliche Gegenstände doppelt zeigen, also doppelte Strahlenbrechung besitzen; seine derben Massen dagegen zeigen sich mehr oder weniger spröde. — Er ist vom Messer ritzbar, aber nicht vom Fingernagel; manche seiner dichten Massen aber ist so weich, dass sie sich schon am Fingernagel abreibt (z. B. die Kreide). — Spec. Gewicht = 2,6 — 2,8. Farblos und dann durchsichtig und glasglänzend, oder gefärbt, weiss, grau, grün, gelb, braun bis schwarz, dabei oft gefleckt und geadert (marmorirt) und dann durchsichtig bis undurchsichtig und glasglänzend bis matt.

Chemisches Verhalten: Im reinen Zustande besteht er aus 56,0 Kalkerde und 44,0 Kohlensäure; sehr häufig aber ist seine Masse verunreinigt theils durch chemische Beimischungen von Magnesia, Eisenoxydul, Manganoxydul, Baryterde etc., theils durch mechanische Beimengungen von Eisen- oder

Manganoxyd, Kieselerde, Schwefelcalcium, Bitumen und Thon. — Bei starker Erhitzung giebt er seine Kohlensäure frei und wird zu Aetzkalk (gebrannten oder kaustischen Kalk). — Mit Säuren übergossen braust er auf; ist nun die angewandte Säure Essig-, Salz- oder Salpetersäure, dann löst er sich in derselben ganz auf; besteht dieselbe aber aus Phosphor- oder Schwefelsäure, dann wird er, ohne sich zu lösen, umgewandelt in phosphorsauren oder schwefelsauren Kalk (Apatit und Gyps). Die stärkste Verbindungsneigung besitzt er aber zur Oxalsäure; mit dieser kann man daher auch selbst seine kleinsten Mengen aus allen ihren Verbindungen als einen weissen krystallinischen Niederschlag herausziehen.

> Erläuterung: Man kann eine Flüssigkeit auch mit Schwefelsäure auf Kalk prüfen, wenn die Lösung desselben nicht zu wasserreich ist. Ist aber dies der Fall, dann entsteht kein Niederschlag, weil der sich bildende schwefelsaure Kalk von dem überschüssigen Wasser gleich wieder gelöst wird. Mit Oxalsäure dagegen — namentlich mit oxalsaurem Ammoniak — entsteht in allen Lösungen ein krystallinischer Niederschlag von oxalsaurem Kalk. Ist indessen nur wenig Kalk in einer Lösung vorhanden, dann erfolgt dieser Niederschlag erst nach einiger Zeit; am schnellsten noch, wenn man die Lösung etwas eindampft und mit einem Glasstäbchen umrührt; der Niederschlag zeigt sich dann an den Wänden des Probirgläschens in der Form von weissen Streifen.

Im reinen Wasser ist er wohl schlämm-, aber nicht lösbar; dagegen vermag Wasser, welches Kohlensäure oder humussaure Alkalien in sich gelöst enthält, ihn um so leichter und stärker zu lösen, je länger es mit ihm in Berührung bleiben kann. Dies ist unter anderem der Fall, wenn der Kalk gegen Luftzug und gegen Erwärmung durch die Sonne geschützt ist, z. B. unter einer lebenden oder abgestorbenen Pflanzendecke, oder in Klüften und Höhlen, welche gegen den Luftzug vollständig geschlossen sind. Sobald aber seine kohlensaure Lösung mit der Luft in Berührung kommt, so dass sie verdunsten kann, dann scheidet sich auch der kohlensaure Kalk wieder aus und setzt sich an allen Gegenständen, welche seine Lösung berührt, ab (Stalaktiten-, Sinter- und Tuffbildungen).

Eigenthümlich ist auch sein Verhalten, wenn er mit abgestorbenen Organismenresten in Berührung kommt. Enthalten diese Stickstoff, so nöthigt er denselben, sich durch Anziehung von Sauerstoff in Salpetersäure umzuwandeln, mit welcher er sich zu salpetersaurem Kalk oder Kalksalpeter verbindet (Siehe oben § 5. 3. Salpeter). — Sind dagegen diese Reste stickstofffrei, so treibt er sie zur Bildung von Humussäuren an, mit denen er sich zu humus- (humin-, ulmin- und quell-) saurem Kalk verbindet, welcher sich jedoch rasch zu kohlensaurem Kalk wieder umwandelt. Kommt er dagegen mit Lösungen von humussauren Alkalien in Berührung, so lösen diese ihn unzersetzt in sich auf, wie oben schon angedeutet worden ist.

Abarten des Calcites: Je nach der Art seiner Bildung, je nach den Formen, unter denen er auftritt, und je nach den Beimengungen seiner Masse, hat man eine grosse Zahl von Abarten des kohlensauren Kalkes aufgestellt. Die wichtigsten unter diesen sind folgende:

a) der Aragonit, ein namentlich in rhombischen Säulen, Stengeln, Nadeln und strahlig faserigen Aggregaten auftretender kohlensaurer Kalk, welcher sich theils aus sehr verdünnten, theils auch aus concentrirteren Lösungen des Kalkes bei sehr langsamer Verdunstung des Lösungswassers bildet.

b) Kalkspath oder späthiger Kalkstein, meist plattenförmige Massen, welche sich in lauter Rhomboëder zerschlagen lassen;

c) körnigkrystallinischer Kalkstein oder Marmor, oft dem Zucker sehr ähnlich;

d) dichter und erdiger Kalk, zu welchem der gemeine Kalkstein und die Kreide gehört;

e) poröser und röhriger Kalk, zu welchem der Kalktuff und Travertin gehört;

f) Kalksinter in dichten oder krystallinischen Rinden auf den Wänden von Spalten und Höhlen;

g) Rogen- und Erbsenstein (Oolith und Pisolith); hirsen- bis erbsengrosse, strahligfaserige und concentrischschalige Kalkkugeln, welche durch ein Kalkbindemittel verkittet sind;

h) Stinkkalk, grauer, dichter oder poröser, durch Schwefelcalcium verunreinigter und beim Reiben nach Schwefelwasserstoff riechender Kalkstein;

i) Bituminöser Kalk, ein dichter rauchgrauer bis schwärzlicher, beim Glühen und Reiben bald nach Erdpech, bald nach Schwefel riechender, durch kohliges Harz (Bitumen) verunreinigter Kalkstein;

k) Eisenkalkstein, ockergelb oder rothbraun; Eisenoxyd haltig;

l) Thon- oder Mergelkalkstein, meist gelblich grau; Thon haltig;

m) sandiger oder Grobkalk; innig untermengt mit Sand und auch etwas Thon;

n) dolomitischer Kalkstein, ein grauer oder gelblichgrauer, dichter, poröser und zelliger Kalkstein, welcher aus einem Gemenge von Kalkstein und Dolomit besteht (siehe Dolomit in § 6 d).

Vorkommen, Bedeutung und Bildungsstätten des kohlensauren Kalkes. Wohl kein anderes Mineral hat einen so ausgedehnten Verbreitungskreis in und auf der Erdrinde, wie der Calcit. Ist er auch in den gemengten krystallinischen Gesteinen (z. B. im Kalkglimmerschiefer der Alpen), nur ausnahmsweise als wesentlicher Bestandtheil zu finden, so lange sie noch frisch und unverändert sind; tritt er auch in der Masse dieser nur als Ausscheidung ihrer in der Umwandlung begriffenen ursprünglichen Gemengtheile auf Spalten und Klüften, auf Blasen- und Zellenräumen (z. B. im Mandelsteine des Diabas und Melaphyr) auf, so bildet er dafür für sich allein nicht blos das Ausfüllungsmittel der klaffenden Gang- und Höhlenräume zwischen den alternden Erdrinde- massen der verschiedensten Formationen, sondern auch selbständig auf- tretende Gebirgsmassen von colossaler Mächtigkeit und Ausdehnung in den verschiedensten Lagen, Zonen und Regionen der Erdoberfläche. In der That, man möchte fragen, wo ist wohl ein Raum auf dem Erdkörper, welcher nicht irgend ein Quantum dieses Minerales enthielte? Da, wo Felsarten auftreten, welche Oligoklas, Labrador, Anorthit, Hornblende, Augit, Diabas, Granat, Epidot oder Zeolithe enthalten, sicher ebenso wenig, als da, wo Kalksteine, Dolomite, Mergel und Trümmergesteine mit kalkhaltigem Bindemittel ihre Massen ausbreiten; denn alle die zuerst genannten Minerale enthalten kieselsaure Kalkerde und geben sie als Calcit frei, sobald kohlensaures Wasser auf sie einwirkt. — Und ebenso wenig da, wo die Meereswoge ihren Schlamm zu Marschen aufhäuft, oder ihren Sand vom Winde zu den flüchtigen Hügelreihen der Dünen auf- werfen lässt; denn im Meere leben Myriaden von Conchylien und Polypen, deren Gehäuse aus kohlensaurem Kalke bestehen und dann von der Meeresfluth zerrieben und zermalmt das Material theils zum Ausbau von unterseeischen Kalksteinablagerungen, theils zur Mischung des Marsch- bodens oder des Dünensandes liefern. Muss doch selbst die Pflanzenwelt zu seiner Darstellung helfen; denn alle Kalksalze, welche sie während ihres Lebens dem Boden entzieht, mögen sie nun salpeter-, phosphor- oder schwefelsaure sein, zerlegt sie in ihrem Körper und giebt sie dann beim Verwesen dieses letzteren als kohlensauren Kalk dem mütterlichen Boden zurück. — So möchte sich denn also vielleicht nur da, wo Kalk- erde lose Mineralien die Erdoberfläche zusammensetzen, ein kalkleerer Flecken finden, — indessen auch nur dann, wenn kein Vogel auf dem- selben sich häuslich niederlässt, und kein Wasser ihn benetzen kann, welches aus kalkhaltiger Umgebung zu ihm gelangt.

Schon aus dieser gewaltigen Ausbreitung des kohlensauren Kalkes ergiebt es sich, dass er von ausserordentlicher Wichtigkeit nicht blos für den Aufbau und die Erhaltung der Erdrinde, sondern auch für die Zusammensetzung der Erdkrume und für den Ernährungsprocess aller Organismen sein muss. — In der That, durch seine leichte Löslichkeit in kohlensaurem Wasser und doch auch wieder durch seine leichte Aus- scheidung aus diesem Lösungsmittel wird er zunächst zum geeignetesten Mittel, nicht blos die vielfach geborstene und zerklüftete Erdrinde wieder zusammenzukitten und auf der Oberfläche der Erde selbst an den Ufern der Gewässer neue Erdrindelagen zu bilden, sondern auch in Verbindung mit thierischem Schleim die Gehäuse um den weichen, knochenlosen

Körper der Mollusken, Strahlthiere und Polypen darzustellen; durch diese seine leichte Löslichkeit in kohlensaurem Wasser wird er ferner zum vortrefflichen Nahrmittel der Pflanzen, indem er denselben Kohlensäure zuführt; aber dadurch, dass er sich im Pflanzenkörper leicht durch die in demselben vorhandenen organischen Säuren zerlegen lässt und dann mit diesen Säuren im Wasser unlösliche Salze bildet, welche sich an den Wänden des Pflanzenzellengewebes absetzen, wird er endlich auch zum besten Festigungsmateriale des Pflanzenkörpers. Kein Wunder daher, dass auf einem mit Kalk und Verwesungsstoffen wohl versorgten Boden das reichste und mannigfaltigste Pflanzenleben seinen dauernden Sitz hat. Zu allem diesen kommt nun noch, dass der kohlensaure Kalk, wie später bei der näheren Betrachtung des Erdbodens noch weiter gezeigt werden soll, nicht blos als Nahrmittel, sondern auch als Bodenbildungsstoff für das Pflanzenleben von grösster Wichtigkeit ist; denn kann er auch vermöge seiner Löslichkeit in kohlensäurehaltigem Wasser und in Folge der Unfähigkeit seines Sandes und Pulvers, Feuchtigkeit anzuziehen und festzuhalten, für sich allein keine stelbständige Erdkrume bilden, so ist er doch in Folge seiner grossen Wärmehaltungskraft das beste Mittel, Bodenarten, welche ein allzustarkes Vermögen besitzen, Feuchtigkeit anzuziehen und festzuhalten und in Folge davon immer nass und kalt zu sein, zu verbessern. In dieser Weise wandelt er bei gleichmässiger Untermengung um:

a) den strengen, nassen und kalten, beim Eintrocknen zu harten Knollen zerberstenden Thon in mürben, mässig feuchten und warmen Mergel oder Kalkthon;

b) die nur sauren Humus erzeugende, von Wasser durchdrungene Vertorfungsmasse abgestorbener Pflanzen in einen fruchtbaren, milden Humus. Dies letztere aber vollbringt er namentlich auch durch die Begierde seiner Kalkerde, sich mit Salpetersäure oder mit Humussäure zu verbinden.

§ 6e. **Der Dolomit.** — Er bildet wohl auch, wie der Calcit, spitzere und stumpfere Rhomboëder, welche theils eingewachsen in der Masse anderer Gesteine, theils zu Drusen verbunden auf Spalten und Klüften vorkommen; viel häufiger aber setzt er massige Aggregate mit körnigkrystallinischem (zuckerkörnigen) bis dichtem, oft zellig-porösem Gefüge zusammen.

Seine Felsmassen sehen zumal bei weisser Färbung krystallinischkörnigem Zucker oft täuschend ähnlich. Recht bezeichnend aber sind für den Dolomit einerseits die zahlreichen Poren, Zellen und Lücken seiner Masse und andererseits das Schroffe, Zerrissene seiner Felsen.

Seine Krystalle lassen sich leicht in der Richtung seiner Rhomboëderflächen in lauter Rhomboëder zerspalten; im Uebrigen aber ist seine Masse spröde. In der Härte steht er über dem Calcit; denn er lässt sich vom Messer wohl ritzen, aber er selbst ritzt auch den Calcit (H = 3,5 — 4,5). Sein spec. Gewicht ist = 2,85 — 2,95. Unter seinen Farben herrscht die weisse, hellgraue, gelbliche oder röthliche, seltener die braune vor; sein Glanz ist an Krystallen glasartig, bisweilen auch perlmutterig; an derben Felsmassen aber oft kaum oder nicht bemerklich.

Chemisches Verhalten. Im reinen Zustande besteht der Dolomit aus einer Verbindung von 54,3 kohlensaurer Kalkerde und 45,7 kohlensaurer Magnesia; sehr häufig aber ist ihm mehr oder weniger Eisenoxydul oder auch Manganoxydul beigemischt. Ausserdem zeigt er sehr oft auch mechanische Beimengungen von kohlensaurem Kalk, wie man dies namentlich bei denjenigen dolomitischen Gesteinen bemerken kann, welche unter dem Namen: dolomitische Kalksteine oder Rauhkalke bekannt sind und namentlich in der Zechsteinformation bedeutende Felsmassen zusammensetzen.

Bei starker Erhitzung — z. B. vor dem Löthrohr auf Kohle — verliert er wie der Calcit seine Kohlensäure und wird zu einem Gemische von Kalkerde und Magnesia. — Mit Salzsäure beträufelt braust er in der Regel erst dann auf, wenn er geritzt oder gepulvert wird, und selbst dann braust er nur ganz langsam und mit kleinen Blasen auf. Ebenso löst er sich in Salzsäure gewöhnlich nur als Pulver und unter Erwärmung auf. — Wird sein Pulver mit (wenig verdünnter) Schwefelsäure übergossen, so bildet sich unter langsamem Aufbrausen Gyps, welcher ungelöst bleibt, und Bittersalz (schwefelsaure Magnesia), welche sich in dem Wasser der Schwefelsäure löst. Durch Zusatz von etwas Alkohol wird dann das Bittersalz vollständig aus dem Gypse ausgelaugt. Filtrirt man nun die so erhaltene Lösung vom letzteren ab und dampft sie etwas ein, so erhält man Nadelkrystalle vom Bittersalz. Versetzt man aber diese Lösung mit phosphorsaurem Natron, so erhält man einen Niederschlag von phosphorsaurer Magnesia. Der obige Prozess kommt auch in der Natur da vor, wo Eisenkiese im Dolomite eingewachsen sind (vgl. § 5 unter f. beim Eisenvitriol). — Etwas anders zeigt sich der Dolomit, wenn ihm kohlensaurer Kalk mechanisch beigemischt ist: Wird er in diesem Falle mit Salzsäure übergossen, so braust er überall da, wo diese Säure mit der Kalkbeimengung in Berührung kommt, rasch und stark auf, da aber, wo diese Säure auf Dolomittheile stösst, wenig oder nicht. Uebergiesst man das Pulver eines solchen dolomitischen Kalksteines mit Essigsäure, so löst diese nur den beigemengten Kalk, aber nicht den Dolomit selbst auf. Ganz ähnlich verhält sich dieser Kalkstein gegen Kohlensäurewasser. Der reine Dolomit ist nämlich in kohlensäurehaltigem Wasser viel schwerer löslich, als der einfache kohlensaure Kalk, ja er löst sich erst dann, wenn dieses Wasser sehr lang mit ihm in Berührung bleibt. Kommt nun ein solches Wasser mit einem dolomitischen Kalksteine in Berührung, so löst es nur den beigemengten kohlensauren Kalk auf, die Dolomitmasse selbst aber lässt es unberührt, so lange noch eine Spur von dem ersteren vorhanden ist. Ueberall da nun, wo

im Dolomite die Kalkbeimengungen befindlich waren, entstehen jetzt nach Auf-
lösung der letzteren, grössere und kleinere Lücken, Zellen und Klüfte in der
Dolomitmasse, welche bald leer, bald auch mit Krystallen des wieder aus seinen
Lösungen sich ausscheidenden Calcites besetzt erscheinen und dem Ganzen die
Benennung „Rauhkalk" verschafft haben.

Vorkommen und geologische Bedeutung. — Die Krystalle des
Dolomites trifft man am meisten im Gebiete von Gesteinsmassen, welche kalkerde und magnesiahaltige Silicate zu Gemengtheilen haben, so in oder auf horn-
blende-, diallag- und augithaltigen Felsarten, bisweilen aber auch im Chlorit,
Serpentin oder selbst in Gypsmasse eingewachsen. Im ersten Falle sind sie
wohl durch Einfluss von Kohlensäurewasser auf den Kalk- und Magnesiagehalt
der genannten Minerale entstanden. — Die oft grossartigen Felsmassen des
Dolomites aber treten wohl hie und da auch im Gebiete der gemengten, krystallinischen Hornblende- und Augitgesteine auf, so z. B. in den St. Gotthardt-
Alpen; am meisten jedoch bilden sie gewöhnlich im Vereine mit Mergeln und
und Kalksteinen das durch seine zerrissenen Felsformen ausgezeichnete obere
Glied der verschiedensten Formationen, so namentlich in der Zechstein-, Muschel-
kalk-, Keuper- und Juraformation.

Als wesentlicher Gemengtheil von gemengten krystallinischen Felsarten
tritt er wohl nirgends auf; dagegen bildet er in innigem und gleichmässigem
Gemenge mit Thon die sogenannten dolomitischen Mergel, welche namentlich in der Keuperformation auftreten.

Die Zerstörung seiner Felsmassen wird hauptsächlich durch den Frost
vollbracht, indem Wasser, welches seine zahlreichen Klüfte füllt, beim Gefrieren
durch seine dabei stattfindende Ausdehnung die Massen der Dolomit-Felsen
in ein wildes Chaos von Felstrümmern zersprengt. Nur da, wo er kohlensauren
Kalk oder auch Eisenoxydul beigemengt enthält, wirken auch Sauerstoff und
Kohlensäure zerstörend auf ihn ein.

Als Bodenbildungsmittel vertritt er häufig die Stelle des Quarzsandes
und wirkt alsdann auf thon- und humusreiche Bodenarten lockernd und er-
wärmend ein, ohne jedoch die Wärme so zusammenzuhalten, wie es der kohlensaure Kalk allein thut. Dabei ist es überhaupt bemerkenswerth, dass der
Dolomitsand in seinem Verhalten gegen die strahlende Wärme sich weit mehr
dem Quarz- als dem Kalksande nähert. Vielleicht lässt es sich hierdurch erklären, warum sich auf einem an Dolomitsand reichem Boden viele Pflanzenarten zeigen, welche sonst nur dem eigentlichen Sandboden eigen sind. — Soll
er im Boden auch als Nahrungsspender auftreten, dann muss der erstere feucht
sein oder in Schatten gehalten werden und viel Verwesungsstoffe erhalten; denn
nur bei andauerndem Wirken von kohlensaurem Wasser löst er sich allmählig auf.

§ 6f. **Der Mergel.** Ein unkrystallinisches, dichtes bis erdiges, oft auch
zellig poröses Mineral, welches aus einem innigen und gleichmässigen Gemenge

von Thon mit mindestens 20 pCt. kohlensaurem Kalk oder auch mit mindestens 15 pCt. Dolomit besteht und eigentlich nicht zu den krystallinischen Felsgemengtheilen gehört, da es selbst erst aus der Verwitterung von Thon- und Kalkerde haltigen Mineralien oder auch dadurch erzeugt wird, dass Thonablagerungen von Calcitlösungen in der Weise durchdrungen werden, dass jedes Thontheilchen irgend ein Quantum kohlensauren Kalkes empfängt, welchen es fest mit sich verbindet und auch bei der Verdunstung des Lösungswassers so lange behält, als es nicht durch Zutritt von kohlensaurem Wasser seines Kalkgehaltes wieder beraubt wird. Da aber der Mergel für sich selbst bedeutende Ablagerungen in den verschiedensten Formationen der Erdrinde, dabei oft das Bindemittel von Conglomeraten und Sandsteinen bildet und endlich auch eine sehr wichtige Rolle bei der Bildung des Erdbodens spielt, so soll er gleich hier näher betrachtet werden.

Er ist von Farbe stets unrein grau, gelblich, bläulich, grünlich, rothbraun u. s. w. gefärbt, matt oder nur wenig schimmernd. Vom Messer schwer oder leicht ritzbar, bisweilen sogar abreiblich. An der Luft zerfällt er allmählig zuerst in scharfkantige Blättchen und Bröckchen, zuletzt aber in eine feinkrumige bis pulverige Erde.

Chemisches Verhalten: Ausser den oben schon angegebenen Bestandtheilen enthält er oft noch beigemengt Oxyde von Eisen und Mangan, feinere oder gröbere Quarzkörnchen, Glimmerblättchen und oft auch Bitumen, durch welches seine Masse schwarzgrau und schiefrig wird. — Mit Salzsäure braust er je nach der Menge seines Kalkgehaltes bald stärker bald schwächer auf; bei seiner Lösung in der genannten Säure hinterlässt er einen mehr oder minder grossen Rückstand von Thon, Sand und auch bisweilen von Bitumen. — Durch reines Wasser kann er wohl geschlämmt, aber nicht gelöst werden; durch kohlensäurehaltiges Wasser aber wird sein Kalk allmählig als doppeltkohlensaurer Kalk ausgelaugt, so dass von ihm nur noch Thon übrig bleibt. Auf gut gedüngten und mit Pflanzen bewachsenen Mergeläckern kann man dies beobachten. — Sind in seiner Masse Eisenkicse eingewachsen, so wird durch den, aus diesem letzteren entstehenden, Vitriol sein Kalk in Gyps umgewandelt, so dass er nun sogenannten Gypsmergel oder Thongyps bildet.

Abarten: Je nach der Grösse seines Kalkgehaltes und der Art seiner Beimengungen unterscheidet man von ihm:

1) Kalkmergel, welcher höchstens 25 pCt. Thon enthält und bei seiner Behandlung mit Salzsäure stark braust und sich rasch mit einem geringen Absatze von Thon löst.

2) Thonmergel, welcher höchstens 20 pCt. Kalk enthält und bei seiner Behandlung mit Salzsäure langsam braust und bei seiner Lösung einen starken Absatz von Thon giebt.

3) Dolomitmergel, welcher nur nach dem Pulverisiren erst langsam auf-

braust und bei der Behandlung mit Schwefelsäure, Gyps, Bittersalz und einen 50—80 pCt. betragenden Thonrückstand giebt.

4) **Sandmergel**, welcher bei seiner Lösung in Salzsäure einen Absatz von Thon und Sand giebt.

5) **Bituminösen Mergel**, welcher dunkelrauchgrau bis schwärzlich ist, beim Liegen an der Luft oder auch beim Glühen seine dunkele Farbe verliert und hellgefärbt wird, weil sein Bitumen theils als Kohlenwasserstoff theils als Kohlensäure entweicht. — Meist schiefrig.

6) **Eisenschüssigen Mergel**, ockergelb oder rothbraun von beigemengtem Eisenoxyd.

Vorkommen und Bildung. Der Mergel erscheint, wie schon oben bemerkt, in sehr verschiedenen Formationen der Erdrinde, hauptsächlich aber in der Zechstein-, Buntsandstein-, Muschelkalk-, Keuper-, Lias- und Kreideformation. In der Regel erscheint er in diesen Formationen im Verbande theils mit Dolomit und Gyps, theils mit Sandsteinen und Schieferthonen. Indessen wird auch manche Ablagerung als Mergel aufgeführt, welche vielleicht ehemals Mergel war, aber gegenwärtig durch vitriolescirende Eisenkiese in einen ockergelben oder rothbraunen, von Gypsspathblättern oder Fasergypsadern durchzogenen Thon umgewandelt ist. Dies gilt namentlich von vielen der sogenannten bunten Gypsmergel der Buntsandstein- und Keuperformation. Der Mergel bildet sich noch gegenwärtig oft in thonreichen Bodenarten, welche am Fusse bewaldeter Kalkberge lagern, dadurch, dass von dem Kalke dieser Berge durch das, aus den verwesenden Baumabfällen entstehende, kohlensaure Wasser fort und fort Theile aufgelöst und den Thonlagern zugefluthet werden. So lange aber diese Bodenarten mit Culturpflanzen bedeckt sind, hält sich dieser Kalk nicht im Boden; denn die Pflanzen saugen ihn als willkommene Nahrung gleich wieder auf. Liegt aber ein solcher Thonboden mehrere Jahre lang brach, so wird man namentlich an seinen, dem Kalkberge zunächst gelegenen, Krumen bemerken, dass sie mit Säuren schwach aufbrausen, also in Thonmergel umgewandelt worden sind.

Schliesslich ist noch zu bemerken, dass es ein Irrthum ist, wenn man meint, einen Thonboden dadurch in Mergel umzuwandeln, wenn man ihn mit Sand oder Geröllen von Kalkstein untermengt. Hierdurch erhält man nur einen kalkigen Thon, welcher in allen seinen physischen Eigenschaften ganz anders erscheint, als der Mergel, wie später noch weiter gezeigt werden soll.

§ 6g. Der Eisenspath oder **Siderit.** Er krystallisirt in schiefen Würfeln (Rhomboëdern), bildet aber auch oft mächtig ausgedehnte derbe Massen mit gross- bis klein-krystallinisch-körnigem oder auch dichtem Gefüge und späthige Aggregate, welche sich leicht in lauter Rhomboëder zertheilen lassen. Ausserdem tritt er auch mit Thon gemengt in kopf- bis hirsekorngrossen, ei- oder kugelförmigen — oft concentrisch schaligen — Knollen auf (**der thonige Sphärosiderit**), welche entweder lose neben einander liegen oder durch ein kalkiges oder eisenockeriges Bindemittel zum Ganzen verkittet sind (so die Eisenrogensteine). —

Seine Krystalle sind in der Richtung ihrer Flächen vollkommen spaltbar; seine derben Massen lassen sich bisweilen in concentrische Schalen zertheilen, sind aber sonst spröde und zeigen beim Zerschlagen theils eine unebene, theils eine muschelige Bruchfläche (diese letzte namentlich bei dem dichten thonigen Sphärosiderit). In seiner Härte steht er dem Dolomite gleich (H = 3,5 — 4,5); in seinem specifischen Gewicht aber, welches = 3,7 — 3,9 beträgt, steht er uber dem letzteren. — Gelbgraulich, honiggelb bis gelbbraun, auf frischen Flächen perlmutterartig glasglänzend, an der Oberfläche aber in Folge von Verwitterung meist schwärzlichbraun und matt, durchscheinend bis undurchsichtig. Seine dichten, durch Thon verunreinigten, Massen dagegen sind äusserlich gewöhnlich grauschwarz oder schwarzbraun und sowohl innerlich wie äusserlich matt und undurchsichtig.

Chemisches Verhalten. Im reinen Zustande besteht er wesentlich aus 62 Eisenmonoxyd und 38 Kohlensäure, in der Regel aber sind seiner Masse mehrere Procente Manganmonoxyd (bis 10 pCt.), Kalkerde und auch Magnesia beigemischt. Wirkt dann Wasser mit Luft auf ihn ein, so laugt dasselbe das Manganoxydul und die kohlensaure Kalkerde aus seiner Masse aus. Gewöhnlich setzen sich dann diese Auslaugungsproducte in den Spalten ihres Mutterminerals wieder ab und bilden dann Ueberzüge und eigenthümlich gestaltete Stalaktiten auf der Aussenfläche dieses letzteren (die sogenannte Eisenblüthe). Dass aber seine Masse auch häufig durch mechanisch beigemengten Thon verunreinigt wird, ist oben schon erwähnt worden. —

Wird Eisenspath auf Kohle vor dem Löthrohre erhitzt, so schwärzt er sich und wird magnetisch, ohne zu schmelzen. — Mit Schwefel- oder Salzsäure begossen löst er sich unter schwachem Aufbrausen zu einer grünlichen (bei begonnener Oxydation gelbbraunen) Flüssigkeit auf, welche mit Galläpfeltinctur blasse bläulichschwarze Tinte (aber keinen Niederschlag), mit Kaliumeisencyanür aber einen anfangs hell-, später dunkelblauen Niederschlag giebt. — In reinem Wasser ist er unlöslich, in kohlensäurehaltigem Wasser aber, sowie in Quell- oder Geïnsäure oder in humussaurem Ammoniak löst er sich unzersetzt auf, langsamer als der Calcit, aber schneller als der Dolomit. Kommt aber seine Lösung oder auch seine ungelöste Masse mit der atmosphärischen Luft oder mit atmosphärischem Wasser in Berührung, so zieht der Eisenspath rasch Wasser und Sauerstoff an, und wandelt sich hierdurch — unter Ausscheidung seiner Kohlensäure — in ockergelbes Eisenoxydhydrat um, welches sich nun als unlöslich aus seinem Lösungsmittel ausscheidet und an allen Gegenständen — Steinen, Sand, Erdkrume und Pflanzenwurzeln absetzt und dieselben nach und nach mit einem anfangs schleimigweichen, später aber hart und fest werdenden ockergelben oder schmutzigbraunen Kitte zu einzelnen Knollen oder Klumpen oder auch zu oft weit ausgedehnten festen Lagen verbindet.

In einem Boden, welcher das Material zur Bildung von Eisenspath enthält, kann er in dieser Weise Veranlassung zur Entstehung von Raseneisenstein geben, wie weiter unten gezeigt werden soll.

Vorkommen, Bildung und geologische Bedeutung. — Der eigentliche krystallische Eisenspath bildet Lager, Gänge, Stöcke und Nester im Gebiete aller krystallinischen Gesteine, welche Mineralien enthalten, die unter ihren chemischen Bestandtheilen Eisenmonoxyd besitzen, so namentlich im Bereiche der glimmer-, hornblende- und augithaltigen Felsarten, also des Gneisses, Glimmer- und Thonschiefers, Granites, Syenites, Diorites, Melaphyres, Diabases und Basaltes, ausserdem aber auch mancher Kalksteine, welche in der Umgebung der ebengenannten Gebirgsarten auftreten. — Der thonige Eisenspath dagegen zeigt seine oft mächtigen Lagermassen vorherrschend zwischen Erdrindeablagerungen, welche durch Niederschläge im Wasser entstanden sind, so in der Grauwacke-, Steinkohlen-, Zechstein- und Liasformation.

Alle diese Arten und Orte seines Vorkommens deuten darauf hin, dass er selbst ein Product der Wasserthätigkeit und namentlich des kohlensäurehaltigen Atmosphärenwassers ist. In der That lehrt die Erfahrung, dass, wenn kohlensaures Wasser unter Abschluss von Sauerstoff mit eisenoxydulhaltigen Mineralien (z. B. mit Glimmer, Hornblende, Augit und Hypersthen) in längere Berührung kommt, dasselbe den Eisengehalt derselben als lösliches doppeltkohlensaures Eisenmonoxyd (Eisenoxydul) auslaugt und dann denselben bei seiner Verdunstung oder Entziehung seines kohlensauren Lösungswassers durch andere stärkere Basen z. B. durch Kalk als unlösliches einfach kohlensaures Eisenoxydul, also als Eisenspath, wieder absetzt. Dies kann nun sowohl in Spalten, welche tief in die Masse von Gebirgsarten eingreifen, als auch in dem, gegen die Luft abgeschlossenen, thonigen Schlammboden von stehenden Gewässern und Torfmooren stattfinden, sobald sich in demselben Mineraltrümmer (Sand und Gerölle) befinden, welche unter ihren Bestandtheilen Eisenoxydul enthalten. Es ist nicht unwahrscheinlich, dass die Eisenspathablagerungen in den, durch Absätze im Wasser entstandenen, Erdrindebildungen auf diese Weise entstanden sind. Es lässt sich alsdann hierdurch auch die Bildung des thonigen Eisenspathes erklären. Denn wenn eine Lösung von Eisenspath Thonschlamm durchdringt, so wird sie von den einzelnen Massetheilen des letzteren aufgesogen und festgehalten, und zwar so, dass jedes einzelne Thontheilchen eine Portion Eisenspath erhält. Verdunstet nun sowohl das schlämmende Wasser des Thones wie das lösende Wasser des Eisenspathes, so bleibt der letztere in inniger Mengung mit dem Thone verbunden und bildet so den thonigen Eisenspath.

Es lehrt indessen ebenso die Erfahrung, dass auch Eisenkiese Veranlassung zur Bildung von Eisenspath geben können. Denn wenn sich diese Kiese durch Oxydation in Eisenvitriol umgewandelt haben, und es kommt nun die Lösung dieses letzteren mit kohlensaurem Kalk in Berührung, so entsteht durch Umtausch der Säuren einerseits aus dem kohlensauren Kalk Gyps (schwefelsaurer Kalk) und andererseits aus dem Eisenvitriol Eisenspath. Hierdurch lässt sich wohl das Zusammenvorkommen von Eisenspath mit Gyps — z. B. in der Zechsteinformation Thüringens — oder von thonigen Sphärosiderit mit gypshaltigem Thon in den Mergelablagerungen der Keuperformation oder auch in manchen gemergelten Thonbodenarten der Alluviums erklären.

Endlich aber lehrt noch die Erfahrung, dass auch abgestorbene Pflanzen- oder Thierreste zur Bildung von Eisenspath Veranlassung geben können. Alle abgestorbenen Organismenreste haben nämlich vermöge ihres Kohlenstoffgehaltes die grösste Begierde Sauerstoff an sich zu ziehen, um ihren Kohlenstoff in Kohlensäure umzuwandeln. Können sie nun denselben nicht aus der Atmosphäre bekommen, so entziehen sie ihn den Körpern und namentlich den Metalloxyden ihrer nächsten Umgebung. Kommen demgemäss im Untergrunde von sich gegen die Luft abschliessenden, streng thonigen Bodenarten oder ferner auch in eisenschüssig sandigen und lehmigen Bodenarten, welche durch eine dickverfilzte Pflanzendecke (Gras oder Haide) gegen die Luft abgeschlossen sind, oder endlich auf dem Grunde von stehenden Gewässern und Mooren abgestorbene Organismenreste mit eisenoxydhydrathaltigen Mineralien — z. B. mit ockergelbem Thon, Lehm oder Sand — in Berührung, so entziehen sie dem Eisenoxyde des Bodens einen Theil seines Sauerstoffes, so dass dieses in Eisenoxydul umgewandelt wird, während sich aus ihrer eigenen Masse Kohlensäure entwickelt, die sich nun gleich mit dem eben erst entstandenen Eisenoxydul zu Eisenspath verbindet.

Indessen ist sowohl diese Eisenspathbildung im Boden, wie auch die in den Gängen fester Gesteine nicht von langer Dauer; denn sobald der Sauerstoff der atmosphärischen Luft zu ihr gelangen kann, oxydirt sie sich höher zu Eisenoxydhydrat (Brauneisenstein) und giebt dabei ihre Kohlensäure frei. Am ersten findet dies noch in den an sich schon leicht von der Luft durchdringbaren sandigen Bodenarten statt, zumal wenn sie austrocknen oder stark und tief umgearbeitet werden.

Nach allem eben Mitgetheilten besitzt demnach der Eisenspath eine hohe Bedeutung für die Bildung und Umwandlung von Erdrindemassen. Tritt er auch nirgends als wesentlicher Bestandtheil einer gemengten krystallinischen Felsart auf, — denn im Melaphyr ist er nur als Ausscheidung zu betrachten — so setzt er doch für sich allein bedeutende Lagerstöcke ab. Ganz besonders aber erhält er dadurch eine grosse Wichtigkeit, dass er nicht nur das Muttermineral des Brauneisensteins ist, sondern auch das Material liefert, aus welchem sich unaufhörlich jene berüchtigten Eisensteinablagerungen in allen Bodenarten erzeugen, welche unter dem Namen Raseneisenstein, Ortstein, Ortsand, Klump-, Sumpf oder Morasterz, Limonit etc. namentlich im Boden des

Tieflandes auftreten und denselben oft für alle Cultur untauglich machen. Denn wenn auch — wie später beim Raseneisenstein noch weiter gezeigt werden soll — dieses Eisenerz auf noch mannigfach andere Weise entstehen kann, so ist doch wenigstens in sehr vielen Fällen der aus eisenoxydulhaltigen Sandkörnern von Hornblende, Diallag, Augit und Hypersthen erzeugte Eisenspath oder das, aus dem Eisenoxydhydrat des Bodens durch faulige Organismenreste gebildete, quell- und kohlensaure Eisenoxydul ein Hauptbildungsmaterial für dasselbe.

§ 7. **Die Metalloxyde** sind Verbindungen der Metalle mit dem Sauerstoffe. Da sich aber der letztere in mehrfachen Gewichtsmengen mit einem und demselben Metalle verbinden kann, so kann es auch von einem und demselben Metalle mehrere Arten von Oxyden geben. Von allen diesen Arten sind aber vorzüglich zwei für die Felsarten- und Erdbodenbildung von Wichtigkeit, nemlich:

1) die Monoxyde oder Oxydule, in denen auf 1 Theil Metall 1 Theil Sauerstoff (— also RO —) und

2) die Sesquioxyde oder gemeinen Oxyde, in denen auf 2 Theile Metall 3 Theile Sauerstoff (— also R^2O^3 —) kommen.

Unter diesen beiden Oxydarten kommen die Monoxyde in der Regel nicht frei in der Natur vor, weil sie starke Salzbasen sind d. h. sich mit allen möglichen Säuren, also auch mit der überall vorkommenden Kohlensäure, zu Salzen verbinden können; die Sesquioxyde dagegen, welche schwache Salzbasen sind und demgemäss sich nur mit starken Säuren (Schwefel-, Salpeter-, Phosphor- oder Salzsäure) aber nicht mit der Kohlensäure verbinden können, bilden in und auf der Erdrinde nicht selten bedeutende Ablagerungsmassen, eben weil die Säuren, mit denen allein sie sich verbinden könnten, nur selten frei in der Natur — und dann auch immer nur in unbedeutenden Mengen — vorkommen.

Unter allen in der Erdrinde vorkommenden Metalloxyden spielen indessen nur die Eisenoxyde eine für die Bildung der Gesteine und Erdbodenarten höchst wichtige Rolle; sie müssen daher genauer betrachtet werden:

Eisenoxyde. Theils krystallinische, theils derbe bis pulverige Minerale von ockergelber, gelbbrauner, braunrother, graubrauner bis eisenschwarzer Farbe, welche entweder aus 2 Theilen Eisen und 3 Sauerstoff oder aus 3 Eisen und 4 Sauerstoff bestehen, in Salzsäure sich leicht oder schwer mit gelbbrauner oder rothbrauner Farbe lösen und dann mit Galläpfeltinctur einen schwarzen, mit Kaliumeisencyanür einen dunkelblauen Niederschlag geben, vor dem Löthrohre aber auf Kohle in der inneren Flamme erhitzt eine schwarzgraue, magnetische Masse liefern und nur sehr schwer schmelzen. — Sie spielen im Mineralreiche eine äusserst wichtige Rolle, indem sie einerseits in vielen Mineralien, (so z. B. im Granat, Hornblende, manchem Augit, Glimmer und auch Feldspathe), theils als wesentlicher, theils als unwesentlicher Bestandtheil auftreten und dann deren röthliche, braunrothe oder braunschwarze Färbung bedingen, andererseits für sich allein massig entwickelte Ablagerungen im Gebiete der verschiedensten Formationen, ja selbst zum Theil des Ackerbodens und der Moore bilden und endlich eine der häufigsten Beimengungen der verschiedensten Bodenarten, vorzüglich aber des gemeinen Thones und Lehmes, abgeben. Als wesentliche oder unwesentliche Gemengtheile von krystallinischen Felsarten dagegen machen sich von ihnen nur der Eisenglanz und das Magneteisenerz bemerklich. — Zu ihnen gehören:

§ 7a. **Das Magneteisenerz:** Es krystallisirt vorherrschend in regelmässigen Achtflächnern, welche theils in der Masse von Gesteinen eingewachsen, theils auf Spalten der letzteren zu Drusen vereinigt vorkommen, bildet aber auch abgerundete Körner (Magneteisensand) oder derbe, mit körnigem oder dichten Gefüge versehene, Felsmassen. Sein Zusammenhalt ist spröde; sein Bruch muschelig bis spröde. Es wird vom Feuerstein, aber nicht vom Messer geritzt (H = 5,5 — 6,5). Sein spec. Gewicht ist = 4,9 — 5,2. — Von Farbe erscheint es eisenschwarz und metallisch glänzend; im Ritze aber zeigt es sich schwarzgrau. — Es ist ausgezeichnet durch seinen starken Magnetismus. — Vor dem Löthrohr ist es sehr schwer zu schmelzen. In Salzsäure löst es sich vollständig mit grünlich brauner Farbe auf. — Im reinen Zustande erscheint es als ein Gemisch von 69 Eisenoxyd und 31 Eisenoxydul oder auch aus 74,8 Oxyd und 25,2 Oxydul; daher auch Eisenoxyduloxyd genannt.

An trockner Luft liegend kann es sehr lange Zeit unverändert bleiben; kommt es aber mit Feuchtigkeit und Kohlensäure in Berührung, so wird sein Oxydul rasch nach einander zuerst in kohlensaures Eisenoxydul und dann in Eisenoxydhydrat umgewandelt, so dass es nun aus einem Gemische von diesem letzteren und reinem Eisenoxyde besteht. Viele gelb- oder orangerothe Eisenoxyde, welche beim Erhitzen Wasser ausschwitzen, mögen auf diese Weise entstanden sein: — sicher aber nicht dadurch, dass das reine Eisenoxyd Wasser angezogen hat. — Liegt indessen Magneteisenerz an feuchten Orten, zu denen wohl Kohlensäure, aber kein Sauerstoff gelangen kann, so entsteht aus seinem Oxydulgehalte Eisenspath, welcher vom Wasser ausgelaugt wird, so dass nur noch das Eisenoxyd von ihm übrig bleibt. Daher kommt es, dass Mineralien, welche, wie z. B. mancher Glimmer, unter ihren chemischen Bestandtheilen Eisenoxydul und auch Eisenoxyd enthalten, bei ihrer Zersetzung im Innern von Gesteinsklüften einen durch Eisenoxyd braunroth gefärbten Thon oder auch von Eisenglanz und zugleich Eisenspath bilden, Der rothe, von Eisenspath- oder Eisenoxydhydratadern durchzogene Thon des Magnesiaglimmerschiefers ist jedenfalls in dieser Weise entstanden. Ganz dieselbe Zersetzung erleidet das Magneteisenerz auch, wenn es auf dem Grunde von Mooren oder in Bodenarten, welche viel faulige Pflanzensubstanzen enthalten, lagert. Dass es in dieser Weise ebenfalls zur Bildung von Raseneisenerz beiträgt, wird weiter unten gezeigt werden.

Vorkommen und Bedeutung. Dieses Eisenerz bildet nicht nur für sich allein mächtige Felsstöcke, sondern auch den wesentlichen oder unwesentlichen Gemengtheil vieler krystallinischen Gesteine, so namentlich der basaltischen und anderer neuerer vulkanischer Felsarten. Es findet sich namentlich in der Gesellschaft der Augite und basaltischen Hornblende und scheint wohl oft aus dem Eisenoxydgehalte dieser Minerale hervorgegangen zu sein, eine Annahme, welche dadurch noch an Wahrscheinlichkeit gewinnt, dass es sehr häufig in der Masse von Mineralien, welche anerkannte Zersetzungsproducte des Augites und der Hornblende sind, — so im Chlorit und Serpentine —, eingewachsen vorkommt. Ausserdem zeigt es sich auch in losen Körnern im Sande der Vulkane und ihrer Zertrümmerungsmassen (sogenannter Magneteisensand). Endlich hat man sogar in dem Dünensande Jütlands und mehrerer anderer Orte am Strande der Nordsee mehrere Procente von Magneteisenkörnchen gefunden. Dies ist in so fern von Interesse, weil sich hierdurch die Raseneisenbildungen in den Mulden dieser Dünen erklären lassen.

§ 7b. **Das Rotheisenerz** (Hämatit und Eisenglanz): Es bildet theils rhomboëdrische Krystallformen, unter denen namentlich dünne sechsseitige Tafeln und Blätter hervortreten, theils zarte, eisenglänzende Ueberzüge auf Gesteinen, theils derbe Massen mit strahligfaserigem, dichtem oder erdigem Gefüge, theils endlich auch lose pulverige Aggregate, welche oft mit Thon untermengt auftreten. — Je nach diesen seinen Körperformen lässt es sich in zwei Unterarten abtheilen, welche auch in ihren Eigenschaften verschieden sind:

1) Eisenglanz: krystallisirtes Eisenoxyd, welches hauptsächlich in sechsseitigen Tafeln, Blättern und Schuppen auftritt und dann oft schwarzem Glimmer so ähnlich sieht, dass man es auch Eisenglimmer genannt hat. Es ist spröde; lässt sich vom Messer nicht ritzen (H = 5,5—6,5), hat ein spec. Gewicht = 5,19—5,28, und ist eisenschwarz, stark metallisch glänzend, aber im Ritze braunroth und matt. — Wird es auf Kohle stark erhitzt unter Abschluss von Luft, so wird es theilweise zu Oxydul reducirt und dadurch magnetisch.

Der kleinblättrige und schuppige Eisenglanz vertritt bisweilen die Stelle des Glimmers im Granit, Gneiss und Glimmerschiefer und gelangt bei deren Zersetzung in den Sand und Boden dieser Gebirgsarten.

2) Rotheisenstein: Derbe, dichte bis erdige oder auch stalaktitische, strahlig faserige Aggregate, welche sich vom Messer bald schwer bald leicht ritzen lassen und oft sogar am Finger abfärben, ein specifisches Gewicht = 4,5—4,4 besitzen und braunroth oder auch stahlgrau sind, beim Ritzen aber immer ein kirschrothes Pulver zeigen. —

Das Rotheisenerz bildet für sich oft bedeutende Ablagerungsmassen und erscheint auch sehr häufig als zartes Pulver der Masse von anderen Gesteinen beigemengt, wodurch diese letzteren eine mehr oder weniger intensiv braun- oder rosenrothe Färbung erhalten. Hauptsächlich gilt dies von allem Thon, welcher aus der Zersetzung von eisenoxydhaltigen Silicaten, wie Glimmer, Hornblende und Augit, entstanden ist. Mit diesem gemischt bildet es auch den rothen Thoneisenstein und das rothe, eisenschüssige Bindemittel mancher Conglomerate und Sandsteine, z. B. in der Formation des Rothliegenden und Buntsandsteines.

Chemisches Verhalten des Eisenoxydes im Allgemeinen. Das Eisenoxyd, welches aus 70 Eisen und 30 Sauerstoff besteht, ist eine schwache Basis und geht darum keine Verbindung mit der Kohlensäure und den Humussäuren ein; ja selbst in starken Säuren ist es nur schwer und langsam löslich. Dazu kommt noch, dass es seinen Sauerstoff so fest hält, dass unter den gewöhnlichen Verhältnissen — nach vielfachen Erfahrungen — selbst nicht einmal faulige Organismenreste dasselbe in Oxydul umwandeln können. In allem diesen liegt der Grund, dass dieses Oxyd, wenn es nicht auf irgend eine Weise hydratisirt (?) wird, ein todter und stabiler Gemengtheil des Bodens ist, welcher wohl nie zur Bildung von Raseneisenerz etwas beiträgt.

Bemerkung. Ich habe mir alle Mühe gegeben, irgend einen Fall aufzufinden, in welchem Rotheisenerz irgend Veranlassung zur Raseneisenbildung gegeben hätte; bis jetzt aber war mein Forschen vergebens. Ich muss demnach hier ausdrücklich bemerken, dass, wenn scheinbar ein solcher Fall existirt, das vermeintliche Eisenoxyd nur ein rothgefärbtes Eisenoxydhydrat, wie es aus der Oxydation des Magneteisenerzes entstehen kann, das Bildungsmittel des Raseneisens war. —

§ 7c. **Das Braun-** oder **Gelbeisenerz** (Limonit, Quellerz, Raseneisenerz, Eisenoxydhydrat): Vorherrschend dichte bis erdige, oder auch rogensteinförmige Massen; ferner traubige, nierenförmige oder stalaktitische Aggregate mit strahlig fasriger oder concentrisch schaliger Zusammensetzung; ferner kugelige, concentrisch schalige Massen oder auch poröse, schlackig aussehende Knollen; endlich auch pulverige oder erdige, lose Zusammenhäufungen. Im Bruche eben oder uneben, spröde bis milde. — Vom Messer ist es theils nicht ritzbar, theils aber lässt es sich sogar vom Fingernagel ritzen. Sein spec. Gewicht ist = 3,4—3,95. Seine strahlig faserigen und derben dichten Massen sind theils schwärzlich graubraun und schwach glänzend, theils gelbbraun bis ockergelb und matt. Im Ritze und als Pulver erscheint es immer gelbbraun oder ockergelb.

Chemisches Verhalten. Im reinen Zustande besteht es aus 83,6 Eisenoxyd und 14,4 Wasser. Wird es unter Luftzutritt erhitzt, so giebt es sein Wasser frei und wird zu wasserlosem rothen Eisenoxyd; aber bei Luftabschluss auf Kohle erhitzt wandelt es sich in schwarzgraues Magneteisenerz um. — Durch Salzsäure wird es leicht mit ockergelber Farbe gelöst; in seiner Lösung erzeugt Ammoniak einen gelbbraunen, Kaliumeisencyanür einen dunkelblauen und Galläpfeltinctur einen schwarzen Niederschlag. — Kommt es unter Luftabschluss z. B. auf dem Grunde von stehenden Gewässern, Sümpfen oder strengem Thonboden mit fauligen Organismenresten in Berührung, so wird es in Eisenoxydul umgewandelt, welches sich dann mit der aus diesen Resten entstehenden Kohlensäure zu in Wasser löslichem doppelt kohlensauren Eisenoxydul verbindet. — Kommt es dagegen mit quell- oder geïnsaurem Ammoniak in Berührung, so wird es unverändert aufgelöst und auch wieder unverändert abgesetzt, sobald das humussaure Ammoniak unter Luftzutritt zu kohlensaurem Ammoniak geworden ist. Es überzieht alsdann als eine anfangs schleimige, später aber pulverige oder auch feste Rinde alle von ihm berührten Körper, so z. B. die Sandkörner oder Erdkrumentheile, und verkittet sie zu mehr oder minder festen, zusammenhängenden Lagen und Knollen.

Vorkommen, Bildungsweise und geologische Bedeutung. Das Brauneisenerz kommt nirgends als ein Bestandtheil von gemengten krystallinischen Felsarten vor, — und trifft man es demungeachtet in der Masse dieser letzteren, so ist dies ein Beweis, dass dieselben in der Zersetzung begriffen sind. Für sich allein dagegen bildet es oft massig ausgedehnte Ablagerungen und Stöcke in Formationen des verschiedensten Alters. Bemerkenswerth ist es, dass seine Ablagerungsmassen sehr gewöhnlich in der nächsten Umgebung des Eisenspathes auftreten, ja häufig sogar die unmittelbare Decke über den Massen dieses letzteren bilden und zwar in der Weise, dass die Brauneisenerzmasse noch einen Kern von wahrem kohlensaurem Eisenoxydul besitzt, welcher nach seinem Umfange hin allmählig in Eisenoxydhydrat übergeht, so dass die äussere Schale der ganzen Masse aus wahrem Eisenoxydhydrat besteht. Dabei kommt es sehr oft vor, dass die rhomboëdrischen Krystalle des Eisenspathes trotz ihrer Umwandlung in Oxydhydrat noch ihre ganze Gestalt behalten haben und nur an ihrer Oberfläche concav eingesunken oder convex gehoben erscheinen, — jedenfalls eine Folge von der Entweichung ihrer Kohlensäure. Aus allen diesen Erscheinungen sowohl wie auch aus der Erfahrung, dass sich aus jeder Lösung von kohlensaurem Eisenoxydul bei Luftzutritt ein Absatz von ockergelbem Eisenoxydhydrat abscheidet, hat man gefolgert, dass das Brauneisenerz überhaupt ein Oxydations- und **Zersetzungsproduct des Eisenspathes** ist.

Erklärungen. Recht schön kann man diese Umwandlung des kohlensauren Eisenoxyduls in Eisenoxydhydrat in Wassertümpfeln auf Lehmäckern beobachten. Wenn nämlich in einen solchen Tümpfel Pflanzenabfälle geworfen werden, so erscheint einige Zeit nachher das Wasser an der Oberfläche dieses Tümpfels zuerst regenbogenfarbig violett und grün schillernd, dann aber ockergelb gefärbt und getrübt. Bald aber verschwindet die ockergelbe Trübung wieder und es kommt abermals die violette und grüne Färbung zum Vorschein. Dieser Wechsel der Färbung dauert oft wochenlang, bis endlich das Wasser ganz ungefärbt bleibt. Schöpft man jetzt nun das Wasser aus dem Tümpfel aus, so gewahrt man auf dem Grunde desselben einen bräunlich ockergelben Schleim, welcher dann an der Luft schnell erhärtet und aus Eisenoxydhydrat besteht; von den in den Tümpfel geworfenen Pflanzenabfällen aber gewahrt man kaum noch Spuren; dagegen erscheinen die Lehmwände dieses Tümpfels nicht mehr gelbbraun, sondern nur noch blassgelb. — Ganz dieselben Erscheinungen kann man beobachten, wenn man ockergelb gefärbten Sand — wie er so häufig im norddeutschen Tieflande auftritt — in ein Fass wirft, dann mit abgestorbenen Wurzelzasern (etwa $\frac{1}{2}$ Zoll hoch) bedeckt und nun das Fass ganz mit Wasser gefüllt an einen luftigen Ort setzt. Lässt man nach Verlauf eines halben Jahres oder auch noch früher das Wasser durch ein — etwa 6 Zoll über dem Fussboden gebohrtes — Loch allmählig abfliessen, so findet man in dem Fasse ebenfalls den obenerwähnten gelben Oxydhydratschleim und unter demselben den Sand ganz weiss.

Diese — für die Entstehung so vieler Raseneisenerze höchst belehrende — Erscheinung lässt sich in folgender Weise erklären: Die in dem Wassertümpfel oder Fasse liegenden Pflanzenreste entziehen, wie schon früher angegeben, dem Eisenoxydhydrate des Lehmes oder Sandes einen Theil Sauerstoff, wodurch einerseits aus dem Oxydhydrate Eisenoxydul und andererseits aus dem Kohlenstoffgehalte der Pflanzen Kohlensäure entsteht. Die so gebildeten beiden Stoffe verbinden sich nun gleich mit einander zu doppeltkohlensaurem Eisenoxydul, welches sich in dem Wasser auflöst. Kommt aber nun dieses Eisensalz an der Oberfläche seines Lösungswassers mit der Luft in Berührung, so zieht es rasch Sauerstoff an sich, wodurch es violett und grün wird, bis es zuletzt so viel von diesem Umwandlungsstoffe erhalten hat, dass es zu wahrem ockergelben Eisenoxydhydrat geworden ist. Dieses aber ist im Wasser unlöslich, macht daher das Wasser trüb und senkt sich zu Boden. Sind nun auf demselben noch Pflanzenreste vorhanden, so entziehen diese dem eben erst entstandenen Oxydhydrate seinen Sauerstoff zum Theil wieder, wandeln es dann auch wieder in kohlensaures Eisenoxydul um und es geht nun die eben geschilderte Erscheinung von Neuem an. Diese abwechselnde Bildung vom Oxydhydrat und kohlensaurem Eisenoxydul wird überhaupt in dem Tümpfel so lange fortdauern, als noch Spuren von fauligen Pflanzenresten vorhanden sind. Erst wenn die letzte Spur dieser letzteren in Kohlensäure umgewandelt worden ist, kann sich das zuletzt gebildete Oxydhydrat ruhig und stabil absetzen.

An dieser Stelle muss zugleich auch darauf aufmerksam gemacht werden, dass auch lebende Pflanzen, so vor allen schwimmende Wassermoose und Algen aus dem Geschlechte der wie feine Fäden aussehenden Oscillatorien, zur Bildung von Raseneisenerz beitragen. Diese kleinen, früher für Infusorien gehaltenen Pflänzchen, welche namentlich in fauligem Sumpfwasser leben, saugen das in diesem letzteren gelöste kohlensaure Eisenoxydul als Nahrung in sich auf, entreissen ihm seine Kohlensäure, zersetzen diese in Kohlenstoff und Sauerstoff, wandeln dann mit Hülfe dieses letzteren das eben erst entstandene Eisenoxydul in Eisenoxydhydrat um und setzen dieses so lange in den Zellen ihres Körpers ab, bis diese ganz damit angefüllt sind. Hierdurch aber zu schwer geworden sinken sie nun zu Boden, wo sie sich mit dem schon vorhandenen Eisenschleime mischen und eine beim Austrocknen fast filzig faserige Raseneisenmasse bilden. Soviel über die Bildung des Eisenoxydhydrates aus dem Eisenspathe. Das eben Mitgetheilte wird ausreichen, einen Blick des Verständnisses auch in die so bedeutungsvolle Entstehung der Raseneisenerze zu thun. Ausführlich habe ich diesen Gegenstand in meinem Werke: „Die Humus-, Torf- und Limonitbildungen" S. 187—204 behandelt.

In eben diesem Werke habe ich auch erwähnt, dass auch die Haide auf eine eigenthümliche Weise die Bildung von Raseneisenstein befördert. Dieselbe saugt nemlich das im Boden ihres Standortes entstehende kohlensaure Eisenoxydul sehr begierig auf und wandelt es in ihrem Körper mittelst ihres Gerbestoffes in gerbsaures Eisenoxydhydrat um. Stirbt sie nun ab, so verwandelt sich ihre Gerbsäure allmählich in Kohlensäure, welche entweicht, wodurch das vorher mit ihr verbundene Eisenoxydhydrat frei wird und sich nun an allen Sandkörnern des Bodens absetzt.

Es ist bis jetzt immer nur von der Entstehung des Eisenoxydhydrates aus der höheren Oxydation des kohlensauren Eisenoxydes die Rede gewesen. Dieses Oxyd entsteht indessen auch aus der unmittelbaren höheren Oxydation des Eisenoxydules in Silicaten. Wenn sich nemlich eisenoxydulhaltige Silicate, wie Feldspathe, Glimmer, Hornblenden, Hypersthen, Augit u. s. w. unter Luftzutritt zersetzen, so wird ihr Eisengehalt meist unmittelbar in Eisenoxydhydrat umgewandelt, dadurch aber aus seiner Verbindung mit der Kieselsäure gerissen und an die Oberfläche des verwitternden Minerales gedrängt, wo es nun theils für sich allein, theils in Untermengung mit Thon die für eisenoxydulhaltige Minerale so charakteristische ockergelbe Verwitterungsrinde bildet.

Nach allem eben Mitgetheilten spielt also das Brauneisenerz, trotzdem dass es nicht als wesentlicher Gemengtheil von krystallinischen Gesteinen auftritt, doch eine sehr wichtige Rolle bei der Bildung der verschiedenartigsten

Erdrindemassen: Durch die Verwitterung von eisenoxydulhaltigen Silicaten entstanden und mit Thon untermischt bildet es die Verwitterungsrinde so vieler Minerale und in dieser Rinde das Material, aus welchem das abschlämmende Regenwasser in den Klüften und Buchten der Gebirge die mehr oder minder mächtigen Lager von ockergelbem oder lederbraunem Thon und Lehm, aber auch das Bindemittel so vieler Conglomerate, Sandsteine und Schieferthone schafft; aus Lösungen von doppeltkohlensaurem Eisenoxydul sich erzeugend stellt es einerseits für sich allein mächtige Lager oder mit Thon innig gemischt die Thoneisensteine und auch wohl eisenschüssigen Thone dar, wie beim Eisenspath schon gezeigt worden ist, und bildet es andererseits das Umhüllungsmittel der Sandkörner im Schlämmlande und die Hauptmassen des Raseneisensteines im Acker- und Sumpflande. —

§ 7d. Obgleich kein krystallinisches Mineral und auch nirgends einen Gemengtheil krystallinischer Felsarten bildend, möge hier doch das für die Zusammensetzung so zieler Bodenarten wichtige und namentlich im Gebiete des Schlämmlandes so ausserordentlich verbreitete Rasen-, Wiesen-, Sumpf- oder Morasteisenerz einen Platz finden, zumal da es bis jetzt schon so oft genannt worden ist.

Das Rasen-, Wiesen-, Quell-, Morast-, Sumpf-, See-Erz, welches an vielen Orten auch Ortstein, Oort, Uurt oder Klump genannt und von mir mit dem allgemeinen Namen Limonit bezeichnet worden ist, umfasst im Allgemeinen alle die unter der Form bald von sandigen oder erdigen Aggregaten, bald von schlackigen oder schaligen Knollen, bald in zusammenhängenden, dichten oder rundkörnigen Lagermassen auftretenden Eisengebilde, welche sich noch fortwährend theils im Boden der Aecker, Wiesen, Triften, Haiden und Wälder, theils auf dem Grunde von Sümpfen, Torfmooren, Seen und Quellen erzeugen und vorherrschend aus ockergelbem, lederbraunem oder auch rauchbraunem Eisenoxydhydrat oder aus einem Gemenge von diesem und phosphorsaurem Eisenoxyd bestehen und ausserdem sehr gewöhnlich eine grössere oder kleinere Beimengung von Sand oder auch von Humussubstanzen enthalten.

Bei ihrer Entstehung bilden sie in der Regel einen ockergelben, bisweilen auch weisslichen, Schlamm oder Schleim, welcher sich an allen Körpern absetzt, dieselben umhüllt und allmählig unter einander zu einer mehr oder minder fest zusammenhängenden Masse verkittet. Aus diesem Eisenschleime entwickeln sich dann beim vollständigen Austrocknen theils mürbe und locker zusammenhängende oder auch lose, sandartige bis erdige, Aggregate (sogenannter Ortsand und Ortstein), theils feste, derbe, wenig spröde, nicht vom Fingernagel ritzbare Massen, welche bald in der Form von isolirten, 1 Linie bis 1 Fuss grossen Kugeln, Scheiben, Linsen und Bohnen, bald in der Gestalt von verschieden gestalteten, unbestimmt eckigen, schwammig porösen oder auch schlackenähnlichen, Knollen (sogenanntem Klump), bald in der Form von getropft oder geflossen aussehenden, traubenformigen Aggregaten mit concentrisch-schaligem Gefüge, bald endlich auch als wahre Sandsteine (Eisensandsteine und Eisenrogensteine) und Conglomerate, in denen Sand und Gerölle durch Eisenoxydhydrat verkittet erscheinen, auftreten.

Von Farbe erscheinen alle diese Massen entweder ockergelb oder leder- bis erdbraun, oder grauschwarz, bisweilen auch blau oder grün gefleckt; im Ritze aber sind sie alle ockergelb und bei starker Erhitzung werden sie — oft unter Entwicklung eines ammoniakalischen oder wachstalgartigen Geruches — rothbraun. Aeusserlich zeigen sie sich matt, im frischen Bruche aber oft pech- oder eisenartig glänzend. Ihrer Härte nach erscheinen die einen sehr weich, die anderen ziemlich hart und vom Messer kaum ritzbar. Bemerkenswerth ist es, dass namentlich die sogenannten Ortsteine sehr hart und fest erscheinen, so lange sie im Schoosse der Erde stecken, dagegen mürbe werden und selbst zu losen Aggregaten zerfallen, sobald sie einige Zeit an der Luft gelegen haben. Ihr specifisches Gewicht schwankt im Allgemeinen zwischen 2,5 und 4,05. — In Salzsäure lösen sie sich alle mit gelbbrauner Farbe theils vollständig theils unter Abscheidung einer grösseren oder kleineren Menge von Sand, oft auch von Thon oder Verwesungssubstanzen.

Bestand. Viele der sogenannten Ortsteine — und namentlich der Ortsand oder Uur — bestehen aus weiter nichts als aus Sandkörnern, deren jedes eine fest ansitzende, aber durch Salzsäure loslösbare, Eisenoxydhydratrinde besitzt. Andere dagegen erscheinen als eine durch Sandkörner, Thon oder auch Pflanzenabfälle verunreinigte Brauneisenerzmasse, noch andere sind Gemenge von Eisenoxydhydrat, Manganoxyd und phosphorsaurem Eisenoxyd; endlich bestehen auch welche fast nur aus phosphorsaurem Eisenoxyd. Es hält sehr schwer, für alle diese Erze eine gemeinsame chemische Formel aufzufinden, wie ein Blick auf die in meinem oben genannten Werke S. 174 u. 175 aufgestellte Tabelle über den chemischen Bestand der Limonite zeigen wird. Man kann deshalb nur im Allgemeinen angeben:

1) der sogenannte Ortstein oder Ortsand enthält 75 bis 80 pCt. Sand und 25 bis 20 pCt. Eisenoxydhydrat, bisweilen aber auch 90 pCt. Sand und höchstens 10 pCt. Eisen.

2) der eigentliche Limonit aber besteht

        aus   4—50 pCt. Sand,

        „   80—30 pCt. Eisenoxyd,

        „   16—20 pCt. Wasser (und organische Substanzen),

wozu häufig 2—6 pCt. Manganoxyd und 1—6 pCt. Phosphorsäure kommt.

Lagerorte. Die Hauptheimath der Rasenerze ist zu suchen vorherrschend in den moorigen Tiefländern und Gebirgsebenen der nördlichen Hemisphäre. Sie erscheinen in diesen Gebieten am mächtigsten entwickelt

a) in Bruch-, Torf- und Moorgegenden oder in Bodenmassen, welche auf ausgetrockneten oder ausgestochenen Torflagern oder doch in der Nähe der letzteren lagern;

b) in den zu Moorungen geneigten Wellenthälern der Dünen;

c) in den mit Haidewäldern oder Borstengräsern filzig bedeckten Sandländergebieten;

d) in Uferländereien zu beiden Seiten der träg ihr Flussgebiet durchschleichenden Flüsse und Ströme im Tieflande (Ems, Elbe, schwarze Elster, Spree, Havel, Oder, Warthe, Netze und Weichsel);

e) in Seen, welche von eisenhaltigem Wasser gespeist werden, oder in Becken von eisenhaltigen Erdrindemassen lagern.

An allen diesen Landgebieten können sie sich zu 1 Zoll bis 5 Fuss mächtigen Ablagerungsmassen entwickeln, wenn sich

a) entweder im Boden dieser Gebiete selbst ockergelber Sand, Lehm oder Letten befindet, oder doch wenigstens Mineraltrümmer vorhanden sind, welche bei ihrer Zersetzung kohlen- oder schwefelsaures Eisenoxydul geben;

b) oder in der nächsten Umgebung dieses Bodens Erdrindemassen auftreten, welche bei ihrer Zersetzung kohlensaures Eisenoxydul oder Eisenoxydhydrat oder auch Eisenvitriol liefern;

c) oder endlich Gewässer vorfinden, welche Eisensalze gelöst enthalten und das von ihnen durchzogene Bodengebiet von Zeit zu Zeit überfluthen.

Ueber die nähere Angabe der vorzüglicheren Ablagerungsorte der Limonite vergl. mein o. a. Werk S. 180—187.).

Obgleich über die Bildungsweise des Raseneisenerzes schon das Wichtigste bei der Beschreibung des Eisenvitrioles, Eisenspathes und des Brauneisenerzes mitgetheilt worden ist, so muss hier doch noch mehreres erwähnt werden, was an den genannten Punkten nicht erwähnt werden konnte. —

Nach dem beim Eisenspath und Brauneisenerze Mitgetheilten kann das Raseneisenerz im Boden entstehen,

a) wenn eisenoxydulhaltige Silicate, wie Glimmer, Hornblende, Hypersthen, durch kohlensaures Wasser zersetzt werden und der hierdurch entstandene Eisenspath von kohlensaurem Wasser gelöst und zwischen Bodengemengtheilen abgesetzt wird, so dass er diese umhüllt und gegenseitig verkittet. Dieser so entstehende Raseneisenstein sieht anfangs weisslich aus; sobald er aber mit der atmosphärischen Luft in Berührung kommt, wird er durch Anziehung von Sauerstoff zersetzt und in ockergelbes Brauneisenerz umgewandelt,

b) wenn Eisenspath-Ablagerungen durch kohlensaures Wasser theilweise aufgelöst und ihre Lösungen dann in luftige, sandreiche Bodenarten geführt werden,

c) wenn lebende Pflanzen — wie Algen, Wassermoose, Haide etc. — Lösungen von kohlensaurem Eisenoxydul in sich aufsaugen, das letztere dann seiner Kohlensäure berauben und durch den von ihnen ausgeschiedenen Sauerstoff in Eisenoxydhydrat umwandeln. Sterben diese Pflanzen ab, so übergeben sie ihren Eisengehalt dem Boden.

d) wenn abgestorbene Pflanzenmassen im Untergrunde nasser Bodenarten oder auf dem Grunde von Sümpfen, Mooren und Seen mit Gesteinen in Berührung kommen, welche Eisenoxydhydrat enthalten. In diesem Falle wandeln die vegetabilischen Fäulnissmassen das Oxydhydrat zuerst durch Beraubung von Sauerstoff in Oxydul und dann durch die aus ihnen entstandene Kohlensäure in kohlensaures Eisenoxydul um, aus welchem dann wieder durch Luftzutritt Eisenoxydhydrat wird,

e) wenn aber vertorfende Pflanzenmassen mit dem in ihrem Lagerbecken vorhandenen Eisenoxydhydrat in Berührung kommen, so lösen sie dasselbe unverändert in den aus ihnen entstehenden Torfsäuren — (Geïn- und Quellsäure) — auf und setzen es dann auch wieder, sobald sich die ebengenannten Säuren durch Einwirkung der Luft in Kohlensäure umgewandelt haben, an allen Gegenständen ihrer Umgebung ab.

Ausser diesen Fällen kann aber noch Raseneisenerz entstehen,

f) wenn in einem Boden Reste von phosphorsaurem Kalk — z. B. von Knochen, Horn, Haaren — mit vitriolescirenden Eisenkiesen in Berührung kommen, denn in diesem Falle wird der aus dem letzteren entstehende Eisenvitriol, sobald er sich im Wasser gelöst hat, mit dem phosphorsauren Kalke der Organismenreste die Säuren tauschen, so dass einerseits im Wasser löslicher Gyps und andererseits zuerst phosphorsaures Eisenoxydul, dann aber unter Luftzutritt phosphorsaures Eisenoxyd entstehen. Auf dem Boden von Gewässern, in denen faulige Thierreste liegen, tritt dieser Fall am meisten ein,

g) wenn phosphorhaltige Pflanzen- und Thierreste in einem Boden mit schon vorhandenem humus- oder kohlensaurem Eisenoxydul in Berührung kommen; denn dann verbindet sich die aus den fauligen Organismenresten entstehende Phosphorsäure theilweise mit dem Eisensalze des Bodens, so dass aus ihm ein Gemenge zuerst von phosphorsaurem und humus- oder kohlensaurem Eisenoxydul, dann aber unter Luftzutritt von phosphorsaurem Eisenoxyd mit Eisenoxydhydrat entsteht, wie man namentlich an den „Klump" genannten Raseneisenerzen bemerken kann, welche sich in den Bodenarten von ausgetrockneten Sümpfen befinden.

§ 8. **Die Schwefelkiese:** Verbindungen von Metallen mit Schwefel, welche unter starker Erhitzung ihren Schwefel ausschwitzen, so dass von ihnen nur noch reine Metalle oder auch Metalloxyde übrig bleiben. In warmer Salpetersäure lösen sie sich unter Abscheidung von klumpigen Schwefel auf: in kochender Salpetersäure aber werden sie zum grossen Theile unter Entwickelung von gelblichen, stechend riechenden Untersalpetersäure-Dämpfen in schwefelsaure Metalloxyde umgewandelt, indem die Salpetersäure durch ihren

Sauerstoffgehalt den Schwefel dieser Kiese in Schwefelsäure und das Metall derselben in Oxyd umwandelt. — An feuchter Luft werden dieselben ebenfalls durch den Sauerstoff der Luft in schwefelsaure Metalloxyde (d. i. in Vitriole, weshalb dieser Oxydationsprocess auch die Vitriolescirung der Schwefelmetalle genannt wird) umgewandelt. — Unter allen Schwefelmetallen sind die für Erdrindebildungen wichtigsten:

Die Eisen- oder Schwefelkiese. Metallisch gold-, speis- oder graulich messinggelbe Verbindungen von 46,7 Eisen und 53,3 Schwefel, von welchen man je nach ihren morphologischen und mineralischen Eigenschaften folgende zwei Arten unterscheiden muss:

a) Pyrit (gewöhnlicher Schwefelkies). Er krystallisirt in Würfeln, Achtflächnern; Zwölfflächnern und anderen regulären Formen; bildet aber auch körnige bis dichte Aggregate, derbe, kugelige und traubige Massen oder auch feine, ihrer Unterlage fest ansitzende Ueberzüge; er erscheint ferner fein zertheilt in der Masse von anderen Gesteinen und tritt endlich auch als Versteinerungsmittel von Conchylien, ja selbst von Holz, auf. Sein Zusammenhalt ist spröde und im Bruche muschelig; seine Härte so bedeutend, dass er sich wohl vom Feuersteine, aber nicht vom Messer ritzen lässt; dabei funkt er stark am Stahle, (also H = 6—6,5). Sein spec. Gewicht = 5,2. Von Farbe ist er metallisch speisgelb und stark glasglänzend, im Ritze aber oder als Pulver bräunlich schwarz; bei der Verwitterung jedoch wird er zuerst goldgelb, dann buntfarbig und zuletzt braun. Er verwittert indessen viel langsamer und schwerer, als der folgende.

b) Markasit (Wasser- oder Strahlkies). Er krystallisirt namentlich in rhombischen Säulen und Nadeln, welche sehr oft concentrisch strahlig mit einander verbunden sind und so kugelige, knollen- oder traubenförmige Aggregate mit strahligfaserigem Gefüge darstellen; ausserdem kommt er aber auch derb, in dünnen Blättchen und Ueberzügen oder fein zertheilt in der Masse anderer Gesteine vor. — Er ist spröde und im Bruche uneben. — Seine Härte wie beim vorigen; sein spec. Gewicht aber = 4,65—4,88 (also leichter als der vorige). — Seine Farbe ist metallisch graulich speisgelb und im Ritze dunkelgrünlich grau. An feuchter Luft liegend bedeckt er sich jedoch sehr bald mit einem schimmelgrünlichen, mehligen oder haarigen Ueberzuge von tintenartig schmeckendem Eisenvitriol.

In ihrem chemischen Verhalten zeigen sich diese beiden Arten des Eisenkieses ziemlich gleich. Vor dem Löthrohre unter Luftzutritt auf Kohle erhitzt zerplatzen sie, ohne zu schmelzen, in einem Glaskölbchen erhitzt geben sie freien Schwefel und schwefelige Säure und werden schwarzgrau und magnetisch. In Salpetersäure oder auch in Königswasser lösen sie sich unter Ausscheidung von Schwefel auf, erhitzt man aber das Gemisch stark, so bildet sich aus ihnen schwefelsaures Eisenoxydul; Salzsäure allein greift sie nicht an. — An feuchter Luft liegend saugen sie Sauerstoff an und verwandeln sich von Aussen nach Innen in grünliches, tintenartig schmeckendes, schwefelsaures Eisenoxydul (Eisenvitriol) und freie Schwefelsäure, welche jedoch von dem Eisenvitriol mechanisch angezogen und festgehalten wird, wenn bei ihrer Entstehung nicht so viel Wasser vorhanden ist, dass sich die freiwerdende Schwefelsäure gleich lösen kann. Die Eisenkiese bestehen nämlich aus 1 Theil Eisen und 2 Theilen Schwefel; es entsteht demnach bei ihrer Oxydation 1 Theil Eisenoxydul und 2 Theile Schwefelsäure. Nun braucht aber das Eisenoxydul zur Bildung von Eisenvitriol nur 1 Theil Schwefelsäure; folglich wird 1 Theil dieser Säure frei bleiben. Und gerade mit diesem freien Theile der Schwefelsäure wirkt der vitriolescirende Eisenkies am meisten auf die mit ihm in Berührung stehenden Mineralmassen ein, wie weiter unten gezeigt werden wird. Durch seine eigene Masse aber bewirkt er die Umwandlung der Mineralien in der Weise, wie sie schon bei der Beschreibung des Eisenvitrioles angegeben worden ist.

Vorkommen, Bildung und geologische Bedeutung. Bildet auch der Eisenkies weder den wesentlichen Gemengtheil irgend einer Felsart, noch selbst für sich allein irgend eine Gesteinmasse von grosser Mächtigkeit, so tritt er doch in allen möglichen Erdrindemassen so häufig als unwesentlicher Gemengtheil auf, dass man fragen möchte, wo eigentlich dieses Schwefelerz nicht zu finden ist. Im Allgemeinen jedoch bemerkt man den Pyrit am meisten in denjenigen krystallinischen Felsarten, welche eisenoxydulhaltige Mineralien, so Eisenspath, Hornblende, Diallag, Hypersthen etc. besitzen. Den Markasit dagegen beobachtet man am meisten in klastischen Gesteinen, welche Thon, Mergel und Bitumen, d. i. urweltliche Kohlenwasserstoff und Schwefel haltige Fäulnissproducte, besitzen, so in allen bituminösen Schieferthonen und Mergeln, — und ausserdem in Kohlenablagerungen. Endlich findet man auch Schwefelkiesbildungen in der Form von schwarzgrauen, Schiesspulver ähnlichen, Körnern in schlammigen Cloaken, auf dem Grunde von schlammigen Teichen, Sümpfen, Mooren und nassen, mit fauligen Thiersubstanzen versehenen Thonlagern. — Vergleicht man alle diese Lagerorte mit einander, so wird man finden, dass namentlich die Markasite vorherrschend in Erdrindemassen vorkommen, in welchen faulige Organismenreste auftreten, welche aus sich heraus Schwefelwasserstoff oder Schwefelwasserstoff-Ammoniak, bekanntlich eins der kräftigsten Umwandlungsagentien für alle Eisensalze, entwickeln können. Denkt man sich nun weiter, dass Lösungen von kohlensaurem Eisenoxydul mit solchen Schwefelwasserstoffentwickelungen in Berührung kommen, wie dies ja, nach dem beim Eisenspath Mitgetheilten, leicht möglich ist, oder dass die Wände eines, mit fauligen Organismenresten versehenen, Wassertümpfels Eisenoxydhydrat enthalten, so sind die Bedingungen zur Bildung von Schwefeleisen gegeben. Für diese Art der Bildung des Eisenkieses spricht wenigstens die noch gegenwärtig fortdauernde Entwickelung derselben in Quellbecken, welche Lösungen von kohlensaurem Eisenoxydul enthalten, sobald man irgend eine Fäulnisssubstanz in dieselben legt.

Die Schwefelkiese üben zwar als solche keinen Einfluss auf ihre mineralische Umgebung aus, aber ihre Oxydationsproducte gehören zu den stärksten Umwandlungsagentien für alle kohlensauren, phosphorsauren und selbst kieselsauren Mineralien. Wie sie als Vitriole wirken, ist schon bei der Beschreibung des Eisenvitrioles im § 5 unter 5 angegeben worden. Hier sei daher nur noch des Einflusses der bei ihrer Oxydation frei werdenden Schwefelsäure gedacht. Mittelst dieser ihrer freiwerdenden Schwefelsäure wandeln sie

> den kohlensauren Kalk in Gyps;
> den Dolomit in Gyps und Bittersalz;
> das Kochsalz in Glaubersalz;
> den Chlorit und Talk in Bittersalz und Kieselsäure;
> den Thon in schwefelsaure Thonerde und Kieselsäure;
> den kalihaltigen Thonschiefer und Schieferthon, ebenso
> den Oligoklas und Orthoklas in Alaun

um. Ausserdem vermögen sie aber auch durch diese freigewordene Schwefelsäure Stein- und Braunkohlenlager in Brand zu setzen. Denn wenn die Schwefelsäure mit Feuchtigkeit in Berührung kommt, so kann sie sich so erhitzen, dass sie leicht entzündliche Körper, wie von Erdharz durchzogene Kohlen, zum Glühen und Brennen bringt.

Die sich oxydirenden Schwefelkiese können demnach Stein- und Braunkohlenlager mit der Zeit in natürliche Coaks- oder Anthracite, vielleicht sogar in Graphit umwandeln. Aber sie vermögen auch die Thonerde, Alkalien, Magnesia und eisenoxydulhaltigen Felsgemengtheile namentlich mit ihrer frei werdenden Schwefelsäure in Alaun, Glaubersalz, Bittersalz und Eisenvitriol zu zersetzen. Kommt jedoch die Lösung ihrer Vitriole bei Abschluss von Luft mit fauligen Organismenresten in dauernde Berührung, wie dies z. B. auf dem Grunde von Torfmooren und luftverschlossenen Thonlagern der Fall ist, so können sie auch wieder durch diese Organismenreste desoxydirt und abermals in — Schwefelkiese umgewandelt werden.

§ 9. Die Kieselsteine oder Siliciolithe.

Alle folgenden Minerale bestehen entweder nur allein aus erstarrter Kieselsäure oder aus Verbindungen dieser Säure mit verschiedenartigen Basen, unter denen jedoch die Thonerde, Alkalien, alkalische Erden, Eisen- und Manganoxyde vorherrschen. Sie sind alle im reinen Wasser, viele auch in Säuren ganz unlöslich; Flusssäure aber ätzt sie an und bildet mit ihrer Kieselsäure Kieselfluorwasserstoffsäure. Mit Phosphorsalz vor dem Löthrohre erhitzt verändern sie sich entweder gar nicht (so die aus reiner Kieselsäure bestehenden) oder sie schmelzen zum Theil, so dass ein ungeschmolzener Theil von der Gestalt der angewandten Probe (als sogenanntes Kieselscelett) in der geschmolzenen Masse umherschwimmt (so alle kieselsauren Salze oder Silicate). — Je nach ihrer Zusammensetzung zerfallen sie:

1) in **Siliciumoxyd** oder **Kiesel**, welches im reinen Zustande nur aus erstarrter Kieselsäure besteht, und

2) in **Silicate** oder **kieselsaure Salze**, welche aus Verbindungen der Kieselsäure mit basischen Metalloxyden verschiedener Art bestehen.

a. Siliciumoxyd.

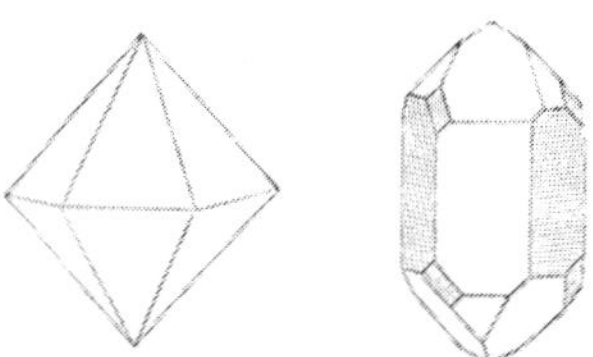

§ 9a. **Der Quarz** (Kiesel). Er krystallisirt vorherrschend in hexagonalen Doppelpyramiden, welche im vollständig ausgebildeten Zustande von 12 gleichschenkeligen Dreiecken umschlossen erscheinen und im Querschnitte eine sechsseitige Fläche zeigen, oder in 6 seitigen Säulen, welche oben und unten in eine sechsseitige Pyramide zugespitzt sind und sehr oft ungleich grosse Flächen besitzen, woraus man geschlossen hat, dass sie aus mehreren ineinander gewachsenen Krystallindividuen bestehen. Häufig tritt er aber auch in eckigen oder abgerundeten Körnern, Knollen und derben Massen mit körnigem, faserigen oder dichten Gefüge auf. — Er ist spröde und an seinen Bruchflächen muschelig oder uneben und splittrig. — Er hat mit dem Feuerstein gleiche Härte (also H = 7). Sein spec. Gewicht ist = 2,2—2,65—2,8. — Seine Färbung ist sehr verschieden; farblos, weiss ins Graue, Bläuliche oder Rosenrothe, gelb, grün, blau, violett, fleisch- bis braunroth, braun, schwarz. Dabei ist er bald durchsichtig, bald nur durchscheinend, bald auch ganz undurchsichtig und glasglänzend oder nur schimmernd, auf den Bruchflächen aber öliggglänzend. — Bezeichnend für ihn ist, dass er am Stahle funkt und dabei einen brenzlichen Geruch (fast wie glimmender Zunder) entwickelt, und dass zwei Stücken desselben aneinander gerieben, — selbst unter Wasser — blitzähnlich leuchten und dabei ebenfalls zunderähnlich riechen. —

Chemisches Verhalten. Im reinen Zustande besteht er aus (47) Silicium und (53) Sauerstoff, also aus Kieselsäure. Indessen ist seine Masse sehr häufig verunreinigt durch Beimengungen von Oxyden des Eisens, Mangans, Nickels und anderer Metalle, ja selbst durch organische Substanzen. Im Glaskölbchen erhitzt, schwitzt er kein Wasser aus; thut aber dies eine seiner Abarten) so ist sie als ein Gemenge von amorpher und krystallinischer Kieselsäure, d. h. von Opal mit Quarz zu betrachten (wie z. B. der Feuerstein und Chalcedon). Ebenso ist er in reiner oder kohlensaurer Kalilösung ganz unlöslich, löst sich aber eine seiner Abarten demungeachtet zum Theil, so ist sie ebenfalls als ein Gemisch von solcher amorpher und krystallinischer Kieselsäure anzusehen. In diesem letzten Falle bleibt dann der in Kalilösung unveränderliche Antheil des Quarzes als eine mehr oder weniger zerfressene oder angeätzte Masse zurück. — In Wasser und Säuren endlich (— mit Ausnahme der oben schon genannten Flusssäure —) ist er durchaus unveränderlich und kann höchstens nur durch mechanisches Hin- und Herreiben zerkleinert werden. — Vor dem Löthrohre ist er für sich allein unschmelzbar; mit Soda gemischt aber schmilzt er unter Aufbrausen zu einem farblosen, durchsichtigen Glase.

Abarten. Je nach seinen Körperformen und Beimengungen bildet der Quarz eine grosse Menge von Abarten.

1) Zu den krystallisirten Abarten gehört der Bergkrystall (farblos, gelb, rauchbraun), Amethyst (violett) und gemeine Quarz (graulich oder bläulichweiss).

2) Zu den gewöhnlich in derben Massen auftretenden, eigentlichen Quarzen dagegen gehört: der grauweisse derbe Quarz, von welchem der rosenrothe Rosenquarz, der lauchgrüne Prasem, der rothbraune glimmernde Avanturin und rothe Eisenkiesel wieder Abarten sind; der hornfarbige, kantendurchscheinende Hornstein; der meist durch kohlige Theile rauchgrau oder schwarzgefärbte, dickschieferige Kieselschiefer oder Lydit; der durch Eisenoxyd gelb, braun oder rothgefärbte Jaspis.

3) Zu den aus Gemengen von amorpher oder opalartiger und krystallinischer Kieselsäure bestehenden Quarzarten gehört: der bläulichweisse, bräunliche, gelbliche oder auch röthliche, oft in nierenförmigen oder stalaktitischen Massen auftretende, Chalcedon; der fleischrothe Carneol; der dunkelgrüne und rothgefleckte Heliotrop; der apfelgrüne Chrysopras und der meist in mannigfach gestalteten Knollen auftretende, graulichweisse, rauchbraune oder schwärzliche und an dünnen Kanten durchscheinende Feuerstein oder Flint, welcher oft das Versteinerungsmittel von Organismenresten und weit ausgedehnte Lagermassen namentlich in der oberen Kreideformation bildet. —

4) Der Achat endlich ist ein Gemenge abwechselnder Lagen von Chalcedon, Carneol, Jaspis, Amethyst und anderen Abarten des Quarzes.

Vorkommen und geologische Bedeutung des Quarzes. — Unter allen den eben angegebenen Abarten verdienen hier blos der gemeine Quarz, der Kieselschiefer und der Feuerstein eine weitere Betrachtung:

1) Der gemeine Quarz ist eins der am weitesten verbreiteten Minerale. Für sich allein bildet er den Quarzfels, eine namentlich im Gebiete der Urschieferformationen und im Grauwackegebirge häufig auftretende Gebirgsart. Im Gemenge mit anderen krystallinischen Mineralien setzt er zusammen:

a) mit Feldspath und Glimmer den Granit, Gneiss und manche Trachyte;

b) mit Feldspath allein den Felsitphorphyr und Granulit;

c) mit Glimmer allein den Glimmerschiefer;

d) mit Turmalin den Turmalinschiefer.

Ausserdem findet man ihn als unwesentlichen Gemengtheil im Syenit, Chlorit- und Talkschiefer.

Ueberhaupt aber erscheint er vorherrschend in denjenigen Felsarten, welche kieselsäurereiche Feldspathe (Orthoklas, Oligoklas oder Albit) und Glimmer, Turmalin oder Chlorit enthalten. In den hornblenderreichen Gesteinen aber zeigt er sich nur ausnahmsweise. Und in denjenigen Felsarten, welche kieselsäurearme Feldspathe (Labrador und Anorthit), Kalkhornblende und Augit enthalten, fehlt er in der Regel ganz.

Bei der Verwitterung aller dieser gemengten krystallinischen Gesteine ist er der einzige Gemengtheil, welcher den Verwitterungsagentien widersteht. Er bleibt daher in der Form von Kies und Sand zurück, während sich die mit ihm verbunden gewesenen Minerale zu thonartiger Krume zersetzen. Durch Wasser fortgeschlämmt werden Erdkrume und Sand mit einander gemengt und bilden nun sandigthonige oder sandigmergelige Gemische, aus denen im Zeitverlaufe bei ihrer Festwerdung Conglomerate und Sandsteine entstehen. So bildet denn nun auch der gemeine Quarz in der Form von Geröllen, Kies und Sand den Hauptgemengtheil der meisten thonigen und lehmigen Bodenarten, Sandsteine und Conglomerate. Aber das Wasser schlämmt die thonigsandigen Gemenge oft weit weg; so lange es nun in starker Bewegung ist, trägt es nicht nur seinen erdigen Schlamm, sondern auch seinen Gehalt an Sand mit sich; sowie es aber an Fliessgeschwindigkeit abnimmt oder durch Unebenheiten seines flachen Rinnbettes in seinem Laufe zeitweise aufgehalten wird, lässt es seinen Sandgehalt zu Boden fallen. Im Verlaufe der Zeit häuft sich dieser Sand zu weit ausgedehnten, oft hunderte von Fussen mächtigen Ablagerungen an. Ein Hauptbildungsmaterial dieser Sandablagerungen ist abermals der gemeine Quarz.

Der Quarz spielt demnach eine Hauptrolle bei der Bildung nicht nur von krystallinischen Felsarten, sondern auch von Conglomeraten und Sandsteinen, von allen möglichen Bodenarten und von all den weit verbreiteten Sandablagerungen, welche die Decke des Alluviums darstellen und noch fortwährend von der Meereswoge an ihre Gestade geschleudert werden.

Verwittern können seine Massen, wie schon angedeutet, nicht; nur durch den Wechsel der Temperaturen und gefrierendes Wasser können sie zertrümmert und durch rollende Gewässer zu Pulver zermalmt werden.

Als Pflanzennahrmittel hat daher der Quarz gar keine Bedeutung; finden wir aber demungeachtet Kieselsäure, — ja sogar krystallisirt — im Innern des Pflanzenkörpers (z. B. im Knoten der Grashalme), so ist dieselbe nicht durch etwaige Auflösung des Quarzes, sondern durch die, aus der Zersetzung von Silicaten freigewordene und in kohlensaurem Wasser lösliche, Kieselsäure in das Innere der Pflanzen gelangt.

2) Der Kieselschiefer oder Lydit kommt wohl nirgends als Gemengtheil von gemengten krystallinischen Felsarten vor; aber er bildet zunächst für sich

allein bedeutende Ablagerungsmassen vorzüglich im Gebiete des Thonschiefers und der Grauwacke, sodann aber auch den Gemengtheil von manchen Conglomeraten und Sandsteinen, durch deren Zerstörung er dann auch in die von ihnen gebildete Bodenmasse gelangt. Vermöge seiner kohligen Beimengungen ist er insofern einer Art Verwitterung unterworfen, als diese durch Anziehung von Sauerstoff Kohlensäure bilden, welche durch ihre Entweichung die Masse des Lydites entfärbt und lockert, so dass sie leichter zu Sand zerfallen kann.

3) Der Feuerstein oder Flint endlich bildet zunächst für sich allein beträchtliche Ablagerungen in der oberen Kreideformation und gelangt dann massenweise in der Form von Knollen, Sand und Pulver auf die Oberfläche der Alluvionen, wenn diese Formation durch die brandende Meereswoge zerschellt und in Schutt verwandelt worden ist. Der feine Flugsand an den Dünen des nördlichen und westlichen Deutschlands verdankt in dieser Weise höchst wahrscheinlich den Flintablagerungen an den Küsten der Nord- und Ostsee seine Entstehung. — Ausserdem bilden seine abgerundeten Gerölle einen wesentlichen Gemengtheil des unter dem Namen Puddingstein bekannten Kieselconglomerates Englands.

Anhang. Ausser dem Quarze bildet die erstarrende Kieselsäure auch den Opal, welcher bis jetzt noch nie in auskrystallisirten Formen, sondern in unregelmässigen knolligen, nierenförmigen oder auch derben Massen gefunden worden ist und sich vom Quarze durch geringere Härte (H = 5,5 — 6,5), durch geringeres Gewicht (spec. Gew. = 1,9 — 2,3), vorzüglich aber dadurch unterscheidet, dass er im Glaskölbchen erhitzt Wasser ausschwitzt und sich in Aetzkalilauge oder auch in einer warmen concentrirten Lösung von kohlensaurem Kali meist ganz auflöst. Von Farbe ist er entweder blaulich- oder gelblichweiss, durchscheinend und bunt irisirend (Edelopal) oder milchweiss ohne Farbenspiel (Gemeiner Opal) oder honiggelb bis lederbraun (Halb- und Jaspopal). Man findet ihn hier und da nesterweise im Gebiete jüngerer vulkanischer Gesteine und in thonigen Ablagerungen des Braunkohlengebietes. — Dass er in Mengung mit krystallinischer Kieselsäure den Chalcedon und Feuerstein bildet, ist schon oben erwähnt worden.

b. Silicate (oder kieselsaure Salze).

Verbindungen der Kieselsäure mit einem oder mehreren basischen Oxyden, namentlich aber mit Alkalien, alkalischen Erden, eigentlichen Erden (Thonerde) und Oxyden des Eisens und Mangans.

Unter den für die Erzeugung allen Erdbodens wichtigen Silicaten kann man im Allgemeinen je nach ihrem vorherrschenden basischen Bestandtheile unterscheiden:

a) **Thonerde- oder Aluminsilicate**, in denen die kieselsaure Thonerde vorherrscht; und

b) **Magnesiasilicate**, in denen die kieselsaure Magnesia den vorherrschenden Bestandtheil bildet.

α. Thonsilicate.

Verbindungen der kieselsauren Thonerde mit kieselsauren Alkalien, alkalischen Erden und Eisenoxyden. Sie werden beim Erhitzen und Befeuchten mit Kobaltlösung blau und geben bei ihrer Verwitterung thonige, oft durch Eisenoxyd gelb oder braunroth gefärbte, Substanzen.

§ 9 b. **Die Feldspathe**: Vorherrschend röthliche oder braunrothe, gelblich-, grünlich- oder graulichweisse oder auch graue, seltener ganz weisse, Mineralien, welche in ihrem Ansehen dem Schwer- oder auch Kalkspathe sich nähern, aber sich dadurch von den ebengenannten und ebenso von allen anderen ihnen ähnlichen Mineralien unterscheiden, dass sie am Stahle funken, und vom Feuerstein, aber nicht vom Glas oder Messer geritzt werden, ja selbst das Glas ritzen.

1) **Zusammensetzung und Körperformen** derselben: Wasserlose Verbindungen von 1 Gewichtstheil Thonerde, 1 Gewichtstheil Monoxyd (Kali, Natron, Kalkerde) und 2—6 Gewichtstheilen Kieselsäure; vorherrschend weiss, grünlich, gelblich, röthlich bis roth- oder unrein graubraun oder auch grau gefärbt, seltener farblos; lassen sich vom Feuersteine, aber nicht vom Glase oder Messer ritzen (also H = 6), funken am Stahle, besitzen ein spec. Gewicht = 2.53—2,76 und krystallisiren in rechteckigen oder rhomboidalen, 4- oder 6seitigen (mono- oder triklinischen) Säulen und Tafeln, welche sehr häufig zu Zwillingskrystallen verwachsen sind und, in der Masse anderer Gesteine eingewachsen, an der Bruchfläche dieser letzteren als quadratische, rechteckige,

rhomboidale oder auch ungleich sechsseitige (▢-, ▢-, ⬠- oder ⬡- oder ⬡ förmige) Flächen hervortreten. Ausserdem bilden sie auch derbe Massen mit körnigem Gefüge.

Chemisches Verhalten. Je nach der Grösse ihres Kieselsäuregehaltes erscheinen sie

1) als **Kieselsäure reiche Feldspathe**, in welchen die Kieselsäuremenge 4—6 Atome von der Menge der Basen-Atome beträgt. Diese schmelzen vor dem Löthrohre sehr schwer und werden von Säuren gar nicht oder nur kaum merklich angegriffen. Ihr spec. Gewicht ist = 2,53 bis höchstens 2,68. Zu ihnen gehören vorzüglich:
der **Orthoklas**, welcher im reinsten Zustande aus 1 Gewichtstheil Thonerde, 1 Gewichtstheil Kali und 6 Gewichtstheilen Kieselsäure;

der Albit, welcher im reinen Zustande aus einem Gewichtstheil Thonerde, 1 Gewichtstheil Natron und 6 Gewichtstheilen Kieselsäure;

der Oligoklas, welcher im reinen Zustande aus 2 Gewichtstheilen Thonerde, 2 Gewichtstheilen Kali, Natron und Kalkerde, und 9 Gewichtstheilen Kieselsäure besteht.

2) als Kieselsäure arme Feldspathe, in welchen die Kieselsäure 2—3 Gewichtstheile beträgt. Diese schmelzen vor dem Löthrohre bald leicht bald schwer zu einem weissen Email und werden durch heisse Salzsäure (leicht oder schwer) ganz oder unter Abscheidung von schleimiger Kieselsäure zersetzt. Ihr spec. Gewicht ist = 2,67 — 2,76; sie sind also schwerer als die Kieselsäure reichen Feldspathe. — Zu ihnen gehört der Plagioklas, welcher

als Labrador im normalen Zustande aus 1 Gewichtstheil Thonerde, 1 Gewichtstheil Natron-Kalkerde und 3 Gewichtstheilen Kieselsäure, und

als Anorthit, welcher im normalen Zustande aus 1 Gewichtstheil Thonerde, 1 Gewichtstheil Kalkerde und 2 Gewichtstheilen Kieselsäure besteht.

Eine sehr beachtenswerthe Rolle spielt die Kalkerde in der Zusammensetzung der Feldspathe. Sie fehlt nur selten im Gehalte dieser Minerale und ist für die Verwitterung derselben von grosser Bedeutung, indem alle Feldspathe durch kohlensaures Wasser um so schneller und leichter zersetzt werden, je mehr sie Kalkerde enthalten.

Im Orthoklas und Albit fehlt sie oft und wenn sie vorhanden, so steigt ihr Gehalt höchstens bis 2 pCt. Dieser Feldspath wird von Säuren fast gar nicht angegriffen und verwittert unter den Feldspathen am langsamsten.

Im Labrador beträgt dagegen der Kalkerdegehalt 12 pCt. und im Anorthit 19—29 pCt. Diese beiden Feldspathe werden von allen Säuren angegriffen und verwittern bald.

Im Oligoklas schwankt der Kalkerdegehalt von 1,5 — 9 pCt. Er zeigt sich daher in der Schnelligkeit seiner Verwitterung sehr verschieden, weshalb man auch kalkleeren Ol und Kalkoligoklas unterscheidet.

Im Allgemeinen kann man hiernach sagen, dass der Kalkerdegehalt im umgekehrten Verhältnisse zu dem Kieselsäuregehalte der Feldspathe steht:

Die Kieselsäure reichen Feldspathe sind leer oder arm an Kalkerde; die Kieselsäure armen Feldspathe aber sind Kalkerde reich.

Bei diesem Verhältnisse bemerkt man zugleich, dass auch der Kaligehalt in einer gewissen Beziehung zum Kalkerdegehalte der Feldspathe steht; denn die kalkreichen Feldspathe sind arm oder leer an Kali, und die kalireichen arm an Kalkerde.

Dagegen scheint der Natrongehalt den kalkerdehaltigen Feldspathen nur in einzelnen Fällen ganz zu fehlen. — Ebenso ist zu beachten, dass Magnesia in den kalkerdereichen Feldspathen nur selten ganz fehlt, ja in manchem Anorthit sogar 5 pCt., dagegen in den kalkarmen oder kalklosen höchstens 1 pCt. beträgt und auch wohl ganz fehlt.

Eine merkwürdige Rolle spielt in Beziehung auf den chemischen Gehalt der Oligoklas. Seinem Kieselsäuregehalte nach hält er die Mitte zwischen den kieselsäurereichen und kieselsäurearmen Feldspathen; aber seinen Basen nach möchte man ihn für ein Gemisch von allen anderen Feldspathen halten, so dass sich, je nachdem diese oder jene Basis aus seinem Bestande verschwindet oder in dem letzteren zunimmt, aus ihm die verschiedenen anderen Feldspatharten entwickeln können, etwa so, wie in folgender Uebersicht angedeutet ist:

Der Oligoklas besteht aus

$2\,\ddot{A}l\,\ddot{S}i^3 + 3\,(\dot{K},\ \dot{N}a,\ \dot{C}a)^2\,\ddot{S}i^3.$

Aus ihm entsteht:

bei abnehmender Kieselsäure und zunehmender Kalkerde		bei zunehmender Kieselsäure und abnehmender Kalkerde	
bei ganz verschwindendem Alkaligehalt	bei verschwindendem Kaligehalt	bei abnehmendem Kali	bei zunehmendem Kali
Anorthit	Labrador	Albit	Orthoklas
$(\ddot{A}l\,\ddot{S}i + \dot{C}a\,\ddot{S}i)$	$\ddot{A}l\,\ddot{S}i + (\dot{N}a + \dot{C}a)\,\ddot{S}i$	$(\ddot{A}l\,\ddot{S}i^3 + \dot{N}a\,\ddot{S}i^3)$	$(\ddot{A}l\,\ddot{S}i^3 + \dot{K}\,\ddot{S}i^3)$

Erklärung: Es ist $\ddot{A}l$ = Thonerde, $\dot{K}$ = Kali, $\dot{N}a$ = Natron, $\dot{C}a$ = Kalkerde, $\ddot{S}i$ = Kieselsäure.

In diesem eigenthümlichen Verhalten liegt wohl auch der Grund, warum der Oligoklas

einerseits zugleich mit den anderen Feldspatharten, so zugleich

a) mit dem Orthoklas,

b) mit dem Albit

c) mit dem Labrador,

in dem Gemenge einer Felsart zusammen vorkommen kann, und andererseits auch mit den gewöhnlich nur

in der Gesellschaft von Orthoklas oder von Albit oder von Ladrador auftretenden Mineralarten vergesellschaftet auftritt.

Nur mit dem Anorthit scheint er nicht zusammen vorzukommen, wahrscheinlich weil dieser selbst erst ein Auslaugungsproduct des Labradors ist, wodurch sich auch sein vorherrschendes Auftreten in labradorhaltigen Gesteinen erklären lässt.

Aus diesem eigenthümlichen Verhalten des Oligoklases ist es zunächst wohl auch zu erklären, dass manche Feldspathkrystalle nicht aus einer einzigen Feldspathart, sondern aus einer parallelen Verwachsung von Lamellen zweier verschiedener Feldspatharten bestehen. Es ist dies eine sehr merkwürdige Erscheinung, welche man in der neueren Zeit namentlich an Orthoklaskrystallen beobachtet hat, und welche darin besteht, dass bei vollständig beibehaltener Orthoklaskrystallform zwischen den Orthoklaslagen dünne Albitlamellen sitzen, welche äusserlich schon daran zu erkennen sind, dass sie auf der Oberfläche· der Orthoklassäulen eine feine parallele Streifung hervorbringen.

Wie weiter unten bei der Beschreibung des Vorkommens der Feldspathe noch mitgetheilt werden wird, so ist diese Unterscheidung der Feldspathe nach der Grösse ihres Kieselsäure- und Kalkgehaltes von hoher Bedeutung für ihre Verbindungsverhältnisse mit anderen Mineralarten. — Aber ebenso ist dieser chemische Gehaltsunterschied von Wichtigkeit für

die Verwitterung oder Kaolinisirung der Feldspathe. — Alle Feldspathe, mögen sie nun reich oder arm an Kieselsäure sein, werden im Verlaufe der Zeit durch kohlensäurehaltiges Wasser ihrer Alkalien und alkalischen Erden und auch eines Theiles ihrer Kieselsäure in der Weise beraubt, dass zuletzt von ihrer Substanz nur entweder reine gewässerte kieselsaure Thonerde (d. i. kieselsaures Thonerdehydrat) oder ein Gemisch von diesem Hydrate mit pulveriger Kieselsäure oder ein inniges Gemenge von kieselsaurem Thonerdehydrat mit kohlensaurem Kalke — also überhaupt eine unkrystallinische, erdig-krümlige Mineralmasse, welche unter dem Namen Kaolin, Thon, Letten, Lehm und Mergel bekannt ist, übrig bleibt. — Es werden indessen nicht alle Feldspathe gleich leicht und gleich schnell von den Atmosphärilien angegriffen und in die ebengenannten Substanzen umgewandelt; vielmehr lehrt die Erfahrung, dass durch kohlensäurehaltiges Wasser

a) die kieselsäurereichen Feldspathe viel langsamer zersetzt werden, als die kieselsäurearmen;

b) die kalkhaltigen leichter und schneller als die kalklosen;

c) unter den kalklosen die nur kalihaltigen wieder langsamer als die zugleich oder nur natronhaltigen Feldspathe angegriffen und zersetzt werden;

d) dass endlich eine Beimengung von Eisenoxydul die Verwitterung aller Feldspathe befördert, weil dasselbe bei seiner höheren Oxydation den Zusammenhang der Massetheile lockert, so dass nun die Atmosphärilien besser eindringen und fester haften können.

Dies vorausgesetzt lässt sich nun der oben angedeutete Verwitterungsprocess in folgender Weise erklären:

a) Enthält der Feldspath etwas Eisenoxydul, so wird dieses bei der Verwitterung zuerst angegriffen, in gelbes Eisenoxydhydrat umgewandelt und aus seiner Verbindung mit der Kieselsäure und der übrigen Feldspathmasse gezogen. Hierdurch wird diese letztere je nach der vorhandenen

Menge des Eisenoxydes gelblich, röthlich bis braunroth gefärbt, zugleich aber auch so gelockert, dass nun die Kohlensäure und das Wasser wirksamer auftreten können. Enthält dagegen der Feldspath kein Eisenoxydul, so beginnt gleich von vornherein die Wirksamkeit der Kohlensäure.

b) Enthält nun weiter der Feldspath keine Kalkerde, sondern nur kieselsaures Alkali (Kali, Natron), so findet folgender Process statt:

1) Das Kohlensäurewasser entzieht dem kieselsauren Alkali einen Theil seiner Basis und laugt sie als doppeltkohlensaures Alkali aus.

2) Hierdurch wird die Menge der Kieselsäure in dem nun noch übrigen Alkalisilicate des Feldspathes so vermehrt, dass doppeltkieselsaures Alkali entsteht, welches durch kohlensaures Wasser nicht mehr zersetzbar ist.

3) Dieses doppeltkieselsaure Alkali wird indessen von dem Kohlensäurewasser unzersetzt aufgelöst und dann ausgelaugt, so dass zuletzt nur noch kieselsaure Thonerde verbunden mit Wasser übrig bleibt.

c) Enthält endlich der Feldspath Kalkerde, so zieht das Kohlensäurewasser diese als lösliche doppeltkohlensaure Kalkerde aus ihrer Verbindung. Die hierdurch freiwerdende Kieselsäure wird nun entweder auch durch das Kohlensäurewasser aufgelöst und ausgelaugt, so dass zuletzt von der Feldspathmasse nur noch kieselsaures Thonerdehydrat übrig bleibt, — oder sie verbindet sich, wenn auch kieselsaure Alkalien im Feldspathe vorhanden sind, mit diesen letzteren (wie im Falle b 2) zu sauren kieselsauren Alkalien, welche nun wieder unzersetzt vom Kohlensäurewasser so lange ausgelaugt werden, bis von der Feldspathmasse nur noch kieselsaures Thonerdehydrat, d. i. Kaolin oder Thon, übrig geblieben ist.

Wie später bei der Beschreibung des Thones und Lehmes gezeigt werden soll, so kann aus dem Thone dadurch Lehm werden, dass er die bei der Zersetzung der kieselsauren Alkalien oder Kalkerde freiwerdende lösliche Kieselsäure in sich aufsaugt und festhält.

Die Alaunisirung der Feldspathe. — Neben Kohlensäurewasser kann auch noch die bei der Vitriolescirung von Eisenkiesen freiwerdende Schwefelsäure zersetzend auf Feldspathe einwirken und dieselben in Alaun d. i. in schwefelsaure Kali- oder Natronthonerde umwandeln, wie schon bei der Beschreibung des Eisenvitrioles und Eisenkieses angegeben worden ist. Man hat diese Alaunisirung der Feldspathe mehrfach auf Klüften von Oligoklas und eisenkieshaltigen Gesteinen — z. B. von Diorit — beobachtet.

Bedeutung der Feldspathe als Felsgemengtheile. — Wenn auch keine der Feldspatharten für sich allein irgend eine Erdrindemasse von Bedeutung bildet, so spielen sie doch eine ausserordentlich grosse Rolle bei der Zusammensetzung der Felsarten; denn einerseits treten sie als wesentliche

Gemengtheile der bei weitem meisten gemengten krystallinischen Felsarten auf, und andererseits sind sie das Hauptbildungsmaterial des Kaolins, Thons, Lehms und Mergels, also solcher Mineralsubstanzen, welche theils für sich allein wieder weit ausgedehnte Ablagerungsmassen sei es als krümlicher Erdboden, sei es als Schieferthon und Mergelschiefer, theils im Gemenge mit Felstrümmern aller Art die Conglomerate und Sandsteine der verschiedensten Formationen zusammensetzen. Ausserdem aber treten ihre eigenen Trümmer auch sehr häufig in dem Gemenge der losen Sandaggregationen auf. — Indessen zeigen sich nicht alle Feldspatharten von gleicher Wichtigkeit für die Zusammensetzung von Felsarten; denn während der Oligoklas und Labrador in sehr vielen Arten der letzteren als wesentliche Gemengtheile auftreten, finden sich Orthoklas und Anorthit in verhältnissmässig wenigen Gesteinsgemengen. Und ebenso zeigen sich nicht alle Feldspatharten immer mit ein und denselben Mineralarten im Verbande. So erscheinen die kieselsäurereichen und kalkarmen Arten derselben vorherrschend im Verbande mit Quarz; in dem Gemenge der kieselsäurearmen und kalkreichen Feldspatharten aber tritt wohl Quarz nie als wesentlicher Gemengtheil auf. Ferner bilden die Gesteine der kieselsäurereichen und kalkarmen Feldspathe die Hauptheimath der Turmaline, der Kali- und Magnesiaglimmer, der Magnesiahornblenden und edlen Metalle; die Gesteine der kieselsäurearmen und kalkreichen Feldspathe dagegen sind die vorherrschende Heimath der Kalkhornblenden, Eisenglimmer, Augite, Zeolithe, Olivine und des Magneteisenerzes. Endlich möchten wahre Mandelsteinbildungen im Gebiete der kieselsäurereichen und kalklosen Feldspathgesteine nur grosse Seltenheiten sein, während sie im Bereiche der kieselsäurearmen, kalkreichen Feldspathe eine sehr gewöhnliche Erscheinung sind.

Es ist gut, wenn man diese eben angegebenen Gesellschaftungsverhältnisse der Feldspathe festhält, weil es ausserdem bei sehr feinkörnigen und undeutlichen Gemengen oft sehr schwer hält, die in ihnen auftretende Feldspathart aufzufinden, zumal da die Erfahrung lehrt, dass z. B. Oligoklas einerseits zugleich mit Orthoklas und andererseits zugleich mit Labrador verbunden in einem und demselben Gesteine auftreten kann. Am leichtesten ist noch der Anorthit durch seine gänzliche Lösbarkeit in Säuren zu erkennen. Eben in dieser nur auf chemischem Wege möglichen Unterscheidung des — Oligoklases vom Labrador und Anorthit einerseits und vom Orthoklas andererseits in sehr feinkörnigen oder auch dichten und ganz undeutlich gemengten Felsarten liegt der Grund, warum in der später folgenden Beschreibung der Felsarten bei allen undeutlich gemengten oder scheinbar gleichartigen Felsarten die in diesen Felsarten vorhandene Feldspathart kurzweg als kalkarmer und als kalkreicher Feldspath bezeichnet wird. Der kalkarme Feldspath kann dann theils Orthoklas theils Oligoklas; der kalkreiche aber kann Kalkoligoklas, Labrador oder Anorthit sein; wie oben schon angegeben worden ist. Diese Unterscheidung ist sowohl für die Gesteine wie für die Verwitterungsweise derselben ganz ausreichend. **Die Gesteine mit kalkarmem Feldspathe verwittern schwer und geben gemeinen Thon; während die Gesteine mit kalkreichem Feldspathe leichter verwittern und stets eine kalkig-thonige oder mergelige, — also stets mit Säuren brausende — Verwitterungsrinde geben.**

Nähere Beschreibung der Feldspatharten.

1 Orthoklas) (vom griechischen „orthos", rechtwinkelig, und „klao", spalten, weil sich seine Krystalle nach zwei, rechtwinkelig auf einander stehenden, Richtungen hin spalten lassen.) — Vorherrschend kurze oder lange rechteckige (monoklinische) Säulen mit rhombischen oder quadratischen Endflächen, an welchen häufig die eine oder auch zwei neben einander liegende Ecke in der Weise abgestumpft sind, dass die Abstumpfungsflächen der beiden Endflächen diagonal gegenüber liegen (1);

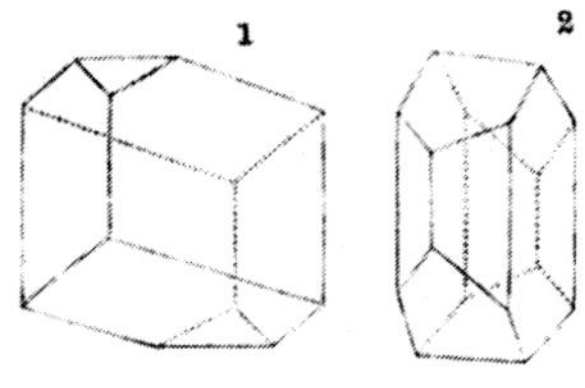

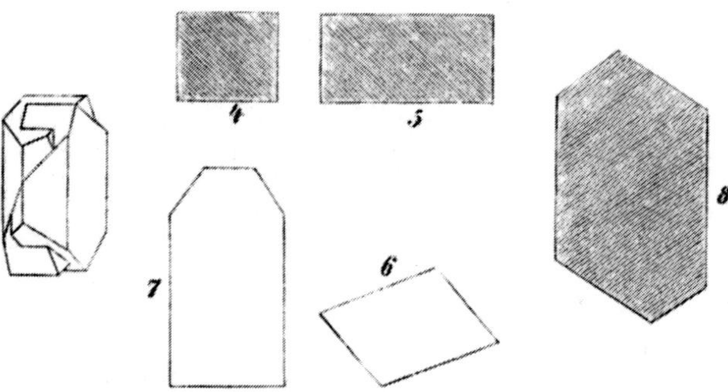

oder sechsseitige, oft tafelformig breitgedrückte, Säulen, welche oben und unten durch zwei ungleiche, drei- oder fünfeckige Flächen zugeschärft sind (2) und sehr häufig durch Aneinanderwachsung ihrer breiten Hauptflächen sogenannte Zwillingskrystalle (3) bilden. Diese Krystallformen erscheinen gewöhnlich — so namentlich bei den Porphyren in der Masse der Gesteine eingewachsen und dann beim Zerschlagen dieser letzteren in denjenigen Flächenformen, wie sie in Fig. 4, 5, 6, 7, 8 angegeben worden sind. — Ausserdem tritt aber der Orthoklas auch in körnigen Aggregaten und derben Massen auf, welche sich nach bestimmten Richtungen hin leicht spalten lassen, also ein späthiges Gefüge haben. — Die Krystalle sind in der Richtung ihrer schiefen Basis sehr vollkommen spaltbar und zeigen dann eine ganz glatte, stark perlmutterglänzende Spaltfläche; sonst aber erscheinen sie spröde und auf dem Bruche muschelig bis uneben und splitterig. — Vom Feuersteine, aber nicht vom Messer oder Glase ritzbar, dagegen das letztere ritzend (also H = 6); ihr specifisches Gewicht ist = 2,53—2,58. — Die vorherrschenden Farben sind weiss in's Gelbliche und Röthliche, oder fleisch-, rosen- bis braunroth, bisweilen äusserlich röthlich und innerlich weiss oder auch umgekehrt — offenbar bei der beginnenden Verwitterung und Oxydation ihres Eisenoxydulgehaltes. Im frischen Zustande äusserlich stark glasglänzend, durchsichtig bis undurchsichtig.

Chemisches Verhalten. Vor dem Löthrohre ist er sehr schwer zu einem blasigen Glase schmelzbar. Durch Salz- und Schwefelsäure erscheint er unter den gewöhnlichen Verhältnissen nicht zersetzbar; dagegen greifen ihn die löslichen Humussäuren (zumal wenn sie mit Ammoniak verbunden sind) allmälig und namentlich dann, wenn er Natron enthält, an, wie man bemerken kann, wenn man Orthoklas längere Zeit in einer Lösung von huminsaurem Ammoniak stehen lässt. Dasselbe thut auch kohlensäurehaltiges Wasser. — Im ganz reinen Zustande besteht er aus 65,20 Kieselsäure, 18,12 Thonerde und 16,68 Kali; gewöhnlich enthält er indessen neben dem Kali noch 1—3 pCt. Natron, oft auch Spuren von Eisenoxydul, durch welche er dann beim Beginne der Verwitterung gelblich oder röthlich gefärbt wird; bisweilen auch sogar 1—2 pCt. Kalk.

Abarten. Am reinsten zeigt sich der normale Gehalt des Orthoklases in dem farblosen, stark glasglänzenden und durchsichtigen Adular, welcher indessen sehr selten in dem Gemenge von Felsarten auftritt. Der gemeine Feldspath dagegen, welcher gewöhnlich weiss, gelblich, röthlich oder braunroth gefärbt und meist undurchsichtig ist, enthält fast stets neben dem Kali etwas Natron und oft auch Spuren von Eisenoxydul. Und der Felsit oder Feldstein, welcher in derben Massen auftritt und die Grundmasse der Felsitporphyre bildet, ist am unreinsten, wie auch schon seine — gewöhnlich unreine — braune Farbe andeutet. Er ist eigentlich als ein gleichmässiges Gemisch von eisenoxydulhaltiger Orthoklasmasse und pulveriger Kieselsäure oder Quarz zu betrachten.

Als eine besondere, sich durch ihren wechselnden Gehalt bald dem Orthoklase, bald dem Oligoklase, bald auch dem Albite nähernde Zwischenart zu betrachten ist:

der Sanidin oder glasige Feldspath, dessen vorherrschend graulich- oder gelblichweisse Krystalle in der Regel in der Masse von Trachyten und Phonolithen eingewachsen vorkommen und an der Oberfläche sehr rissig (— fast wie blind gescheuertes Glas —), im Bruche aber sehr stark glasglänzend und zersprungenem Glase ähnlich sind, während ihr specifisches Gewicht = 2,56—2,60 ist. Ihrer Masse nach sind sie vorherrschend entweder als natronhaltige Orthoklase (mit 4—5 pCt. Natron) oder auch wohl als kalihaltige Albite anzusehen.

Verwitterung des Orthoklases. Mit Beziehung auf das schon bei der allgemeinen Charakteristik der Feldspathe Gesagte ist hier nur Folgendes mitzutheilen. Im Allgemeinen verwittert der Orthoklas unter allen Feldspathen am schwersten, woher es auch kommt, dass man in den Sandanhäufungen der Flüsse, des Meeres und aller Alluvionen unter den Feldspathen am meisten Bruchstückchen vom Orthoklase findet, und dann oft sogar noch so frisch und glänzend, als seien sie noch gar nicht lange in das Sandgehäufe geworfen worden. Es ist jedoch auch hier wieder ein Unterschied zu machen: Aller Orthoklas widersteht den Verwitterungsagentien um so stärker, je weniger er Natron und Eisenoxydul enthält; von diesen beiden Bestandtheilen hängt also die Schnelligkeit und Art seiner Verwitterung ab. — Dies vorausgesetzt geht die Verwitterung des Orthoklases in folgender Weise von Statten. Enthält diese Feldspathart, wie es ja gewöhnlich der Fall ist, etwas Eisenoxydul und Natron, so bemerkt man an ihren, mit feuchter Luft in Berührung stehenden Krystallen zuerst an der Oberfläche derselben eine Verminderung ihres Glanzes und eine Veränderung ihrer Farbe: der weisse wird gelblich und röthlich, der fleischfarbige aber ockergelb und rothbraun, dabei trüb und matt. Zugleich gewahrt man — namentlich mit der Loupe — auch auf den früher spiegelglatten Flächen der Krystalle zahlreiche feine Risse, welche immer tiefer in die Feldspathmasse eindringen. Mit der Entstehung dieser Risse aber beginnt nun die eigentliche Verwitterung damit, dass alles mit Sauerstoff und Kohlensäure versehene Atmosphärenwasser, so namentlich der Nebel und Thau, von diesen Rissen, wie von Haarröhrchen, aufgesogen und festgehalten wird. Die nächste Folge davon ist eine Auflockerung und Durchfeuchtung (Hydratisirung) der vom Wasser benetzten Feldspaththeile; die zweite Folge ist dann die Umwandlung des Eisenoxydules der durchfeuchteten Masse in Eisenoxydhydrat und die hierdurch bewirkte Ausscheidung desselben aus seinem chemischen Verbande mit der Kieselsäure sowie die obengenannte Verfärbung der Feldspathmasse. Indem aber durch diese Ausscheidung des Eisenoxydes der chemische Verband dieser Masse gelockert wird, kann nun das kohlensäurehaltige Wasser leichter zu den Alkalien des Feldspathes gelangen und sie auch leichter aus ihren Verbindungen herausziehen: die dritte Folge ist daher nun die Auflösung und Auslaugung der vorhandenen Alkalien durch das Kohlensäurewasser — zuerst des etwa vorhandenen Natrons, dann auch des Kalis — sei es als kohlensaure, sei es unzersetzt als kieselsaure Alkalien. Diese Auslaugung dauert so lange fort, bis von der so angegriffenen Orthoklasmasse nichts weiter übrig ist, als ihr Gehalt an kieselsaurem Thonerdehydrat: Der Schluss dieses Verwitterungactes ist daher die Bildung einer aus Kaolin oder reinem Thon, Eisenoxyd und etwas mechanisch beigemischten saurem kieselsauren Kali bestehenden, gelblich weissen bis ockergelben, erdigen Rinde (— sogenannter Verwitterungsrinde —) auf dem so angegriffenen Orthoklase.

Zur übersichtlichen Veranschaulichung lasst sich dieser Verwitterungsprocess in folgender Weise darstellen: Nimmt man die Orthoklasmasse als eine Verbindung von Kieselsäure (SiO^2), Thonerde (Al^2O^3), Kali (KO) und etwas Eisenoxydul (FeO), so erhalt man die allgemeine Formel:

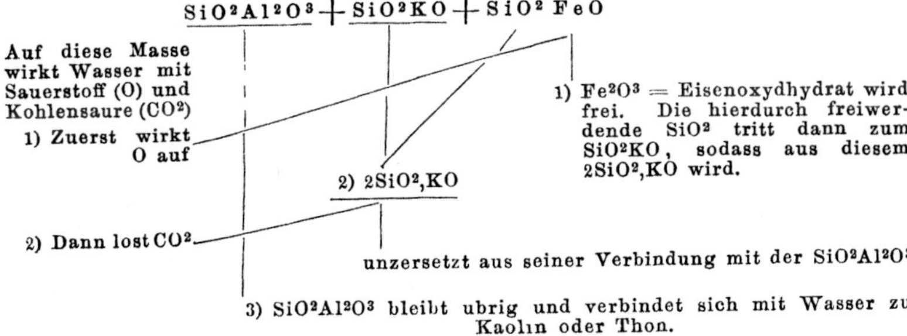

Die Entstehung dieser Thonrinde auf der Oberfläche des verwitternden Orthoklases ist indessen erst der Anfang von der vollständigen Zersetzung dieses letzteren und zugleich auch das Beschleunigungsmittel derselben. Denn eben diese Thonrinde saugt vermöge ihrer Hygroscopicität alle atmosphärische Feuchtigkeit mit allen in ihr gelösten Stoffen gierig auf, schutzt sie gegen die Verdunstung und leitet sie abwärts in das Innere der von ihr bedeckten Mineralmasse soweit als nur die Risse in der letzteren eingedrungen sind. Hierdurch wird alsdann die angegriffene Orthoklasmasse in der eben beschriebenen Weise von Aussen nach Innen immer weiter umgewandelt, immer mürber, weicher und leichter, bis auch ihre letzte Spur in Kaolin oder Thon umgewandelt erscheint.

Aus dem Orthoklase gehen demnach bei seiner Zersetzung durch die Atmosphärilien folgende Substanzen hervor:

1) ein thoniger Rückstand, welcher aus Kaolin oder Porzellanerde, wenn die Orthoklasmasse kein Eisenoxydul enthielt und vollständig ihrer Alkalien beraubt worden ist, oder aus gemeinem Thone besteht, welcher stets Eisenoxyd und auch wohl kieselsaure Alkalien beigemengt enthält;

2) doppeltkieselsaures Kali (und Natron), welches sich in kohlensaurem Wasser löst und bei längerer Lösung in diesem Wasser sich allmälig in kohlensaures Kali und lösliche Kieselsäure umwandelt — beides Substanzen, welche für zahlreiche Gewächse, so namentlich für alle Gräser, Eichen, Birken, Eschen, Ulmen u. s. w. unentbehrliche Nahrstoffe sind, häufig aber auch von der Masse anderer Silicate, so von Hornblenden aufgesogen werden und dann viel zu deren Umwandlung — z. B. des Turmalins in Kaliglimmer und der Hornblende in Magnesiaglimmer — beitragen.

Verbindung des Orthoklases mit anderen Mineralien und seine geologische Bedeutung. — Der Orthoklas findet sich zwar nirgends für sich allein als Felsbildner, aber im Verbande mit anderen Mineralien ist er einer der wichtigeren Felsgemengtheile. So weit nun bis jetzt die Erfahrung reicht, so tritt er vorherrschend in Mengung und Verwachsung auf:

1) mit silberwcissem Kaliglimmer und mit Quarz;

2) mit Oligoklas, bisweilen auch mit Albit, und dann gewöhnlich auch wieder mit Quarz und Glimmer. In der Regel zeigt sich dann aber in seiner Gesellschaft auch schwarzbrauner Magnesiaglimmer und magnesiareiche Hornblende — ein paar Minerale, welche stets treue Begleiter des Oligoklases sind.

Mit diesen seinen Gesellschaftern bildet er nun folgende gemengte krystallinische Felsarten:

1) Im Gemenge mit Quarz den undeutlich gemengten schieferigen Granulit und den Felsitporphyr;

2) im Gemenge mit Quarz und Glimmer den körnigen Granit und den schieferigen (flaserigen) Gneiss.

3) im Gemenge mit Oligoklas und Hornblende den Syenit, bisweilen auch Syenitgranit, wenn ausser den ebengenannten Mineralien noch Quarz und Magnesiaglimmer in dem Gemenge auftreten.

4) In der Form des Sanidin bildet er ferner mit den eben angegebenen Mineralarten die Trachyte.

Der Orthoklas bildet aber nicht nur den Gemengtheil von krystallinischen Felsarten, sondern tritt auch sehr oft als ein Gemengtheil der Sandsteine und des Sandes auf. In der Regel zeigt er sich dann in der Form von Krystallbruchstücken oder stumpfeckigen Körnern von ledergelber bis braunrother Farbe, bisweilen aber auch in kaolinartigen Knöllchen.

In dieser Weise erscheint er in den Conglomeraten und grobkörnigen Sandsteinen des Rothliegenden- und Buntsandsteines, ja in manchen Lagen des letzteren so häufig, dass seine Menge weit den Gehalt der eingemengten Quarzkörner übertrifft. — In dem Sandgemenge des norddeutschen Tieflandes steigt seine Menge oft von 17 bis zu 35 pCt. — eine äusserst wichtige Thatsache, da diese Beimengungen von Orthoklas bei ihrer Zersetzung das lose Gemenge des Sandes nach und nach nicht blos mit thoniger Erdkrume, sondern auch mit löslichem kieselsaurem Kali und Natron — diesen so nothwendigen Nahrstoffen für die schon oben genannten Pflanzenarten — versorgt.

Anhang: Der **Albit,** welcher bisweilen mit dem Orthoklas zugleich in Gesteinsmassen auftritt oder mit diesen in eigenthümlicher Weise verwachsen erscheint, bildet vorherrschend rhomboïdische Säulen und Tafeln, welche durch Zuschärfung ihrer schmalen Säulenflächen sechsseitig und an ihren beiden Endflächen entweder durch zwei ungleiche Dreieckflächen zugeschärft oder durch drei ungleichförmige Flächen zugespitzt werden und den Krystallen des Orthoklases sehr ähnlich sind. — Ausserdem bildet er auch körnige und schalig-blätterige Aggregate, zwischen deren einzelnen Blätterlagen sich oft zarte Quarzrinden befinden. — Das specifische Gewicht ist = 2,62—2,67. — Er erscheint gewöhnlich weiss mit einem Stich ins Grünliche und

Gelbliche, glasglänzend und durchsichtig bis undurchsichtig. Vor dem Löthrohre verhält er sich wie Orthoklas, färbt aber die Spiritusflamme deutlich gelb. In Säuren dagegen erscheint er fast unlöslich. — Im reinen Zustande besteht er aus 69,23 Kieselsäure, 19,22 Thonerde und 11,55 Natron. Sehr oft aber enthält er neben seinem Natron auch etwas (0,5—2,5) Kali und Spuren von Kalkerde.

In seiner Verwitterung gleicht er dem Orthoklase und unterscheidet sich von dem letzteren nur dadurch, dass er vermöge seines Natrongehaltes schneller verwittert und ein gewöhnlich reines, weisses Kaolin bildet.

Vorkommen. Im Ganzen genommen ist der Albit mehr ein Ganggebilde im Gebiete der Granite, Gneisse, Syenite, Diorite und Thonschiefer, als ein wesentlicher Gemengtheil von Felsarten. Kommt er aber in diesen vor, wie dies in manchen Turmalingraniten und Dioriten der Fall ist, so erscheint er gewöhnlich als ein Gesellschafter oder auch wohl theilweiser Stellvertreter des Orthoklases oder Oligoklases.

2) **Oligoklas** (vom griechischen „oligos", wenig, und „klao", spalten, weil die Spaltungsrichtungen an seinen Krystallen nur wenig vom rechten Winkel abweichen.) Er bildet vorherrschend schieftafelförmige, den Albitkrystallen ähnliche, aber selten vollständig entwickelte, in Gesteinen eingewachsene (triklinische) Gestalten, welche noch viel häufiger die schon bei dem Albite erwähnte parallele Zwillingsstreifung sowohl auf ihren Spaltflächen wie an ihrer Oberfläche wahrnehmen lassen, aber auch noch viel deutlicher an ihrer streifenweise zernagten Oberfläche zeigen, dass sie durch abwechselnd aus Albit oder Orthoklas und Oligoklas bestehenden Blätterlagen gebildet werden. Häufiger als in ausgebildeten Krystallen kommt er in krystallinischen Körnern und derben Massen mit Zwillingsstreifung vor. Sein specifisches Gewicht ist = 2,63—2,68. — Seine Farbe ist vorherrschend graulich-, gelblich- oder grünlichweiss, oder auch röthlichgrau oder graubraun; sein glasiger Glanz aber tritt nur auf der basischen Spaltfläche lebhaft hervor, sonst erscheint er sehr häufig matt.

Chemisches Verhalten. Der Oligoklas besteht im Allgemeinen aus 63,01 Kieselsäure, 23,35 Thonerde, 8,40 Natron und 4,24 Kalkerde; er nähert sich daher qualitativ dem Labrador, jedoch herrscht in ihm das Natron vor, welches gewöhnlich theilweise durch 1—5 pCt. Kali vertreten wird. Nächst dem Natron ist in ihm die nie fehlende und $^1/_3$ vom Natrongehalt einnehmende Kalkerde zu beachten, und ausserdem darf auch eine, nur selten mangelnde, geringe (0,5—3 pCt.) Quantität Magnesia nicht übersehen werden. — Vor dem Löthrohre verhält er sich wie der Albit, schmilzt aber leichter. Gegen Säuren ist er nicht unempfindlich und selbst kohlensäurehaltiges Meteorwasser vermag ihn allmählig in Folge seines Kalk- und Natrongehaltes ganz zu zersetzen.

Eine Abart des Oligoklases ist der — 6,86 Kalkerde und 7,60 Natron haltige — Andesin, welcher in den Trachyten der Cordilleren und im Syenit der Vogesen auftritt und für den Oligoklas dasselbe ist, was der Sanidin für den Orthoklas.

Verwitterung. Vermöge seines Kalkgehaltes verwittert der Oligoklas viel leichter als der Orthoklas und Albit, wenn er auch in dem Gange seiner Verwitterung dem Orthoklas ganz gleich steht. Das kohlensäurehaltige Meteorwasser zersetzt zunächst seine kieselsaure Kalkerde in löslichen kohlensauren Kalk und lösliche Kieselsäure, welche sich dann mit dem in ihm vorhandenen kieselsauren Natron verbindet, wodurch dieses letztere zwar unzersetzbar, aber keineswegs unlösbar in dem kohlensauren Wasser wird. Hiernach laugt demnach das Meteorwasser zuerst die Kalkerde als doppeltkohlensaures Salz, dann aber das kieselsaure Natron als doppeltkieselsaures Salz aus seiner Verbindung mit der kieselsauren Thonerde, so dass diese nach vollständiger Auslaugung ihrer kieselsauren Monoxyde nur noch allein und mit Wasser verbunden d. i. als Kaolin zurückbleibt. In der That besteht auch die erste Verwitterungsrinde des Oligoklases nur aus fast reinem Kaolin. Wenn man aber die im weiteren Verlaufe der Verwitterung sich bildende Thonmasse dieses Minerales chemisch untersucht, so bemerkt man, dass sie zunächst mit Salzsäure aufbraust und kohlensauren Kalk enthält, sodann mit Aetznatronlauge behandelt freie gelatinöse Kieselsäure giebt und endlich auch oft kohlensaure oder kieselsaure Magnesia (— letztere als unlösliche Specksteinsubstanz —) enthält. Diese Beimengungen von gelatinöser Kieselsäure, von kohlensaurer Kalkmagnesia oder gar von kieselsaurer Magnesia im Verwitterungsthone des Oligoklases lassen sich nur durch die Annahme erklären, dass die zuerst entstandene Kaolinrinde die im weiteren Verlaufe der Verwitterung entstehende kohlensaure Kalkerde, freie Kieselsäure und kieselsaure Magnesia während ihres Gelöstseins im kohlensauren Wasser in sich aufsaugt und bei der Verdunstung ihres Lösungswassers festhält und mechanisch mit sich verbindet.

Nach allem diesen ist also das letzte Verwitterungsproduct des Oligoklases wieder Kaolin, Thon oder — bei gleichmässiger Einmengung von amorpher Kieselsäure — Lehm oder endlich — bei gleichmässiger Untermischung von Kalkcarbonat — Mergel.

Verbindung des Oligoklases mit anderen Mineralien und seine geologische Bedeutung. — Der Oligoklas ist unter den Feldspatharten vielleicht der verbreitetste. Es gibt selten eine feldspathhaltige Felsart, in welcher er ganz fehlte. So kommt er z. B. sehr oft in den orthoklashaltigen Graniten, Gneissen, Porphyren und Syeniten, in den albithaltigen Dioriten, in dem labradorhaltigen Diabas, Hypersthenfels und Gabbro, in den labradorhaltigen

Melaphyren u. s. w. vor; häufig tritt er auch für sich allein als Gemengtheil in allen den eben genannten krystallinischen Felsarten auf.

Aus diesem Grunde hält es aber auch schwer, genau anzugeben, mit welchen anderen Mineralien er in der Regel verbunden vorkommt. — Indessen lehrt doch die Erfahrung, dass unter allen den Mineralien, welche in seiner Gesellschaft auftreten,

in erster Reihe die Kalkmagnesiahornblende und der Magnesiaglimmer;

in zweiter Reihe der Magnesiaaugit, Hypersthen und Diallag

seine getreuen Begleiter sind.

Im Gemenge mit diesen Mineralien bildet er folgende Gesteine:

1) im Gemenge mit Quarz (und oft auch Orthoklas) den Granulit und Felsitporphyr;
2) im Gemenge mit Quarz und Glimmer (und oft auch Orthoklas) fast alle Granite und Gneisse mit schwarzem Glimmer;
3) im Gemenge mit Hornblende (und Orthoklas) den Syenit;
4) im Gemenge mit Hornblende (und oft auch Albit und schwarzem Glimmer) die Diorite;
5) im Gemenge mit Kalkhornblende und Anorthit oder auch Labrador die Melaphyre und Kalkdiorite;
6) im Gemenge mit Augit (und oft auch Labrador) den Diabas;
7) im Gemenge mit Diallag den Gabbro;
8) im Gemenge mit Hypersthen den Hypersthenfels.

Ausserdem erscheinen Trümmer und Körner seiner Krystalle sowohl in vielen Sandsteinen, wie auch in dem Gemenge des losen Sandes.

Erklärung. Von dem Orthoklas und Albit unterscheiden sich die Körner des Oligoklases dadurch, dass ihre Verwitterungsrinde mit Salzsäure aufbraust; vom Labrador und Anorthit aber dadurch, dass das Pulver des frischen Oligoklases durch Salzsäure auch beim Kochen nicht zersetzt wird, während Labrador und Anorthit zersetzt oder ganz gelöst werden. Uebrigens muss hier nochmals darauf aufmerksam gemacht werden, dass man in sehr feinkörnigen oder dichten — namentlich Kalkhornblende oder Augit haltigen — Gesteinen den kalkhaltigen Oligoklas nicht vom Labrador unterscheiden kann, weshalb man auch den feldspathigen Gemengtheil dieser Gesteine nicht mehr speciell Labrador, Oligoklas oder Anorthit, sondern kurzweg „kalkreichen Feldspath" oder, wie es in den neueren Gebirgskunden geschieht, Plagioklas nennt.

3) **Labrador:** Undeutliche, gewöhnlich tafelförmige, dem Albit ähnliche, triklinische Krystalle oder auch derbe, theils aus lamellaren Blättern bestehende und dann mit Zwillingsstreifen versehene, theils faserige oder dichte Massen, welche oft auf einer ihrer Spaltflächen ein schönes Farbenspiel wahrnehmen lassen. Sein specifisches Gewicht ist = 2,68—2,74. Seine Farbe ist vorherrschend unrein weiss oder aschgrau, sein Glanz aber ist auf frischen Flächen glasig.

Chemisches Verhalten. Der Labrador besteht aus 53,56 Kieselsäure, 29,77 Thonerde, 12,17 Kalkerde und 4.50 Natron; ausserdem aber enthält er meist noch Spuren von (0,5—0,3 pCt.) Kali, (0,2—1,5 pCt.) Magnesia und (1—2 pCt.) Eisenoxyd, bisweilen auch 0,5—0,3 pCt. Wasser. — Vor dem Löthrohre schmilzt er noch leichter als Oligoklas zu einem weissen Email und färbt dabei die Flamme gelb. Gegen Salzsäure verhält er sich verschieden: In noch ganz frischem, wasserlosen Zustande wird er von concentrirter Salzsäure nur theilweise und unvollständig zersetzt; in scheinbar noch frischem, aber schon wasserhaltigen Zustande wird er durch diese Säure unter Abscheidung von Kieselpulver vollständig zersetzt; in angewittertem, wasserhaltigen und mit Säuren aufbrausendem Zustande endlich wird er von Salzsäure unter Abscheidung von Kieselschleim vollständig zersetzt. — Concentrirte Schwefelsäure dagegen zersetzt selbst den ganz frischen Labrador bei längerem Kochen unter Abscheidung von Kieselpulver vollständig. — Kohlensäure haltiges Wasser endlich und eine Lösung von humussaurem Ammoniak (oder Kali) laugt bei langem Stehen aus ihm alle Kalkerde und auch das kieselsaure Natron aus, so dass von ihm nur noch ein schlammiger Thonrückstand bleibt.

Die Verwitterung des Labradors gleicht ganz der des Oligoklases und geht in derjenigen Weise vor sich, wie eben beim chemischen Verhalten dieses Minerales angegeben worden ist; nur tritt sie früher ein und geht rascher vor sich in Folge des grösseren Kalkgehaltes im Labrador. Einen merkwürdigen Einfluss üben hierbei noch die Flechten aus, welche durch ihre Gier nach Kalkerde getrieben sich sehr häufig auf den Labradorgesteinen niederlassen: Wo sie sich massig entwickeln, da befördern sie stets die Zersetzung des Labradors. Ob sie dieses nun durch ausgeschiedene Säuren oder durch ihre Humussubstanzen oder auch nur mittelbar dadurch bewirken, dass sie die atmosphärische Feuchtigkeit ansaugen und festhalten, — das bedarf noch der weiteren Untersuchung.

Gesellschaftung und geologische Bedeutung. Der Labrador steht zunächst im Verbande mit den aus seiner Zersetzung oder Umwandlung hervorgegangenen Mineralarten, also namentlich Kaolin, Calcit, amorphem Quarze oder Opal und Zeolitharten; ja die Zeolithe — und unter ihnen namentlich der Mesotyp, Skolezit, Chabasit und Analcim — haben so recht eigentlich ihren Hauptsitz in den labradorhaltigen Gesteinen. Ausser diesen Mineralarten erscheinen noch folgende Minerale

in erster Reihe der gemeine Augit, die Kalkhornblende und deren Zersetzungsproducte — Grünerde und Magneteisenerz,

in zweiter Reihe die Verwandten des Augites, wie Diallag und Hypersthen als treue Begleiter des Labradors. Dagegen scheinen Albit, Orthoklas, Turmalin, Kaliglimmer, Flussspath und krystallisirter Quarz seinem Felsgemenge fremd zu sein.

Mit diesen seinen treuen Begleitern bildet er nun folgende gemengte krystallinische Felsarten:

1) im Gemenge mit Kalkhornblende oder Augit (und auch oft Oligoklas) manche **Melaphyre**;
2) im Gemenge mit Hypersthen manche **Hyperite**;
3) im Gemenge mit Diallag manchen **Gabbro**;
4) im Gemenge mit Augit und Grünerde manche **Diabase**;
6) im Gemenge mit Augit und Magneteisenerz manchen **Dolerit** und **Basalt**.

Für die **Bildung von Erdkrume** ist er insofern von grosser Bedeutung, als er einerseits bei seiner vollständigen Zersetzung fruchtbaren Mergel und andererseits mit seinem Sande dem Boden ein Material liefert, aus welchem sich nachhaltig kohlensaurer Kalk, lösliche Kieselsäure und kohlensaures Natron — also vortreffliche Pflanzennahrung — erzeugt.

4) Anorthit (vom griechischen „anorthos", schiefwinkelig, weil die Spaltungsflächen seiner Krystalle schiefwinkelig auf einander stehen). Er bildet schiefe rhomboïdische, den Albiten sehr ähnliche, mannichfach abgestumpfte, (triklinische) Säulenformen, welche sich in der Richtung ihrer Basis vollkommen spalten lassen und gewöhnlich **farblos**, durchsichtig und glasglänzend oder auch weiss und nur durchscheinend sind. Ausserdem zeigt er sich auch in Körnern. Sein specifisches Gewicht ist = 2,65—2,76.

Chemisches Verhalten. Er besteht aus 43,70 Kieselsäure, 36,44 Thonerde und 19,36 Kalkerde, und enthält demnach unter den Feldspathen die geringste Menge Kieselsäure und die grösste Menge Kalkerde. Darum ist er auch in concentrirter Salzsäure sehr leicht und vollkommen in der Weise löslich, dass sich die Kieselsäure entweder gar nicht oder erst nach einiger Zeit als Gallerte abscheidet. Vor dem Löthrohre schmilzt er leicht mit Soda gemischt zu einem durchscheinenden Milchglase.

Verwitterung und Vorkommen. Der Anorthit ist erst in der neueren Zeit richtig erkannt und in Folge dessen auch in mehreren Felsarten, in denen man früher nur Oligoklas oder Labrador vermuthete, als wesentlicher Gemengtheil aufgefunden worden. In dieser Weise findet er sich in Gesellschaft von Oligoklas und Hornblende in manchem **Kalkdiorit** und **Melaphyr** am Thüringer Walde, ferner mit Enstatit verbunden im **Enstatitfels** des Radauthales am Harze und im Verbande mit Serpentin im **Serpentinfels** an der Baste auf demselben Gebirge. — So weit man nun vorerst sein Auftreten beurtheilen kann, so scheinen vorzüglich einerseits die Kalkhornblende und der Augit, sowie die Umwandlungsproducte dieser beiden Minerale — der Enstatit und Serpentin — und andererseits Labrador und Oligoklas die Hauptgesellschafter dieser kieselsäurearmen Kalkfeldspathart zu sein.

Auch über seine Verwitterung lässt sich nur sagen, dass sie schneller als die einer anderen Feldspathart erfolgt und dass das Product derselben, ähnlich wie beim Labrador, ein **kalkhaltiger Kaolin oder Mergel** ist.

§ 9 c. Die **Leucitoide**: Feldspathartige, im frischen Zustande wasserlose, vorherrschend weisse oder grünlichgraue Silicate, welche ziemlich **gleiche Härte mit den Feldspathen** haben und auch wie Orthoklas und Oligoklas aus kieselsaurer Thonerde und kieselsaurem Kali-Natron bestehen, aber in ganz anderen Krystallformen auftreten, weniger Kieselsäure enthalten und sich in **Salzsäure vollständig und unter Abscheidung von schleimig-pulveriger oder gallertähnlicher Kieselsäure auflösen lassen.** — Sie treten hauptsächlich in den Laven- und Basaltgesteinen vorherrschend in Verbindung mit **Augit** auf. Zu ihnen gehören:

1) der **Leucit** (vom griech. „leukos", weiss): Kleine, kugelige, von 24 Trapezflächen umschlossene Krystalle oder auch Körner von weisser Farbe und mit einem spec. Gewicht = 2,45—2,50. Aus 55,58 Kieselsäure, 23,16 Thonerde und 21,26 Kali bestehend, also dem Orthoklas ähnlich, aber in Salzsäure unter Abscheidung von pulveriger Kieselsäure löslich. — Er bildet im Verbande mit Augit den, im Gebiete vulcanischer Gegenden vorkommenden, **Leucitophyr** und **Leucittuff**.

2) der **Nephelin** (vom griech. „nephelä", Wolke, weil er mit Säuren befeuchtet trüb und wolkig wird): Sechsseitige Säulen oder Körner, vorherrschend von bläulich- oder grüngrauer Farbe und mit einem sp. Gew. = 2,58 — 2,64. Er besteht aus 41,2 Kieselsäure, 35,3 Thonerde, 17,0 Natron und 6,5 Kali, und löst sich leicht in Salzsäure **unter Abscheidung von Kieselgallerte.** — Er vertritt häufig die Stelle des Labradors im Basalt und Dolerit (**Nephelinbasalt und Nephelindolerit**), kommt aber auch mit Sanidin oder Oligoklas zusammen in Phonolith vor. — Gesteine, in denen er statt Labrador auftritt, z. B. im Basalt, bilden bei ihrer Verwitterung eine weisse, **nicht mit Säuren aufbrausende Thonrinde.**

§ 9 d. Die **Zeolithe** (vom griech. „zeo", kochen, und „lithos", Stein, weil manche Zeolithe beim Schmelzen aufschwellen oder aufkochen). — Sie sind vorherrschend farblose, weisse oder weissgraue, oft aber auch durch beigemengtes Eisenoxyd gelblich oder röthlich gefärbte, **Thonalkali- oder Thonkalk-Silicathydrate**, welche in ihrer qualitativen Zusammensetzung dem Oligoklas, Labrador oder Anorthit, bisweilen aber auch dem Leucit oder Nephelin sehr nahe stehen und hauptsächlich von diesen ebengenannten Mineralarten unterschieden sind:

1) durch ihr geringes specifisches Gewicht, welches zwischen 2,01 und 2,35 liegt und nur beim Skolezit bis 2,39 steigt;

2) dadurch, dass sie beim Erhitzen in einer Glasröhre **Wasser ausschwitzen;**

3) dadurch, dass sie vor dem Löthrohre erhitzt leicht unter Aufkochen und Aufschwellen zu einem blasigen Email schmelzen;

4) dadurch, dass sie in concentrirter Salzsäure sich rasch und vollständig unter Ausscheidung von pulveriger, schleimiger oder gallertähnlicher Kieselsäure zersetzen;

5) durch ihre Härte, welche 3,5—5,5 am meisten 4—5 beträgt.

Nach ihren vorherrschenden Körperformen erscheinen diese Zeolithe als Strahlfaserzeolithe, welche Kugeln und Mandeln mit strahligfaseriger Zusammensetzung bilden (— z. B. der Scolezit und Natrolith —); als Strahlblätterzeolithe, welche bundel-, fächer- oder garbenförmige, strahligblätterige Aggregate bilden (— z. B. der Desmin —); als Säulenzeolithe, welche Drusen von rhombischen (monoklinischen) Säulen darstellen (— z. B. der Laumontit —) und als Würfelzeolithe, welche in Drusen von Rhomboëdern oder würfeligen Krystallen auftreten (z. B. Chabasit und Analcim —).

Verwitterung. In Folge ihres grossen Kalk-, Natron- und Wassergehaltes können alle Zeolithe nicht lange den Angriffen des kohlensäurehaltigen Meteorwassers widerstehen; sie werden von diesem letzteren allmälig ihrer alkalischen Bestandtheile ganz beraubt, so dass von ihrem chemischen Bestande zuletzt nur noch eine weisse, etwas an der Zunge klebende, fettig oder seifig anzufühlende, erdigweiche, kaolinartige Masse (Seifenthon oder Steinmark) übrig bleibt, welche sehr schwankend zusammengesetzt ist und im Allgemeinen 20—35 pCt. Wasser, 45—50 pCt. Kieselsäure und 30—35 pCt. Thonerde enthält.

Beim Beginne dieser Zersetzungsweise zeigen sich die verschiedenen Zeolithe indessen verschieden. Die in rhomboëdrischen und würfelförmigen Gestalten auftretenden Zeolithe werden allmälig gleich vom Anfange an durch Kohlensäure haltiges Wasser zersetzt; die in strahligfaserigen oder blättrigen Aggregaten auftretenden Zeolithe aber verlieren erst Durchsichtigkeit, Glanz und Festigkeit, dann überziehen sie sich mit einer mehligen Rinde und nun erst zersetzen sie sich, wenn ihre ganze Masse in Mehl umgewandelt worden ist (daher auch Mehlzeolithe genannt).

Vorkommen und geologische Bedeutung. — Die verschiedenen Arten der Zeolithe sind vorherrschend Bewohner der Blasen-, Drusen- und Spalten-räume hauptsächlich der Oligoklas, Labrador, Anorthit, Leucit oder nephelinhaltigen Augitgesteine, so der Basalte, Dolerite und vulkanischen Tuffe, sei es nun, dass sie diese Räume für sich allein ausfüllen, sei es, dass sie in denselben mit Zersetzungs- und Umwandlungsproducten sowohl der ebengenannten Feldspathe wie auch des Augites — z. B. mit kohlensaurem Kalke, Chalcedon, Opal, Chlorit, Grünerde, Eisenglanz u. s. w. — in Gesellschaft erscheinen. Ausserdem aber bilden einzelne Arten von ihnen einen wesentlichen Gemengtheil von manchen Felsarten, so namentlich der Natrolith im Phonolith.

Für die Bildung des Gebirgsschuttes und namentlich der Erdkrume haben sie nur insofern einen Werth, als sie die Verwitterung derjenigen Felsarten, in denen sie sehr häufig auftreten oder gar einen wesentlichen Gemengtheil bilden, wie z. B. im Phonolith und Basaltmandelstein, durch ihre eigene leichte Zersetzlichkeit und die hierdurch herbeigeführte Lockerung der von ihnen bewohnten Gesteine befördern.

Die am häufigsten vorkommenden Arten derselben sind:

1) Der Skolezit oder Kalkmesotyp (Faser- oder Mehlzeolith): Vorherrschend weisse, im frischen Zustande glasig- oder seidigglänzende, im angewitterten Zustande mehligmatte, dünne bis nadelförmige, quadratische Säulen, welche sehr häufig durch strahlige Verwachsung kugelige und halbkugelige Aggregate bilden. Vor dem Löthrohre erhitzt zuerst sich krümmend und wurmförmig hin und her windend, dann aber leicht zu einem schaumigen Glase schmelzend. In Salzsäure leicht und vollkommen zersetzbar, jedoch ohne Abscheidung von Kieselgallerte. In Oxalsäure ebenfalls löslich aber unter Abscheidung von oxalsaurem Kalk. — Er besteht aus 46,50 Kieselsäure, 25,83 Thonerde, 14,08 Kalk und 13,59 Wasser und ist eins der häufigsten Ausfüllungsmittel der Blasenräume in den Basaltmandelsteinen.

2) Der Natrolith (Nadelzeolith): Meist sehr kleine, nadel- bis haarförmige Krystalle, welche zu stern-, büschel- oder kugelförmigen Aggregaten verwachsen sind, ein specifisches Gewicht $= 2{,}15 - 2{,}35$ zeigen und in der Regel weiss und gelb quergestreift oder auch ganz gelb, glasglänzend erscheinen. Vor dem Löthrohre leicht und ruhig zu klarem Glase schmelzend. In Salzsäure vollständig zersetzbar unter Abscheidung von durchsichtiger Kieselgallerte. Ebenso in Oxalsäure vollständig löslich. — Er besteht aus 47,91 Kieselsäure, 26,63 Thonerde, 16,08 Natron und 9,38 Wasser und bildet zunächst einen wesentlichen Gemengtheil vieler Phonolithe, sodann aber auch einen häufigen Bewohner der Blasenräume der basaltischen Mandelsteine.

4) Der Chabasit: In der Regel kleine, würfelähnliche Rhomboëder, welche meist in Drusen stehen, farblos, weiss und glasglänzend sind und ein specifisches Gewicht $= 2{,}07 - 2{,}15$ haben. Vor dem Löthrohre anfangs anschwellend und sich krümmend, dann ruhig zu kleinblasigem Email schmelzend. — In Salzsäure unter Abscheidung von schleimigem Kieselpulver vollständig zersetzbar. — Er besteht aus 48 Kieselsäure, 20 Thonerde, 10,96 Kalkerde und 21,04 Wasser, enthält aber oft noch mehrere Procente Natron, und ist nächst dem Skolezit und Natrolith einer der häufigsten Bewohner der Blasenräume sowohl in den basaltischen Gesteinen wie auch im Melaphyr.

Anhang: Verhältniss der Zeolithe zu den Feldspathen. — Wie aus der eben gegebenen Beschreibung der Zeolithe hervorgeht, so stehen dieselben in einem nahen Verwandtschaftsverhältnisse zu den Feldspathen, denn einerseits haben sie mit den letzteren gleiche qualitative Zusammensetzung, so dass sich beide Mineralgruppen auf die allgemeine Zusammensetzungsformel $(RO+Al^2O^3)$ $nSiO^2$, in welcher RO = Kali, Natron oder Kalkerde bedeutet, und zu welcher bei den Zeolithen irgend eine Quantität Wasser (= nHO) kommt, zurückführen lassen; anderseits kommen die Zeolithe vorherrschend in Gesteinen vor, welche Oligoklas, Labrador und Anorthit — also Feldspatharten, die in ihrer qualitativen Zusammensetzung den Zeolithen ganz nahe stehen, — enthalten.

Aus allem diesen hat man gefolgert, dass die Zeolithe erst aus den ebengenannten Feldspatharten und zwar dadurch hervorgegangen sind, dass diese letzteren Wasser in sich aufnahmen und von demselben allmälig so durchdrungen wurden, dass jedes kleinste ihrer Massetheilchen ein bestimmtes Quantum von ihm erhielt (hydratisirt wurde).

Beide Mineralgruppen haben aber auch noch das mit einander gemein, dass

1) in ihrem Bestande die Magnesia, das Eisen- und Manganoxydul nur eine untergeordnete Rolle spielt, während die Alkalien (— Kali oder Natron —) in der Regel vorherrschen, und

2) beide bei ihrer Zersetzung thonige oder mergelige Substanzen und in kohlensaurem Wasser lösliche kiesel- oder kohlensaure Alkalien und alkalische Erden, sowie auch lösliche Kieselsäure liefern,

so dass man sie mit Recht für die Haupterzeuger aller thonigen Erdkrumen und der wichtigsten Pflanzennahrmittel, zugleich aber auch eben durch die aus ihnen freiwerdenden löslichen kieselsauren Alkalien für die Hauptumwandlungsmittel der folgenden Mineralgruppen halten kann.

β. Magnesiasilicate.

§ 9 e. **Amphibolite** (vom griechischen „amphibolos", zweideutig, weil manche Arten derselben ihrem Ansehen nach sowohl unter sich wie mit anderen Mineralien verwechselt werden können). — Vorherrschend schwarz, dunkelgrün oder schwarzbraun gefärbte, glas- oder bronceglänzende, in sechs- oder achtseitigen, nach oben und unten durch zwei, drei oder vier Flächen zugeschärften oder zugespitzten (monoklinischen) Säulen, Stangen und Nadeln auftretende Silicate, welche sich gewöhnlich nicht vom Fingernagel, ja meistens nicht vom Messer, aber stets vom Feuerstein und Feldspath ritzen lassen, so dass ihre Härte = 4—6; ihr spec. Gewicht aber = 2,8—3,6 ist. In Salzsäure wenig oder nicht zersetzbar.

Chemischer Bestand. Wie bei den Feldspathen die Thonerde und die Alkalien vorherrschen, so treten bei den Amphiboliten vorzüglich Magnesia, Kalkerde, Eisen- und Manganoxydul hervor, während Kali und Natron sich nur bei wenigen ihrer Arten, so namentlich bei der Hornblende, bemerklich machen, ohne jedoch im Bestande herrschend zu werden, und die Thonerde entweder ganz fehlt oder doch nur eine untergeordnete Rolle spielt, indem sie gewissermassen eine Stellvertreterin der Kieselsäure abgeben muss, wenn die Menge dieser letzteren nicht ausreicht, um die vorhandenen Monoxyde zu sättigen. Eigenthümlich ist dann auch, dass gerade in denjenigen Arten, in welchen die Thonerde fehlt oder die Stelle der Kieselsäure vertreten muss, statt ihrer das Eisenoxyd (Fe^2O^3) als Basis auftritt.

Die Verwitterung der Amphibolite ist, wie immer, abhängig von dem Vorhandensein von Kalkerde und Eisenoxydul.

1) Die kalkreichen Arten verwittern unter sonst gleichen Verhältnissen schneller als die an Kalkerde armen oder leeren.

2) Enthalten sie Eisenoxydul, was meistens der Fall ist, dann beginnt ihre Verwitterung mit der höheren Oxydation und Ausscheidung dieses als ockergelbe Eisenoxydhydratrinde; dann erst folgt die Auslaugung der etwa vorhandenen Kalkerde als lösliche doppeltkohlensaure Kalkerde. Daher bemerkt man auf solchen eisenoxydul- und kalkhaltigen Amphiboliten zuoberst eine ockergelbe Eisenoxydrinde und unter dieser meist eine weisse, mit Säuren brausende, Kalkrinde. — Anders aber wird dieser Prozess, wenn das Verwitterungswasser keinen Sauerstoff enthält, wie dies der Fall ist, wenn dasselbe in oberen Gesteinslagen seinen Sauerstoff schon abgesetzt hat und nun in tiefer liegende Gesteinsmassen eindringt. In diesem Falle wird zuerst die Kalkerde als doppeltkohlensaures Salz ausgelaugt und dann das in der Amphibolitmasse vorhandene kieselsaure Eisenoxydul fast gleichzeitig mit dem etwa vorhandenen Manganoxydul- und Magnesiasilicate in kohlensaurem Wasser aufgelöst und auf die Absonderungsflächen des verwitternden Amphibolites getrieben, an welchen es bei rascher Verdunstung des Lösungswassers einen zuerst fast violett schillernden, fest ansitzenden, später aber blaugrünen, erdigen Ueberzug von Grünerde oder Delessit bildet. Bei reichlich vorhandenem kohlensauren Wasser werden indessen die obengenannten Silicate des Eisens, Mangans und der Magnesia durch die Kohlensäure ihres Lösungswassers in kohlensaure Salze und freie Kieselsäure umgewandelt, welche sich nun in den Absonderungsspalten ihres Muttergesteines im Verbande mit dem ausgelaugten Kalkcarbonate als Quarz, Eisen-, Mangan-, Dolomit und Kalkspath absetzen und hierdurch bei massig vorhandenem Bildungsmateriale oft die Veranlassung zur Zusammensetzung von Eisenerr-, Manganerz- und Kalkspathablagerungen werden.

3) Enthalten die Amphibolite auch Thonerde in hinreichender Menge, dann bleibt nach Auslaugung ihrer in kohlensäurehaltigem Wasser löslichen Bestandtheile eine thonige Substanz übrig, welche theils durch bei-

gemengtes Eisenoxyd ockergelb oder braunroth, theils durch beigemischte Grünerde schmutzig blaugrün gefärbt ist, bisweilen aber auch Eisenoxydul- und Magnesiasilicat (z. B. im Steinmark, Bol und Walkerthon) enthält.

4) Nach allem eben Mitgetheilten sind also als allgemeine Verwitterungsproducte der Amphibolite anzusehen:

    a) als Auslaugungsproducte der verwitternden Amphibolite: Kalk-, Magnesia-, Dolomit- und Eisenspath nebst Quarz;

    b) als letzte Rückstände der verwitterten Amphibolite: Eisenschüssiger Thon, Walkerde, Grünerde, Speckstein (Serpentin), Eisen- und Manganoxyderze.

Ihrer geognostischen Bedeutung nach gehören die Amphibolite zu den wichtigsten Mineralien, indem mehrere Arten von ihnen nicht nur für sich allein Felsarten zusammensetzen, sondern auch als wesentliche Gemengtheile nicht nur von älteren (— so vom Syenit, Diorit, Diabas, Gabbro, Hypersthenit, Enstatitfels und Eklogit —), sondern auch von jüngeren (— so von den Basaltiten —) und jüngsten vulkanischen Gesteinen (— so vom Trachyt und den Laven —) auftreten, dabei aber auch durch ihre Umwandlung Veranlassung geben zur Bildung von anderen wichtigen Erdrindesubstanzen (— so von Magnesiaglimmer, Chlorit, Talk, Serpentin und Eisenerzen —); und endlich auch einem häufigen Bestandtheil der verschiedenartigsten Sandaggregationen bilden.

Im Allgemeinen erscheinen sie bei ihren Gesteinsbildungen im Verbande mit Feldspatharten und zwar in der Weise, dass

    die magnesiareichen und thonerdehaltigen Amphibolite (z. B. die gemeine Hornblende) vorherrschend mit kieselsäurereichen Feldspathen, namentlich mit Orthoklas oder Oligoklas;

    die magnesiaarmen und kalkreichen Amphibolite dagegen mit kieselsäurearmen Feldspathen, so namentlich mit Labrador, Anorthit oder Kalkoligoklas, kurz im Allgemeinen mit einem Plagioklas

verbunden erscheinen. — Krystallinischer Quarz aber ist im Ganzen ein seltener Gesellschafter und kommt wohl nicht im Gemenge mit magnesiaarmen Amphiboliten vor.

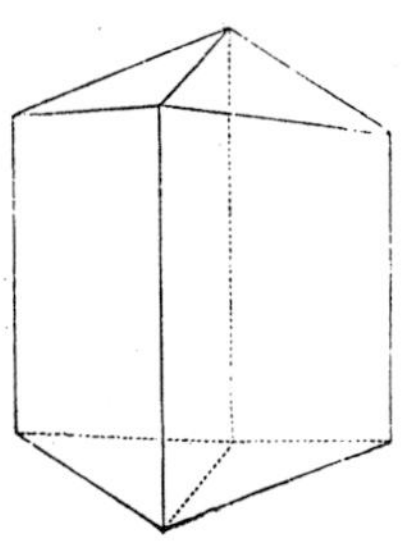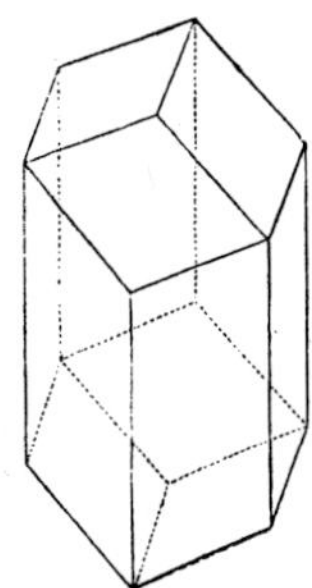

Die für die Zusammensetzung von Erdrindemassen wichtigsten Amphibolite sind folgende:

1) **Amphibol** oder **Hornblende.** — Im Allgemeinen bildet die Hornblende schiefe, vier- oder sechsseitige, meist kurze (monoklinische) Säulen, Stengel und Nadeln, welche eine dreiflächige Zuspitzung (Fig.) und einen Seitenkantenwinkel von 124° 11′ haben und in der

Richtung ihrer Säulenflächen sehr vollkommen spaltbar sind; ausserdem aber auch derbe Massen mit strahlig-, parallel- oder verworrenfaseriger oder auch krystallinisch-körniger Zusammensetzung. Ihre Färbung ist vorherrschend dunkelgrün oder schwarz, ihr Glanz glasig und auf den Spaltflächen stark perlmutterig oder (bei den faserigen Aggregaten) seidenartig. Sie lässt sich wohl vom Feuerstein, aber nicht oder sehr schwer vom Messer ritzen und ritzt selbst das Glas, ohne von ihm wieder geritzt zu werden (H also = 5—6. Ihr specifisches Gewicht ist = 2,8—3,3.

Ihrem übrigen Verhalten nach muss man folgende beiden Abarten unterscheiden:

a¹) Gemeine Hornblende oder Thonmagnesiahornblende. — Vorherrschend kurze, schiefrhombische Säulen, deren schiefe Endflächen durch zwei (selten drei) Pyramidenflächen zugeschärft sind, oder auch derbe Massen mit nadeligem, blätterigem oder körnigem Gefüge. Als Gemengtheil von Felsarten sehr gewöhnlich in kleinen nadelförmigen Körnern, welche stern- oder vogelfussähnlich gruppirt sind, oder auch in blätterigen Täfelchen, welche bisweilen dem Magnesiaglimmer ähnlich sehen — Rabenschwarz oder schwarzgrün, mit grünlichgrauem Ritzpulver. Ihr specifisches Gewicht = 2,9—3,3. — Vor dem Löthrohre schwer zu einem grau- oder schwarzgrünen Glase schmelzbar. Durch Salzsäure wenig oder gar nicht angreifbar.

Ihrem chemischen Gehalte nach erscheint sie im Allgemeinen als eine Verbindung von kieselsaurer Magnesia und kieselsaurem Eisenoxydul mit thonerdesaurem Kali und Natron, wozu sich noch einige Procente Kalkerde und geringe Mengen von Fluor- und Titansäure gesellen. Im Besonderen aber ist über diesen Gehalt noch Folgendes zu bemerken.

1) Die Kieselsäure beträgt 42—50 pCt. und nimmt an Menge ab, wie die Thonerde zunimmt, so dass z. B. bei 42 pCt. Kieselsäure 12 pCt. Thonerde und bei 50 pCt. dieser Säure 8 pCt. der letzteren vorhanden sind. Man nimmt deshalb an, dass sich die Thonerde als eine theilweise Vertreterin der Kieselsäure geltend macht und den vorhandenen Alkalien gegenüber die Rolle einer Säure spielt und mit ihnen Kali- und Natron-Aluminat bildet.

2) Ueberhaupt aber beträgt die Menge der Thonerde in der gemeinen Hornblende 5—15 oder durchschnittlich 8—12 pCt.

3) Der vorherrschende Bestandtheil dieser Hornblende aber ist die Magnesia; ihre Menge beträgt wenigstens 13 und steigt bis 24 pCt. Ihr Gehalt nimmt zu, wie der Eisenoxydulgehalt abnimmt, so dass von dem letzteren anzunehmen ist, dass es einen theilweisen Stellvertreter der Magnesia bildet.

4) Ueberhaupt aber beträgt die Menge des Eisenoxydules 4 bis 25 pCt.

5) Der Gehalt an Kalkerde steigt höchstens bis 12 pCt., er erreicht also noch nicht das Minimum der Magnesia. Gewöhnlich aber liegt er zwischen 3—9 pCt.

6) Der Gehalt an Kali und Natron beträgt 1—5 pCt. Dabei ist aber wohl zu beachten, dass in der Regel alle Hornblenden, welche Alkalien besitzen, auch Wasser enthalten, woraus man gefolgert hat, dass die Alkalien erst durch das Wasser den Hornblenden zugeführt worden sind und dass demgemäss diese letzteren sich schon im Zustande der Umwandlung befinden.

7) Endlich ist noch charakteristisch für den chemischen Gehalt der gemeinen Hornblende, dass sie im frischen Zustande wohl stets kleine Mengen von Fluor und Titansäure enthält.

a²) Basaltische Hornblende oder Thonkalkhornblende. — Vorherrschend kurze sechsseitige Säulen mit dreiflächiger Zuspitzung an den beiden Endflächen; die Krystalle gewöhnlich eingewachsen und sehr häufig an den Kanten und Ecken abgerundet. Als Gemengtheil von Gesteinen aber in der Regel sehr feinkörnig bis pulverig und nie in strahlig-stengeligen Gruppirungen. Pech- bis bräunlichschwarz. im Ritze aber oder als Pulver bräunlich. — Vor dem Löthrohre viel leichter als die gemeine Hornblende und gewöhnlich unter Kochen zu einem dunkelgrünen oder schwarzen Glase schmelzend. — Durch Salzsäure theilweise zersetzbar, dabei bisweilen aufbrausend. — Oft auch beim Anhauchen einen unangenehm bitteren Thongeruch gebend, was namentlich bei beginnender Zersetzung bemerkbar ist.

In ihrem chemischen Gehalte der vorigen ähnlich, aber von ihr durch Folgendes verschieden:

1) Der Kieselsäuregehalt beträgt bei ihr durchschnittlich 40—47 pCt., ist also kleiner.

2) der Thonerdegehalt beträgt 12—26 pCt., ist also grösser.

3) der Kalkerdegehalt beträgt 10—13 pCt., ihr Magnesiagehalt dagegen 11—14 pCt. Jener ist daher in Beziehung auf den letzteren viel grösser.

4) der Eisenoxydgehalt tritt bei ihr mehr hervor, als bei der gemeinen Hornblende.

5) ausserdem enthält sie nie Fluor, dagegen meist Titansäure.

Verwitterung der Hornblenden. — Obgleich der Verwitterungsprocess der Hornblende im Allgemeinen ganz so beschaffen ist, wie er oben in der allgemeinen Beschreibung der Amphibolite angegeben worden, so kommen doch bei ihm einzelne Abweichungen vor, welche hier nicht ausser Acht gelassen werden dürfen.

a) Wird die Hornblende für sich allein durch die Atmosphärilien angegriffen, so entwickelt sich nach einander unter dem Einflusse von kohlensaurem Wasser:

1) aus ihrem Eisenoxydulgehalte bei Luftzutritt Eisenoxydhydrat, welches die Oberfläche des Minerales ockergelb beschlägt, bei Luftabschluss aber kohlensaures Eisenoxydul oder Eisenspath, welches sich auf den Spalten und Klüften ihrer Umgebung absetzt und später bei eintretender höherer Oxydation Anlass giebt zur Bildung von Brauneisenerz und Magneteisenerz. [Liegen daher Hornblendetrümmer in einem luftigen Sandboden, so überziehen sie sich bald mit einer ockergelben Eisenrinde; liegen sie aber in einem gegen die Luft verschlossenen Boden, so entsteht aus ihnen lösliches Eisenoxydulcarbonat. Dringt dann dieses bei eintretender Austrocknung der obersten Schichten des Bodens bis an die Oberfläche des letzteren, so verliert es hier zunächst sein Lösungswasser, in Folge dessen es sich an alle Körner und Krumen des Bodens absetzt und sie auch wohl unter einander verkittet, sodann aber oxydirt es sich höher zu Eisenoxydhydrat, welches nun alle von ihm umhüllten Sandkörner und Bodenkrumen ockergelb färbt. Dass nun durch diese Eisenbeimischungen in einem Boden Raseneisenerz entstehen kann, ist früher schon gezeigt worden. (Vgl. § 6 g und § 7 d).]

2) aus ihrem Kalkerdegehalte löslicher kohlensaurer Kalk, welcher entweder von der schon vorhandenen Verwitterungsrinde angezogen und festgehalten wird, so dass in derselben Mergel entsteht, oder ausgelaugt wird und dann sich bisweilen auf den Spaltflächen der angewitterten Hornblende als weisslicher Ueberzug wieder absetzt, so namentlich bei der basaltischen Hornblende, welche in Folge ihres grösseren Kalkgehaltes überhaupt viel schneller und stärker verwittert als die gemeine und stets einen mergeligen Thon giebt;

3) aus ihrem Alkaliengehalte lösliches kieselsaures Alkali, welches ausgelaugt wird;

4) aus ihrem Magnesiagehalte lösliche kieselsaure Magnesia, welche sich bei längerem Verweilen in ihrem Lösungswasser zu kohlensaurer Magnesia (Bitterspath) und Kieselsäure (Quarz) zersetzt, oft aber dann auch mit dem ausgelaugten Kalk in Verbindung tritt und Dolomit bildet;

5) aus der nach Ausscheidung aller bis jetzt genannten Bestandtheile noch übrig gebliebenen Kieselsäure, Thonerde und Eisenoxydmenge ein durch beigemengtes Eisenoxydhydrat ockergelbes, kieselsäurereiches Thonerdehydrat, welches in seinem ganzen Verhalten dem Lehm sehr nahe steht. Diesem nach ist also das letzte Pro-

duct der gewöhnlichen Hornblendeverwitterung Lehm,
aber niemals Thon oder Kaolin. Für die Bildung dieses letzteren
ist in der Hornblende zu viel Kieselsäure und zu wenig Thonerde
vorhanden.

Anders gestaltet sich dieser Umwandlungsprocess, wenn die Hornblende blos durch kohlensaures Wasser bei gänzlichem Abschluss von
Sauerstoff zersetzt wird, wie dies namentlich in unteren Räumen der
Felsarten vorkommt, dann ist ihr letztes Verwitterungsproduct ein
unrein-grünes, erdig-pulveriges oder feinschuppiges, von Säuren leicht
zersetzbares, Mineral, welches theils aus einem Gemische von
Walkerthon und Grünerde (kieselsaurem Eisenoxydulhydrat) theils
aus dieser letzteren allein, theils auch aus Delessit, (welcher aus
Kieselsäure (32,28), Thonerde (15,28), Eisenoxyd (17,81), Eisenoxydul
(4,70), Magnesia (18,22) und Wasser (11,71) besteht), zusammengesetzt ist.

Nach allem oben Angegebenen entwickeln sich also aus der Hornblende
bei ihrer vollen Verwitterung unter beständigem Zutritte von Sauerstoff, Kohlensäure und Wasser nach einander:

1) auslaugbare Producte: kohlensaurer Kalk, kohlensaure Magnesia, welche sich oft mit dem Kalk zu Dolomit verbindet. kieselsaure Alkalien.

2) nicht auslaugbare, den Ueberrest der zersetzten Hornblende bildende, Substanzen: Eisenoxydhydrat und Lehm, (welcher bisweilen auch durch Grünerde verunreinigt ist).

b) Steht aber die Hornblende im Verbande mit Eisenkiesen, so wird sie
durch die bei der Vitriolescirung dieser letzteren freiwerdenden Schwefelsäure in der Weise allmälig zersetzt, dass nach § 5 aus ihr nachein-
ander Gyps, Bittersalz (schwefelsaure Magnesia) und Alaun entstehen.

c) Und wieder anders gestaltet sich ihr Zersetzungsprocess, wenn sie, wie
ja dies gewöhnlich der Fall ist, mit Feldspathen im Verbande steht. Die
Feldspathe verwittern in der Regel schneller als die Hornblende, — wenigstens rascher als die gemeine Hornblende, — die hierbei aus den Feldspathen freiwerdenden Alkalien drängen sich dann in
die Masse der Hornblende ein, vertreiben mittelst ihres kohlensauren
Lösungswassers die Kalkerde der letzteren und wandeln nun dadurch,
dass sie selbst sich an die Stelle der Kalkerde setzen, die Hornblende
in Glimmer um.

Gesellschaftung und geologische Bedeutung.

a) Die gemeine Hornblende findet sich vorherrschend in Gesellschaft mit kieselsäurereichen Feldspathen, namentlich mit Oligoklas, weniger mit Albit oder Orthoklas. Ausserdem zeigen sich in ihren Gemengen Turmaline und Granate. Endlich aber kommt sie sehr häufig mit Mineralien verbunden vor, welche erst aus ihrer Umwandlung oder Zersetzung entstanden sind, so vorzüglich mit Magnesiaglimmer, Chlorit, Calcit, Dolomit, Epidot, Kalkgranat, Flussspath, Titaneisenerz und Rutil. Quarz dagegen ist wenigstens in den von ihr gebildeten Felsarten nur sparsam verbreitet. Als Felsbildungsmittel ist sie von grosser Bedeutung, denn sie setzt nicht nur für sich allein den Hornblendefels zusammen, sondern bildet auch den Gemengtheil von mehreren weit verbreiteten Felsarten. So erscheint sie

1) als unwesentlicher Gemengtheil in allen Graniten und Gneissen, welche Oligoklas und Magnesiaglimmer (schwarzen Glimmer) enthalten;

2) als wesentlicher Gemengtheil

im Verbande mit Oligoklas und Orthoklas im Syenit,
im Verbande mit Oligoklas im Diorit,
im Verbande mit Sanidin in manchen Trachyten.

Ausserdem findet man ihre Krystalle und Trümmer auch im Sande der Flüsse, welche aus dem Gebiete hornblendehaltiger Felsarten kommen, und des Schwemmlandes im norddeutschen Tieflande.

b) Die basaltische Hornblende aber tritt hauptsächlich im Verbande mit kieselsäurearmen Feldspathen, namentlich mit Labrador, seltener mit Anorthit, und Augit auf und zeigt sich ausserdem in der Gesellschaft theils von den Umwandlungsproducten jener Feldspathe, so vorzüglich der Zeolithe, theils des Augites, so namentlich des Magneteisenerzes, Eisenglanzes, Eisenspathes, Calcites, Kalkgranates, Diallages und der Grünerde. Dagegen fehlen Flussspath, krystallischer Quarz und Titaneisen wohl stets in ihren Gemengen.

Von diesen ihren Gesellschaftern bildet im Gemenge mit ihr

der Anorthit oder Kalkoligoklas den Kalkdiorit,
der Labrador und Anorthit manchen Melaphyr.

In den Basaltiten jedoch, in denen sie im Gemenge mit Labrador, Augit, Magneteisen, Olivin und Zeolith getroffen wird, ist sie wohl nur ein unwesentlicher, wenn auch oft auftretender Gemengtheil.

2) **Augit** oder **Pyroxen.** — Vorherrschend kurze (monoklinische) schiefe, achtseitige, etwas breitgedrückte, den Feldspathkrystallen ähnliche, Säulen mit einer dachförmigen, zweiflächigen Zuschärfung an ihren beiden Endflächen und einem Säulenkantenwinkel von 87°6. Die Kry-

stalle meist eingewachsen in der Masse anderer Gesteine und dann im Längen-

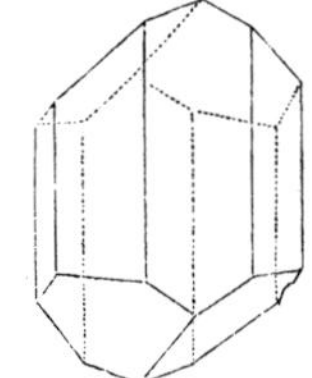

durchschnitte ihrer Säulen eine 6eckige Fläche zeigend.

— Ausserdem auch derbe Massen mit körnigem oder faserigem Gefüge. — Härte wie bei der Hornblende = 5—6; sein specifisches Gewicht aber = 3,2—3,5. — Seine Farbe ist vorherrschend schwarz und sein Glanz glasartig; sein Pulver aber erscheint namentlich beim Schlämmen auf einer Glastafel bei durchfallendem Lichte grünlich bräunlich.

Chemisches Verhalten. Vor dem Löthrohre schmilzt er zu einem grünschwarzen, oft magnetischen, Glase. — Säuren greifen ihn gar nicht oder nur sehr wenig an. — Im Allgemeinen ist er zu betrachten als eine Verbindung von kieselsaurer Kalkerde mit kieselsaurer Magnesia und kieselsaurem Eisenoxydul, in welcher jedoch die Kalkerde an Menge vorherrscht und auch die Thonerde und das Eisenoxyd nicht ganz fehlt, dagegen Alkalien, Titansäure und Fluor nie vorhanden zu sein scheinen.

Die Kalkerde beträgt durchschnittlich 22 pCt.
die Magnesia „ „ 13 pCt.
das Eisenoxyd „ „ 7—12 pCt.
die Thonerde „ „ 5—6 pCt., so dass ein Gewichtstheil derselben auf 8—10 Gewichtstheile Kieselsäure kommt. — Kali und Natron kommen in ganz frischen Augiten nie vor. Schon hierdurch unterscheidet sich der Augit von der Hornblende. — Bemerkenswerth erscheint es dagegen, dass man schon oft bis 6 pCt. Phosphorsäure in Augiten gefunden hat.

Verwitterung des gemeinen Augites. Ist der Augit nur von dem Einflusse der Atmosphärilien abhängig, dann gleicht sein Verwitterungsgang dem der Hornblende und unterscheidet sich nur dadurch von dem letzteren, dass er einerseits in Folge der grösseren Menge von Kalkerde im Augite schneller beginnt und auch rascher vorwärtsschreitet und anderseits in Folge des im Augite vorhandenen Eisenoxydes zuletzt eine durch Eisenoxyd lederbraun oder auch rothbraun gefärbte und gewöhnlich mit kohlensaurem Kalk und oft auch kieselsaurer Magnesia untermengte, kieselsäurereiche Thonsubstanz (Lehm oder eisenschüssigen Lehm, Löss oder Eisenthon) producirt. Befindet sich dagegen der Augit in Verwachsung mit Feldspathen, welche schneller als er selbst verwittern, was in der Regel der Fall ist, so empfängt er durch diese, ähnlich wie die Hornblende, Natron oder auch wohl Kali und verliert dagegen von seiner Kalkerde. Und hierdurch kann er nun wieder in verschiedene andere Minerale, so namentlich in Kalkhornblende (Uralit) und Grünerde, umgewandelt werden. — Wird er endlich bei Abschluss von Sauerstoff nur durch kohlensaures Wasser angegriffen, so verliert er in der Regel von seinem Kalkgehalte und wird theils in Diallag, theils in Hypersthen umgewandelt.

Gesellschaftung und geognostische Bedeutung. — Der gemeine Augit zeigt sich zunächst vorherrschend im Verbande mit Oligoklas, Labrador, Leucit, Nephelin und Olivin, sodann einerseits mit den aus ihm selbst entstehenden Umwandlungsproducten, so mit Kalkhornblende, Diallag, Broncit, Asbest, Chlorit, Serpentin, Grünerde, Calcit, Eisenspath und Magneteisenerz, und andererseits mit den aus dem Labrador und Leucit hervorgehenden Zeolitharten.

Indessen nur im Verbande mit Kalkoligoklas, Anorthit, Labrador, Leucit, Nephelin und Magneteisenerz erscheint er als Felsbildungsmittel. In dieser Weise bildet er im Gemenge

> mit Oligoklas und Grünerde (und auch wohl Anorthit) die **Diabase** und **Augitporphyre,**
>
> mit Labrador und Magneteisenerz manchen **Basalt** und **Dolerit,**
>
> mit Leucit und Magneteisenerz den **Leucitophyr,**
>
> mit Nephelin und Magneteisenerz den **Nephelindolerit** und **Nephelinbasalt.**

Ausserdem setzt er auch für sich allein den hie und da auftretenden **Augitfels** zusammen. Und endlich zeigt er sich auch oft in Gesellschaft von Magneteisenkörnern, Olivin-, Leucit-, und Granattrümmern in dem Sande alter und neuer Vulkanenberge und der aus dem Gebiete der letzteren kommenden Flüsse.

3) Hypersthen (vom griechischen „hyper", über, und „sthenos", Härte oder Kraft, weil er sich durch höheren Glanz und stärkere Härte von der Hornblende, zu welcher er früher gerechnet wurde, unterscheidet). Eingewachsene, wahrscheinlich rhombische, Säulen oder noch häufiger derbe, krystallisch körnige Massen, welche oft so deutlich blättrig sind, dass man ihn mit Diallag oder gar mit Magnesiaglimmer verwechseln könnte. — Er wird wohl vom Feuerstein, aber nicht vom Messer geritzt, und ritzt sowohl den Augit wie die Hornblende, ist also härter wie diese (H $=$ 6). Sein specifisches Gewicht $=$ 3,3—3,4, also grösser wie das der Hornblende und dem des Augites gleich. — Seine Farbe ist vorherrschend schwarz oder dunkelbraun; sein Glanz aber glasähnlich, indessen auf den schiefen rhombischen Spaltflächen stark halbmetallisch, fast kupferröthlich. Das Ritzpulver ist grünlichgrau.

Chemisches Verhalten. Vor dem Löthrohre und gegen Säuren verhält er sich ähnlich wie der Augit. Im Glasrohre erhitzt schwitzt er gewöhnlich Wasser aus.

Er besteht aus 51,36—54,25 Kieselsäure, 0,37—2,25 Thonerde, 21,31—14,00 Magnesia, 21,27—22,05 Eisenoxydul, 3,09—1,50 Kalkerde (und oft auch 1,00 Wasser), und zeichnet sich demnach einerseits durch seinen starken

Magnesia- und Eisenoxydulgehalt und andererseits durch seinen sehr geringen, oft ganz verschwindenden, Kalkgehalt vor der Hornblende und dem Augit aus.

Verwitterung. An der Luft liegend überzieht sich der Hypersthen bald mit einer ockergelben Eisenoxydhydratrinde. Schabt man dieselbe behutsam ab, so kommt unter derselben eine grauschwarze Eisenrinde zum Vorschein, welche magnetisch ist und demnach aus Eisenoxyduloxyd besteht. Da, wo die Verwitterung zwischen seine einzelnen Blätterlagen eindringt, gewahrt man zwischen denselben ebenfalls feine, oft krystallinische Ueberzüge von Magneteisenerz oder auch von Eisenglanz. Der Hypersthen giebt demnach bei seiner Verwitterung vorzüglich Magneteisenerz, Eisenglanz und Brauneisenerz. — Kann indessen nur Kohlensäurewasser und kein Sauerstoff zu seinen Massen gelangen, so entwickelt sich aus ihm kohlensaures Eisenoxydul, woher es kommen mag, dass — wie z. B. am nordwestlichen Thüringer Walde — die meisten aus der Tiefe der Hypersthenitberge kommenden Quellen dieses Eisensalz in geringerer oder grösserer Menge gelöst enthalten und sowohl an ihrem Quellbecken wie an dem Ufer ihrer Bäche viel Eisenocker absetzen, so dass aus demselben im Verlaufe der Zeiten wohl mehr oder minder mächtige Eisensteinlager entstehen können. — Mit der Auslaugung seines Eisengehaltes ist aber zugleich auch eine theilweise Ausführung seiner Kieselsäure verbunden, durch welche dann die Quarzkrystallrinden erzeugt werden, welche man öfters auf den Klüften des Hypersthenfelses oder auch in den von ihm abgesetzten Eisenlagern findet. — Der alsdann noch übrig bleibende Rest seiner Masse ist weich oder auch schmierig, und verhält sich fast wie Serpentin. Ob er nun auch aus diesem Reste seiner Masse noch etwas Thon oder Lehm producirt, ist nicht wahrscheinlich, da er zu wenig Thonerde besitzt. Ausser dieser Verwitterungsart hat man den Hypersthen auch noch hie und da theilweise oder ganz in wahren Serpentin und in der Weise in Hornblende umgewandelt gefunden, dass seine Krystalle äusserlich eine mehr oder minder starke Rinde von Hornblende besassen. Seine Umwandlung in Serpentin ist, wie oben schon angedeutet, dadurch möglich, dass der grösste Theil seines Eisengehaltes, sein ganzer Kalkgehalt und ein Theil seiner Kieselsäure ausgelaugt wird; seine Umwandlung in Hornblende aber wird dadurch ermöglicht, dass seiner äusserlich angewitterten Masse Eisenoxydul entzogen und dafür Kalkerde und Natron zugeleitet wird. Dies kann allerdings geschehen, wenn er mit Labrador im Verbande steht; denn dieser liefert ja bei seiner Zersetzung diese beiden alkalinischen Basen.

Gesellschaftung und Felsbildung. Der Hypersthen zeigt sich vorherrschend im Verbande mit kieselsäurearmen Feldspathen, so namentlich mit Labrador, mit Augit, Hornblende, Granat und Olivin. Ausserdem aber finden sich in seiner Gesellschaft die Producte seiner eigenen Umwandlung, so Magneteisenerz, Eisenglanz, Brauneisenerz, Serpentin und Speckstein, oder des Augites, so Diallag, Apatit, Epidot und auch Glimmer. — Indessen nur mit Plagioklas verbunden bildet er eine Felsart, nemlich den **Hypersthenfels** oder den **Hyperit**. Ausserdem aber bemerkt man auch häufig Trümmer von ihm im Sande des norddeutschen Tieflandes, in welchen sie jedenfalls durch die angeflutheten Blöcke und Gerölle scandinavischer Felsmassen gelangt sind.

4) **Diallag** (vom griechischen „diallagä", Veränderung, weil das Mineral drei ganz verschiedene Blätterbrüche besitzt.) — In Gesteinen eingewachsene, in ihren Umrissen fast rechtwinklig erscheinende (monoklinische) Individuen, welche in der Richtung ihrer wagerechten Querfläche so vollkommen spaltbar sind, dass man sie fast für Glimmer halten möchte. — Vom Messer und Glase ritzbar (also Härte $= 3{,}5—4$); sein specifisches Gewicht $= 3{,}2—3{,}3$. — Vorherrschend **nelkenbraun bis broncefarbig oder graugrünlich, mit starkem halbmetallischen Perlmutterglanze auf den vollkommenen Spaltflächen. Im Ritze weiss.**

Chemisches Verhalten. — Vor dem Löthrohre mehr oder weniger leicht zu einem gräulichen oder grünlichen Email schmelzend. — In Salzsäure fast unzersetzbar, bisweilen aber aufbrausend.

Er steht in seinem chemischen Bestande dem gemeinen Augite so nahe, dass man ihn wirklich für einen in der Umwandlung begriffenen Augit hält, wofür auch sein fast nie ganz fehlender Wassergehalt spricht. Im Allgemeinen besteht er hiernach aus 50—52 pCt. Kieselsäure, 3—6 pCt. Thonerde, 18—13 pCt, Kalkerde, 15—16 pCt. Magnesia, 7—12 pCt. Eisenoxydul und 0,5—2 pCt. Wasser.

In seiner Verwitterung gleicht er deshalb auch dem Augite oder Hypersthene. **Eisenoxydhydrat, Eisenoxyd und Magneteisenerz,** sowie **kohlensaurer Kalk und etwas Kieselsäure** werden daher stets bei seiner Zersetzung ausgeschieden und ein an kieselsäure- und eisenoxydulärmeres, kalkloses Magnesiasilicat, welches dem **Serpentin** gleichkommt, bleibt von seiner Masse übrig. — Ausserdem hat man aber auch beobachtet, dass er da, wo er mit Labrador oder mit Oligoklas verwachsen vorkommt, durch Aufnahme der aus diesen Feldspathen bei ihrer Verwitterung freiwerdenden Bestandtheile von Aussen nach Innen in **Hornblende** umgewandelt wird (z. B. in dem Gabbro auf dem Harze).

Felsbildung und Gesellschaftung. Er bildet im Gemenge mit **Labrador** (oder auch Oligoklas) den **Gabbro** und zeigt sich in dieser Felsart in Gesellschaft von Hornblende, Hypersthen, Asbest, Serpentin und Magneteisenerz, also mit lauter Mineralien, welche als Umwandlungs- oder Zersetzungsproducte des Augites bekannt sind.

Anhang. In der neueren Zeit ist durch die sorgfältigen Untersuchungen Streng's erwiesen worden, dass gar mancher Diallag und Hypersthen nichts weiter als **Enstatit** ist und demgemäss auch manche bis jetzt für Hyperit oder Gabbro gehaltene Felsart künftighin als **Enstatitfels** aufgeführt werden muss, so namentlich im Harze (z. B. im Radauthale). Der **Enstatit** bildet kurze, rechtwinklig säulenförmige

Krystalle und Körner, welche in der Regel mit Anorthit verwachsen erscheinen und ihrem Säulenwinkel (= 87°) nach zur Sippe des Augites gehören. Seine Härte gleicht der des Augites (= 5,5); sein specifisches Gewicht aber ist = 3,1—3,5. Er erscheint nelken- bis tombackbraun, auch unreingrünlich und ist auf den Spaltflächen fast halbmetallisch glänzend, sonst aber glasglänzend. — Vor dem Löthrohre ist er unschmelzbar und gegen Säuren ganz unempfindlich. Es besteht wesentlich aus 60,64 Kieselsäure und 39,36 Magnesia, enthält aber nebenbei oft auch bis 2,5 Thonerde und 2,76 Eisenoxydul, ja im angewitterten Zustande auch etwas Wasser.

Soviel bis jetzt bekannt ist, kann er sich in Serpentin umwandeln, mit welchem er sehr oft in Verwachsung vorkommt. Am meisten erscheint er jedoch mit Anorthit im Gemenge, und bildet dann den oben schon genannten Enstatitfels.

Rückblick auf die Amphibolite.

1) In den eben betrachteten Amphiboliten tritt die Thonerde so zurück, dass sie bei der Zersetzung dieser Minerale keinen eigentlichen Thon sondern höchstens nur thonähnliche Substanzen, wie Eisenthon, Walkererde, Bol oder Lehm bilden kann.

2) Ebenso verschwinden Kali und Natron mehr und mehr, da nur die gemeine Hornblende diese Alkalien noch in namhafter Menge enthält:

3) dagegen werden Magnesia, Kalkerde und Eisenoxydul die herrschenden Bestandtheile. Die Folge davon ist, dass die Amphibolite bei ihrer Zersetzung meistens

    a) viel Eisen- (und oft auch Mangan-) erze, so namentlich Braun-, Roth- und Magneteisenerz,

    b) viel kohlensauren Kalk, und auch

    c) kohlensaure Magnesiakalkerde (Dolomit),

    d) ausserdem aber auch viel kieselsaure Magnesia in der Form von Chlorit, Speckstein und Serpentin produciren.

4) Als Gemengtheile des Bodens erscheinen demnach ihre Trümmer als die hauptsächlichen Erzeuger des kohlensauren Kalkes, der kohlensauren Magnesia und der verschiedenen Eisenoxydbeimengungen.

§ 9f. **Glimmersteine** (Phyllite, vom griechischen „phyllon", Blatt, weil sich die hierher gehörigen Steine in dünne Blätter spalten lassen). — Silberweisse, messinggelbe, rost- bis schwarzbraune, eisenschwarze oder auch unrein grau- bis blaugrüne, in rhombischen oder hexagonalen Tafeln, Blättern und Schuppen auftretende, in der Richtung ihrer Tafelflächen in äusserst dünne, biegsame, durchsichtige Blättchen spaltbare, und vom Fingernagel meist ritzbare (also Härte = 1—3) Silicate, welche ein specifisches Gewicht = 2,78—3 besitzen, vor dem Löthrohre mehr oder minder leicht schmelzen und durch Säuren — namentlich Schwefelsäure — zum Theil zersetzt werden können.

Chemischer Gehalt. Sie sind im Allgemeinen als zusammengesetzte Silicate zu betrachten, in denen kieselsaure Thonerde mit den Silicaten des Eisens (Eisenoxyd und Eisenoxydul), der Magnesia, des Kali, Natron oder auch des Lithions verbunden erscheint, während die Kalkerde entweder ganz fehlt oder doch nur in sehr geringen Mengen auftritt. Bezeichnend für viele von ihnen ist ein kleiner Gehalt von Fluor und von 2—4 pCt. Wasser.

Verwitterung. Die Glimmersteine verwittern im Allgemeinen sehr schwer und dann gewöhnlich von Innen nach Aussen, so dass sie äusserlich oft noch ganz frisch aussehen, während ihr Inneres in einen erdigen Schutt umgewandelt erscheint. Die Ursache von dieser eigenthümlichen Erscheinung liegt in ihrem Blättergefüge und in der Beschaffenheit ihrer Oberfläche. Diese nemlich, welche aus einer einzigen, ununterbrochenen, glänzend glatten Tafel oder Lamelle besteht, ist vermöge ihrer Glätte und ihres spiegelnden Glanzes ein starker Reflector des Lichts und der Wärmestrahlen und lässt in Folge davon die letzteren so wenig in ihre Masse eindringen, dass sie diese weder auflockern noch zur Anziehung der Atmosphärilien anregen können. Zu allem diesen kommt nun noch, dass vermöge ihrer Glätte nicht einmal die Feuchtigkeit auf ihnen haften kann. Alles dieses ist namentlich der Fall bei den weiss oder silbergrau gefärbten Glimmersteinen; bei den dunkel-, braun- oder eisenschwarz gefärbten Arten dagegen zeigt sich dieses Verhältniss etwas günstiger, indem dieselben eben in Folge ihrer dunkelen Färbung trotz starker Strahlenreflection doch allmälig soviel Wärme in sich aufnehmen, dass diese auf ihre Gesammtmasse lockernd und auf ihren chemischen Bestand anregend einwirken kann. — Ganz anders aber zeigen sich diese Verhältnisse da, wo die Massen des Glimmers eine solche Stellung haben, dass das Meteorwasser mit seinem Sauerstoff- und Kohlensäuregehalte sich zwischen ihre Blätterlagen einzwängen kann, wie dies z. B. der Fall ist, wenn Glimmer auf den schmalen Seitenflächen seiner Massen steht. Kann dies geschehen, dann beginnt die Verwitterung der Glimmersteine wie gewöhnlich damit, dass sich Mineralwasser zwischen die zuvor durch den Einfluss der Wärme gelockerten und klaffend gemachten Blätterlagen einschleicht und nun zunächst mit seinem Sauerstoffe das in ihnen vorhandene Eisenoxydul in Eisenoxydhydrat umwandelt, sodann mit seiner Kohlensäure den etwa schon vorhandenen Alkalien- und Kalkgehalt in doppeltkohlensaure Salze umwandelt und auslaugt, endlich aber auch die kieselsaure Magnesia löst und fortführt, so dass wenigstens von der Masse der eigentlichen Glimmer zuletzt nichts weiter übrig bleibt als ein durch beigemengtes Eisenoxyd ockergelb oder braunroth gefärbter und mit zahllosen kleinen Glimmer- und Chloritschüppchen untermengter, gewöhnlich schmieriger Eisenthon (oder Letten).

So ist zwar im Allgemeinen der Verwitterungsgang der Phyllite, und namentlich der eigentlichen Glimmer, allein im Besonderen wird man bemerken, dass trotzdem Glimmermassen von ganz gleicher äusserer Beschaffenheit und ganz gleichem Stellungsverhältnisse gegen die Verwitterungspotenzen sich doch ganz verschieden zeigen in der Schnelligkeit und Art ihrer Verwitterung. In diesem Falle übt die Beschaffenheit ihres chemischen Bestandes den meisten Einfluss aus.

Im Allgemeinen können in dieser Beziehung folgende, auf vielfache Beobachtungen sich stützende, Thatsachen als gültig aufgestellt werden:

1) Je mehr das Natron in dem Bestande der Glimmer zurücktritt, um so schwieriger verwittern sie.

2) Die kalireichen Glimmer verwittern schwerer als die kaliarmen und magnesiareichen.

3) Je mehr in dem Magnesiaglimmer die Magnesia zurücktritt und das Eisenoxydul zunimmt, um so leichter verwittert er.

4) Die eisenoxydarmen und thonerdereichen Glimmer verwittern langsamer als die eisenoxydreichen.

5) Die eisenoxyduloxydreichen Glimmer verwittern schneller als die eisenoxydreichen.

6) Die eisenoxydulhaltigen Glimmer verwittern am schnellsten.

So ist im Allgemeinen der Verwitterungsgang der Glimmersteine, wenn Sauerstoff und Kohlensäure zugleich auf ihre Massen einwirken können. Wenn dagegen nur kohlensäurehaltiges Wasser bei Abschluss von Sauerstoff auf diese Mineralarten einwirkt, dann laugt dasselbe das in ihrer Masse vorhandene Magnesia- und Eisenoxydulsilicat unzersetzt aus und benutzt es zur Bildung von Chlorit oder auch Talk, welcher dann theils Ueberzüge auf den Klüften der verwitternden Glimmergesteine, theils knollige und kugelige Aggregate in dem thonigen Boden dieser Gesteine darstellt.

Geognostische Bedeutung. Die Glimmersteine gehören zu den bedeutsamsten Mineralien der Erdrinde, da es nur wenige Felsarten giebt, in welchen nicht irgend eine Glimmerart als wesentlicher oder unwesentlicher Gemengtheil vorkommt. Dabei üben diese eigenthümlichen Minerale oft einen grossen Einfluss auf das Gefüge der von ihnen durchzogenen Erdrindemassen aus; denn die Erfahrung lehrt, dass dieselben in der Regel eine um so grössere Neigung zur Schieferbildung zeigen, je mehr eine Glimmerart an Menge in ihrem Bestande sich geltend macht.

1) Der Kaliglimmer (Muscovit, Marien- oder Frauenglas, Katzensilber). — Vorherrschend rhombische oder sechsseitige Tafeln mit schiefangesetzten Randflächen oder unregelmässige, oft federartig gestreifte Blätter, Schuppen und Lamellen. Die Tafeln und Blätter in der Richtung ihrer Basis höchst vollkommen in ausserordentlich dünne, durchsichtige, elastisch biegsame Lamellen spaltbar. — Vom Fingernagel mehr oder weniger ritzbar (also H = 2—3); sein specifisches Gewicht ist = 2,76—3,1. — In sehr

dünnen Lamellen erscheint er ganz farblos und durchsichtig, in dickeren Tafeln aber vorherrschend silberweiss, häufig mit einem gelblichen, rothlichen oder grünlichen Anfluge, was auf eine begonnene Verwitterung und Ausscheidung von Eisenoxydhydrat deutet und weiterhin bewirkt, dass die ganze Glimmermasse eine gold- oder messinggelbe, bisweilen auch kupferröthliche Färbung annimmt; ausserdem aber auch grau oder braun. Auf seinen Spaltflächen zeigt er metallartigen Perlmutterglanz. In dickeren Stucken ist er undurchsichtig, in dünneren Lagen durchscheinend, in ganz dünnen Lamellen ganz durchsichtig. — Bemerkenswerth ist auch, dass dunne Blättchen von ihm zwischen den Fingern gerieben electrisch werden.

Chemisches Verhalten. — Vor dem Lothrohre schmilzt er mehr oder weniger leicht zu trübem Glase oder weissem Email; bei Fluorgehalt wird er dabei vorher matt und undurchsichtig. — Beim Erhitzen in einem Glaskölbchen schwitzt er in der Regel Wasser aus, welches vermoge seines Fluorgehaltes Glas ätzt und angefeuchtetes Fernambukpapier strohgelb färbt. Säuren sind ohne Wirkung.

Im reinen Zustande besteht er (nach Kussin) aus 48,07 Kieselsäure, 38,41 Thonerde, 10,10 Kali und 3,42 Wasser; er gleicht demnach in dieser Zusammensetzung einem kieselsaurearmen Orthoklase, aus welchem er in der That auch entstehen kann, sobald der letztere Wasser aufnimmt und dafür von seiner Kieselsäure ein Quantum ausscheidet. Allein so rein kommt er selten vor: gewöhnlich enthält er neben kieselsaurer Kalithonerde noch 1—6 pCt. Eisenoxydul, 0,5—2 Magnesia und 0,5—1,5 Fluor, ja oft auch noch 0,3—3 pCt. Natron, 0,5—2 pCt. Kalkerde und bisweilen sogar 1—3 pCt. Titansäure, und kommt dann in seiner qualitativen Zusammensetzung bald dem Turmaline, bald dem Granate, bald auch der Hornblende — also lauter Mineralarten — nahe, aus denen er nach vielfach bestätigten Beobachtungen wirklich hervorgehen kann.

Verwitterung. Unter allen Glimmerarten widersteht der Kaliglimmer den Angriffen der Atmosphärilien am stärksten, zumal dann, wenn ihm Eisenoxydul und Natron, Magnesia und Kalkerde abgeht. Ist dies der Fall, dann erleiden seine Aggregate nur dann eine Veränderung, wenn sie so gestellt sind, dass Wasser zwischen ihre Blätterlagen eindringen kann. In der Regel werden diese letzteren alsdann so auseinander getrieben, dass sie, zumal wenn das zwischen ihnen stehende Wasser gefriert, am Ende in ein loses Haufwerk von kleinen Blättchen und Schuppchen zertrümmert werden, welche nun jeder weiteren Zersetzung Trotz bieten. — Anders dagegen ist es, wenn dieser Glimmer hinreichend Eisenoxydul und vielleicht auch Natron und Kalkerde enthält. In diesem Falle wird zuerst das Oxydul desselben allmälig in Oxydhydrat umgewandelt, wodurch sich im Anfange der Verwitterung zwischen den einzelnen Blätterlagen des angegriffenen Glimmers zarte, geschlängelte, violett und grün irisirende Ringzeichnungen bilden, welche allmälig nach ihren Mittelpunkten hin immer breiter werden und zuletzt eine ockergelbe Haut darstellen, durch welche die Glimmerblätter gold- oder messinggelb werden, dabei aber noch ihren vollen Glanz behalten. Indem nun aber im weiteren Verlaufe der Verwitterung immer mehr Eisenoxydul höher oxydirt wird, verdickt sich diese Haut allmälig so, dass die einzelnen Glimmerblätter allen Glanz und Zusammenhalt verlieren. Und hiermit beginnt der zweite Akt der Glimmerverwitterung, in welchem allmälig durch kohlensäurehaltiges Meteorwasser nach einander der ganze Gehalt von Kalkerde, Natron, Magnesia und Kali ausgelaugt wird, so dass zuletzt von der ganzen Glimmermasse nur noch ein durch Eisenoxydhydrat ockergelb gefärbter und mit unzähligen, noch nicht ganz zersetzten und oft mikroskopisch kleinen, Glimmerschüppchen untermengter Thon übrig bleibt.

Gesellschaftung und geognostische Bedeutung. Vielfach wiederholte Beobachtungen und Erfahrungen haben gelehrt, dass der Kaliglimmer aus der Umwandlung vieler anderer Mineralarten, so namentlich

aus Orthoklas, Turmalin, Granat und Hornblende

entstehen kann. Mit allen diesen seinen Muttermineralien kommt er daher in Gesellschaftung vor. Am meisten aber zeigt er sich unter allen diesen im Verbande mit dem derben Quarz und dem Orthoklas und nach ihnen mit dem Turmalin, Granat oder auch wohl mit dem schwarzbraunen Magnesiaglimmer, aus welchem er ebenfalls hervorgehen kann. Ausserdem trifft man ihn aber auch in Verwachsung mit Mineralsubstanzen, welche theils aus seiner eigenen Zersetzung, theils mit ihm zugleich aus der Umwandlung seiner obengenannten Mutterminerale hervorgegangen sein können, so mit Topas, Flussspath, Zinnerz, Kaolin und Brauneisenerz.

Seine Hauptgesellschafter indessen bleiben immer Quarz, Orthoklas, Turmalin und Thon. Mit diesen gemengt bildet er folgende Felsarten:
1) im Gemenge mit Quarz und Orthoklas (und oft auch Turmalin) den Granit, Gneiss, Felsitporphyr und manchen Trachyt;
2) im Gemenge mit Quarz oder auch bisweilen für sich allein den Glimmerschiefer und auch manche Thonschiefer;
3) im Gemenge mit Thon die meisten Schieferthone und schieferigen Sandsteine.

Aber er tritt nicht nur als wesentliches Bildungsmittel von Felsarten auf, sondern bildet auch häufig einen unwesentlichen Gemengtheil von allen orthoklashaltigen Gesteinen, so vom Granulit, Syenit und Felsitporphyr, und ausserdem vom Dolomit und körnigen Kalkstein. Dagegen ist er den labrador-, anorthit- und augithaltigen Gesteinen mehr oder weniger fremd.

Ausserdem zeigen sich seine silberweissen oder messinggelben Blättchen und Schüppchen als einen sehr häufigen Gemengtheil des Schlämmthones und der Sandaggregationen im norddeutschen Di- und Alluvium.

2) Magnesiaglimmer (Biotit und Eisenglimmer z. Th.). — Vorherrschend rhombische, meist sechsseitige Tafeln, ausserdem Blätter, Lamellen und

Schuppen, so namentlich im Gemenge mit anderen Mineralien, endlich auch derbe Schiefermassen. Die Krystalle und Blättermassen sind höchst vollkommen zerspaltbar in dünne, durchsichtige, elastisch biegsame Blättchen. Er ist vom Fingernagel kaum ritzbar, also härter als der vorige (H = 2,5—3); sein specifisches Gewicht ist = 2,74—3,13. Seine vorherrschende Farbe ist schwarzbraun oder ganz schwarz, so dass man kleine, fest eingewachsene Blättchen in dem Gemenge von Felsarten dem äusseren Ansehen nach für Hornblende halten könnte. Der Glanz auf den Spaltflächen ist stark metallisch-perlmutterartig, die Durchsichtigkeit aber weit geringer als beim Kaliglimmer. Bei seiner Verwitterung wird er zuerst schön kupferröthlich schimmernd, dann braunroth und matt.

Chemisches Verhalten. Vor dem Löthrohre schwer zu einem schwärzlichen Glase schmelzend. — Im Glaskölbchen erhitzt schwitzt er Wasser aus und reagirt, wie der Kaliglimmer, auf Fluor. — Durch Salzsäure wird er nur wenig angegriffen, durch Schwefelsäure aber vollständig und unter Abscheidung von weissen, perlmutterglänzenden Kieselsäureschüppchen zersetzt.

Der Magnesiaglimmer unterscheidet sich vom Kaliglimmer
1) durch seinen geringeren Gehalt an Kieselsäure, welcher gewöhnlich 40 pCt. beträgt;
2) durch seinen geringeren Gehalt an Kali, welcher gewöhnlich 5 pCt. (selten bis 10) beträgt;
3) durch seinen grösseren Gehalt an Magnesia, welcher vorherrschend 15—30 pCt. beträgt;
4) durch seinen grösseren Gehalt an Eisen, welcher bis 25 pCt. steigt und theils als Oxyduloxyd, theils als Oxyd auftritt.

Ausser diesen Hauptbestandtheilen bemerkt man aber noch im Magnesiaglimmer 0,5—5 pCt. Fluor und 0,5—3 pCt. Wasser, welches bisweilen sogar ammoniakalisch ist, manchmal auch 0,5—5 pCt. Natron und 0,5—2 pCt. Kalkerde.

Verwitterung. Der Magnesiaglimmer verwittert unter sonst gleichen Verhältnissen schneller und leichter als der Kaliglimmer. Die Ursache davon liegt einerseits, wie oben schon bemerkt, in seiner dunkelen Färbung, der zu Folge er den Wirkungen des Temperaturwechsels weit mehr unterworfen ist, und andererseits in seinem geringeren Kieselsäure- und grossen Eisenoxydulgehalt. Im Beginne seiner Verwitterung werden zuerst seine einzelnen Blätterlagen schön kupferroth schimmernd, dann färben sie sich mattbraunroth, endlich zerfallen sie in ein erdiges Haufwerk von Eisenoxyd und kleinen Glimmerschuppen. Im weiteren Verwitterungsgange werden nun diese Schuppen durch kohlensaures Wasser ihres Magnesia- und Kaligehaltes beraubt, so dass ihre Gesammtmasse zuletzt einen mageren, Spuren von kohlensaurer Magnesia- und Kalkerde haltigen und mit unzähligen rothen Glimmerschüppchen erfüllten, rothbraunen Lettenthon (Eisenthon) bildet.

So ist im Allgemeinen die Verwitterung des schwarzen Glimmers, wenn auf ihn nichts weiter einwirkt, als die Atmosphärilien. Anders aber wird dieselbe, wenn dieser Glimmer in Verwachsung mit Orthoklas oder Oligoklas vorkommt, wie dies unter anderem im Granit oder Gneiss der Fall ist. Die Feldspathe nemlich verwittern früher und schneller als der Glimmer. Das hierdurch freiwerdende und im Kohlensäurewasser gelöste Kalisilicat nimmt nun die Masse des Glimmers in sich auf, scheidet dafür mehr oder weniger doppeltkohlensaure Magnesia und Eisenoxydul aus und wandelt sich in Folge davon in Kaliglimmer um. Diese eigenthümliche Umwandlung des Magnesiaglimmers kann man sehr oft in Graniten und Gneissen beobachten; ja man kann in recht grosskörnigen Graniten sogar Glimmerplatten bemerken, welche äusserlich noch aus schwarzen Magnesiaglimmerblättern und in ihrem Innern aus silberweissen Kaliglimmerblättern bestehen. Dass alsdann die Verwitterungsart des Magnesiaglimmers sich der des Kaliglimmers nähert, bedarf wohl kaum der Erwähnung.

Gesellschaftung und geognostische Bedeutung. Wie der Kaliglimmer hauptsächlich im Verbande mit Quarz, Orthoklas und Turmalin vorkommt, so zeigt sich der Magnesiaglimmer vorzüglich in der Gesellschaft von Quarz, Oligoklas und Hornblende. Vor allem aber ist die gemeine Hornblende, aus deren Umwandlung er gewöhnlich hervorgeht, seine treueste Begleiterin. Durch sie gelangt er auch in die Gesellschaft von Granat, Chlorit, Serpentin, Dolomit, Magneteisenerz — kurz all der Mineralarten, welche ebenso wie er selbst nach der Erfahrung aus der Hornblende hervorgehen können.

Als Bildungsmittel von Erdrindemassen steht er daher dem Kaliglimmer sicher nicht nach; man hat ihn bis jetzt nur zu oft mit dem letzteren verwechselt. Im Allgemeinen kann man also sicher annehmen, dass er

1) in allen Graniten und Gneissen, welche Oligoklas enthalten, als wesentlicher Gemengtheil auftritt;

2) in allen Glimmer- und Thonschiefern, welche sehr dunkel gefärbt sind und braunroth verwittern, einen Hauptbestandtheil ausmacht;

3) in allen magnesiahornblende-haltigen Gesteinen nur ausnahmsweise ganz fehlt;

4) das Hauptbildungsmaterial des rothbraunen Thones, Schieferthones und des thonigen Bindemittels der meistens rothbraunen Sandsteine und Conglomerate ist.

3) Chlorit (vom griechischen „chloros", grün, weil das Mineral vorherrschend grün gefärbt ist). — Hexagonale Tafeln und Blätter, am meisten aber derbe, blätterige, schuppige oder schilferige Massen oder auch erdigschuppiger Anflug auf der Oberfläche anderer Mineralien. — Er ist milde, lässt sich fettig anfühlen und wird schon vom Fingernagel geritzt und geschabt (also Härte = 1—1,5). Sein spec. Gewicht ist = 2,73—2,95 und seine Färbung vorherrschend blau- bis schwarzgrün, im Ritze aber graugrün. Auf den Spaltflächen glänzt er perlmutterartig, ausserdem aber fettig-

glasartig. Auch ist er nur in ganz dunnen Blättchen — welche ubrigens nicht wie beim Glimmer elastisch biegsam sind — durchsichtig.

Chemisches Verhalten. Im Glaskölbchen schwitzt er Wasser aus, vor dem Löthrohre erhitzt blättert er sich auf, wird weiss oder schwärzlich und schmilzt je nach der Grösse seines Eisengehaltes bald leichter bald schwerer zu einer matten schwarzen Kugel. Durch Salzsäure wird er kaum, durch concentrirte Schwefelsäure aber leicht zersetzt.

Er besteht wesentlich aus 26,3 pCt. Kieselsäure, 18—22 pCt. Thonerde, 15—28 pCt. Eisenoxydul, 15,28 pCt. Magnesia und 10—12 pCt. Wasser; Alkalien aber und Kalkerde sind ihm ganz fremd.

Verwitterung. Der Chlorit ist wegen seines Mangels an Kalkerde und Reichthums an Magnesia schwer verwitterbar, zumal wenn er an Orten lagert, zu denen kein Sauerstoff gelangen kann, denn dieser Stoff ist noch das einzige Mittel, durch welches der Chlorit vermöge seines Eisenoxydules von vornherein angeätzt werden kann. Lagert er daher an Luft zugänglichen Orten und ist seine Masse erst durch den Wechsel der Temperatur und das Wasser lockerblättrig geworden, dann wandelt der Sauerstoff sein Eisenoxydul allmälig ganz in Eisenoxydhydrat um. Die Folge davon ist, dass der Chlorit zunächst von Innen nach Aussen unrein gelbgrün bis ockergelb wird, dann aber durch Einfluss des Wassers in ein loses Haufwerk von äusserst kleinen, fast pulverähnlichen, untermischt schwärzlich-, blau- und gelbgrünen, sowie ockergelben Schüppchen zerfällt. Dieses Haufwerk, welches man oft auf den Spalten und Klüften chloritischer Gesteine bemerkt und häufig auch — vom Wasser fortgefluthet — in Thon-, Lehm- und Sandablagerungen beobachten kann, vermag lange Zeit hindurch aller Zersetzung zu widerstehen und wird überhaupt nur dann, wenn kohlensäurereiches Wasser ununterbrochen auf seine Masse einwirken kann, durch Auslaugung ihrer kieselsauren Magnesia in eine eigenthümliche, etwas magnesiahaltige, im frischen Zustande schmierige, im trocknen aber blätterige, Eisenthonsubstanz umgewandelt, welche Anfangs blass blaugrün aussieht, an der Luft aber bald ockergelb wird und eine Menge kleiner Chloritschüppchen enthält.

Gesellschaftung und geognostische·Bedeutung. Wie die Erfahrung lehrt, so kann der Chlorit aus der Zersetzung aller Silicate, welche hinreichend kieselsaures Eisenoxydul und kieselsaure Magnesia enthalten, hervorgehen. Aus diesem Grunde kann er daher auch nicht nur mit allen diesen seinen Muttermineralen, sondern auch mit den übrigen aus diesen letzteren hervorgehenden Umwandlungs- und Zersetzungsproducten in Gesellschaft vorkommen. So findet man ihn denn im Verbande einerseits mit Turmalin, Hornblende, Magnesiaglimmer und Granat — als seinen Muttermineralien — und andererseits mit Quarz, Calcit, Dolomit, Flussspath, Eisenspath, Eisenglanz, Magneteisenerz, Serpentin u. s. w. — als den übrigen Zersetzungsproducten seiner Mutterminerale.

Indessen trotz dieser ausgebreiteten Gesellschaftung spielt der Chlorit als Felsbildungsmittel nur eine untergeordnete Rolle; denn abgesehen davon, dass er für sich allein oder mit Quarz gemengt den hie und da mächtig auftretenden Chloritschiefer zusammensetzt, und dann häufig auch noch im undeutlichen Gemenge mit Quarz, Hornblende und etwas Feldspath manchen Thonschiefer bildet, ist er in allen andern Erdrindemassen nur als ein unwesentlicher oder höchstens stellvertretender Gemengtheil zu finden.

Anhang zum Chlorit.

Mit dem Chlorit zugleich tritt oft in Felsarten auf: der Talk (Steatit und Speckstein): ein vorherrschend blättriges, schieferiges oder dichtes Aggregat, welches jedoch als Speckstein auch amorphe Knollen, Kugeln, Körner und die Ausfüllungsmasse der Krystallräume vieler verschiedener Mineralarten bildet. Er ist sehr milde, im frischen Zustande gut schneidbar, auf Glas schreibend, stark fettig anzufühlen und vom Fingernagel leicht ritzbar (H = 1). Sein specifisches Gewicht ist = 2,69 —2,80. Vorherrschend grünlichweiss, apfelgrün, graulich; äusserlich wachsglänzend, auf seinen Spaltflächen aber silberig perlmutterglänzend; — als Speckstein aber matt oder nur schimmernd. — Er lässt sich in dünne, durchsichtige, biegsame Lamellen spalten. (Bei dem Speckstein geht dies aber nicht.) Sein Ritzpulver ist weiss. — Vor dem Löthrohre brennt er sich, ohne zu schmelzen, so hart, dass er Glas ritzt und am Stahle funkt. Mit Kobaltlösung erhitzt färbt er sich blassroth. Durch Säuren wird er nicht angegriffen. Im reinen Zustande besteht er aus 62,61 Kieselsäure, 32,51 Magnesia und 4,88 Wasser; bisweilen enthält er aber auch etwas Eisenoxydul oder Thonerde, ja als Speckstein sogar manchmal etwas organische Substanz. Wie der Chlorit, so entsteht auch der Talk aus der Zersetzung von Silicaten, welche reich an kieselsaurer Magnesia sind; ja er kann sogar auch, wie die Erfahrung lehrt, aus dem Chlorite noch entstehen, sobald derselbe auf irgend eine Weise seine Thonerde und sein Eisenoxydul verliert. Er findet sich darum auch in der Gesellschaft aller derjenigen Mineralien, aus denen auch der Chlorit entsteht, aber bei weitem nicht so oft wie dieser. Als Felsbildungsmittel hat er auch nur einen untergeordneten Werth; denn er bildet nur für sich allein den — namentlich in den Alpen auftretenden — Talkschiefer. Am häufigsten noch tritt seine knollenförmige Abart, der Speckstein, namentlich in Bodenarten, welche in der Umgebung von Hornblende-, Augit- und Magnesiaglimmergesteinen lagern, auf, ohne jedoch irgend einen Einfluss auf diese seine Lagerstätten auszuüben, da sie scheinbar vollständig unzersetzbar ist.

§ 9g. **Serpentin** (Ophit). Derbe Massen mit körnigem, undeutlich faserigem oder dichtem Gefüge, oder auch eingewachsene Trümmer, Platten und Adern; ausserdem hie und da als Ausfüllungsmasse von Krystallräumen solcher

Minerale, aus deren Zersetzung er hervorgegangen ist. Er ist milde oder doch nur wenig spröde, wird vom Messer, aber nicht vom Fingernagel geritzt (H = 3—4) und besitzt ein specifisches Gewicht = 2,5—2,7. Seine Farbe ist stets unrein dunkelgrün oder auch gelblich oder röthlich; dabei sehr häufig gefleckt, geadert oder gewölkt; im Ritze aber stets weisslich und schimmernd; sein Glanz fast unbemerklich.

Chemisches Verhalten. Im Kölbchen erhitzt schwitzt er Wasser aus und schwärzt sich. Vor dem Löthrohre auf Kohle erhitzt brennt er sich weiss, schmilzt aber fast gar nicht. — Durch Salzsäure und noch leichter durch Schwefelsäure wird er vollkommen unter Abscheidung von Kieselschleim zersetzt. Aus seiner Lösung in Schwefelsäure krystallisirt Bittersalz (d. i. schwefelsaure Magnesia) heraus.

Im reinen Zustande besteht er aus 44,14 Kieselsäure 42,97 Magnesia und 12,89 Wasser; oft aber wird seine Magnesia theilweise durch Eisenoxydul (2 pCt.) vertreten. Ausserdem zeigt er bisweilen auch Spuren von Thonerde, Chromoxyd, Nickeloxyd oder auch wohl Bitumen.

Verwitterung. Wo Serpentinfelsen zu Tage ausgehen, sieht es öde und kahl aus; keine Erdkrume bedeckt ihre Oberfläche, keine Pflanze schmückt sie, denn ihre Masse kann nur schwer verwittern und nur höchstens bei Eisen- und Thonerdegehalt ein kärgliches Gekrümel von Eisenthon liefern. Mit Recht nennt daher der Alpenbewobner das Gebiet des Serpentins „todtes Gebirge“. — Nur da, wo zahlreiche Schwefelkiese in ihrer Masse eingekittet vorkommen, bemerkt man eine Veränderung derselben, indem die bei der Oxydirung dieser Kiese freiwerdende Schwefelsäure bei lange andauernder Berührung der Serpentinmasse aus ihr die Magnesia herauszieht und sich mit ihr zu Bittersalz verbindet, welches dann vom Wasser ausgelaugt Veranlassung zur Entstehung von Bittersalzquellen geben kann.

Gesellschaftung und geognostische Bedeutung. Wie der Chlorit und Talk, so ist auch der Serpentin aller Erfahrung nach als der letzte und nicht weiter veränderbare Rückstand zersetzter Magnesiasilicate, so hauptsächlich des Augites, Amphiboles, Chlorites und vor allen des Olivins, Hypersthens, Diallages und Enstatites anzusehen. Daher kommt es auch, dass er vorherrschend in der Gesellschaft dieser seiner Mutterminerale, sei es nun in ihrer Umgebung, sei es in Verwachsung mit ihnen, auftritt; darin liegt aber zugleich auch der Grund, warum auch in seiner Gesellschaft wieder vorzüglich Bitter-, Dolomit-, Kalk-, Flussspath oder Magneteisenerz, Talk und Quarz, — also ebenso wie er selbst, lauter Zersetzungsproducte seiner mütterlichen Magnesiasilicate — vorkommen

Trotz dieser zahlreichen Gesellschafter tritt der Serpentin eigentlich in keiner gemengten Felsart als wesentlicher Gemengtheil auf, wohl aber bildet er für sich allein sowohl im Gebiete der ältesten, wie der jüngeren Erdrindeformationen — am meisten aber im Gebiete des Chlorit- und Thonschiefers oder auch des Granulites — oft massig entwickelte Felsmassen. Für die Bodenbildung dagegen ist er von keiner Bedeutung, da er höchstens unzersetzbaren Sand für dieselbe liefern kann.

2. Von den krystallinischen Nebengemengtheilen der Felsarten.

§ 10. **Unterschied zwischen wesentlichen und unwesentlichen Felsgemengtheilen.** — Diejenigen Mineralarten, welche die Bestandesmasse eines Gesteines an allen Orten der Erdrinde zusammensetzen und in derselben nie fehlen dürfen, wenn nicht die Art und das Wesen eines Gesteines abgeändert werden soll, nennt man die wesentlichen Gemengtheile eines solchen Gesteines.

In dieser Weise sind z. B. für den Gneiss Glimmer, Quarz und Feldspath die wesentlichen Gemengtheile. Verschwindet nun aus dem Gemenge des Gneisses der Feldspath, so dass sein Gemenge nur noch aus Glimmer und Quarz besteht, so hört der Gneiss auf Gneiss zu sein und wird zum Glimmerschiefer. Ebenso wird aber auch umgekehrt der Glimmerschiefer zu Gneiss, wenn er in sein — aus Glimmer und Quarz bestehendes — Gemenge noch Feldspath aufnimmt.

Es finden sich indessen gar nicht selten in der Bestandesmasse eines Gesteines auch Mineralien eingebettet, welche gar nicht zu dem Wesen dieser Bestandesmasse gehören, welche mit anderen Worten in ihm auch ganz fehlen können, ohne dass dadurch die Art des sie umschliessenden Gesteines zu einer anderen würde.

So z. B. enthält die Masse des Gneisses oft eine mehr oder minder grosse Menge blutrother Granate. Diese gehören indessen nicht zu den wesentlichen Gemengtheilen der genannten Gesteinsart; denn diese letztere besteht aus Glimmer, Quarz und Feldspath und kommt sehr häufig ohne Granate vor.

Solche in der Masse eines Gesteines vorhandene, aber nicht zum Wesen derselben gehörige, Mineralien nennt man eben in Beziehung auf die Gesteinsart, zu deren wesentlicher Bestandesmasse sie nicht gehören, unwesentliche oder zufällige Gemengtheile oder auch Nebengemengtheile. Unter diesen Nebengemengtheilen sind jedoch zweierlei zu unterscheiden, nemlich:

1) solche, welche wohl für eine gewisse Felsart unwesentlich, aber für eine andere wesentlich sein können.

In dieser Weise ist z. B. der Feldspath für den Gneiss ein wesentlicher Gemengtheil; kommt derselbe aber einmal einzeln in der Masse des Glimmerschiefers vor, so ist er für diesen ein unwesentlicher Gemengtheil.

Von den in den vorstehenden §§ 5 bis 9 angegebenen Mineralarten kann nun überhaupt jede derselben für die eine Felsart ein wesentlicher und für die andere ein unwesentlicher Gemengtheil sein.

2) solche, welche in keiner allgemein verbreiteten Felsart als wesentliche Gemengtheile auftreten; und von diesen allgemein unwesentlichen Gemengtheilen soll im Folgenden noch Näheres mitgetheilt werden, da sie oft von Bedeutung für die Umwandlung oder Zersetzung der sie umschliessenden Gesteine sind,

a) Ausser dem schon im § 8 beschriebenen Eisen- oder Schwefelkiese ist hier zu erwähnen der messinggelbe und aus einer Mischung von Schwefelkupfer und Schwefeleisen bestehende Kupferkies, welcher theils in kleinen pyramidalen Krystallen, theils in derben Massen, theils auch fein zertheilt, in der Masse von Gesteinen vorkommt. Er ist weicher als der Eisenkies und lässt sich schon vom Messer ritzen. In Salpetersäure löst er sich mit grünlichblauer Farbe; ein reines Eisenstäbchen überzieht sich in seiner Lösung mit reinem Kupfer. An feuchter Luft liegend wandelt er sich durch Anziehung von Sauerstoff in ein Gemisch von blaugrünem Kupfer- und Eisenvitriol um, welches mit seiner Lösung in ähnlicher Weise auf andere Gesteine einwirkt, wie der Eisenvitriol allein und z. B. den Kalkstein in Gyps umwandelt, während aus ihm selbst kohlensaures Kupferoxyd (grüner Malachit und blaue Kupferlasur) und kohlensaures Eisenoxydul (Eisenspath) wird. Alles dieses kommt unter anderem sehr häufig in dem grauen Mergelsandstein und dem schwarzen Mergelschiefer der Zechsteinformation vor.

b) Der Granat (vom latein. „granum“, Korn, weil seine kleineren Krystalle wie kugelige Körner aussehen): Ein vorherrschend braun- oder blutrothes, selten grünes oder schwarzes Mineral, welches etwas härter als der Feuerstein ist und theils in zwölfflächigen Krystallen (Rhombendodekaёdern), theils in Körnern vorherrschend in Magnesiaglimmer, Hornblende, Chlorit, Serpentin oder Epidot haltigen Felsarten eingewachsen vorkommt. Als wesentlicher Felsgemengtheil spielt er nur eine untergeordnete Rolle; denn als solcher macht er sich nur in dem, wenigverbreiteten und aus einem Gemenge von rothem Granat und grünem Smaragdit (— einer Abart des Augit —) bestehenden, Eklogit und in dem, noch weniger vorkommenden, Granatfels bemerklich.

c) Der Turmalin oder Schörl. Ein vorherrschend schwarzes oder schwarzbraunes, glasglänzendes, äusserlich der Hornblende oder dem Augit ähnliches, aber den Feuerstein ritzendes oder mit ihm gleiche Härte habendes, Mineral, welches in sechsseitigen Säulen und Stangen oder auch in Stangen- oder Faserbundeln auftritt und namentlich in Kaliglimmer, Quarz und Orthoklas oder Oligoklas haltigen Felsarten eingewachsen erscheint, aber auch für sich allein den, nur wenig vorkommenden **Turmalinfels** bildet.

d) Der **Epidot** oder **Pistazit**: Ein vorherrschend öl- oder schwarzgrünes, starkglänzesdes, meist in liegenden Säulen und stängeligen oder körnigen Aggregaten auftretendes, äusserlich dem Turmaline und der Hornblende ähnliches, Mineral, welches vom Feuersteine, aber nicht vom Glas geritzt wird und vorzüglich auf Spalten und Gängen von Hornblende, Chlorit oder Serpentin haltigen Felsarten vorkommt.

e) Der **Olivin** oder **Chrysolith**; Ein gelb- bis blaugrünes, seltner gelbröthliches, glasglänzendes Mineral, welches theils in kurzen, breiten rechteckigen Säulen, theils in Körnern und körnigen Aggregaten auftritt, mit dem Feuersteine ziemlich gleiche Härte hat und ein treuer Begleiter der jüngeren vulcanischen Gesteine, vor allen der Basaltgesteine, ist, aber bisweilen auch in Meteorsteinen vorkommt. Er besteht, wie der aus ihm entstehende Serpentin, aus kieselsaurer Magnesia und kieselsaurem Eisenoxydul und wird durch Schwefel- oder Salzsäure unter Kieselgallertbildung vollständig zersetzt. — Bemerkenswerth ist noch, dass dieses Mineral auch für sich allein eine, namentlich in den Pyrenäen, Frankreich und Neuseeland massig entwickelte, Felsart, nemlich den **Olivinfels**, **Lherzolit** oder **Dunit** bildet.

---

§ 11. Die Felsartenbildung durch die krystallinischen Mineralarten.

Unter den, in den §§ 6—10 beschriebenen, Mineralarten sind nicht alle von gleich grosser Bedeutung für die Bildung von Felsarten. Während es mehrere unter ihnen gibt, von denen jede für sich allein schon mächtige Erdrindemassen zusammensetzt, so **Steinsalz, Gyps, Calcit, Dolomit, Mergel, Eisenspath, Brauneisenerz, Rotheisenerz, Magneteisenerz, Quarz, Lydit, Flint, gemeine Hornblende, (Augit), Glimmer, Chlorit** und **Serpentin**, giebt es auch mehrere unter ihnen, welche nicht nur für sich allein, sondern auch in Untermengung mit anderen Mineralen Felsarten zusammensetzen, so namentlich **Calcit, Eisenglanz, Magneteisenerz, Quarz, Hornblende, Augit, Glimmer** und **Chlorit**, vielleicht auch der **Serpentin**, treten endlich auch mehrere hervor, welche für sich allein nie Felsmassen zusammensetzen, sondern stets nur im Gemenge mit anderen Mineralien die sogenannten gemengten krystallinischen Felsarten zusammensetzen, so namentlich **Orthoklas, Oligoklas, Labrador, Anorthit, Diallag, Hypersthen, Enstatit.**

Nach dem eben Angedeuteten giebt es also zweierlei, von krystallinischen Mineralien gebildete, Erdrindemassen, nemlich

A. **Einfache krystallinische Felsarten**, deren jede in ihrer ganzen

Masse aus den Individuen von einer und derselben Mineralart gebildet wird; und

B. Gemengte krystallinische Felsarten, deren jede als ein Gemenge von zwei oder drei unter einander fest verwachsenen Mineralarten anzusehen sind.

II. Die krystallinischen Felsarten.

a. Einfache krystallinische Felsarten.

§ 12. **Charakter und Uebersicht dieser Felsarten.** — Jede einfache krystallinische Felsart ist, auch wenn sie glasartig dicht erscheint, als ein Aggregat fest unter einander verbundener Individuen von einer und derselben Mineralart zu betrachten. Wer daher die schon im vorigen § als Bildner von einfachen Felsarten angeführten Mineralarten nach ihren in den §§ 6—10 beschriebenen Eigenschaften, Verwitterungsweisen und Vorkommnissen genau kennen gelernt hat, der kennt auch schon die durch sie gebildeten einfachen Felsarten. Trotzdem sollen sie, um dem Anfänger ihre Untersuchung und Erkennung zu erleichtern, nochmals in Uebersicht (Tabelle II.) zusammengestellt werden:

b. Gemengte krystallinische Felsarten.

§ 13. **Charakter, Hauptgemengtheil und Gefüge ihres Bestandes.** — Jede gemengte krystallinische Felsart ist als ein Aggregat zu betrachten, welches aus massig zusammengewachsenen (oder verschmolzenen) Individuen von zwei oder mehreren verschiedenartigen krystallinischen Mineralien besteht. Indessen herrscht unter den wesentlichen Gemengtheilen einer jeden dieser Felsarten in der Regel einer so an Menge in der Masse derselben vor, dass er nicht nur das äussere Ansehen, sondern auch die Verwitterungsart der von ihm beherrschten Felsart bestimmt. Man hat deshalb diesen, in dem Gemenge einer Felsart am meisten hervortretenden Gemengtheil den herrschenden oder Hauptgemengtheil derselben genannt.

In den bis jetzt bekannt gewordenen gemengten Felsarten sind es namentlich drei Mineralgruppen, welche als Hauptgemengtheile auftreten, nemlich

1) Feldspathe, welche die von ihnen beherrschten Felsarten vorherrschend weisslich, röthlich, rothbraun oder bräunlichgrau färben und bewirken, dass diese Felsarten eine fette, thonige Verwitterungskrume geben;

2) Glimmer, welche das Gefüge der von ihnen beherrschten Felsarten um so vollkommener schiefrig machen, je mehr sie zusammenhängende Lagen in demselben bilden, und eine eisenschüssige Thon- oder Lettenkrume erzeugen;

3) Amphibolite, welche die von ihnen beherrschten Felsarten vorzüg-

				Körnigem Gefü[ge]
A. Feldspathhaltige Felsarten.	**a.** Mit vorherrschend kieselreichen Feldspathen, also mit Orthoklas, gemeinen Oligoklas, Sanidin.	1. Gruppe: **Feldspathreiche Gesteine:** Gemenge von Orthoklas oder Oligoklas oder Sanidin oder Andesin theils mit Quarz, theils mit diesem und zugleich auch Glimmer, theils auch mit gemeiner Hornblende. Ihre vorherrschende Farbe: weisslich, hellgraulich, gelblichröthlich, roth- oder graubraun. — In Salzsäure ganz unlöslich. — Bei der Verwitterung entweder reinen oder mit Quarzsand untermengten weissen oder gelben Thon gebend (s. § 15).		1. **Granit:** Regelloses Ge[menge von] Orthoklas, Quarz und [Glimmer;] statt Orthoklas auch [...]. **Syenit:** Orthoklas oder [...] mit Hornblende (un[d] Glimmer). **Syenittrachyt:** Sanidin [...] blende und Glimmer[...].
		2. Gruppe: **Glimmerreiche Gesteine:** Vollkommen schiefrig.		
	b. Mit vorherrschend kieselsäurearmen, kalkhaltigen Feldspathen, also mit Kalkoligoklas, Labrador, Anorthit oder statt dessen mit Leucit oder Nephelin; nie quarz- oder kaliglimmerhaltig.	3. Gruppe: **Amphibolitgesteine:** Stets dunkelgefärbt, schwarz und weiss oder grau gefleckt oder auch einfarbig grün, grau- bis schwarzgrün oder ganz schwarz. Verwitterungsrinde lederbraun bis rothbraun und aus eisenschüssigem Thon, Lehm oder Mergel bestehend. Je nach ihrem vorherrschenden Gemengtheile sind sie:	1. Sippe: **Hornblendereiche Gesteine:** Gemeine Magnesiahornblende im Gemenge mit Oligoklas (oft auch mit Glimmer). — In Salzsäure scheinbar unlöslich.	11. **Diorit:** Regelloses Ge[menge von] grünlich- oder graulic[hem] Oligoklas und schwa[rzer Horn]blende.
			2. Sippe: **Melaphyrische Gesteine:** Kalkhornblende oder Augit im Gemenge mit einem kieselsäurearmen, kalkhaltigen Feldspath, oft auch mit schwarzem Glimmer, Grünerde oder Kalkspath. — In Salzsäure theilweise (und oft mit Brausen) löslich.	12. **Kalkdiorit:** Gemenge [von Anor]thit, Kalkspath und [Horn]blende. 13. **Melaphyr:** Undeutlich[es Gemenge] von Augit oder v. H[ornblende mit] Labrador, Anorthit, [...]
			3. Sippe: **Augitreiche Gesteine:** Augit oder statt dessen Diallag, Hypersthen oder Enstatit im Gemenge mit einem kalkhaltigen Feldspath oder statt dessen mit Leucit oder Nephelin, und meist auch mit Grünerde oder Magneteisenerz. — In Salzsäure theilweise löslich.	14. **Diabas:** Regelloses Ge[menge aus] weissgrauem Feldspat[h, schwar]zem Augit und etwas [...]. 15. **Dolerit:** Deutliches Ge[menge von] Labrador oder Nephe[lin, Augit] und Magneteisen. 16. **Hypersthenit:** Deutl. [Gemenge] von Hypersthen u. K[alk-]Feldspath. 17. **Gabbro:** Gemenge vo[n Diallag] und Kalknatron-Felds[path]. 18. **Enstatitfels:** Gemeng[e von En]statit und Anorthit.
B. Feldspathlose Felsarten.				19. **Eklogit:** Gemenge vo[n] Smaragdit und rothe[m Granat,] bisweilen auch mit K[alk-]Feldspath.

III.

inischen Felsarten

heiles in folgende Gruppen, Sippen und Arten bringen:

Felsarten mit:

Schiefrigem Gefüge.	Porphyrgefüge.	Mandelsteingefüge.	Dichtem Gefüge.
Gneiss: Wie Granit; aber die Gemengtheile lagenweise geordnet. Granulit: Feldspathmasse, welche von Quarzlamellen durchzogen ist und oft auch feine Glimmerblättchen enthält.	Felsitporphyr: Dichte oder feinkörnige Felsitgrundmasse, in welcher Quarz- und Feldspathkrystalle und bisweilen Glimmer liegen. Syenitporphyr: Feinkörnige Syenitmasse mit Feldspath- und Hornblendekrystallen. Trachytporphyr: Dichte oder poröse Sanidinmasse, in welcher Sanidinkrystalle liegen. Phonolithporphyr: (s. Phonolith).		Felsit: Undeutlich. Gemenge von Feldspath und Quarz. Trachyt: Dichte, rauhe oder poröse Sanidinmasse. Phonolith: Dunkelgrau-grünliche aus Sanidin, Nephelin u. Natrolith bestehende Masse mit weisser Verwitterung. Oft porphyrisch.
Gneiss (s. unter I. a). Urthonschiefer (s. B).			
11a. Dioritschiefer: Lagenweises Gemenge von Oligoklas und Hornblende.	11b. Dioritporphyr: In einer grüngrauen bis schwarzen Grundmasse liegen Krystalle von weisslichem Oligoklas oder von Hornblende.		11c. Aphanit: Dichtes, grüngraues bis schwarzgrünes Gestein von grosser Zähigkeit.
	13a. Melaporphyr: Dichte, schwarze od. schwarzbraune Grundmasse, in welcher Anorthittäfelchen oder Hornblende- (Uralit-) Krystalle oder auch Glimmerblätter liegen.	13b. Melaphyrmandelst.: Dichte, schwarzbraune Grundmasse mit Kugeln v. Kalkspath, Carniol, Chalcedon od. Achat od. auch Grünerde.	13c. Melaphyr: Dichte, schwarze, schwarzgrüne oder dunkelbräunliche, — oft dem Basalt ähnliche — Masse.
14a. Diabasschiefer: Schiefrige, meist undeutl. gemengte, grau- bis schwarzgrüne Masse.	14b. Diabasporphyr: Graue oder grüne Grundmasse mit Augitkrystallen.	14c. Diabasmandelstein: Grau- bis dunkelgrüne Masse mit Kugeln u. Mandeln von Kalkspath.	14d. Grünstein (Aphanit) Undeutlich gemengte, zähe, unreingrüne Diabasmasse.
	15a. Basaltporphyr: Schwarze Basaltmasse, in welcher Krystalle von Kalkhornblende, Augit oder Olivin liegen.	15b. Basaltmandelstein: Basaltmasse mit Kugeln u. Mandeln, namentlich von Zeolithen.	15c. Basalt: Dichte, schwarze oder schwarzgraue Masse von Augit, Labrador oder Nephelin und Magneteisen.
9. Glimmerschiefer: Lagenweises Gemenge von Glimmer und Quarz. 10. Urthonschiefer: Undeutliches Gemenge von Glimmer (Hornblende), Chlorit, Quarz (u. Feldspath).			

lich grün, schwarzgrün, grau- oder braunschwarz oder auch ganz schwarz färben und einen ockergelben oder rothbraunen, gewöhnlich kalkhaltigen, Lehm produciren.

Nach diesen Hauptgemengtheilen kann man daher auch die gemengten krystallinischen Felsarten, wie es auf Tabelle III. geschehen ist, in drei Gruppen vertheilen, nemlich:

1) in feldspathreiche Felsarten, in deren Gemenge ein kieselsäure-reicher Feldspath (— Orthoklas oder gemeiner Oligoklas —) der Hauptgemengtheil ist;

2) in glimmerreiche Felsarten, in deren Gemenge Glimmer oder Chlorit herrschend ist, weshalb dieselben meistens schiefrig sind;

3) in amphibolitreiche Felsarten, deren Hauptgemengtheil Hornblende, Augit, Diallag oder Hypersthen ist.

Nächst dem Hauptgemengtheile einer Felsart ist nun weiter auch das Ge-füge derselben charakteristisch für ihre Art und darum wohl zu beachten.

Die als Gemengtheile von Felsarten auftretenden Mineralarten haben ent-weder die Form von eckigen Körnern oder Krystallen, oder sie bilden Lamellen, Blätter oder Schuppen, oder sie erscheinen staubförmig klein, so dass man ihre Gestalt nicht mehr bestimmen kann; in manchen Fällen treten sie auch als kugel-, bohnen- oder Mandelförmige Körper auf. Nach diesen verschiedenen Körperformen der einzelnen Felsgemengtheile richtet sich nun die Art und Form ihrer Verbindung zum Ganzen d. i. das Gefüge. Denn es erscheint dieses

Gefüge.

1) kornig-krystallisch wenn die Ge-mengtheile vorherrschend eckige Korner oder Krystalle bilden und bunt durch einander verwachsen sind.	2) schiefrig, wenn die Ge-mengtheile vorherrschend Blatter oder Lamellen bil-den und lagen-weise mit ein-ander ver-wachsen sind. Bilden die Blatter	3) dicht, wenn die Gemeng-theile pulverig klein sind, so dass ihr Ge-menge gleich-artig u. gleich-farbig aussieht.	4) porphy-risch, wenn die Gemeng-theile eine fein-körnige oder dichte Grund-masse bilden, in welcher Krystalle von denselben Mineralen liegen, aus denen die Grundmasse besteht.	5) mandel-steinförmig, wenn die Ge-mengtheile eine dichte Grund-masse bilden, in welcher kugel-, bohnen-oder mandel-förmige Mine-ralkörper von anderen Ar-ten, als die Grundmasse enthalt, einge-wachsen liegen.

ununter-brochene und fast parallele Lagen, so nennt man das schiefrige Ge-füge voll-kommen.	unterbrochene und wenig pa-rallele Lagen, so nennt man das Gefuge flaserig.

Ausser diesen fünf Hauptformen des Gefüges unterscheidet man nun noch mehrere Abarten — z. B. vom dichten Gefüge das glasartige oder schlackige und erdige. Unter allen diesen Abarten verdient aber hier nur noch das lückige oder poröse Gefüge, bei welchem eine dichte, porphyrische oder mandelsteinförmige Masse sich voll grösserer oder kleinerer, nicht mit Mineralmasse erfüllter, Räume zeigt, eine Erwähnung.

§ 14. Uebersicht und Bestimmung der Arten der gemengten krystallinischen Felsarten auf Tafel III.

§ 15. Nähere Beschreibung der gemengten krystallinischen Felsarten.

1. Gruppe: Feldspathreiche Gesteine.

1. Allgemeiner Charakter: In dem Gemenge aller hierher gehörigen Gesteine herrscht ein kieselsäurereicher Feldspath, sei es nun Orthoklas, Oligoklas oder Sanidin, an Menge vor. Mit ihm im Verbande steht theils Quarz allein, theils Quarz und zugleich auch Glimmer, theils gemeine (oder Magnesia-) Hornblende allein oder auch wohl mit etwas schwarzem Glimmer. Nur in dem Phonolithe tritt neben dem Feldspath Nephelin und auch noch ein Zeolith auf, woher es auch kommt, dass diese letztgenannte Felsart theilweise in Säuren auflöslich ist, während sich die übrigen hierher gehörigen Felsarten in Säuren (namentlich in Salzsäure) sehr wenig oder gar nicht lösen lassen. — Bei ihrer Verwitterung überziehen sie sich mit einer weissen oder ockergelben Thonrinde, wie sie denn überhaupt die Haupterzeuger alles wahren Thones sind.

2) Hauptlagerorte: — Sieht man von den Trachyten und Phonolithen ab, welche vorherrschend im Gebiete der, — aus Braunkohlen- oder Steinschutt-Formationen bestehenden —, Hügel- und Tiefländer auftreten, so bemerkt man alle hierhergehörigen Felsarten namentlich in den aus Gneiss, Glimmer- und Thonschiefer, aus Grauwacke- oder Steinkohlengebilden bestehenden Gebirgen, in denen sie häufig sogar die höchsten Berge zusammensetzen.

1. Körnige Feldspathgesteine.

Regellose Gemenge von weissem, gelblichen, röthlichen oder rothbraunem im frischen Bruche stark glänzenden Orthoklas oder statt dessen von unrein graulich-, gelblich- oder grünlichweissem, wenig oder nicht glänzenden Oligoklas oder auch weisslichem, im frischen Bruche stark glasig glitzernden Sanidin theils mit Quarz allein, theils mit diesem und zugleich auch Glimmer, theils mit gemeiner Hornblende; demnach bunt gefleckt und im Allgemeinen vom Ansehen des Granites.

Der Feldspath bildet gewissermassen die Grundmasse, in welche die übrigen Gemengtheile eingefügt erscheinen.

Die von ihnen gebildeten Felsmassen sind ungeschichtet und massig.

1) Der Granit: Gross- bis feinkörniges Gemenge von Orthoklas und gewöhnlich auch zugleich von Oligoklas mit meist graulichen, fettglänzenden Quarzkornern und silberweissen, messinggelben oder eisenschwarzen Glimmerblättern.

1) Die einzelnen Gemengtheile sind bisweilen über einen Zoll gross, oft aber auch so fein wie Mohnkörner; gewöhnlich indessen nur erbsengross (grobkörnig). — Unter den einzelnen Gemengtheilen tritt der Feldspath sowohl durch die Grösse wie durch die Krystallbildung seiner Individuen am meisten hervor; ja nicht selten bilden Oligoklas, Quarz und Glimmer zusammen ein klein- bis feinkörniges Gemenge, in welchem bis zolllange gut ausgebildete Feldspathkrystalle liegen. Granit mit solchem Gefüge nennt man porphyrartig; wird das Grundgemenge dieser porphyrartigen Granite so feinkörnig, dass es fast dicht erscheint, so bilden sie geradezu einen Uebergang in eigentlichen Felsitporphyr. Dieses letztere ist ganz besonders bei den Graniten der Fall, welche sehr wenig und kleinschuppigen Glimmer enthalten.

2) In der Regel enthalten die Granite viel Feldspath, weniger Quarz und am wenigsten Glimmer. Wenn nun aus dem granitischen Gemenge der Glimmer allmälig ganz verschwindet, so geht der Granit in den, aus abwechselnden Lagen von Feldspath bestehenden, Granulit oder, bei sehr feinkörnigem Gefüge, auch in Felsit über. Aber es kommt auch vor, dass in einem granitischen Gemenge der Glimmer so überhand nimmt, dass er zusammenhängende Häute oder Lamellen bildet, zwischen denen dann der Feldspath im Gemenge mit Quarz abgesonderte Lagen darstellt. Solche Granite zeigen dann ein mehr oder weniger hervortretendes flaseriges oder schieferiges Gefüge und bilden einen Uebergang zum Gneiss.

3) Der Glimmer im Granit ist theils Kaliglimmer und dann silberweiss oder bei seiner Verwitterung messinggelb, theils eisenreicher Magnesiaglimmer und dann schwarzbraun oder glänzend eisenschwarz und dann bei seiner Verwitterung kirsch- oder braunroth. Der silberweisse Kaliglimmer tritt hauptsächlich in orthoklasreichen, der schwarze Magnesiaglimmer dagegen vorherrschend in oligoklasreichen Graniten auf. Für die Verwitterungsart und Bodenbildung des Granites ist dieses von Wichtigkeit, wie später gezeigt werden soll.

4) Der schwarze Glimmer kann mit der, ebenfalls schwarz aussehenden, Hornblende verwechselt werden, aber er lässt sich vom Messer und auch oft vom Fingernagel ritzen und mit einem spitzen Federmesser in dünne durchsichtige Blättchen zerspalten, was alles bei der Hornblende nicht der Fall ist. Uebrigens kommt die Hornblende gar nicht selten zugleich mit dem Glimmer in dem Gemenge namentlich des Oligoklas haltigen Granits

vor und bewirkt alsdann, dass der mit ihr reichlich versehene Granit einen Uebergang in Syenit (— sogenannten Syenitgranit —) bildet.

5) Die Mittelsumme des chemischen Bestandes aller Gemengtheile des Granites beträgt:

72 Kieselsäure,

16 Thonerde,

1,5 Eisenoxyduloxyd

1,5 Kalkerde,

0,5 Magnesia,

6,5 Kalk,

2,5 Natron.

2) Der Syenit. Ein granitähnliches, gewöhnlich mittel- bis kleinkörniges Gemenge von weissem oder röthlichem Orthoklas, grauweissen Oligoklas und schwarzer, gewöhnlich in kleinen Säulen oder Nadeln auftretender, Magnesiahornblende; ausserdem aber nicht selten auch schwarzen Glimmer enthaltend, wodurch das Gestein, zumal wenn sich auch graue, fettig glänzende Quarzkörner in seinem Gemenge einstellen, in Syenitgranit oder auch wohl, bei starker Abnahme der Hornblende und Ueberhandnahme des Glimmers, geradezu in Granit übergeht.

Bisweilen wird auch der Syenit porphyrisch, wenn sein Gemenge sehr feinkörnig ist und aus demselben grosse und ausgebildete Orthoklaskrystalle hervortreten. Ja der Syenit kann auch gneissartig d. h. flaserig oder schiefrig werden, wenn seine Hornblendenadeln lagenweise in seinem Gemenge vertheilt liegen.

Dem Syenit bisweilen ähnlich ist mancher aus einem Gemenge von Sanidin, Hornblende und schwarzem Glimmer bestehende Trachyt; bei den Feldspathgesteinen mit porphyrischen oder dichtem Gefüge wird derselbe näher beschrieben werden.

2. Schiefrige Feldspathgesteine.

Feldspathreiche Gesteine, in denen theils der Feldspath, theils der Glimmer oder statt dessen Hornblende (oder auch Chlorit) mehr oder weniger zusammenhängende Lamellen oder Lagen bildet, durch welche bei paralleler Lage die Gesteinsmasse sich in Schieferplatten spalten lässt.

Mit dem Feldspathe (— Orthoklas oder Oligoklas —) zeigen sich im Gemenge vor allem Quarz und Glimmer, ausserdem aber oft auch namentlich statt des letzteren Chlorit, Talk, Eisenglanzschuppen oder Hornblende, also lauter Mineralien, deren einzelne Individuen sich von Natur schon ganz zu wagrecht ziehenden Lamellen-, Schuppen- und Plattenlagen verbinden, — ein Umstand, welcher es erklärt, warum namentlich die an Glimmer, Chlorit oder Talk reichen Felsarten stets ein mehr oder weniger entwickeltes Schiefergefüge zeigen. Wenn indessen die einzelnen Lagen dieser Mineralien nicht parallel ziehen oder stellenweise von den übrigen, mit ihnen im Verbande stehenden, Felsgemengtheilen durchbrochen werden, dann erscheint auch das von ihnen erzeugte Schiefergefüge unvollständig, sei es wellig hin und her gebogen, sei es ganz unterbrochen (— also flaserig —). Will man bei solchen unvollkommen schiefrigen Gesteinen das Gefüge noch erkennen, so muss man sie in ihrem Querbruche betrachten; denn bei einem Schiefergefüge erscheinen die einzelnen Lamellen des Glimmers, Chlorits oder der Hornblende als grade oder wellige, unterbrochene oder durchziehende Horizontalstreifen im Querbruche eines Gesteines.

Alle hierhergehörigen Felsarten sind geschichtet und bilden zum Theile das Grundgemäuer aller Gebirge.

3) Der Gneiss. Ein Gemenge von Feldspath, Quarz und Glimmer (oder statt des letzteren: Hornblende, Chlorit oder Talk), in welchem der Glimmer (oder seine ebengenannten Stellvertreter) parallel und wagrecht ziehende, durchgreifende oder welliggebogene, unterbrochene, Lagen bildet, zwischen denen der Feldspath im Gemenge mit Quarz körnige Lagen darstellt.

a) Je nach der Menge des Glimmers und der Vertheilung seiner Individuen in der Feldspath-Quarzmasse des Gneisses zeigt dieses Gestein ein verschiedenes Ansehen:

1) Wenn der Glimmer aus einzelnen Schuppen bestehende, aber parallel ziehende, Häute zwischen den Feldspath-Quarzlagen bildet, so erzeugt er den eigentlichen oder gemeinen Gneiss;

2) bildet aber der Glimmer zusammenhängende, dünne, parallelziehende Lagen, welche die einzelnen Feldspath-Quarzlagen vollständig von einander trennen, so bildet er den schiefrigen Gneiss, welcher äusserlich dem Glimmerschiefer oft sehr ähnlich sieht und nur auf dem Querbruche seiner Schiefermassen noch den Gneiss-Charakter wahrnehmen lässt;

3) tritt endlich der Glimmer in dünnen, stark wellig gebogenen und mit ihren Wellenbiegungen die Feldspath-Quarzmasse in lauter einzelne, linsenförmige Knollen absondernden, Lamellen auf, dann erscheint der Gneiss flaserig.

Wie nun durch das verschiedenartige Auftreten des Glimmers, so entstehen auch dadurch, dass statt des Glimmers Hornblende, Chlorit oder Talk im Gneisse vorhanden sind, verschiedene Abarten, so der Hornblendegneiss, Chloritgneiss und Talkgneiss.

b) In Beziehung auf die einzelnen Gemengtheile gilt für den Gneiss ganz das schon beim Granit Mitgetheilte, während die Mittelsumme des chemischen Gehaltes vom gemeinen Gneisse 70,80 Kieselsäure, 14,20 Thonerde, 6,10 Eisenoxydul, 2,60 Kalk, 3,00 Kali, 2,10 Natron und 1,20 Wasser beträgt.

Der Gneiss bildet in Wechsellagerung mit Glimmer-, Hornblende-, Urthon- und Chloritschiefer die Hauptmasse der meisten Gebirge, ganz besonders der sogenannten Längengebirge, und zeigt sich hauptsächlich durchbrochen von Graniten, Syeniten und Dioriten, nicht selten aber auch von anderen jüngeren Eruptivgesteinen.

4) Der Granulit oder Weissstein: Ein schiefriges, vorherrschend weisses, lichtgelbliches oder röthliches Gestein, dessen aus Orthoklas bestehende Hauptmasse von parallelziehenden, graulichen, sehr dünnen Quarzlamellen oder auch plattgedrückten Quarzkörnern in der Weise durchzogen wird, dass das Gestein auf dem Querbruche eine parallele Schieferstreifung wahrnehmen lässt. Diese Schieferung tritt noch schärfer hervor, wenn sich Glimmerschüppchen in der Granulitmasse befinden, welche zugleich auch Uebergänge des Granulites in Gneiss hervorrufen.

Die Granulitmasse enthält im Mittel 74,50 Kieselsäure, 10,70 Thonerde, 5,60 Eisenoxyd, 2,20 Kalkerde, 4,00 Kali, 2,50 Natron.

Der Granulit, welcher übrigens nicht blos sehr vollkommen schiefrig, sondern auch regelmässig geschichtet ist, bildet vorzüglich Zwischenschichten im Gebiete des Gneisses, kommt aber auch in Lagen zwischen Serpentinbänken vor.

3. Porphyrische Feldspathgesteine.

In einer feinkörnigen oder dichten, aus einem innigen, aber undeutlichen, Gemenge von Orthoklas, Sanidin oder Oligoklas mit oder ohne erstarrter Kieselsäure (Kieselmehl) bestehenden Grundmasse liegen deutlich hervortretend grössere und kleinere, ausgebildete Orthoklas-, Sanidin- oder Oligoklaskrystalle und Quarzkrystalle, ausserdem aber oft auch Hornblendesäulen und Glimmerblätter — mit einem Worte: Krystalle von denselben Mineralarten, aus denen auch die Grundmasse besteht.

Denkt man sich die Masse eines Granites oder Granulites, Syenites oder Trachytes so pulverisirt, dass von dieser Masse noch einzelne Gemengtheile unversehrt geblieben sind, welche nun in dem Gesteinspulver eingestreut liegen, so hat man etwa ein Bild von einem Porphyrgesteine. Hiernach kann man also auch dreierlei Porphyre, einen granitischen, einen syenitischen und trachytischen, unterscheiden, wie im Folgenden näher gezeigt werden soll.

5) Der Felsitporphyr oder quarzführende Porphyr. In einer grau- oder rothbraunen, dichten Grundmasse, welche aus einem innigen Gemenge von Feldspath- und Quarzpulver (— also aus Felsit) besteht, liegen Orthoklas- oder Oligoklaskrystalle und Körner oder auch Krystalle von Quarz, bisweilen auch Glimmerblättchen.

a) Das Mengeverhältniss des Feldspathes und Quarzes in der porphyrischen Grundmasse, welche dem festgewordenen Pulver eines Granulites (nicht

Granites) gleicht, ist verschieden. Im Allgemeinen kann man jedoch drei Abstufungen desselben annehmen:

1) Porphyre, deren Grundmasse dicht, spröde und so hart ist, dass sie vom Feuerstein nur wenig geritzt wird und am Stahle sehr stark funkt, also sehr kieselsäurereich ist (wenigstens mit 70 pCt. Kieselsäure). Diese Porphyre sind meist röthlichgraubraun und zeigen in ihrer Grundmasse nur kleine, meist undeutliche Feldspathkrystalle. Zu ihnen gehört der sogenannte Quarz- oder Hornsteinporphyr.

2) Porphyre, deren Grundmasse feinkörnig,. schwer zersprengbar und fest ist, am Stahl einzeln funkt und vom Feuerstein leicht geritzt wird. Diese Porphyre sind kieselsäureärmer (— höchstens mit 68 Procent) und feldspathreicher und zeigen in ihrer Grundmasse deutlich ausgebildete, oft sehr grosse Orthoklaskrystalle. Zu ihnen gehören die eigentlichen Felsitporphyre.

3) Porphyre, deren Grundmasse dicht, locker oder wohl gar erdig und leicht zersprengbar ist, am Stahl nicht funkt und vom Glase, bisweilen sogar vom Messer geritzt wird. Diese Porphyre sind kieselsäurearm, zeigen wenig eingebettete Orthoklaskrystalle, wohl aber bisweilen gut ausgebildete Quarzkrystalle und werden gewöhnlich (aber fälschlich) Thonporphyre genannt.

b) Die in der, gewöhnlich graulichrothbraunen, Grundmasse liegenden Orthoklaskrystalle sind säulen- oder tafelförmig, bisweilen nur 1 Linie gross, oft aber auch mehrere Zoll lang, gewöhnlich röthlichweiss, auf den Spaltflächen stark perlmutterig glänzend und zeigen beim Durchschlagen der Porphyrmasse quadratische, rechteckige oder sechsseitige Flächen; die nicht selten auch vorkommenden Oligoklaskrystalle aber sind in der Regel klein, unrein weiss, wenig oder nicht glänzend und häufig in Folge ihrer leichteren Verwitterbarkeit weich und erdig. — Der in der Porphyrgrundmasse liegende, meist graue, Quarz endlich bildet hirsekorn- bis erbsengrosse Körner, bisweilen jedoch auch ausgebildete 12flächige Pyramiden.

c) Die Porphyrmasse enthält im Mittel 74 Kieselsäure, 12—14 Thonerde, 2—3 Eisenoxydoxydul, 1,5 Kalk, 0,5 Magnesia, 7—9 Kali nebst Natron.

d) Obwohl die Grundmasse der Porphyre vorherrschend dicht oder feinkörnig ist, so zeigt sie sich doch auch bisweilen porös und zellig (— trachytisch —) oder in kleine Kügelchen abgesondert (rogensteinähnlich) oder auch schalig, ja bisweilen auch faserig; ausserdem umschliesst sie nicht selten auch wallnuss- bis kopfgrosse Kugeln, deren Inneres mit Lagen von Jaspis, Chalcedon oder Carniol (— also mit Achat —) und Bergkrystallen ausgefüllt ist.

Der Felsitporphyr bildet ungeschichtete, massige Stöcke und Gänge, welche oft mit prallansteigenden, mächtigen Felsklippen besetzt sind, in den Gebieten vom Glimmerschiefer herauf bis zur Zechsteinformation; am häufigsten zeigt er sich jedoch im Gebiete der Steinkohlenablagerungen und des unteren Rothliegenden.

Dem Felsitporphyr oft recht ähnlich ist:

1) der porphyrische Pechstein: Ein ganz dichtes, schlacken- oder glasartig aussehendes, unrein braungrünes oder rothbraunes, pechähnliches Gestein, welches aus einem Felsitschmelze besteht und Körner von Quarz und weisse Krystalle von Feldspath umschliesst. Er bildet Gangmassen im eigentlichen Felsitporphyr (z. B. bei Meissen und zwischen Tharand und Freiberg).

2) der Granitporphyr: Eine deutlichkörnige, unter der Loupe die Gemengtheile des Granites zeigende (— also eine feinkörnige Granitmasse —), bräunliche, grauliche, bisweilen auch grünliche, Gesteinsmasse, in welcher röthliche, meist grosse, Orthoklaskrystalle und gewöhnlich auch kleine, matte, unrein weisse Oligoklaskrystalle, Quarzkörner, braunschwarze Glimmerschuppen oder schwarze Hornblendestengelchen eingebettet liegen.

3) der quarzfreie Feldspathporphyr: Eine braune oder dunkelbräunlich graue, dichte oder erdige, quarzfreie, Feldspathgrundmasse, in welcher zahlreiche glänzende Orthoklaskrystalle, matte, kleine, Oligoklaskrystalle (kleine Hornblendesäulchen) und schwarze Magnesiaglimmertäfelchen, aber keine Quarzkörner liegen.

6) Der Porphyrit oder Syenitporphyr: Braune oder dunkelgraue, sehr feinkörnige oder dichte Grundmasse, welche aus einem innigen Gemenge von Oligoklas und Hornblende besteht, und in welcher theils weissliche oder röthliche Oligoklas-, theils schwarze Hornblendekrystalle, oder auch wohl Glimmertäfelchen liegen.

Dieses Gestein bildet Lagen, Stöcke und Gänge im Gebiete der Steinkohlen und des Rothliegenden.

Bemerkung. Der Trachyt- und Phonolithporphyr ist bei der Beschreibung des Trachytes (Nr. 7) und Phonolithes (Nr. 8) in der folgenden Gruppe näher angegeben worden.

4. Dichte Feldspathgesteine.

Die hierher gehörigen Felsarten sind meist einfach aussehende, ganz undeutliche Gemenge theils aus einem Feldspath und Quarz, theils aus Feldspath, Quarz und Hornblende oder Augit, theils aus einem Feldspath und Nephelin nebst Natrolith. Ihr Gefüge ist bald dicht, bald rauh, porös oder zellig, bald porphyrisch. Ihre Färbung ist rothbraun, braungrau, röthlich- oder weisslichgrau, aber auch grüngrau, grau- oder schwarzgrün, schwarzgrau bis ganz schwarz.

1) Der feldspathige Gemengtheil ist theils ein kieselsäurereicherer, kalkarmer Oligoklas oder Sanidin, theils ein kieselsäureärmerer, kalkreicher Oligoklas oder Andesin. Der kieselsäurereichere Feldspath zeigt sich stets im Gemenge mit erstarrter Kieselsäure oder Quarz, weshalb auch die von ihm gebildeten Gesteine stark am Stahle funken und sich schwer zersetzen; der kieselsäureärmere Feldspath dagegen zeigt sich nur ausnahmsweise im Verbande mit etwas Quarz, weshalb auch die von ihm gebildeten Felsarten nicht so hart sind, nur wenig am Stahl funken, sich leichter zersetzen und dabei fast stets etwas mit Säuren brausen. Ausserdem kommt noch im Gemenge des ersteren Hornblende und Glimmer, im Gemenge des zweiten namentlich Augit und weniger Hornblende vor.

2) Neben dem feldspathigen Gemengtheilebefindet sich in manchem der hierhergehörigen Gesteine auch noch Nephelin, welcher sich dadurch, dass er sich in Salzsäure unter Abscheidung von Kieselgallerte löst, von dem mit ihm verbundenen Sanidin unterscheidet, z. B. im Phonolith.

3) Sehr gewöhnlich bilden die hierhergehörigen Felsarten die Grundmasse von Porphyren. Ganz besonders ist dieses der Fall mit dem Felsite, einem dichten, graulichrothbraunen oder auch bräunlich hellgrauen, aus einem innigen Gemenge von Feldspath und Quarz bestehenden Gesteine, welches die Grundmasse des Felsitporphyres bildet und auch mit diesem zusammen vorkommt. — Aber auch Trachyt und Phonolith treten sehr häufig porphyrisch auf, wie das Folgende zeigen wird.

7) Der Trachyt (vom griech. „trachys", rauh, wegen der oft rauhen Beschaffenheit seiner Masse): Eine bald dichte, bald poröse oder auch rissige, bald felsit-, bald hornstein-, bald pechstein- oder auch thonsteinähnliche, hellgraue oder grauröthliche, an ihrer frischen Oberfläche meist rauh (wie an einer mit Glassplittern bedeckten Fläche), anfühlbare, vulcanische Gesteinsmasse, welche entweder für sich allein auftritt und so den gewöhnlichen Trachyt bildet, oder deutliche Krystalle von Feldspath, bisweilen auch von Hornblende und schwarzem Glimmer umschliesst und hierdurch zu porphyrischen Trachyt oder Trachytporphyr wird. Je nach der mineralogischen Beschaffenheit ihrer Grundmasse nun hat man zweierlei Trachyte zu unterscheiden:

1) den Quarztrachyt (Liparit), dessen Grundmasse, ähnlich dem Felsit, aus einem innigen Gemische von kieselsäurereichen Feldspath (verglasten Oligoklas oder Sanidin) und Quarz besteht, sehr hart ist und als Porphyr graulichweisse, an ihrer Oberfläche stark rissige, im Bruche aber zersprungenem Glase ähnliche, Sanidinkrystalle (bisweilen auch Oligoklas) und graue, öligglänzende, Quarzkrystalle, manchmal auch kleine schwarze Glimmertäfelchen oder schwarze Hornblendesäulchen umschliesst.

Die Grundmasse des Quarztrachytes enthält im Mittel 75 bis 77 Kieselsäure, 12—12,5 Thonerde, 1,52 Eisenoxydul und Oxyd, 1—1,5 Kalkerde, 0,3—0,5 Magnesia, 7—9 Kali und Natron. Ihr chemischer Gehalt ist also fast derselbe wie beim Granit und Felsitporphyr, so dass man annehmen kann, dass der Quarztrachyt ein granitischer oder felsitischer Vulcanschmelz ist, welcher in Folge von allzurascher Erstarrung seine Gemengtheile nicht so ausbilden konnte, wie dieses beim Granit oder Felsitporphyr der Fall war.

2) den quarzlosen Trachyt, dessen Hauptmasse wesentlich nur aus Sanidin besteht, lichtröthlich grau aussieht, sich gewöhnlich rauh und kratzend anfühlt und nur wenig am Stahle funkt. In seiner Masse treten, wie beim Quarztrachyte, grosse Säulen und sechsseitige Tafeln von rissigem, glasigen Sanidin, auch wohl Glimmer und Hornblende, aber nie Quarzkörner auf.

Die Grundmasse dieser Trachytart enthält im Mittel 62—64 Kieselsäure, 16—20 Thonerde, 5,5—6 Eisenoxydul und Oxyd, 1,852,50 Kalkerde, 0,75—0,85 Magnesia, 3,60—5,35 Kali und 4,8 5 Natron.

Die Trachyte sind vulcanische Schmelzproducte und setzen auch die meisten der jetzt noch thätigen oder gegenwärtig erloschenen Vulcanberge zusammen. Im mittleren Europa, namentlich in Deutschland, ist ihr Verbreitungsgebiet beschränkt.

Der Quarztrachyt findet sich namentlich im Siebengebirge an der Hohenburg und Rosenau; der quarzlose Trachyt aber tritt auf der Rhön am Alsberg, im Grossherzogth. Hessen bei Rabertshausen, im Siebengebirge am Drachenfels, Lohrberg und der Perlenhardt, im Westerwalde bei Selters, in der Umgebung des Laucher See's u. s. w. auf.

8) Der Phonolith (deutsch: Klingstein): Eine ganz dichte, gleichartig dunkelgrünlichgraue, bei der Verwitterung aber heller und gelblichgrau werdende und sich mit einer weissen Kaolinrinde überziehende, am Stahle sehr wenig oder gar nicht funkende, Gesteinsmasse, welche aus einem innigen Gemenge von einem, in Salzsäure unlöslichen, Oligoklas (Sanidin) und grauen, in Salzsäure unter Gallertbildung zersetzbaren, Nephelin nebst etwas Natrolith besteht und sehr gewöhnlich in seiner Masse gut ausgebildete weisse Sanidintafeln, sowie sechsseitige Säulen von Nephelin enthält (Klingsteinporphyr).

Die Hauptmasse des Phonolithes enthält im Mittel: 59,40 Kieselsäure, 19,50 Thonerde, 3,50 Eisenoxyd, 0,15 Manganoxydul, 2,25 Kalkerde, 0,70 Magnesia, 6 Kali, 7 Natron. — Sie schwitzt im Kölbchen erhitzt Wasser aus und schmilzt vor dem Löthrohre zu einem grünlichgrauen Glase.

Recht bezeichnend für den Phonolith ist seine Absonderung in dünne Platten oder Tafeln, welche beim Daraufschlagen einen hellen Klang von sich geben.

Der Phonolith bildet kuppenförmige Berge, welche oft mauerförmige Felsabhänge haben, vorzüglich im Gebiete der Basaltgesteine, so im nördlichen

Böhmen (Milleschauer), in der Lausitz (Lausche), auf der Rhön (Milseburg), im Hegau (Staufen) u. s. w.

---

2. Gruppe: **Glimmerreiche Gesteine.**

Allgemeiner Charakter. In dem Gemenge aller hierhergehörigen Felsarten herrscht ein glimmerartiges Mineral, sei es nun eigentlicher Glimmer oder Chlorit oder Talk, oder statt dessen bisweilen blättriger Eisenglanz (Eisenglimmer) oder auch Kohle (Graphit) — kurz eine Mineralart vor, welche in Tafeln, Lamellen, Blättern oder Schuppen auftritt und dadurch, dass sich diese letzteren mit ihren schmalen Seitenflächen in einer Ebene aneinanderlegen, bewirkt, dass die vorherrschend aus ihr gebildete Felsart ein schiefriges Gefüge erhält und sich um so vollkommener in ebene, glatte Platten spalten lässt, je regelrechter und vollständiger einerseits die Blätter und Schuppen der obengenannten Mineralien verbunden sind und je ebener und wagrechter andererseits die Ablagerungsflächen für dieselben waren. Da nun die Ebenheit dieser Ablagerungsflächen abhängig ist von der Grösse der Körner der, mit den blätterbildenden Mineralien verwachsenen, anderen Gemengtheile der glimmerreichen Gesteine, so folgt daraus von selbst, dass je feinkörniger oder pulverähnlicher einerseits die mit den blättrigen Gemengtheilen verbundenen Mineralien sind und je grösser andererseits die Menge der blättrigen Mineralien ist, um so vollkommener schiefrig die hierher gehörigen Felsarten sein werden.

Die mit den glimmerartigen Mineralien im Gemenge befindlichen Mineralien nun sind Feldspath, Quarz und Hornblende. Das aus ihnen gebildete Gemenge aber erscheint deutlich gemengt, wenn diese letztgenannten Minerale in der Weise lagenweise zwischen den Lagen des Glimmers, Chlorites oder Talkes erscheinen, dass auf dem Querbruche der hierhergehörigen Felsarten die glimmerartigen Lagen wagrecht- und parallelziehende Streifen bilden; das Gemenge der Glimmergesteine erscheint dagegen undeutlich und einartig, wenn alle Gemengtheile so mikroskopisch klein sind, dass selbst die glimmerartigen Gemengtheile nur erst bei starker Vergrösserung oder beim Schlämmen der pulverisirten Gesteinsmasse als kleine Schüppchen zum Vorscheine kommen (z. B. beim Urthonschiefer).

Dieses vorausgesetzt gehören nun hierher:
a) deutlich gemengte Glimmergesteine und zwar
    1) Feldspath haltige, zu denen mancher Gneiss (siehe oben unter Nr. 3) gehört;
    2) Feldspathlose, zu denen der aus Glimmer und Quarz bestehende Glimmerschiefer gehört;
b) undeutlich gemengte, scheinbar einfache Glimmergesteine, zu denen der Urthonschiefer zu rechnen ist.

9. Der Glimmerschiefer: Silberweisse, messinggelbe oder auch eisenschwarze, starkglänzende Glimmerblättchen bilden ebene oder gefältelte Lagen, zwischen denen grauer Quarz entweder auch in dünnen Lagen oder in einzelnen, oft ganz vom Glimmer eingehüllten, Körnern liegt. Das Gefüge um so dünnschiefriger, je mehr der Glimmer vorherrscht.

Neben dem Glimmer befindet sich oft Chlorit, Talk, schuppiger Eisenglanz oder Graphit in dem Gemenge des Glimmerschiefers; ja es können sich diese Beimengungen so vermehren, dass aus dem Glimmerschiefer Chlorit-, Talk-, Eisenglimmer- oder Graphitschiefer wird, in welchem dann der eigentliche Glimmer nur noch als Beimengung auftritt. Ebenso kann, wie dieses auf den Walliser und Engadiner Alpen der Fall ist, statt des Quarzes Kalkspath im Glimmerschiefer als Gemengtheil auftreten, wodurch der Kalkglimmerschiefer entsteht. Ferner stellt sich auch bisweilen Feldspath im Gemenge des Glimmerschiefers ein, so dass ein Uebergang in Gneiss stattfindet. Endlich werden die gewöhnlich sehr dünnen Quarzlagen zwischen den Glimmerlagen so dick, dass der Glimmer nur noch dünne, oft unterbrochene, Lamellen zwischen ihnen bildet, so dass ein Uebergang zum Quarzitschiefer entsteht. —

Der stets sehr deutlich geschichtete Glimmerschiefer findet sich über oder in Wechsellagerung mit dem Gneiss und Urthonschiefer; oft aber tritt er auch selbständig in gewaltigen, flachkugelförmigen Bergmassen oder wallförmigen Gebirgsrücken auf.

10) Der Urthonschiefer (Thonglimmerschiefer oder Phyllit): Eine vollkommen schiefrige, meist leicht in dünne, ebene, glatte, oder feingefältelte Tafeln spaltbare, vorherrschend dunkelgraue, grünliche, schwarzblaue (bei der Verwitterung theils ockergelbe theils braunrothe, auf ihren Spaltungsflächen seidenglänzende, Gesteinsmasse, welche aus einem meist sehr undeutlichen, dicht erscheinenden und nur beim Schlämmen ihres Pulvers erkennbaren Gemenge von Glimmer-, Chlorit-, Quarz- und Feldspathsplitterchen, bisweilen auch von Hornblende oder von lauchgrünem, seidenglänzenden, fettig anzufühlenden, Sericit (— in dem sogenannten Taunus- oder Sericitschiefer —) besteht.

1) Der Urthonschiefer hat häufig die grösste Aehnlichkeit mit dem gemeinen Thonschiefer (Grauwacke-, Dach- oder Tafelschiefer) oder auch mit manchem Schieferthon; aber er unterscheidet sich von allen diesen Schieferarten einerseits durch seinen seidenartigen Glanz, andererseits dadurch, dass er nicht an der feuchten Lippe klebt, auch beim Anfeuchten nicht gleich wieder trocken wird und beim Anhauchen seines Ritzpulvers nicht dumpf thonig riecht.

2) Unter seinen Gemengtheilen bilden bisweilen die Glimmer- und Chloritblättchen zusammenhängende, deutlich hervortretende, Lamellen an den

Schieferspaltflächen; und ebenso zeigt sich der Quarz oft in weisslichen, zusammenhängenden Lagen zwischen den schwärzlichen Schieferplatten. — Ausserdem zeigen sich oft auch in seiner Masse, ähnlich wie beim Glimmerschiefer, Eisenglanz- und Graphitschüppchen, in welchem Falle er dann abfärbt. Und endlich umschliesst seine Masse bisweilen kleine, weisse, vierkantige Stäbchen von Chiastolith, wodurch der Thonschiefer zum Chiastolithenschiefer (z. B. im sächsischen Voigtlande) wird.

3) Durch Deutlichwerden seiner Gemengtheile kann der Urthonschiefer übergehen in Glimmerschiefer, Chloritschiefer und auch in Gneiss.

Der Urthonschiefer steht im Verbande mit dem Gneisse, Glimmer-, Chlorit- und Talkschiefer, sei es nun dass er die Decke dieser Gesteinsmassen bildet, sei es dass er in Wechsellagerung mit ihnen steht; ausserdem findet man auch in seinem Gebiete Diabase, namentlich Diabasschiefer, körnigen Kalkstein und mancherlei Erzlagerstätten.

Beispiele: Salzburger Alpen, nördlicher Abhang des Erzgebirges, Fichtelgebirge, Voigtland, Taunus, Hunsrück u. s. w.

---

3. Gruppe: **Amphibolitgesteine.**

1. Sippe: **Hornblendereiche Gesteine.**

Allgemeiner Charakter: Sehr schwer zersprengbare, weiss oder grünlich und schwarz gefleckte oder einfarbig grünlichgrau, grasgrüne bis grünschwarze Gesteine, in denen als vorherrschender Gemengtheil Magnesiahornblende mit einem kieselsäurereichen, kalkarmen Feldspathe (gemeinem Oligoklas) und oft auch mit schwarzem Glimmer im Verbande steht.

1) Durch ihren Oligoklasgehalt unterscheiden sich die hierhergehörigen Gesteine einerseits von dem Anorthit haltigen Kalkdiorit und andererseits von den Labrador haltigen, sonst aber den Dioriten sehr ähnlichen, Diabasen. Der Feldspath des Kalkdiorites wie des Diabases ist in Salzsäure ganz oder theilweise löslich, der des Diorites nicht; ebenso braust die Verwitterungsrinde der erstgenannten beiden Gesteine mit Säuren mehr oder weniger auf, die des Diorites nicht.

2) Der chemische Bestand der hierhergehörigen Hornblendegesteine beträgt im Mittel: 51 Kieselsäure, 18,50 Thonerde, 11 Eisenoxydul, 7,50 Kalkerde, 6 Magnesia, 3 Natron. Es sind demnach die Hornblendegesteine oder Diorite ärmer an Kieselsäure und Alkalien, aber reicher an Eisenoxydul, Magnesia und Kalkerde, als die bis jetzt betrachteten Feldspathgesteine.

Zu den hierhergehörigen Felsarten ist zu rechnen;

11) Der Diorit (vom griech. „diorizein“, unterscheiden, weil ihm seine schwarz und weiss gefleckte Bestandesmasse leicht unterscheiden lässt von an-

deren ihm ähnlichen Gesteinen): Ein deutliches, grob- bis feinkörniges Gemenge von grünlich- oder gelblichweissen, wenig oder nicht glänzendem, gestreiften Oligoklas und schwarzgrüner oder ganz schwarzer, auf frischen Spaltflächen stark glänzender Magnesiahornblende; ausserdem aber oft auch schwarze oder dunkelbraune Glimmertäfelchen enthaltend und dann den Glimmerdiorit bildend.

Der Diorit hat oft grosse Aehnlichkeit mit dem Syenit, Diabas, Kalkdiorit und auch mit manchem Dolerit, Gabbro oder Hypersthenfels. Von dem Syenite unterscheidet er sich durch seinen grösseren Hornblendegehalt und auch durch den Mangel von Orthoklas; von den übrigen, eben genannten Felsarten aber unterscheidet er sich, wie oben schon angedeutet, durch seine Unlöslichkeit in Salzsäure. Wenn man daher ein abgewogenes Quantum Steinpulver vom Diorit und den ihm ähnlichen Felsarten (mit Ausnahme des Syenites) 30 Minuten lang mit Salzsäure erhitzt, dann durch Filtriren von seiner Lösung befreit und nach gehörigem Abtrocknen wieder abwägt, so wird das Pulver des Diorites wenig oder nicht leichter geworden sein, das Pulver der übrigen, ihm ähnlichen, Gesteine aber mehr oder weniger von seinem Gewichte verloren haben.

Von dem ebenbeschriebenen körnigkrystallinischen Diorit unterscheidet man folgende Abarten:

11a) den Dioritschiefer: Deutliches oder undeutliches Dioritgemenge, in welchem die Hornblendenädelchen und auch die etwa vorhandenen Glimmerblättchen in parallelen Lagen die Oligoklasmasse durchziehen;

11b) den Dioritporphyr: Sehr feinkörnige oder dichte grüngraue oder auch schwarzgrüne Dioritmasse, in welcher weissliche Oligoklassäulen und oft zugleich auch schwarze Hornblendesäulen eingebettet liegen;

11c) den dichten Diorit, Dioritaphanit oder Hornblendegrünstein: Sehr dichte, einfarbiggrüngraue bis schwarzgrüne Dioritmasse, welche nur noch beim Schlämmen ihres Pulvers ihre Gemengtheile erkennen lässt.

Diese verschiedenen Abarten des Diorites, welche oft zusammen in einem und demselben Stocke, Gang oder Lager zusammen vorkommen, haben ihre Hauptlagerorte im Gebiete des Gneisses, Glimmer- und Urthonschiefers, auch noch der Grauwacke, der Steinkohlen und des älteren Rothliegenden, sowie des Granites und Syenites.

2. Sippe: **Melaphyrische Gesteine**.

Allgemeiner Charakter: Theils den Dioriten, theils den Diabasen, theils auch den Basaltgesteinen ähnliche, hell- oder weisslich grau und schwarzgrün gefleckte oder einfarbig dunkelbraun, dunkelgrünlichgrau bis schwarz gefärbte, körnige, porphyrische, mandelsteinförmige oder dichte Gesteine, welche aus einem Gemenge von einem kieselsäurearmen, kalkreichen Feldspathe (— Kalkoligoklas, Labrador oder Anorthit —) mit Kalkhornblende oder Augit bestehen und nicht selten auch Apatit und Magneteisenerz enthalten.

1) In Folge ihres Gehaltes von kalkhaltigem Feldspathe lösen sie sich theilweise in Salzsäure, im verwitterten Zustande sogar unter Aufbrausen, wie man bemerken kann, wenn man die in der Bildung begriffene, anfangs weissliche, später grünliche, zuletzt rothbraune, Verwitterungsrinde mit Salzsäure betropft.

2) Bei ihrer Zersetzung geben sie Kalkspath, Grünerde und Chalcedon oder Carniol und ausserdem einen kalkhaltigen eisenschüssigen Thon.

3) Von den eigentlichen Dioriten unterscheiden sie sich zunächst durch ihre theilweise Löslichkeit in Salzsäure sowie durch das Aufbrausen ihrer Verwitterungsrinde beim Betropfen mit Salzsäure; von den Diabasen und Basalten aber unterscheiden sie sich theils dadurch, dass ihr Feldspath sich in Säuren vollständig auflöst, während dieses bei den Diabasen und Basalten nicht der Fall ist, theils durch ihre erst weissliche, dann grünlichbläuliche, zuletzt rothbraune Verwitterungsrinde.

Zu den hierher gehörigen Felsarten gehören folgende Gesteine:

12) Der **Kalkdiorit** (Corsit nach seinem Hauptvorkommen auf der Insel Corsica, oder Kugeldiorit): Ein grob- bis feinkörniges Gemenge von vorherrschendem graulich weissen **Anorthit** und schwarzgrüner **Hornblende,** bisweilen auch mit etwas Quarz.

In der Masse dieses Gesteines findet man häufig die Gemengtheile desselben zu 1—3 Zoll grossen Kugeln gruppirt, welche aus concentrischen, abwechselnd grauweissen und schwarzgrünen, Lagen bestehen (daher: Kugeldiorit). — Ein im Ganzen noch wenig beobachtetes Gestein, weil man es immer theils mit gemeinem Diorit, theils mit Diabas verwechselte, obgleich es schneller als der erstere und langsamer als der letztere verwittert.

13) Der **Melaphyr** (vom griech. „melas", schwarz, und „Porphyr", also eigentlich: „schwarzer Porphyr"): Ein, manchen Basalten ähnliches, feinkörniges bis dichtes, auch porphyrisches, vor allem aber mandelsteinförmiges, im frichen Zustande sehr zähes und hartes, beim Zerschlagen einen scharfkantigen, muscheligen, mit sehr spitzen Splittern besetzten, Bruch zeigendes, bräunlich- oder bläulichschwarzes, bei der Verwitterung aber grünlichröthlich erscheinendes, Gestein, welches aus Kalkoligoklas oder Labrador (— bisweilen auch Anorthit —) und Kalkhornblende oder Augit nebst etwas titanhaltigem Magneteisenerz besteht.

1) Im frischen Zustande ritzt dieses Gestein Glas, ohne vom letzteren wieder geritzt zu werden; sein spec. Gewicht beträgt 2,65—2,70.

2) Bei der Verwitterung braust es mit Salzsäure und überzieht sich mit einer anfangs violetten, dann schmutziggrünlichen und zuletzt rothbraunen, kalkig thonigen Rinde.

3) Der chemische Gehalt des Melaphyres beträgt im Mittel 56,80 Kieselsäure, 17,81 Thonerde, 6,60 Eisenoxyduloxyd, 7,01 Kalkerde, 3,01 Magnesia, 2,12 Kali, 2,59 Natron, 1,92 Wasser, 1,00 Kohlen- und Phosphorsäure.

4) Die mikroskopische Untersuchung von Dünnschliffen des Melaphyres hat gelehrt, dass er aus einer opalartigen, bräunlichen, glasigen Grundmasse besteht, in welcher braunschwarze Körnchen und Nädelchen liegen.

Je nach der Art seines Gefüges kann man von dem Melaphyre folgende Abarten unterscheiden:

13) den körnigkrystallinischen Melaphyr: Grau und schwarz gefleckt, oft dem Dolerit sehr ähnlich;

13a) den Melaporphyr oder Trappporphyr: Dichte, schwarze oder schwarzbraune Grundmasse, in welcher starkglänzende Kalkoligoklas- oder Anorthittäfelchen oder Hornblende- (oder Uralit-)krystalle oder auch Glimmer-(Rubellan-)Blätter liegen;

13b) den Melaphyrmandelstein: Dichte, grünlich- oder schwarzbraune Grundmasse, in welcher erbsen-, bohnen- bis kopfgrosse Mandeln von Grünerde, Kalkspath, Jaspis, Chalcedon oder Achat liegen, und welche durch Ausfallen der Mandeln blasig oder schwammig (— zu sogenannter Wacke —) wird;

13c) den gemeinen oder dichten Melaphyr: Dichte, schwarze, schwarzbraune, bei Verwitterung grünlich röthlich werdende Melaphyrmasse.

Der Melaphyr bildet ungeschichtete, aber nicht selten in Platten abgesonderte, stockförmige Massen und Gänge in den Seitenthälern am Rande der Gebirge und tritt vorherrschend im Gebiete der Steinkohlen, des Rothliegenden und Zechsteins auf.

3. Sippe: **Augitreiche Gesteine.**

Allgemeiner Charakter: Theils dioritisch, theils melaphyrisch aussehende, entweder schwarz und weisslich oder grau, seltener grün und roth gefleckte, oder einfarbig grüngraue, grüne, schwarzgraue oder ganz schwarze, zähe Gesteine, welche aus einem Gemenge von einem vorherrschenden augitischem Minerale (— eigentlichem Augit, Diallag, Smaragdit, Enstatit oder Hypersthen —) mit einem kieselsäure ärmeren kalkhaltigen Feldspath (— namentlich Labrador oder auch Anorthit —) oder statt dieses letzteren mit Nephelin oder Leucit bestehen und nebenbei auch in den meisten Arten Magneteisenerz oder Grünerde (Chlorit) enthalten.

1) Alle hierher gehörigen Gesteine zeichnen sich zunächst durch ihr hohes specifisches Gewicht, welches wenigstens 2,75, in den meisten Fällen aber 2,9—3 beträgt, sodann auch dadurch aus, dass sie sich mit Ausnahme des Eklogits als Pulver theilweise in Salzsäure unter Abscheidung von

schleimiger oder gallertartiger Kieselsäure zersetzen und dabei eine grünlich bräunliche Lösung geben.

2) Bei ihrer Verwitterung brausen sie fast alle mit Säuren auf und überziehen sich mit einer anfangs weisslichen, dann aber lederbraun werdenden, kalkhaltigen Lehm- oder Thonrinde.

Je nach der Art ihres augitischen Gemengtheiles zerfallen sie in zwei Familien, nemlich:

1) in die Familie der eigentlichen Augitgesteine, deren Hauptgemengtheil Augit ist; hierher die Diabasite oder Augitgrünsteine und die Basaltite. — Die Gesteine dieser Familie bilden die Hauptheimath der Mandelsteine und geben stets einen, durch beigemengte Augitreste dunkelgefärbten, kalkhaltigen Lehm- oder Thonboden;

2) in die Familie der Hyperite, deren Hauptgemengtheil ein dem Augit verwandtes und wahrscheinlich aus seiner Umwandlung hervorgegangenes Mineral, sei es Diallag, Smaragdit, Hypersthen oder Enstatit, ist. — Die hierher gehörigen, meist schwarz oder braun und weisslich oder grün und rothbraun gefleckten Gesteine haben in der Regel ein körniges Gefüge und geben bei ihrer Zersetzung einen mageren eisenschüssigen, selten kalkhaltigen, Thonboden, oft aber auch Brauneisenerze (Raseneisenstein).

Zu ihnen gehören folgende Gesteinsarten

1) aus der Familie der eigentlichen Augitgesteine:

14) Der Diabas: Ein, häufig dem Diorite (oder auch manchem Hypersthenfels) ähnliches, körnig krystallinisches, sehr festes und zähes Gestein, welches aus einem Gemenge von kurzsäulenförmigem oder langnadeligen, schwarzem Augit, deutlich spaltbaren und auf den Spaltflächen parallelgestreiften, grünlichweissen oder weissgrauen Labradortäfelchen und feinzertheilten, die Gesteinsmasse grünfärbenden, Chloritschüppchen besteht, nebenbei häufig auch kleine Magneteisenkörnchen enthält.

1) Vom Diorit unterscheidet sich der Diabas durch den gänzlichen Mangel von Quarz und Glimmer, durch seinen in Salzsäure zersetzbaren Feldspath und auch dadurch, dass er sehr häufig kohlensauren Kalk enthält und dann mit Säuren aufbraust.

2) Der chemische Gehalt des Diabases beträgt im Mittel: 47,56 Kieselsäure (— also weniger als beim Diorit —), 16,34 Thonerde, 12,54 Eisenoxyduloxyd, 11,22 Kalk, 6,47 Magnesia, 0,91 Kali, 3,10 Natron und 1,80 Wasser.

Man unterscheidet je nach der Art des Gefüges von dem eben beschriebenen körnigen Diabas folgende Abarten:

14a) Diabasschiefer, eine sehr feinkörnige bis ganz dichte, undeutlich gemengte, grau-, gras- bis schwarzgrüne Diabasmasse, in welcher aber die

Chlorit- oder Grünerdeschüppchen so an Menge vorherrschen, dass sie eben das Gestein schiefrig machen. Die meisten der „grünen Schiefer" des Voigtlandes und Oberfrankens gehören hierher.

14b) Diabas- oder Augitporphyr: Feinkörnige bis dichte, graue, grüne oder schwarzgrüne, Diabasmasse, in welcher theils grünlichweisse Labradortafeln („Labradorporphyr") theils schwarze, sechskantige Augitkrystalle („Augitporphyr") liegen;

14c) Diabasmandelstein: Grau- bis schwarzgrüne, dichte Diabasmasse, in welcher erbsen- bis haselnussgrosse Mandeln vorzüglich von Kalkspath liegen. Fallen die Mandeln bei der Verwitterung aus der Grundmasse heraus, so wird diese blasig und löcherig, so dass sie fast wie ein von Blattern zerrissenes Gesicht aussieht (daher: Variolit oder Blatterstein). In Oberfranken, Fichtelgebirge, Harz, Nassau.

14d) Denkt man sich die Grundmasse des Diabasporphyres oder Diabasmandelsteins ohne mineralische Einwüchse, so hat man den eigentlichen Grünstein oder Diabasaphanit, eine dichte, zähe, von Chlorit, Eisen- und Kalkspath durchdrungene, mit Säuren brausende und sich theilweise zersetzende Masse. (Im Mühlthal bei Elbingerode am Harz sehr charakterisirt, im Fichtelgebirge u. s. w.)

Die Diabase treten vorherrschend lagerartig im Gebiete der Thonschiefer-, Grauwacke- und Steinkohlenformation auf z. B. in den Lahngegenden Nassaus, in Westphalen, im Harze, im sächsischen Voigtlande und im Fichtelgebirge.

15) Der Dolerit (vom griech. „doleros", täuschend, weil man ihn nach seinem Aussehen mit Diabas und Diorit verwechselte): Ein grob- bis feinkörniges Gemenge von schwarzem Augit, grauschwarzem Magneteisenerze und weissem oder graulichen Kalknatron-Feldspath (Kalkoligoklas oder Labrador) oder statt des Feldspathes mit grünlichgrauem Nephelin oder auch (wiewohl selten) mit weissem Leucit. Ausserdem findet sich in diesem Gemenge auch etwas Apatit in kleinen weissen Nadeln und sehr oft als unwesentliche Beimengung gelbgrüner Olivin.

Aus dem pulverisirten Dolerite zieht ein Magnetstab oder ein magnetisches Messer alles Magneteisenerz heraus. Versetzt man dann das noch übrige Pulver mit Salzsäure und erwärmt, so erhält man eine schleimige oder gelatinöse Lösung, in welcher schwarzes Augitpulver unzersetzt vorhanden ist. Ist nun das Gestein schon etwas angewittert, so erfolgt die Zersetzung mit Salzsäure unter Blasenwerfen, wenn Feldspath vorhanden, ohne Blasenwerfen, wenn Nephelin oder Leucit vorhanden ist. Auch hinterlässt bei dieser Zersetzung der Feldspath pulverige, der Nephelin gallertartige, der Leucit schleimige Kieselsäure.

Je nachdem Feldspath (Kalkoligoklas), Nephelin oder Leucit vorhanden ist, unterscheidet man

1) Kalkoligoklas- oder Plagioklas-Dolerit, welcher aus Feldspath,

Augit und viel Magneteisenerz besteht, gewöhnlich weissgrau und schwarz
gefleckt ist, ein spec. Gewicht = 2,75—2,96 hat, bei seiner Verwitterung mit Salzsäure stark aufbraust und im Mittel aus 50,59 Kieselsäure,
14,10 Thonerde, 16,02 Eisenoxyd, 9,20 Kalk, 5,09 Magnesia, 1,03 Kali,
2,19 Natron und 1,78 Wasser besteht.

Eine Abart von ihm ist der feinkörnige, undeutlich gemengte, vorherrschend graulich oder bräunlich schwarz aussehende, Anamesit.

2) Nephelindolerit, welcher aus grünlichgrauem, fettglänzenden, Nephelin,
Augit und wenig Magneteisenerz besteht, grünlichgrau und schwarz gefleckt ist, ein spec. Gewicht = 2,9—3,1 hat und bei seiner Verwitterung
nur wenig oder auch gar nicht aufbraust. In Deutschland hauptsächlich
am Katzenbuckel im Odenwalde, am Kaiserstuhl bei Oberbergen, bei
Meiches in Hessen und am Löbauer Berge in der Oberlausitz.

3) Leucitdolerit oder Leucitophyr, ein körniges, aschgraues oder röth-
lichgraues, Gestein, welches eine grosse Menge erbsen- bis haselnussgrosser,
weisser, im Durchschnitte achtseitig erscheinender, Leucitkrystalle und
kleiner, schwarzer Augitsäulchen enthält, ein spec. Gewicht = 2,5—2,9
zeigt und aus 48,88 Kieselsäure, 19,50 Thonerde, 9,24 Eisenoxyd und
Oxyd, 8,86 Kalkerde, 1,90 Magnesia, 6,52 Kali und 4,36 Natron besteht.
In Deutschland namentlich als Blöcke im vulcanischen Tuffe in der Umgebung des Laacher See's am Rhein.

Die Oligoklas-Dolerite bilden vorzüglich in Gemeinschaft mit dem gemeinen Basalte Gänge in den von ihnen durchsetzten Gesteinen der jüngeren
Kalk- und Sandsteinformationen, vor allen der Braunkohlenbildungen, und breitet sich dann über den von ihnen durchsetzten Gesteinen theils in mächtigen
Kuppen theils in Strömen oder Decken aus. Ausgezeichnet erscheint er in
dieser Beziehung am Meissner in Hessen und an der Löwenburg im Siebengebirge.

Je nach seinem Gefüge unterscheidet man von ihm folgende Abarten.

15a) Den Dolerit- und Basaltporphyr: In einer feinkörnigen Dolerit- oder
schwarzgrauen dichten Basaltmasse liegen einzelne grössere Krystalle von
mattschwarzem Augit, glänzendschwarzer Kalkhornblende oder auch von
grauweissem Feldspath;

15b) den Dolerit- oder Basaltmandelstein: Doleritische oder dichte,
schwarze, basaltische Gesteinsmasse, in welcher sich, mit Zeolithen aller
Art, oft aber auch mit Kalkspath, Aragonit, Eisenspath, Hyalith oder
Opal ausgefüllte, Blasenräume befinden.

15c) den dichten Dolerit oder eigentlichen Basalt: Schwarzes oder
schwarzgraues, scheinbar dichtes und einfaches Gestein, welches in Dünnschliffen unter dem Mikroskope entweder als ein krypto-krystallinisches
Aggregat von Kalkoligoklas — oder statt dessen aus Nephelin (oder
Leucit) — Augit und Magneteisenerz nebst Olivin und auch Apatit oder

als eine bräunliche, glasige oder opalartige Masse, in welcher zahlreiche kleine Krystallembryonen von Feldspath, Nephelin, Augit, Olivin einzeln oder stromweise vorhanden sind, erscheint. Das spec. Gewicht = 2,9 —3,1. Der chemische Bestand zeigt im Mittel:

a) bei Oligoklas-Gehalt: 43,00 Kieselsäure, 14,00 Thonerde, 15,30 Eisenoxydul und Oxyd, 12,10 Kalkerde, 9,10 Magnesia, 1,30 Kali, 3,87 Natron und 1,30 Wasser;

b) bei Nephelin-Gehalt: 45,52 Kieselsäure, 16,50 Thonerde, 11,20 Eisenoxydul und Oxyd, 10,62 Kalkerde, 4,35 Magnesia, 1,95 Kali, 5,40 Natron und 2,68 Wasser.

Wie beim eigentlichen Dolerit, so gibt es auch bei dem Basalte

1) seinem Bestande nach einen Kalkoligoklas-Basalt, einen Nephelin- und einen Leucitbasalt, und ausserdem

2) dem Gefüge nach einen dichten, porphyrischen und mandelsteinförmigen Basalt.

Ebenso fällt auch das Vorkommen des Basaltes mit dem des Dolerites zusammen. Demgemäss erscheint er hauptsächlich in Gängen, Stöcken, aufgesetzten, oft mächtigen Kuppen und Decken im Gebiete der meisten jüngeren Formationen, vor allen der Braunkohlenformationen. Charakteristisch sind für seine Felsbildungen die oft sehr regelmässigen und gegliederten, bald parallel über einander liegenden oder auch neben einander stehenden bald strahlig auseinander gehenden, 5—8seitigen Säulen.

In Deutschland tritt der Basalt massig entwickelt auf hauptsächlich im rheinischen Berglande, im Habbichtswalde, auf dem Meissner, auf dem Vogelsberge, auf der Rhön und im nördlichen Böhmen.

---

2) aus der Familie der Hyperite.

16) Der Hypersthenit: Ein, dem Diabas oder auch dem Gabbro ähnliches, grob- bis feinkörniges, aus schwarzbraunen oder grünlichschwarzen, auf den Spaltflächen stark kupferröthlich glänzendem Hypersthen und weisslich oder grünlichgrauem, (meist vorherrschenden) Labrador bestehendes Gestein, welches sehr schwer zersprengbar ist.

1) Sowohl vom Diorit, wie vom Diabas und Gabbro unterscheidet sich der Hypersthenit durch die grössere Härte seines Hypersthenes, welcher wohl vom Quarz, aber nicht vom Feldspath und Glas geritzt wird, das Glas aber ritzt (daher auch sein Namen, welcher vom griech. „hyper", über, und „Sthenos", Kraft oder Härte, abzuleiten ist).

2) Im Mittel beträgt der chemische Gehalt dieses Gesteines: 49,30 Kieselsäure, 16,04 Thonerde, 7,81 Eisenoxyd, 14,48 Kalkerde, 10,08 Magnesia, 0,55 Kali, 1,68 Natron und 1,46 Wasser.

Der Hypersthenit bildet massige Gänge und Stöcke hauptsächlich im Gebiete der Grauwacke, Steinkohlen und des unteren Rothliegenden (z. B. am Thüringerwald zwischen Friedrichsrode und Tambach, am Harz bei Ilseburg, in Nassau bei Dillenburg). Im Ganzen genommen gehört er zu den wenig verbreiteten Felsarten. Dasselbe ist auch der Fall mit dem, ihm oft ähnlichen

17) Gabbro, einem körnigen, vorherrchend grünlich- oder blaulich- oder graulichweiss und bräunlich oder schimmelgrün gefleckten, Gesteine, welches aus einem Gemenge von einem grünlichweissen oder auch graulichen Kalknatronfeldspath (Labrador) und grau- oder schimmelgrünem oder auch bronzefarbigen, sehr leicht spaltbaren und dann stark metallisch schillernden, Diallag besteht.

1) Der Diallag ist unter den amphibolischen Mineralien das weichste (vom Glase ritzbar) und am leichtesten und vollkommensten in dünne Blätter spaltbare. Durch seine leichte Spaltbarkeit sowohl wie durch den starken, halbmetallischen Perlmutterglanz, welchen er auf seinen frischen Spaltflächen zeigt, wird er oft dem Glimmer ähnlich, welcher aber weicher (vom Messer schneidbar) ist und beim Spalten dünne, durchsichtige, biegsame Blättchen giebt. Seiner Farbe nach könnte man ihn mit Hypersthen oder Enstatit oder auch wohl, wenn er grasgrün ist, mit Smaragd verwechseln (daher auch seine grüne Abart: Smaragdit genannt wird).

2) Der chemische Bestand des Gabbro beträgt im Mittel: 53,65 Kieselsäure, 20,77 Thonerde, 0,98 Eisenoyyd, 7,66 Eisenoxydul, 9,16 Kalkerde, 1,57 Magnesia, 1,61 Kali, 3,33 Natron.

Der Gabbro tritt vorzüglich im Gebiete des Granites, Gneisses, Glimmer- und Thonschiefer, so wie auch der Grauwacke auf. Häufig trifft man dann in seiner Gesellschaft Serpentin, Enstatitfels und dessen Umwandlungsproduct, den Schillerfels an.

18) Der Enstatitfels, welcher am Radauberge im Harze und bei Schriesheim an der Bergstrasse schön zu finden ist, besteht aus einem körnigen Gemenge von grauem, in Salzsäure ganz löslichen Kalkfeldspath (Anorthit) und nelkenbraunem oder unrein grünlichgelben, auf frischen Spaltflächen stark perlmutterglänzenden, Enstatit (Protobastit) oder auch aus dem Umwandlungsproducte dieses letzteren, nemlich dem grün und messinggelb schillernden Schillerspathe.

19) Mit Gabbro und Enstatitfels oder auch nur mit Serpentin zusammen kommt am Fichtelgebirge (bei Münchberg), bei Waldheim in Sachsen, an der Saualp in Steiermark u. s. w. der Eklogit vor, ein schönes, körniges, aus grasgrünem Smaragdit (oder Omphacit) und rothem Granat bestehendes, aber oft auch weissen Glimmer oder blauen Cyanit haltiges, Gestein.

B. Die klastischen Felsarten oder Trümmergesteine.

§ 16. Bildung von festen Gesteinen durch die Zerstörungsproducte der krystallinischen Gesteine. Wie schon früher erwähnt worden ist, so können durch die Zerstörung der krystallinischen Felsarten dreierlei Producte entstehen, nemlich:

1) **Roll- oder schiebbare Felsreste:** Blöcke, Gerölle, Grus, Kies und Sand;

2) **schlämmbare Felsreste:** Erdkrumen, unter denen die thonartigen die Hauptrolle spielen;

3) **in reinem oder kohlensäurehaltigen Wasser lösbare Mineraltheile:** Auslaugungsproducte, unter denen namentlich

    a) als schon in reinem Wasser löslich: die salpetersauren Salze der Alkalien und alkalischen Erden, die schwefelsauren Salze der Alkalien, des Kalkes und der Magnesia (auch der Thonerde und des Eisenoxyduls), die phosphor- und kohlensauren Alkalien und die Chloride des Kalium, Natrium und Magnesium;

    b) als nur in Kohlensäurewasser löslich: die kohlensauren und phosphorsauren Salze der alkalischen Erden und der Schwermetalle, so vorzüglich des Eisenoxyduls, die kieselsauren Salze der Alkalien und die gelatinöse Kieselsäure

am häufigsten vorkommen.

Geht nun die Verwitterung einer krystallinischen Felsart unter den gewöhnlichen Verhältnissen vor sich und wirkt bei derselben das Wasser nicht in zu starkem Maasse, so werden von den ebengenannten Zerstörungsproducten nur die unter 3 angegebenen löslichen Substanzen vom Meteorwasser ausgelaugt und entweder ganz aus der Masse der verwitternden Felsart fortgefluthet oder doch von den erdigen Verwitterungsproducten der letzteren aufgesogen und festgehalten; die oben unter 1 und 2 genannten roll- und schlämmbaren Zertrümmerungsmassen dagegen bleiben gewöhnlich in Untermischung mit einander an ihren Entstehungsorten liegen, wenn anders ihre Ablagerungsorte nicht von der Art sind, dass sie vom Wasser aus den letzteren weggefluthet werden können.

Aus allen diesen Zerstörungsproducten einer krystallinischen Felsart können indessen wieder neue, feste, compacte Erdrindemassen werden, wenn Wasser nach allen Richtungen hin sie durchdringt und ihre, lose unter und zwischen einander liegenden, Aggregationen, sei es durch sich allein oder durch Substanzen, welche es gelöst oder geschlämmt enthält, verkittet. In dieser Weise können folgende Felsartenbildungen zum Vorschein kommen:

I. Eine aus Erdkrumentheilen, namentlich Thon, Lehm oder Mergel, und Steingeröllen, Grus, Kies und Sand bestehende Felsschuttmasse wird vom

Wasser so durchdrungen, dass ihre erdigen Theile schlammig weich werden. Trocknet dann später diese Schuttmasse wieder aus, so zeigen sich, wenigstens in den unteren Lagen derselben, welche am meisten zusammengepresst werden, die Gerölle und der Sand durch die nun erhärtete Erdkrumenmasse fest zusammengekittet.

II. Aber auch eine nur aus lose neben einander liegenden Geröllen oder Kies und Sand bestehende Schuttmasse kann zu festem Gesteine werden, wenn Wasser

1) feingeschlämmte Erdkrumentheile zwischen denselben absetzt;

2) in seiner Masse gelöste Mineralsubstanzen mit sich führt und dieselben bei seiner Verdampfung zwischen den einzelnen Steintrümmern in solcher Menge absetzt, dass die Zwischenräume zwischen denselben ganz ausgefüllt werden. Unter den am häufigsten zur Felstrümmerverkittung verwendeten Lösungssubstanzen gehören in dieser Weise

α. unter den im reinen Wasser löslichen: das Steinsalz und der Gyps;

β. unter den im kohlensäurehaltigen Wasser löslichen: der kohlensaure Kalk, die kohlensaure Kalkmagnesia, das kohlensaure Eisenoxydul und die gelatinirende oder amorphe Kieselsäure.

Die auf diese Weise aus der Verkittung von Felstrümmern entstandenen Felsarten nennt man nach ihrer Bildungsweise Kittgesteine (Conglutinate) oder nach ihrem Bildungsmateriale Trümmergesteine oder klastische Felsarten (vom griechischen „klao“, zertrümmern) und unterscheidet nun unter ihnen:

a) nach der Grösse ihrer verkitteten Trümmer:

α. Conglomerate (und Breccien), deren Trümmer mindestens die Grösse einer Haselnuss haben,

β. Sandsteine, deren Trümmer höchstens die Grösse einer Erbse besitzen;

b) nach der Art ihrer verkitteten Trümmer, so namentlich bei den Conglomeraten und Breccien:

α. einfache Conglomerate, welche nur Felstrümmer von einer und derselben Felsart enthalten: z. B. Porphyr- Granit-, Quarz-Conglomerate;

β. zusammengesetzte Conglomerate, welche zugleich Trümmer von mehreren Felsarten enthalten. Herrscht unter diesen Trümmern eine an Menge in dem Gesteine vor, so benennt man das Trümmergestein nach dieser in seiner Masse vorherrschenden Trümmerart; herrscht aber keine der in der Felsart auftretenden Trümmerarten vor, so muss man das Conglomerat nach den vorzugsweise in seiner Masse auftretenden Trümmerarten — z. B. Granit - Gneiss - Conglomerat — benennen.

c) nach der Art ihres Bindemittels:

    α. ganz klastische Gesteine, wenn das Bindemittel erdiger Natur ist, sei es nun, dass

        1) dieses Bindemittel nur die mechanisch zerkleinerte (und im Verwitterungszustande befindliche) Masse von den in ihr noch vorhandenen Felsartentrümmern ist, wie man dieses unter anderen an den verschiedenen vulcanischen Tuffen bemerkt, deren Bindemittel in der That nichts anderes als die vulcanische, durch Wasser zusammengekittete und im Zeitverlaufe fest gewordene Asche oder Zertrümmerungsmasse der in ihr noch vorhandenen Trümmer (Bomben, Lapilli) ist.

            Diese vulcanischen Tuffe benennt man daher auch nach den Felstrümmern, welche sie enthalten, z. B. Basalttuff, Trachyttuff.

        2) oder dass dieses Bindemittel der wirkliche unlösliche Zersetzungsrückstand einer gänzlich verwitterten Felsart ist. In diesem Falle besteht es theils aus Kaolin oder Thon, theils aus Lehm, theils aus Eisenoxydhydrat (Brauneisenstein), theils auch aus Mergel.

            In der Regel werden die Sandsteine nach der Beschaffenheit ihres Bindemittels in Kaolin-, Thon-, Mergel- und Eisensandstein eingetheilt.

    β. halb klastische Gesteine, wenn das Bindemittel aus einem krystallinischen Minerale besteht und aus einer wässerigen Lösung ausgeschieden worden ist. Die durch ein solches Bindemittel entstandenen Trümmergesteine nennt man gewöhnlich eigentliche Tuffe und unterscheidet dann weiter unter ihnen zunächst je nach der mineralischen Beschaffenheit ihres Bindemittels Kalk-, Gyps-, Eisenspath-, Kieseltuffe, sowie dann aber nach der Grösse der verkitteten Trümmer wieder Tuffconglomerate und Tuffsandsteine, z. B. Kieseltuffconglomerat und Kieseltuffsandstein u. s. w.

Ausser diesen unter I und II angegebenen Trümmerfelsbildungen kann aber endlich auch schon durch die erdigen Verwitterungsrückstände einer Felsart allein ein klastisches Gestein gebildet werden, sobald sie durch Wasser schlammig gemacht und dann wieder allmälig ausgetrocknet werden. Unter allen den erdigen Substanzen, welche bei der Verwitterung einer krystallinischen Felsart zum Vorschein kommen, ist hierzu keine geeigneter als der Thon, weil seine einzelnen Massetheilchen unter allen Mineralsubsanzen einerseits die stärkste Wasseransaugungskraft besitzen und sich durch das Wasser in den feinsten Schlamm zertheilen lassen und doch wieder andererseits bei der Austrocknung die grösste Adhäsionskraft unter sich selbst äussern und in Folge davon sich gegenseitig auf das Innigste und Festeste mit einander verbinden. In allem diesen liegt der Grund, warum alle die klastischen Gesteinsmassen, welche nur aus erdigem Verwitterungsschutte bestehen, meistens irgend ein Quantum Thon enthalten und dann um so dichtere und festere Massen bilden, je thonreicher sie sind.

Enthalten nun diese vorherrschend aus Thon, Eisenthon oder Kalkthon (Mergel), seltener aus Kieselthon (Jaspis, Thonquarz), gebildeten klastischen Felsarten zahlreiche Glimmer-, Eisenglanz- oder Kohlenschüppchen (Bitumen) beigemengt, so werden sie dadurch beim Austrocknen in mehr oder minder vollkommene, häufig dünnblättrige, Schiefermassen umgewandelt, welche dann die Namen „Schieferthone, Mergelschiefer, Lettenschiefer" führen. Da diese Schiefergesteine in der Regel aus dem Thon- oder Mergelschlamme von ehemaligen moorigen Wasserbecken, in denen viel Pflanzen wuchsen, entstanden sind und noch immer entstehen, so sind sie in der Regel von kohligen Fäulnisssubstanzen (Bitumen und dgl.) durchzogen, in Folge davon dunkelgrau, schwarzbraun oder grauschwarz gefärbt und färben sich beim Erhitzen oder auch an der Luft unter der Entwickelung von Kohlensäure oder auch riechbaren Kohlenwasserstoffverbindungen hellthonfarbig. — Es giebt indessen auch rothbraune, ockergelbe oder grünliche Schieferthone. Diese sind in vielen, vielleicht in den meisten, Fällen Abschlämmungsmassen der Verwitterungsproducte der glimmer- oder chloritreichen oder schuppigen Eisenglanz haltigen Felsarten.

In der Regel erscheinen diese, nur aus Erdschlamm gebildeten Trümmergesteine in Verbindung mit Conglomeraten und Sandsteinen und bilden dann in der Regel die Decke über den letzteren, — eine Erscheinung, welche sich leicht durch die ganze Bildungsweise dieser klastischen Erdrindemassen erklären lässt.

Denkt man sich nemlich, dass ein aus Geröllen, Sand und Erdkrume bestehender Verwitterungsschutt in ein Becken mit stehendem oder doch in seiner Bewegung gehemmten Wasser gefluthet wird, so werden sich von demselben nach den Gesetzen der Schwere zuerst die Gerölle, dann über denselben die Sandmassen und endlich zuletzt und zuoberst die geschlämmten Erdkrumentheile absetzen. Indem aber die feinzertheilten Schlammtheile niedersinken, sintern sie zuerst und zwar so lange zwischen die Geröll- und Sandniederschläge, bis sie alle Zwischenräume zwischen den einzelnen Trümmern derselben ausgefüllt haben. Bleibt alsdann noch Erdschlamm übrig, dann bildet derselbe für sich allein noch eine Decke über den verschlämmten Geröll- und Sandablagerungen. Werden nun im Zeitverlaufe aus den Geröllmassen Conglomerate, aus den Sandablagerungen Sandsteine, so bildet der nach ihrer Bildung noch übrige Erdschlamm als der übrig gebliebene Rest ihres Bindemittels über ihnen eine mehr oder minder mächtige Ablagerungsmasse von Schieferthon, Mergel, Mergelschiefer, Eisenthon oder auch thonigem Eisenstein.

Bemerkung. Uebrigens kommt es auch vor, dass in einem Thon- oder Lehmboden, welcher durch starke Regengüsse durch und durch erweicht wird, die in ihm eingebetteten Gerölle und Sandkörner sich zu Boden senken und so allmälig ganz ähnliche Ablagerungen bilden, wie sie in einem Wasserbecken entstehen.

Soviel im Allgemeinen über die aus dem Zerstörungsschutte der krystallinischen Felsarten gebildeten Trümmergesteine. Werfen wir nun einen Blick auf die Gruppen und Arten der so gebildeten Erdrindemassen zurück, so erhalten wir folgende Uebersicht:

§ 17. Uebersicht der Gruppen, Sippen und Arten der klastischen Gesteine.

Die aus dem Zertrümmerungsschutte der krystallinischen Felsarten gebildeten Felstrümmergesteine bestehen

I. entweder aus erhärtetem Erdschutte allein nnd treten dann auf als

a) mit Sauren nicht aufbrausende Gesteine:
1) Thonschiefer
2) Schieferthon
    a kohliger
    b. eisenschüssiger
3) Eisenthon
4) Thoneisenstein
5) Lettenschiefer

b) mit Sauren aufbrausende Gesteine:
6) Mergel und Mergelschiefer
    a. bituminöser
    b. eisenschüssiger
    c. gemeiner
7) Kalktuff zum Theil
8) Rogenstein zum Theil.

II. oder aus Geröllen, Grus und Sand, welche durch irgend ein Bindemittel zum Ganzen verkittet sind. Dieses Bindemittel ist entweder klastisch oder krystallinisch. Hiernach giebt es nun:

a) klastische Gesteine mit klastischem Bindemittel.

das Bindemittel ist vulkanische Asche
1. Sippe: Vulkanische Tuffe.

das Bindemittel ist Verwitterungsschlamm
(Ganz klastische Gesteine).

3. Sippe: Conglomerate
1) einfache.
2) zusammengesetzte.

welche nach der Art ihrer vorherrschenden Gerölle bestimmt werden.

b) klastische Gesteine mit krystallinischem Bindemittel
2. Sippe: Eigentliche Tuffe.
1) Tuffconglomerate
2) Tuffsandsteine

welche nun weiter nach der mineralischen Beschaffenheit ihres Bindemittels bestimmt werden,

4. Sippe: Sandsteine, welche nach der Art ihres Bindemittels benannt werden.

§ 18. Nähere Beschreibung der wichtigeren klastischen Gesteine:

I. Einfache klastische Gesteine.

a. Vorherrschend kalklose und darum in frischen Zustande nicht mit Säuren brausende.

1) Thonschiefer: Ein ausgezeichnet schiefriges, hartes oder auch weiches und vom Messer ritzbares, vorherrschend bläulich schwarzgraues oder ganz schwarzes, bei einigem Eisenoxydgehalt aber auch ockergelb oder rothbraun gefärbtes, nicht glänzendes Gestein, welches seiner Hauptmasse nach aus den Verwitterungsproducten und abgeschlämmten Massen des Urthonschiefers besteht und daher auch noch mehr oder weniger viel mikroskopisch kleine Mineralgemengtheile dieses letzteren, namentlich gelblichbraune Hornblendenädelchen, Glimmerschüppchen und Quarzkörnchen enthält.

1) Der Thonschiefer hat oft grosse Aehnlichkeit einerseits mit dem Urthonschiefer und andererseits mit dem Schieferthone. Von dem ersteren unterscheidet er sich theils durch seine Glanzlosigkeit und seinen matten, unebenen und oft fast erdigen Bruch, theils durch seine Ablagerungsorte, indem er nur mit Sandsteinen und Conglomeraten der Grauwacke wechsellagert, ausserdem aber auch oft Versteinerungen enthält. Von dem Schieferthone aber unterscheidet er sich zunächst durch seine vollständige Schieferung, sodann dadurch, dass er beim Anhauchen wenig oder nicht nach Thon riecht, nicht an der feuchten Lippe klebt und beim Anfeuchten nass bleibt, während der Schieferthon gleich wieder trocken wird, endlich aber auch dadurch, dass er als Pulver mit Wasser gekocht nicht zu zartem Schlamm zerfällt, was beim Schieferthone der Fall ist. Ganz besonders bezeichnend ist in den meisten Fällen für den Thonschiefer seine falsche oder transversale Schieferung, in Folge deren seine Schieferplatten durch senkrechte Absonderungsspalten in rhomboïdale Tafeln gespalten werden.

2) Der chemische Bestand des Thonschiefers ist sehr schwankend und enthält nur im Durchschnitte: 59,00 Kieselsäure, 20,00 Thonerde, 7,40 Eisenoxyd und Oxydul, 2,80 Magnesia, 1,60 Kalkerde, 3,50 Kali, 1,10 Natron und etwa 4,00 Wasser.

3) Unter den ausserwesentlichen Beimengungen bemerkt man oft namentlich Eisenkiese, welche durch Oxydation Eisenvitriol bilden, der dann die Thonschiefermasse mittelst seiner Schwefelsäure in Alaun (— Alaunschiefer —) umwandelt, — ausserdem nicht selten auch Nester, Schnüren und Adern von weissem Quarz oder auch von Kalkspath.

Der Thonschiefer zeigt häufig, — oft sogar in einer und derselben Ablagerung — Abarten, welche theils durch die ebengenannten Eisenkiese, theils durch kohlige Beimengungen theils auch durch Abänderung des Gefüges herbeigeführt werden.

a) durch vitriolescirende Eisenkiese wird, wie oben erwähnt, der Thonschiefer zu Alaunschiefer, welcher sehr kohlenreich ist, viel Eisenkiese enthält und an der Zunge einen tintenartigen (von Eisenvitriol) oder süsslich zusammenziehenden (von Alaun) Geschmack erregt.

b) Durch viele kohligen Beimengungen wird der Thonschiefer zu schwarzem, zarterdigen, weichen, schneidbaren, abfärbenden Zeichnenschiefer, dessen feinste Art die schwarze Kreide ist.

c) Durch Aufnahme von Glimmerschüppchen und viele feine Sandkörnchen wird der Thonschiefer zu Grauwackeschiefer, welcher dann durch weitere Mehraufnahme von Sand in schiefrige Grauwacke und Grauwackesandstein übergeht.

d) Wird der Thonschiefer von Kieselsäure durchdrungen, so wird er zunächst zu gelblich- oder grünlichgrauen Wetzschiefer, sodann bei sehr starkem Gehalte von Kieselsäure zu einer Art Kieselschiefer.

e) Ist der Thonschiefer sehr ebenflächig und dünnschieferig, so lässt er sich in Folge seiner transversalen Schieferung leicht in dünne, regelmässig rhomboïdale Tafeln spalten und bildet so den Tafel- oder Dachschiefer. Lässt er sich hierbei auch in dünne, vierkantige Stängel zertheilen, so wird er zum Griffelschiefer.

Lagerorte. Der Thonschiefer bildet in den Formationen der Grauwacke äusserst mächtige Ablagerungsmassen. Gewöhnlich wechsellagert er mit Sandsteinen, Schieferthonen und Kalksteinen, so in Böhmen, im südöstlichen Thüringerwalde, am Erzgebirge, am Fichtelgebirge, im Voigtlande, am Harze, in Westphalen und im rheinischen Schiefergebirge.

2) Schieferthon: Ein dick- und gradschiefriges, schwarzes oder auch rothbraunes, mattes, beim Anhauchen thonigriechendes, an der feuchten Lippe klebendes Gestein, welches aus einem undeutlichen und innigen Gemenge von Thon, äusserst zartschuppigem Eisenglanz oder Glimmerschüppchen und staubähnlichem Quarzsande besteht und häufig auch kohlige oder bituminöse Theile, sowie Eisenoxyd beigemengt enthält.

Im Wasser allmälig erweichend, aufschwellend und zerfallend. Beim Schlämmen eine mehr oder minder formbare Thonmasse, Glimmer und feinen Sand absetzend. Beim Glühen wird der schwarzgraue Schieferthon rothbraun und blättrig.

Zufällige Beimengungen: Namentlich Eisenkies in Krystallen, Kugeln und Knollen; auch Glimmer und Eisenglanz.

Abarten: Durch Beimengungen entstehen:

a) Der rothe Schieferthon (eisenschüssiger Schieferthon, Schieferletten): Roth oder braun mit starker Beimengung von Eisenoxyd; im trockenen Zustande mager und bröckelig, im feuchten aber fett und formbar; oft blaugrün oder weisslich gefleckt und geadert; in der Regel viel Glimmer-schuppen haltig. Tritt hauptsächlich in der Formation des Rothliegen-den und Buntsandsteins mit Mächtigkeit auf und wechsellagert mit Con-glomeraten und Sandsteinen, in die er auch durch Aufnahme von viel grobem Sande übergeht. Nimmt sein Gehalt an Eisenoxydhydrat oder Eisenoxyd so zu, dass er 25—80 pCt. der ganzen Masse bildet, so wird er zu **Eisenthon** und **Thoneisenstein**.

b) **Der Brandschiefer:** Pechschwarze dünnschiefrige Schieferthonmasse, welche stark von Bitumen durchdrungen ist, dass sie zwischen glühenden Kohlen mit Flammen und unter Entwickelung eines schwefelig-harzigen Geruches brennt und dabei weisslich oder röthlich wird. — Er findet sich hauptsächlich in dem Steinkohlengebirge oder auch in der Lias-formation.

c) **Der Lettenschiefer:** Ein sich in dünne Blätter, Scheibchen oder auch eckige Stückchen zertheilender, sand- und glimmerreicher oder auch von kohligen Lamellen durchzogener Schieferthon.

Die Verwitterung des Schieferthons ist eine rein mechanische. Durch das atmosphärische Wasser zuerst aufgeweicht zerfällt er nach und nach beim Wiederaustrocknen in Scheiben, welche sich wieder zerblättern und ein Hauf-werk von dünnen Blättchen darstellen, die zuletzt durch Wasser in einen schmierigen Thon umgewandelt werden.

Lagerorte: Obgleich der gemeine oder graue Schieferthon in vielen For-mationen auftritt, **so hat er doch seine bedeutendsten Lagerstätten in dem Steinkohlen-, Keuper-, Lias- und Braunkohlengebiete.** In diesen Gebieten steht er in Wechsellagerung entweder mit Kohlenflötzen oder mit Sandsteinen, Mergelschiefer und Kalksteinen.

b. Kalkhaltige, mit Säuren brausende, Gesteine.

6) **Mergel und Mergelschiefer:** Ein dichtes bis erdiges, oft auch lückiges, aus einem innigen und gleichmässigen Gemenge von Thon mit min-destens 20 pCt. kohlensaurem Kalk, ist schon im § 6 hinlänglich beschrieben worden. Ebenso ist

7) **der Kalktuff** und 8) **der Rogenstein** schon bei der Beschreibung des Calcites § 6 d. erwähnt worden.

Bemerkung. Geht man von der Entstehungsweise des Mergels und Rogensteines, welcher indessen nicht mit dem, aus krystallinischen Kalk-kügelchen bestehenden, **Oolith** und **Pisolith** verwechselt werden darf, aus, so müssen sie zu den halbklastischen Gesteinen gerechnet werden, weil sie entweder, — wie der Mergel — aus einem Gemische von kla-stischem Thon und krystallinischem Kalk, oder — wie bei manchem Kalktuff und Rogensteine — aus erhärtetem Schlamm von zusammen-geflutheten Kalkpulver bestehen.

II. Gemengte klastische Gesteine.

1. und 2. Sippe der vulcanischen Tuffe und vulcanischen Conglomerate.

Die vulcanischen Tuffe bestehen aus geschichteten, durch Wasser zu festen Massen zusammengekitteten, vulcanischen Zertrümmerungsproducten, unter denen die erdige oder pulverige vulcanische Asche das Bindemittel für die vulcanische Gerölle und sandartigen Gesteinstrümmer bildet. Sie umlagern in der Regel die Massen derjenigen krystallinischen Gesteine, welche aus denselben Mineralarten bestehen, aus deren Zertrümmerung auch sie selbst entstanden sind, und von denen auch meistens die in ihnen vorhandenen Trümmer abstammen. Man kann daher von ihnen je nach ihren Muttergesteinen und den in ihnen eingekitteten Trümmerarten namentlich folgende Arten unterscheiden:

1) **Porphyrtuff (Thonstein):** Dem Felsit ähnliche, dichte, graulich braune, auch grünliche oder graulichgelbe, bisweilen auch bunte, im Bruche erdige Masse, welche nach ihrem chemischen Gehalte, sowie auch nach ihrem äusseren Ansehen wie ein durch Wasser zusammengeschlämmter und theilweise in Thon umgewandelter Felsit zu betrachten ist und sehr häufig auch krystallinische Quarzkörner und Feldspathkrystalle umschliesst, wodurch sie dem Felsitporphyr oft sehr ähnlich wird, sich aber daduch von dem letzteren unterscheidet, dass sie beim Anhauchen thonig riecht, Wasser einsaugt, deutlich geschichtet ist, und oft auch Pflanzenversteinerungen (z. B. verkieselte Baumstämme) einschliesst. Dieser Tuff, welcher oft auch grosse und kleine Trümmer vom Felsitporphyr umschliesst und hierdurch theils zum **Porphyrsandstein**, theils zur **Porphyrbreccie** wird, kommt namentlich in der nächsten Umgebung der Porphyrberge vor und bildet nicht nur den Mantel von diesen letzeren, sondern oft auch in mächtiger Entwickelung die Ablagerungsmassen der älteren oder unteren, Steinkohlen einschliessenden, Formation des Rothliegenden (z. B. am Kiffhäuser, am Thüringerwald in der Umgebung des porphyrischen Schneekopfes, im Kohlenbecken des Erzgebirges u. s. w.).

2) **Diabas- oder Grünsteintuff:** Grüne oder grünlichgraue, matte, dichte, weiche, im Bruche erdige, sich wie geschlämmtes Diabaspulver verhaltende, von feinzertheiltem kohlensauren Kalk durchdrungene und darum gewöhnlich mit Säuren aufbrausende, Gesteinsmasse, welche durch Aufnahme von Diabastrümmern zu **Diabasconglomerat** wird. Häufig schiefrig und Organismenreste umschliessend.
Der Diabastuff, welcher nicht selten in Aphanitschiefer oder auch in schiefrige Grauwacke übergeht, kommt namentlich in der Umgebung der Diabasberge vor, bildet aber auch mächtige Ablagerungen in der Grauwackeformation, z. B. im sächsischen Voigtlande, in Oberfranken und auch am Harze.

Eine Abart von Diabastuff ist der in der devonischen Grauwacke des Harzes, Nassau's und Böhmen's vorkommende, schieferige, verschieden gefärbte und von Kalk- und Thonschlamm durchdrungene, Schalstein.

3) Basalttuff: Dichtes oder erdiges, erdbraunes oder bräunlichschwarzgraues, aus zerriebener oder in Zersetzung begriffener Basaltmasse bestehendes, häufig lockeres, Gestein, welches gewöhnlich Basalttrümmer (Basaltconglomerat), häufig aber auch Adern, Nester und Drusen von Kalkspath, Aragonit, Zeolith oder Olivin umschliesst.

Dieser Tuff, welcher mit Säuren aufbraust, kommt zunächst im Verbande mit Basalt vor (z. B. bei Eisenach und auf der Rhön), sodann aber bildet er auch Ablagerungen in der Braunkohlenformation (z. B. am Vogelsberg, am Habichtswald, auf der Rhön und in Böhmen).

4) Trachyttuff: Weissliche, hellgraue oder gelbliche, bald feste und dichte, bald lockere und fast erdige, aus zermalmten und theilweise zersetzten (— und dann thonigem —) Trachyt bestehende Masse, welche nicht selten Krystalle von Sanidin oder Hornblende, noch häufiger aber kleine Körner und Gerölle von Trachyt (— und dann zu Trachytsandstein und Trachytconglomerat werdend —) einschliesst. Er tritt hauptsächlich in der Umgebung der Trachytberge auf, z. B. am Siebengebirge.

Verwandt dem Trachyttuff ist der weissliche, mürbe bis erdige, etwas Kalk und Thon haltige, Phonolithtuff, z. B. auf der Rhön und im Hegau.

---

3. und 4. Sippe der eigentlichen Conglomerate und Sandsteine.

Die hierhergehörigen Gesteine sind Verbindungen von den einfachen klastischen Gesteinen mit grossen und kleinen Felstrümmern; denn sie zeigen in einer theils halb theils ganz klastischen, — aus Thon, Lehm, Mergel, Kalk- oder Tuffschlamm bestehenden —, Grundmasse zahlreiche Felstrümmer von verschiedener Grösse (— Gerölle, Grus, Kies oder Sand —) eingekittet. Sie kommen auch zum grössten Theile an ihren Ablagerungsorten in Wechsellagerung mit einfachen klastischen Gesteinen vor und zwar in der Weise, dass diejenigen unter ihnen, welche die grössten Steintrümmer enthalten, die untersten Ablagerungen, diejenigen aber, welche nur Sandkörner enthalten, die mittleren Lagen, und die einfachen klastischen Gesteine die obersten Schichtmassen bilden. Indessen ist bei diesen Ablagerungsverhältnissen noch zu bemerken, dass sehr oft in einem und demselben Gebiete ihre Bildungen sich in verschiedenen, nach einander folgenden, Zeiträumen wiederholt haben und demgemäss ihre ebenerwähnten Massen aus mehrfach übereinander folgenden Ablagerungszonen bestehen, deren jede dann bei vollständiger Entwickelung alle die obengenannten Gesteinsbildungen zeigt, so dass folgende Reihe derselben bemerkbar ist:

Ablagerungs- zone der jüngeren Bildungszeit.	Einfach klastisches Gestein z. B. Schieferthon), Gemengtes klast. Gestein mit Sandkornern (Sandstein), Gemengtes klast. Gestein mit Geröllen (Conglomerat).
Ablagerungs- zone der älteren Bildungszeit.	Einfaches klastisches Gestein (Schieferthon), Gemengtes klast Gestein (Sandstein), Gemengtes klast. Gestein (Conglomerat).

u.   s.   w.

Die über den gemengten klastischen Gesteinsablagerungen noch auftretenden einfachen klastischen Massen sind also nichts weiter als der Rest des
Mutterschlammes, welcher nach der Bildung der unter ihnen lagernden gemengten klastischen Gesteinsablagerungen noch übrig geblieben ist.

Wie nun schon bei der Beschreibung der Entstehung der klastischen Gesteine (§ 16 und 17 S. 115 und 118) angegeben worden, so zerfallen die
gemengten klastischen Gesteine je nach der Grösse und Beschaffenheit der in
ihrem Bindemittel eingekitteten Gesteinstrümmer

in Conglomerate; deren Trümmer wenigstens haselnussgross sind, und
welche Breccien genannt werden, wenn ihre Trümmer
frisch und scharfkantig sind, — und

in Sandsteine, deren Trümmer höchstens erbsengross sind und vorherrschend
aus Quarz bestehen.

Die wichtigsten und am weitesten verbreiteten dieser beiden Sippen der
gemengten klastischen Gesteine sind in Uebersicht Tafel IV. angegeben.

Zweites Kapitel.

Die Felsarten als Schutt- und Bodenbildungsmittel.

A.

Von dem Bildungsprocesse des Stein- und Erdschuttes im Allgemeinen.

§ 19. Von der Verwitterung im Allgemeinen. — Jede feste
Gesteinsmasse, welche bis an die Oberfläche des Erdkörpers reicht, steht in
einer fortwährenden Berührung einerseits mit den Witterungspotenzen, d. h.
mit dem unaufhörlich hin und her schwankenden Temperaturwechsel und den

Tafel IV.

Die wichtigeren Conglomerate und Sandsteine.

Das Bindemittel derselben ist:	Conglomerate (Congl.).	Sandsteine (Sdst.).
1. erharteter, von erstarrter Kieselsaure durchdrungener, fester, nicht nach Thon riechender, schwarzgrauer oder brauner, **Thonschieferschlamm (Grauwacke)**.	**Congl. der Grauwacke**: Mit Gerollen von Quarz, Kieselschiefer, Thonschiefer, Granit. In Wechsellagerung mit Thonschiefer und Sdst. in der Formation der silurischen und devonischen Grauwacke.	**Grauwackesandstein**: fein- und grobkornig; durch Abnahme des Sandgehaltes in s c h i e f r i g e G r a u - w a c k e und G r a u w a c k e - s c h i e f e r ubergehend. In Wechsellagerung mit Thonschiefer und Conglomerat.
2. erhärteter Thonschlamm, a. weisser, kaolinischer.	— — — — — — — —	**Kaolinsandstein**: feinkornig, oft glimmerreich. Z. B. in der Formation des Buntsandstein.
b. ockergelber Thon.	— — — — — — — —	**Gemeiner Thonsandstein**: oft gefleckt und geadert. Z. B. im Buntsandstein, Keuper Lias, Quader.
c. braunrother Thon.	**Congl. des Rothliegenden.** Je nach seinen Trummern erscheint es 1. einfach als: Granit-, Gneiss-, Porphyrcongl. 2. gemischt, wenn es zugleich Trummer von mehreren Felsarten enthalt. Hauptmasse der Form. des Rothliegenden.	**Eisenschüssiger Thonsandstein.** Im Rothliegenden in Wechsellagerung mit Conglomeraten und Schieferthon; im Buntsandstein u. s. w.
3. erhärteter Mergel oder Kalk. (Mit Sauren brausend)	1. **Congl. des Grauliegenden**: Rauchgrau oder weiss, bituminos, mit Quarztrummern. Unterstes Glied der Zechsteinformation. 2. **Congl. der Nagelfluh**: Weissliches, gelbliches oder braunliches, Mergelbindemittel mit abgerundeten Gerollen von verschiedenen Felsarten. In der Braunkohlenformation der Alpen.	1. **Mergel- und Kalksandstein.** Weiss, rauchgrau; in verschiedenen Formationen.
4. **kieseliges**, sehr hartes, funkendes, **Bindemittel.**	**Flintconglomerat** (Pudingstein): Gelbliches oder hornfarbiges Bindemittel mit Gerollen von Feuerstein. In der Silurformation Englands.	**Kieseliger Sandstein**: Sehr hart und fest. In der Kreide- und Braunkohlenformation.

Merke: Alle hier aufgeführten Conglomerate und Sandsteine sind oft von feinzertheilter Kohle oder von Bitumen durchdrungen und erscheinen dann rauchgrau oder schwarzgrau; bei der Verwitterung aber oder beim Erhitzen werden sie entfärbt.

Atmosphärenstoffen (Wasser, Sauerstoff und Kohlensäure), und andererseits mit den verschiedenartigsten Organismenresten. Alle diese Kräfte und Stoffe wirken theils einzeln und für sich, theils in gegenseitiger Unterstützung gemeinsam auf die mit ihnen in Berührung kommenden Mineralkörper der Erdoberfläche ein. Die hierdurch entstehenden Veränderungen an der Masse eines Gesteins nennt man nun — eben weil sie hauptsächlich durch die Witterungsagentien erzeugt werden — Verwitterungsproducte, sowie den sie erzeugenden Akt den Verwitterungsprocess. Auf welche Weise aber die einzelnen Agentien bei diesem Prozesse wirken, das wird das Folgende lehren.

§ 20. **Einfluss der Temperatur.** — Es ist bekannt, dass namentlich gasförmige Substanzen — vor allen der Sauerstoff — sich nur dann mit festen Körpern verbinden, wenn diese letzteren mehr oder minder stark erwärmt werden. Ebenso weiss man aber auch, dass steigende Wärme oder noch besser ein plötzlicher Wechsel von hohen und niederen Temperaturgraden den Zusammenhalt einer Körpermasse so lockert, dass diese ganz zerfallen kann.

Durch diese beiden Eigenschaften wird die Wärme zum besten Beförderungsmittel der Mineralumwandlung; denn indem sie durch ihre immer wiederkehrenden Schwankungen zwischen hohen und niederen Temperaturgraden die einzelnen Körpertheile einer Steinmasse abwechselnd ausdehnt und wieder zusammenzieht, entsteht zwischen denselben ein nach allen Richtungen den Körper der letzteren durchdringendes Geäder von feinen Haarspalten, welche — als Haarröhrchen — nun allen atmosphärischen Wasserdunst sammt den in ihm aufgelösten atmosphärischen Gasen in sich aufsaugen, durch die gelockerte Steinmasse durchleiten und festhalten, so dass sich nun die kleinsten Körpertheile der letzteren mit diesen Atmosphärenstoffen um so leichter verbinden können, je mehr sie zuvor von der Wärme durchdrungen und angeregt worden sind.

Es verhalten sich indessen die einzelnen Steinarten verschieden gegen den Einfluss der Sonnenwärme je nach ihrer Oberflächenbeschaffenheit, Farbe und Dichtigkeit. So nehmen bei sonst gleicher Beschaffenheit:

1) Mineralien von dunkler bis schwarzer Farbe die Wärmestrahlen der Sonne rasch auf, strahlen sie aber auch rasch wieder aus, so dass sie sich zwar schnell und stark erhitzen, aber auch rasch wieder abkühlen;

2) Mineralien von heller bis weisser Farbe diese Wärmestrahlen nur langsam und allmälig auf; halten sie dann aber auch lange fest; so dass sie zwar nur langsam durchwärmt werden, dann aber auch lange warm bleiben.

Dieses durch die Färbung der Steine hervorgerufene Verhalten gegen die Sonnenwärme wird jedoch nun wieder abgeändert einerseits durch die Beschaffenheit der Oberfläche, andererseits durch die Grösse der Dichtigkeit der Steine. So werden bei sonst gleicher Beschaffenheit

1) Mineralien mit rauher Oberfläche rasch warm, aber auch wieder schnell kalt, dagegen Mineralien mit glatter Oberfläche langsam, aber auch dauernd warm;

2) Mineralien mit dichtem Gefüge rasch warm, aber auch bald wieder kalt; Mineralien mit körnigem, faserigen oder blätterigen Gefüge dagegen langsam, aber auch dauernd warm.

Hat nun ein weissgefärbter Stein eine recht rauhe Oberfläche, so wird er trotz seiner weissen Farbe bald warm, bleibt aber dann auch trotz seiner rauhen Oberfläche lange warm. Und ebenso wird nun auch ein schwarzer Stein mit glatter Oberfläche vermöge seiner schwarzen Farbe sich rasch durchwärmen und dann auch in Folge seiner glatten Oberfläche lange warm erhalten.

Es ist bis jetzt blos der Einfluss der Wärme auf das einzelne, einfache Mineral angedeutet worden. In mancher Beziehung anders aber zeigt sich dieser Einfluss bei Gesteinen, welche aus einem festen Gemenge verschiedener Mineralien bestehen, wie dies z. B. beim Granit der Fall ist. Besteht nemlich ein solches Gemenge zugleich aus hell- und dunkelgefärbten oder aus glatt- und rauhflächigen Mineralarten, so muss offenbar die Wirkung der Wärme eine um so verschiedenartigere sein, je verschiedener die Farbe, Oberfläche und die Dichtigkeit der mit einander verwachsenen Mineralarten ist. Die Folge von dieser ungleichartigen Wirkung eines und desselben Wärmemasses muss nothwendig zunächst einerseits eine ungleichmässige Ausdehnung der einzelnen ungleichen Mineralarten bei sich steigernder Temperatur, andererseits aber auch wieder eine ungleichmässige Zusammenziehung dieser einzelnen Minerale bei wieder eintretender abnehmender Temperatur und dann eine ungleichmässige Lockerung oder auch eine mehr oder minder starke Zersprengung des Zusammenhaltes des ganzen Mineralgemenges sein. Die Beobachtung der Verwitterung an gemengten Gesteinen bestätigt in der That diese Angaben, denn es ist bekannt, dass unter sonst gleichen Verhältnissen

1) Felsarten, welche aus einem Gemenge von weisslichen und schwärzlichen Mineralarten bestehen, an ihrer Oberfläche weit rascher und stärker rissig werden und verwittern, als Felsarten, deren Gemengtheile weiss und aschgrau oder dunkelgrau und schwarzgrün, also in ihrer Färbung sich ähnlich sind;

2) von zwei Felsarten, welche ganz gleiche Bestandtheile besitzen, diejenige, deren Gemenge grosskörnig ist, so dass der Farbenunterschied der einzelnen Gemengtheile grell absticht, schneller rissig und locker wird, wie diejenige, deren Gemenge feinkörnig oder so dicht ist, dass man die einzelnen Minerale an ihrer Färbung nicht mehr von einander unterscheiden kann.

Recht deutlich bemerkt man dies bei dem grobkörnigen Diorit und dem Aphanit, zwei Felsarten, welche beide aus grauweissem Oligoklas und schwarzer Hornblende bestehen, von denen aber die erstere weit rascher verwittert, als die zweite. Auch bei dem grobkörnigen Dolerite und dem dichten Basalte, zwei Felsarten, welche beide aus grauem Labrador und schwarzem Augit bestehen, und von denen die erste schneller verwittert als die zweite, kann man dieses Verhältniss deutlich beobachten.

Aus allen eben mitgetheilten Erfahrungen ergiebt sich also, dass die Wärme insofern viel zur Zertrümmerung und Umwandlung fester Gesteinsmassen beiträgt, als sie

einerseits durch den Wechsel ihrer zu- und abnehmenden Grade eine Gesteinsmasse lockert und rissig macht, so dass nun die umwandelnden Agentien leicht in's Innere und zu den einzelnen kleinsten Massetheilen eines Gesteines gelangen können — und

andererseits durch ihre zunehmenden Grade die einzelnen Mineraltheile anregt, die umwandelnden Agentien mit sich zu verbinden.

§ 21. **Einfluss des Wassers.** — So lange die Gemengtheile einer Felsart fest und innig mit einander verbunden sind, vermag das reine Wasser nur dadurch zu wirken, dass es die in seinem Bereiche liegenden Massen einer solchen Felsart unaufhörlich stösst, peitscht oder reibt, so dass sich von der Oberfläche dieser letzteren kleine Sandtheilchen ablösen, welche das Wasser nun wieder benutzt, um noch kräftiger die von ihm bespülten und gepeitschten Felsoberflächen abzureiben. Alles dieses ist hauptsächlich der Fall bei Felsarten, welche aus krystallinischen Mineralien oder aus Gemengen derselben bestehen. Anders dagegen wirkt schon das reine Wasser, wenn es mit Gesteinen in Berührung kommt, welche unter ihren Gemengtheilen Thon enthalten; denn dann erweicht und schlämmt und fluthet es allmälig diesen letztgenannten Felsgemengtheil aus seiner Verbindung mit den übrigen Felsbestandtheilen, so dass diese ihres Bindemittels beraubt in ein loses Haufwerk von Geröllen und Sand zerfallen, wie wir an Conglomeraten und Sandsteinen oft genug bemerken können. Ja in diesem Falle kann es sogar den Zusammensturz von mächtigen Bergmassen herbeiführen, wenn es die zwischen oder unter ihnen liegenden Thonablagerungen zu Schlamm erweicht, so dass sie den über ihnen lagernden Conglomerat-, Sand- oder Kalksteinmassen keine feste Unterlage mehr gewähren. — Und noch anders wirkt das Wasser, wenn es mit Mineralmassen in Berührung kommt, welche sich in ihm ganz auflösen, wie dies beim Steinsalze und Gyps der Fall ist. Kommt es mit unterirdischen Ablagerungsmassen solcher löslichen Mineralmassen in Berührung, so löst es diese allmälig auf — (Bildung von Salzquellen). — Indem nun aber hierdurch mehr oder minder grosse hohle Räume in der Erdrinde entstehen, verlieren die über diesen Räumen lagernden Erdrindemassen ihren Halt; sie knicken nach unten zusammen, stürzen in den unter ihnen befindlichen hohlen Raum, quetschen das in demselben befindliche Salz- oder Gypswasser zwischen ihren Schuttmassen in die Höhe, wenn anders dasselbe nicht einen unterirdischen Abzugscanal gefunden hat, und bilden so einen mehr oder minder grossen und tiefen, trichter-

oder muldenförmigen **Erdfall**, welcher gar oft das Grab der fruchtbarsten Landschaften bildet. —

> **Zusatz.** Unter den für die Mineralbildung und Pflanzenernährung wichtigen und in reinem Wasser schon löslichen Mineralarten sind hauptsächlich folgende zu nennen:
>
> a) **Sehr leicht lösliche:**
>
> 1) an feuchter Luft zerfliessende: Kochsalz, Pottasche (kohlensaures Kali), Kalisalpeter;
>
> 2) an der Luft mehlig werdende: Soda, Natron- nnd Kalksalpeter, Salmiak, Eisen- und Kupfervitriol;
>
> b) **Leicht lösliche:** Glaubersalz, Bittersalz, Magnesiasalpeter und Alaun.
>
> c) **Schwer oder nur in sehr vielem Wasser löslich:** Gyps.

Endlich darf doch hier auch nicht unerwähnt bleiben, dass das Wasser sogar mächtige Felsmassen in ein wüstes Chaos von Blöcken und Steinschutt zersprengen kann, sobald es die zahlreichen Klüfte derselben füllend zu Eis erstarrt.

Es ist bis jetzt nur des **mechanischen Einflusses** gedacht worden, welchen das Wasser an sich auf die festen Massen der Erdrinde ausübt. Das Wasser wirkt aber auch theils mittelbar, theils unmittelbar **chemisch** auf die verschiedenartigsten Mineralmassen ein.

Mittelbar chemisch wirkt es, wenn es einerseits Mineraltheile anfeuchtet, so dass die gasförmigen Umwandlungsagentien an denselben haften können, oder Minerale auflöst, so dass sie nun auf andere gelöste oder ungelöste Mineralsubstanzen einwirken oder auch sich mit ihnen verbinden können; — und wenn es andererseits Umwandlungsagentien in sich gelöst enthält, mit denen es die von ihm benetzten Steinflächen anätzt und verändert. — **Unmittelbar chemisch** dagegen wirkt es auf eine Mineralmasse ein, wenn es sich mit derselben in einer Weise verbindet, dass sie in eine andere Mineralsubstanz umgewandelt wird.

Beide Wirkungskreise des Wassers sind von so grosser Wichtigkeit für die Umwandlung von Mineralien, dass sie hier noch näher erläutert werden müssen.

Was zunächst den **mittelbar chemischen** Wirkungskreis das Wassers betrifft, so besteht derselbe nach dem eben Mitgetheilten darin, dass das Wasser einerseits die Mineralien zur Aufnahme von Umwandlungsagentien anregt oder vorbereitet und andererseits zu gleicher Zeit die Umwandlungsagentien, mit denen es die von ihm vorbereiteten Mineralien angreifen und verändern will, in sich gelöst enthält, dabei aber auch die durch seine Lösungssubstanzen hervorgebrachten Umwandlungsproducte der angeätzten Mineralmassen löst und auslaugt. Es zeigt also hierbei das Wasser eine dreifache Thätigkeit:

1) Es regt das Mineral an oder bereitet es vor;

2) Es giebt ihm hierbei zugleich die Umwandlungsagentien;

3) Es laugt die hierdurch entstehenden Umwandlungsproducte aus, so dass immer wieder neue, noch frische Mineraltheile mit den vom Wasser zugeleiteten Umwandlungsagentien in Berührung kommen.

Einige Beispiele werden das eben Ausgesagte erläutern:

a) Der Wasserdampf der Atmosphäre enthält in seinen einzelnen Dunstbläschen stets Sauerstoff und Kohlensäure, wie man namentlich bei den Thautropfen deutlich bemerken kann. Kommt nun z. B. der Thauniederschlag mit blanken Kupfer- oder Eisengeräthschaften in Berührung, so entstehen überall da, wo wiederholt Thautropfen hingefallen sind, auf dem Kupfer grüne und auf dem Eisen zuerst schmutziggrüngraue, dann ockergelbe Flecken. Der Process nun, welcher bei dieser Veränderung der Metallflächen stattfindet, lässt sich nach dem Obigen in folgender Weise erklären:

1) Die Thautropfen benetzen die Metallflächen und regen sie zur Aufnahme der in ihnen gelösten Umwandlungsagentien, Sauerstoff und Kohlensäure, an.

2) Unter diesen Umwandlungsagentien will nun zuerst die Kohlensäure sich mit dem Metalle verbinden; sie kann dies aber nicht eher, als bis dasselbe sich mit Sauerstoff zu einem Oxyde verbunden hat;

3) sie treibt daher das vom Wasser vorbereitete Metall an, den in ersterem enthaltenen Sauerstoff an sich zu ziehen.

4) Ist dieses geschehen, dann verbindet sie selbst sich mit dem eben erst entstandenen Metalloxyde zu kohlensaurem Metalloxyd, also mit dem Kupferoxyde zu kohlensaurem Kupferoxyd und mit dem Eisenoxydule zu kohlensaurem Eisenoxydul, aus welchem jedoch durch Hinzutritt von mehr Sauerstoff Eisenoxydhydrat (Rost) wird.

Der gemeine Feldspath besteht aus kieselsaurer Thonerde, kieselsaurem Kali und häufig auch etwas kieselsaurem Eisenoxydul. An der Luft liegend wird er durch den Einfluss der wechselnden Temperaturen in seinen obersten Lagen bald rissig und blätterig. Nun setzt sich das atmosphärische Wasser mit seinen wohl nie fehlenden Begleitern — dem Sauerstoff und der Kohlensäure — in die feinen Risse seiner Masse, feuchtet sie an und macht so alle von ihm berührten Massetheile geschickt, mit dem Sauerstoff oder der Kohlensäure Verbindungen eingehen zu können. Unter den obengenannten chemischen Bestandtheilen des Feldspathes kann die Kieselsäure, Thonerde und das Kali keinen Sauerstoff an sich ziehen, weil jeder dieser Bestandtheile dessen schon soviel besitzt, als er überhaupt in sich aufnehmen kann; das Eisenoxydul dagegen nimmt noch eine Quantität desselben zugleich mit dem Wasser in sich auf und wandelt sich hierdurch in gewässertes Eisenoxyd (Eisenoxydhydrat oder Rost) um. Indem nun dieses aber keine oder nur noch eine geringe Verbindungskraft zu den übrigen Bestandtheilen des Feldspathes besitzt, scheidet es sich aus der Masse des letzteren aus und bedeckt nun dessen Oberfläche als ein ockergelber erdiger Beschlag. Und indem nun durch diese Ausscheidung eines Bestandtheiles die ganze chemische Verbindung des

Feldspathes gelockert worden ist, kann das Wasser mit seiner in ihm gelösten Kohlensäure nur um so stärker auf die noch übrige Bestandesmasse einwirken. Mit Hülfe seiner Kohlensäure laugt es jetzt das kieselsaure Kali, welches sich bekanntlich in kohlensäurehaltigem Wasser unzersetzt auflöst, aus seiner Verbindung mit der kieselsauren Thonerde, gegen welche die Kohlensäure nichts vermag, so dass nur diese letztere von dem ganzen Bestande des Feldspathes noch übrig bleibt. Indessen auch dieser Rest bleibt nicht unverändert: er zieht das Wasser an sich und verbindet sich mit ihm zu gewässerter kieselsaurer Thonerde d. i. zu Kaolin, Porzellanerde oder Thon. In dieser Weise ist also durch Einwirkung des, Sauerstoff und Kohlensäure führenden, Meteorwassers der feste, krystallinische Feldspath in erdigen, mit Eisenocker untermischten, Thon umgewandelt worden. Das Wasser aber spielte bei dieser Umwandlung eine doppelte Rolle; nemlich einerseits leitete es die Umwandlungsagentien in die Feldspathmasse und laugte dann die durch dieselben entstandenen Umwandlungsproducte (kieselsaures Kali) aus; und andererseits ging es selbst eine Verbindung zuerst mit dem Eisenoxydule und dann zuletzt mit der Thonerde ein, und wirkte also in dem letzten Falle chemisch.

Uebersichtlich lässt sich dieser Umwandlungsprocess des Feldspathes in folgender Weise darstellen:

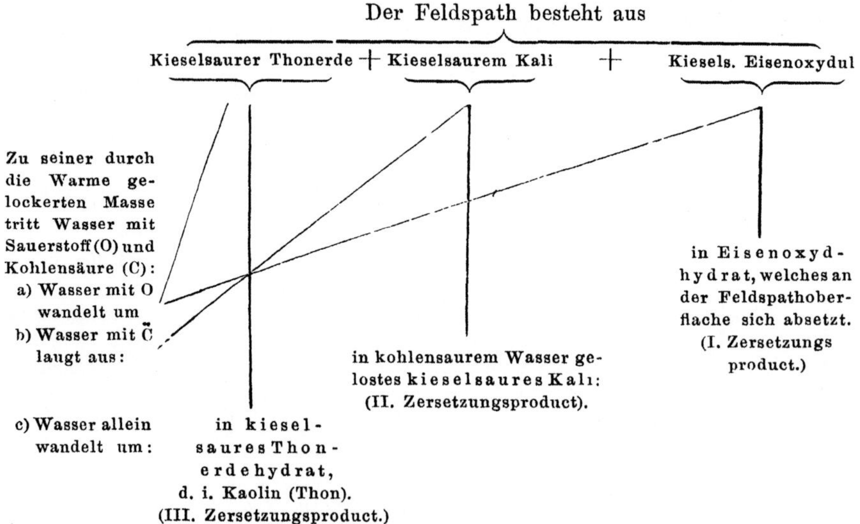

Wie nun das eben angegebene Beispiel zeigt, so kann das Wasser sich auch mit einer Substanz chemisch verbinden und sie dadurch mehr oder minder vollständig in eine andere umwandeln. Es erscheint indessen in dieser Beziehung sein Wirkungskreis auch wieder als ein doppelter. Das Wasser kann nemlich sich mit einer Substanz verbinden,

1) ohne den ursprünglichen chemischen Bestand desselben zu verändern, oder

2) den ursprünglichen Bestand derselben ganz verändern, indem es mit Hülfe seiner Kohlensäure vorhandene Theile auslaugt und sich dafür an deren Stelle setzt.

Die erste dieser beiden Wirkungsweisen des Wassers findet in folgenden Fällen statt:

a) Wenn Eisenoxydul mit feuchter Luft in Berührung kommt, so zieht es nicht nur Sauerstoff, sondern auch das mit diesem Stoff gemischte Wasser an und wandelt sich hierdurch in Eisenoxydhydrat um. Dieses letztere aber enthält genau so viel Eisen und Sauerstoff, als das wasserlose Eisenoxyd, obwohl es eine andere Farbe und andere Krystallisationsverhältnisse zeigt, wie das letztere.

b) Wenn wasserloser Gyps oder Anhydrit sich mit Wasser verbindet, so entsteht der wasserhaltige Gyps, welcher genau ebensoviel Kalk und Schwefelsäure enthält, als der erstere, aber trotzdem durch seine physischen und morphologischen Eigenschaften von dem ersteren unterschieden ist.

In diesen beiden Fällen bewirkt also das Wasser nicht eine chemische Umwandlung, sondern nur eine Aenderung in der gegenseitigen Lage der Massetheile des von ihm durchdrungenen Minerales. In diesen Fällen ist also seine Wirkung nur eine halb- oder mechanisch chemische. — Wenn es dagegen bei seinem Eindringen in die Masse eines Minerales aus dieser letzten schon vorhandene Bestandtheile auslaugt und sich dann an die Stelle der letzteren setzt, dann ist seine Wirkung eine rein chemische. Dies ist z. B. der Fall

a) bei der Umwandlung des Feldspathes in Thon; denn in diesem Falle laugt es das kieselsaure Kali aus seiner Verbindung mit der kieselsauren Thonerde und tritt nun selbst statt dessen in Verbindung mit der letzteren, so dass eigentlich der Thon als eine Verbindung von kieselsaurer Thonerde und kieselsaurem Wasser anzusehen ist;

b) bei der Umwandlung des Oligoklases und Labradors in Zeolithe; denn diese letztgenannten Minerale werden nur dadurch erzeugt, dass Wasser einen Theil der Alkalien aus dem Oligoklas oder Labrador auslaugt und dann an deren Stelle mit den noch vorhandenen Bestandtheilen der letztgenannten beiden Feldspathe tritt.

Soviel über den Einfluss des Wassers auf die Veränderung der Gesteinmassen. Im Allgemeinen lässt sich derselbe in folgende Uebersicht bringen:

Das Wasser wirkt auf Felsarten:

mechanisch, indem es

| Gesteine entweder zu Schutt zersprengt oder ganz oder theilweise in Schlamm umwandelt. | Minerale einfach auflöst, sie aus ihrem bisherigen Verbande fortfluthet und |

entweder in die Masse anderer Gesteine einschiebt, so dass diese dadurch verändert wird. — oder sie als neue selbständige Steinmassen wieder absetzt.

chemisch, indem es

die chemische Verbindung v. mineralbildenden Substanzen vermittelt, ohne selbst in die entstehenden Verbindungen mit einzugehen. — in die chemische Verbindung von Mineralsubstanzen eingeht.

Ausserdem wirkt das Wasser noch
mechanisch chemisch,
indem es sich mit einer Mineralsubstanz verbindet und zwar dadurch die physischen und morphologischen Eigenschaften, aber nicht den chemischen Grundbestand derselben ändert.

§ 22. **Einfluss des Sauerstoffes** (O). — Der treueste Begleiter des atmosphärischen Wassers ist die Lebensluft oder der Sauerstoff; er ist daher überall in den Räumen der Erdrinde zu finden, in welche das Wasser gelangen kann, und stets bereit, Verbindungen mit den verschiedenartigsten Substanzen des Organismen- und Steinreiches einzugehen, sobald dieselben nur erst durch die Wärme oder das Wasser oder auch wohl durch eine Säure dazu angeregt worden sind. Trotz dieser grossen und starken Verbindungssucht kann er sich indessen doch nur mit denjenigen Substanzen des Mineralreiches verbinden, welche entweder noch gar keinen oder doch nicht die ihnen zustehende grössere Menge Sauerstoff besitzen. Zu diesen noch Sauerstoff begehrenden Substanzen des Mineralreiches gehören nun namentlich

1) die Oxydule der gemeinen Metalle, so vorzüglich des Eisens und Mangans;

2) die Schwefelmetalle der gemeinen Metalle, so vorzüglich des Eisens;

3) die kohlen- und wasserstoffhaltigen, fein zertheilten, Mineralbeimischungen, welche von verfaulten Organismenresten abstammen und gewöhnlich Bitumina genannt werden — (aber nicht der reine, mineralisirte Kohlenstoff, wie Anthracit, Graphit und Diamant, welcher nur in so hohen Hitzegraden, wie sie in den oberen Lagen der Erdrinde nie vorkommen, oxydirt werden können). —

Alle die anderen Mineralbestandtheile, welche vorherrschend in den Gemengtheilen der Erdrindenmassen auftreten, und zu denen namentlich einerseits die Alkalien (Kali, Natron etc.), die alkalischen Erden (Kalk-, Strontian-, Baryterde und Magnesia) und eigentliche Erden (Thonerde), sowie andererseits die

Kiesel-, Phosphor-, Schwefel-, Salpeter- und Kohlensäure gehören, besitzen schon soviel Sauerstoff, dass sie unter den gewöhnlichen Verhältnissen keinen mehr in sich aufnehmen. — Anders dagegen ist es mit den Massen abgestorbener Organismen; denn so lange in diesen noch eine Spur Kohle vorhanden ist, zu welcher Luft und Wasser gelangen kann, verbindet sich auch der Sauerstoff mit ihr zu einer Reihe von Säuren, welche unter dem Namen der Humussäuren alle lösend oder umwandelnd auf Mineralsubstanzen einwirken, und deren letzte die allbekannte Kohlensäure ist. Alles dieses vorausgesetzt wirkt nun der Sauerstoff theils unmittelbar theils mittelbar auf die Zersetzung und Umwandlung von Gesteinen ein.

Unmittelbar wirkt er, indem er

a) einzelne chemische Bestandtheile eines Minerales, welche nur in ihren unteren Oxydationsstufen Verbindungskraft zu den mit ihnen verbundenen Substanzen besitzen, höher oxydirt und dadurch aus ihrer bisherigen Verbindung losreisst oder diese letztere doch lockert. Dies ist der Fall:

1) wenn er im kohlensauren Eisenoxydul (Eisenspath) das Oxydul des Eisens in Oxydhydrat umwandelt; denn die Kohlensäure besitzt als schwache Säure nur zum Oxydul, aber nicht zum Oxydhydrat des Eisens Verbindungskraft. In diesem Falle wird also aus dem kohlensauren Eisenoxydul (Eisenspath) ockergelbes Eisenoxydhydrat (Brauneisenerz), und die Kohlensäure entweicht. — (Bei der Beschreibung des Raseneisenerzes, welches sehr häufig auf diese Weise entsteht, ist davon schon die Rede gewesen.)

2) wenn er in eisenoxydulhaltigen Kieselsäuremineralien dieses Oxydul in Oxydhydrat umwandelt; denn wie die Kohlensäure, so hat auch die Kieselsäure nur zum Oxydule, aber nicht zum Oxydhydrate des Eisens eine starke Verbindungskraft. Sobald daher das erstere in dieses Oxydhydrat umgewandelt worden ist, so wird diese selbst nun so gelockert, dass Wasser und Kohlensäure sie vollends leicht zersetzen können. Dass in dieser Weise namentlich Feldspath, Glimmer, Hornblende und Augit leicht zersetzt und in Erdkrume umgewandelt werden, hat die Beschreibung dieser Felsgemengtheile schon gezeigt.

3) wenn er die feinzertheilten kohligen Substanzen (z. B. die Bitumina), welche so oft vorzüglich thon- oder mergelhaltige Steinmassen durchdringen, oxydirt und in Kohlensäure umwandelt. Indessen ist in diesem Falle sein Wirken schon nicht immer ein blos Unmittelbares. In blos thonigen Massen, z. B. in Sandsteinen und Schieferthonen bewirkt die Umwandlung der kohligen Beimengungen in Kohlensäure allerdings nur eine Auflockerung und Zertrümmerung der Gesteinsmassen; in mergel- oder kalkhaltigen Massen aber wird durch die so entstehende Kohlensäure mit Hülfe des Wassers der Kalkgehalt

dieser Massen ganz aufgelöst und ausgelaugt, so dass bituminöse Mergel zuletzt in gewöhnlichen Thon und Sandsteine und Conglomerate mit kalkigem Bindemittel in ein loses Gehäufe von Sand und Gerölle umgewandelt werden.

b) indem er sämmtliche chemische Bestandtheile eines Minerales so oxydirt, dass die hierdurch entstehenden Oxydationsstufen verbunden bleiben und ein ganz neues Mineral bilden. Dies ist unter anderem namentlich der Fall, wenn er in Schwefelmetallen zugleich den Schwefel in Schwefelsäure und das Metall in Metalloxyd umwandelt, so dass nun aus den Schwefelmetallen schwefelsaure Metalloxyde oder Vitriole werden. Sind dann diese Vitriole in reinem Wasser löslich, so werden sie selbst wieder zu Umwandlungsagentien sowohl von kohlensauren, wie von kieselsauren Salzen. In dieser Weise wandelt z. B. der, aus sich oxydirenden Eisenkiesen entstandene, Eisenvitriol kohlensauren Kalk in schwefelsauren, kieselsaure Kalithonerde in schwefelsaure (d. i. Alaun) u. s. w. um.

Wie man schon aus dem eben angegebenen Beispiele ersehen kann, so wirkt der Sauerstoff auch mittelbar auf die Zersetzung einer Gesteinsmasse dadurch ein, dass er durch seine Verbindung mit anderen Körpern erst Stoffe schafft, welche ätzend und umwandelnd auf die Gementheile von Gesteinen einwirken. Aber gerade durch diese mittelbare Wirksamkeit erhält er seine höchste Bedeutung für die Umwandlung von Mineralkörpern, wie das Folgende zeigen wird.

§ 22 a. **Einfluss oxydirter Schwefelmetalle und Organismenreste.** — Im Haushalte der Natur sind es hauptsächlich' zweierlei Substanzen, welche für den Stoffwechsel im Mineralreiche und für die Beschaffung der Nahrung des Pflanzenreiches bestimmt sind. Zu diesen Substanzen gehören einerseits die Schwefelmetalle und andererseits die Reste abgestorbener Organismen.

a) Die Schwefelmetalle (Sulfide), Verbindungen des Schwefels mit Metallen aller Art, werden, wie oben schon bemerkt, durch ihre Vereinigung mit dem Sauerstoffe in schwefelsaure Salze (Sulfate oder Vitriole) umgewandelt. In dieser Weise entsteht aus dem Schwefeleisen (Eisenkies) Eisenvitriol, aus dem Schwefelkupfer (Kupferkies und Kupferglanz) Kupfervitriol, aus dem Schwefelnatrium schwefelsaures Natron (Glaubersalz), aus dem Schwefelammonium schwefelsaures Ammoniak und aus dem Schwefelcalcium schwefelsaure Kalkerde oder Gyps, — lauter Minerale, welche mehr oder minder leicht im Wasser löslich sind und dann in ihrem gelösten Zustande theils zersetzend auf andere, namentlich kiesel- oder kohlensaure Minerale einwirken, theils vom Pflanzenkörper als Nahrung aufgesogen werden.

1) Unter den Vitriolen, welche umwandelnd auf andere Minerale einwirken, stehen obenan, die Schwermetallvitriole, welche leicht im Wasser

löslich sind, wie schon bei der Beschreibung des Eisenvitrioles (§ 5 Nr. 7) und der Eisenkiese (§ 8) gezeigt worden ist. Kommen die Lösungen dieser, und namentlich des Eisenvitrioles, mit den kohlensauren und kieselsauren Salzen der Alkalien und alkalischen Erden, so vorzugsweise des Kali und Natron, der Kalkerde und Magnesia, in Berührung, so tauschen sie ihre Säuren aus, so dass einerseits schwefelsaure Salze der Alkalien und alkalischen Erden und andererseits kohlen- oder kieselsaure Schwermetalloxyde entstehen. Dieser Process ist von der grössten Wichtigkeit einerseits für die Gesteinsmassenwandlung und andererseits für die Pflanzenernährung. Denn es werden auf diese Weise Minerale, welche zwar das Material zur Bildung von Pflanzennahrung enthalten, aber dasselbe wegen ihrer schweren Zersetzbarkeit oder Unlöslichkeit nicht an die Pflanzen verabreichen können, aufgeschlossen und zersetzt, so dass sie einerseits Erdkrume und andererseits gute lösliche Pflanzennahrung geben. Ein Beispiel wird dies bestätigen. Der Oligoklasfeldspath enthält Kali, Natron und Kalkerde, aber mit Kieselsäure in einer unlöslichen und sehr schwer zersetzbaren Verbindung. Kohlensaures Wasser zersetzt ihn wohl, aber sehr langsam. Erscheint nun aber Eisenkies mit diesem Feldspathe in Verwachsung oder Mengung, und wird derselbe durch den Sauerstoff in Eisenvitriol umgewandelt, so greift die bei dieser Vitriolescirung entstehende Schwefelsäure den Oligoklas an, so dass aus ihm schwefelsaure Salze des Kali, Natron und der Kalkerde — lauter im Wasser lösliche, gute Pflanzennahrmittel — entstehen, während sich zugleich auch eine thonige Erdkrume entwickelt. — Fliesst ferner die Auflösung von Eisen- oder Kupfervitriol über Gesteine, welche kohlensauren Kalk enthalten, so entsteht jederzeit im Wasser löslicher schwefelsaurer Kalk und sehr schwer- oder unlösliches kohlensaures Eisenoxydul oder Kupferoxyd.

2) Es ist oben gesagt worden, dass die Vitriole auch ernährend auf den Pflanzenkörper einwirken. Dies gilt jedoch nur von denjenigen, welche Lakmuspapier nicht röthen, in denen also die Schwefelsäure mit ihren Eigenschaften nicht vorherrscht. Herrscht diese Säure in einem Vitriol vor, dann wirkt dieselbe zerstörend auf das Gewebe des Pflanzenkörpers ein, wie wir bemerken können, wenn wir eine Pflanze mit aufgelöstem Kupfer- oder Eisenvitriol wiederholt begiessen. Dies ist unter anderem der Fall bei den Vitriolen der meisten Schwermetalloxyde. Dagegen erscheint in den schwefelsauren Salzen der Alkalien und alkalischen Erden diese Säure unter den gewöhnlichen Verhältnissen so neutralisirt, dass sie nicht mehr nachtheilig auf den Pflanzenkörper einwirken kann. Und dann erscheinen diese Salze als ein unentbehrliches Nahrmittel für alle Pflanzen, in-

dem sie, wie weiter unten noch gezeigt werden wird, ihnen in ihrer Schwefelsäure den Schwefel zur Bereitung ihres Eiweisses und anderer Stickstoffsubstanzen liefern.

b) Indessen die Bildung der Schwefelmetalle und folglich auch der schwefelsauren Salze ist selbst wieder abhänglg von den Verwesungs- oder Fäulnisssubstanzen abgestorbener Organismenreste. Diese sind dann als das Bildungsmaterial einer grossen Zahl von Stoffen zu betrachten, welche auf die Umwandlung von Gesteinen in Erdkrume und lösliche, zur Pflanzenernährung taugliche, Salze einwirken. Da aber diese Substanzen später bei der Beschreibung der Bodenbestandtheile noch näher betrachtet werden müssen, so mögen hier nur die hauptsächlichsten; für die Gesteinsumwandlung wichtigen, Verwesungsstoffe eine Erwähnung finden.

Wo immer ein abgestorbener organischer Körper, sei es Thier oder Pflanze, unter dem Einflusse der atmosphärischen Luft sich zersetzt, da entwickeln sich zweierlei Gruppen von Substanzen, nemlich

a) eine, welche aus dem Kohlenstoff, Wasserstoff, Sauerstoff, Stickstoff und Schwefel oder Phosphor hervorgeht, und

b) eine andere, welche aus den Mineralsalzen, welche der Organismus während seines Lebens in sich aufgenommen hat, entsteht.

Die erste dieser beiden Gruppen umfasst

1) Stoffe, welche vorherrschend aus Kohlenstoff und Sauerstoff bestehen, den Charakter von Sauerstoffsäuren an sich tragen und mit dem Sammelnamen „Humus und Humussäuren" bezeichnet werden. Sie wirken theils zersetzend theils nur lösend auf alle Mineralsubstanzen ein, welche stark basische Oxyde, namentlich Alkalien und alkalische Oxyde, enthalten. Aber sie können auch bei Mangel an Luft desoxydirend auf Metalloxyde einwirken und dadurch aus den letzteren theils reine Metalle (so z. B. aus dem Kupferoxyd reines Kupfer), theils niedere Oxyde (z. B. aus dem Eisenoxyd Eisenoxydul) schaffen, mit welchen letzteren sie sich dann zu bald löslichen bald unlöslichen Salzen verbinden (vergl. die Raseneisensteinbildungen). Ihr letztes Oxydationsproduct ist die Kohlensäure, welche im folgenden § näher betrachtet werden wird.

2) Stoffe, welche aus Wasserstoff und Sauerstoff bestehen und sich als Wasser darstellen.

3) Stoffe, welche aus Wasserstoff und Stickstoff (nebst Sauerstoff) bestehen und zunächst als Ammoniak auftreten. Diese durch ihren stechenden Geruch allgemein bekannte Gasart besitzt die Eigenschaften eines Alkali und vermag als solches nicht nur sich mit allen Humussäuren zu löslichem humussaurem Ammoniak zu verbinden, sondern dieselben auch zu rascher Anziehung von Sauerstoff und hierdurch zur Bil-

dung von Kohlensäure anzuregen. Als kohlensaures Ammoniak bildet es dann einerseits ein gutes Pflanzennahrmittel und andererseits ein Zersetzungsmittel der schwefelsauren und phosphorsauren Schwermetalloxyde, so dass aus ihm zuletzt schwefelsaures und phosphorsaures Ammoniak wird. Kommt es indessen in Berührung mit den kohlensauren Salzen des Kali, Natron und der Kalkerde, so wird es durch die starken und nach Salpetersäure gierigen Basen dieser Salze angetrieben, Sauerstoff anzuziehen und sich zu Salpetersäure umzuwandeln, mit welcher sich dann das Kali, Natron und die Kalkerde zu salpetersauren Salzen verbinden. Darin liegt der Grund, warum sich in kalk-, kali- oder natronreichen Bodenarten nur selten oder gar nicht Ammoniaksalze zeigen. Hierdurch wird aber auch das Ammoniak das Hauptbildungsmittel für die als Pflanzennahrmittel so wichtigen Salpeterarten.

4) Stoffe, welche aus Stickstoff und Sauerstoff bestehen und die eben unter 3 betrachtete Salpetersäure darstellen.

5) Stoffe, welche aus Schwefel und Wasserstoff bestehen und in der Form des durch seinen Fauleiergeruch ausgezeichneten Schwefelwasserstoffes auftreten. Auch dieser Stoff ist von der grössten Wichtigkeit für die Umwandlung der Mineralien, denn wo derselbe mit gelösten kohlensauren Salzen der Alkalien oder alkalischen Erden oder auch der Schwermetalloxyde in Berührung kommt, da wandelt er sie in Schwefelmetalle um, aus denen dann, wie oben schon erwähnt, durch Zutritt von Sauerstoff wieder schwefelsaure Salze werden.

6) Stoffe, welche aus Phosphor und Sauerstoff bestehen und in der Form von Phosphorsäure auftreten. Sie erzeugen sich hauptsächlich bei dem Verwesungsprocesse von thierischen Substanzen (Urin. Blut etc.), oder von Grasarten und Hülsenfrüchtlern und wandeln namentlich die kohlensauren Salze der Alkalien und alkalischen Erden in phosphorsaure Salze um.

Die zweite der obengenannten Gruppen von Verwesungsproducten umfasst, wie schon bemerkt, die mineralischen Substanzen, welche die Organismen, während ihres Lebens in sich aufgenommen haben. Zu ihnen gehören namentlich einerseits kohlensaure und phosphorsaure Salze der Alkalien und alkalischen Erden, auch wohl des Eisens, und andererseits Kieselsäure. Die ersteren wirken, sobald sie in reinem oder kohlensäurehaltigem Wasser löslich sind, hauptsächlich als Nährstoffe für die Pflanzen, aber auch als Zersetzungs- oder Umwandlungsmittel namentlich von kieselsauren Mineralien, sei es nun dass sie sich in die Masse derselben als Bestandtheile eindrängen, oder dass sie als Auslaugungsmittel von schon vorhandenen Bestandtheilen ihrer Masse wirken. Dies letztere ist unter anderem der Fall, wenn eine Lösung von doppeltkohlensaurem Kalk auf ein magnesiahaltiges Silikat, z. B. auf Hornblende, einwirkt.

§ 23. Einfluss der Kohlensäure. — Unter den im vorigen § erwähnten Verwesungssubstanzen spielt das letzte Zersetzungsproduct aller kohlenstoffhaltigen Organismenreste, die aus zwei Theilen Sauerstoff und einem Theile Kohlenstoff bestehende, luftförmige **Kohlensäure** die wichtigste Rolle. Sich überall entwickelnd, wo Organismenreste unter Luftzutritt verbrennen, verfaulen oder verwesen, und überall freiwerdend, wo Thiere athmen, ist diese Säure unter den gewöhnlichen Verhältnissen doch immer nur in sehr geringen Mengen in der Atmosphäre zu finden. Der Grund von dieser Erscheinung liegt in ihrem Verhalten einerseits zur Pflanzenwelt und andererseits zum Wasser und zu vielen Mineralsubstanzen. Die Pflanze saugt sie als ihr wichtigstes Nahrungsmittel unaufhörlich ein; das Wasser der Atmosphäre, die Gewässer der Erde, ja auch alle die Wasser einsaugenden oder von demselben durchdrungenen Erdrindemassen ziehen sie gierig an und halten sie so lange fest, als sie noch tropfbares Wasser enthalten. Wo demnach Wasser hingelangen kann, da kann sich keine freie Kohlensäure ansammeln, aber ebenso, wo Wasser hingelangt, da führt es auch Kohlensäure mit sich, zumal wenn es von der Atmosphäre aus zuerst mit Anhäufungen von abgestorbenen Organismenresten in Berührung getreten ist, was ja überall stattfindet, wo sich die Erdoberfläche mit einer Decke von Pflanzen geschmückt hat.

Wenn nun das mit Kohlensäure beladene Wasser (welches wir der Kürze halber als **Kohlensäurewasser** bezeichnen wollen) mit Gesteinsmassen in längere Berührung kommt, welche Bestandtheile enthalten, die zu der Kohlensäure Verbindungsneigung besitzen oder sich wenigstens mechanisch in Kohlensäurewasser lösen, da beginnt auch schon das Zersetzungs- und Umwandlungsgeschäft dieser Säure. Die Arbeit des Kohlensäurewasser besteht aber alsdann in folgenden Acten:

a) Das **Kohlensäurewasser** löst mechanisch viele Minerale auf, ohne sie weiter zu zersetzen, so dass sich diese letzteren bei seiner eintretenden Verdunstung chemisch unverändert wieder ausscheiden und absetzen. Zu diesen in Kohlensäurewasser löslichen Mineralien gehören vor allen

1) alle **kohlensauren Salze** (Carbonate), so nächst den, auch schon in reinem Wasser löslichen, Alkalicarbonaten, namentlich der in reinem Wasser unlösliche kohlensaure Kalk und kohlensaure Baryt, ferner die kohlensaure Magnesia und das kohlensaure Eisenoxydul. Unter diesen letzteren ist das Kalkcarbonat am leichtesten löslich.

2) alle **phosphorsauren Salze** (Phosphate), so namentlich der phosphorsaure Kalk, z. B. der Knochen und das Eisenphosphat.

3) die **Fluormetalle**, so namentlich das Fluorcalcium oder der Flussspath.

Schon durch diese Eigenschaft wird das Kohlensäurewasser zum wichtigsten Nahrungsbereiter für die Pflanzenwelt; denn sie macht, wie eben gezeigt, an sich unlösliche und doch für das Pflanzenleben wichtige Mineralstoffe geeignet zur Aufnahme in den Pflanzenkörper.

b) Das Kohlensäurewasser löst Mineralkörper zuerst mechanisch und unverändert in sich auf, zersetzt sie dann aber, sobald sie längere Zeit in ihm gelöst bleiben, und wandelt sie in Carbonate um. Dies ist hauptsächlich der Fall mit den kieselsauren Salzen (Silicaten) des Kali und Natron, der Magnesia und des Eisenoxyduls.

Kommt demgemäss Kohlensäurewasser mit Silicat-Mineralien in Berührung, welche diese Bestandtheile besitzen, so zieht es diese letzteren unverändert aus ihrer bisherigen Verbindung, also z. B.

aus dem Feldspathe das kieselsaure Kali-Natron, aus der Hornblende die kieselsaure Magnesia oder das kieselsaure Eisenoxydul. Bleiben nun diese ausgezogenen Silicate längere Zeit in der Lösung des Kohlensäurewassers, dann entstehen aus ihnen lösliche Carbonate des Kali, der Magnesia und des Eisenoxyduls, während ihre Kieselsäure frei wird und sich nun ebenfalls in dem Kohlensäurewasser löst.

Wenn indessen eine solche Lösung mit anderen noch unzersetzten Silicatmineralien in Berührung kommt, so kann es auch seine noch unzersetzten Silicate wieder in die Masse dieser Minerale einschieben und diese dadurch mannigfach verändern.

c) Es hat demnach das Kohlensäurewasser für viele Minerale eine zersetzende oder umwandelnde Kraft, indem es

1) entweder Bestandtheile aus einer Steinmasse auslaugt, während es andere derselben unberührt lässt. In dieser Weise laugt es

α. aus dem dolomitischen Kalksteine, Mergel und mergeligen Sandsteine kohlensauren Kalk aus, so dass aus dem ersten reiner Dolomit, aus dem zweiten gemeiner Thon und aus dem dritten thoniger Sandstein wird;

β. aus den zusammengesetzten Silicaten, z. B. aus den Feldspathen, die Alkalien und alkalischen Erden aus, so dass nur noch kieselsaures Thonerdehydrat (Thon) übrig bleibt.

2) oder neue Bestandtheile in die Masse eines Minerales einschiebt,

α. ohne andere schon vorhandene wegzunehmen. In dieser Weise wird Thon durch angesogene Kalklösung zu Mergel oder durch in ihm eingedrungene Lösungen von kohlensaurem Eisenoxydul allmälig zu Thoneisenstein,

β. und dabei schon vorhandene Bestandtheile wegnimmt. So schiebt es in die Masse des Turmalins Kali ein, laugt aber dafür Borsäure, Fluor und Eisenoxydul aus derselben aus und wandelt dieses Mineral in Kaliglimmer um.

d) Das Kohlensäurewasser zersetzt aber auch zusammengesetzte

Silicate dadurch, dass es einen ihrer Bestandtheile aus seiner Verbindung mit der Kieselsäure zieht, in ein Carbonat umwandelt und dann ganz aus seiner Verbindung auslaugt. —

Dies ist vorzüglich dann der Fall, wenn ein Silicat Kalkerde enthält. Die Kalkerde hat nemlich unter den gewöhnlichen Verhältnissen eine viel stärkere Verbindungsneigung zur Kohlensäure als zur Kieselsäure; kommt daher ein kalkhaltiges Silicat mit Kohlensäurewasser in Berührung, so verbindet sich die Kalkerde dieses Silicates mit der Kohlensäure zu doppeltkohlensaurem Kalk und stösst dafür ihre Kieselsäure aus, welche nun ebenso wie das Kalkbicarbonat von dem Wasser ausgelaugt wird. In diesem Verhalten liegt der Grund, warum alle kalkerdehaltigen Silicate so leicht vom Kohlensäurewasser — ja um so leichter, je mehr sie Kalk enthalten — zersetzt werden. Recht deutlich sieht man dieses bei den kalkhaltigen Feldspathen (Labrador und Anorthit), welche viel schneller verwittern als die kalklosen, und beim Oligoklas, welcher bald Kalkerde enthält, bald auch nicht, und darum bald rascher, bald langsamer verwittert.

c) Das Kohlensäurewasser regt die gemeinen Metalle zur Oxydation an und verbindet sich dann mit den entstandenen Oxyden zu kohlensauren Salzen.

Dies ist ganz besonders zu bemerken beim Eisen und Kupfer, welche an feuchter, kohlensäurehaltiger Luft liegend, sich rasch in kohlensaures Eisenoxydul (Eisenspath) und in kohlensaures Kupferoxyd (Malachit) umwandeln, wie oben schon im § 4 und 5 angedeutet worden ist.

Soviel im Allgemeinen über die steinzersetzende Thätigkeit der Kohlensäure. Im Besonderen ist über dieselbe noch zu bemerken, dass diese Säure nicht auf alle Bestandtheile eines Gesteines mit gleicher Kraft und Leichtigkeit einwirkt, dass man vielmehr in dieser Beziehung bei ihren Angriffen vorzugsweise auf die Silicate folgende Wirkungsabstufungen bemerken kann:

1) Silicate, welche ausser kieselsaurer Thonerde nur Alkalien enthalten, werden unter den gewöhnlichen Verhältnissen nur schwierig in der Weise zersetzt, dass ihre kieselsauren Alkalien unzersetzt ausgelaugt werden. Unter ihnen erscheinen aber nun wieder die Silicate, welche nur kieselsaures Kali enthalten, schwerer zersetzbar, als diejenigen, welche kieselsaures Natron allein oder neben dem Kali besitzen. So verwittert der nur kalihaltige Adularfeldspath am schwersten, der Oligoklasfeldspath leichter, der nur natronhaltige Albit am leichtesten.

2) Silicate, welche ausser kieselsaurer Thonerde neben den Alkalien auch

alkalische Erden besitzen, werden unter sonst gleichen Verhältnissen leichter zersetzt als die nur Alkalien haltigen. Dies gilt namentlich von den Kalkerde haltigen.

Unter ihnen erscheinen nun wieder die natron- und kalkerdehaltigen Silicate (z. B. der Labrador) am leichtesten, die kali-, natron- und kalkerdehaltigen Silicate (z. B. der Oligoklas) schon schwerer, die kali- oder natron- und magnesiahaltigen (z. B. gemeine Hornblende) am schwersten zersetzbar.

3) Silicate, welche kieselsaure Magnesia besitzen, sind nur sehr langsam und schwierig zu zersetzen,

am schwersten die nur aus kieselsaurer Magnesia bestehenden (z. B. Talk, Speckstein, Chlorit, Serpentin);

etwas leichter die neben Magnesia auch Eisenoxydul haltigen (z. B. Chlorit leichter als Talk);

am leichtesten noch die Kalk und Magnesia zugleich haltigen (z. B. Kalkhornblende und Augit).

4) Silicate, welche neben kieselsaurer Thonerde nur noch Kalkerde enthalten, werden unter allen Silicaten am leichtesten zersetzt. — Ueberhaupt kann als Regel gelten, dass die Kalkerde in allen Mineralien das die Zersetzung dieser letzteren durch Kohlensäure bedingende Hauptmittel ist und stets zuerst unter allen Bestandtheilen der Silicate durch das Kohlensäurewasser aus ihren Verbindungen herausgezogen wird.

Je mehr daher ein Silicat Kalkerde enthält, um so leichter wird es unter sonst gleichen Bedingungen durch Kohlensäure zersetzt. Recht deutlich sieht man dieses bei den Kalkfeldspathen:

Oligoklas enthält die wenigste Kalkerde: er verwittert am langsamsten;

Labrador enthält mehr Kalk: er verwittert schneller;

Anorthit enthält die meiste Kalkerde: er verwittert am schnellsten unter den Feldspathen.

Ausser diesen Erfahrungssätzen ist aber noch zu bemerken, dass unter sonst günstigen Umständen ein Silicat den Angriffen des Kohlensäurewassers um so länger und um so stärker widersteht,

1) je mehr die Alkalien, alkalischen Erden und sonstigen Monoxyde eines Silicates mit Kieselsäure übersättigt sind; die sogenannten Trisilicate verwittern darum weit schwerer als die Monosilicate von gleichen Bestandtheilen.

2) je weniger Kohlensäure in dem Kohlensäurewasser enthalten ist.

Soviel über den Wirkungskreis der Kohlensäure. Das Vorstehende reicht aus, um ihre Wichtigkeit im Haushalte der Natur zu zeigen. Sie ist fast das einzige Mittel, welches die Natur benutzt, um einerseits den Stoffwechsel im

Mineralreiche herzustellen und zu unterhalten, und andererseits der Pflanzenwelt diejenigen Substanzen zu verschaffen, welche dieselbe zu ihrer Ernährung braucht. An denjenigen Orten der Erdoberfläche daher, wo sich viel Kohlensäurewasser entwickelt, da geht auch unter sonst günstigen Verhältnissen die Gesteinszersetzung und Bodenbildung am stärksten vor sich, da wird auch die meiste Pflanzennahrung aus den Steinen entwickelt, da entfaltet sich also auch das reichste und mannigfaltigste Pflanzenleben. Freilich muss dabei die Pflanze selbst mit helfen, muss sie erst durch ihre absterbenden Körperglieder sich das Mittel erzeugen, durch welches ihr aus dem harten, todten Gesteine die ihr zustehende Nahrung zubereitet wird.

§ 24. **Einfluss der Pflanzen.** Wenn auch die Pflanzen hauptsächlich durch die aus ihren abgestorbenen Körpermassen sich entwickelnden und im Vorigen schon angegebenen Verwesungssubstanzen auf die Lösung und Umwandlung der festen Gesteine einwirken, so lehrt doch die Erfahrung, dass sie auch schon während ihres Lebens einen mehr oder minder grossen Einfluss auf die Gesteinszersetzung ausüben. Dieser Einfluss, welchen ich schon in meinem Werke: „Die Humus-, Marsch-, Torf- und Limonitbildungen" von Seite 3 bis Seite 19 ausführlicher beschrieben habe, äussert sich vorzüglich in folgenden Thätigkeiten:

1) Pflanzen lassen sich auf der Oberfläche von scheinbar noch ganz frischen Felsmassen nieder, überziehen dieselbe mehr oder minder dicht und ändern dadurch das Verhalten derselben gegen die atmosphärische Luft ab. — Dies thun ganz besonders jene mikroskopisch kleinen, dem unbewaffneten Auge fast wie schwarzbraun, gelb, braunroth oder auch graugrünlich gefärbte Staubüberzüge erscheinenden Pflänzchen, welche unter dem Namen der Schurf- oder Krätzflechten (Leprariae), Blatterflechten (Variolarieae), Krustenflechten (Verrucaria), Lager- oder Wandflechten (Parmelia, Collema, Lecanora etc.) allbekannt sind. — Alle diese zwergartigen Flechten lassen sich nemlich vorzugsweise an der Aussenfläche von solchen Gesteinen nieder, welche zwar unter ihren chemischen Bestandtheilen Kalkerde oder auch Kali enthalten, aber vermöge ihrer hellen oder glatten Oberfläche unempfänglich gegen den plötzlichen Temperaturwechsel und die Bethauung, — mit einem Worte schwer zugänglich für die Anregungsmittel zu ihrer Verwitterung sind und darum auch den atmosphärischen Zersetzungsagentien lange widerstehen. Indem sich nun diese Pflänzchen (deren Keime von den Dunstwellen der Atmosphäre herbeigefluthet werden) in kurzer Zeit massenweise an solchen schwer verwitterbaren Felsflächen niederlassen, machen sie diese letzteren mit ihren staubähnlichen Körpern rauh und ändern hierdurch nicht nur das Wärmestrahlungsvermögen derselben ab, sondern halten auch mit ihren Körpern die Feuchtigkeit der Atmosphäre fest, so dass nun einerseits aus schlechten Wärmestrahlern gute werden und in Folge davon die Temperaturgrade

der Felsflächen öfters wechseln, was nun weiter ein Rissigwerden ihrer
Masse bewirkt, — und andererseits die von den Flechten angesogene
Feuchtigkeit˙ sammt der in ihr enthaltenen Kohlensäure nachhaltig auf
die rissig werdende Felsfläche einwirken kann.

Recht deutlich kann man dieses Verhalten der Flechten an Kalkstein-
felsen beobachten. Diese widerstehen, wenn sie recht hell (weissgrau
oder weisslich) gefärbt und an ihrer Oberfläche möglichst dicht sind,
an sich der Verwitterung ausserordentlich lange. Keine Felsart aber
wird mehr von Flechten heimgesucht, als der Kalkstein. (Vergl. mein
obengenanntes Werk S. 15.) Sobald sich aber diese erst auf ihm
festgesetzt haben, wird er an seiner Oberfläche bald mürbe, rissig,
löcherig, ja man kann sogar bemerken, dass alsdann die Flechten
selbst die Kalksteinmasse anätzen, denn unter jeder derselben erscheint
eine mit erdigem Kalk bedeckte Vertiefung.

2) Haben Flechten erst eine Felsoberfläche mürbe und rissig gemacht, haben
sie auch dieselbe mit ihren abgestorbenen Körpertheilen gedüngt, dann
treten andere Pflanzen, — zuerst Moose, dann Gräser — an ihre Stelle
und vollenden das Zerstörungswerk ihrer Vorgängerinen. Während ihres
Lebens halten sie die von ihnen bedeckte brüchige Felsfläche feucht, so
dass das Wasser mit den von ihren Verwesungsmassen entstehenden
Agentien nachhaltig auf ihren Felsensitz einwirken kann. Und nach
ihrem Tode zernagen sie mit ihren Humussäuren, ihrer Kohlensäure und
ihrem Schwefelwasserstoffe die einmal angeätzte Steinmasse vollends. Indem nun auf diese Weise die Pflanzennahrungsschichte auf der Felsmasse
immer mehr wächst, entsteht am Ende so viel Wachsthumsraum auf der
letzteren, dass sich auch Holzgewächse auf ihr niederlassen können. Diese
aber wirken noch viel stärker als jene zarten Krautgewächse auf die von
ihnen in Besitz genommene Felsmasse ein. Sie geben mehr Schatten und
halten demnach mehr Feuchtigkeit zusammen; sie athmen mehr Sauerstoff
am Tage und mehr Kohlensäure des Nachts aus, welche nun rasch sich
mit der Feuchtigkeit verbindet und dem Boden zugeleitet wird; sie geben
bei ihrem Absterben mehr Humus und folglich auch mehr Zersetzungsmittel; sie dringen endlich in alle Felsritzen mit ihren alten Wurzelästen
und Zasern ein, welche dann beim Fortwachsen sich immer mehr recken und
dehnen und dadurch aber auch immer mehr auf die sie einschliessenden
Felsmassen drücken und zwängen, bis sie dieselben auseinander gerissen
und in ein Haufwerk von Steinschutt umgewandelt haben. Das alles
thun sie aber nicht blos während ihres Lebens, sondern auch nach ihrem
Tode; ja die abgestorbene Pflanzenwurzel vermag noch viel besser Felsen
zu zersprengen und zu zerstören als die lebende, denn sie saugt sich
mechanisch voll Wasser, quillt dadurch stärker auf und kann sowohl
hierdurch allein schon als auch durch das Gefrieren ihres Wassergehaltes

mit viel grösserer Gewalt auf die sie einengende Felsmasse drücken. Bei allem diesen Treiben helfen ihr dann auch die aus ihrem absterbenden Körper freiwerdenden, felsanätzenden Verwesungsstoffe.

Soviel im Allgemeinen über das Wesen und Wirken der Verwitterungsagentien. Wie sich dieselben nun speciell bei der Zersetzung der einzelnen Mineral- und Felsarten verhalten, welche Verwitterungsproducte sie aus diesen schaffen, das soll in den folgenden §§ näher beschrieben werden. Im Allgemeinen lässt sich hier nur über diese ihre felszerstörende Thätigkeit und die hierdurch entstehenden Producte aussprechen:

Sie zertrümmern das feste Gestein zunächst zu Schutt; hat dieser nun irgend eine Verbindungsneigung zum Wasser, Sauerstoff oder zur Kohlensäure, dann wird er entweder ganz aufgelöst oder so lange durch diese eben genannten Agentien umgewandelt und theilweise ausgelaugt, bis ein Rest des angegriffenen Minerales übrig bleibt, welcher nicht mehr durch diese Agentien verändert werden kann und nun in der Form von Sand, Pulver oder Erdkrume auftritt. Hat dagegen dieser Mineralschutt keine Verbindung zu den obengenannten drei Verwitterungsagentien, so bleibt er in seiner Masse chemisch unverändert und wird nur allmälig zu Kies und Sand zertrümmert.

§ 25. Verwitterungsproducte der einzelnen Mineralien.

In den Paragraphen 5 bis 9 sind alle diejenigen Mineralarten geschildert worden, welche nur irgend einen Einfluss auf die Bildung sowohl der festen, wie auch der schüttigen Erdrindemassen ausüben können. Wirft man nun nochmals einen Blick auf ihren Verwitterungsgang und die aus ihnen sich nach und nach entwickelnden Verwitterungsproducte, so wird man folgende Resultate erhalten:

I. Ueber den Verwitterungsgang:

A. Alle diese Mineralien werden durch den Wechsel der Temperaturen und auch wohl durch das gefrierende Wasser auf mechanische Weise zuerst in ihrem Zusammenhange gelockert, dann zu einem losen Haufwerke von kleinen Stückchen, Körnern und Blättchen zertrümmert. In dieser Form bilden sie Kies und Sand.

B. Aber eben diese Minerale werden auch durch das atmosphärische Wasser und durch die in ihm aufgelösten Gase — Sauerstoff und Kohlensäure — chemisch verändert und zersetzt, sobald sie Bestandtheile besitzen, welche durch diese ebengenannten Atmosphärenstoffe angegriffen werden können. In dieser Weise werden sie

a) vom reinen Wasser allein angegriffen und ganz aufgelöst, wenn sie nur aus den im § 5 beschriebenen Salzen — Kochsalz, Salmiak,

Salpeter, Bittersalz, Glaubersalz, Alaun, Eisenvitriol — oder auch aus Gyps bestehen. Jene Salze können daher nie einen stabilen Bestandtheil des Erdbodens bilden und sich höchstens nur eine Zeitlang in einem trockenen Boden bei langdauernder, warmer, trockener Witterung als Ausblühungen in der obersten Lage ihres Bodengebietes absetzen. Der Gyps dagegen kann sich wegen seiner schweren Löslichkeit in warmen, trockenen Bodenarten längere Zeit hindurch als sandige oder pulverige Beimengung erhalten.

b) nur vom Sauerstoff und kohlensäurehaltigem Wasser angegriffen und zwar

α. vom kohlensäurehaltigen Wasser allein vollständig aufgelöst, wenn sie reine Carbonate sind, wie der Kalkstein, Dolomit und — bei Abschluss von Sauerstoff — der Eisenspath.

Diese Minerale können an trockenen, pflanzenleeren Orten lange im Zustande des Sandes oder Pulvers bleiben; in einem Erdboden aber, welcher feucht ist und von Pflanzen bedeckt wird, werden sie allmälig aufgelöst. Auch sie können daher so wenig wie der Gyps einen sich stets gleichbleibenden Bodengemengtheil bilden.

β. vom kohlensäurehaltigen Wasser allein theilweise aufgelöst, so dass ein ungelöster Rückstand bleibt, wenn sie Silicate sind, welche neben kieselsaurer Thonerde und Eisenoxyd auch kieselsaure Alkalien und alkalische Erden enthalten.

Bei diesen Silicaten findet jedoch folgende Abstufung statt:

1) Die kalkerdehaltigen Silicate werden am ersten angegriffen und dann um so schneller zersetzt, je mehr sie Kalkerde enthalten. Ihre Kalkerde wird dabei in kohlensauren Kalk umgewandelt.

2) Unter den kalklosen Silicaten werden die natronhaltigen um so schneller angegriffen, je mehr sie Natron besitzen; nach den natronhaltigen werden die kalihaltigen am ersten geätzt; die magnesiahaltigen endlich werden um so weniger angegriffen, je reicher sie an Kieselsäure und je ärmer sie an Alkalien und Eisenoxydul sind. Das Kohlensäurewasser laugt dabei aus diesen Silicaten sowohl die Alkalien, wie auch die Magnesia unzersetzt als kieselsaure Salze aus und wandelt sie erst bei längerer Berührung mit ihnen in kohlensaure Salze um.

γ. vom sauerstoffhaltigen Wasser allein angegriffen, wenn sie Eisenoxydul oder Manganoxydul oder Schwefeleisen enthalten — Die Oxydule werden hierdurch in

Oxydhydrate umgewandelt, welche dann bei Silicaten als

Verwitterungsrinde auf die Oberfläche der angegriffenen Mineralmasse treten.

Das Schwefeleisen aber wird durch den Sauerstoff in Schwefelsäure und schwefelsaures Eisenoxydul (Eisenvitriol) umgewandelt.

δ. vom Sauerstoff und zugleich kohlensäurehaltigem Wasser angeätzt, wenn sie neben Alkalien und alkalischen Erden auch Eisenoxydul und Manganoxydul enthalten.

1) Mergel, welche zugleich Kalk und Eisenspath enthalten, werden in dieser Weise in kalklosen, eisenschüssigen Thon umgewandelt.

2) Ebenso werden hierdurch Silicate bei starkem Thonerdegehalte in ockergelben Thon, bei geringern Thonerdegehalt in thonigen Braun- oder Rotheisenstein umgewandelt.

II. Ueber die Verwitterungsproducte. Hier kann indessen nur die Rede von denjenigen Mineralien sein, welche weder vom reinen noch vom kohlensäurehaltigen Wasser ganz aufgelöst werden können, denn alle diese letzteren werden, wenn sie ohne Zutritt eines anderen Minerales, welches zersetzend auf sie einwirken könnte, aus ihren Lösungen ausgeschieden werden, sich wieder unverändert absetzen. Nur der Eisenspath macht in dieser Beziehung eine Ausnahme, indem er schon während seines Gelöstseins Sauerstoff anzieht und sich in Folge davon als unlösliches Eisenoxydhydrat d. i. als Brauneisenstein ausscheidet. — Sieht man also von allen diesen Mineralien ab, so bleiben nur noch die Silicate zur Betrachtung übrig: für diese allein gilt also folgende Uebersicht der Verwitterungsproducte auf der anliegenden Tabelle A.

Zum Verständniss dieser Uebersicht sei hier noch erwähnt, dass: $\dot{S}i$ = Kieselsäure, $\ddot{A}l$ = Thonerde, $\dot{K}$ = Kali, $\dot{N}a$ = Natron, $\dot{C}a$ = Kalkerde, $\dot{M}g$ = Magnesia, $\dot{F}e$ = Eisenoxydul, Fl = Fluor, $\dot{C}$ = Kohlensäure, $\dot{H}$ = Wasser ist.

Schon ein flüchtiger Blick auf die vorstehende Uebersicht zeigt, dass

a) die Feldspathe, Zeolithe und Glimmer die eigentlichen Thonbildner, und zwar

die Feldspathe und Zeolithe als Erzeuger des Kaolins und weissen Thones,

die Glimmer aber die Bildungsmaterialien des ockergelben oder rothbraunen, kieselsäurereichen Thones

sind;

b) die Amphibolite dagegen, vorherrschend die Eisenerze, den kohlensauren Kalk, den Speckstein und Serpentin erzeugen, indem von ihnen nur die gemeine Hornblende und allenfalls der Augit eine Art Eisenthon oder Lehm produciren.

Tabe

Verwitterungsproduct

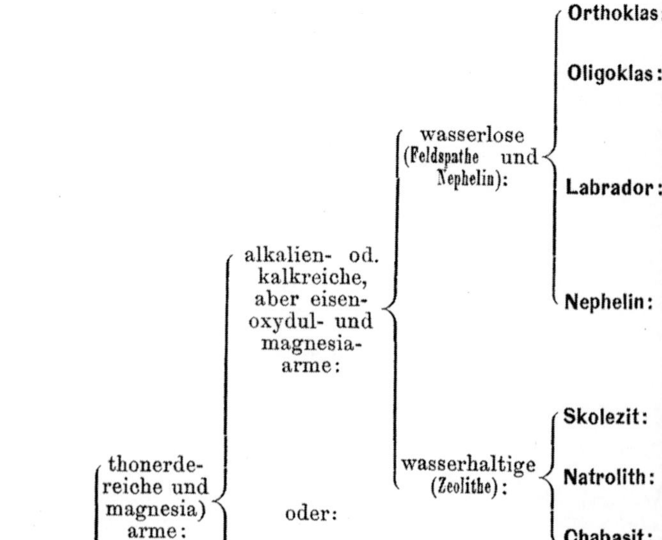

e **A.**

multiplen **Silicate.**

...altiges Wasser	Auslaugungs-producten.	Unlöslichen Rück-ständen.
$_{,20}$ Ṡi, 12 Äl, 16$_{,68}$ K̇	In C̈Ḣ gelöstes kieselsaures Kali.	Kaolin oder reiner Thon.
$_{,01}$ Ṡi, 23$_{,35}$ Äl, 8$_{,40}$ Ṅa, 1-5 K̇, 4$_{,24}$ Ċa.	In C̈Ḣ gelöster kohlensaurer Kalk, kieselsaures Natron und Kali.	Thon, welcher oft kalkhaltig oder kieselhaltig ist.
$_{,56}$ Ṡi, 29$_{,77}$ Äl, 12$_{,17}$ Ċa, 4$_{,50}$ Ṅa.	Viel gelöster kohlensaurer Kalk, weniger kieselsaures Natron.	Thon, welcher meist mergelig ist.
1$_{,2}$ Ṡi, 35$_{,3}$ Äl, 17$_{,0}$ K̇a, 6$_{,5}$ K̇.	Viel gelöstes kohlen- und kieselsaures Natron und etwas Kali.	Weisse Thonsubstanz.
6$_{,5}$ Ṡi, 26 Äl, 14 Ċa, 14 Ḣ.	löslicher C̈Ċa u. Ṡi.	Thonartige Substanz.
8 Ṡi, 27 Äl, 16 Ṅa, 9 Ḣ.	lösliches C̈Ṅa u. Ṡi.	wie voriger.
8 Ṡi, 20 Äl 20 Ca, 21 Ḣ.	löslicher C̈Ċa u. Ṡi.	wie voriger.
8$_{,07}$ Ṡi, 38$_{,41}$ Äl, 10$_{,10}$ K̇, 42H; dazu oft 1-2 Ṁg,u 1-2Fl u 1-6Ḟe	lösliches ṠiK̇, Fl Ca.	Ockergelber lehmartiger Thon (und Brauneisenerz).

Die

multiplen

Silicate

sind:

oder:

    kalklose und eisenoxydul- u. magnesia-reiche:

        (mer:

        alkalien-lose:

            { Chlorit:

magnesia-reiche und thonerde-arme:

    alkalien-, eisenoxydul- u. thonerde-haltige, wenig Kalkerde be-sitzende:

        fluor- und na-tronhaltige, kieselsäure-reichere;

            { gemeine blende

        fluorlose, na-tron- u. kiesel-säureärmere:

            { Kalkhor blende

    alkalienlose, eisenoxydul-reiche, mit oder ohne Kalkerde:

        thon- u. kalk-erdehaltige:

            { Augit:

        thonerde-arme u. meist kalklose:

            Diallag:

            Hypersthe

            Serpentin:

3 H, 10-25 Fe+Ḟe, 1-4 Fl, 5 K̇.	Na, etwas C̈Ċa.	ger Thon; Eisenglanz, auch wohl Speckstein.
,₃ S̈i, 18-12 Äl, 15 bis 28 Ḟe, 15-25 Ṁg, 10-12 Ḣ	wenig lösl. C̈Ṁg u. lösliches S̈i.	Mit Grünerde untermengte Thonsubstanz, Talk, Brauneisenerz.
-50 S̈i, 8-12 Äl, 4-25 Ḟe, bis 12 Ċa, 13-24 Ṁg, 1-5 Ṅa u. K̇.	lösliches S̈i Ṅa u. K̇, auch C̈Ċa u. C̈Ṁg; — (Fl Ca).	Ockergelber oder durch Grünerde graugrün gefärbter Lehm; ausserdem Brauneisenstein, Speckstein und Serpentin.
-47 S̈i, 12-26 Äl, 30 Ḟe, 10-13 Ċa, 11-14 Ṁg, 0-3 Ṅa.	viel löslicher C̈Ċa und S̈i, auch C̈Ṁg, wenig S̈i Ṅa.	
-50 S̈i, 5-6 Äl, 8-12 Ḟe, 22 Ċa, 13 Ṁg.	viel löslicher C̈Ċa, auch etwas C̈Ṁg und C̈Ḟe.	Lederbrauner oder rothbrauner, oft C̈Ċa haltiger Eisenhaltiger Eisenthon oder auch Lehm.
- 52 S̈i, 3 - 6 Äl, 7-12 Ḟe, 18-19 Ċa, 15-16 Ṁg, 0,₅-2 Ḣ.	viel lösl. C̈Ċa und auch C̈ (Ċa + Ṁg).	Eisenthon oder auch Serpentin.
- 54 S̈i, 0,₅ - 2 Äl, 21-22 Ḟe, 21-14 Ṁg, 1-3 Ċa.	wenig oder kein löslicher C̈Ċa, oft aber viel C̈Ḟe.	Thoniges Brauneisenerz, Eisenglanz, Magneteisenerz u. Serpentin.
,₁₄ S̈i, 42,₉₇ Ṁg, 12,₈₉ Ḣ, 2 Ḟe.	etwas C̈Ṁg.	———

Fasst man schliesslich alle oben mitgetheilten Erfahrungen über die, mechanisch und chemisch gebildeten, Verwitterungsproducte der im vorigen § beschriebenen Mineralarten zusammen, so erhält man folgendes allgemeine Resultat:

Alle Minerale, welche im reinen Wasser nicht leicht oder geradezu unlöslich sind, können bei ihrer mechanischen Zertrümmerung in der Form von gröberen oder feineren Sand auftreten. Sind dieselben nun unzugänglich für die chemische Einwirkung der Verwitterungsagentien, so bilden sie stabilen Sand; können sie aber durch diese Agentien angegriffen werden, dann bilden sie vergänglichen Sand. In diesem Falle aber werden sie durch kohlensaures Wasser entweder unzersetzt und ganz aufgelöst — so die Carbonate, — oder theilweise zersetzt und gelöst, so dass ein Theil ihrer Bestandtheile lösliche Salze bildet und ein anderer Theil dieser Bestandtheile unzersetzt und ungelöst zurückbleibt und in der Regel in der Form einer krümlichen oder pulverigen Erde die Hauptmasse des Erdbodens darstellt. Dies ist vorzüglich der Fall bei den Silicaten; diese sind demnach als die Haupterzeugungsmittel aller eigentlichen Erdkrume anzusehen.

§ 26. Abänderung in der Verwitterung der einzelnen Mineralarten.

Wenn jede der Erdrindemassen immer nur aus einer einzigen Mineralart zusammengesetzt wäre, dann würde der Verwitterungsprocess der einzelnen Minerale auch stets so beschaffen sein, wie er eben beschrieben worden ist. Allein so ist es nicht immer in der Natur; denn es bilden wohl viele der im vorigen § 11c. geschilderten Minerale für sich allein Felsarten, aber noch mehrere derselben erscheinen stets nur im festen, innigen Gemenge mit anderen Mineralarten als das Bildungsmittel von Gebirgsarten. Und durch dieses feste Verwachsensein der einzelnen Mineralarten mit einer oder mehreren anderen wird nicht nur die Zeit, sondern auch der Gang und die Art ihrer Verwitterung auf mannigfache Weise abgeändert, wie einige Beispiele beweisen werden:

1) Serpentin für sich allein verwittert sehr schwer oder gar nicht, ist aber viel Eisenkies mit ihm verwachsen, so wird er durch die bei der Verwitterung des letzteren freiwerdende Schwefelsäure bald angeätzt und in der Weise zerlegt, dass lösliche Kieselsäure und schwefelsaure Magnesia (Bittersalz) entsteht.

2) Dolomitmergel verwittern langsam, enthält aber ihre Masse viel Eisenkies beigemengt, so verwittern sie bald in der Weise, dass aus ihnen ockergelber Thon, Gyps und Bittersalz entsteht.

3) Hornblende für sich allein verwittert nur sehr langsam und giebt dann zuletzt einen ockergelben Lehm und Dolomitspath; ist sie aber mit Oligoklas verwachsen, so wird der Verwitterungsprocess abgeändert, indem durch den schneller, als sie, verwitternden Oligoklas lösliche kohlensaure Alkalien entstehen, welche nun auf die Hornblendemasse einwirken, sich

in dieselbe einzwängen, ihre Kalkerde und Magnesia — erstere ganz,
letztere zum Theil — austreiben, sich dann an die Stelle dieser beiden
Bestandtheile der Hornblende setzen und so dieselbe in Glimmer umwandeln.

In dieser Weise kann die Verwitterungsart jedes Minerals umgewandelt
werden, sobald es mit einer andern Mineralart verwachsen ist,
welche schneller als es selbst verwittert und dabei Stoffe aus
ihrer Masse ausscheidet, welche ätzend und zersetzend auf seinen
Bestand einwirken können. Dieses Verhältniss aber findet wenigstens bei
den gemengten krystallinischen Felsarten fast immer statt, denn in diesen
trifft man vorherrschend zwei oder drei Mineralarten mit einander im Verbande,
von denen wenigstens eine rascher verwittert als die anderen und dabei Stoffe
entwickelt, welche auf die letzteren einwirken können, wie man unter anderen
an allen den Felsarten bemerken kann, welche aus einem Gemenge von
Oligoklas und Hornblende oder von Labrador und Hypersthen u. s. w. bestehen.

Dass indessen auch die Verwitterungsart der, nur aus einer einzigen
Mineralart bestehenden, einfachen Felsart umgeändert werden kann, sobald in ihr zufällig leicht verwitternde Minerale — z. B. Eisenkiese —
eingewachsen erscheinen, ist schon oben angegeben worden.

Ja, es kann diese Verwitterungsart einer einfachen oder
auch gemengten Felsart schon dadurch abgeändert werden,
dass neben oder über ihr eine leichter verwitternde Gesteinmasse liegt, deren lösliche Verwitterungsproducte vom Wasser
in die an sich schwerer verwitternde Steinmasse eingeführt
werden. Man denke sich nur folgendes Verhältniss: Ueber einer
Kalkablagerung lagert eine Kupferschieferschicht. Der Kupferkies der
letzteren, welcher bekanntlich aus Schwefelkupfer und Schwefeleisen besteht, oxydirt sich; es entsteht aus ihm schwefelsaures Eisenoxydul und
freie Schwefelsäure — lauter im Wasser leicht lösliche Substanzen; diese
Substanzen werden vom Wasser gelöst durch Spalten der Schiefermasse
dem unter ihr liegenden Kalke zugeführt. Sobald sie mit diesem in
Berührung kommen, beginnt ein Austausch ihrer Säuren, so dass sich aus
dem kohlensauren Kalk schwefelsaurer d. i. Gyps, und aus dem schwefelsauren Kupfer- und Eisenoxyde kohlensaures Kupferoxyd d. i. Malachit
und Eisenoxydhydrat oder auch kohlensaures Eisenoxydul d. i. Eisenspath entwickelt.

In allen bis jetzt angegebenen Beispielen ist gezeigt worden, auf welche
Weise die Producte der Verwitterung eines Minerales durch den chemischen
Einfluss der mit ihm in Verbindung stehenden Mineralarten abgeändert werden
können. Es kann aber auch die Schnelligkeit der Verwitterung eines
Minerales auf rein mechanische Weise durch die mit ihm erwachsenen

Minerale abgeändert werden. In dieser Beziehung sind folgende Verhältnisse zu denken:

a) das mit einem Minerale A verwachsene Mineral B ist für den Temperaturwechsel empfindlicher als A; es wird sich daher bei einen und denselben Temperaturgraden stärker ausdehnen und auch wieder stärker zusammenziehen, als das mit ihm verwachsene A. Die Folge davon ist eine anfängliche Lockerung und endliche Zerreissung des Verbandes von A und B, in deren weiterer Folge nun sich die Verwitterungsagentien leichter zwischen die einzelnen Mineraltheile einschleichen und auf sie einwirken können. Dieses Verwitterungsverhältniss wird um so stärker hervortreten, je grösser die Körpermassen der mit einander verwachsenen Minerale A und B sind („grosskörnige Felsarten verwittern immer schneller als feinkörnige von derselben Zusammensetzung") und je greller der Unterschied in der Färbung der Minerale A und B ist.

Der grobkörnige, weiss und schwarz gefleckte Diorit verwittert schneller, als der dichte, grünlichgraue Aphanit, obwohl beide Felsarten einerlei Gemengtheile (Oligoklas und Hornblende) haben. Ebenso verwittert der körnige, grau und schwarz gefleckte Dolerit schneller als der dichte, gleichmässig schwarzgraue Basalt, der ebenso wie jener aus Labrador, Augit und Magneteisenerz besteht.

b) Das mit einem Minerale A verwachsene B verwittert schneller als A. Die Folge davon kann für das letztere von doppelter Art sein:

1) Werden die Verwitterungsproducte von B durch Wasser ausgelaugt oder ausgeschlämmt, so entstehen dadurch in der Masse des aus A und B bestehenden Gesteines Lücken, in welchen sich das Meteorwasser mit seinen Gehülfen, Sauerstoff und Kohlensäure, leichter festsetzen und in Folge davon auch stärker auf das an sich schwer verwitterbare Mineral A einwirken kann.

Recht deutlich sieht man dieses am dolomitischen Kalksteine, welcher aus einem Gemenge von Kalk und Dolomit besteht. Der Kalk wird leicht durch Kohlensäurewasser ausgelöst; in die hierdurch entstehenden Lücken setzt sich aller Thau und alles Regenwasser und bewirkt nun durch seine Kohlensäure, dass der an sich schwer verwitternde Dolomit leichter gelöst wird.

2) Werden durch die Verwitterung von B Substanzen gebildet, welche nicht weiter vom Meteorwasser verändert oder fortgeführt werden, so können sich diese als eine dichte undurchdringliche Rinde auf dem an sich schon schwer verwitternden Minerale A absetzen und dadurch vollends dessen Verwitterung hemmen.

Dies ist unter anderm auch der Fall, wenn bei der Verwitterung von B Speckstein, Chlorit, Kieselsäure oder Eisenerze freiwerden, welche sich auf A absetzen und dann bei ihrer Erstarrung eine feste, dichte Rinde auf demselben bilden. Es können durch diese Rinden selbst leicht verwitterbare Minerale unverwitterbar werden.

Aus allem eben Mitgetheilten geht wohl zur Genüge hervor, dass wenn man die Natur des Verwitterungsprocesses bei den einzelnen im § 5 bis § 9 beschriebenen, Mineralen in ihrem vollen Umfange kennen lernen will, man auch diese Minerale in ihren verschiedenen Verbindungen zu Felsarten beobachten muss.

§ 27. Die Verwitterung der gemengten krystallinischen Felsarten.

Wer irgend schon die Verwitterungsweise von einer und derselben gemengten Felsart, z. B. vom Granite, wiederholt unter verschiedenen Localitäten und Ablagerungverhältnissen untersucht hat, der wird auch gefunden haben, dass eine solche Felsart nicht überall gleich leicht und schnell verwittert, nicht überall in gleicher Weise sich zersetzt, ja auch nicht überall ein und dieselben Verwitterungsproducte hervorbringt. Die Ursachen von dieser sich verschieden äussernden Verwitterung eines und desselben Gesteines sind nun — wie auch in den vorigen §§ angedeutet worden ist — zu suchen theils in der Masse der Felsarten selbst, theils in ihren Abhängigkeitsverhältnissen selbst (Lagerungsbeziehungen) einerseits von anderen mit ihr im Verbande stehenden Erdrindenmassen und andererseits von dem Klima, der Beschaffenheit und der Organismenwelt ihres Ablagerungsgebietes. Das Folgende wird dies erörtern und bestätigen.

Der Verwitterrngsprocess einer gemengten krystallinischen Felsart ist aber nach dem oben Angedeuteten unter sonst gleichen Bedingungen abhängig:

A. Von der Beschaffenheit ihrer Masse selbst und zwar:

    a) von der Art ihrer Gemengtheile. Wie oben schon angegeben worden ist, so verwittern im Allgemeinen

        α. Feldspathartige Felsarten schneller und leichter als feldspathlose, aber unter diesen ersteren

            1) Felsarten mit kieselsäurearmen Feldspathen wieder leichter, als Gesteine mit kieselsäurereichen Feldspathen. Es übt hierbei jedoch die Grösse des Kalkgehaltes in den Feldspathen einen starken Einfluss aus; denn

                a) je kalkreicher und kalkärmer ein Feldspath ist, desto schwerer verwittert er.

                Bekanntlich verwittern oligoklashaltige Granite, Gneisse, Syenite und Porphyre rascher als orthoklashaltige. Ebenso verwittert labradorhaltiger Diabas rascher als Oligoklas haltiger, auch wenn beide Gesteine ganz gleiches Gefüge haben.

2) Felsarten mit Feldspath, Quarz und Glimmer leichter als glimmerlose, weil die letzteren den wechselnden Temperaturen besser widerstehen können. Indessen verwittern unter den glimmerhaltigen die mit schwarzem Glimmer versehenen wieder leichter als die mit weissem Glimmer gemengten.

3) Felsarten mit Labrador oder Anorthit und Kalkhornblende rascher als Gesteine mit Oligoklas und kalkarmer Magnesiahornblende.

4) Felsarten mit kalkreichem Augit schneller als Gesteine mit Kalkhornblende, Diallag oder Hypersthen.

Unter den sogenannten Grünsteinen verwittert Diorit am langsamsten, Hypersthenit etwas schneller, Gabbro noch schneller, Diabas noch schneller und Dolerit am schnellsten.

β. Unter den feldspathlosen verwittern

die glimmerhaltigen am schnellsten und unter diesen wieder Magnesiaglimmerschiefer eher als die Kaliglimmerschiefer;

die chlorithaltigen langsamer;

die talkhaltigen noch langsamer;

die serpentinhaltigen am langsamsten.

b) Von der Art des Gefüges. Es verwittern bekanntlich Felsarten bei ganz gleichen Gemengtheilen

1) mit körnigem Gefüge am schnellsten und zwar um so rascher, je grobkörniger ihr Gefüge ist, weil dann ihre Oberfläche nicht bloss ein guter Wärmestrahler ist, sondern auch einerseits den Atmosphärilien und andererseits den Flechten bessere Haftpunkte bietet;

2) mit schiefrigem Gefüge um so langsamer, je vollkommener dieses Gefüge ist und je ebenflächiger und glatter die einzelnen Schieferplatten sind.

Schiefergesteine verwittern stets schwerer als körnige Gesteine mit denselben Gemengtheilen, sobald sie wagerecht abgelagert erscheinen. Diese Langsamkeit der Verwitterung wird erhöht, sobald die Flächen ihrer Schieferplatten glatt und eben sind, weil diese letzteren wegen ihrer Strahlenreflectionskraft von dem Wechsel der Temperatur sehr wenig berührt werden und den Atmosphärilien keine Haftpunkte gewähren. Am besten sieht man dies am Glimmerschiefer. Anders freilich zeigt sich die Verwitterung bei aufgerichteten Massen der Schiefer (siehe unter B.).

3) Mit Porphyr- oder Mandelsteingefüge bald weniger langsam, bald viel langsamer als körnige Gesteine, je nach dem Dich-

tigkeitsgrade ihrer Grundmasse und nach der Menge und Grösse der in dieser letzteren eingebetteten Krystalle oder Mandeln.

α. Porphyre mit kleinkörniger Grundmasse verwittern leichter als solche mit dichter Grundmasse, weil jene mehr vom Temperaturwechsel leiden und leichter von Flechten besetzt werden können;

β. Porphyre mit wenigen oder sehr kleinen eingewachsenen Feldspathkrystallen verwittern weit schwerer als solche mit grossen, zumal natronhaltigen, Feldspathkrystallen. Ganz ähnlich verhalten sich auch Diabasporphyre: je mehr und je grössere Augitkrystalle in ihrer Masse liegen, um so leichter verwittern sie.

γ. Selbst dichte Gesteine, welche zufällig durch eingewachsene Krystalle porphyrisch erscheinen, verwittern leichter als solche, welche gar keine Einsprenglinge enthalten. Ihre Verwitterung beginnt stets in der nächsten Umgebung der eingewachsenen Krystalle, so dass diese locker werden und ausfallen. In den hierdurch entstehenden Lücken der Gesteinsmasse können dann die Verwitterungsagentien besser haften und ätzen.

δ. Aehnlich verhalten sich die Mandelsteine, denn auch bei ihnen beginnt die Verwitterung der Grundmasse zunächst in der Umgebung der Mandeln, so dass diese, wenn sie nicht selbst auch verwittern, ausfallen. Je mehr nun diese Gesteine Mandeln enthalten, um so lückiger wird nach dem Ausfallen der letzteren ihre Masse und um so leichter verwittern sie alsdann.

4) Felsarten mit dichtem Gefüge am langsamsten, und zwar um so langsamer, je glasartiger ihre Masse ist und je weniger sie Einsprenglinge enthält.

Am augenfälligsten bemerkt man dies bei dem Dolerit und Basalt da, wo beide zusammen vorkommen.

B. Von den Lagerungsbeziehungen einer Felsart, und zwar
a) ihrer eigenen Masse.

1) Je freier eine Felsart von Zerklüftungen, zumal senkrecht ihre Masse durchsetzenden, ist, um so weniger wird sie sowohl von den Wirkungen des gefrierenden Wassers, wie von den chemisch wirkenden Atmosphärilien angegriffen.

2) Je wagrechter schiefrige Eelsarten abgelagert erscheinen, um so mehr trotzen sie der Verwitterung.

Lagern schieferige oder auch geschichtete Gesteine so, dass die Atmosphärilien zwischen ihre Schiefer- oder Schichtungs-

spalten eindringen können, so werden sie zunächst durch
den Frost zerspalten und dann durch die Verwitterungsagentien von Innen nach Aussen zerstört. Oft sieht alsdann
eine solche Felsart äusserlich noch ganz frisch aus, während
das Innere ihrer Masse schon erdig geworden ist.

Ueberhaupt aber sind die den Atmosphärilien zugänglichen Spal-
tungen der Gesteine, seien es nun die Absonderungsklüfte oder
die Schieferungsspalten derselben, stets die Laboratorien, in welchen
die Verwitterungsagentien am stärksten und mannigfaltigsten wirthschaften, und von denen aus diese Agentien seitwärts in die sie
umgebende Gesteinsmasse immer weiter dringen. In diesem Verhalten
liegt daher auch der Grund, warum alle diese Spalten der Felsarten der Sitz der verschiedenartigsten Mineralbildungen sind.

b) **zu den sie zunächst umgebenden Felsarten.** — Es ist schon
früher mitgetheilt worden, dass eine, vielleicht an sich selbst nur
schwer verwitterbare, Felsart durch eine andere leicht verwitternde
zur Zersetzung getrieben werden kann, sobald diese letztere bei ihrer
eigenen Verwitterung im Wasser lösliche Stoffe entwickelt, welche
zersetzend auf die Gemengtheile der mit ihr im Verbande stehenden — schwer verwitternden — Felsart einwirken können.

In dieser Weise erscheinen z. B. am Thüringer Walde Melaphyr-
und Hypersthenitgänge, welche bitumenhaltige Kohlenschiefer durchsetzen, überall an den Berührungsstellen mit diesen letzteren mehr
oder minder stark verwittert, wahrscheinlich durch die aus dem Bitumen
dieser Schiefer sich entwickelnde Kohlensäure.

Vorzugsweise wirken die Nebengesteine einer Felsart stark auf
diese letzteren ein, wenn sie aus sich

1) Vitriole und freie Schwefelsäure entwickeln und die von ihnen
berührte Felsart Kalisilicat enthält. Aus Oligoklas oder labradorhaltigen Gesteinen entsteht dann gewöhnlich Gyps und auch wohl
Alaun.

2) kohlensaure Alkalien entwickeln und die von ihnen berührte Felsart Kalkerde enthält. In diesem Falle kann sich aus dem Oligoklas des berührten Gesteines Orthoklas oder aus Hornblende
Glimmer entwickeln und zugleich kohlensaurer Kalk ausscheiden.

C. Der Verwitterungsprocess einer gemengten Felsart ist endlich auch noch
abhängig von äusseren Verhältnissen, so namentlich:

a) von dem Klima. Es ist bekannt, dass überall da, wo hohe und
niedere Temperaturen öfters — und sogar grell — wechseln, Felsarten schneller verwittern, als da, wo die Temperaturen entweder
sich lange ziemlich gleich bleiben oder nur allmälig wechseln.

In der gemässigten Zone, wo in der Regel heisse Sommer mit kalten Wintern wechseln, wo ausserdem noch ein deutlich hervortretender Temperaturwechsel in den einzelnen Jahreszeiten, ja selbst an einzelnen Tagen, bemerkbar ist, verwittert unter sonst gleichen Verhältnissen eine Felsart schneller als in der Polarzone, Tropenzone oder in der Region des ewigen Eises. Ja es tritt dieses merkwürdige Verhältniss schon an den verschiedenen Gehängen einer und derselben Felsmasse hervor, denn man wird bemerken, dass diese Masse an ihren nördlichen Gehängen bei weitem länger frisch bleibt, als an ihren südlichen und südwestlichen Gehängen, wie man auch schon daran erkennen kann, dass sich an den letztgenannten Gehängen weit mehr Flechten und Moose ansiedeln, als an den erstgenannten.

Mit . dem Wechsel der Temperaturen ist zugleich auch ein öfters wiederkehrender Wechsel von trockenen und feuchten Luftströmungen und in Folge davon häufig sich wiederholenden Regenniederschlägen verbunden — Verhältnisse, welche ebenfalls von Bedeutung für die Felsverwitterung sind.

Gegenden, welche vorherrschend trockenen Winden — in Deutschland z. B. dem Ostwinde — ausgesetzt sind, leiden meist an zu starker Verdunstung ihrer Gewässer; Felsarten in diesen Gegenden lassen daher das sie benetzende Meteorwasser rascher verdunsten, ehe es mit seiner Kohlensäure auf ihre Masse einwirken kann. In Gegenden dagegen, welche vorherrschend von feuchten Winden bestrichen werden, verwittern diese Felsarten rascher einerseits unmittelbar durch den sie fortwährend befeuchtenden, Kohlensäure führenden, Wasserdunst und andererseits mittelbar durch die Flechten, welche sich am liebsten an den angefeuchteten und immer feucht gehaltenen Felswänden niederlassen.

b) von der Pflanzenwelt, wie schon früher angedeutet worden ist. Indessen nicht blos durch die sich Felswänden anheftenden Flechten und durch die sich in alle Felsritzen einzwängenden Wurzeln von Bäumen, sondern auch durch die gasförmigen Substanzen — z. B. Kohlensäure und Sauerstoff, welche die Gewächse in der nächsten Umgebung einer Felsmasse theils schon während ihres Lebens ausstossen, theils erst nach ihrem Absterben bei der Verwesung bereiten und dem Luftmeere zum Transporte überliefern, werden die einzelnen Felsarten angeätzt und zur leichten Verwitterbarkeit getrieben.

In wälderreichen Gegenden verwittern Felsarten stets schneller und stärker als in öden, pflanzenleeren Landstrichen.

§ 28. Verlauf der Felsartenverwitterung.
Mag nun die Verwitterung einer gemengten krystallinischen Felsart früher oder später beginnen

und schneller oder langsamer vor sich gehen, immer wird man während des Verlaufes derselben folgende drei nach einander eintretende und in einander greifende Acte oder Processe wahrnehmen:

1) Beim Beginne der Verwitterung wird die Masse einer Felsart zuerst theils nur durch den Wechsel der täglich stattfindenden Temperaturen allein, theils durch den winterlichen Frost im Verbande mit dem gefrierenden Wasser entweder nach allen Richtungen hin nur rissig gemacht oder auch auf grössere Strecken hin ganz zertrümmert.

a) Durch den täglichen Wechsel der Temperaturen allein entstehen nun an der Oberfläche eines Gesteines zarte, mit dem blossen Auge oft kaum bemerkliche, Risse, welche in einander einmünden und so ein Netz bilden, welches die äusserste Gesteinslage nach allen Richtungen hin durchzieht und es dem Meteorwasser möglich macht, alle Mineraltheile dieser Lage gleichmässig zu benetzen. Bei dieser Rissigmachung der Felsoberfläche wird aber der Zusammenhalt nicht nur der einzelnen Felsgemengtheile, sondern auch jedes einzelnen Mineralindividuums für sich allein um so mehr gestört,

α. je grösser einerseits der Unterschied in den Wärmestrahlungsvermögen der einzelnen Gemengtheile ist, und

β. je vollkommener andererseits der Blätterbruch der einzelnen Mineralindividuen hervortritt, oder auch: ein je besserer Wärmestrahler das einzelne Mineral ist.

Die durch diese Art der Lockerung eingeleitete Verwitterung ist indessen selbstverständlich eine nur sehr langsam und lagenweise von Aussen nach Innen vorwärts schreitende. Bei ihr kann eine Felsart nach und nach in ihrer ganzen Masse umgewandelt werden, ohne dass sie ihren Platz und ihre Masseform verändert; ja bei ihr kann es vorkommen, dass selbst die einzelnen ihrer Masse eingewachsenen Krystalle vollständig ihrer Substanz nach umgewandelt werden, ohne ihre Körperform zu verlieren, — wenn anders eine solche Felsart eine Ablagerungsart und einen Ablagerungsort besitzt, in welchem das niederfallende Meteorwasser die eben erst gebildeten Verwitterungsproducte nicht von ihrer Oberfläche abspülen kann. Ist freilich dies letztere der Fall, dann nimmt die verwitternde Felsmasse von Aussen nach Innen an Masse ab, und ihre Verwitterungsproducte bilden dann um ihren Fuss herum einen Schuttwall.

b) Der eben beschriebenen Gesteinslockerung durch den Temperaturwechsel allein geht, wenigstens in der gemässigten Zone, gewöhnlich eine Lockerung und Zertrümmerung der Felsmassen durch Einwirkung des Frostes im Verbande mit gefrierendem Wasser voraus. Wenn während der kalten Jahreszeit das die Absonderungsspalten und Austrocknungsklüfte der Felsarten mehr oder weniger füllende Wasser zu Eis erstarrt, dann treibt es diese Klüfte mit so furchtbarer Gewalt auseinander, dass sie sich nicht nur selbst gewaltig vergrössern und nach allen Richtungen hin bis in das Innerste ihrer Gesteinsmasse verästeln und verzweigen, sondern gar häufig auch eine vollständige Zertrümmerung ihrer Felsmasse in losen Schutt herbeiführen. In beiden Fällen aber arbeitet das gefrierende Wasser unter diesen Verhältnissen den Verwitterungsagentien in die Hände. Denn im ersten Falle schafft es Kanäle, in denen das mit Kohlensäure und Sauerstoff versehene Meteorwasser bis in das tiefste Innere einer Felsmasse eindringen und hier ohne Störung nagen und zersetzen kann; im zweiten Falle aber wandelt es die compacte, nur von einer Seite her angreifbare Felsmasse in kleine Bruchstücke um, welche nun leicht von allen Seiten vom täglichen Temperaturwechsel und zugleich auch von den Atmosphärilien ergriffen werden können, da sie in der Regel in Folge ihrer gewaltsamen Entstehungsweise nach allen Richtungen hin von Rissen durchzogen sind.

2) Sobald sich nur erst Risse in der Masse eines Gesteines gebildet haben, dann beginnt auch schon der zweite Act der Felsverwitterung: das Meteorwasser, sei es Nebel, Thau oder Regen, schleicht sich in alle Gesteinsrisse ein, oder wird begierig von den Haarspalten der gelockerten Gemengtheile aufgesogen, bis in ihr Innerstes geleitet und festgehalten, so dass es auf die kleinsten Massetheile der Minerale einwirken, sie durchweichen und durchwässern (hydratisiren) und hierdurch fähig machen kann, die eigentlichen Verwitterungsagentien anzuziehen und sich mit ihnen chemisch zu verbinden.

3) Hat in dieser Weise das Wasser alle von ihm benetzten Steintheile in gehöriger Weise durchwässert, dann beginnt der dritte Act der Felsverwitterung: Die schon durch das Wasser selbst in die Gesteinsmasse eingeführten Verwitterungsagentien — Kohlensäure und Sauerstoff — greifen den chemischen Bestand der Felsgemengtheile an, trennen das in ihm etwa vorhandene Eisenoxydul als Oxydhydrat aus seiner Verbindung und lösen die kieselsauren Alkalien theils unzersetzt, theils als kohlensaure Salze, während das sie begleitende Wasser diese Salze in sich aufnimmt und so lange auslaugt, bis von der so angegriffenen Gesteinsmasse keine anderen Bestandtheile mehr übrig bleiben, als die von der Kohlensäure und dem Sauerstoff nicht mehr angreifbaren Mineralsubstanzen.

Und hiermit tritt die aus krystallinischen Mineralarten gemengte Felsart in die Reihe des Stein- und Erdschuttes ein.

§ 29. **Verwitterungsproducte der einzelnen gemengten krystallinischen Felsarten im Allgemeinen.** Nach dem bis jetzt Mitgetheilten wird jede gemengte krystallinische Felsart im Allgemeinen bei ihrer Verwitterung folgende Producte liefern:

1) Bei dem gewöhnlichen Gange der Verwitterung wird sie zuerst durch mechanische Zertrümmerung umgewandelt in Steinschutt. Dieser besteht aus groben Blöcken und kleinen, sandartigen Trümmern, welche man Grus nennt. Dieser Grus besteht wieder:

a) aus Bröckchen oder Stückchen der Felsart selbst, so dass jedes einzelne Theilkörperchen desselben noch als ein Gemenge von denselben Mineralien erkannt wird, aus denen das ganze Muttergestein besteht (Eigentlicher Grus oder Felsgrus).

b) aus Krystallstücken, Körnern oder Blättern der einzelnen Mineralien, welche früher die Gemengtheile seines Muttergesteines bildeten (Mineralgrus oder Grussand).

Unter den einzelnen, früher angegebenen, Felsarten können nur die deutlich gemengten, körnigen, schiefrigen und porphyrischen Gesteine diese beiden Arten von Grus liefern; die undeutlich gemengten, dichten Gesteine aber zerfallen nur zu Felsgrus.

Im weiteren Verlaufe der Verwitterung nun erscheinen die einzelnen Theilkörper des Gruses:

a) entweder noch veränderlich und ganz zersetzbar. Dies ist der Fall mit demjenigen Mineralgrus, welcher aus Silicaten besteht, welche Alkalien, alkalische Erden und Eisen- oder Manganoxydul enthalten. Zu dieser Art Grus gehören die Trümmer der Feldspathe, Zeolithe, Glimmer, der Hornblende, des Augites, Diallages und Hypersthenes. Ausser diesen Arten des Mineralgruses zeigt sich aber auch derjenige Felsgrus ganz zersetzbar, dessen Muttergesteine quarzlos sind und aus einem Gemenge von Feldspath mit Glimmer, Hornblende, Augit, Diallag oder Hypersthen bestehen. Alle diese Arten des Gruses erscheinen demnach nur vorübergehend als Sand und geben mit der Zeit noch Erdkrume, sie gehören also zu den Arten des veränderlichen Sandes.

b) oder nur theilweise zersetzbar, so dass von ihnen stets unzersetzbare Theile bei der weiteren Verwitterung übrig bleiben. Zu dieser Art von Grus gehören alle Trümmer von denjenigen Felsarten, welche unter ihren Gemengtheilen Quarz oder magnesiareiche Silicate enthalten, die bei ihrer Verwitterung Serpentin, Talk oder Speckstein produciren. Sie bilden demnach nur halbveränderlichen Sand.

c) oder unter den gewöhnlichen Verhältnissen ganz unveränderlich oder ganz unzersetzbar. Zu dieser Art von Grus gehört derjenige Mineralgrus, welcher aus Quarzkörnern, Talk, Speckstein (oder auch wohl aus Titanmagneteisenkörnern) besteht. Sie liefert demnach das Material zur Bildung des unveränderlichen, stabilen oder eigentlichen Sandes.

2) Aus dem veränderlichen Gruse der gemengten krystallinischen Felsarten entstehen nun im weiteren Verlanfe der Verwitterung durch chemische Zersetzung mittelst des kohlensäure- und sauerstoffhaltigen Meteorwassers

 a) durch die Kohlensäure eine grössere oder kleinere Menge in kohlensaurem Wasser löslicher kieselsaurer oder kohlensaurer Salze, welche ihrer Natur nach verschieden sind je nach der chemischen Zusammensetzung der sie producirenden Felsgemengtheile (— Auslaugungsproducte —);

 b) durch den Sauerstoff eine grössere oder kleinere Menge von unlöslichem Eisen- oder Manganoxyd, wenn einzelne Gemengtheile des Muttergesteines Eisen oder Mangan enthalten. In der Regel werden jedoch die so entstandenen Oxyde entweder vom Wasser weggefluthet oder mit den folgenden Producten zusammengeschlämmt.

3) Nach Auslaugung aller im reinen oder kohlensaurem Wasser löslichen Bestandtheile der einzelnen zersetzbaren Felsgemengtheile bleibt dann als letztes Product der Gesteinsverwitterung übrig;

 a) von quarzhaltigen Felsarten: Quarzsand und Thon, welcher entweder nur aus weissem kieselsaurem Thonerdehydrat besteht und dann Kaolin heisst, oder mit dem etwa vorhandenen Eisenoxyd gemengt ist und dann ockergelben bis rothbraunen gemeinen Thon oder auch Lehm darstellt;

 b) von quarzfreien Felsarten nur irgend eine Thonart, welche bei hornblende-, augit- oder hypersthenhaltigen Felsarten in der Regel kieselsäurereich, sehr eisenschüssig oder auch magnesiahaltig ist und unter Verhältnissen auch oft mit Talk-, Speckstein- oder Chloritblättern oder Knöllchen untermengt erscheint.

Im Allgemeinen also sind als die letzten Verwitterungsproducte aller gemengten krystallinischen Felsarten thonartige Erdkrumen zu betrachten, welche theils rein von Beimengungen sind und dann Kaolin bilden, theils verunreinigt erscheinen durch Quarzsand, amorphe Kieselsäure, kohlensauren Kalk, kieselsaure Magnesia oder auch durch Eisenoxyd und dann als gemeiner Thon, Lehm, Walkererde, Bol, Mergel oder eisenschüssiger Thon, ja auch als Thoneisenstein auftreten.

Nach allem eben Mitgetheilten lassen sich demnach die Hauptproducte aller Verwitterung der gemengten krystallinischen Gesteine in folgende Uebersicht bringen:

Das gemengte krystallinische Gestein

verwittert entweder ganz allmählig von Aussen nach Innen:	zerfällt zuerst in gröberen oder feineren Grus, welcher

und sondert seine Verwitterungsproducte lagenweise ab, so namentlich die viel Eisenoxyd ausscheidenden Hornblende und Augitgesteine.	und wird hierdurch in seiner ganzen Masse gleichmassig umgewandelt, so die Orthoklas und Oligoklas reichen Gesteine.	entweder aus Trümmern der Felsart selbst	oder aus den einzelnen Mineralgemengtheilen der Felsart besteht

und

noch zersetzbar ist.	nicht weiter zersetzbar ist (Stabiler Sand).

Bei dieser Verwitterung entstehen zweierlei Producte:

zuerst aus dem Gehalte der Alkalien und alkalischen Erden im Wasser lösliche Salze und auch wohl lösliche Kieselsaure, welche allmälig durch das Wasser ganz aus der Steinmasse ausgelaugt werden. (Auslaugungsproducte) Erstes Verwitterungsproduct.	sodann aus der vorhandenen kieselsauren Thonerde Thon, aus dem vorhandenen Eisenoxydul Eisenoxyd und unter gewissen Verhältnissen auch aus der vorhandenen kieselsauren Magnesia Speckstein, lauter Substanzen, welche durch kohlensaures Wasser nicht zersetzt oder gelöst werden konnen. (Auslaugungsrückstände) Letztes Verwitterungsproduct.

§ 30. Nähere Angaben über die Verwitterung der wichtigeren gemengten Felsarten. Die eben kurz geschilderten Verwitterungsverhältnisse und Zersetzungsproducte der gemengten Felsarten zeigen indessen bei den einzelnen Arten dieser Gesteine so mancherlei Abweichungen, dass es sich nöthig macht, diesen für die Bildung des Gebirgsschuttes so wichtigen Zersetzungsprocess wenigstens an den allgemein verbreiteten und für die Erzeugung des Pflanzen pflegenden Erdbodens nothwendigen Gebirgsarten näher zu untersuchen.

§ 30 A. Verwitterung der feldspathreichen Felsarten (vgl. § 15, 1. Gruppe). — Bei ihnen herrscht die Kaolin- oder Thonbildung um so mehr vor, je reicher sie an Feldspath sind. Indessen macht sich die Bildung von reinem Kaolin nur dann bemerklich, wenn diese Gesteine arm an Eisenoxyd spendenden Mineralien (Glimmer oder Hornblende) sind oder wenn sie unter Abschluss von Sauerstoff zersetzt werden, so dass das kohlensaure Wasser alle die Kaolinbildung hemmenden Bestandtheile unter der Form von doppeltkohlensauren Salzen vollständig aus ihrer Gesteinsmasse entfernen kann. In der Regel besteht die von ihnen producirte Erdkrumenmasse aus einer thonigen Mischung von den Verwitterungsrückständen ihrer sämmtlichen Gemengtheile.

1. Der Granit (vgl. § 15, 1. Gruppe No. 1) verwittert unter sonst gleichen Verhältnissen um so eher:

     1) je grobkörniger sein Gemenge ist;

     2) je mehr er Oligoklas besitzt;

     3) je dunkler gefärbt sein Glimmer erscheint.

Seine Verwitterung beginnt in der Regel an den Verwachsungsstellen zwischen Feldspath und Glimmer, wie man namentlich bei den magnesiaglimmerhaltigen Graniten beobachten kann. Der Grund von dieser Erscheinung liegt hauptsächlich in dem verschiedenen Verhalten der granitischen Gemengtheile gegen die Wärmestrahlen, dem zu Folge Quarz und Feldspathe sich ziemlich gleich verhalten, während der Glimmer, zumal der schwarze, sich schneller und stärker erhitzt, aber auch schneller wieder abkühlt als die eben genannten anderen Granitgemengtheile. In diesem Verhalten liegt auch der Grund, warum die einzelnen Gruskörner des Granites vorherrschend aus verwachsenen Feldspath-Quarztrümmern bestehen, während der Glimmer isolirt und in einzelnen Blättchen zerstreut im Verwitterungsthone des Granites umher liegt. Und trifft man hie und da im Granitgruse Feldspath- oder Quarztrümmer, an denen noch Glimmerlamellen hängen, so sind diese letzteren gewöhnlich nichts anderes, als Glimmerreste, welche bei der Zerreissung des Granitgemenges an dem Feldspath oder Quarz hängen geblieben sind.

Besitzt ein Granit Orthoklas und Kaliglimmer, so beginnt seine Verwitterung zunächst am Orthoklas; enthält er dagegen schwarzen, eisenreichen Glimmer, so beginnt die Verwitterung mit diesem. Bei den oligoklashaltigen Graniten aber, welche in der Regel Magnesiaglimmer enthalten, erscheint der Feldspath stets schon angewittert, wenn der Glimmer noch ganz frisch aussieht.

Bemerkenswerth erscheint es, dass

     1) der orthoklasreiche und wenig kaliglimmerhaltige Granit mehr gleichmässig von Aussen nach Innen verwittert, ohne wahren Grus zu bilden;

     2) der Orthoklas, Oligoklas und Glimmer in ziemlich gleicher Menge haltige Granit in der Regel vor seiner eigentlichen Zersetzung in Grus zerbröckelt;

     3) der Oligoklas und viel Magnesiaglimmer haltige sich bei beginnender Verwitterung gewöhnlich erst schalig absondert.

Alles dieses kann man namentlich an einzelnen freiliegenden Blöcken beobachten.

Die Verwitterungsproducte endlich zeigen sich verschieden je nach der Art der granitischen Gemengtheile.

     1) Aus dem Orthoklas-Kaliglimmer haltigen Granite entwickeln sich bei normaler Verwitterung:

        a) an Auslaugungsproducten

          α. aus jedem Massetheile seines Orthoklases zuerst eine geringe

Quantität doppeltkohlensauren Kalis nebst etwas doppeltkohlensauren Natrons,

  sodann aber viel in kohlensaurem Wasser lösliches saures kieselsaures Kali (und etwas Natron),

  im Allgemeinen also: 13—16 pCt. mit Kiesel- oder Kohlensäure verbundenen Kalis.

β. aus jedem Massetheilchen seines Kaliglimmers zuerst doppeltkohlensaures Natron (1—2 pCt.) und oft auch etwas (bis 2 pCt.)
hohlensauren Kalk,

  sodann ziemlich viel lösliches kohlensaures Kali, wozu oft noch
1—2 pCt. lösliche kieselsaure Magnesia kommt,

  endlich auch etwas in kohlensaurem Wasser lösliches Fluorcalcium,

  im Allgemeinen also: lösliche kiesel- oder kohlensaure
Kalisalze und 1—2 pCt. Natronsalze und stets etwas Fluorcalcium.

b) an nicht auslaugbaren Substanzen, also an Auslaugungs-
rückständen:

α. aus jedem Massetheile eines Orthoklases: reiner, weisser Kaolin,
wenn der Orthoklas frei von Eisenoxyd ist, oder gelber Thon,
wenn er viel Eisenoxyd enthält;

β. aus jedem Massetheile seines Kaliglimmers: ockergelber, von
äusserst zarten Glimmerschüppchen durchzogener, magerer Thon
oder Letten;

γ. aus seinem Quarze: unveränderlicher Sand.

Im Allgemeinen also kann der Orthoklas und Kaliglimmer haltige Granit
bei seiner vollständigen Zersetzung aus jedem Massetheile seiner verwitterbaren
Gemengtheile produciren:

a) an, in kohlensaurem Wasser löslichen, Auslaugungsproducten durchschnittlich:

20—25 pCt. Kali
1— 4 pCt. Natron } mit Kohlen- oder Kieselsäure
1— 2 pCt. Kalk } verbunden.

  etwas Fluorcalcium

b) an unlöslichem Rückstande:

  bei sehr geringem Eisengehalte: Kaolin,

  bei grösserem Eisengehalte einen ockergelben, fetten Thon, welcher
mit Quarzsand und Glimmerschüppchen untermengt ist.

2) Aus dem Oligoklas und Magnesiaglimmer haltigen Granite entwickeln sich
dagegen bei vollständiger Verwitterung:

a) an Auslaugungsproducten:

α. aus jedem Massetheile seines Oligoklases

zuerst doppeltkohlensaurer Kalk mit etwas kohlensaurem Natron; sodann viel lösliches saures kieselsaures Natron nebst 1—3 pCt. (kieselsaures) Kali;

im Allgemeinen: 8—10 pCt. mit Kiesel- oder Kohlensäure verbundenen Natrons, 1—3 pCt. Kalis und 4—5 pCt. mit Kohlensäure verbundenen Kalkes.

β. aus jedem Theilchen seines **Magnesiaglimmers**:

zuerst wenig doppeltkohlensaures Natron (bis 3 pCt.), mehr doppeltkohlensaure Magnesia (unter günstigen Verhältnissen (10—20 pCt.) MgO), auch wohl etwas Eisenoxydulcarbonat (bisweilen bis 5 pCt.), von kohlensaurem Kalk aber höchstens nur Spuren;

sodann lösliches kieselsaures Kali (mit 5—6 pCt. Kali) und auch wohl etwas Fluorcalcium,

im Allgemeinen vorherrschend 5—6 pCt. mit Kieselsäure verbundenen Kalis und unter günstigen Verhältnissen auch 10—20 pCt. Magnesia, welche mit Kohlensäure verbunden ist;

ausserdem auch etwas Fluorcalcium.

Bemerkung: Ist noch **Hornblende** im Granitgemenge vorhanden, was im Magnesiaglimmergranit oft der Fall ist, so kommen von ihr zu den eben angegebenen Substanzen des Magnesiaglimmers noch die kohlensauren Salze von

6—12 pCt. Kalkes

4—20 pCt. Eisenoxydules,

b) **an nicht auslaugbaren Rückständen:**

α. Aus dem **Oligoklas:** weisser oder je nach dem Eisengehalte gelblicher bis ockergelber, bisweilen auch kohlensauren Kalk haltiger, Thon;

β. aus dem **Glimmer:** rothbrauner, magerer, mit Eisenoxyd und zahlreichen Glimmerschüppchen untermengter, Thon oder Letten, bisweilen auch Chlorit oder Speckstein;

γ. aus dem **Quarze:** unveränderlicher Sand.

Im Allgemeinen kann also der Oligoklas und Magnesiaglimmer haltige Granit bei seiner vollständigen Zersetzung aus jedem Massetheile seiner verwitterbaren Gemengtheile entwickeln.

a) an in kohlensaurem Wasser löslichen Auslaugungsproducten durchschnittlich die Carbonate von:

8—10 pCt. Natron,

5— 6 pCt. Kali,

4— 5 pCt. Kalk,

10—15 pCt. Magnesia (indessen nicht immer, wie schon bei der Beschreibung des Magnesiaglimmers gezeigt worden ist).

b) an unlöslichem Rückstand einen mit Quarzkörnern und Glimmerblättchen untermengten und durch Eisenoxyd braunroth gefärbten, lehmartigen Thon.

Vergleicht man nun die eben angegebenen Verwitterungsproducte der beiden Granit-Abarten mit einander, so erhält man folgende Unterschiede in ihren Verwitterungsproducten:

Es producirt:

Oligoklas-Mglimmergranit.	Orthoklas-Kglimmergranit.

a. an Auslaugungs-   8—10 pCt. Natron   2— 4 pCt. Natron
producten die $\Big\{$ 5— 8 „ Kali   20—25 „ Kali
Carbonate und 4— 5 „ Kalk   1— 2 „ Kalk
Silicate von (10—15 „ Magnesia)

b. an Rückstand: rothbraunen, lehmartigen   weissen oder ockergelben
Thon,   fetten Thon,

welcher mit Quarzkörnern und Glimmer-
schüppchen untermengt ist.

Ausser diesen beiden Abarten des Granites giebt es aber noch zwei andere, eben so häufig vorkommende, von denen die eine aus Quarz, Orthoklas, Oligoklas, Kali- und Magnesiaglimmer, die andere aus Quarz, Orthoklas, Oligoklas, Magnesiaglimmer und etwas Hornblende besteht, von denen also jeder für sich zu gleicher Zeit dieselben Arten von Auslaugungsproducten, aber in ganz anderen Mengen producirt, als die obengenannten beiden Granitarten zusammen liefern können.

Man ersieht aus dem eben Mitgetheilten, dass die Verwitterungsproducte des Granites schon sehr verschieden an Qualität und Quantität je nach der Art seiner Gemengtheile sind, und dass demnach auch die Erdkrume, welche diese Felsart liefert, nicht immer eine und dieselbe mineralische Zusammensetzung und Pflanzenproductionskraft besitzen kann. Aber das ist noch nicht genug. Es ist in der obigen Zusammenstellung immer nur angegeben worden, welche Qualität und Quantität von Verwitterungsproducten die Masse eines jeden Gemengindividuums produciren kann. — Nun enthält aber der Granit in seinem Gemenge nicht immer gleich grosse Mengen von einem und demselben Gemengtheile, denn es giebt

a) feldspathreiche und glimmerarme und unter diesen wieder
    1) orthoklasreiche und oligoklasarme und
    2) oligoklasreiche und orthoklasarme,
b) feldspatharme und glimmerreiche u. s. w.; folglich enthält auch nicht jeder Granit gleich viel Massetheile von einem und demselben Gemengtheile. Mithin muss auch einerseits die Menge seiner Auslaugungsproducte und andererseits die Art seiner Verwitterungskrume verschieden sein, je

11*

nach der relativen Menge von jedem seiner Gemengtheile. — Ferner ist auch nicht ausser Acht zu lassen, dass nicht jeder Granit unter sonst gleichen Verhältnissen gleich schnell und gleich stark verwittert, dass, wie oben schon angegeben worden ist, der oligoklasreiche und magnesiaglimmerhaltige rascher und schneller verwittert, als der orthoklas- und kaliglimmerreiche, und der grobkörnige rascher als der kleinkörnige; es wird demgemäss der Granit auch nicht zu einer und derselben Zeit gleichviel Verwitterungsproducte liefern können. — Endlich kommt noch zu allem diesen, dass auch die Verwitterungsweise des Granites sich verschieden gestaltet nach den Ablagerungsorten desselben und in Folge dessen auch wieder mehr oder weniger von den obengenannten abweichende Verwitterungsproducte liefern muss, denn lagert

1) ein in seiner Masse verwitternder Granit so, dass das Wasser unaufhörlich seine Verwitterungsproducte auslaugen oder fortfluthen kann, so verlieren diese letzteren während ihres Transportes im Wasser nicht nur alle löslichen Substanzen, sondern auch nach und nach allen Grus, Sand und Glimmergehalt, so dass zuletzt von allen diesen granitischen Zersetzungsproducten an irgend einer secundären Lagerstätte nur noch ein reiner, fetter, plastischer Thon übrig bleibt.

2) ein feldspathreicher und glimmerarmer Granit an Orten, zu denen nur kohlensaures Wasser, aber wenig oder kein Sauerstoff gelangen kann, so bleibt nach Auslaugung seiner sämmtlichen löslichen Substanzen nur noch ein Gemenge von Kaolin oder Porzellan mit leicht abschlämmbaren Quarzkörnern und Glimmerblättchen von seiner Masse übrig.

Aus allem über die Verwitterungsproducte des Granites Mitgetheilten folgt demnach, dass, wenn man diese letzteren im Allgemeinen angeben will, man nur sagen kann:

Der Granit giebt unter den gewöhnlichen Verwitterungsverhältnissen im Verlaufe seiner Zersetzung einerseits eine mit Granitgrus, Feldspathstückchen, Quarzkörnern und Glimmerblättchen mehr oder weniger reichlich untermengte Thonkrume und andererseits eine grössere oder kleinere Menge von in kohlensaurem Wasser löslichen Carbonaten und Silicaten, unter denen die Kali- oder Natronsalze vorherrschen, deren Qualität und Quantität aber verschieden ist, je nach der Art und Menge der im Granite herrschenden Gemengtheile.

2. Der Syenit (vgl. § 15 1. Sippe Nr. 2), welcher sich seinen Gemengtheilen und seinem Aeusseren nach bald dem Granite bald dem Diorite nähert, zeigt folgende Verwitterung. Es ist schon bei der Verwitterungsweise des

viel Magnesiaglimmer haltigen Granites erwähnt worden, dass dieser bei beginnender Verwitterung sich in Schalen absondert. Dies ist nun bei dem Syenite noch weit mehr und zwar um so stärker zu bemerken, je mehr er eisenreiche Hornblende enthält. Die so entstandene Verwitterungsschale wird nun entweder durch den Frost und das Wasser abgesprengt, oder sie bleibt lose mit dem unter ihr vorhandenen Syenitkern verbunden. Durch ihre thonige Verwitterungsmasse sowohl wie auch durch ihre zahlreichen Risse aber werden die Verwitterungsagentien zu der unter ihr lagernden, noch frischen, Syenitmasse geleitet und angesammelt, so dass sich auf ähnliche Weise, wie an der Oberfläche des Gesteines, eine neue Verwitterungsschale erzeugen kann, welche sich nun ebenfalls durch den Einfluss ihres ausgeschiedenen Eisenoxydes von dem unter ihr liegenden noch frischen Syenitkern lostrennt und, wenn sie anders nicht durch äussere Agentien losgesprengt wird, ebenso wie die erste locker mit ihm verbunden bleibt. Tritt bei dieser Verwitterungsart keine Störung ein, so setzt sich diese concentrische Schalenbildung so lange fort, bis nur noch ein verhältnissmässig kleiner, oft halb- oder ganz kugelförmiger, Syenitkern übrig ist. Jede in dieser Weise entstehende Verwitterungsschale besteht aus einer ockergelben, halb thonigen, bisweilen auch mit Säuren aufbrausenden, (also kalkhaltigen) und halb verwitterten, feldspath- und hornblendekörnerhaltigen, Masse, ist äusserlich von einer theils schmutzig lederbraunen und aus Eisenoxydhydrat bestehenden, theils eisenschwarz glänzenden, bisweilen auch krystallinischen, eisenoxyduloxydhaltigen Rinde überzogen, und 1—6 Linien, bisweilen auch wohl 1—2 Zoll, stark. Allmählig zerfällt indessen diese concentrisch schalige Verwitterungsmasse doch noch in ein loses Haufwerk von zertrümmerten Schalen und eckigen Stückchen, welche nun weiter verwittern und zuletzt eine ockergelbe Lehmkrume bilden.

So ist im Allgemeinen die Verwitterungsweise des hornblendehaltigen Syenites. Anders aber gestaltet sie sich bei dem hornblendearmen, viel Orthoklas haltigen. Bei ihm verhält sie sich ähnlich wie beim Granit, obwohl auch in seiner verwitternden Masse Spuren von Schaalenbildung hervortreten.

Die Verwitterungsproducte, welche der Syenit liefert, sind im Allgemeinen folgende:

a) Auslaugungsproducte, d. h. in Kohlensäurewasser lösliche Carbonate und Silicate:

1) von jedem Massetheile des Orthoklas:
im Allgemeinen (wie beim Granit) 13 — 16 pCt. Kali und 1—4 pCt. Natron,

2) von jedem Massetheile des Oligoklas:
im Allgemeinen 8 — 10 pCt. Natron, 1 — 3 pCt. Kali und 4—5 pCt. Kalk.

3) von jedem Massetheile der Hornblende:
im Allgemeinen 4—12 pCt. kohlensaurer Kalk, 1—2 pCt. Al-

kalisalze (Kali und Natron), beim Einwirken von stark kohlensaurem Wasser auch eine geringere oder grössere Menge (10 bis 20 pCt.?) löslicher Kiesel- oder kohlensaurer Magnesia und bei der Zersetzung der Hornblende unter Luftabschluss oder unter dem Einfluss von fauligen Pflanzenmassen auch eine grössere oder kleinere Menge (5—20 pCt.) doppeltkohlensaurem Eisenoxydules.

b) **Auslaugungsrückstände:**

1) von den feldspathigen Gemengtheilen: bei eisenfreiem Zustande **Kaolin**, bei Vorhandensein von viel Eisenoxydul aber gelben **Thon**;

2) von der **Hornblende** eine, oft kieselsaure Magnesia, bisweilen auch etwas einfach kohlensauren Kalk haltige, mit Eisen- oder auch Manganoxydhydrat untermengte, und darum unrein ockergelbe bis schmutzig gelbbraune, im trockenen Zustande etwas fettig anzufühlende, im nassen Zustande aber wenig oder nicht plastische, thonige **Substanz**, welche sich bald dem Lehm, bald der Walkererde nähert.

Im Allgemeinen: Indem sich die eben angegebenen Auslaugungsrückstände des Feldspathes und der Hornblende mischen, bildet sich ein unrein ockergelber bis hell ledergelber, beim Austrocknen wenig berstender, leicht zu Pulver zerfallender, oft kalkhaltiger, mehr oder weniger eisenschüssiger Thon (Lehm), welcher häufig kleine Hornblendesplitter enthält, manchmal aber auch von Chloritblättchen (den letzten Rückständen von magnesiareicher Hornblende) durchzogen ist und dann eine unrein grünlichgelbe Färbung zeigt.

So sind im Allgemeinen die Verwitterungsproducte des Syenites, wenn er nur Feldspathe und Hornblende enthält. Besitzt er aber ausserdem noch Magnesiaglimmer, dann nähert er sich in seinen Auslaugungsproducten mehr dem oben beschriebenen, hornblendehaltigen Granite (Syenitgranit); sein thoniger Rückstand aber erscheint alsdann noch eisenschüssiger und zeigt beim vollständigen Austrocknen Anlage zum Blättern seiner Masse.

3. Der **Gneiss**, ein in seinem Aeussern sich bald dem Granite, bald dem Glimmerschiefer näherndes Gestein (vgl. § 15 1. Gruppe Nr. 3), zeigt sich in der Verwitterung verschieden zunächst je nach der Menge, Vertheilungsweise und Art seines Glimmers, ausserdem aber auch nach der Ablagerungsart des Gesteines. Mit Bezugnahme auf diese Verhältnisse ergeben sich für die Verwitterung des Gneisses folgende aus der Erfahrung entlehnte Thatsachen:

a) Orthoklas-Kaliglimmergneisse verwittern unter allen Verhältnissen schwieriger und langsamer, als Oligoklas-Magnesiaglimmergneisse;

b) überhaupt aber verwittern glimmerreiche, feldspatharme Gneisse weit langsamer als glimmerarme und feldspathreiche;

c) Gneisse mit schwarzem, eisenreichem Glimmer verwittern schneller als Gneisse mit magnesiareichem, eisenarmem Glimmer;

d) vollkommen schiefrige Gneisse verwittern langsamer als flaserige;

e) wagrecht abgelagerte Gneisse verwittern um so langsamer, je glimmerreicher und vollkommen schiefriger ihre Masse ist. — Ueberhaupt aber verwittern Gneisse um so schneller, je aufgerichteter ihre Ablagerungsmassen erscheinen;

f) indessen können auch wagrecht abgelagerte Gneissmassen schneller verwittern, wenn sie von zahlreichen, senkrechten Spalten durchsetzt sind. —

Verwitterungsart. Im Allgemeinen beginnt beim Gneisse die Verwitterung mit der Kaolinisirung des Feldspathes, womit zugleich eine solche Auflockerung der ganzen angewitterten Gesteinsmasse eintritt, dass sie namentlich nach frostreichen Wintern in der Richtung ihrer Glimmerlagen zu einem mehr oder minder starken Haufwerke von dicken und dünnen Schieferplatten und blättrigen Stücken zerfällt. Die Art der Zertrümmerung tritt vorzüglich da hervor, wo die Gneissmassen an Gebirgsabhängen eine stark geneigte Ablagerung besitzen; da hingegen, wo dieselben fast wagrecht abgelagert erscheinen, bemerkt man dieselbe oberflächlich nur wenig. Indem nun weiter jedes einzelne Trümmerstück auf ähnliche Weise wieder zerfällt, entsteht am Ende an der Oberfläche der Gneissablagerungen ein aus lauter kleinen Gneissschieferchen bestehender Grus, aus welchem zuletzt ein, durch verwitternden Glimmer ockergelb (bei Kaliglimmer) oder rothbraun (bei eisenreichem Magnesiaglimmer) gefärbter und mit Quarzkörnern, Gneissschieferchen, Feldspathsplitterchen und Glimmerschüppchen untermengter Thon entsteht.

Dieses letzte Verwitterungsproduct des Gneisses nun gleicht zwar im Allgemeinen dem des Granites, steht aber sowohl nach der Qualität und Quantität seiner Auslaugungsproducte, wie nach seinem erdigen Rückstande nur dann dem granitischen Boden nahe, wenn der sich zersetzende Gneiss feldspathreich und glimmerarm ist. Glimmerreicher und feldspatharmer Gneiss dagegen liefert, zumal wenn er eisenreichen Magnesiaglimmer enthält einerseits weit weniger lösliche Alkalisalze als der Granit und andererseits eine magere, beim Austrocknen zuerst berstende und dann sich mehr oder weniger blätternde, gewöhnlich braune, von unzähligen Glimmerblättern erfüllte, Lettenthonmasse, welche in ihrem physischen Verhalten sich oft dem eisenschüssigen Thone oder Lehme des Glimmerschiefers nähert.

Zusatz: Denkt man sich den Granit und Gneiss ohne Glimmer, so erhält man den Granulit, ein undeutlich schiefriges Gemenge von kieselsäurereichem Feldspath und Quarz, welches viel langsamer verwittert, als die ebengenannten Gesteine, und zuletzt einen, häufig ganz reinen, nur durch beigemengte Quarztrümmer verunreinigten, Kaolin, liefert.

4. Der Felsitporphyr (vgl. § 15 1. Gruppe Nr. 5) zeigt sich in seiner Verwitterung verschieden unter sonst gleichen Verhältnissen:

1) je nach der Zusammensetzung der Grundmasse: je reicher diese an beigemischter Kieselsäure ist, um so schwieriger und langsamer wird sie von den Verwitterungsagentien ergriffen; — aber auch: je rothbrauner, also je eisenoxydreicher dieselbe ist, um so leichter kann die Feuchtigkeit auf sie einwirken;

2) je nach dem Gefüge der Grundmasse: je dichter und gleichartiger ihr Gefüge, um so mehr widersteht sie den Angriffen der Witterung;

3) je nach der Menge, Grösse und Art der in dieser Grundmasse eingewachsenen Feldspathkrystalle: Je mehr und je grössere Krystalle in ihr eingewachsen liegen, um so leichter kann der Temperaturwechsel lockern und das Meteorwasser sich einnisten, zumal wenn diese eingewachsenen Krystalle dem Oligoklas angehören.

4) endlich je nach der Zerklüftungsweise der Felsmassen des Porphyres: Je mehr dieselben senkrecht niedersetzende Absonderungsspalten besitzen, um so leichter kann das Meteorwasser, sei es durch seine Sprenggewalt beim Gefrieren, sei es durch seine Kohlensäure auf dieselben einwirken, um so mehr können auch Bäume mit ihren Wurzeln in dieselben eindringen und sie theils durch die Ausdehnungskraft der letzteren auseinanderzwängen, theils durch ihre Verwesungssubstanzen anätzen.

Alles dieses vorausgesetzt, ist der Verwitterungsgang der Porphyre nun folgender:

a) Diejenigen Porphyre, welche man zu den Hornsteinporphyren rechnet, widerstehen der Verwitterung wegen ihres starken Gehaltes an Kieselsäure und wegen ihrer sehr dichten, an Feldspathkrystallen sehr armen, Grundmasse ausserordentlich lange. Zwar sprengt das in ihren senkrechten Klüften gefrierende Wasser ihre jäh ansteigenden Felsmassen in rhomboidale Blöcke, welche dann haufenweise den Fuss ihrer spitzzackigen Felsruinen umlagern, aber die einzelnen Blöcke widerstehen nun hartnäckig jeder weitern Zertrümmerung, so dass die Verwitterungsagentien nur sehr langsam von Aussen nach Innen vordringen und aus ihrer kieselsäureüberreichen Masse nur eine dünne, röthlichweisse oder auch röthliche, ziemlich reine Kaolinrinde herausziehen können. Vom Regen abgewaschen erzeugt sich dieselbe nur sehr langsam wieder, ja zuletzt ist sie auf den einzelnen Blöcken kaum noch bemerklich, ohne dass diese letzteren an Volumen scheinbar abgenommen haben. Zerschlägt man diese Blöcke, so bemerkt man, dass die im frischen Zustande ganz dichte Masse derselben ein parallelfaseriges Gefüge angenommen haben, welches zwischen seinen einzelnen Fasern lauter feine, oft mit Kaolinstaub, Eisenoxyd oder zarten Quarzkrystallrinden erfüllte, parallellaufende Haarspalten zeigt und dem Porphyr häufig das Ansehen von versteinertem Holze giebt. Untersucht man nun die einzelnen, festen Steinfasern dieser „Holzporphyre", so findet man, dass dieselben wirklich aus fast reiner, und nur durch etwas Thonerde und Eisenoxyd verunreinigter, Kieselsäure, — also aus einer hornsteinartigen Masse, — bestehen. Diese eigenthümliche Erscheinung deutet offenbar darauf hin, dass die ursprüngliche Masse dieser sogenannten Hornsteinporphyre nicht aus einer chemischen Verbindung von Feldspathmasse und Kieselsäure, sondern aus einer mechanischen Nebeneinanderverwachsung der ebengenannten beiden Substanzen besteht, so dass nach der Auswitterung des Feldspathes noch die nicht verwitterbaren Quarzfasern der Porphyrmasse übrig bleiben.

b) Es kommt indessen auch vor, dass in einer und derselben Porphyrmasse die eine Hälfte überkieselsäurereich (hornsteinartig) und arm an Feldspathkrystallen ist, während ihre andere Hälfte grade nur kieselsäurereich ist und viele Feldspathkrystalle und erbsengrosse Quarzkörner enthält. In diesem Falle kann man beobachten, wie die kieselsäureüberreichen Parthieen dieser Porphyre bei der Verwitterung die eben beschriebene Holzfaserstructur zeigen, während die andere, kieselsäureärmere, feldspathreichere und schneller verwitternde Parthie dieser Gesteine bei der Verwitterung eine dichte, röthlichweisse, mit Quarzkörnern und noch unverwitterten Feldspathresten untermengten Kaolinmasse bildet. — Lagert in einem solchen Falle die kieselsäurereichere Parthie über der kieselsäureärmeren, so wird durch den Druck der ersteren die Masse der zweiten bei ihrer Verwitterung so zusammengepresst, dass sie nach allen Richtungen hin zerberstet und ein Zusammenstürzen des ganzen Porphyrfelsens herbeiführt. Oft zeigen sich alsdann alle Ritzen der kaolinisirten Porphyrmasse mit gutkrystallisirten Quarzdrusen und auch wohl mit Eisenglanz besetzt. Diese Quarzrindenbildungen finden sich indessen in allen mehr oder minder in Verwitterung begriffenen Porphyren, durchziehen die Masse der letzteren oft so nach allen Richtungen hin, dass sie gewissermassen die verkittende Masse der von ihnen umschlossenen Porphyrtrümmer bilden, und sind nichts weiter als die Producte der bei der Kaolinisirung der Porphyrsubstanz ausgeschiedenen Kieselsäure, wie man deutlich bei der chemischen Untersuchung der von diesen Quarzrinden umschlossenen Felsitmasse bemerken kann, indem diese in ihrem Feldspathe weit weniger Kieselsäure enthält, als zu ihrer normalen Zusammensetzung gehört.

c) In mancher Beziehung anders verhalten sich die quarzärmeren, von vielen und grossen Feldspathkrystallen, durchwachsenen Felsitporphyre. Bei diesen beginnt in der Regel die Verwitterung in der nächsten Umgebung der eingewachsenen Krystalle damit, dass sich um diese letzteren herum eine zuerst rissige, dann kaolinische Felsitzone bildet, welche der Regen abwäscht, so dass nun diese Krystalle über die Oberfläche hervortreten und dadurch den Verwitterungspotenzen noch mehr Haftpunkte gewähren. Aber eben hierdurch werden nun auch die Feldspathkrystalle selbst, zumal wenn sie aus Oligoklas bestehen, ringsum von den Seiten her angeätzt und allmählig ihres ganzen Natron-Kalkgehaltes beraubt, so dass aus ihnen eine eigenthümliche, wasserhaltige Verbindung von kieselsaurer Thonerde mit viel Kieselsäure und sehr wenig Kali entsteht, eine Verbindung, welche sich zwar in ihrem physikalischen Verhalten dem Kaolin nähert, aber in Folge ihres starken Kieselsäuregehaltes doch keiner ist. Indem nun aber diese Umwandlung von den Seiten her vor sich geht und ganz allmählig, von Atom zu Atom in die Oligoklasmasse eindringt, so trifft es sich oft, dass einerseits die so verwitternden Krystalle trotz ihrer Zersetzung noch ihre vollständige Krystallform behalten und andererseits in ihrem Innern noch ganz frisch und nur äusserlich von einer mehr oder minder breiten Kaolinzone umschlossen sind. Diese kieselsäurereiche Kaolinzone kann indessen nochmals eine Veränderung dadurch erleiden, dass das Kali, welches aus der verwitternden Felsitzone ihrer nächsten Umgebung frei wird, in ihre Masse eindringt, sich mit der in ihr vorhandenen überschüssigen Kieselsäure verbindet und sie hierdurch in Orthoklas (oder auch in Kaliglimmer) umwandelt. — Da nun bei dieser Anwitterung die Feldspathkrystalle ein etwas kleineres Volumen erhalten, so fallen sie leicht aus der sie umhüllenden Felsitmasse heraus und liegen nun, oft in grosser Menge, theils lose an der Oberfläche der Porphyrfelsen, theils auch im Grus der Gewässer, welche das Gebiet der Porphyrberge durchfliessen. Durch dieses Ausfallen der Feldspathkrystalle aber entstehen zugleich eine Menge grösserer und kleinerer Lücken in der felsitischen Grundmasse, so dass nun die Atmosphärilien noch mehr und noch bessere Haft- und Nagepuncte in derselben finden. Klüfte und Spalten entstehen jetzt in derselben; ihr Zusammenhalt wird immer schwächer, bis dann zuletzt das in ihren zahlreichen Ritzen gefrierende Wasser den angewitterten Porphyrfels in ein loses Haufwerk von Blöcken und Grus zersprengt, aus welchem allmählig eine mit Quarzkörnern, Felsitsplittern und kaolinisirten Feldspathkrystallen untermengte, unrein lederbraune Thonkrume entsteht, welche, wenn der sie producirende Porphyr Kalkoligoklas enthielt, manchmal 2—6 pCt. kohlensauren Kalk besitzt.

Wie beim Granit und Gneiss, so findet man auch beim Felsitporphyre oft ganze Bergmassen in der Weise kaolinisirt, dass dieselben dem äusseren Ansehen nach ganz porphyrisch erscheinen, während ihre Masse nach Härte, Gewicht und chemischem Gehalte nichts weiter als ein erhärteter, mechanisch mit viel erstarrter Kieselsäure untermengter, und oft auch kohlensauren Kalk haltiger, Kaolin oder Thon ist. Diese eigenthümliche Umwandlung der Felsitporphyre, welche man fälschlich Thonporphyr genannt hat, eigentlich aber kaolinisirten Porphyr nennen sollte, findet man namentlich bei Porphyren, deren Grundmasse aus Oligoklas und Kieselsäure besteht, während die in ihr liegenden Krystalle Orthoklas und auch Quarz sind. In vorzüglicher Entwickelung zeigen sie sich unter anderm am Auersberg bei Stollberg am Harze und am Schneekopf und Beerberg am Thüringerwalde.

Das letzte Product der Verwitterung der Felsitporphyre ist also nach allem eben Mitgetheilten im Allgemeinen nicht sowohl reiner Kaolin, als vielmehr ein feinzertheiltes mechanisches Gemisch von pulveriger Kieselerde und leder- bis ockergelbem Kaolin oder magerem, wenig klebrigen, Thon (d. i. Lehm), welcher bei Oligoklasgehalt des Porphyres gewöhnlich auch kalkhaltig ist. Die auslaugbaren Verwitterungsproducte der Porphyre aber nähern sich denen des Granites und enthalten bald mehr Kalisalze (bei Orthoklasporphyren), bald mehr Natron- und Kalksalze (bei oligoklasreichen Porphyren). Wegen der langsamen Verwitterung der porphyrischen Grundmasse fliessen sie indessen nie so reichlich als wie bei dem Granite.

Anhang: Man unterscheidet ausserdem noch den sogenannten Thonporphyr, welcher indessen nichts weiter ist als ein in voller Verwitterung befindlicher oder auch schon in Kaolin umgewandelter und wieder erhärteter Felsitporphyr. Denn Thon kann keinen Porphyr bilden, da ja zum Wesen dieses letzteren gehört, dass Krystalle von denselben Mineralien, aus denen die Grundmasse besteht, in der letzteren eingewachsen liegen müssen. Es müssten also hiernach Krystalle von Thon in einer thonigen Grundmasse liegen. Krystallisirt denn aber der Thon?!

Bemerkung. Das eben Mitgetheilte ist aus vielfachen Beobachtungen an Felsitporphyren, namentlich am Thüringerwalde, entlehnt worden. Ob sich nun die quarzfreien Porphyren bei ihrer Verwitterung ganz ebenso verhalten, kann aus Mangel an Beobachtungen nicht gesagt werden.

5. Der Trachyt (vgl. § 15 1. Gruppe Nr. 7) ist in seiner Verwitterung abhängig:

a) von seinem Gefüge. Je poröser dasselbe ist, um so leichter können die Atmosphärilien in seiner Masse haften, daher poröse und schlackige Trachyte schneller verwittern als porphyrische, diese aber immer noch schneller als ganz dichte oder körnige.

b) von der Art seiner Gemenge. Die hornblendehaltigen, also syenitischen, Trachyte verwittern nach der Erfahrung am langsamsten: die glimmerhaltigen, also granitischen, Trachyte etwas schneller; die porphyrischen, wenn sie zahlreiche grosse Sanidinkrystalle enthalten und dabei porös sind, noch schneller; die dunkelgrauen, magneteisenhaltigen,

also phonolithischen oder basaltischen Trachyte endlich verhältnissmässig am schnellsten.

c) von der chemischen Zusammensetzung ihres Hauptgemengtheiles,
des Sanidins. Dieser Feldspath nemlich nähert sich in seinem Bestande bald dem Orthoklas (Kalisanidin), bald dem Albite (Natronsanidin);
bald auch dem Oligoklas oder Labrador (Kalknatronsanidin); ja man hat
Sanidine beobachtet, welche gradezu als ein mechanisches Gemenge von
Orthoklas- und Albitmasse zu betrachten sind. Demgemäss hat man
also Sanidine

1) mit mehr als 10 pCt. Kali, wenig oder keinem Natron, keiner
   Kalkerde,
2) mit weniger als 10 pCt. Kali, mehr als 6 pCt. Natron, keiner
   Kalkerde,
3) mit wenig oder keinem Kali, mehr als 10 pCt. Natron, keiner
   Kalkerde,
4) mit mehr als 10 pCt. Natron, 1—2 pCt. Kalkerde, keinem Kali,
5) mit 4—6 pCt. Natron, bis 10 pCt. Kalkerde und wenig oder keinem
   Kali.

Hiernach muss die Verwitterung der Trachyte eine sehr verschiedene
sein: Die mit Kalknatronsanidin versehenen Trachyte werden am schnellsten; weniger rasch die mit natronreichem Sanidin, am langsamsten die
mit kalireichem, natronarmen und kalkleeren Sanidin verwittern.

Das letzte Verwitterungsproduct ist im Allgemeinen ein blassgraulich-
gelber oder auch weisslicher Thon, welcher sich in seinen physischen Eigenschaften dem Kaolin sehr nähert, im Besonderen sich jedoch verschieden zeigt
zunächst je nach der Feldspathart, welche in dem verwitternden Trachyte der
herrschende Gemengtheil ist, sodann aber auch nach den mit dieser Feldspathart verbundenen anderen Mineralarten. Am häufigsten möchte der Oligoklas-
sanidin-Trachyt, wie er unter anderem am Drachenfels im Siebengebirge auftritt,
sein. Dieser zersetzt sich bei feuchter Lage am leichtesten und producirt dann
einen ledergelben, 1—2 pCt kalkhaltigen, und mit Sanidinsplittern untermengten, Thon, unter dessen Auslaugungsproducten 1—2 pCt. kohlensauren Kalkes,
2—4 pCt. Kali und 4—6 pCt. Natronsalze sich bemerklich machen.

Zusatz. Dem Trachyt verwandt ist der meist dunkelgrüngraue
oder auch gelblichgraue Phonolith oder Klingstein (vgl. § 15
Nr. 8).

Bei seiner Verwitterung zeigt dieses Gestein zuerst eine mehr
oder minder deutlich hervortretende Absonderung in Schieferplatten,
alsdann verbleicht es und überzieht sich an den einzelnen Schiefer-
bruchstücken mit einer weissen, fast wie Kaolin aussehenden, aber
2—4 pCt. kohlensauren Kalk haltigen und darum mehr oder minder
stark aufbrausenden, Verwitterungsrinde. Zuletzt bildet es eine unrein

weisse oder weissgraue, mergelartige Krume, welche mit Wasser leicht schlammig wird, beim Austrocknen aber nicht berstet, sondern eine krümliche Masse bildet, welche an trockner Luft allmählig erhärtet und dann so fest wird, dass man sie wohl als Baustein benutzen kann. In der Regel zeigen sich ihr kleine Hornblendekörner oder auch Magneteisenstückchen beigemengt. — Bei feuchter Luft zeigt diese Krume Anlage zur Versumpfung; an mehr trockenen, aber schattigen, Orten bildet sie dagegen einen fruchtbaren, 2—5 pCt. kohlensauren Kalk und 5—10 pCt. Natronsalze spendenden, Boden. (So wenigstens lehrt die Beobachtung des Phonolithbodens an der Milzebung, Pferdekuppe und dem Schafsteine auf der Rhön.)

§ 30 B. Verwitterung der glimmerreichen Felsarten. — Alle hierher gehörigen Gesteine erscheinen theils als massenhafte Entwickelung von einfachen Mineralien, so namentlich von Glimmer oder Chlorit, und sind als solche schon nach ihren Eigenschaften und ihrer Verwitterungsweise bei der Beschreibung der sie zusammensetzenden Mineralarten näher betrachtet worden, — theils als deutliche oder undeutliche Gemenge

1) von Glimmer und Quarz — so vieler Glimmerschiefer,

2) von Chlorit und Quarz — so mancher Chloritschiefer,

3) von Glimmer, Chlorit und Quarz oder auch von diesen obengenannten Mineralien und etwas Oligoklas und Hornblende — so der fast stets undeutlich gemengte und scheinbar gleichartig aussehende Thonschiefer.

In Folge ihrer vorherrschenden Bildungsmineralien haben alle diese Felsarten ein vollkommenes, bald grade- oder wellig- oder gewunden-, bald dick- oder blättrig-schiefriges Gefüge.

Die Schnelligkeit und Art ihrer Verwitterung ist nun nach allem diesen abhängig

1) von der chemischen Zusammensetzung ihres Hauptgemengtheils. Wie schon früher (im § 15, 2. Gruppe und im § 9, 5) gezeigt worden ist, so verwittert

am schnellsten der eisenschwarze, magnesiahaltige und eisenreiche, sich daher bei der Verwitterung braunroth färbende, Magnesiaglimmer,

langsamer der silberweisse Kaliglimmer,

am langsamsten der Chlorit (oder Talk).

2) Von der Art ihres Gemenges. — Vorausgesetzt, dass alle Gesteine mit einem deutlichen Gemenge stets rascher verwittern als solche mit einem undeutlichen Gemenge ist hier nur darauf aufmerksam zu machen, dass die nur aus Glimmer oder nur aus Chlorit (oder Talk) bestehenden weit länger und mehr den Verwitterungsagentien widerstehen, als die aus Glimmer oder Chlorit und Quarz zusammengesetzten. Verhältniss-

mässig am schnellsten zersetzen sich unter diesen Gesteinen diejenigen, welche mehr oder weniger Oligoklas enthalten, wie dieses bei manchem, in Gneiss übergehenden, Glimmerschiefer und namentlich auch bei Thonschiefern der Fall ist. An solchen Glimmern bemerkt man bei beginnender Verwitterung nicht blos ein Aufbrausen beim Beträpfeln mit Säuren; sondern auch eine Ausscheidung von Calcit auf ihren Absonderungsspalten.

3) von der Art ihres Gefüges. In dieser Beziehung macht sich geltend:

a) die Art der Vertheilung des Quarzes und der anderen Gemengtheile. Die Glimmer- oder Chloritlagen erscheinen nemlich entweder in Abwechselung mit Quarzlagen oder sie erscheinen durchbrochen von einzelnen, in ihren Lagen eingewachsenen Quarz- (oder auch Feldspath- oder Granit-) Körnern. Im ersten Falle verwittern die hierhergehörigen Schiefer viel langsamer und schwerer als im zweiten. Bei den Glimmerschiefern des Thüringerwaldes tritt dies sehr deutlich hervor, denn bei ihnen beginnt stets die Verwitterung in der nächsten Umgebung der — aus den Glimmerlamellen wie kleine Nadelköpfe hervortretenden — Quarzkörnern und verbreitet sich von ihnen aus strahlig oder zonenförmig in die Masse der Glimmerlamellen, bis sich diese Verwitterungszonen von einem Quarzkorne zum anderen erstrecken und nun die angewitterte Glimmerlamelle in eine aus Eisenthon und halbzersetzter Glimmerschüppchen bestehende Haut zerfällt, welche vom Regen abgespült wird.

b) die Art der Schieferung. Vollkommen- und eben- oder glattflächigschiefrige Gesteine verwittern weit schwieriger und langsamer, als unterbrochen- und runzelig-, wellig- oder gebogen-schiefrige, weil nicht nur der Temperaturwechsel, sondern auch die Atmosphärilien stärker auf sie einwirken und besser an ihrer unebenen Fläche haften können.

4) von der Art der Ablagerung ihrer Schiefermassen. — Wie schon früher gezeigt worden ist, so können die Verwitterungsagentien um so weniger an den Schiefern haften und nagen, je wagerechter sie abgelagert erscheinen und je weniger ihre Masse von senkrecht sie durchsetzenden Rissen und Spalten unterbrochen ist.

Eine Abänderung erleidet dieser Erfahrungssatz da, wo Schieferablagerungen von Graniten, Syeniten, Dioriten, Diabasen und anderen ungeschichteten Gesteinen durchbrochen werden. In diesem Falle erscheinen auch wagerecht abgelagerte Schiefermassen überall da, wo sie mit diesen letztgenannten Felsarten in Berührung stehen, oft auf weite Strecken hin auf mannichfache Weise theils durch Auslaugungsproducte dieser Durchbruchsgesteine, theils auch durch die Atmosphärilien allein umgewandelt und zersetzt.

Am stärksten leiden die schiefrigen Glimmersteine durch die Verwitterung, wenn ihre Schiefermassen so aufgeschichtet sind, dass unaufhörlich Meteorwasser-Niederschläge zwischen dieselben eindringen können. Sehr oft sehen in diesem Falle die Schieferfelsmassen äusserlich noch ganz frisch aus, während die zwischen ihren einzelnen Lagen schon „ganz faul" d. h. in ein erdiges Gemisch von ockergelbem, graugrünlickbraunen oder rothbraunen, mit unzähligen Schieferblättchen erfüllten, Eisenthon umgewandelt sind. Dass in diesem Falle durch Wasser, welches allmählig die ganze „schüttige oder faule" Masse im Innern der Schieferberge durchzieht und dieselbe schlammig macht, selbst grosse Bergmassen zum Zusammensturz gebracht und in einen Alles verheerenden und weite Thalstrecken ausfüllenden Schlammstrome umgewandelt werden können, das beweisen die Schlammausbrüche und „Erdmurren" in den Urschieferalpen z. B. Südtyrols. — Aber bei solchen aufgerichteten Schiefermassen wirkt das in ihre Schieferspalten eingedrungene Meteorwasser nicht nur chemisch, sondern auch mechanisch auseinanderzwängend, sobald es während des Winters zu Eis erstarrt, wie das gewaltige Haufwerk verwitterter Schieferfragmente am Fusse steil aufgerichteter oder gar fächerförmig zerspaltener Glimmer- oder Thonschieferfelsen hinlänglich beweist.

Die Verwitterungsproducte der glimmerhaltigen Schiefergesteine zeigen sich sehr verschieden und sind insofern nur schwierig zu bestimmen, als namentlich die scheinbar gleichartigen Thonschiefer einerseits kaum erkennen lassen, aus welchen Mineralarten sie bestehen, und andererseits nach den Berechnungen ihrer chemischen Bestandtheile sich

bald als Gemenge von Glimmer und Quarz und zwar in den verschiedensten Mengungsverhältnissen,

beld als Gemenge von Glimmer, Chlorit und Quarz oder nur von Chlorit und Quarz,

bald als Gemenge von Glimmer, Oligoklas und Quarz in den verschiedensten Mengungsverhältnissen,

bald als Gemenge von Glimmer, Hornblende und Quarz oder von Delessit (Eisenchlorit), Hornblende und Quarz,

bald als Gemenge von Graphit (Kohlenstoff), Feldspath und Quarz in verschiedenen Mengungsverhältnissen

zeigen. Im Allgemeinen lassen sich daher über ihre Verwitterungsproducte nur folgende, auf Erfahrung gestützte, Resultate angeben:

1) Die feldspathlosen Glimmergesteine liefern bei ihrer Zersetzung:

a) von Auslaugungsproducten: mehr oder weniger Kalisalze, viel Magnesiasalze, unter denen sich namentlich Magnesiasilicate bemerklich machen, unter Verhältnissen auch viel Eisenbicarbonat, aber nur wenig Natronsalze und nur ausnahmsweise eine bemerkliche Menge von Kalkcarbonat.

b) von unlöslichen Rückständen: eine sandige, ockergelbe, rothbraune oder grünlichgraue, viel mechanisch beigemengtes Kieselmehl
und eisenoxydhaltige Lehm- oder Lettenkrume, in welcher in der
Regel zahllose Glimmer-, Thonschiefer- oder Chloritchüppchen, oft
aber auch Specksteinknöllchen liegen.

2) Die feldspathhaltigen Glimmergesteine, zu denen manche Gneisse
(Uebergänge von Glimmerschiefer in Gneiss) und Thonschiefer gehören,
produciren dagegen bei ihrer Zersetzung:

a) Von Auslaugungsproducten ausser den schon durch den Glimmer,
Chlorit (oder Hornblende) erzeugten Substanzen noch Kali-, Natron-
und Kalksalze, — sei es Bicarbonate oder in Kohlensäurewasser
lösliche Silicate, wenn sie keine Eisenkiese beigemengt enthalten. Ist
aber dies letzte in reichlicher Masse der Fall, dann produciren sie
neben Eisenvitriol aus ihrem Thonerde-Kaligehalte Alaun, aus ihrem
Magnesiagehalte Bittersalz, aus ihrem Kalkgehalte Gyps und aus dem
etwa vorhandenen Natrongehalte auch wohl Glaubersalz.

b) von unlöslichen Rückständen eine wenig Quarzsand enthaltende,
aber mit Glimmer-, Chlorit-, Hornblende- oder auch Graphittheilchen
untermengte und je nach ihrem grösseren oder kleineren Gehalte von
Feldspath bald mehr fette, bald mehr magere, unrein dunkel grünlichgraue, schwarzgraue oder auch ockergelbe bis rothbraune Thonkrume.

Im Allgemeinen also vermögen die glimmerreichen Schiefergesteine keinen
ächten Kaolin oder Thon, sondern nur eine in der Regel eisenschüssige lehm-
oder lettenartige Thonkrume zu liefern. Ebenso produciren sie nur wenig
Kalk, dagegen viel Magnesiasalze und Eisenoxyd.

§ 30 C. Die Verwitterung der hornblendereichen oder dioriti-
schen Gesteine. — Alle Hornblendegesteine mit kalkarmer, magnesiareicher
Hornblende und kalkarmem Oligoklas verwittern nur sehr langsam und um so
schwieriger, je feinkörniger ihr Gemenge ist. Ganz dichte Arten dieser Gesteine
widerstehen unter allen Felsarten am längsten der Verwitterung und tritt endlich ihre Zersetzung ein, so geschieht dieses stets zunächst an den Wänden
der sie durchsetzenden Risse und Spalten. Aber selbst die grobkörnigen Arten
dieser Gesteine verwittern nur sehr langsam, obgleich man meinen sollte, dass
sie in Folge der grell von einander abstechenden Färbung ihrer Gemengtheile
(schwarzer Hornblende und weisslichem Oligoklas) sehr vom Temperaturwechsel
leiden müssten. Der Grund dieser schweren Verwitterbarkeit liegt bei der
Hornblende jedenfalls in ihrem Reichthume an kieselsaurer Magnesia, und bei
dem Oligoklase in seiner Armuth an Kalkerde. — Nur wenn solche Hornblendegesteine zahlreiche Eisenkiese in ihrer Masse besitzen, werden sie leichter
zersetzt, indem dann die durch die Vitriolescirung dieser Kiese freiwerdende
Schwefelsäure sowohl die Hornblende, wie auch den Oligoklas anätzt und sich

zum Theile mit ihrer Magnesia zu Bittersalz, mit ihrem Natron zu Glaubersalz und mit ihrer Thonerde theils zu Alaun theils zu Haarsalz verbindet, so dass lauter lösliche schwefelsaure Salze entstehen, welche man dann in den aus den Hornblendegesteinsgebieten hervortretenden Mineralquellen wieder findet.

Tritt indessen unter den gewöhnlichen Verhältnissen die Verwitterung ein, so beginnt sie in der Regel mit dem Oligoklase, den sie unter Auslaugung seines Kalknatrongehaltes in Kaolin oder grauweissen Thon umwandelt. Indem nun dieser die Atmosphärilien anzieht und festhält, können sie stärker auf die mit dem verwitternden Oligoklase verbundene Hornblende einwirken. Entweder führen sie nun dieser letzteren die dem Oligoklase geraubten Alkalien zu und nehmen ihr dafür allen Kalk und ein Quantum Magnesia, so dass aus der Hornblende Magnesiaglimmer wird, oder sie entziehen ihr mittelst der Kohlensäure nach und nach allen Kalk und alle Magnesia, den ersteren als Bicarbonat, die letztere zum Theil als Silicat, so dass zuletzt nur noch von ihrer Masse ein durch beigemengtes Eisenoxydhydrat und etwas Grünerde schmutzig grünlichockergelber, kieselsäurereicher Thon übrig bleibt, welcher sich nun mit dem weisslichen Verwitterungsthone des Oligoklases zu einer im nassen Zustande schmierigen, im trockenen aber leicht zu Pulver zerfallenden, schmutzig gelbweisslichen Krume vermischt, welche neben kieselsaurer Thonerde sehr oft auch ein grösseres oder kleineres Quantum kieselsaurer Magnesia beigemischt enthält (sogenannter Walkerthon).

Die mit kalk- und eisenreicher Hornblende oder Augit und einem Kalknatron-Feldspathe versehenen Hornblendegesteine (d. i. die Kalkdiorite und Melaphyre) verwittern unter sonst gleichen Verhältnissen um vieles rascher, als die eben erwähnten eigentlichen Diorite, jedoch macht sich auch bei ihnen, und zwar noch viel auffallender, die Erscheinung geltend, dass die deutlich gemengten, körnigkrystallinischen Arten und die Mandelsteine weit schneller verwittern als die dichten. Ebenso ist zu bemerken, dass namentlich bei ihren körnigen Arten der Verwitterungszustand sich dadurch bemerklich macht, dass sich ihre einzelnen Absonderungsmassen mehr oder weniger kugelig abrunden und dann, ganz ähnlich manchem Syenit, von Aussen nach Innen in concentrische Schaalen absondern, deren jede an ihren Aussenflächen mit einem erdbraunen oder auch schwarzen Ueberzuge von Eisenoxydhydrat oder auch Eisenoxyduloxyd bedeckt ist. — Bei den hierher gehörigen Melaphyrmandelsteinen dagegen bemerkt man zuerst ein Ausfallen ihrer Mandeln und dann eine von den Seitenwänden der leergewordenen Mandelräume ausgehende Verfärbung und Lockerung der Grundmasse. In allem Uebrigen aber ist die Verwitterung der Kalkdiorite und Melaphyre so verschieden, dass es nothwendig ist, dieselbe von jeder dieser beiden Arten für sich allein zu betrachten.

   1) Die Kalkdiorite, welche in ihrem Aeusseren den eigentlichen Dioriten oft ganz ähnlich sehen, sondern bei ihrer Verwitterung zunächst kohlensauren Kalk, oder bei Luftabschluss auch kohlensaures Eisenoxydul aus,

woher es kommt, dass sie beim Beginne ihrer Verwitterung oft mehr oder minder mit Säuren aufbrausen. Im weiteren Verlaufe der Zersetzung bildet sich aus ihnen, soviel bis jetzt bekannt ist, eine ockergelbe, 5 bis 10 pCt. Kalk haltende Thonkrume, welche im ausgetrockneten Zustande mürbe bis pulverig-krümelig ist, und neben ihrem Kalkgehalte oft auch mehrere Procente kohlensaure Magnesia enthält. Besitzen diese Gesteine Eisenkiese beigemengt, was oft der Fall zu sein scheint, dann enthält die aus ihnen hervorgehende Krume auch bisweilen etwas Gyps beigemengt. Unter ihren Auslaugungsproducten machen sich namentlich auch Bicarbonate von Kalk, Magnesia und Natron bemerklich, während Kalisalze gewöhnlich nur spurenweise in ihnen vorkommen. Zu diesen Producten tritt aber ausserdem noch Kalk-, Magnesia, Natron-, ja selbst Eisenoxydul-Sulfat, wenn die verwitternden Diorite Eisenkiese enthielten. Bemerkenswerth erscheint es auch, dass in dem von ihnen gebildeten Boden sehr oft Specksteinknollen vorkommen, während sich auf den Klüften der verwitternden Gesteine oft die zierlichsten Dolomitkrystalle, Eisenspathe und durch Manganoxyd rauchbraun gefärbte Quarzdrusen zeigen.

2) Die Melaphyre, namentlich die dichten, verwittern äusserst langsam. Ihre Verwitterung beginnt vorherrschend auf den Absonderungsspalten derselben und schreitet von Innen nach Aussen vor, so dass nicht selten unter Mitwirkung des Frostes eine Zersprengung ihrer Masse in plattenförmige Blöcke eintritt. Im Anfange der Verwitterung wird das an sich einfarbig bräunlich schwarze Gestein graulich und violett-grünlich fleckig; dann kommen kleine weisse Flecken zum Vorschein, welche mit Säuren brausen; endlich erzeugt sich an den Wänden ihrer Spalten ein zuerst violett schillernder, zuletzt rothbraun und schwarz gefärbter Ueberzug, welcher aus einem Gemische von Mangan- und Eisenoxyd besteht und bisweilen auch magnetisch ist. Indem nun diese Verwitterung von den Klüften aus weiter in die Gesteinmasse eindringt, wird dieselbe allmählig bläulich, grünlich, schmutzig gelbgrün bis unrein braun und dabei mürbe. Mit Salzsäure behandelt giebt sie jetzt unter Aufbrausen eine gelbbraune Lösung, welche nur die Carbonate von Eisenoxydul, Kalk, Baryt, Magnesia und Natron zeigt. In der That kommen jetzt auch auf den Klüften der verwitternden Melaphyre zarte Ueberzüge von Eisenspath oder Eisenoxyd, Dolomit und Calcit, bisweilen auch von Manganoxyd zum Vorschein. Es sind demnach allmählig durch Kohlensäure führendes Meteorwasser der Melaphyrmasse Kalkerde, Magnesia, Natron, Eisen- und Manganoxydul entzogen worden. Ist diese Auslaugung vollendet, dann bleibt von der Melaphyrmasse nur noch ein intensiv rothbrauner, also eisenschüssiger Thon übrig, welcher den Sonnenstrahlen ausgesetzt sich stark erhitzt, darum auch stark verdunstet und zu einer pulverigen Krume zerfällt, an schattigen, etwas feuchten Orten, aber stark bindig

erscheint und an muldenförmigen Orten, an denen sie nicht ausgelaugt werden kann, oft bis 10 pCt. kohlensauren Kalk, bisweilen auch Spuren von Gyps und schwefelsauren Baryt enthält.

§ 30 D. **Verwitterung der augitreichen Felsarten.** Nach der Artentafel der gemengten krystallinischen Felsarten gehören zu dieser Gruppe von Gesteinen

a) alle Gemenge, welche aus **Enstatit** oder **Diallag** oder **Hypersthen** und einem kalkreichen Feldspathe bestehen, so der **Enstatitfels**, **Gabbro** und **Hypersthenfels**;

b) alle Gemenge, welche aus eigentlichem **Augit**, kalkreichem Feldspath und Magneteisenerz oder auch Delessit gebildet werden, so die **Diabasite** und **Basaltite**.

Alle diese Gesteine haben mit einander gemein:

1) einen kalkreichen, in der Regel kieselsäurearmen Feldspath, also vorherrschend Labrador oder Anorthit, welcher verhältnissmässig leicht verwittert und dann einerseits an Auslaugungsproducten 8 — 10 pCt. (20 pCt.) doppeltkohlensauren Kalk und 1—5 pCt. kohlen- oder kieselsaures Natron, aber nur ausnahmsweise etwas kohlensaures Kali, und andererseits eine weissliche thonartige, mürbe Krume producirt, welche oft von kohlensaurem Kalk durchdrungen ist und sich dann wie Kalkmergel verhält.

2) ein augitisches Mineral, welches stets thonerdearm ist, indem es nur 1,5—8 pCt. Thonerde enthält und darum nie eigentlichen Thon bilden kann, sodann aber

   $\alpha.$ vorherrschend aus kieselsaurer Magnesia besteht und ausserdem nur noch 1—5 pCt. Eisenoxydul, aber nur selten Spuren von Kalk enthält (der **Enstatit**), so dass er nur sehr schwer verwittern und dann höchstens Serpentin, Speckstein oder Chlorit, aber weder leicht lösliche Auslaugungsproducte, noch eine wirkliche Erdkrume liefern kann;

   $\beta.$ vorherrschend (15—30) kieselsaures Eisenoxyd nebst 12—25 Magnesia und nur 0—4 pCt. Kalk enthält (der **Hypersthen**), so dass es bei seiner Verwitterung sehr viel Eisenoxyd, Eisenoxydul oder auch Eisenspath und ausserdem Serpentin, Speckstein oder Chlorit, aber ebenfalls weder leicht lösliche Auslaugungsproducte, noch wirkliche Erdkrume produciren kann;

   $\gamma.$ kieselsaure Kalkerde und Magnesia in ziemlich gleichen Mengen und ausserdem noch 5—10 pCt. Eisenoxydul enthält, (— der **Augit** —), so dass es bei seiner Verwitterung viel doppeltkohlensauren Kalk und auch wohl unter günstigen Verhältnissen doppeltkohlensaure Magnesia und löslichen Eisenspath produciren, sonst aber nur Eisenoxydhydrat oder Eisenoxyduloxyd erzeugen kann.

12*

Alle hierher gehörigen Felsarten können also bei ihrer Verwitterung aus jedem ihrer gemengten Massetheile liefern:

An Auslaugproducten:	Procente:	Beim Vorhandensein von:
Bicarbonat von . .	25—30 Kalkerde	Labrador (Oligoklas), Anorthit, Diallag oder Augit (so der Diabas, Gabbro, Basalt, Dolerit).
	10—20 Kalkerde	Labrador (Oligoklas), Anorthit, Enstatit, Hypersthen (so der Enstatit- und Hypersthenfels).
Bicarbonat oder Silicat von	12—35 Magnesia	Enstatit, Diallag, Hypersthen oder auch Augit (Gabbro und Basalt).
Bicarbonat von . . .	10—25 Eisenoxydul	Hypersthen, Diallag oder Augit, — das Eisencarbonat bildet sich indessen nur bei Abschluss von Sauerstoff.
Bicarbonat von . .	4—8 Natron	Labrador oder Oligoklas (so der Basalt, Diabas, Gabbro, Hyperit).
Bicarbonat von . . .	1—4 Kali	Oligoklas; von Labrador oft eine Spur.

Man ersieht aus dieser Uebersicht, dass die Kalisalze unter den Auslaugungsproducten der hierhergehörigen Felsarten nur eine sehr untergeordnete Rolle spielen und meist ganz fehlen, während die Natronsalze bis zu 8 pCt. steigen hönnen, was indessen meist auch nicht viel zu bedeuten hat, da der das Natron spendende Oligoklas im Verhältnisse zu dem mit ihm vorhandenen augitischen Gemengtheile auch nur in geringer Menge vorhanden ist. — Ebenso bemerkt man aber auch aus der vorstehenden Uebersicht, dass diese Felsarten zu den Hauptproducenten

> von kohlensaurem Kalk (Kalkspath),
> von kohlensaurer Kalkmagnesia (Dolomit),
> von kohlensaurem Eisenoxydul (Eisenspath) oder
>> statt dessen von Brauneisenstein, Rotheisenstein und Magneteisenerz; endlich auch
> von Magnesiasilicat (Speckstein, Serpentin, Chlorit)

gehören.

Zugleich ergiebt sich endlich aus allem eben Mitgetheilten, dass alle hierhergehörigen Felsarten, wenn sie nicht gradezu Oligoklas enthalten, zu wenig Thonerde besitzen, um bei ihrer vollständigen Zersetzung wahren Kaolin oder Thon erzeugen zu können. In der That erscheint ihr letzter Zersetzungsrückstand als ein inniges, gleichmässiges Gemisch entweder

> von Thon mit Kieselsäure (Lehmthon) oder
> von Thon mit Kieselsäure und kohlensaurem Kalk (Lehmmergel) oder
> von Thon mit Kieselsäure und Eisenoxyd (Eisenthon, Bol, Letten),

in welchem vielleicht das Eisenoxyd die Stelle der Thonerde zum Theil vertreten muss; oder

von Thon mit Grünerde.

Ausser diesen Rückständen spielt indessen noch die kieselsaure Magnesia, welche theils in der Form von Speckstein, theils als erdig-schuppiger Chlorit (Delessit und Grünerde) der Erdkrume dieser Gesteine beigemengt erscheint, sowie das Eisenoxyd eine bedeutende Rolle unter den letzten Zersetzungsproducten der augitischen Felsarten; ja dieses letztere tritt, wie bei der Beschreibung der einzelnen Minerale schon oft erwähnt worden ist, nicht bloss als feinzertheilte Beimengung der Verwitterungskrume, sondern auch in selbständigen Ablagerungsmassen sowohl in Gängen und Stocken, wie in Lagen im Erdboden selbst (als Limonit) auf.

In ihrer Verwitterungsweise haben alle diese augitischen Felsarten noch das mit einander gemein, dass sie im ersten Momente ihrer Verwitterung sich mit einem weisslichen Hauche von kohlensaurem Kalk und Eisenoxydul überziehen, welcher sich sehr bald violett und dann lederbraun färbt und anfangs mit Säuren braust, und dann unter diesem, aus Eisenoxydhydrat bestehenden, Ueberzuge eine zweite weisse, aus Kalkmergel bestehende Rinde bilden. Ausserdem ist bei den hypersthen- und augitreichen Arten dieser Gesteine in Folge ihres starken Eisengehaltes häufig im weiteren Verlaufe ihrer Verwitterung eine von Aussen nach Innen vorschreitende, concentrische Schalenbildung zu bemerken, deren einzelne, 1—10 Linien dicke, Lagen sowohl an ihrer convexen wie an ihrer concaven Seite gewöhnlich mit einem mehr oder weniger metallisch glänzenden, erdbraunen oder schwarzen, bisweilen sogar krystallinischen Ueberzuge von Eisenglanz oder auch von Magneteisenerz versehen sind.

Was nun die Verwitterung der einzelnen hierhergehörigen Felsarten im Besonderen betrifft, so hält es wenigstens vorerst noch schwer, dieselbe von dem Enstatitfels, Gabbro, Hypersthenfels und Diabas specieller anzugeben, da diese Felsarten äusserlich sowohl unter sich, wie auch mit den Dioriten viel Aehnliches haben und darum bei nur oberflächlicher Untersuchung sehr häufig mit einander verwechselt werden. Von diesen augitischen Felsarten möge daher so lange, als noch keine gut durchführten Analysen ihrer frischen Masse sowohl, wie auch ihrer Verwitterungsproducte vorliegen, nur das Folgende gelten.

1) Die Diabase, als Gemenge von Kalknatronfeldspath, Augit und Grünerde gedacht, geben, wenn sie bei Luftabschluss nur durch kohlensaures Wasser zersetzt werden. Bicarbonate von mindestens 5—10 pCt. Kalk, 4 pCt. Magnesia, und wenigstens 10 pCt. Eisenoxydul, aber nur höchstens 5 pCt. Natron und 2 pCt. Kali. Verwittern sie aber unter Luftzutritt, so scheiden sich ihre Kalk- und Magnesiasalze als einfache kohlensaure Salze aus und statt ihrer Eisenoxydulsalze entsteht aus ihrem

Eisengehalte theils Eisenoxyduloxyd, theils Eisenoxydhydrat, theils kieselsaures Eisenoxyd. Diese so entstehenden Verwitterungsproducte bleiben
entweder der in Zersetzung begriffenen Diabasmasse mechanisch beigemengt und füllen dann alle Poren, Blasenräume, Ritzen und Spalten der
letzteren als Calcit, Dolomit, Chlorit, Grünerde und Magneteisenerz oder
als Brauneisenerz aus; — oder sie werden mit dem letzten Verwitterungsproducte der Diabase, — mit dem aus dem feldspathigen Gemengtheile
gebildeten, mageren Thone mechanisch gemengt, so dass derselbe mergelig
und mehr oder weniger eisenschüssig wird. In dieser Weise erscheint
die aus der Zerstörung der Diabase hervorgegangene Erdkrume als ein
unreinbräunlichgrünlicher, magerer, mergeliger Thon, welcher durch einfaches Schlämmen mit Wasser 20—35 pCt. sandige — aus unzersetzten
Diabassplitterchen bestehende Massetheile; durch Kochen mit Wasser und
und darauf folgendes Schlämmen 10—25 pCt. Kiselmehl nebst Grünerde;
durch Digeriren mit Salzsäure 5—12 pCt. kohlensauren Kalk (nebst
etwas Magnesia) und 5—8 pCt. kieselsaures Eisenoxyd verliert.

      Bemerkung. Diese Resultate erhielt ich aus der Untersuchung
von drei diabasitischen Erdkrumen, von denen zwei vom Büchenberg
bei Elbingrode und die dritte aus dem Bodethale am Harze stammte.

2) Der Hypersthenfels, ein Gemenge von Kalknatronfeldspath und
Hypersthen, aber giebt eine schmutzig-rauchbraune, eisenschüssige, mit
Säuren mehr oder weniger stark aufbrausende, 2—5 pCt. kohlensauren
Kalk, aber nur Spuren von Natron und Kali haltige Lehmkrume, welche
in der Regel 16—28 pCt. abschlämmbarer Hypersthenkörner enthält.
Der verwitternde Hypersthen bildet eine Hauptquelle für die Erzeugung
von Eisenerzen. Am Thüringerwalde enthält fast jede Quelle, welche aus
dem Gebiete jener Felsart hervortritt, theils kohlen-, theils quellsaures
Eisenoxydul in sich gelöst und zwar bisweilen in solcher Menge, dass
alle Sandkörner, Steintrümmer und selbst Wassermoose, über welche
das Wasser dieser Quellen fliesst, in einem Zeitraume von 6 Monaten
nicht blos ganz vereisert, sondern auch unter einander durch Brauneisenerz verkittet erscheinen.

Allgemeiner verbreitet und bekannt, als die Diabas-, Gabbro- und Hyper-
sthengesteine sind die Basalte, zu denen namentlich der dichte Basalt und
der körnige Dolerit gehört. Alle die hierhergehörigen Felsarten sind ihren
Hauptbestandtheilen nach als Gemenge von Kalknatronfeldspath, (oder Nephelin) Augit und Magneteisenerz zu betrachten, enthalten aber ausserdem noch
sehr gewöhnlich theils ihrer Hauptmasse beigemengt, theils als Blasenausfüllun-
gen mehr oder weniger viel Olivin, Kalkspath und Zeolithe. Ganz besonders
bezeichnend für diese basaltischen Gesteine ist die Absonderung ihrer Felsmassen in oft äusserst regelmässige, 5—7seitige Säulen, Platten, Kugeln und
Knollen von oft gewaltiger Grosse; — ein Umstand, welcher auf die Verwit-

terungsart dieser Gesteine vom grössten Einflusse ist. Denn alle die durch diese Absonderung hervorgerufenen Spalten und Klüfte, mögen sie noch so fein sein, bilden unzählige Kanäle, durch welche die Meteorwasserniederschläge mit allen Substanzen, welche sie in sich gelöst enthalten, unaufhörlich bis in das Innerste der basaltischen Felsmassen gelangen und hier ungestört nagen und zersetzen können. Diese Spalten allein erscheinen als die Ursache, warum äusserlich noch ganz frisch aussehende Basaltmassen um so mehr zersetzt und in erdige Substanzen umgewandelt erscheinen, je weiter man in ihr Inneres — z. B. durch Steinbrüche — gelangt. So wenigstens lehrt die Erfahrung in vielen Basaltbrüchen der Umgegend Eisenachs und der Rhön.

Wahrscheinlich sind auch diese Absonderungsspalten die erste Veranlassung gewesen, dass früher in gegliederten Säulen auftretende Basaltmassen jetzt nur noch als ein wüstes Haufwerk von Knollen und säulenförmigen Blöcken die Oberfläche ihrer Berge bis auf ungemessene Tiefen hin bedecken; denn hierdurch lässt es sich erklären, woher die üppig fruchtbare Mergelerde und die grosse Menge von Bergseife und Mehlzeolith rührt, welche theils zwischen theils unter diesen unförmlichen Blöcken lagert und einer äusserst mannichfachen Pflanzenwelt einen behaglichen Wohnsitz gewährt.

Ausser den ebenerwähnten Absonderungsspalten wirkt nun aber auch die in der basaltischen Masse auftretende Menge von Olivinen und Zeolithen sehr stark auf die Schnelligkeit und Art der Basaltverwitterung ein; denn diese Einmenglinge werden von den Verwitterungsagentien rascher ergriffen, als die Hauptmasse der Basalte selbst. Je mehr daher diese letzteren Olivine — namentlich körnige Aggregate derselben — und zeolithische Mineralien enthalten, um so rascher und leichter geht die Verwitterung der Basalte vor sich, indem durch die Zersetzung dieser Einmenglinge nicht nur Ausscheidungsproducte, welche umwandelnd auf den Augit der Basalte einwirken, sondern auch Lücken in der Masse ihrer Muttergesteine entstehen, in denen das Meteorwasser haften und ätzen kann.

Erklärung. 1) Die Olivine, welche aus kieselsaurer Magnesia und kieselsaurem Eisenoxydul bestehen, zeigen nicht immer gleiche Verwitterungsschnelligkeit, vielmehr hängt diese letztere von der Menge ihres Eisengehaltes, welcher bald 7—12 pCt., bald 15—30 pCt. beträgt, ab. Stark eisenhaltige Olivine werden unter Luftzutritt sehr bald trüb, ockergelb bis braunroth, bröcklich und bilden zuletzt eine im trockenen Zustande pulverige, im Nassen aber schmierige Erdsubstanz, welche aus einem mechanischen Gemenge von kieselsaurer Magnesia und Eisenoxydhydrat besteht und Wasser sehr begierig ansaugt und festhält.

2) Die Zeolithe, welche vermöge ihres meist starken Kalk-, Natronund Wassergehaltes in der Regel bald verwittern und sich dabei sehr

oft in eine weisse, mehlige Erdsubstanz (Mehlzeolith) umwandeln, geben bei ihrer vollständigen Zersetzung lösliche Carbonate theils von 10—14 pCt. Kalk, theils von 10—15 pCt. Natron und an unlöslichen Rückständen eine weissliche, kaolinähnliche, kieselsäurereiche thonige Substanz, welche sich in Wasser leicht schlämmt und dasselbe seifenbrühähnlich färbt („Seifenthon").

Die Verwitterung der eigentlichen Basaltmasse beginnt nun mit der allmählichen Umwandlung des Labradors und geht erst dann, wenn dieser schon fast thonartig geworden ist, auf den Augit über, so dass man an angewitterten, selbst scheinbar ganz dichten, Basalten alsdann schon mit der einfachen Loupe die schwarzen Augitkörnchen von den heller grau gewordenen Labradorkörnern unterscheiden kann. Im Anfange dieses Zersetzungszustandes zeigt sich auf der Oberfläche eine zarte, weissliche Haut, welche mit Säuren schwach braust und sich allmählig lederbraun färbt. Alsdann bildet sich unter dieser Haut eine weisse, aus Kalk und Eisenoxydulcarbonat bestehende Lage, welche indessen auch bald ockergelb wird. Unter dem Schutze dieser Verwitterungsrinde kann nun, — namentlich auf Klüften, — das Meteorwasser nachhaltiger wirken. Jetzt laugt es zuerst aus dem Labrador alle Kalkerde und alles Natron als Bicarbonat, ja auch einen Theil der Kieselsäure aus, so dass von ihm eine schmutziggraubräunliche Thonkrume übrig bleibt, in welcher zahllose Augit- und Magneteisenkörnchen liegen: dann aber greift das Meteorwasser auch den Augit an und beraubt ihn seines ganzen Kalk- und Magnesiagehaltes, so dass von ihm nur noch ein Gemenge von Eisenthon mit etwas kieselsaurer Magnesia übrig bleibt. Indem sich nun der thonige Labradorrückstand mit diesem augitischen Eisenthone mengt, so entsteht eine krümliche, keineswegs schmierige und nur wenig plastische Lehmart von schmutzig grünlich grauer Farbe, welche indessen immer noch zahlreiche Augitkörnchen enthält. Aber auch diese Lehmkrume ändert sich noch in ihrem Gehalte. Durch die in ihr enthaltenen, noch unzersetzten Labrador- und Augitreste erhält sie nemlich bei deren endlichen Verwitterung unaufhörlich Kalkbicarbonat. Indem sie nun dieses aufsaugt und festhält, wird sie allmählig in einen 3—15 pCt. kalkcarbonathaltigen Lehmmergel umgewandelt.

In dieser Weise produciren also die Basalte bei ihrer Zersetzung

an Auslaugungsproducten namentlich Kalk-, Magnesia- und Natronbicarbonat, nebst löslicher Kieselsäure;

an erdigen Rückstand eine schmutzig grünlichbräunliche, Eisenoxydkörnchen und Augitreste, — oft aber auch Grünerde, Chlorit und Speckstein — beigemengt haltige und mit 3—15 pCt. kohlensauren Kalk innig vermischte, Lehmmergelkrume.

§ 31. Rückblick auf die Verwitterungsproducte der krystallinischen Felsarten. 1. Unter den einfachen krystallinischen Gesteinen

giebt es keins, welches bei seiner Verwitterung eigentlichen Thon produciren kann; denn

> Glimmer, Chlorit, Hornblende und Augit produciren da, wo sie als selbständige Felsarten auftreten, nur eine aus Thonsubstanz und überschüssiger (mechanisch, aber innig beigemengter und nicht durch Schlämmen mit kaltem Wasser abscheidbarer) Kieselerde (Kieselmehl) bestehende Erdkrume, welche noch dazu in den allermeisten Fällen mit vielem Eisenoxyd oder auch mit Calcit untermischt ist.

2. Aber auch keine gemengte krystallinische Felsart vermag bei ihrer Verwitterung ganz reinen Kaolin oder Thon zu produciren, denn die kaolinisirenden Gemengtheile — Orthoklas, Oligoklas, Sanidin und Albit — erscheinen in ihnen stets mit Mineralien verbunden, welche bei ihrer Verwitterung theils Eisenoxyd, theils Magnesiasalze, theils Kalk liefern, — lauter Mineralsubstanzen, welche mit dem Kaolin der Feldspathe sich vermischen und ihn so in unreinen Thon, Lehm, Letten oder Walkerthon umwandeln. Ausserdem aber verwittern nicht alle Gemengtheile einer Felsart gleich schnell; in Folge davon erscheint der aus den Feldspathen entstandene Kaolin verunreinigt durch die noch nicht verwitterten Gesteinsreste. Am reinsten erscheint noch der Kaolin oder Thon derjenigen Felsarten, welche, wie der Granulit und mancher Felsitporphyr, nur aus kieselsäurereichem Feldspath und Quarz bestehen; denn ihr Kaolin erscheint nur verunreinigt durch beigemengten Quarzsand. — Wenn es nun aber demungeachtet mächtige Ablagerungen von Kaolin und gemeinem Thon giebt, so ist von diesen anzunehmen, dass sie durch Schlämmung und Auslaugung mittelst Wassers von ihren Beimischungen gereinigt worden sind. In der That befinden sich auch die bei weitem meisten Kaolin-, Thon- und selbst Lehmablagerungen nicht mehr an ihren eigentlichen Bildungsorten, sondern in Gebieten (Buchten, Thälern, Auen), welche deutlich genug zeigen, dass ihre Thonablagerungen angefluthet worden sind.

> Nur da, wo kieselsäurereiche Feldspathe, namentlich Orthoklas oder Albit, in selbständigen Ablagerungsmassen auftreten, können sich durch deren Verwitterung reine Kaolin- oder Thonlager erzeugen.

3. Nach dem eben schon Ausgesprochenen enthält also jede Verwitterungskrume noch mehr oder weniger Grus oder Sand. Die Menge dieser Mineralbeimengungen nimmt indessen im Verlaufe der Zeit immer mehr ab, wenn sie aus Mineralresten bestehen, welche noch weiter verwittern können. Nur Quarz-, Talk- und Specksteinreste können unter den gewöhnlichen Steinresten eine stabile Sandbeimengung der Verwitterungskrume bilden.

4. Die verwitterbaren Steintrümmer, seien es Gerölle, Grus oder Sand, sind von der grössten Wichtigkeit nicht blos für die Fortbildung, sondern auch für die Pflanzenernährkraft eines Bodens. Denn indem sie nur nach und nach in lange aufeinander folgenden Zeiträumen verwittern, versorgen sie den Boden auf lange Zeit hin nicht blos mit neuen Erdkrumetheilen, sondern auch

mit, in reinem oder kohlensäurehaltigem Wasser löslichen Salzen, welche die alleinige Bodennahrung für die Pflanzenwelt abgeben. Sie sind darum als die wahre Würze und als das für die Zukunft bestimmte Pflanzennahrungsmagazin eines Bodens zu betrachten. — Die nur aus Thonsubstanz — also nur aus ganz unlöslichem kieselsaurem Thonerdehydrat — bestehende Erdkrume ist für sich allein unter den gewöhnlichen Verhältnissen unfähig, aus ihren Bestandtheilen lösliche und zur Pflanzenernährung taugliche Substanzen zu liefern; sie bildet nur das Gebäude, in welchem die Pflanzenwurzel wohnt und die Nahrstoffe der Pflanze angesammelt und aufbewahrt werden. Wenn sie nun aber doch unter gewissen Verhältnissen auslaugbare Substanzen enthält, so sind ihr dieselben erst durch das Wasser von Aussen her zugeführt worden.

> Nur der mit Kalk (oder auch Gyps) innig und gleichmässig gemengte Thon — der sogenannte Mergel — oder der amorphe Kieselsäure besitzende Lehm macht in dieser Beziehung durch seinen Kalk-, Gyps- oder Kieselsäuregehalt eine scheinbare Ausnahme.

5. Die Qualität und Quantität der Auslaugungsproducte eines Bodens hängt demnach ebenso wie auch die Qualität der Erdkrume selbst, von der Art der Steintrümmer in einer Verwitterungskrume ab. Die Kenntniss dieser letzteren ist daher von grösserer Wichtigkeit für die Beurtheilung der Natur und Pflanzenproductionskraft eines Bodens, als die Kenntniss seiner Erdkrume selbst.

6. In dieser Beziehung ist nun für die Bodenbildung der gemengten krystallinischen Felsarten folgendes zu bemerken:

a) die orthoklas-, albit- oder oligoklasreichen Felsarten geben allein eine wahre, fette Thonkrume, welche aber verunreinigt wird durch Quarz-, Glimmer- und Hornblendesand oder durch Granit-, Gneiss-, Syenit-, Porphyr- oder Trachytgrus; oft auch durch etwas beigemischtes Eisenoxyd. Unter ihren Auslaugungsproducten stehen oben an die löslichen Carbonate und Silicate von Kali, ausserdem von Natron, weniger von Kalk. Sie sind darum als die Hauptalkalienspender zu betrachten.

b) die glimmerreichen Felsarten geben vorherrschend eine eisenschüssige, magere Thon- oder Lehmkrume, welche untermengt erscheint mit Quarzkörnern und unzähligen Glimmer- oder auch Chloritschüppchen oder auch mit Schiefergrus. Unter ihren nur allmählig und langsam entstehenden Auslaugungsproducten stehen bei den kaliglimmerhaltigen noch die Kalisalze, bei den magnesiaglimmer- oder chlorithaltigen aber die Carbonate und Silicate von Magnesia und unter Verhältnissen auch wohl Eisencarbonat nebst löslicher Kieselsäure oben an. Sie bilden in ihrer Bodenerzeugung eine Art Mittelstufe zwischen der vorigen und der folgenden Felsartengruppe.

c) die hornblendereichen Felsarten verwittern schwer und bilden

    α. bei Thonmagnesiahornblende- und Oligoklasgehalt eine ziemlich fette

Lehmkrume, welcher Hornblende- und Oligoklas-, bisweilen auch Glimmer-, Chlorit-, Talk- und Grünerdeschüppchen, aber keine Quarzkörner beigemengt sind. Unter ihren Auslaugungsproducten stehen obenan Carbonate und Silicate von Natron und Magnesia, weniger von Kalk und noch weniger von Kali. Dagegen können sie auch unter Abschluss von Sauerstoff mehrere Procente Eisencarbonat liefern.

β. bei Kalk-, Eisenhornblende- und Labrador- oder Anorthitgehalt eine eisenschüssige, etwas magere Lehm- oder Mergelkrume, welcher Hornblende-, Melaphyr- und auch wohl Magneteisentrümmer, oft auch Speckstein beigemengt erscheinen. Unter ihren Auslaugungsproducten treten hauptsächlich Kalkcarbonat, Magnesiacarbonat und Natroncarbonat, bisweilen auch Eisencarbonat hervor.

d) **die augitreichen Felsarten** liefern stets eine mehr oder weniger eisenschüssige kieselsäurehaltige Thon- oder Lehmkrume, welche oft auch durch beigemischten Kalk mergelig erscheint und mehr oder weniger Reste von Diabas, Gabbro, Basalt, Labrador, Augit, Hypersthen, Kalkhornblende und Magneteisenkörnern beigemengt enthält. Unter ihren Auslaugungsproducten treten am meisten hervor die Carbonate des Kalkes und Natrons oder auch der Magnesiakalkerde, bisweilen auch des Eisens; dagegen zeigen sich die Kalisalze stets nur in sehr geringer Menge. — Ueberhaupt aber sind sie als die Haupterzeuger einerseits des kohlensauren Kalkes und andererseits der Eisenerze zu betrachten.

7. Nach allem unter 6 Mitgetheilten erscheinen demnach:

a) **die orthoklas- oder oligoklasreichen Felssarten** als die Haupterzeuger des Kaolins, fetten Thons, des Quarzsandes und der meisten Kalisalze;

b) **die hornblende-, hypersthen-, diallag- und augitreichen Felsarten** als die Haupterzeuger des mageren eisenreichen Thones, Lehms und Mergels, sowie des Calcites, Specksteines, Chlorites und der Eisensteine. (Quarzsand aber ist ihrem Boden fremd.)

c) **die glimmerreichen Schiefergesteine** aber nahern sich in ihrer Bodenbildung je nach der Art ihres Glimmers bald a, bald b.

Bemerkung. Der mineralogische Unterschied von Thon, Lehm, Letten und Mergel wird im zweiten Hauptabschnitte dieses Werkes ausführlich angegeben werden.

--- --- --- --- --- ---

§ 32. **Verwitterung der klastischen Felsarten.** — Blickt man auf die Entstehungsweise der in § 16, 17 und 18 betrachteten klastischen

Felsarten, so gelangt man zu der Ansicht, dass die bei weitem meisten von ihnen, wenn man von den vulcanischen und auch wohl manchen eigentlichen Tuffen absieht, nichts weiter sind, als vom Wasser abgeschlämmter und durch Verkittung, Zusammenpressung und Austrocknung im Verlaufe der Zeiten wieder hart und festgewordener Verwitterungsschutt der krystallinischen Gesteine; dass also demgemäss diese Gesteine ehedem ebenso, wie der noch gegenwärtig sich bildende Verwitterungsschutt, den Grund und Boden darstellten, auf welchem die Pflanzenwelt ihren Sitz hatte, — eine Ansicht, für welche zunächst der Reichthum an Verkohlungssubstanzen (Bitumen), sodann aber auch die Erfahrung spricht, dass grade in den verschiedenen Ablagerungen der Schieferthone und Sandsteine — dieser Repräsentanten des ehemaligen Thonschlamm- und Lehmbodens — die bei weitem meisten Ueberreste der præadamitischen Pflanzenwelt versteint, verkohlt oder abgedruckt gefunden werden.

Es ist darum gar nicht unwahrscheinlich, dass alle unsere in der Gegenwart vorhandenen Bodenarten, Sand-, Thon- und Lehmablagerungen in einer fernen Zukunft auch noch einmal Conglomerate, Sandsteine und Schieferthone bilden werden, zumal wenn sie von den Gewässern des Festlandes dem Landschuttmagazine des Meerbeckens zugeleitet werden.

Aber eben in Folge dieser, durch vielfache Beobachtung und Erfahrung hervorgerufenen, Ansicht, wird man nun zu dem Schlusse veranlasst, dass wenigstens alle ganz klastischen Gesteine (die eigentlichen Conglomerate und Sandsteine) schon auf rein mechanischem Wege durch Einwirkung des Wassers und Frostes wieder in einen Erdschutt umgewandelt werden können, in welchen die früher eingekitteten Felstrümmer lose eingebettet liegen, wie in jedem eben erst entstandenen Verwitterungsboden. Im Allgemeinen lehrt die Erfahrung über dieses Verhalten der ganz klastischen Gesteine folgendes:

a) Alle thonhaltigen ganz klastischen Gesteine werden zunächst durch das in ihren Schicht- und Austrocknungsspalten gefrierende Wasser in ein immer mehr zerfallendes Haufwerk von Schieferthonstückchen, Geröllen, Kies und Sand zertrümmert; sodann aber durch die fortwährende Einwirkung von Wasser in ein Gemenge von thoniger oder lehmiger Erdkrume und Geröllen, Grus und Sand umgewandelt. Bestehen nun die in ihrer Bodenmasse liegenden Felsartentrümmer aus Mineralien, welche noch weiter verwittern können, so verhalten sich diese ganz auf dieselbe Weise, wie schon bei dem Verwitterungsprocesse der gemengten krystallinischen Felsarten angegeben worden ist: sie werden durch Kohlensäurewasser allmählig zersetzt und schaffen die für das Pflanzenleben nöthigen Nahrstoffe durch ihre Auslaugungsproducte, während sie zugleich die schon vorhandene Erdkrume durch ihre unlöslichen Zersetzungsrückstände vermehren. Bei den klastischen Gesteinen mit rein thonigem Bindemittel hängt also von diesen Steintrümmern allein die Pflanzenproductionskraft ihres Bodens, und zwar um so mehr ab, als in der Regel ihr thoniges Bindemittel durch seine Fortschlämmung im Wasser alle lösbaren Substanzen verloren hat und demnach nichts weiter enthält als kieselsaures Thonerdehydrat, Eisenoxyd oder Eisenoxydhydrat, erstarrte Kieselsäure und vielleicht etwas kieselsaure Magnesia.

Recht grell tritt diese Erfahrung an den einzelnen Gliedern des Rothliegenden bei Eisenach hervor. Alle diese Glieder haben ein rothbraunes, eisenschüssiges, sandigthoniges Bindemittel, welches nach sorgfältigen Untersuchungen überall ganz ein und dieselbe chemische Zusammensetzung hat und für sich nur aus eisenschüssigem, mit Kieselmehl und feinen Glimmerschüppchen untermengten, Thon besteht, aber von in reinem oder salzsauren Wasser auslaugbaren Bestandtheilen kaum Spuren von Kali und Kalkerde besitzt. Je nach ihren Trümmereinmengungen sind hauptsächlich unter ihnen zu unterscheiden:

1) Conglomerate mit Quarzgeröllen,
2) Conglomerate mit Quarz- oder Glimmerschiefergeröllen,
3) Conglomerate mit Granit-, Gneiss- und Quarzgeröllen,
4) Sandsteine nur mit Quarzkörnern, welche Zwischenschichten zwischen den Bänken von Nr. 1 bilden,
5) Sandsteine mit Quarzkörnern, Feldspathtrümmern und Granitgrus, welche Zwischenschichten zwischen Nr. 3 und 6 bilden,
6) Rother Schieferthon, welcher theils für sich mächtige Ablagerungen, theils Zwischenschichten zwischen den Schichtmassen von Nr. 1—5 bildet.

Welch' gewaltiger Unterschied aber in der Pflanzenproductionskraft von diesen verschiedenen Ablagerungsmassen des Rothliegenden!

a) Der Boden von Nr. 1 trägt Kiefern, trocknet leicht aus und ist der Sitz von Haide und borstigen Hungergräsern;
b) Der Boden von Nr. 2 trägt in schattigen Lagen Fichten, Eichen, Lärchen, magere Buchen, Ginster, Heidelbeeren, schmalblättrige Triftengräser, in trocknen, sonnigen Lagen aber nähert er sich dem Boden a.
c) Der Boden von 3 und 5 trägt prächtige Buchenwälder, Weisstannen und gute Wiesengräser, wird aber wegen seiner dunklen Farbe an sonnigen Orten leicht ausgetrocknet und trägt dann auch Heidelbeeren, Ginster und magere Gräser.
d) Der Boden von Nr. 6 endlich ist in feuchten, schattigen Lagen zur Versumpfung geneigt und trägt dann Erlen, Sohlweiden, Sumpfgräser, Binsen und Simsen; an trocknen, sonnigen Orten aber zerfällt er in ein loses Haufwerk von eckigen Schieferstückchen, in welchem nur noch die Kiefer, Haide und das

Borstengras gedeiht. Nur da, wo dieser Schieferthon von dem Schichtwasser des Granitconglomerates berieselt wird, enthält er Auslaugungsproducte. Diese stammen also nicht aus seiner eignen Masse, sondern aus den verwitternden Trümmern des Granitconglomerates ab.

Dieser ganze Unterschied wird demnach nur durch die dem thonigen Bindemittel eingemengten Mineraltrümmerarten hervorgerufen.

Die Wichtigkeit dieser Mineraltrümmer in dem Schuttboden der klastischen Gesteine anerkennend habe ich mich nun bestrebt, namentlich den Sandgehalt der Sandsteine aus den verschiedenen Formationen der Erdrinde zu untersuchen und glaube hierdurch folgende Resultate erhalten zu haben:

1) Die Sandsteine der älteren Formationen, so der Grauwacke, des Zechsteins und Buntsandsteines, enthalten gewöhnlich neben ihren Quarzkörnern auch noch Reste von Orthoklas, Oligoklas und Hornblende, ausserdem häufig auch noch Glimmer- und Chloritblättchen. Von den Feldspathresten enthalten sie um so mehr (5—20—25) Procente, je näher ihre Ablagerungsmassen denjenigen Gebirgen liegen, aus deren krystallinischen Gesteinen sie hervorgegangen sind.

  Bemerkung. Ein Buntsandstein des Selingwaldes bei Hersfeld in Hessen, welcher ausgezeichnet schöne Buchen trägt, enthielt 35 pCt. Oligoklaskörner.

2) Die Sandsteine der jüngeren Formationen, so des Keupers, Lias, Jura und der Kreide, enthalten dagegen um so mehr Quarzkörner und um so weniger zersetzbare Mineraltrümmer, je weiter sie von Gebirgsmassen krystallinischer Felsarten entfernt liegen und je mehr ihre Ablagerungsorte und Organismenreste darthun, dass sie weit vom Lande im Gebiete des hohen Meeres entstanden sind.

Belege. Ein thonig mergeliger Sandstein der Eisenacher Lettenkohlengruppe, — also ein Binnenseegebilde — zeigte beim Abschlämmen 5 pCt. Kalkspathreste, 8 pCt. Feldspathkörnchen, und einige Procente Glimmer. Ein eben solcher Sandstein aus der oberen Keuperformation dagegen zeigte 45 pCt. Quarzkörner, nur Spuren von Feldspath und etwa 4 pCt. Kalkspathkörner. — Quadersandsteine von der Teufelsmauer am Harze gaben 95 pCt. Quarzkörner und ebenso verhielten sich diese Sandsteine aus der sächsischen Schweiz. Der Grund von dieser steigenden Abnahme der zersetzbaren Mineralreste in den Sandsteinen der jüngeren und jüngsten Formationen liegt wohl darin, dass die Sandsteine der älteren Formationen ihr Bildungsmaterial unmittelbar von den krystallinischen Gesteinen und zwar schon in der näheren Umgebung der letzteren erhielten, so dass es nicht erst weiter zersetzt oder durch das schlämmende Wasser zerstreut werden konnte, während die Sandsteine der jüngeren Formationen ihr Bildungsmaterial entweder aus der Wiederzerstörung schon vorhandener Sandsteine und dann mehr oder weniger zersetzt erhielten oder, wenn es auch von krystallinischen Gesteinen abstammt, erst nach langem Transporte durch die Gewässer im Meeresbette empfingen, so dass das Meiste davon schon unterwegs zum Meere sitzen blieb und nur das feinkörnige noch an ihren Bildungsort gelangte.

Nach allem eben Mitgetheilten besteht also die Verwitterung der klastischen Gesteine mit einfach thonigem Bindemittel in einer mechanischen Zerreissung und Schlämmung dieses letzteren. Enthalten nun diese Trümmergesteine eingekittete Mineralreste, so geht die Verwitterung nur noch an diesen letzteren in der eben beschriebenen Weise vor sich.

In diesem Falle kann es aber auch vorkommen, dass durch Wasserfluthen das erweichte Bindemittel dieser Gesteine nach und nach ganz ausgeschlämmt wird, so dass nur noch ein loses Gehäufe von Geröllen und Sand von ihnen übrig bleibt.

Besteht aber ein solches Gestein nur aus erhärtetem Schieferthon, dann wird seine ganze Masse durch das von ihm eingesogene und gefrierende Wasser in ein loses Gehäufe von eckigen und scharfkantigen Schiefer- und Blätterstückchen zertrümmert, welche im Verlaufe der Zeit immer kleiner und immer dünner werden, bis sie zuletzt in wahre Erdkrume zerfallen. — Am meisten tritt dieses Verhalten an den mit kohligen Substanzen oder mit Eisenoxyd und Glimmerblättchen reichlich versehenen Schieferthonen noch dazu, wenn ihre Schiefermassen eine solche Stellung haben, dass Wasser in ihre Schiefer- und Schichtspalten eindringen kann, hervor. Sind in diesem Falle ihre Schieferlagen stark aufgerichtet, dann bemerkt man auch noch die Erscheinung, dass Regenwasser fortwährend die zwischen den einzelnen Schieferstückchen entstehende Erdkrume ausschlämmt und sie am Fusse der Schieferabhänge absetzt, so dass das Schiefergehänge selbst stets krumenlos erscheint.

Dieses Fortschlämmen der Erdkrume aus dem Schiefergehäufe kann nur durch eine Bepflanzung der schüttigen Schieferthonmassen verhindert werden.

b) Anders gestaltet sich indessen die Verwitterung der Trümmergesteine, wenn sie ein mergeliges Bindemittel besitzen. In diesem Falle nemlich wird die Verwitterung hauptsächlich durch den Einfluss des Kohlensäure führenden Meteorwassers oder auch der Verwesungssäuren von den auf diesen Gesteinen in grosser Menge wachsenden Flechten auf den Kalkgehalt des Bindemittels eingeleitet. Indem aber durch diese Agentien nach und nach der ganze kohlensaure Kalk des Bindemittels ausgelaugt wird, reicht die nun noch übrige Thonmasse, welche ohnedies durch das eingedrungene Meteorwasser schon durchweicht worden ist, nicht mehr aus, die in ihr eingebetteten Trümmer fest zusammen zu halten. Die Conglomerate und Sandsteine mit mergeligem Bindemittel zerfallen in dieser Weise bald in einen Schutt von mergelig-thoniger Krume und Geröllen oder Sand; ja diese Zertrümmerung tritt bei ihnen verhältnissmässig noch schneller ein, als bei den Trümmergesteinen mit thonigem Bindemittel, weil auf ihr Bindemittel zu gleicher Zeit das Wasser mechanisch und die Kohlensäure chemisch einwirkt. Die Trümmergesteine mit mergeligem Bindemittel können aber auch noch auf andere Weisen in Schutt umgewandelt werden.

a) Enthalten sie nemlich in ihrem Bindemittel oder auch in ihren Felstrümmern Eisenkiese, so wird durch die bei der Oxydation dieser Kiese freiwerdende Schwefelsäure der Kalkgehalt derselben in Gyps umgewandelt, durch dessen Auslaugung ebenfalls die Festigkeit des Bindemittels zerstört und die Umwandlung des Ganzen in erdigen Schutt herbeigeführt wird.

b) Stehen endlich mergelige Trümmergesteine mit stickstoffhaltigen Organismenresten in Berührung, wie dies stets der Fall ist, wenn sich erst eine Vegetationsdecke auf ihrer Oberfläche gebildet hat, dann bildet sich aus ihrem Kalkgehalte salpetersaure Kalkerde, welche ausgelaugt wird und so ein Mürbewerden und Zerbröckeln der Trümmergesteinmasse herbeiführt.

Aehnlich wie mit den mergeligen Trümmergesteinen verhält

es sich mit den thonigen Trümmergesteinen, welche Mergel-
gerölle, Kalkgerölle oder Kalksand enthalten. Nur geht
bei diesen die Zerstörung nicht von dem Bindemittel, sondern von den in diesem eingekitteten Kalktrümmern aus.
Bei dieser Art von Trümmergesteinen kommt es auch vor,
dass die von dem kohlensauren Wasser angeätzten Mergel-
trümmer zum Theil noch vorhanden sind, so dass ihre noch
übrige, meist aus Thon bestehende Masse Schaalen um hohle
Räume — sogenannte hohle Gerölle — bildet.

3) Bei Trümmergesteinen, welche ein kohlenstoffreiches Bindemittel besitzen, wird eine Lockerung und Zerkrümelung
ihrer Hauptmasse dadurch herbeigeführt, dass der Kohlen-
stoffgehalt der letzteren durch Zutritt von Sauerstoff allmählig in Kohlensäure umgewandelt wird, welche nun entweder entweicht oder beim Vorhandensein von kohlensaurem
Kalk im Bindemittel diesen doppeltkohlensauer und dadurch
im Wasser löslich und auslaugbar macht. Ein Verbleichen
des an sich dunkelgefärbten Bindemittels und ein Porös-
und Mürbewerden dieses letzteren, auch ein Ausblühen von
pulverigem kohlensauren Kalk auf der Oberfläche dieser
bituminösen Trümmergesteine sind daher immer Abzeichen
ihrer Zersetzung durch die Ausscheidung ihrer kohligen
Beimischungen.

4) Endlich sei hier noch kürzlich der Trümmergesteine mit
einem ockergelben, an Eisenoxydhydratbeimengung reichen
Bindemittel gedacht. Kommen nemlich diese bei Abschluss
von Luft mit fauligen Organismenresten in Berührung, so
werden sie durch diese letzteren allmählig ihres Eisengehaltes
beraubt und dadurch so mürbe, dass sie zerfallen.

Wenn nun auch die ganz klastischen Gesteine als steingewordene Verwitterungskrume oder als erhärteter Schlamm anzusehen sind, so ist dies doch
nicht der Fall mit den eigentlichen Tuffen. Unter diesen sind, wie oben
angegeben, die genannten Tuffarten dadurch entstanden, dass die wässrige
Lösung irgend eines einfachen Minerales Gehäufe von losem Gerölle oder Sand
durchzieht und dabei seine Lösungssubstanz an den einzelnen Steintrümmern
so lange absetzt, bis alle Zwischenräume zwischen diesen letzteren ausgefüllt
und sie selbst unter einander zum festen Ganzen verkittet sind; die vulcanischen
Tuffe aber sind nichts weiter als durch vulcanische Dämpfe zu Pulver zer-
stampfte krystallinische Felsarten (Asche von Porphyren. Basalten, Phonolithen,
Trachyten etc.), deren Pulvermassen durch Wasser, theilweise Auswitterung und
Zusammenpressung wieder zum Ganzen verdichtet sind und meist grössere und

kleinere Knollen und Körner von denselben Gesteinen, aus deren Zertrümmerung sie hervorgegangen, in ihrer Masse eingebettet enthalten.

Rechnet man von diesen ebengenannten beiden Gruppen der Trummergesteine die ohnedies seltenen Conglomerat- und Sandsteintuffe mit dem schon in reinem Wasser löslichen Bindemittel von Steinsalz und Gyps oder mit dem unter den gewöhnlichen Verhältnissen ganz unlöslichen Bindemittel von erstarrter amorpher Kieselsäure ab, so ist der Verwitterungsprocess dieser Tuffe, wie bei den krystallinischen Felsarten, ein vorherrschend chemischer, indem zu ihrer Umwandelung in Gebirgsschutt der Einfluss von kohlensanrem Wasser gehört.

a) Bei den Tuffen mit calcitischem oder dolomitischen Bindemittel wird das letztere durch kohlensaures Wasser einfach gelost und ausgelaugt, so dass nur noch ein loses Gehäufe von Geröllen oder Sand übrig bleibt, welches, wenn es aus noch weiter zersetzbaren Mineralarten besteht, ebenfalls im Verlaufe der Zeit durch kohlensaures Wasser noch zersetzt oder gelöst wird.

b) Bei den vulcanischen Tuffen dagegen geht die Verwitterung in ganz ähnlicher Weise vor sich, wie an den krystallinischen Felsarten, aus deren Zerstampfung sie entstanden sind, aber in kürzerer Zeit und in stärkerem Maase, einerseits weil sie aus zerkleinten und darum leichter angreifbaren Mineralstückchen bestehen, und andererseits, weil sie schon ganz vom Wasser durchdrungen und hydratisirt sind und häufig auch durch dasselbe, zumal wenn es Meerwasser ist, Stoffe erhalten haben, welche ätzend und zersetzend auf ihre Bestandtheile einwirken. Die aus ihnen gebildete Erdkrume ist daher auch im Allgemeinen der Verwitterungskrume ihrer Muttergesteine (so der Basalte, Phonolithe und Trachyte) sehr ähnlich, aber reicher an wahrer Erdkrume, an kohlensaurem Kalk und an Natronsalzen. Sehr bezeichnend für diese Tuffe ist, dass sie während ihres Verwitterungszustandes auf ihren Klüften und Blasenräumen eine Menge von zeolithischen und thonartigen Mineralien, wie Steinmark, Bergseife, Neolith, sowie von Calcit, Aragonit, Apatit u. s. w. absetzen.

Bemerkung. Bei der gegenwärtig noch sehr mangelhaften Kenntniss der Masse und der Verwitterungsproducte von den verschiedenen vulcanischen Tuffen ist es unmoglich, hier specielle Thatsachen über den Verwitterungsprocess der einzelnen Tuffarten anzugeben.

II. Abschnitt.

Von dem Gesteins- oder Verwitterungs- schutte im Besonderen.

§ 33. Begriff und Gruppirung desselben. Nachdem im vorigen Abschnitte das Material, aus welchem der Gebirgs- oder Gesteinsschutt entsteht, und der Process, durch welchen er aus diesem Materiale gebildet wird, näher untersucht worden ist, kann nun auch dieser Schutt selbst nach seinen Formen, Bestandtheilen, Eigenschaften und Veränderungen näher in Betrachtung gezogen werden.

Wie nun schon im § 1 des ersten Capitels gelehrt worden ist, so sind im Allgemeinen unter dem Gebirgs-, Fels- oder Gesteinsschutte alle losen oder nur locker aneinander haftenden Zertrümmerungs-, Verwitterungs- und nicht krystallisirbaren Zersetzungsproducte der festen Gesteinsmassen unserer Erdrinde zu verstehen. Je nach den Formen, unter denen dieser Gesteinsschutt auftritt, und je nach der Art seiner Entstehung lässt sich derselbe in folgender Weise gruppiren:

A. Steinschutt: Lose Aggregationen von groben bis pulverförmigen Gesteinstrümmern, welche in ihren einzelnen Massetheilen noch mehr oder weniger deutlich die mineralischen Eigenschaften ihrer Muttergesteine zeigen und durch mechanische Zertrümmerung von Felsarten entstanden oder bei der chemischen Zersetzung von gemengten Felsarten als noch unzersetzte oder nicht weiter zersetzbare Reste derselben übrig geblieben sind. — Je nach der Art ihrer Entstehung kann man von ihnen unterscheiden

I. Vulcanenschutt: Grosse bis pulverförmige Steintrümmer, welche bei den Eruptionen der Vulcane aus der Zerstampfung der im

13*

Krater oder Auswurfscanale angehäuften, schon erstarrten oder noch
im Schmelze befindlichen Steinmassen durch aufsteigende Dämpfe erzeugt und dann aus dem Krater ausgeschleudert worden sind. Ihrer
mineralischen Beschaffenheit nach erscheinen sie vorherrschend als
Zertrümmerungsproducte von leucitischen, basaltischen und trachytischen Felsarten und demnach reich einerseits an Kalkthonerdesilicate,
(Augit oder Kalkhornblende) und andererseits an kieselsäureärmern und
kalkerde- oder natronreichen Feldspathmineralen, so an Kalkoligoklas,
Labrador, Anorthit oder Leucit. Die wichtigsten Modificationen derselben sind die vulcanischen Bomben, der vulcanische Sand
(Lapilli und Piperino) und die vulcanische Asche.

II. Verwitterungsschutt: Grosse bis fast pulverförmige Steintrümmer,
welche theils durch mechanische Zertrümmerung von Felsarten, —
sei es durch Erdbeben, durch Bergeinstürze oder durch gefrierendes
Wasser, — entstanden, theils als unzersetzte Reste bei der chemischen
Umwandlung von Felsarten übrig geblieben sind. Ihrer mineralischen
Beschaffenheit nach erscheinen sie als Zertrümmerungsproducte theils
von krystallinischen, theils von klastischen Gesteinen aller Art. Ihrer
äusseren Form nach aber sind von ihnen zu unterscheiden: Blöcke,
Gerölle, Geschiebe, Grus und Sand.

B. Erdschutt: Krümelige oder auch pulverige, — nie krystallinische —,
im angefeuchteten Zustande mehr oder weniger aneinander haftende und
im Wasser mehr oder weniger schlämmbare Aggregationen, welche bei
der gänzlichen Zersetzung von Felsarten als unter den gewöhnlichen
Verwitterungsverhältnissen nicht weiter zersetzbare und in reinem Wasser
unlösliche Mineralsubstanzen übrig bleiben. Unter ihnen sind zu unterscheiden:

1) Pulveriger, im Wasser nur wenig schlämmbarer, Erdschutt: Eisenoxyd, Eisenoxydhydrat, kohlensaurer Kalk.

2) Krümeliger, im Wasser stark schlämmbarer, Erdschutt: Kaolin, gemeiner Thon, Lehm, Mergel.

Die in der eben angegebenen Gruppirung vorgeführten Abarten des Gesteinsschuttes treten indessen nicht immer für sich allein und in scharf ab-
gegrenzten Massen auf: Vielmehr bemerkt man in der Natur, dass alle Schuttmassen, welche noch einer weiteren Zersetzung durch den Verwitterungsprocess
fähig sind, Gemische von Stein- und Erdschutt bilden. Als solche
stellen sie alsdann die Boden- oder Ackerkrume-Arten, die eigentlichen
Träger des Pflanzenlebens, dar. — Hierzu kommt noch, dass sich mit diesen
nur aus Mineralsubstanzen gebildeten Schuttmassen die Verwesungs- und Verkohlungssubstanzen der in oder auf ihnen wohnenden Organismen mischen und
durch ihre mannichfachen Zersetzungsproducte, so namentlich durch ihre Humussäuren, durch Schwefelwasserstoff, Ammoniak und vorzüglich auch durch ihre

sogenannten Aschenbestandtheile, umwandelnd auf den mit ihnen gemengten Mineralschutt einwirken.

Durch alles dieses entsteht nun noch eine dritte Gruppe von Gebirgsschutt, nemlich:

C. Gemischter Gebirgsschutt, welcher die verschiedenen Ackerkrumen- oder Bodenarten umfasst und

 a) entweder nur aus Gemengen von den verschiedenen Abarten des Steinschuttes besteht: Mineral- oder Rohboden;

 b) oder aus Gemengen von Mineralboden und Verwesungs- oder Humussubstanzen zusammengesetzt ist: Humusbodenarten.

A.

Vom Steinschutte.

§ 34. Bestandesmassen und Ablagerungsreste desselben im Allgemeinen. Alle festen Steinmassen, welche nicht mehr in Verwachsung mit denjenigen Erdrindemassen stehen, denen sie ihrer mineralischen Zusammensetzung nach angehören, welche also lose auf der Erdoberfläche oder in dem Erdboden eingesenkt oder auch auf dem Grunde der Gewässer umherliegen, gehören zum Steinschutte.

An der Bildung dieses Steinschuttes arbeiten alle Potenzen und Agentien, durch welche überhaupt die festen zusammenhängeuden Gesteinsmassen der Erdrinde zertrümmert werden können. Wo vulcanische Dämpfe sich aus dem sie zusammenpressenden Erdinnern mit Gewalt einen Ausweg nach der Atmosphäre bahnen, da zerbrechen und zerstampfen sie die Erdrindemassen, welche ihrem Zuge nach Aussen hemmend entgegentreten, schleudern sie auch das von ihnen zermalmte Gestein mit furchtbarer Kraft oft weit weg aus dem von ihnen gewaltsam erbrochenen Abzugscanale; wo ferner das Meteorwasser sich durch Klüfte und Spalten in das Innere von Erdrindemassen eingeschlichen hat, da werden diese Massen auf die mannichfachste Weise zertrümmert, sei es nun, dass es die Unterlagen von denselben schlämmt oder löst, so dass nun Felseinstürze und Höhlungen entstehen, in welche die überlagernden Gesteinsarten zusammenstürzen, sei es, dass das in Klüften und Spalten befindliche Wasser zu Eis erstarrt und hierbei seine Gesteinsumgebung zersprengt, sei es, dass das Wasser durch sich allein oder durch die ihm beigemischte Kohlensäure das Bindemittel von Conglomeraten und Sandsteinen fortfluthet, so dass nun die ihres Kittes beraubten Steintrümmer in loses Haufwerk zerfallen; wo ferner die brandende Meereswoge ihre felsigen Gestade peitscht, da werden unaufhörlich Bruchstücke des fortwährend erschütterten Ufergesteines losgeschlagen; wo endlich die Verwitterungsagentien die festen Gesteine der Erdrinde anätzen, da entstehen Trümmer aller Art, unter denen namentlich diejenigen hervortreten, welche bei der chemischen Zersetzung der einzelnen Felsgemengtheile als nicht verwitterbare Gesteinsreste übrig bleiben.

Nach dieser so mannichfachen Bildungsweise muss auch der Steinschutt sehr verschiedene Lagerungsorte besitzen. Am gewöhnlichsten zeigen sich seine Massen in der nächsten Umgebung seiner Muttergesteine, so namentlich der Verwitterungsschutt; sehr häufig aber trifft man auch seine Aggregationen oder Individualmassen weit entfernt von dem Orte ihrer Geburt.

1) Jeder starke Regenguss, vor allem ein sogenannter Wolkenbruch, führt eine grosse Menge grosser und kleiner Felstrümmer von den Gehängen der Gebirge in die Thäler und Vorländer dieser letzteren, oft meilenweit weg. Im Jahre 1838 führte ein solcher Wolkenbruch Basaltblöcke von 100—150 Ctr. Gewicht von der hohen Rhön nach dem eine Meile entfernten Dorfe Stetten und setzte sie mitten in dem letzteren ab; ebenso führte ein solcher Wolkenbruch 1861 im Juli 60—100 Pfund schwere Granit-, Porphyr- und Quarzblöcke aus den Ruhlaer Bergen 1 1/2 Meile weit bis in die nächste Umgebung von Eisenach. Führt ein solcher Regenguss die Felsblöcke in die Gebirgsbäche, so werden diese Blöcke in noch weit entferntere Gegenden transportirt. In dieser Weise gelangten 1861 unzählige Blöcke selbst vom nördlichen Abhange des Inselberges 4—5 Stunden weit bis nach Eisenach, ja selbst bis ins Werrathal bei Herleshausen und bildeten auf Aeckern und Wiesen fusshohe Ablagerungsmassen von 6 Zoll bis 1 1/2 Fuss durchmessenden Felstrümmern, deren Individuen ihrer mineralischen Zusammensetzung nach eine wahre Felsartensammlung von allen Bergketten des nordwestlichen Thüringer Waldes bildeten: Granite, Gneisse, Syenite, Diorite, Granulite, Felsitporphyre, Porphyrbreccien, Achatkugeln, Melaphyre, Mandelsteine, Steinkohlenschiefer — kurz Gesteine der verschiedensten Modifikationen lagen da bunt durcheinander in möglichst kleinem Raume.

2) In noch weit stärkerem Grade aber wie die Regenmassen und die durch sie angeschwellten Bäche, Flüsse und Ströme wirken auf die Fortfluthung des Steinschuttes die aufgeregten und ihre Gestade überschreitenden Meereswogen, sei es nun dass sie diesen Schutt unmittelbar durch die Fluthgewalt ihrer Wassermasse auf die von ihnen überschütteten Landesmassen werfen, sei es dass sie ihn mittelbar auf Eisinseln, welche auf ihrem Rücken schwimmen, nach entfernten Gegenden transportiren. Die Geologie weist es nach, dass all der Blöcke-, Geröll- und Sandschutt, welcher das norddeutsche Tiefland vom Rhein bis zur Weichsel und darüber hinaus bedeckt, theils von Norwegen, theils von Schweden, theils

auch von Finnland stammt und durch die Fluthen des Meeres diesen ihren Geburtsländern entrückt worden ist.

3) Aber nicht blos das Wasser, sondern auch der Schnee und das Eis entfernen den Steinschutt von seiner Geburtsstätte und wälzen ihn oft weit weg von dieser letzteren. Die rutschende Lawine schleudert Blöcke, Sand und Erde aus den Höhen der Gebirge herab in die Thäler; die gleitenden Gletscherströme tragen Blöcke von den unzugänglichen Gipfeln der Hochgebirge herab in die Ebene und bauen mit denselben an ihrem unteren Rande mächtige Wälle (Moränen) auf. — In der ebenen Schweiz findet man Gletscher-Blockwälle an Orten, wohin jetzt gar keine Gletscher mehr reichen — ein Beweis, dass dieselben früher weiter gereicht haben, als jetzt. — Das Grundeis des Rheins transportirt Felsblöcke der Alpen bis in die Gegend von Strassburg, ja selbst bis Mainz. Und dass nach den Erfahrungen der Geologie die gewaltigen erratischen Blöcke des norddeutschen Tieflandes wenigstens zum Theil durch schwimmende Eisinseln aus Skandinavien nach Deutschland gekommen sind, ist oben schon erwähnt worden.

4) Indessen nicht blos unmittelbar, sondern auch mittelbar tragen Wasser und Eis zum Transport von Felstrümmern bei. Wenn das Wasser thonige Zwischenlagen von Felsmassen schlammig gemacht hat, so dass nun die über ihnen lagernden Gesteinsschichten den festen Halt verlieren, dann treten die furchtbaren Bergschlüpfe ein, welche mit grausiger Gewalt die zusammenbrechenden und abwärtsschiebenden Felstrümmer über das umliegende Land herschütten. Die Verschüttung des Goldauer Thales in der Schweiz mit dem Schutte des abwärtsgleitenden Rossberges ist allbekannt. Ebenso weiss man auch, dass durch das in den Felsspalten gefrierende Wasser schon mächtige Bergmassen — z. B. in den Alpen Südtyrols — zersprengt und dann deren Schuttmassen weithin über das umliegende Land geschleudert worden sind.

5) Ein gewaltiges Transportmittel für den Steinschutt endlich bilden die **vulcanischen Dampfexhalationen**. Diese, welche mit der grössten Spannkraft sich aus dem Innern des Vulcans einen Ausweg nach Aussen erbrechen müssen, schleudern die von ihnen im Krater des Vulcans losgebrochenen und zerstampften Steinmassen oft hundert und mehr Meilen weit, zumal wenn sie bei ihrer Thätigkeit von heftigen Luftströmungen unterstützt werden. Dies gilt zumal von dem sand- und pulverförmigen Steinschutte, welcher unter dem Namen des vulcanischen Sandes (Lapilli und Piperino) und der vulcanischen Asche bekannt ist.

Nach allem eben Mitgetheilten zeigt demnach der Steinschutt im Allgemeinen zweierlei Lagerungsgebiete, nemlich:

a) primäre, wenn er noch in der nächsten Umgebung seiner Muttergesteine lagert, und

b) **secundäre,** wenn er an Orten lagert, welche sich mehr oder weniger entfernt von seiner Geburtsstätte befinden und nicht aus denjenigen Felsarten bestehen, aus deren Zertrümmerung er gebildet worden ist. Zu diesen secundären Lagerungsgebieten gehören nun nach dem Obigen:

1) Die Betten der Bäche, Flüsse, Ströme, Binnenseen und des Meeres; sie sind die Sammelplätze des Steinschuttes, aus welchen die Natur das Material zur Bildung neuer Erdrindelagen innerhalb der Wasserbecken selbst, theils zur Anhäufung von Schutt auf den sie umgebenden Landesgebieten entnimmt.

2) Die Ufer- und Strandländereien aller Gewässer, von wo aus dann die Luftströmungen wenigstens die leichteren Massen des Steinschuttes mehr oder minder weit landeinwärts tragen, im Zeitverlaufe zu mehr oder minder mächtigen und weit ausgedehnt Aggregationen anhäufen, und so das Material zur Entstehung von Steppen, Wüsten und Sandböden liefern.

3) Die Buchten, Thäler und Vorländereien der Gebirge. An allen diesen Lagerorten erscheint der Steinschutt theils halb oder ganz von Erdkrume umschlossen, theils auch verdeckt von abgestorbenen oder vertorfenden Pflanzenmassen, am gewöhnlichsten aber nackt, lose und dabei scheinbar ordnungslos durcheinander liegend. Bei einer genaueren Untersuchung der Steinschuttablagerungen an Gebirgsgehängen und in den von Bächen und Flüssen durchzogenen Thälern und Auen wird man indessen in der scheinbar ganz ordnungslosen Ablagerung seiner Individualmassen doch eine gewisse Ablagerungsordnung bemerken.

α) Wenn nicht Felsmassen, welche auf dem Kamme einer Bergkette hervortreten, durch den Frost oder andere heftige Erschütterungen zersprengt worden sind, so lagern die grössten Blöcke dem Berggipfel, also ihrer Geburtsstätte, am nächsten und die kleinsten Trümmer am untersten Gehänge des Berges. In der Regel bemerkt man dann auch vor jedem grossen Blocke eine **bergabwärts** ziehende und sich **nach unten** verschmälernde, zungenförmige Ablagerung von kleineren Blöcken und Sand.

β) Wenn dagegen auf der Höhe einer Bergmasse befindliche Felsmassen durch Frost oder sonst gewaltsam wirkende Agentien zersprengt werden, dann lagern in der Regel die grössten Felsblöcke am untern Gehänge des Berges, und es befindet sich dann sehr gewöhnlich hinter ihnen eine **bergaufwärts** ziehende und **nach oben** hin sich verschmälernde Zunge von kleinem Gerölle und Sand. — Diese Schuttzungen hinter den grösseren Blöcken können indessen nicht nur durch die Fallkraft der grösseren und kleineren Steintrümmer, sondern auch — und zwar vorzüglich — durch den Einfluss des Regens entstehen.

γ) Von den in dem Bette eines Gebirgsbaches abgesetzten Steintrümmern gewahrt man vorzüglich:

> die grössten Blöcke in seinem jähabschüssigen Gebirgsbette,
> die Gerölle in seinem sanft geneigten Thalbette,
> den Kies und Grand in seinem fast söhligen Vorlandsbette,
> den feinen Sand in seinem beinahe wagrechten Ebnenbette.

δ) Von den auf den Ufergeländen eines Flusses oder Baches abgesetzten Trümmern lagern dagegen

> die Gerölle und Blöcke zunächst den Ufern, der grobe Sand hinter diesen und entfernter vom Ufer,

der feine Sand am entferntesten vom Ufer.

ε) Der auf einem gewissen Landesraume abgelagerte Steinschutt zeigt auch häufig in seiner Gesammtmasse selbst eine gewisse Reihenfolge der Ablagerungsmassen, der zu Folge nach den Gesetzen der Schwere die grössten Blöcke zu unterst, die kleinen Gerölle und Geschiebe darüber und der feinere Kies und Sand zu oberst lagern. In den meisten Fällen jedoch füllen die kleineren Gerölle und der Sand die Zwischenräume zwischen den gröberen Schuttindividuen in der Weise aus, dass diese letzteren eingebettet in der Masse der ersteren und oft sogar von ihr zusammengekittet erscheinen. In Thalgebieten, deren Fliesswasser aus Gebirgen kommen und periodisch stark anschwellen, bemerkt man dann auch oft eine Wiederholung der eben angegebenen Reihenfolge von Schuttablagerungen.

Zusatz. Die mineralischen Arten des Steinschuttes, welche ein Fliesswasser in einem und demselben Gebiete absetzt, bleiben sich indessen selbstverständlich immer gleich, wie die Mengen und Grössen der einzelnen Individualmassen des Schuttes.

1) Kleinere Flussanschwellungen bringen nur
   a) Steinschutt von den naheliegenden Berggehängen,
   b) kleinere Schuttindividuen,
   c) geringere Schuttmengen.

2) Wenn aber in Folge von weit ausgedehnten, lange anhaltenden und sehr starken Meteorniederschlägen alle Gewässer des Regengebietes sehr stark anschwellen, dann erfolgen auch Schuttablagerungen aller Art aus dem ganzen Berggebiete, welches von den niederstürzenden Meteorwassern betroffen wird, und aus welchem Bäche hervorbrechen.

Man kann hieraus einen Schluss nicht blos auf die Menge, des grade niederfallenden Regens, sondern auch auf die Grösse seines Benetzungsgebietes ziehen.

3) Die Neigungswinkel der Berggehänge, welchen ihr Schutt geraubt wird, üben ebenfalls in dieser Beziehung einen grossen Einfluss

aus: An schroffen Gehängen vermag ein und derselbe Meteor-
wasserniederschlag mehr fortzufluthen, als an sanften Gehängen.

4) Mit Steinschutt versehene Berggehänge, welche eine dicht
schliessende Pflanzendecke, namentlich von Bäumen, besitzen,
werden selbst bei starken Regengüssen nur wenig ihres Schuttes
beraubt.

Soviel über den Steinschutt im Allgemeinen. Im Folgenden sollen nun
die für die Bodenbildung wichtigeren Modificationen desselben unter den beiden Abtheilungen:

I. Grober Steinschutt, zu welchem alle Steintrümmer von wenigstens
Haselnussgrösse gehören.

II. Feiner Steinschutt, zu welchem alle Steintrümmer, welche kleiner
als eine Haselnuss sind, also aller Sand, sowie auch die vulcanische
Asche gehören,

näher beschrieben werden.

I. Beschreibung des groben Steinschuttes.

§ 35. **Bestand.** Frische oder verwitterte Felsblöcke, Gerölle und Geschiebe von allen möglichen Felsarten, den mannichfachsten Formen und der
verschiedensten Grösse bis herab zu den haselnussartigen Rollsteinen.

> Bemerkung: Wie schon oft angegeben, so sind die Individuen alles
> Steinschuttes nichts weiter als Zertrümmerungsreste von Felsarten. Wer
> daher die einzelnen Felsarten nebst den sie zusammensetzenden Mineral-
> arten genau kennen gelernt hat, der kennt auch schon die einzelnen
> Modificationen des Steinschuttes. Demgemäss kann also auch der Be-
> wohner des Tieflandes und überhaupt derjenigen Landesgebiete, in denen
> sich wohl die Massen des Felsschuttes ausgestreut, aber nicht den Massen
> seiner Muttergesteine anstehend zeigen, diese Trümmer bestimmen, sobald
> er nur die im ersten Abschnitte dieses Werkes beschriebenen Mineral-
> und Felsarten zu untersuchen weiss. Für den Bewohner des norddeut-
> schen Tieflandes sind indessen auch folgende, in diesem Werke vielfach
> benutzte, Werke noch zum Studium des Steinschuttes ganz besonders zu
> empfehlen:
>
> E: Boll. Geognosie der deutschen Ostseeländer zwischen Eider und
> Oder. — Neubrandenburg 1846 (S. 104—180),
>
> E. Boll. Geognostische Skizze von Mecklenburg. Im III. Bande
> der Zeitschrift der deutschen geologischen Gesellschaft. 1851.
> S. 436—460.
>
> von dem Borne. Zur Geognosie der Provinz Pommern. Im
> 14. Bande der Zeitschrift der deutschen geologischen Gesellschaft.
> 1857. S. 482—490.
>
> von Benningsen-Förder. Das nordeuropäische und besonders
> das vaterländische Schwemmland in tabellarischer Ordnung seiner
> Schichten und Bodenarten. Berlin 1863.
>
> Kloden. Beiträge zur mineralogischen und geognostischen Kenntniss
> der Mark Brandenburg. 6tes Stück 1833.

Glocker. „Ueber die nordischen Geschiebe der Oderebene um Breslau", und „Neue Beitrage zur Kenntniss nordischer Geschiebe und ihres Vorkommens in der Oderebene um Breslau." Im XXIV. und XXV. Bande der Verhandlungen der Kaiserl. I. Carol. Academie der Naturforscher, 1855 und 1856.

Vortisch. Ein Wort in Bezug auf nordische Geschiebe nebst einem Beitrage zur Kenntniss der Geschiebe Mecklenburgs. In Boll's Archiv des Vereins der Freunde der Naturgeschichte in Mecklenburg. 17. Jahr. Neubrandenburg. 1863 S. 22—140.

Obwohl im Allgemeinen jede Felsart bei ihrer mechanischen Zertrümmerung wenigstens zeitweise einen groben Feldschutt liefern kann, so sind es doch vorzugsweise diejenigen Gesteine, deren Masse nicht leicht geschlämmt, zerrieben, gelöst oder chemisch verändert werden kann. Steinsalz wird demgemäss nur an solchen Orten, in welchen es selten regnet und überhaupt ein trockenwarmes Klima herrscht, sich längere Zeit als Gerölle halten können. Gyps dagegen kann sich schon länger in Blöcken und Geröllen, ja selbst als grober Sand halten, weil ein Theil Gyps nahe an 500 Theilen Wassers zu seiner Lösung braucht. Conglomerate und Sandsteine mit reichem thonigen Bindemittel ebenso Schieferthone werden namentlich an feuchten Ablagerungsorten sehr bald so mürbe, dass sie in immer kleinerwerdende Trümmer zerfallen. Dasselbe ist auch der Fall mit Trummerfelsarten, welche ein reichliches mergeliges Bindemittel haben. Lagern diese letzteren an Orten, welche fortwährend von kohlensäurehaltigem Wasser berieselt werden, wie dies z. B an den Gehängen waldiger Berge oder in Culturländereien der Fall ist, dann zerfallen ihre Schuttmassen sehr bald in Sand. — Wenn dagegen solche Conglomerate ein stark eisenschüssiges oder von erstarrter Kieselsäure durchzogenes Thonbindemittel haben, dann widerstehen ihre Schuttmassen sehr lange den Angriffen des Wassers.

Der grobe Steinschutt erscheint in der Regel von Aussen nach Innen hin mehr oder weniger angewittert, ja oft trifft man an dem Schutte der gemengten krystallinischen Gesteine einzelne seiner mineralischen Gemengtheile in andere krystallinische Mineralen umgewandelt, welche eigentlich nicht zum wesentlichen Bestande des Schuttmuttergesteines gehören. So bemerkt man z. B. oft in dem Granit-Gneissschutte des norddeutschen Tieflandes edle Granaten, welche äusserlich theils in gemeinen Eisengranat, theils in grünen Pistazit (Epidot); Hornblende, welche äusserlich theils in Magnesiaglimmer, theils auch in Pistazit oder in Eisengranat; Orthoklas, welcher lagenweise in Kaliglimmer umgewandelt ist.

In Folge dieser Anwitterung hat der Steinschutt äusserlich häufig ein ganz anderes Ansehen als sein ursprüngliches Muttergestein. Ist seine Verwitterung nicht bis in das Innerste seiner Masse vorgeschritten, so kann man sein wahres Gemenge noch beim Zerschlagen dieser letzteren bemerken. So findet man im Tieflande Granitblöcke, welche in ihrer äusseren Lage rothbraune, weiter nach Innen gelbliche und in ihrem Kerne weissliche Feldspathe besitzen; an Glimmerschieferbergen Blöcke, welche äusserlich blutroth, fast dem Lithionglimmer ähnlich, innerlich aber eisenschwarz aussehen. — Bei Geröllen, welche lange vom Wasser hin und hergeschoben und äusserlich ganz glatt gescheuert worden sind, ist dies aber sehr häufig auch umgekehrt, denn diese sehen äusserlich oft ganz frisch aus, während ihr Inneres ganz verwittert ist. Dies gilt namentlich von den Gesteintrümmern mit schiefrigem, flaserigen, lückigen oder rissigen Gefüge.

Seinem äusseren Ansehen und seiner Bildung nach kann man im Allgemeinen den groben Steinschutt unter vier Abtheilungen bringen, nemlich

    a. in schlackigen Schutt, welcher aus vulcanischen Auswürflingen besteht und äusserlich mehr oder weniger angeschmolzen, glasig, schlackig oder schwammig aussieht;

    b. in frischen oder Sprengschutt, welcher durch gewaltsame Sprengung von Felsmassen, sei es durch gefrierendes Wasser oder durch Bergschlüpfe entstanden ist und äusserlich frisch und scharfkantig aussieht;

    c. in Bröckel- oder Verwitterungsschutt, welcher aus losgebröckelten Felströmmern besteht und äusserlich matt und verwittert aussieht;

    d. in Schliff oder Schwemmschutt, welcher vom Wasser angefluthet ist und äusserlich mehr oder weniger abgerundet, glatt und oft scheinbar ganz frisch aussieht.

§ 36. **Lagerorte und Lagerungsverhältnisse.** — Wie schon oben in der allgemeinen Einleitung angegeben worden ist, so lagert der grobe Steinschutt entweder in der nächsten oder doch näheren Umgebung seiner Mutterfelsarten oder oft viele Meilen entfernt von seinen Entstehungsorten. Lagert er in der nächsten Umgebung seiner Mutterfelsart, so besteht seine Masse nur aus den Trümmern dieser letzteren und er erscheint in dieser Beziehung einfach oder einartig. Dies ist selbst dann noch der Fall, wenn er durch Gewässer in die angrenzenden Thalgebiete gefluthet worden ist. Wenn aber die Bergmassen seiner Geburtsstätte aus mehr als einer Felsart bestehen, wie dies z. B. da der Fall ist, wo eine Bergmasse von anderen Felsarten mehrfach durchsetzt erscheint, oder wo diese Bergmassen aus verschiedenen über einander lagernden Gesteinschichten besteht, dann zeigt sich auch schon der an solchen Orten entstandene Steinschutt gemengt und um so verschiedenartiger, je mehr sein Entstehungsort verschiedene Felsarten enthält. Man kann indessen in diesem Falle noch immer leicht die Muttergesteine dieser Art von gemengtem Steinschutte ausfindig machen. Viel schwieriger werden jedoch alle diese Verhältnisse, wenn der Steinschutt durch Gewässer ganz aus dem Bereiche seiner Bildungsstätten und seiner Muttergesteine entrückt und weit von diesen entfernt in den Vorländern seiner Heimath abgesetzt worden ist; denn dann erscheint er vielfach gemengt und zusammengehäuft von Trümmern aller derjenigen Landesgebiete, welche von den Gewässern, die seine Individuen zusammengefluthet haben, durchzogen und beraubt worden sind.

So befinden sich z. B in den Steinsschuttmassen, welche die Werra nördlich von Kreuzburg (1 Meile nordlich von Eisenach) abgesetzt hat, Felstrümmer von allen Bergen des nördlichen und südlichen Gehanges vom nordwestlichen Thüringer Walde (Granit, Gneiss, Glimmer-, Kiesel-, Chloritschiefer, Granulit, Syenit, Diorit, Melaphyr und Felsitporphyr von allen Abarten, Hypersthenfels, Gabbro, die verschiedenen Glieder des Rothliegenden, der Zechstein- und Steinkohlenformation), dann vom Frankenwalde die Glieder der Thonschieferformation, weiter vom thüringischen und frankischen Berglande die verschiedensten Glieder der Buntsandstein-, Muschelkalk-, Keuper- und Liasformation, endlich Basalt und Dolerit — kurz von allen den Landesgebieten, welche theils von der Werra selbst, theils von allen ihren Nebenflüssen durchzogen werden. Von allen den eben angegebenen Felstrümmern nimmt aber die Werra gar manche, wenigstens die kleineren, vollständig abgerundeten und nur schwer zerstorbaren noch weiter mit sich in das Flachland der Weser. Darf es nun noch wunderbar erscheinen, wenn man auf den Uferlandereien des Wesertieflandes auch Gerölle des Thüringer Waldes und der Rhón findet?

Noch viel schwieriger endlich ist die Ursprungstätte von denjenigen Felstrümmern ausfindig zn machen, welche über die weiten Strecken des fern von allen Gebirgen liegenden Tieflandes ausgebreitet liegen, wie dies unter anderem in dem norddeutschen, zwischen dem Rheine und der Weichsel lagernden Tieflande der Fall ist.

Um in diesem Falle errathen zu können, aus welchem Gebirgs- und Landesgebieten die so zusammengewürfelten Felstrümmer stammen, muss man vor allen Dingen die in den Trümmern vorhandenen Felsarten vergleichen mit denjenigen Gesteinsarten, welche die, die Lagerstätte umgebenden, Gebirgsländer enthalten. Fast jedes Gebirge nemlich zeigt bestimmte, nur ihm eigenthümliche, Modificationen von einer und derselben Felsart. So z. B. enthält der Granit des Thüringer Waldes vorherrschend neben röthlich weissem Orthoklas auch graulich weissen Oligoklas und viel Magnesiaglimmer nebst etwas Hornblende; der Granit des Harzes viel röthlichen Orthoklas, sehr wenig grauen Oligoklas und viel weniger, gewöhnlich auch weiss gefärbten, Kaliglimmer. Granaten aber sind eine grosse Seltenheit in beiden Graniten. Wenn man nun unter den Granitblöcken des norddeutschen Tieflandes Granite nur mit graulichweissem Oligoklas, wenig schwarzbraunem Glimmer und viel blutrothen Granaten findet, so wird man daraus schon folgern können, dass diese Granitblöcke weder vom Thüringer Walde noch vom Harze abstammen können. Indem man also in dieser Weise die im norddeutschen Tieflande vorkommenden Felstrümmer mit den Felsarten aller mitteldeutschen, britannischen, scandinavischen und angrenzenden russischen

Gebirgsländer verglich, kam man zu dem Resultate, dass diese Blocke vorherrschend von den Gebirgen Scandinaviens und Finnlands abstammten. Indem man aber in dieser Vergleichung noch specieller verfuhr, fand man sogar auch, dass in den Landesgebieten

zwischen Rhein und Elbe vorherrschend norwegische,

zwischen Elbe und Oder norwegische und schwedische,

zwischen Oder und Weichsel namentlich schwedische und finnländische Felsartentrümmer

auftreten.

Ausser diesem, aus dem Bestande der Felstrümmer entlehnten, Bestimmungsmittel benutzt man auch die **Vertheilungsrichtung** der auf einem Landesgebiete ausgestreuten Felstrümmer, um ihre ehemalige Heimath aufzufinden. So hat man aus der von West nach Ost hinziehenden Vertheilung der norddeutschen Trümmer geschlossen, dass sie von Norden nach Süden hin angefluthet worden sind. Endlich nimmt man auch noch gewisse äussere Erscheinungen an der Oberfläche der grösseren Trümmer zu Hülfe, um die ehemalige Heimath dieser letzteren aufzufinden. In dieser Weise hat man z. B. an der Aussenfläche sehr vieler norddeutscher Blöcke stark gescheuerte Flächen mit von Nord nach Süd gerichteten Reibungslinien oder Ritzen beobachtet und daraus gefolgert, dass sie bei ihrem Transporte in der Richtung ihrer Fortbewegung stark an ihrer Unterlage abgerieben worden seien.

§ 37. Ueber dis Individuenarten des Felsschuttes in der nächsten und näheren Umgebung seiner Muttergesteine bedarf es weiter keiner Worte, wohl aber ist es nicht überflüssig, wenn hier noch eine Uebersicht der Arten und der Vertheilung wenigstens der — unter dem Namen der **erratischen Blöcke, nordischen Geschiebe oder Findlinge** allbekannten — Felstrümmer im norddeutschen Tieflande angegeben wird, damit auch der mit der Gebirgskunde nicht vertraute Tieflandsbewohner das Material kennen lernt, welches von der grössten Wichtigkeit für die Bildung und Fruchtbarkeit seines heimathlichen Bodens ist.

Unter den im deutschen Tieflande zwischen Rhein und Weichsel auftretenden nordischen Felstrümmern machen sich am meisten theils durch ihre Menge theils durch ihr Vorkommen bemerklich folgende Felsarten:

1) **Granit:** In ihm herrscht am meisten röthlicher oder braunrother, meist vollkommen blättriger Orthoklas vor, welcher hie und da an seinen Blätterlagen deutliche Umwandlungen in Glimmer wahrnehmen lässt. Mit ihm zugleich tritt sehr häufig auch grauweisser Oligoklas auf. Der Glimmer meist magnesia- und eisenoxydulreich, schwarz oder schwarzbraun und sehr häufig in Gesellschaft von blutrothem Granat, welcher oft theilweise in grünen Pistazit umgewandelt oder auch von letzterem umschlossen erscheint. Der Pistazit bildet ausserdem auch häufig bandartige grüne Streifen, welche

mit dem Feldspath innig verwachsen sind. Ausserdem kommt auch Hornblende oft mit dem Glimmer verwachsen vor; schwarze Turmalinstangen dagegen sind seltener zu finden (z. B. im Kröpeliner Felde in Mecklenburg); aber violblauer Dichroit wird öfters, namentlich in den glimmerarmen und granatreichen, Graniten bemerkt.

Vorkommen: 1) In den Ländern zwischen Eider und Rhein, namentlich in Holstein und von da an südwärts an Menge so abnehmend dass man zwischen Weser und Rhein nur noch sehr wenig Granit bemerkt.

2) In den Ländern zwischen Elbe und Oder das vorherrschendste Gestein.

3) In den Ländern zwischen Oder und Weichsel, aber nach Osten hin wieder an Menge abnehmend.

2) **Gneiss:** Vorherrschend graulichweisser Feldspath (Oligoklas), aschgrauer Quarz und schwarzer oder dunkelbrauner Glimmer mit oft so grobflaserigem Gefüge, dass das Gestein dem Granite täuschend ähnlich wird. Ausserdem sehr gewöhnlich mit zahlreichen blutrothen, hirsen- bis wallnussgrossen Granaten (Almandinen), welche theils in ihrem Kerne kleine Hornblendesäulchen enthalten, theils eine Rinde von gelbbraunem Eisengranat besitzen, theils auch von einer Zone von violblauem Dichroit oder grünem Pistazit umschlossen werden. Endlich auch häufig mit schwarzer Hornblende, welche in der Regel mit dem Glimmer verwachsen ist.

Vorkommen: 1) In den Ländern zwischen Eider und Rhein zwar in geringerer Menge als der Granit, aber weiter nach Südwest hin, als dieser, ziehend, selbst noch haufig im Gebiete des Rheins — z. B. bei Emmerich und Cleve.

2) In dem Gebiete zwischen Elbe und Oder sehr haufig, ja in der Mark Brandenburg und nach Schlesien hin haufiger als der Granit.

3) Im Gebiete zwischen Oder und Weichsel stellenweise sehr haufig. Berühmt ist der 43 Fuss lange, 36 Fuss breite und an seinem südlicheren Theile 14 Fuss über dem Boden hervorragende **grosse Stein** am Dorfe Gross Tychow bei Belgard in Pommern; ebenso der 18 Fuss lange, 15 Fuss breite und 3—8 Fuss hohe **breite Stein** unweit Neuendorf bei Lauenburg in Pommern

3) **Syenit:** Meist hirsen- bis erbsenkörniges Gemenge von vorherrschend grauweissem, seltener braunrothen Feldspath (Orthoklas und Oligoklas) und schwarzer Hornblende, zu welcher sich sehr häufig schwarzer Glimmer gesellt, wodurch das Gestein granitähnlich wird, hie und da aber auch recht dioritisch aussieht.

Vorkommen: Nicht so häufig als Granit und Gneiss. Selten und nur in einzelnen kleinen Geröllen in Holstein, ebenso in Mecklenburg und Hannover; öfter noch in Brandenburg, so namentlich in der Gegend von Potsdam bis Treuenbriezen.

4) **Grünsteine oder Amphibolithe:** Mit diesem Namen werden hier alle die vorherrschend hellgraugrünen, unrein röthlichgrünen bis schwarzgrünen,

äusserst zähen und ein specifisches Gewicht $= 2{,}6 — 2{,}9$ zeigenden Felstrümmer aufgeführt, welche aus einem hornblende- oder augitartigen Minerale und Oligoklas oder Labrador bestehen, gewöhnlich zum Diorit oder auch
Gabbro gerechnet werden und namentlich in den Gebieten zwischen Elbe
und Oder, so vorzüglich in Mecklenburg und Brandenburg, nächst den
Graniten am häufigsten auftreten. Da diese Trümmer für die Bodenbildung der gedachten Ländergebiete von grosser Wichtigkeit sind, indem
Reste von ihnen einen sehr gewöhnlichen Gemengtheil des Sandes bilden,
so ist es nothwendig, dieselben genauer zu untersuchen und kennen zu
lernen. Bei dem jetzigen Stande der Kenntniss dieser Trümmer ist dies
aber im Allgemeinen noch nicht gut möglich; ich will daher versuchen,
nach mir vorliegenden und von mir genau untersuchten Geröllen, welche
ich aus Mecklenburg, Holstein und Brandenburg erhalten und zum Theil
selbst gesammelt habe, eine kurze Beschreibung zu entwerfen:

Die von mir untersuchten Gerölle stammen ab:

a. von eigentlichen Dioriten: kleinkörnige Gemenge von dunkel-
   lauchgrüner kalkloser Thonmagnesiahornblende und grünlichweissem Oligoklas, welcher Kali, Natron und sehr wenig Kalkerde
   enthält (Brandenburg). Ihre Masse gegen Salzsäure ganz unempfindlich.

b. von Diabas und Diabasmandelstein. Feinkörnige, dichte, porphyrische und auch mandelsteinförmige Massen von grau bis schwarzgrüner Farbe, welche bei der Behandlung mit Salzsäure fast stets
   etwas aufbrausten und sich zum Theil mit gelbgrüner Farbe lösten.
   Die porphyrischen Trümmer enthielten in einer dunkelgrünen Grundmasse kleine grünlichweisse Oligoklaskrystalle, welche von einer erdigen
   blaugrünen Delessit- oder Eisenchloritschale umhüllt waren. Die
   mandelsteinförmigen Trümmer dagegen waren graubläulichgrün und enthielten hirsengrosse Kügelchen von Kalkspath und Delessit. Aus dem
   Mecklenburgischen, wo sie oft gefunden werden.

c. Gabbro wird von Klöden unter fünf verschiedenen Abarten aus der
   Umgegend von Potsdam beschrieben. Diejenigen Trümmer, welche mir
   aus dieser Gegend unter dem Namen Gabbro zugekommen sind, waren
   aber Umwandlungen von grobkörnigen Dioriten und bestanden theils
   aus Gemengen von Epidot und kaolinisirten Feldspath, theils aus gras-
   grünen Strahlstein und Oligoklas. — Vortisch dagegen beschreibt einen
   richtigen Gabbro von Miekenhagen im Mecklenburgischen, welcher aus
   einem grobkörnigen Gemenge von gelblich-grünem oder schwarzgrünen, zum Theil schillernden Diallag und grauem gestreiften Labrador besteht, ausserdem aber auch Eisenkies und Magneteisenerz enthält. — Im Allgemeinen scheinen die Trümmer des Gabbro nur
   sehr einzeln vorzukommen und eine untergeordnete Rolle zu spielen.

d. Anders aber ist es mit dem Hypersthenfels, welchen ich öfters aus der Mark Brandenburg erhalten habe. Derselbe besteht aus einem mittelkörnigen Gemenge von schwarzbraunem, auf frischen Spaltflächen kupferroth schimmernden Hypersthen und grauweissem Oligoklas, und nähert sich in seinem Ansehen bald dem Diorit bald dem Gabbro. Bemerkenswerth erscheint es, dass von dieser Felsart sehr oft kleine erbsengrosse Trümmer in dem Sande des Bodens gefunden werden.

e. von Hornblendefels: Theils blättrig-körnige, theils fast dicht erscheinende, schwarze Hornblende in Trümmern von Faust- bis Haselnussgrösse, oft aber auch als erbsengrosse Körner im Sande. Sie gehört theils der kalklosen gemeinen Hornblende, theils der Kalk-Hornblende an, was man leicht schon am Ritzpulver und an ihrem Verhalten gegen Salzsäure erkennen kann. Indessen scheint man sie oft mit Augit und Hypersthen zu verwechseln. In dem Gebiete von Mecklenburg und Brandenburg häufig. Vielleicht wird sie auch mit gras- bis schwarzgrünen Serpentingeröllen, welche man hie und da bisweilen gefunden hat, verwechselt.

5) Basalt und Dolerit: Der erstere erscheint dicht, grauschwarz oder auch dunkelgraubräunlich und enthält meistens grössere und kleinere Körner von gelbgrünem, glasglänzenden, bisweilen aber auch ockergelbem bis rothbraunem Olivin. Der Dolerit dagegen ist körnig-krystallinisch und weissbis aschgrau (vom Labrador) und schwarz (vom Augit) gefleckt, so dass er bisweilen einem Diorit, Diabas oder Hypersthenfels recht ähnlich sieht. Die Trümmer dieser beiden Felsarten treten hauptsächlich in dem Landesgebiete zwischen Eider und Weser auf und zwar in der Weise, dass die Dolerite mehr im nördlichen, die Basaltgerölle mehr im südlichen Theile (z. B. in der Lüneburger Haide) dieses Gebietes zu herrschen scheinen. Zwischen Elbe und Oder sind sie um so weniger zu finden, je weiter man nach Ost und Südost geht.

6) Glimmersteine d. h. Gesteinstrümmer, in denen Glimmer oder Chlorit der vorherrschende Gemengtheil ist, und welche darum ein chieferiges Gefüge haben. Sie treten im Verhältnisse zum Granit, Gneiss und Grünstein nur selten und in meist kleinen scheibenförmigen Geschieben auf. Am ersten bemerkt man noch unter ihnen dünnblättrige, eisenschwarze, bei der Verwitterung kirschroth werdende, Glimmerschieferreste, und zwar vorherrschend in dem westlichen Gebiete des deutschen Tieflandes, so in Holstein, Mecklenburg und Brandenburg.

7) Felsitporphyre und Porphyrite mit vorherrschend rothbrauner oder graulich rothbrauner Grundmasse, meist kleinen, weisslichen oder unrein röthlichen Feldspathkrystallen und rauchgrauen, bei den Phorphyriten aber fehlenden, Quarzkörnern. Nächst den Graniten und Dioriten am häufigsten namentlich in den Ländern zwischen Elbe und Oder, so in Brandenburg und Mecklenburg.

8) **Conglomerate und Sandsteine** von verschiedener Art, aber meist in
kleineren Trümmern und jüngeren Formationen zum grösseren Theile an-
gehörig (z. B. die Grünsandsteine und Kieselconglomerate Mecklenburgs
und Holsteins). Zerstreut im ganzen westlichen Gebiete bis zur Oder
und hic und da auch häufig; ob auch östlich von der Oder ist mir un-
bekannt.

9) **Kalksteine** aus den verschiedensten Formationen, namentlich aber aus
der Grauwackeformation Schwedens und der russischen Ostseeprovinzen,
zerstreut durch das ganze Gebiet und in manchen Gegenden in so grosser
Menge, dass sie, wie dies z. B. in den Feldmarken der pommerschen
Dörfer Kolkow, Gnewin, Mersinke, Gartkewitz, Lantow, Saulinke und
Schwartow nordöstlich von Lauenburg der Fall ist, fast zusammenhängende
Lager bilden und theils als Bausteine, theils zur Mörtelbereitung ver-
wendet werden. Auch in Holstein und Mecklenburg trifft man dergleichen
massenhafte Anhäufungen von Grauwackekalksteinen, so unter anderen in
der Gegend von Segeberg und Oldesloe, vorzugsweise aber im nördlichen
Theile von Mecklenburg-Strelitz. — Ausser den Grauwackekalksteinen hat
Boll in seiner geognostischen Skizze von Mecklenburg auch Ablagerungs-
züge von Muschelkalk-, Jura- und Kreidekalksteinen nachgewiesen (vergl.
Geolog. Zeitschrift Bd. 3. S. 440 ff.).

10) **Feuersteine und Hornsteinknollen** von verschiedener Grösse und Form,
und wahrscheinlich Ueberreste von zerstörtem Kreidegebirge am Ostsee-
strande, kommen im ganzen Tieflandsgebiete zerstreut vor, am häufigsten
jedoch in den Elbe-Oderländern und erstrecken sich in einzelnen Geschieben
bis nach Schlesien hin.

Soviel über die im norddeutschen Tieflande ausgestreuten Felstrümmer.
Es sind, wie oben schon gesagt, hier nur diejenigen Arten derselben angegeben worden, welche durch ihre Menge einen Einfluss auf die im Tieflande
vorkommenden Sand- und Erdkrumenbildungen ausüben. Dass aber ausser
ihnen auch noch hie und da einzelne Trümmer von verschiedenen anderen
Felsarten, so vom Melaphyr und selbst vom Trachyt, Ecklogit, Lava etc., aufgefunden worden sind, und dass man aus allen den schon bis jetzt aufgefundenen
Trümmern eine vollständige Sammlung aller Felsarten und der wichtigeren
Repräsentanten des Mineralreiches, ja selbst der für die Grauwacke-, Jura-
und Kreideformation bezeichneten Versteinerungen zusammenbringen kann, das
haben Boll, Vortisch, Klöden, von dem Borne u. A. in den oben angegebenen
Werken gezeigt.

Die eben beschriebenen Steinschnttmassen zeigen nun mancherlei Lagerungsverhältnisse. Gewöhnlich zwar liegen sie ihrer Entstehung gemäss
lose auf oder halb eingesenkt in der Oberfläche ihrer Unterlage, wie man dies
namentlich an allen Verwitterungs- und Sprengschutte bemerken kann; allein
sehr häufig — und beim Schwemmschutte sogar sehr gewöhnlich — findet

man dieselben auch einerseits eingebettet in Erdschutt oder auch mehr oder weniger verkittet theils durch festgewordenen Erdschlamm theils auch durch Kalksinter, welchen das Wasser nach und nach zwischen seinen einzelnen Individuen abgesetzt hat, ja selbst durch Raseneisenmassen oder erhärtete Kieselsäure. Andererseits bemerkt man diese Trümmer-Ablagerungen oft tief in den verschiedenen Anschlämmungsmassen des Diluviums eingebettet und zwar in verschiedenen Tiefen und mehreren übereinander folgenden Regionen oder Etagen, — ein Beweis, dass der Absatz von solchen Trümmern durch das Wasser in verschiedenen und öfter wiederkehrenden Zeiträumen stattgefunden hat.

In dieser Weise fand man nach Glocker (a. a. O. S. 776 ff.) beim Bohren eines artesischen Brunnen im Casernenhofe zu Breslau von oben nach unten in einer Tiefe von 61—77 Fuss eine Ablagerung von schwärzlich grauem Thon mit 2—4 Zoll durchmessenden Geschieben von Granit, Gneiss, Felsitporphyr, Syenit, Diorit, Quarzconglomerat, rothem Sandstein, Quarz, Feuerstein u. s. w., und dann wieder in einer Tiefe von 99—113 ½ Fuss zahlreiche kleine Gerölle. Eine ähnliche Erfahrung machie man bei einem andern Bohrversuche auf dem Bahnhofe bei Breslau. — Ueberhaupt aber machte man sowohl bei diesen, wie anderen ähnlichen Versuchen die Erfahrung, dass die groben Gerölle in den oberen, die kleineren in den unteren Tiefen des Schwemmlandes auftraten. — Auch Boll machte ähnliche Erfahrungen; er fand, dass

1) alle grossen Gerölle Mecklenburgs und des angrenzenden Pommerns aus Granit, Syenit, Diorit und Porphyr, die kleineren Gerölle aber namentlich aus Kalksteinen, Sandsteinen u. s. w. bestehen;

2) die grösseren aus Granit, Syenit, Diorit und Porphyr bestehenden Gerölle in der Regel auf oder dicht unter der Erdoberfläche; die grössten Kalk-, und Schiefergerölle dagegen fast nur unter denselben liegen.

Endlich bemerkt man auch öfters, dass grobe Felstrümmer, welche in ihrer erdigen Unterlage ganz vergraben liegen, allmählig aus der Oberfläche der letzteren hervortreten, als würden sie „von unten nach oben gehoben" oder „als wüchsen sie in der Erde." Die Erscheinung kann dadurch hervorgerufen werden, dass das sie bedeckende Erdreich entweder theilweise weggeschlämmt wird oder in Folge von wiederholter Auflockerung und Durchnässung sich zusammenzieht und senkt.

§ 38. Veränderungen in der Masse der Schuttindividuen. —

Die einzelnen Individuen des Steinschuttes erleiden im Verlaufe der Zeit eben so gut, wie die Mutterfelsarten, aus deren Zertrümmerung sie hervorgegangen sind, theils in ihrem Körpervolumen, theils in dem chemischen Bestande ihrer Masse mancherlei Veränderungen. Obgleich nun diese Veränderungen im Allgemeinen von derselben Beschaffenheit sind, wie die an den Mutterfelsarten des Schuttes vorkommenden, so bemerkt man unter ihnen doch auch mehrere Erscheinungen, welche wenigstens von dem im I. Abschnitte beschriebenen Zersetzungsweisen der Felsarten in mancher Beziehung abweichen.

Ganz besonders gilt dies von dem meisten Steinschutte, welcher längere Zeit im Wasser gelegen und von demselben transportirt worden ist oder in einem mit dichter Pflanzendecke versehenen Erdboden vergraben gelegen hat.

Während nemlich der gewöhnliche Verwitterungs- und Sprengschutt ganz denselben Verwitterungsgesetzen unterworfen ist, wie seine Mutterfelsarten, ja sogar vermöge seines schon von vornherein angewitterten Zustandes, vermöge der seine Individuen gewöhnlich zahlreich durchziehenden Risse und vermöge seiner kleineren, leicht von allen Seiten angreifbaren Massen meist leichter und schneller verwittert als diese letzteren und dann in der Regel von Aussen nach Innen zerbröckelt und sich zersetzt, zeigen die kurz nach ihrer Entstehung ins Wasser versenkten, von diesem transportirten und dann wieder auf's Land geworfenen oder auch mit Erdschutt ganz überdeckten grösseren Steintrümmermassen in der Regel mehr oder weniger kugel-, scheiben- oder kuchenförmige, an der Oberfläche fast spiegelglatte, scheinbar ganz frische Gestalten, welche entweder nur in ihrem Kerne verwittert sind oder in ihrer ganzen Masse uicht eine Spur von Verwitterung zeigen, obgleich diese Masse Felsarten angehört, welche ihren scheinbaren Gemengtheilen nach sonst leicht verwittern, wie man unter anderen an vielen Granit-, Gneiss- und Porphyrblöcken des norddeutschen Tieflandes bemerken kann. — Diese Umänderung der Verwitterungsart von selbst unter geeigneten Verhältnissen leicht verwitternden Felsarten mag nun zwar wenigstens zum Theil in der glatten, abgeschliffenen, den Verwitterungsagentien keine Haftpunkte bietenden Oberfläche dieser durch das Wasser transportirten Felstrümmern (Geschiebe) seinen Grund haben; allein noch häufiger liegt der Grund für diese Erscheinung darin, dass die Mineralgemengtheile der betreffenden Felsarten entweder durch Aufnahme von neuen chemischen Bestandtheilen oder auch durch Entziehung des einen oder anderen ihrer Bestandtheile so umgewandelt worden sind, dass sie nur noch schwer von den Verwitterungsagentien angegriffen werden können. Ein paar Beispiele werden das eben Ausgesagte erläutern.

1) Wie schon früher gezeigt worden ist, so giebt es Granite, welche aus Orthoklas, Kaliglimmer und Quarz bestehen; es giebt aber auch welche, die aus Oligoklas, Magnesiaglimmer und Quarz zusammengesetzt sind. Die ersteren verwittern sehr schwer; die zweiten dagegen viel leichter. Wenn nun aber ein oligoklas-, magnesiaglimmerhaltiger Granit mit einer Lösung von doppeltkohlensaurem oder kieselsaurem Kali lange Zeit in Berührung kommt, so kann sein leicht zersetzbarer Oligoklas durch Aufnahme von kieselsaurem Kali und Ausscheidung von kohlensaurem Kalk in schwer verwitternden Orthoklas, und sein leichter ver-

witterbarer Magnesiaglimmer unter Ausscheidung von kohlensaurer Magnesia in schwer verwitternden Kaliglimmer umgewandelt werden. Aeusserlich sieht man dann einem solchen umgewandelten Granit meist nichts von der Umwandlung seiner Masse an. Bisweilen hommt es in diesem Falle auch vor, dass ein solcher Block in seinem Kerne noch ganz unverändert geblieben ist, während seine Rinde umgewandelt erscheint und in Folge davon ganz andere Verwitterungsverhältnisse zeigt, als der Kern. Ich habe aber auch ein Granitgerölle aus Holstein, welches äusserlich noch unverändert ist und in seinem Innern wenigstens an seinem Feldspathe verändert erscheint.

2) Ebenso besitze ich ein Granitgerölle aus der Umgegend von Altona, dessen grossblättriger Orthoklas äusserlich noch ganz frisch, fleischfarbig und stark perlmutterglänzend ist, während derselbe in seinem Innern parallel seinen Blätterlagen in wahren Kaliglimmer umgewandelt erscheint.

3) Es ist ebenfalls schon erwähnt worden, dass die Granit- und Gneissgerölle Norddeutschlands namentlich dann, wenn sie Oligoklas, schwarzen Glimmer und Hornblende enthalten, sehr häufig blutrothe Granate oft von bedeutender Grösse enthalten, und dass alsdann oft auch sowohl die Granate wie die Hornblende mit einer Zone von gelb- oder blaugrünem Epidot (Pistazit) umschlossen erscheinen. Die Geologie weist aber nach, dass der Granat aus der Umwandlung von Hornblende und der Epidot aus der Umwandelung sowohl von Hornblende wie auch von dem Granat durch Aufnahme von Kalkerde entstehen kann. In der That findet man in dem Innern der Granate von den ebengenannten Geröllen noch einen Kern von Hornblendesäulchen, ebenso wie man in diesen Geröllen Hornblendekrystalle bemerkt, welche theilweise in Epidot umgewandelt erscheinen. Aeusserlich nun sieht man gar oft weder den Granaten noch der Hornblende die Umwandelung ihrer Kernmasse an. Aber muss dadurch nicht ihre Verwitterbarkeit ganz anders werden? Sicher.

4) Unter den Grauwackekalkgeröllen Pommerns kommen Individuen vor, welche viel Eisenkiese enthalten. Zerschlägt man diese Gerölle, so bemerkt man hie und da an der Stelle der Eisenkiese braunrothe abgerundete Eisenoxydkörner und rings um diese herum den Kalkstein in Gyps umgewandelt, welcher offenbar dadurch entstanden, dass durch Oxydation der Eisenkiese Schwefelsäure frei wurde, welche nun den kohlensauren Kalk in Gyps umwandelte. Aeusserlich freilich sieht man diesen Kalksteinen nichts von dieser Umwandelung an.

Und so könnten noch eine ganze Zahl von Beispielen angefuhrt werden, welche alle beweisen, dass Felsarten

1) durch innere Umwandelung ihrer Mineralgemengtheile in ein anderes

Verwitterungsverhältniss treten und theils schwerer theils leichter verwitterbar werden können;

2) äusserlich oft noch ganz frisch aussehen, während ihr Inneres umgewandelt oder verwittert erscheint.

Es fragt sich nun, unter welchen Verhältnissen eine solche Veränderung der Felsgemengtheile eintreten kann, und welche Gemengtheile am meisten von derselben angegriffen werden können. — In Beziehung auf den ersten Punkt dieser beiden Fragen lässt sich in der Kürze hier nur antworten,

dass, wenn Lösungen von Substanzen in der Masse eines von ihnen benetzten oder durchdrungenen Minerales einen Stoff finden, zu welchem sie stärkere Verbindungsneigung besitzen, als der mit diesem Stoffe schon verbundene Bestandtheil des Minerales, das letztere in eine andere Mineralart umgewandelt wird, sei es nun dadurch, dass die hinzutretende Substanz

α. einfach in die Masse des von ihr benetzten Minerales eindringt und sich mit derselben verbindet, ohne andere schon vorhandene Bestandtheile des Minerales zu verdrängen, oder

β. dadurch, dass eine solche Lösung sich in die Masse des Minerales eindrängt nnd dafür schon vorhandene Bestandtheile austreibt, oder

γ. endlich dadurch, dass sie nur vorhandene Bestandtheile des Minerales austreibt, ohne sich selbst mit der noch vorhandenen Masse die se Minerales zu verbinden.

Alle diese Umwandelungen eines und desselben Minerales nun können vorzüglich hervorgerufen werden durch wässerige Lösungen von Kiesel-, Kohlen- und Schwefelsäure, von hohlensauren Lösungen der kohlen- oder kieselsauren Alkalien oder alkalischen Erden, ganz vorzugsweise aber von kohlensaurem Kali und kohlensaurer Magnesia.

Alle diese Umwandlungsagentien aber treten in grösserer oder geringerer Qualität und Quantität auf in den Betten aller Gewässer, vor allen aber des an gelösten Salzen aller Art so reichen Meerwassers, und in den von Quellen durchzogenen und mit fauligen oder verwesenden Organismenresten oder verwitternden Kalksteinen und Silicaten reichlich untermengten Bodenarten der Thäler, Auen und Tiefländer. Wenn daher an diesen Orten Felstrümmer liegen, so können diese auch in ihrer Masse mehr oder weniger verändert werden, sobald sie in denselben Mineralien besitzen, welche sich durch die obengenannten Agentien umwandeln lassen. Und zu diesen Gemengtheilen gehören vor allen Mineralien

1) die kalkreichen Feldspathe, Hornblenden und Augite; alle diese sind namentlich durch Lösungen von kieselsauren Alkalien oder auch von kohlensaurer Magnesia in der Weise veränderlich, dass

a. die kalkreichen Feldspathe durch Lösungen von kieselsaurem Kali unter Ausscheidung von kohlensaurem Kalk in schwer verwitterbaren Orthoklas oder Oligoklas;

   b. die Kalkhornblende unter Ausscheidung von kohlensaurem Kalk entweder durch kohlensaures Kali in Glimmer, oder durch kohlensaure Magnesia in gemeine Hornblende;

   c. der Augit durch Ausscheidung von Kalk und Aufnahme von Magnesia in gemeine Hornblende

umgewandelt werden.

2) die magnesiareichen Augite und Glimmer, welche durch theilweise Auslaugung mittelst kohlensauren Wassers in Chlorit, ja auch in Schillerspath, Serpentin und Talk umgewandelt werden können, so dass namentlich

      aus Augit-, Labrador- (oder Oligoklas-) Gesteinen Gemenge von Enstatit oder Diallag und Oligoklas oder auch von Serpentin und Labrador

aus Hornblende-Oligoklasgesteinen Chlorit, Serpentin oder Talk haltige Felsarten

entstehen.

Nach allen diesen aus der Natur entlehnten Thatsachen darf es nun nicht mehr wunderbar erscheinen, dass der meiste in den Betten von Gewässern lagernde Steinschutt in dem Innern seiner Masse oft aus ganz anderen Mineralarten besteht als an seiner Oberfläche, wie man unter anderen häufig an Gneiss- und Glimmerschiefergeschieben bemerken kann, welche äusserlich noch ganz frischen Glimmer und in ihrem Innern statt Glimmers Chlorit oder Asbest enthalten; und dass namentlich der in und auf dem norddeutschen Schwemmlande lagernde und durch das Meerwasser angefluthete Felsschutt nicht nur häufig Mineralgemengtheile, welche in den normalen Gemengen der ihm verwandten Felsarten fehlen oder nur ausnahmsweise auftreten, sondern auch häufig eine ganz andere Verwitterbarkeit wahrnehmen lässt und in Folge davon auch ein anderes Verhalten zur Bildung und Fruchtbarkeit des Bodens zeigt, als dem ursprünglichen Gesteinscharakter seiner Individuen eigentlich zusteht.

Doch genug von diesen merkwürdigen Abweichungen in der Natur des Steinschuttes. Es musste hier nothwendig Bedacht auf sie genommen werden, da man sich ohne Rücksicht auf dieselben sonst gar manche Erscheinungen in den Verwitterungsverhältnissen einer und derselben Felsart nicht erklären oder gradezu Widerrprüche zwischen den Angaben der Theorie und den Thatsachen der Praxis finden kann.

§ 39. Es sei nun schliesslich noch gestattet über **die Wichtigkeit des groben Steinschuttes** für die Bildung, Veränderung und Pflanzenproductionskraft des Erdbodens Einiges mitzutheilen.

Der Feldschutt bildet zunächst mit allen seinen durch kohlensaures Wasser zersetz- und auslaugbaren Mineralbestandtheilen ein Magazin von Pflanzennahrstoffen, welches zwar nur allmählig, aber dafür auch nachhaltig so lange Pflanzennahrstoffe aus sich entwickelt, als einerseits er selbst noch auslaugbare Minerale enthält und andererseits kohlensäurehaltiges Wasser auf diese einwirken kann; denn es wird bei seiner Verwitterung

jedes Kalksteingerölle in Wasser lösliches Kalkcarbonat,

jeder orthoklas- oder oligoklashaltige Felsbrocken lösliches kohlen- und
    kieselsaures Kali und Natron,

jeder labrador- und angithaltige Felsbrocken löslichen kohlensauren und
    phosphorsauren Kalk und auch Natroncarbonat,

jedes oligoklas- und hornblendehaltige Gestein lösliche Carbonate von
    Kali, Natron, Kalkerde, Magnesia und auch wohl phosphorsauren
    Kalk,

so lange aus sich produciren, als noch eine Spur von allen diesen Mineralien in ihm vorhanden ist. Demgemäss wird nun aber auch diejenige Bodenstrecke, in welcher die verschiedenartigsten Felstrümmer bunt durcheinander liegen, wie dies im Schwemmlande so oft der Fall ist, die meiste und verschiedenartigste Pflanzennahrung produciren. Aus diesem Grunde schon kann eine nicht zu starke Beimengung von nicht zu grossen Felsgeröllen, namentlich von Graniten, Gneissen, Diabasen, Basalten einem Boden nur von Vortheil sein, wie auch schon mancher einsichtsvolle Landwirth erkannt hat.

Sodann aber geben alle diese groben Felstrümmer bei der Verwitterung wenigstens ihrer feldspathigen Gemengtheile irgend ein Quantum Thon, wodurch die Masse der Erdkrume vermehrt wird. Diejenigen unter ihnen, welche Kalkoligoklas, Kalkhornblende, Labrador und Augit enthalten, entwickeln dabei auch eine namhafte Menge von kohlensaurem Kalk, wodurch sie allmählig zu wahren Mergelungsmitteln einer strengthonigen Erdkrume werden. Indessen ist freilich auch nicht zu leugnen, dass diejenigen dieser Trümmer, welche eisenreiche Silicate, wie Eisenglimmer, Augit und Hypersthen enthalten, bei ihrer Zersetzung durch Kohlensäurewasser unter günstigen Verhältnissen auch wohl Veranlassung zur Entstehung des so gefürchteten Raseneisensteins geben können, wie im I. Abschnitte bei der Beschreibung der soeben genannten Minerale schon angedeutet worden ist.

Endlich liefern die groben Felstrümmer bei ihrer mechanischen Zerkleinerung das Hauptbildungsmaterial sowohl des veränderlichen, wie auch des beständigen Sandes, wie im folgenden Kapitel gezeigt werden wird.

II. Beschreibung des feinen Steinschuttes.

§ 40. **Bildungsmaterial desselben.** — Alle, sowohl von gemengten krystallinischen und klastischen Felsarten, wie auch von einfachen Mineralien abstammende Steintrümmer von der Grösse eines Kirschenkernes (also 3 Linien Durchmesser) bis herab zur Kleinheit eines mehlähnlichen Staubkörnchens bilden Aggregationstheile des feinen Steinschuttes.

Dieses Material entsteht theils aus der chemischen Zersctzung von gemengten krystallinischen Felsarten theils auch aus mechanischen wässerigen Lösungen.

1) Auf mechanische Weise wird es gebildet

    a. durch gänzliche Zersprengung von Felsmassen, sei es durch den Frost oder durch die Gewalt vulcanischer Dämpfe,

    b. durch Zerreibung von Steinmassen während ihres Transportes in Gewässern. Bekanntlich werden die groben Felstrümmer durch bewegtes Wasser sowohl an den harten Wänden der Wasserbetten wie auch durch das gegenseitige Reiben an einander so abgescheuert, dass sie nicht nur immer kleiner, sondern auch an ihrer Oberfläche immer glatter werden. Der aus den Abreibseln dieser Trümmer entstandene feine Steinschutt besteht in der Regel aus sehr kleinen, oft mehlartigen, ebenfalls glatt abgerundeten Steinkörnchen verschiedener Art oder aus oft mikroskopisch kleinen Blättchen und Schüppchen namentlich von Glimmerarten, Eisenkies, Eisenglanz u. s. w. und bildet das Hauptmaterial des Flug- oder Mehlsandes,

    c. durch allmähliges Abschlämmen des thonigen Bindemittels von Sandsteinen,

    d. durch mechanische Lösungen von Mineralien in reinem oder auch kohlensaurem Wasser. Dies ist der Fall, wenn wässerige Lösungen von Kieselsäure, kohlensaurem Kalk oder Gyps sehr verdampfen, so dass die in ihnen aufgelösten Mineraltheile nicht Zeit und Raum genug behalten, um sich unter einander fest verbinden zu können. Die so entstehenden Aggregationen sind in der Regel pulver- oder mehlförmig und stellen das Kiesel-, Kalk-, Gyps-, Ocker- oder Bergmehl dar, welches häufig einen innigen Gemengtheil von thonigem Erdschlamm oder auch pulverige Ueberzüge auf Geröllen und Sandkörnern bildet.

2) Auf chemischem Wege entsteht feiner Steinschutt, wenn Gesteine in der Weise durch die Verwitterungsagentien zersetzt werden, dass einzelne Gemengtheile derselben als durch die gewöhnlichen Verwitterungsverhältnisse für immer oder doch zeitweise unzersetzbar zurückbleiben. Dies ist z. B. der Fall

    a. mit den Quarzkörnern, welche Gesteine enthalten und welche bekanntlich unter den gewöhnlichen Verhältnissen nicht weiter veränderbar sind;

    b. mit Magnesiaglimmer, Hornblende oder Augit, überhaupt mit

Magnesiasilicaten, wenn sie durch Auslaugung in Talk oder Speckstein umgewandelt werden;

c. mit dem in Gesteinen auftretenden titanhaltigen Magneteisen (z. B. in Diabasen und Basalten) oder Eisenglanz, zwei Mineralen, welche sehr schwer oder gar nicht in lösliche Substanzen umgewandelt werden können.

Ebenso kann aber auch auf chemischem Wege dadurch solch feiner Steinschutt entstehen, dass bei der Zersetzung von Felsarten Kieselsäure oder kohlensaurer Kalk oder kohlensanres Eisenoxydul frei wird; denn alle diese Substanzen können bei der raschen Verdunstung ihres Lösungswassers pulverigen Steinschutt bilden.

Der feine Steinschutt stellt sich nun hauptsächlich dar als körniger und mehlähnlicher Sand, wie er im Folgenden näher beschrieben werden soll.

Der Sand.

§ 40. Bestand: Lose, im erdfreien Zustande selbst nicht bei Durchfeuchtung fest an einander haftende Zusammenhäufungen von erbsengrossen bis staubfeinen, eckig- oder abgerundetkörnigen oder auch schuppenförmigen, seltener krystallinischen, Trümmern von Felsarten und einfachen Mineralien der verschiedensten Art, ja bisweilen auch von Conchyliengehäusen, Korallen oder Versteinerungen.

Im gewöhnlichen Leben denkt man sich gar oft unter Sand Aggregationen, welche nur aus Quarzkörnern bestehen. Dies ist aber falsch und hat eben deshalb auch schon viele falsche Beurtheilungen einerseits über die Fruchtbarkeitsverkältnisse von sogenannten Sandbodenarten und andererseits über die Ansprüche verschiedener Gewächse an ihre Bodenunterlage, wie überhaupt über die Lebensbedürfnisse der Pflanzen, hervorgerufen. — Es kann jede Felsart und jedes Mineral bei seiner mechanischen Zerkleinerung wenigstens eine Zeit lang wirklichen Sand bilden; zertrümmerter Basalt oder Kalkstein z. B. eben so gut, wie zersprengter Quarz. Und dass selbst mancher Dünensand vorherrschend aus zerkleinerten Conchylienresten bestehen kann, hat mir die Untersuchung von solchem Sande aus den Dünen Jütlands und auch Mecklenburgs auffallend genug gezeigt. — Es ist darum fast jedes Sandgehäufe als ein Gemenge von Mineraltrümmern verschiedener Art zu betrachten. Indessen bleibt sich dieses Gemenge in der Qualität seiner Sandkörner im Zeitverlaufe nicht immer gleich. Vielmehr wird man bemerken, dass allmählig von der Menge seiner noch auslaug- oder verwitterbaren Gemengtheile immer weniger werden, so dass zuletzt nur noch seine unter den gewöhnlichen Verhältnissen nicht verwitterbaren Gemengtheile untermischt mit den nicht zersetzbaren Verwitterungsproducten der zersetzbaren Sandtheile übrig bleiben. Da nun wenigstens unter den gewöhnlichen, von Gewässern angeflutheten, Sandanhäufungen die Quarzkörner fast die einzigen von den Verwitterungsagentien nicht angreifbaren Gemengtheile sind, so werden diese allerdings in angeschwemmten Sandgehäufen nach der Zersetzung der übrigen Sandgemengtheile den Hauptbestandtheil bilden. Aber in den meisten Fällen auch nur den Hauptbestandtheil, denn es finden sich in der Regel selbst in diesen vom Wasser schon sehr veränderten Sandmassen immer noch mehr oder weniger kleine Trümmer von nur langsam und schwer zersetzbaren Mineralien, so namentlich von Kaliglimmer, Chlorit, Talk, Magnesiahornblende, Hypersthen, Enstatit, Serpertin, Titaneisenkörnern und häufig auch von Orthoklas, ausserdem aber auch Theile von Verwitterungsproducten theils der ebengenannten, erst noch verwitternden, theils der schon zersetzten Sandgemengtheile, so namentlich Thon und Eisenoxydhydrat. Diese verwitterbaren Trümmer, mögen deren auch noch so wenig sein, üben immer einen Einfluss sowohl auf die allmählige Veränderung, wie auch auf die Pflanzenproductionskraft des Sandgehäufes aus, denn sie versorgen bei ihrer eintretenden Zersetzung einerseits die lose Sandmasse mit bindendem Thon (oder auch Eisenoxydhydrat) und andererseits die in derselben wurzelnden Pflanzen mit Nahrstoffen

Es ist daher von grosser Wichtigkeit, nicht blos die Qualität, sondern auch die Quantität dieser zersetzbaren Gemengtheile eines Sandgehäufes genau kennen zu lernen. Aus diesem Grunde will ich am Schlusse dieser Beschreibung des Sandes ein einfaches Verfahren, den Sand auf die Qualität und Quantität seiner Gemengtheile zu untersuchen, angeben.

Nach allen eben Mitgetheilten kann man also in einem Sandgehäufe zweierlei Sandkörner unterscheiden, nemlich

1) veränderliche, welche im Zeitverlaufe und unter günstigen Verhältnissen theils durch die atmosphärischen Verwitterungsagentien, theils durch die Fäulniss- oder Verwesungssubstanzen der auf den Sandgehäufen wohnenden Pflanzen zersetzt und in erdige Substanzen, namentlich in Thon und Eisenocker, umgewandelt oder auch ganz aufgelöst werden können. Zu diesen veränderlichen Sandgemengtheilen gehören nach dem früher schon Mitgetheilten:

   a. die in reinem oder kohlensäurehaltigen Wasser ganz auflöslichen Körner vom Steinsalz, Gyps, kohlen- und phosphorsauren Kalk und von Flussspath.

   b. Die durch kohlensäurehaltiges Wasser zersetzbaren Trümmer von Silicaten, so namentlich von Kalkerde und Alkalien reichen, z. B. von Oligoklas, Labrador und Anorthit, Thonkalkhornblende, Diallag und gemeinem Augit. Die verschiedenen Arten des Glimmers, Chlorites, Magnesiahornblende, Enstatits und Hypersthens, sowie der kalk- und natronarme, aber kalireiche Orthoklas sind indessen nur schwer verwitterbar und beginnen erst dann ihre Zersetzung, wenn ein Sandgehäufe viel verwesende Organismenreste erhalten hat.

2) unveränderliche, welche unter den gewöhnlichen Verhältnissen, und namentlich an trockener Luft, in ihrer Masse wenig oder auch gar nicht verändert werden und darum die stabilen Gemengtheile der meisten Sandgehäufe bilden. Zu ihnen gehören vor allen die Trümmer des gemeinen Quarzes, Flintes und Kieselschiefers, ausserdem öfters aber auch des titanhaltigen Magneteisenerzes und hie und da auch des Specksteines und Serpentins. In Sandaggregationen, welche schon viele Jahrhunderte hindurch dem zersetzenden Einflusse der Atmosphärilien und der Verwesungsstoffe von Organismen ausgesetzt gewesen sind, wie dies unter anderem bei dem von Gewässern ausgeworfenen Sande der Fall ist, spielen diese stabilen Gemengtheile, und namentlich die Quarzkörner, eine Hauptrolle.

Je nach dem Gehalte an veränderlichen und stabilen Gemengtheilen kann man nun dreierlei Arten Sand unterscheiden, nämlich

1) Sand, welcher nur aus veränderlichen Mineraltrümmern besteht und demgemäss unter günstigen Verwitterungsverhältnissen einmal seinen Charakter als Sand verlieren wird, sei es nun, dass seine Gemengtheile allmählig ganz aufgelöst, oder dass sie in Erdkrume umgewandelt werden. Zu dieser Art Sand gehören ausser den oben schon genannten Mineralarten die Trümmer aller Felsarten, welche keinen Quarz enthalten und bei ihrer Zersetzung auch keinen bilden können, so der Diabas, Gabbro, Dolerit, Trachyt, Phonolith, der an Magneteisen arme oder leere Basalt und der meiste jetzt noch bei jeder Vulcaneneruption sich bildende Vulcanensand, weniger der Diorit und Glimmerschiefer, weil diese beiden Felsarten oft auch Quarz enthalten.

2) Sand, welcher aus veränderlichen und auch stabilen Mineraltrümmern besteht und demgemäss im Zeitverlaufe nie ganz seinen Charakter verliert, wohl aber unter günstigen Verhältnissen durch die Verwitterung seiner veränderlichen Gemengtheile mehr oder weniger mit Erdkrume untermengt wird. Zu dieser Art Sand gehören die Trümmer aller Felsarten, welche Quarz und kieselsäurereiche Feldspathe enthalten, so der Granit, Gneiss, Felsitporphyr, Quarztrachyt und der meiste Glimmerschiefer, auch manche Trümmergesteine, vor allen aber die Sandgehäufe, welche die Ströme und Meeresfluthen auswerfen.

3) Sand, welcher nur aus stabilen Steintrümmern besteht und seinen Charakter unter den gewöhnlichen Verhältnissen nicht verändert. Zu dieser Art Sand gehören die Zertrümmerungsproducte des Quarzfelses Lydites, Flintes, in manchen Fällen auch des Magneteisenerzes, Rotheisenerzes, Serpentins und Talkes, sowie mancher Kieselsandsteine, vor

allen aber der durch langjährige Verwitterung aller seiner veränderlichen Gemengtheile beraubte Meeressand, wie man ihn an manchen Dünen beobachten kann.

§ 42. **Nebenbestandtheile.** — Ausser den bis jetzt betrachteten, wesentlich das Gemenge des Sandes zusammensetzenden Mineraltrümmern befinden sich aber häufig auch noch andere, nicht zum Wesen des Sandes gehörige Substanzen theils zwischen, theils als Rinde an den einzelnen Sandkörnern. Zu diesen **unwesentlichen Sandbeimengungen** gehören vor allen die pulverigen oder erdkrümlichen Verwitterungsrückstände der veränderlichen Sandkörner, so namentlich Thon, Lehm, Mergel oder Eisenoxydhydrat, ferner fein zertheilte kohlige Verfaulungsrückstände von abgestorbenen Organismen, so namentlich kohlige Humustheile, seltener Erdharz oder Bitumentheile, endlich auch zerriebene Reste von Knochen, Korallen und Conchyliengehäusen, nicht selten auch die vollständigen Gehäuse von mikroskopisch kleinen Schalthieren. Alle diese Beimengungen haben eine um so grössere Bedeutung für den Sand selbst, in je grösserer Menge sie auftreten.

1) Die zwischen den Sandgemengtheilen vorkommenden **Erdkrumen**, wie Thon und Mergel, welche, wie gesagt, aus der Zersetzung von veränderlichen Sandtheilen entstehen, aber auch eben so häufig durch Wasser zwischen den Sand gefluthet sein können, machen das lose Sandgehäufe um so bindiger, in je grösserer Menge sie auftreten, aber eben hierdurch auch geneigter zur Ansaugung und Festhaltung von Feuchtigkeit und geeigneter zu grösserer Pflanzenproduction.

2) Die gewöhnlich an den einzelnen Sandkörnern als dünne Schalen auftretenden und die ockergelbe Färbung derselben bewirkenden **Eisenoxydhydrattheile**, welche gewöhnlich aus der Zersetzung von eisenoxydulreichen Silicattrümmern entstehen, aber oft auch durch Quellen- und Fliesswasser, welche quell- oder kohlensaures Eisenoxydul gelöst enthalten, zwischen den Sand gerathen können, erhöhen die Wärmehaltung des Sandes und können bei fortwährender Zunahme allmählig die einzelnen Sandkörner so miteinander verkitten, das dadurch festzusammenhängende Lagen von Eisensandstein, Raseneisen- oder Ortstein entstehen, welche · allmählig das früher verbindungslose Standgehäufe undurchdringlich für die Pflanzenwurzeln machen.

3) **Fein zertheilte Kohlen- und Humustheile**, oft auch untermischt mit Thon, finden sich hauptsächlich zwischen dem Sande auf dem Grunde von stehenden Gewässern, Sümpfen und Mooren oder auch von sehr langsam fliessenden Gewässern, aber auch in weit ausgedehnten Lagen zwischen den Braunkohlenlagen der Mark Brandenburg. Sie färben den Sand rauchbraun bis schwarz, vergrössern einerseits seine Wärmehaltung und andererseits seine Feuchtigkeitshaltung und Bindigkeit und entwickeln aus sich unter Luftzutritt Kohlensäure, wodurch sie wieder auf

die Verwitterung der veränderlichen Sandtheile einwirken. — Bisweilen aber findet sich auch an den ebengenannten Orten zwischen den Sandkörnern Bitumen, welches an der Luft erhärtet und die einzelnen Sandkörner mit einer glänzend schwarzbraunen, beim Erhitzen erzharzig riechenden, schmelzenden und ganz verbrennenden Haut überzieht.

4) Reste von Thiergehäusen, Conchylien und Knochen finden sich namentlich in dem vom Meere ausgeworfenen Sande, wie früher schon mitgetheilt worden ist, und dann bisweilen in solcher Menge, dass sie den Hauptgemengtheil des Sandes bilden. Dass aber diese aus kohlen- oder phosphorsaurem Kalk und thierischen Leim bestehenden Sandgemengtheile, zumal wenn sie an feuchter, Kohlensäure enthaltender, Luft liegen, sich allmählig lösen und dann einen grossen Einfluss auf die Fruchtbarkeit des Sandes ausüben, wird später noch weiter erörtert werden.

Neben diesen sehr gewöhnlichen und auf die Fruchtbarkeitsverhältnisse des Sandes einwirkenden Beimengungen bemerkt man auch nicht selten noch einzelne Krystalle, Körner, Knöllchen und Blättchen von Mineralien und Metallen, welche entweder durch die Verwitterung der Muttergesteine des Sandes oder auch durch Anschwemmungen in denselben gelangt sind. So trifft man in dem Diluvialsande Norddeutschlands hie und da Krystalle und Körner von Granaten, Zirkon, Turmalin, Strahlstein, im Sande der uralischen Flüsse und Brasiliens Turmaline, Berylle, Diamanten und ebenso Knöllchen und Blättchen ven Eisenkies, Gold uud Platin, im Sande der englischen und ostindischen Flüsse Zinnerz, im Sande nordamerikanischer Flüsse Gold, Silber, Kupfer u. s. w. — Alle diese Beimengungen haben indessen für den Sand als Bodenbildungsmittel nur einen sehr untergeordneten Werth; nur die oft äussert zarten Körnchen und Blättchen von Eisenkies, welche sich auch öfters im Sande der Lüneburger Haide finden, können da, wo sie in reichlicher Menge auftreten, insofern einen Einfluss ausüben, als sie bei ihrer Oxydation aus sich saures schwefelsaures Eisenoxydul entwickeln, welche theils umwandelnd auf andere Sandgemengtheile einwirken, theils Veranlassung zur Bildung von Raseneisenerz geben, theils aber auch aufgelöst im Wasser von Pflanzen aufgesogen und dann auf deren Körper nachtheilig einwirken kann.

§ 43. **Abarten des Sandes.** Je nach der Grösse seiner Körner, und der Art seiner Hauptgemengtheile oder auch seiner unwesentlichen Beimengungen hat man nun folgende Abarten des Sandes unterschieden:

a. nach der Grösse der Sandkörner:

1) Grand oder Grus; Erbsen- bis kirschenkerngrosse, (2—3 Linien durchmessende) eckige oder abgerundete, noch weiter zersetzbare Körner von einfachen Mineralien oder gemengten Felsarten. Sind diese Sandkörner vom Quarz, nennt man sie auch Kies.

2) Perlsand: Hanfkorngrosse (1½—2 Linien durchmessende), eckige

oder abgerundete, Perlen oft nicht unähnliche, Körner, hauptsächlich von Quarz,

3) **Grober Sand**: Hirsekorngrosse ($^3/_4$ Linien) Körner,

4) **Feiner Sand, Quell-, Trieb- oder Mahlsand**; Mohnsamengrosse ($^1/_2 — ^1/_4$ Linien durchmessende), meist ganz abgerundete und glänzende Körner, vorherrschend von Quarz;

5) **Mehl-, Staub- oder Flugsand und Asche**: pulver- bis staubförmig, leicht vom Winde beweglich.

b. **nach der Art seiner Hauptgemengtheile:**

1) **Quarzreicher Sand**, welcher aber nur selten — am ersten noch in manchen Dünen — nur aus Quarzkörnern besteht, sondern in der Regel noch 2—20 pCt. anderer Mineralientrümmer enthält und nach den unter diesen am meisten hervortretenden wieder in mehrere Unterarten zerfällt, von denen die wichtigsten sind:

a. **der feldspathhaltige Quarzsand**, welcher 5—20 pCt. gelblicher, röthlicher, braunrother oder auch weisslicher Orthoklas- und Oligoglastrümmer, ausserdem oft auch mehr oder weniger silberweisse, messinggelbe, dunkelbraune bis eisenschwarze Glimmerschuppen und endlich nicht selten auch 1—10 pCt. schwarze Hornblendestückchen enthält. Gewöhnlich bildet er einen mit Kies und Grus untermengten groben Sand, in welchem man oft noch Bröckchen seiner Bildungsfelsarten, so namentlich von Granit, Syenit, Gneiss und Felsitporphyr bemerkt. Er zeigt sich am meisten in der näheren Umgebung seiner ebengenannten Muttergesteine und entsteht entweder aus der unmittelbaren Zertrümmerung derselben oder aus der Wegschlämmung der seine einzelnen Körner umschliedsenden Verwitterungskrume. In dieser Weise erscheint er namentlich am Fusse von Granit-, Gneiss-, Syenit- und Porphyrbergen, ferner in den Buchten und Thälern zwischen diesen Bergen, endlich auch im Vorlande derselben theils an den Ufern der Bäche und Flüsse, theils auch auf den anliegenden Culturländereien sowohl lose umherliegend oder auch in Untermengung mit thoniger Erdkrume. Ausserdem aber findet man ihn auch häufig fern von seiner Bildungsstätte in dem vom Meere angeflutheten Tieflande, ja selbst in manchen Dünen. In diesen letztgenannten Landesgebieten zeigt er sich nicht nur in der näheren Umgebung der ihn bei ihrer Verwitterung erzeugenden erratischen Blöcke, sondern auch weit von ihnen entfernt in dem ganzen Gebiete zwischen Elbe und Weichsel. Indessen erscheint er nur in der näheren Umgebung seiner Mutterblöcke glimmerhaltig; in weiterer Entfernung von diesen ist er einerseits ganz glimmerlos, weil in dem ihn anfluthenden Wasser die Glimmerblättchen länger schwebend blieben und deshalb weiter forttransportirt werden konnten, und andererseits auch gewöhnlich mit Mineralkörnern und Grus anderer Art — so namentlich mit Augit-, Hypersthen-, Basalt- oder auch Magneteisenkörnchen — mehr oder weniger untermengt. — Dies letztere ist vorzüglich der Fall in dem sogenannten Geestsande Mecklenburgs, Brandenburgs und Hannovers. In Folge seines Feldspath- und anderen Mineralgehaltes ist er der Qualität nach veränderlich, indem die einzelnen Feldspath-, Hornblende- und Augitkörner, zumal die des Oligoklases allmählig verwittern, worin auch der Grund liegt, dass man in dem alten Diluvialsande des Tieflandes vorherrschend nur noch die schwer verwitternden Orthoklastrümmer bemerkt. Aber in eben dieser Verwitterbarkeit des Feldspathes liegt auch der Grund, warum man diesen Sand gewöhnlich mit thoniger Erdkrume untermischt findet und warum man ihn recht gut und zwar um so besser zur Verbesserung von strengthonigen Aeckern benutzen kann, je mehr er Feldspathkörner enthält.

> Zusatz. Als Belege für die eben angegebene Mengung des feldspathigen Quarzsandes können folgende Thatsachen dienen. Von mir sorgfältig untersuchter Diluvialsand
>
> 1) aus der Mark Brandenburg enthielt 2 pCt. Hornblende und 17 pCt. Orthoklas;
> 2) aus der Lausitz enthielt 25 pCt. Orthoklas und etwas Glimmer;
> 3) aus der Lüneburger Haide enthielt fast 4 pCt. Basaltkornchen;
> 4) aus Mecklenburg enthielt 10 pCt. Orthoklaskörner und 2 pCt. schwarze Körner (Basalt).

b. der glimmerhaltige Quarzsand, ein 2—5 pCt. Glimmerschüppchen haltender Sand, welcher hie und da mit dem vorigen zusammen vorkommt, oft auch Feldspath- und Hornblendetrümmer enthält und theils durch Verwitterung des Feldspathes aus dem vorigen, theils durch Fortfluthung von Glimmer aus dem Glimmersande hervorgegangen ist.

c. der kalkhaltige Quarzsand, ein mehrere (bis 10 pCt.) Procente kohlensauren Kalkes haltiger Quarzsand, welcher mit Säuren um so mehr aufbraust, je mehr er Kalk enthält und mit verwesenden Organismenresten untermischt ein mergelartiges Düngmittel für thonreichem Boden abgiebt. Bei genauer Untersuchung bemerkt man, dass oft sein Kalkgehalt hauptsächlich von Conchyliengehäusen und deren Resten abstammt. Er findet sich vorzüglich in denjenigen Landstrichen Norddeutschlands, welche mit altem oder neuem Dünensande bedeckt sind. — Die sogenannte Wühlerde oder Kuhlerde, welche neben (bis 5 pCt.)

kohlensaurem Kalk auch etwas Gyps und 2—4 pCt. Thon enthält, gehört zum Theil hierher.

d. Der eisenschüssige Quarzsand (Eisen- oder Ironsand, Ortsand): ein Sand, dessen einzelne Körner mit einer, bisweilen liniendicken, ockergelben, selten röthlichen Eisenoxydhydratrinde häufig so fest überzogen sind, dass man dieselbe nur durch Erwärmen mit Salzsäure von den Sandkörnern entfernen kann. Diese Sandart, welche das Hauptbildungsmittel der sogenannten Geest im nördlichen und nordwestlichen Tieflande bildet und sich bis zum Rheine hin ausbreitet, ist gewöhnlich sehr unfruchtbar, denn wenn auch seine Körner zum Theile aus Feldspath, Hornblende und Basalt bestehen, ja von diesen Trümmern hie und da (z. B. in Ostfriesland und im nördlichen Holland) sogar 5—17 pCt. enthalten, so können doch dieselben nicht verwittern, da ihre Eisenockerhülle den Zutritt und die Wirksamkeit der Atmosphärilien verhindert. Dazu kommt nun noch, dass die Eisenrinde der einzelnen Sandkörner häufig so dick ist, dass sie diese letzteren mit einander zu einer mehr oder minder fest zusammenhängenden Steinmasse (Eisensandstein, Ortstein) verkittet, welche oft weit ausgedehnte Lagen unmittelbar unter der Erdoberfläche bildet, und alsdann nicht nur das Wachsthum und die Ausbreitung der Wurzeln von den auf der Geest wohnenden Bäumen hemmt, sondern auch das Wasser stark zusammenhält, so dass sich sehr leicht auf ihr zuerst Wassermoose und dann Moorhaidewälder ansiedeln, und überhaupt Moore entwickeln können. Durch die vertorfenden Abfalle dieser Moorwälder werden nun zwar, wie im I. Abschnitte bei der Beschreibung des Raseneisensteines schon gezeigt worden ist, die Eisenhüllen der Sandkörner allmählig zerstört, so dass diese Körner selbst ganz rein werden, bleiben aber nun die vertorfenden Pflanzenmassen unberührt auf ihrem Standorte und wird das mit gelöstem Eisenoxydul erfüllte Moorbodenwasser nicht abgeleitet, so bildet sich die eben erst zerstörte Eisenockerrinde immer wieder von neuem und dann oft in sehr verstärktem Grade.

Zusatz. Ein Verwandter des eisenschüssigen Sandes ist der eisenhaltige Sand, welcher 2—10 pCt. kleiner schwarzer Titan- oder Magneteisenkörner enthält und namentlich an manchen Dünen des nordwestlichen Deutschlands — z. B. in Jütland — auftritt, ussert unfruchtbar ist und in seinen Eisenkörnern das Material zur Raseneisenbildung bietet.

e. Der Bleisand, ein quarzreicher Sand, welcher mit unlöslichen kohligen und wachsharzhaltigen Humustheilchen so untermischt oder überzogen ist, dass er ein bleigraues Ansehen hat. Erwärmt man ihn mit einer weingeistigen Auflösung von Aetzkali, so wird diese ganz dunkelbraun gefärbt und der Sand selbst erscheint dann nach dem Abfiltriren der humussauren Kalilösung in seiner natürlichen Farbe. Er tritt hauptsächlich im Boden des norddeutschen Diluviums auf und bildet entweder die unmittelbare Decke des Eisensandes und Ortsteines oder wechsellagert mit diesem.

    f. Der Kohlensand, welcher sich hauptsächlich in der Umgebung der Braunkohlenablagerungen der Mark Brandenburg findet, dunkelbraun bis schwarzbraun, mit 5—20 pCt. kohligen Theilen untermengt, im feuchten Zustande formbar (— daher auch Formsand genannt —) ist und beim Erhitzen unter Entwickelung eines erdharzigen oder bituminösen Geruches sich weiss brennt, gehört wenigstens theilweise auch hierher,

2. **Kalkreicher Sand.** Er enthält 80—95 pCt. kohlensauren Kalkes, erscheint gross bis pulverförmig und hinterlässt bei seiner Lösung in Salzsäure 5—10 pCt. Quarz- oder andere Mineralkörner oder auch 2—10 pCt. Thon. Seine Hauptlagerstätten befinden sich an den Gehängen kahler Kalkberge, im Untergruude vieler Moore, namentlich der sogenannten Wiesenmoore, und auch an manchen Dünen der Meeresgestade. Je nach diesen verschiedenen Lagerstätten zeigt sich seine Masse verschieden: der aus der Zertrümmerung von Kalkfelsen entstandene Kalksand ist vorherrschend eckig und grobkörnig und besteht zuweilen sogar aus Kalkspathkrystallresten; der Kalksand der Dünen dagegen besteht vorherrschend aus splitterigen und schaligen Fragmenten von Conchyliengehäusen und Korallen oder auch wohl aus mikroskopisch kleinen, noch vollständigen Schnecken und Muscheln; und der auf dem Grunde von Mooren lagernde Kalksand (der sogenannte Wiesenmergel oder Alm) ist pulverig oder mehlartig und zeigt bisweilen auch, zumal wenn er thonhaltig ist, einen mehr oder minder starken Zusammenhalt.

    a. Aus Conchylienresten bestehender Kalksand, oder sogenannte Muschelsand (Muschelgrus) kömmt viel häufiger vor, als es den Anschein hat. An den Küsten des Mittelmeeres, so in Sicilien bei Catanea und in der Gegend von Nizza, ferner am Strande und auf den Inseln des atlantischen Oceans (Vendée) und der Nordsee, (mehrere Inseln an der Küste von Holland und Ostfriesland, Dünen von Mecklenburg, Jütland etc.) — Eine der merkwürdigsten Ablagerungen von Muschelsand findet sich auf einem mehr als 200 Fuss hohen Gneissfelsen an der Westküste Schwedens auf Udevalla; sie besteht aus lauter Resten von Conchylien, wie sie gegenwärtig noch in den umliegenden Meerestheilen leben. — Beachtungswerth erscheint die Beobachtung, dass der Sand der alten Dünen weit weniger Kalktheile enthält, als der von jungen Dünen, eine Erscheinung, welche sich wohl dadurch erklären lässt, dass die Kalktheile der alten Dunen im Zeitverlaufe theils durch das Kohlensäure führende Regenwasser, theils auch durch die in ihm haftende und verwesende thierische Materie gelöst und ausgelaugt worden ist. — Seine gewöhnlichste Beimengung besteht aus feinem Quarzsand, dessen Menge nach meinen Beobachtungen zwischen 5 und 20 pCt. schwankt. — Da, wo dieser Sand mit Mächtigkeit auftritt, kann man ihn theils zur Düngung stark thoniger oder nass gelegener Aecker, theils auch zur Bereitung von Mörtel benutzen.

b. Der Wiesenmergel oder Alm besteht entweder nur aus pulverförmigem oder zusammengefrittetem Kalksand, oder aus einem Gemenge von 60 bis 80 pCt. Kalksand, 10—15 pCt. Quarzsand und 5—10 pCt. Thon, und zeigt sich vorherrschend auf dem Grunde von Wiesenmooren über einer Sandlage und zwar nicht blos in Moorbecken, welche eine kalkige oder mergelige Unterlage oder Umgebung besitzen, sondern auch oft weit von aller kalkigen Umgebung im Gebiete der Sandsteine. Im Allgemeinen jedoch möchte sein Hauptsitz in den Mooren auf dem Gebiete der Kalk- und mergeligen Sandsteine zu suchen sein, soweit meine Untersuchungen reichen. Daselbst bildet er sich hauptsächlich aus dem Kalkgehalte, welcher während des Vertorfungsprocesses aus den Wiesenmoorpflanzen, — welche bekanntlich alle mehr oder weniger kalkhaltig sind, — durch die sich während der Vermoorung dieser Pflanzen bildende Quellsalz- und Geïnsäure ausgelaugt und durch Zutritt von Luft während seiner Lösung im Moorwasser in kohlensauren Kalk umgewandelt wird. In manchen Wiesenmooren Bayerns und Thüringens ist seine Bildung so stark, dass der Torf dieser Moore selbst bei seiner Austrocknung sich mit einer weissen Kalkkruste bedeckt. Ausserdem wird er aber auch hie und da durch kalkhaltiges Quell- und Bachwasser, welches in die Moorbecken einrieselt, schon fix und fertig in die Torfmassen eingeführt. In grösster Mächtigkeit findet er sich auf dem Grunde der meisten Wiesenmoore Südbayerns.

Zusatz. Ich kann nicht umhin, hier noch die Beobachtung Sendtners über die Entstehung dieses so merkwürdigen Kalksandgebietes („Die Vegetationsverhältnisse Südbayerns." S. 123 ff.) mitzutheilen:

„Mit dem Namen Alm bezeichnet man in Südbayern eine weit verbreitete Bildung, die, in den Handbüchern über Bodenkunde übersehen, für Vegetation und Landwirthschaft von grösster Wichtigkeit ist. Dieser Name ist im Munde des Volkes gebräuchlich, vielleicht entstanden aus dem lateinischen alba terra? Was in München zum Scheuern hölzerner Geräthe als „Weisssand" verkauft wird, gehört in der Regel zu dieser Bildung. Der Alm bedeckt weite Strecken unserer Diluvialkiesfläche in der Mächtigkeit von einem oder einigen Zollen bis zu der von vielen Fussen. Er bildet im frischen Zustande (gewissermasssen in statu nascenti) eine breiige, grumose, äusserst wasserhaltende Masse, im trockenen einen amorphen, mürben oder griesigen, leichten, lockern, rauhen Sand von weisser Farbe und meist etwas gelblicher oder bräunlicher Beimischung. Die Entstehung, Verbreitung und Eigenschaften sind es, welche dem Alm seine grosse Wichtigkeit ertheilen.

Der Alm ist kohlensaurer Kalk mit einem geringen Antheil von kohlensaurer Bittererde und Thonerde, Phosphorsäure und mit mehr oder weniger organischen Stoffen.

Er bildet sich als Niederschlag aus der doppelt kohlensauren Lösung (?) in Wasser durch Entweichung von halb gebundener Kohlensäure und Verdunstung des Wassers. Diese Vorgänge finden in Südbayern in grossartigem Maasstabe statt. Die weite Kiesfläche des Diluviums ist weit und breit von kohlensäurehaltigem Wasser durchdrungen, welches sich theils unmittelbar aus dem Regen, theils durch Versickern von Bächen (z. B. des Hachinger Baches), dem theilweisen der Flusswasser in den permeablen kalkreichen Geschieben verbreitet.

Alle diese Quellwasser, so klar und frisch sie auch aus dem reinlichen Kiese zu Tage treten, sind ungemein kalkhaltig. Diese Eigenschaft haben schon die unter gleichen Einflüssen stehenden Münchener Trinkwasser, die sämmtlich harte Wasser sind.

Die Quellen treten aus und hinterlassen durch Verdunstung ihren Kalkgehalt als Alm. Im Frühlinge sind diese Niederschläge besonders reichlich, doch sind sie auch zu jeder andern Jahreszeit je nach der Witterungsbeschaffenheit des Jahrganges zu beobachten. So bildet sich eine Almschicht als Ueberzug des Kieses. Betrachten wir nun seine Eigenschaften näher.

So lange der Alm noch in dem stehenden Wasser ist, erscheint er als ein molkenähnlicher Brei und unter dem Mikroscop bei 300maliger Vergrösserung als eine schmierige grumose Substanz. Sogar abgetroeknet lassen seine Klümpchen keine Spur von regelmässiger Flächenbildung oder krystallinischer Struktur gewahren.

Der Alm hingegen versagt nach seiner Bildung, ehe er abgetrocknet ist, dem Wasser in so hohem Maasse den Durchgang als sehr thoniger Mergel oder Lehm und verliert, da er amorph bleibt, diese Eigenschaft keineswegs. Die durchlassende Eigenschaft habe ich in der Folge an vielen Almarten versucht.

Die durchlassende Eigenschaft steht mit der das Wasser anzuhalten im Zusammenhange, die auch hier vergleichsweise gegen den Thon sehr bedeutend ist, indem er höchst langsam vertrocknet und dabei immer fast eine gelatinöse Materie darstellt, bis er trocken in einen mehr hornartigen Zustand übergeht; doch hängt dieser von seinem Gehalte an organischen Stoffen ab. Der davon freie Alm ist zerreiblich und rauh.

Der Alm erleidet keineswegs beim Trocknen immer die gleichen Veränderungen. Bald geht er mit einer ausserordentlichen Volumenverminderung in eine knorpelige Substanz über. Dieser Alm ist am reichsten an organischen Stoffen. Bald bildet er eine zerreibliche, mürbe, rauhe Substanz. So zeigt er sich als Weisssand. Endlich sehen wir ihn poröse compacte Massen bilden, namentlich wo er mit der Atmosphäre in Berührung tritt, und in dieser Form den Uebergang bildet zum Sinter. Solche Massen geben sogar ein brauchbares Strassen- und Baumaterial. Wir sehen sie sehr entwickelt zwischen der Schön im Erdinger Moor und Ismaning am linken Goldachufer in unmittelbarem Uebergang in Tuff, der sich in der Regel erst bei der Eröffnung der Gruben durch die Berührung mit der Luft verhärtet. Beim Trocknen an der Luft geht er in den krystallinischen Zustand über, in welchem er eben Tuff heisst.

Der Alm ist weiter verbreitet, als man bisher geglaubt hat. Er bildet die Grundlage aller sogenannten Wiesenmoore in der Münchener-Zone bis zur Donau-Zone. Wir treffen ihn stellenweise auch noch in den Mooren an der Donau, z. B. im Neuburger Donaumoor in Stengelheim beim Wirth, im Rainermoor; ausschliesslich aber verbreitet im Erdinger-, Dachau-Schleissenheimermoor, Memminger-Hoppenried und anderen. Er bildet, wie schon erwähnt, immer die oberste Schicht des Kieses, wo dieser von Moor- und Torflagern bedeckt ist; er bildet aber auch Schichten zwischen dem Torf selbst, wie man sich an vielen Stellen des Erdinger Moores, ferner am Schleissheim und Olching überzeugen kann, ja wir sehen ihn auch die Torflager bedecken, wie z. B. gleich bei Lochhausen unmittelbar an der Eisenhahn gegen Olching, wo man ihn vom Wagen aus sehen kann. Er bildet hier auf dem Torf 2—4 Fuss mächtige Lager.

3. Der **Lavasand** (vulcanischer Sand, augitischer Sand und vulcanische Asche.) — Unter den verschiedenen Mineralsubstanzen, welche bei dem Ausbruche eines Vulcanes durch die sich mit der grössten Gewalt in Freiheit setzenden Dämpfe in die Höhe geschleudert werden, spielen die, aus der vollständigen Zerreissung und Zerstampfung der im Krater befindlichen Lava erzeugten, Massen des sogenannten vulcanischen Sandes und der vulcanischen Asche einerseits wegen ihrer gewaltigen Menge und immensen Ausbreitung und andererseits wegen ihres Einflusses auf Bodenbildung und

Pflanzenproductionsvermögen eine so grosse Rolle, dass sie trotz ihres localen Auftretens hier näher betrachtet werden müssen.

Unter dem vulcanischen oder Lavasand versteht man die erbsen- bis hirsekorngrossen, oft Pfefferkörnern nicht unähnlichen (— daher auch Piperino genannten —), theils aus verschiedenartigen Krystallen oder Krystallstückchen, theils aus zerkleinten Trümmern der Lava selbst bestehenden Auswürflinge; vulcanische oder Lavaasche dagegen nennt man die pulver- oder staubartigen, schwärzlichen, grauen oder weisslichen, seltener braunen Aggregate, welche aus pulverig zermalmter Lava bestehen.

Der mineralische und chemische Bestand dieser beiden sand- oder pulverförmigen Abarten des Vulcanenschuttes ist nicht nur verschieden nach den einzelnen ihn producirenden Vulcanen, sondern auch nach den in verschiedenen Zeiträumen erfolgten Eruptionen von einem und demselben Vulcane. Im Allgemeinen jedoch darf man wohl behaupten, dass thonerdehaltiger Augit, Kalkhornblende, natronreicher Sanidin (Oligoklas), Labrador oder Leucit, öfter auch Anorthit oder Nephelin, das Hauptbildungsmaterial dieses Schuttes sind. Olivin dagegen, Magneteisenerz, Titaneisenerz, Magnesiaglimmer, Melanit und Idokras, sowie Zeolithe müssen mehr als unwesentliche Gemengtheile — theilweise als Ausscheidungen der Bildungsmasse — desselben angesehen werden. Es gehört demnach sowohl der Sand, wie die Asche im Allgemeinen ihrem Mineralbestande nach theils den trachytischen, theils den basaltischen Felsarten (Basalt, Dolerit, Leucitporphyr) an.

Wie übrigens schon oben bemerkt worden ist, so sind die Producte des Vulcanenschuttes nicht nur an den verschiedenen Vulcanen, sondern auch von den einzelnen Ausbrüchen eines und desselben Vulcans wenigstens nach ihrem Gehalte an Feldspatharten verschiedenartig. Nur in ihrem Gehalte an kalkreichem Thonerdeaugit scheinen alle überein zu stimmen.

In dieser Weise erschien reich:

> an Kalkoligoklas (Andesin) der Vulcanenschutt des Hekla, des Pic's auf Teneriffa, des Antisana und andere Vulcane der Anden;
>
> an Labrador (oder auch Anorthit) der Schutt des Aetna, Stromboli etc.
>
> an Leucit der Schutt des Vesuvs aus der neueren Zeit, während der ältere dieses Berges mehr Sanidin enthält.

Ueberhaupt aber scheinen die älteren Massen mehr Labrador und Kalkoligoklas, die jüngeren mehr Oligoklas, Nephelin oder Leucit zu enthalten.

Wie der Mineralgehalt, so ist auch der chemische Gehalt dieses Vulcanenschuttes, so vorzüglich der Asche, von welcher namentlich die Rede ist, verschieden. Indessen zeigt sich derselbe fast durchgehends reich an Kalkerde oder auch Natron und arm oder auch leer an Kali.

Folgende Analysen von Aschen werden diesen Ausspruch bestätigen:

Asche von	SiO^2	Al^2O^3	Fe^2O^3	FeO	MnO	CaO	MgO	KO	NaO	HO
1. Vesuv 1822	53,64	17,94	—	5,75	—	7,15	1,92	4,02	9,55	—
2. Ebendaher	51,75	19,52	—	6,46	—	4,62	1,73	2,72	10,22	—
3. Hekla 1845	59,20	15,20	9,60	—	—	4,82	0,60	6,74	6,74	3,03
4. Ebendaher	56,89	14,18	—	13,35	0,54	6,23	4,05	2,64	2,35	—
5. Aetna (v Cavasecca)	48,737	17,864	12,756	—	—	5,495	2,534	2,045	4,502	6,630
6. Ebendaher	49,143	19,149	17,256	—	—	6,976	2,281	1,284	13,137	1,046
7. Caasone a Zaccolaro	47,218	13,579	17,664	—	—	5,225	3,100	1,547	4,794	6,333
8. Catania (im Nov. 1843)	46,309	16,846	9,850	4,480	—	10,276	5,439	1,411	3,340	—
9. Trecastagni (1811) .	51,804	18,408	8,117	3,952	—	7,491	4,812	1,617	4,614	0,476
10. Java (vom Guntur) .	51,64	21,89	—	10,79	—	9,34	3,32	0,55	2,92	0,60

Bemerkung. Die vorstehenden Analysen sind aus Rothe's „Gesteins-Analysen" entlehnt, und zwar ist:

No. 1 und 2 nach Dufrénoy. Die Asche war sehr fein und rauh anzu-fühlen; sie stammte ihrem Bestande nach von einem Leucitophyr.

No. 3 nach Canell. Sie war am 2. September 1845 gesammelt, bildete ein hellbraunes Pulver und stammte ihrem Bestande nach von einem Augit-Andesin ab.

No. 4 nach Geuth. Sie war 1845 aus der Nähe des neuen Kraters am Hekla genommen, schwarzgrau und enthielt ihrem Bestande nach, ebenso wie No. 3 Oligoklas, Augit, Olivin und Magneteisen.

No. 5 bis 9 von Sartorius v. Waltershausen (Vulcan-Gesteine 1853). No. 5 war gelb, titanhaltig, liess Labrador und Augit wahrnehmen. — No. 6 war rothbraun, sonst wie vorige. — No. 7 ebenfalls gelb-braun. — No. 8 war hellgrau, staubförmig, reagirte sauer. — No. 9 war schwarz, feinkörnig und gegen Ende des Ausbruchs 1811 gefallen.

No. 10 von Schweizer. Die Asche schwarzgrau und gefallen am 25. No-vember 1843.

Alle die Aschen von No. 5 bis No. 10 ergaben nach ihrem chemischen Gehalte: Labrador, Augit und etwas Olivin nebst Magneteisen, und stammten demnach von doleritischer oder basaltischer Lava ab.

Neben diesen eben angegebenen, mehr wesentlichen, chemischen Bestand-theilen finden sich namentlich in der frisch ausgeworfenen Asche noch man-cherlei Substanzen, welche erst durch die aus dem Heerde der Vulcane auf-gestiegenen Dämpfe in dieselbe gelangt sind, sei es nun schon fix und fertig, sei es erst aus den Bestandtheilen der Asche durch die Dampfbestandtheile erzeugte. Zu diesen nicht zum Wesen der Asche gehörigen, sondern erst hinzugetretenen Bestandttheilen gehören namentlich Salzsäure, schwefelige Säure, Kohlensäure, bisweilen auch noch Schwefelwasserstoff, also lauter Stoffe, welche ätzend und zersetzend auf den Bestand der Asche einwirken und aus ihrem:

    Thongehalte schwefelsaures Thonerdehydrat (Haarsalz und Aluminit);

    Thonerde- und Alkaligehalte: schwefelsaure Kali- oder Natronthonerde (Alaun);

    Natrongehalte: schwefelsaures Natron (Glaubersalz), kohlensaures Natron und Kochsalz;

    Kaligehalte: schwefelsaures Kali (Glaserit), kohlensaures Kali und Chlorkalium;

    Kalkgehalte: schwefelsaure Kalkerde (Gyps und Aragonit) und kohlensauren Kalk (Calcit und Aragonit);

    Eisengehalte: schwefelsaures Eisenoxydul, Eisenchlorid und auch Eisenkies

bereiten können. Zu den eben erwähnten Säuren gesellen sich ausserdem noch Salmiak (Chlorammonium) und Chlornatrium (Kochsalz), zwei Salze, welche in der Regel schon fertig von den Dämpfen abgesetzt werden und auch mannichfach zersetzend auf die Asche einwirken können, denn sowohl der Salmiak wie das Kochsalz werden durch die in der Asche haftende schwefelige Säure in der Weise zersetzt, dass einerseits schwefelsaures Ammoniak (Mascagnin) und schwefelsaures Natron (Glaubersalz) entsteht und andererseits Chlor oder Chlorwasserstoff frei wird, welches nun wieder zersetzend auf die Asche selbst einwirkt. In dieser Weise werden also zugleich mit dem Vulcanenschutte eine Menge verschiedener Substanzen erzeugt, welche schon vom Augenblicke ihrer Enstehung an mannichfach auf die Umwandlung dieses Schuttes einwirken und dessen Zersetzung um so mehr befördern, je feiner zertheilt seine Masse ist, je zugänglicher folglich die kleinsten Theile derselben für diese Agentien sind. Schon aus diesen Gründen darf es nicht auffallen, dass der feine Sand und die Asche der Vulcane sich schon kurze Zeit nach ihrem Auswurfe mannichfach verändert zeigen. Dazu kommt nun noch, dass alle Beförderungsmittel zur chemischen Zersetzung dieser Schuttmassen und namentlich der Asche im reichlichen Maasse vorhanden sind, denn

1) bestehen die Massen des Sandes und der Asche aus kleinen, leicht von den Zersetzungsagentien angreifbaren Theilen;

2) kommen diese Massen heiss aus dem Vulcane, wodurch sie um so empfänglicher für die Verbindung mit den Zersetzungsagentien werden;

3) sind sie von dem vulcanischen, an sich schon mit mancherlei Säuren oder anderen anätzenden Substanzen durchzogenen, Wasserdampf mehr oder weniger erfüllt; und

4) werden sie nach ihrem Auswurfe auch sehr gewöhnlich noch von starken Regenwassergüssen, welche nach jeder Eruption aus den sich verdichtenden vulcanischen Wasserdämpfen entstehen, durchdrungen und geschlämmt.

Rechnet man hierzu noch, dass nach den eben angegebenen Analysen alle diese Schuttmassen kalk- oder natronreiche Mineralbetsandtheile — seien es nun Augite oder Kalkhornblenden, oder Kalkoligoklas, Andesit, Anorthit, Labrador und Leucit — enthalten, so darf es kein Wunder nehmen, dass alle diese Auswürflinge in verhältnissmässig kurzer Zeit — und viel rascher als die Felsarten, aus deren Zertrümmerung sie entstanden sind — eine nachhaltig fruchtbare, kalkig-thonige oder mergelige Erdkrume bilden, welche in ihren, meist zahlreich vorhandenen Beimengungen, von Felstrümmern auf unberechenbar lange Zeiträume hin ein reiches Magazin besitzt, welches alle die ihrer Krume theils durch die Pflanzenwelt, theils auch durch Wasserfluthen geraubten Substanzen rasch wieder ersetzt.

1) So weit meine Erfahrungen reichen, ist die aus der Verwitterung der Asche und der anderen Vulcanenauswürflinge ein in der Regel brauner oder schwarzgrauer, seltener weisslicher, kieselsäurereicher Thon oder fetter Lehm, welcher häufig so innig mit kohlensaurem Kalk untermischt ist, dass er mit Salzsäure betropft gleichmässig aufbrausst und demnach schon zum Mergel gerechnet werden kann. Indessen ist die Menge dieses Kalkgehaltes sehr verschieden. So enthielt Asche des Aetna von 1811 kaum 2,5 pCt. Kalk, während Asche desselben Berges von 1843 10—12 pCt. Kalk zeigte. Noch verschiedener zeigte sich der Kalkgehalt in den verschiedenen Jahrgängen des Aschenbodens vom Vesuv. Im Allgemeinen glaube ich jedoch aus zahlreichen Analysen der Aschenkrume von den italienischen Vulcanen als Mittel 5—10 pCt. kohlensauren Kalk annehmen zu dürfen. Der Grund dieser Verschiedenheit liegt neben der leichten Löslichkeit des Kalkes in kohlensaurem Wasser wohl hauptsächlich in dem Vorhandensein von schwefeliger Säure und Salzsäure in dem Gemenge der Asche; denn durch diese Säuren wird der Kalk theils in Gyps theils wohl auch in Chlorcalcium umgewandelt und in Folge davon ausgelaugt.

Bemerkenswerth erscheint der Einfluss der Farbe des Aschenbodens auf dessen Fruchtbarkeit. Die bis jetzt gemachten Erfahrungen nemlich lehren, dass die dunkelgefärbte Asche einen lockeren oder mürben, warmen oder mässig verdunstenden, die hellgraue oder weisse Asche dagegen einen leicht schmierig werdenden, klebrigen, das Wasser festhaltenden Boden liefert.

2) Die dem Aschenboden beigemengten Sand- und Blöckemassen stammen in der Regel von demselben Bildungsmaterial wie die Asche selbst und gehören namentlich Trachyten, Balsatiten und Leucitgesteinen an.

3) Die Auslaugungsproducte der Asche zeigen sich sehr verschieden. Im Allgemeinen herrschen jedoch Kochsalz, Salmiak, Glaubersalz, Soda und Gyps vor, während Kalisalze nur in geringen Mengen oder gar

nicht beobachtet werden. Wenigstens habe ich in allen von mir untersuchten Aschen auslaugbare Natron- und Kalk-, oft auch Ammoniaksalze gefunden. Indessen ist auch bei diesen Salzen das Qualitäts- und
Quantitäsverhältniss sehr verschieden. Frische, eben aus dem Krater
geschleuderte, Asche zeigt stets mehr und verschiedenartigere Auslaugungsproducte, als Asche, welche schon längere Zeit an der Luft
gelegen und durch Regen mehr oder minder ausgelaugt worden ist. —
Eine ganz besondere Beachtung verdienen unter den ebengenannten
Auslaugungsproducten die Ammoniaksalze, vor allem der Salmiak. Viele
Beobachtungen deuten darauf hin, dass derselbe schon fertig und dampf-
förmig dem Krater und anderen Ausbruchsstellen entquillt; es sind
aber auch andere Beobachtungen vorhanden, welche es nicht unwahrscheinlich erscheinen lassen, dass sich derselbe auch aus der Einwirkung von salzsäurehaltiger, heisser Lava oder Asche auf stickstoff-
haltige Organismenreste erst ausserhalb des Kraters entwickelt. Die
Mengen dieses Salzes sind nach manchen Eruptionen so gross, dass es
einen wichtigen Handelsartikel abgiebt.

Abgesehen von diesen, erst von Aussen her in die Asche gekommenen
und daher nicht zu ihrem Bestande wesentlich gehörenden, Auslaugungs-
substanzen producirt die Asche aus ihren Augiten, Feldspatharten
und Leuciten ebenfalls vorherrschend Carbonate des Kalkes und Natrons,
wie schon im I. Abschnitt angegeben worden ist. Ausserdem aber
werden aus ihrem Kalk-, Magnesia- und Natrongehalte durch den Einfluss von schwefeligsauren und salzsauren Dämpfen noch alle die schon
oben genannten Sulfate (Alaun, Glaubersalz, Bittersalz, Gyps, Kalisulfat,
Eisenvitriol) und Chlorite (Chlornatrium, Chlorcalcium etc.) erzeugt,
welche in Folge ihrer mehr oder minder leichten Löslichkeit im Wasser
sämmtlich den auf der verwitternden Asche wohnenden Gewächsen eine
reichliche Nahrung darbieten.

Mächtigkeit und Verbreitung des Vulcanenschuttes. — Wenn
man bedenkt, dass ein Ausbruch von Vulcanenschutt oft viele Tage nach-
einander ununterbrochen und mit grosser Heftigkeit fortdauern kann, dass
ferner ein und derselbe Vulcan wiederholt und zu verschiedenen Zeiten
seinen ausgeworfenen Schutt über ein und dasselbe Landesgebiet schleudert,
dass endlich aber auch heftige Luftströmungen namentlich die Massen des
ausgeschleuderten Sandes und der Asche oft viele — bis 100 — Meilen weit
tragen und über entfernte Länderstrecken ausbreiten können, dann wird man
gewiss zugeben, dass die Massen dieses Schuttes einerseits namentlich in der
Nähe ihrer Entstehungsquelle oft eine Mächtigkeit von vielen Hundert Fuss
und andererseits eine Ausbreitung von vielen Quadratmeilen Landes erreichen
muss.

Erklärung. Man wird es vielleicht tadeln, dass der Vulcanensand so ausführlich besprochen worden ist, da er doch nur ein ortliches Gebilde sei. Diesem Tadel zu begegnen, mögen hier noch die Erklarungen ihren Platz finden,

1) dass der Orte, an welchen seit vielen Jahrtausenden Vulcane ihren Sand niedergelegt haben, so viele sind, dass man wohl keinen Erdtheil findet, in welchem sich nicht zahlreiche, weit ausgedehnte Ablagerungen dieser vulcanischen Auswürflinge zeigen;

2) dass auch in Deutschland zahlreiche Ablagerungsmassen von vulcanischem Schutte vorhanden sind, welche der intelligente Landwirth recht gut als **ausgezeichneten Mineraldünger** auszubeuten versteht; denn alle die klastischen Gesteinsmassen, welche unter den Namen: **Basalttuff, Basaltsandstein, Trachyttuff und Trachytsandstein, Phonolithtuff u. s. w.** bekannt sind, sind ja **weiter nichts, als alte, durch Wasser verkittete und festgewordene vulcanische Asche.** — Ich habe sogar die Ueberzeugung, dass der Landwirth dereinst diesen alten, in Deutschland angehauften, Vulcanenschutt noch ebenso wie den Guano und künstliche Mineraldünger als Verbesserungsmittel seiner Landereien benutzen wird, wenn er erst das Wesen desselben genauer kennen gelernt hat.

§ 44. **Eigenschaften des Sandes im Allgemeinen.** — Unter den verschiedenen physicalischen Eigenschaften des Sandes sind hier vorzüglich diejenigen hervorzuheben, welche für seine Beziehungen zur Bodenbildung und Pflanzennährkraft von Bedeutung sind. Zu diesem gehören **die Cohärenzverhältnisse seiner Theile zu einander und sein Verhalten gegen die Wärme und das Wasser.**

1) Was zunächst die Cohärenzverhältnisse des Sandgemenges betrifft, so äussern sich dieselben, wie allbekannt, darin, dass seine einzelnen Gemengtheile gegen einander einen gewissen Grad von Anhaftung zeigen müssen, in Folge deren sie namentlich während ihres angefeuchteten Zustandes ein mehr oder minder fest zusammenhängendes Ganze bilden, welches der Trennung seiner einzelnen Theile und uberhaupt dem Eindringen anderer Körper einen gewissen Widerstand leistet. So lange nun ein Sandgehäufe noch aus ganz unverwitterten Trümmern von krystallinischen Mineralien besteht, zeigt es von diesem angedeuteten Grade der Cohärenz um so weniger eine Spur, je grobkörniger sein Gemenge ist; nur der mehlfeine Sand oder Quellsand lässt in ganz durchfeuchtetem Zustande insofern Cohärenz wahrnehmen, als sein Gemenge in der Hand zusammengedrückt beim Oeffnen der letzteren die erhaltene Form so lange beibehält, als er eben noch feucht ist. Sobald aber ein Sandgehäufe verwitternde Mineralreste, welche Thon, Eisenoxydhydrat, lösliche Kieselsäure oder löslichen kohlensauren Kalk entwickeln, oder geradezu Thon oder Eisenocker enthält oder die einzelnen Sandkörner mit einer Eisenockerrinde überzogen sind, nimmt auch die Anhaftung und der Zusammenhalt der einzelnen Gemengtheile unter einander, namentlich im feuchten Zustande, in dem Grade zu, wie die Menge der eben-

genannten Verwitterungsproducte wächst; denn alle diese Substanzen besitzen entweder schon von Natur eine starke Anhaftungskraft, so der
Thon, oder sie bilden während der Verdunstung ihres Lösungswassers
eine Art klebrigen Schleimes, welcher sich allen Sandkörnern anheftet
und sie dann bei seinem reichlichen Vorhandensein unter einander verkittet, so die lösliche Kieselsäure und kohlensaure Kalkerde, vorzüglich
aber das sich an der Luft in Eisenocker umwandelnde kohlensaure Eisenoxydul, welches bekanntlich so häufig aus dem losen Sande feste Massen
von Raseneisenstein schafft. — Wie durch diese Mineralsubstanzen, so
wird auch ein mehr oder minder hoher Grad von Bindigkeit in einem
Sandgehäufe durch beigemengte humose und überhaupt kohlige Theile
herbeigeführt, weil diese Substanzen stets Feuchtigkeit ansaugen und
festhalten.

    Bemerkungen. 1) Unter den gewöhnlichen Gemengtheilen des San-
des besitzen die Quarz- und unverwitterten Silicatkörner selbst im
durchfeuchteten Zustande wenig oder gar keine Bindungskraft. Anders
ist es mit den Trümmern des kohlensauren Kalkes. Durch jeden
Regen- oder Thauniederschlag wird etwas Kohlensäure zwischen die
einzelnen Kalktheile geleitet. In Folge davon löst sich auch irgend
ein Quantum Kalkes auf. Wenn nun nach dem Regen warmes, son-
niges Wetter eintritt und in Folge davon der Kalksand an seiner
Oberfläche austrocknet, dann steigt all das gelöste kalkhaltige Wasser.
aus den tieferen Lagen des Sandes in die Höhe, verdunstet an der
Oberfläche desselben und setzt nun seinen Kalkgehalt zwischen den
einzelnen Sandtheilen in der Weise ab, dass sie um so mehr mit
einander verkittet werden, je feiner die Sandmasse ist. Hierdurch
entstehen an der Oberfläche des Kalksandes jene zusammengesinterten,
oft wie zusammengefroren aussehenden, papierdünnen Ueberzüge, welche
man so oft an Orten bemerkt, welche kalkreichen Mehlsand enthalten,
z. B. am Strande von Rügen oder auch an den unteren Gehängen
von Kalkbergen.

    2) Noch mehr bindende Kraft zeigen die zwischen den Körnern
eines Sandgehäufes vorhandenen kohligen Substanzen, wie man an
den mit Kohlentheilchen untermengten Sandablagerungen mancher
Braunkohlenformationen z. B. Norddeutschlands, und in jeder Eisen-
giesserei, in welcher man bekanntlich die Formen für den Eisenguss
aus einem feuchten Gemenge von Sand und Kohle verfertigt, bemerken kann.

    3) Der Dünensand erhält auch bisweilen ein Bindemittel durch
die von dem Meere über seine Massen geschütteten Lösungen von
Salzen, so namentlich von Gyps.

    4) Ein ganz bindungsloses Sandgehäufe kann nur solchen Gewächsen

einen Standort gewähren, welche theils sehr tief greifende Pfahl-
wurzeln, theils viele nach allen Seiten weit auslaufende Wurzeläste
oder auch Stengeltriebe besitzen.

2) Das Verhalten des Sandes gegen die Wärme ist ein doppeltes,
je nachdem diese letztere gestrahlte oder geleitete ist. Die gestrahlte
oder strahlende Wärme erhält der Sand durch die Sonne; die geleitete aber theils durch seine Verbindung mit der Erde, theils auch durch
diejenigen seiner Gemengtheile, welche entweder bei ihrer Zersetzung
Wärme aus sich selbst entwickeln oder die von ihnen aufgenommene
gestrahlte Wärme den von ihnen berührten Sandtheilen mittheilen.

Was nun zunächst das Verhalten des Sandes gegen die strahlende
Wärme betrifft, so gehört er im Allgemeinen vermöge seiner rauhen,
körnigen Oberfläche zu den guten Wärmestrahlern; denn er absorbirt
die Wärmestrahlen der Sonne sehr stark und erhitzt sich in Folge davon
sehr bald und sehr stark, aber strahlt auch die eingesogene Wärme
wieder sehr bald aus und kühlt sich deshalb sehr stark wieder ab, sobald
nur die Wärme spendende Quelle verschwunden ist. Indessen verhält
sich der Sand in dieser Beziehung nicht ganz gleich; vielmehr lehrt die
Erfahrung, dass unter sonst gleichen Bedingungen

1) grobkörniger oder dunkelgefärbter Sand eine stärkere Absorption
und Ausstrahlung der Wärme besitzt, als feinkörniger oder hellge-
färbter;

2) ein an Kalkkörnern reicher Sand eine weit langsamere Wärmeauf-
saugung, aber auch eine weit geringere Wärmeausstrahlung besitzt,
als Quarzsand;

3) ein mit Eisenoxydhydrat durchzogener Sand sich stark erhitzt, aber
auch lange warm bleibt;

4) ein mit Thon reichlich untermengter Sand im ausgetrockneten Zustande sich nur allmählig erhitzt, dann aber auch nur allmählig
abkühlt;

5) ein mit kohligen Theilen oder mit Wachshumus überzogener Sand
die Wärme schnell und stark aufsaugt und sie auch lange festhält.

Dieses eigenthümliche Verhalten des Sandes gegen die ihm von der
Sonne zugestrahlte Wärme ist von der grössten Wichtigkeit für sein
Pflanzenerhaltungsvermögen und die Zersetzung seiner Gemengtheile.
Denn eben weil er sich mit dem Einbruche der Nacht sehr stark und
weit schneller abkühlt, als die ihn umgebende Atmosphäre, so werden
auch alle die mit ihm in Berührung kommenden Wasserdunsttheile dieser
letzteren so abgekühlt, dass sie sich zu tropfbarem Wasser verdichten
und um so reichlicher als Thau auf seiner Oberfläche niederschlagen, je
grösser einerseits der Unterschied der Temperatur zwischen ihm und
der Atmosphäre und andererseits der Dunstgehalt der letzteren ist.

Erfahrungen. Es ist allbekannt, dass der Sand nach heissen Frühlingstagen sich so stark abkühlen kann, dass sich der mit ihm in Berührung kommende atmosphärische Wasserdunst nicht nur zu Tropfen, sondern sogar zu Eis (Reif) verdichtet; daher kommt es auch, dass auf keiner andern Unterlage die Pflanzen leichter vom Frost leiden als auf einem sehr sandreichen Boden. Selbst in den Sandwüsten Africas kühlt sich der Sand nach Sonnenuntergang so stark ab, dass sich aus dem sehr reichlich verdichteten Wasserdunste wahre Wasserpfützen auf dem Sande bilden, welche sogar zu Eis erstarren.

Indem nun jeder Thautropfen, welcher sich auf dem Sande niederschlägt, irgend ein Quantum Kohlensäure und Sauerstoff enthält, so bekommen hierdurch alle die von dem Thauwasser benetzten und noch umwandelbaren Sandkörner diejenigen Mittel, durch welche sie entweder aufgelöst (z. B. Kalkkörner) oder doch zersetzt werden können (z. B. die Feldspath-, Hornblende-, Augitkörner). Es ist darum der Thau ein Hauptmittel, durch welches ein Sandgehäufe, welches unter seinen Gemengtheilen noch zersetzbare Minerale enthält, für die Production und Ernährung von Pflanzen tauglich gemacht werden kann; er vermag dieses Zersetzungsgeschäft um so mehr auszuführen, da er

1) während der heissen Monate in jeder Nacht seine begonnenen Arbeiten wieder aufnehmen und fortsetzen kann;

2) nach heissen Tagen, an denen durch die Hitze die einzelnen Sandkörner in ihren einzelnen Theilen ausgedehnt und gelockert worden sind, niederfällt;

3) in der kühlen Nacht nicht gleich wieder verdunstet und so Zeit behält, nachhaltig wirken zu können.

Aber grade durch alles dieses wird zugleich auch dem Sande das geboten, was er braucht, um Pflanzen ernähren zu können; denn der reichlich niederfallende Thau badet und erquickt nicht nur durch sein kühles Wasser die durch die Tageshitze welkgewordenen Pflanzenglieder, sondern er führt auch das als Nahrung zu, was er den zersetzbaren Sandtheilen durch seine Säuren entzogen hat.

Erfahrungen. 1) Ein Sandgehäufe bethaut sich um so stärker, je mehr es Quarz- und Silicatkörner und je weniger es Kalk enthält. Sehr kalkreicher Sand kühlt sich nach dem früher Mitgetheilten nur wenig am Abend ab und bethaut sich darum auch nur wenig.

2) Ein auch nur wenig thonhaltiges Sandgehäufe bethaut sich immer noch so stark, dass es am folgenden Tage noch feucht bleibt und sich in der Hand ballen lässt.

3) Da der Sand sich am stärksten abkühlt und bethaut, wenn seine Wärmeausstrahlung nicht durch irgend einen Schirm — z. B.

durch Bäume — gehindert wird, so ist darin der Grund zu suchen, warum z. B. Saaten und Pflanzungen von Bäumen auf Sandboden da am besten gedeihen, wo keine Schirmbäume die nächtliche Abkühlung desselben hindern.

Anders wie gegen die gestrahlte Wärme verhält er sich gegen die geleitete. Während er nemlich die erstere, wie eben gezeigt worden ist, rasch in sich aufnimmt und eben so schnell wieder freigiebt, nimmt er von den warmen Körpern, mit denen er in unmittelbare Berührung kommt, die Wärme nur wenig und sehr langsam in sich auf, hält sie dann aber auch in seiner Masse um so länger fest, je lockerer und trockener diese letztere ist. Die Folge davon ist, dass er die von seinen Gehäufen bedeckten Körper einerseits, wenn sie schon von Wärme durchdrungen sind, lange warm erhält, indem er ihre Wärme nicht oder nur sehr langsam in sich aufnimmt und so das Entweichen dieser letzteren verhindert, andererseits aber auch diese Körper von aussen her kühl und in Folge davon feucht erhält, indem er die Wärme der Sonne nur sehr allmählig durch seine Masse durch gelangen lässt.

2) Aus den Beobachtungen in der Natur ergiebt sich, dass nicht aller Sand sich in gleicher Weise gegen die Wärmeleitung verhält. Die mineralische Art des Hauptbestandtheiles, die Menge der erdigen oder humosen Beimengungen und ebenso der Grad seiner Trockenheit üben in dieser Beziehung einen grossen Einfluss aus.

a. Je freier ein Sand von erdigen oder humosen Bestandtheilen ist, desto weniger leitet er die Wärme, desto wärmer hält er seinen Untergrund im Winter und desto kühler im Sommer. Alle erdigen, namentlich thonigen, und humosen Beimengungen saugen gierig Feuchtigkeit an. Indem diese letztere nun verdunsten will, entzieht sie sowohl ihrer Umgebung, als auch dem vom Sande bedeckten Unterboden die Wärme und kühlt ihn ab. Je mehr daher ein Sand mit den ebengenannten Substanzen untermengt ist, um so weniger kann er in seinem Untergrunde die Wärme zusammenhalten. Darin liegt auch der Grund, warum ein an feuchten Orten gelegener oder von Quellwasser durchsinterter Sand seinen Untergrund mehr erkältet als schützt.

b. Nasser Sand bringt demnach ganz das Gegentheil vom trockenen hervor. Er hält im Winter nicht warm.

c. Unter den verschiedenen Sandarten bildet der dunkelgefärbte Basalt-, Lava- und Melaphyrsand im Winter den besten Wärmehalter und im Sommer das beste Kühlhaltungsmittel der von ihm bedeckten Bodenlagen.

In den Thalgebieten der Rhön bedeckt man den im Sommer

sich leicht erhitzenden und stark pulverig werdenden und im Winter sich allzu stark erkältenden, sandig lehmigen Ackerboden so dicht mit geröll- und sandreichen Basaltschutt, dass die Pflugschaar ihn kaum durchdringen kann. Und dann sind diese Aecker im Sommer immer feucht und nur mässig warm, im Winter aber warm, so dass sie das prächtigste Getreide tragen. Aecker mit demselben Boden und in derselben Ortslage trugen nichts, als man sie von dem Basaltschutte befreite. — Der Basalt- und Lavasand bewirkt dies alles aber nicht nur durch sein Verhalten gegen die Wärme, sondern auch dadurch, dass er sich mit Hülfe des ihn allnächtlich bedeckenden Thaues allmählig zersetzt und so dem unter ihm liegenden Boden nachhaltig gelöste Pflanzennahrstoffe zuführt.

d. Ein vorherrschend aus Kalkkörnern bestehender Sand thut bei weitem nicht diese Dienste, weil er auch im Sommer die Wärme so zusammenhält, dass der von ihm bedeckte Boden allmählig erhitzt wird. Er ist daher nur auf thonreichen oder schattig oder sonst feuchtgelegenen Bodenarten von grossem Werthe.

Es ist bis jetzt gezeigt worden, wie der Sand die von ihm bedeckten Körper, so namentlich den Boden oder die Pflanzenkörper, dadurch vor dem Wechsel der Temperatur schützt, dass er weder die in diesen Körpern schon vorhandene Temperatur noch die mit ihm von oben her in Berührung kommende Lufttemperatur in sich aufnimmt und durch seine Masse durchleitet oder dies doch nur sehr allmählig thut. Alles dieses gilt jedoch nur von dem trockenen und lockeren Sande. Sowie aber der Sand feucht wird und seine Gemengtheile sich fest aneinander legen, ändert sich auch dieses schlechte Wärmeleitungsvermogen des Sandes. Dass das zwischen den Sandkörnern vorhandene Wasser durch sein Verdunstungsbestreben dem vom Sande bedeckten Boden schon viel Wärme entzieht, ist oben gezeigt worden. Hier sei daher nur noch erwähnt, dass durch die im Sandgehäufe vorhandene Feuchtigkeit die einzelnen Sandkörner um so mehr mit einander in Berührung gebracht und untereinander zum Ganzen verkittet werden, je kleiner diese Körner sind und je mehr sich Thon-, Eisenocker-, Kohlen- oder Humustheile zwischen ihnen befinden. Indem nun aber die einzelnen Sandkörner mit einander zu einem mehr oder minder festen Ganzen verbunden werden, ändert sich auch das Wärmeleitungsvermögen der ganzen Sandmasse insofern ab, als in dem Grade, wie sich die Sandmasse verdichtet und einem mehr oder minder fest zusammenhängenden Ganzen nähert, dieselbe ein immer besserer Wärmeleiter wird und in diesem Falle die Wärme der von ihr bedeckten Bodenmasse nicht nur während der kalten Jahreszeit entzieht, sondern auch während der heissen Jahreszeit zuleitet. — Es muss darum der Erfahrungssatz festgehalten werden, dass nur der gröbere, ganz lockere, erd- und humusfreie Sand die Wärmehaltungskraft in dem Grade besitzt, wie sie oben beschrieben worden ist. Dabei ist nun aber noch ein Umstand bemerkenswerth, durch welchen die wärmehaltende Kraft eines solchen groben, lockeren Sandes gar sehr verstärkt wird. In einem Sandgehäufe bildet sich jederzeit eine um so stärkere, stehende Luftschicht, je lockerer dasselbe ist; stehende Luft aber ist stets ein sehr guter Wärmehalter, mithin muss auch ein mit stehender Luft gefülltes Sandgehäufe, sobald es einmal durchwärmt worden ist, lange warm bleiben und schon in Folge hiervon eine von ihm bedeckte Bodenmasse während des Winters warm halten.

3. Von sehr grosser Wichtigkeit für den Sand als Bodenbildungs- und Pflanzenerhaltungsmittel ist sein Verhalten gegen Flüssigkeiten, namentlich gegen das Wasser.

Dieses Verhalten äussert sich im Allgemeinen

1) in dem Verhalten aus der Atmosphäre Feuchtigkeit in seine Masse einzusaugen;

2) in dem Vermögen, Wasser aus seinem Untergrunde aufzusaugen und durch seine Masse durchzuleiten;

3) in der Kraft, das in seine Masse aufgenommene Wasser längere oder kürzere Zeit festzuhalten.

1) In Beziehung auf die Fähigkeit des Sandes, Feuchtigkeit aus der Atmosphäre anzuziehen, lehrt die Erfahrung folgendes:

a. Alle Sandkörner, welche frei von erdigen, kohligen oder humosen Anhängseln sind und noch keine Spur von Verwitterung und Poren oder sonstigen Rissen zeigen, besitzen keine Feuchtigkeitsanziehung. Sie können dieselbe aber erhalten, sobald sie erst mit einer erdigen Verwitterungsrinde überzogen oder in Folge von oft wiederholter Erhitzung und Abkühlung rissig geworden sind; denn alle in ihre Körpermasse eindringenden Risse sind Haarröhrchen, welche, sobald sie erst einmal durch Regen oder Thau benetzt worden sind, die mit ihnen in Berührung kommende Feuchtigkeit aufsaugen und festhalten. Am deutlichsten tritt dies bei denjenigen Steintrümmern im Sande hervor, welche von Mineralien herrühren, deren Krystalle eine deutliche Blätterspaltung besitzen, so z. B. bei den Orthoklas-, Kalkhornblende- und Hypersthentrümmern des Sandes. Während nämlich die Trümmer des Quarzes, welcher bekanntlich eine kaum bemerkliche Blätterspaltung besitzt, gar keine Feuchtigkeitsanziehung wahrnehmen lässt, zeigen die (in Verwitterung begriffenen) Orthoklas- und Hornblendetheile des Sandes soviel Feuchtigkeitsanziehung, dass sie an feuchter Luft liegend nicht nur an Gewicht etwas zunehmen, sondern auch beim Erhitzen in einem Glaskölbchen Wasser ausschwitzen.

b. Zeigt also ein Sandgehäufe Feuchtigkeitsanziehung, so ist dies von vornherein ein Beweis, dass dasselbe nicht bloss aus Quarzkörnern besteht,
sondern entweder Thon, Eisenoxydhydrat, Humussäure oder verwitternde
Trümmer der obengenannten Mineralarten besitzt.

c. In diesem Falle wird nun die Feuchtigkeitsanziehung um so stärker sein,
je mehr ein Sandgehäufe von den obengenannten Beimengungen enthält.
Am stärksten zeigt sich dieselbe, wenn es thonige, kohlige oder humose
Substanzen besitzt.

2) Wenn nun aber auch ein Sandgehäufe im Allgemeinen nur eine geringe
Fähigkeit besitzt, Feuchtigkeit aus der Luft anzusaugen, so vermag es doch,
wenn es einmal durch Thau oder Regen angefeuchtet worden ist, aus seinem mit Wasser versehenen Untergrunde Wasser um so mehr in sich aufzusaugen, je feinkörniger sein Gemenge ist und je dichter seine einzelnen
Theile aneinander liegen. Noch verstärkt wird sein Wasseraufsaugungsvermögen durch irgend einen Gehalt von Thon oder humosen Substanzen.

3) In Beziehung endlich auf die Kraft, Wasser in sich festzuhalten, ist
nur zu erwähnen, dass aller Sand um so weniger das in sein Gehäufe
eindringende Wasser festzuhalten vermag, je frischer und grobkörniger seine
Gemengtheile sind und je weniger er thonige und humose Bestandtheile
besitzt.

Dies gilt indessen nur von der Masse seines Gehäufes im Ganzen, nicht
aber von einzelnen seiner Gemengtheile; denn von diesen vermögen diejenigen. welche Wasser in ihre Masse aufzusaugen vermögen, wie z. B.
die angewitterten Feldspath-, Glimmer-, Hornblende- und Augittrümmer,
sowie auch die mit einer Eisenoxydrinde umhüllten Quarzkörner das
einmal eingesogene Wasser so fest zu halten, dass nur eine starke Erwärmung dasselbe wieder frei machen kann.

§ 45. Veränderungen in der Masse des Sandes.

— Jede Sandaggregation, selbst die nur aus Quarzkörnern bestehende, kann im Verlaufe
der Zeit theils auf mechanische theils auf chemische Weise mancherlei Veränderungen erleiden, durch welche ihr Verhältniss zur Bodenbildung und Pflanzenproduction verändert wird. Wasserfluthen können ihnen Bestandtheile zufluthen, aber auch welche rauben. Ganz bindungsloser Sand kann in dieser
Weise mit thonigen oder humosen Substanzen verschlämmt oder auch mit
kohlensauren Lösungen von Eisenoxydul, Kalk, ja selbst Kieselsäure so durchzogen werden, dass seine einzelnen Gemengtheile von diesen Substanzen nicht
blos überrindet, sondern sogar unter einander verkittet werden; ebenso kann
aber auch ein mit thonigen, kalkigen oder humosen Bestandtheilen untermischter,
bindiger Sand durch Wasser aller dieser Bestandtheile so beraubt werden, dass
er ganz bindungslos wird. Endlich kann auch ein nur aus Quarzkörnern bestehender Sand durch solche Wasserfluthen mit anderen, zersetzbaren Mineraltrümmern mehr oder weniger reich untermischt werden. Das alles kann mit

einem Sandgehäufe geschehen, welches an Orten lagert, zu denen Wasser gelangen kann. — Aber nicht bloss das Wasser, sondern auch die Pflanzenwelt vermag die Sandaggregationen schon auf rein mechanische Weise zu verändern, sobald sie nur erst festen Fuss auf ihren Gehäufen gefasst hat. Mit ihren nach allen Richtungen hin sich durch den Sand wühlenden Wurzelästen und Zasern umklammern die Gewächse des Sandes die einzelnen Körner desselben und verflechten sie unter einander zu einem Ganzen, welches in dem Grade bindiger wird, wie diese Gewächse sich vermehren, und zuletzt so zusammenhält, dass auch starke Windesströmungen es nicht mehr zu zerreissen vermögen. Und was diese Gewächse nicht während ihres Lebens vermögen, das vollbringen sie nach ihrem Tode durch ihre Verwesungssubstanzen, durch welche die Masse des Sandes nicht blos bindiger gemacht, sondern auch in den Stand gesetzt wird, Feuchtigkeit aufzusaugen und auch festzuhalten. Indessen durch diese Verwesungsstoffe wirken die Pflanzen mechanisch und chemisch zugleich auf den Sand ein, wenn er anders Gemengtheile besitzt, welche sich durch die aus diesen Stoffen reichlich sich entwickelnde Kohlensäure lösen oder zersetzen lassen. Diese chemischen Veränderungen, welche jedoch nicht allein durch die im Sande selbst vorhandenen Pflanzenverwesungssubstanzen, sondern auch durch die mit dem Wasser in die Sandaggregationen gelangende Kohlensäure, ja auch durch verschiedene andere im Wasser gelöste Substanzen hervorgebracht werden können, sind zwar nicht so augenfällig wie die eben erwähnten, nur auf mechanischem Wege hervorgerufenen, aber sie treten doch mit der Zeit hervor und machen sich namentlich bemerklich durch eine allmählig ganz anders wirkende Pflanzenproductionskraft des Sandes. Sie sind daher trotz ihres heimlichen und nur durch langjährige Beobachtungen bemerkbaren Vorhandenseins für die Natur des Sandes wichtig, dass sie hier noch näher betrachtet werden müssen, obwohl die meisten von ihnen schon mehrfach erwähnt worden sind.

Wenn gleich nemlich die Gemengtheile des Sandes ganz dieselben Zersetzungen und Umwandlungen erleiden können, wie ihre Stammmineralien, so wirken doch auf die Gemengtheile der Sandaggregationen häufig noch andere Substanzen, als die gewöhnlichen Verwitterungsagentien ein, durch welche natürlich auch die Zersetzungsweise dieser Gemengtheile umgeändert werden muss. Am meisten bemerkt man dieses alles an denjenigen Sandgehäufen, welche

entweder zeitweise vom Wasser überfluthet,

oder von Pflanzen bewohnt,

oder von Menschen mit künstlichen Düngstoffen versorgt

werden.

    a. Wie schon oben bemerkt, so kann das Wasser einem Sandgehäufe nicht blos erdige und humose Substanzen zuschlämmen, sondern auch chemische Lösungen zuleiten, durch welche die umwandelbaren Gemengtheile des Sandes angeätzt und umgewandelt werden. — Unter den verschiedenen Gewässern der Erdoberfläche erscheinen nun in dieser Be-

16*

ziehung am reichsten und thätigsten die Wogen des Meeres; denn diese fluthen namentlich während der Sommermonate ausser einer grossen Menge von schlammiger Erdkrume viel feinzertheilte, und darum auch wirksamere animalische und vegetabilische, Verwesungssubstanzen den am Strande ausgebreiteten Sandmengen zu. Enthalten diese nun umwandelbare Mineralreste, so werden diese nach und nach alle zersetzt, so dass von diesen Sandgemengen zulezt nur noch die unveränderlichen Gemengtheile übrig bleiben.

1) In dieser Weise werden zunächst alle alkalien- und kalkhaltigen Sandbestandtheile angegriffen, gelöst oder zersetzt.

   a. Kommen die Reste von kohlensaurem Kalk, sei es nun von Mineral- oder Conchylientrümmern, mit den ausgeworfenen Verwesungsmassen des Meerwassers in Berührung, so entsteht auf der einen Seite mittelst der aus diesen Massen sich entwickelnden Kohlensäure löslicher doppeltkohlensaurer Kalk und auf der anderen Seite mittelst Einwirkung des Kalkes auf den Stickstoffgehalt der thierischen Verwesungsmassen zuerst Salpetersäure und dann leicht löslicher salpetersaurer Kalk (Salpeter).

   b. Ebenso werden durch die, sich aus den angeflutheten Verwesungsmassen entwickelnde, Kohlensäure die kalkerde- oder alkalienhaltigen Silicate, wie die Feldspath-, Hornblende- und Augittrümmer des Sandes, zersetzt. Die hierdurch entstehenden kohlensauren Salze der Alkalien schaffen nun ihrerseits wieder aus dem Stickstoffgehalte der noch vorhandenen Verwesungsmassen Kali- und Natronsalpeter. So werden also schon aus der Wechselwirkung der organischen Verwesungsmaterie und der Sandgemengtheile aufeinander mancherlei Veränderungen in dem Sandgehäufe hervorgebracht.

   c. Aber das Meerwasser enthält ausserdem noch eine Menge verschiedener Salze, von denen nun auch gar manche wieder verändernd auf die zersetzbaren Sandgemengtheile einwirken können. Unter diesen treten namentlich das Chlormagnesium und die schwefelsaure Magnesia als äusserst wirksame Zersetzungsmittel auf alle kalkhaltigen Silicate — so namentlich auf die Hornblende- und Augittrümmer — des Sandes hervor. Kommen nemlich diese beiden Magnesiasalze mit den genannten Silicaten in längere Berührung, so wird aus diesen letzteren die Kalkerde theils als Chlorcalcium, theils als schwefelsaurer Kalk (d. i. Gyps) ausgeschieden und die Magnesia setzt sich an ihre Stelle, so dass also aus leicht zersetzbaren Kalksilicaten schwer oder auch nicht zersetzbare Magnesiasilicate — also z. B. aus Kalkhornblende und Magnesiahornblende Enstatit, Hyersthen und

Speckstein — entstehen. In dieser Weise werden also schon durch die Magnesiasalze des Meerwassers allein aus den Kalktrümmern eines Sandgehäufes zwei neue im Wasser lösliche und darum von den Pflanzen als Nahrung benutzbare Kalksalze geschaffen, zugleich aber an sich leicht zersetzbare Sandgemengtheile in schwer zersetzbare umgewandelt.

d. Indessen nicht blos das Meereswasser, sondern auch das Flusswasser, welches eine Sandablagerung überfluthet oder von den Uferseiten aus durchsintert, übt durch die in ihm gelösten Substanzen einen chemisch verändernden Einfluss auf die kalk- und alkalienhaltigen Gemengtheile dieser Ablagerungen aus. Es wirkt in dieser Beziehung ähnlich wie das Meerwasser; nur geht ihm die grosse Mannichfaltigkeit und Menge der Salze dieses letzteren ab, wenn es nicht von Kalk-, Gyps- und Salzquellen gespeist wird oder auch gradezu salzhaltige Bodenarten durchfliesst. In diesem Falle führt es den Ablagerungen des Sandes Kalk-, Gyps- und Satztheile zu. Am gewöhnlichsten indessen wirkt es durch seine Kohlensäure spendenden Verwesungssubstanzen, welche es namentlich im Sommer und im Herbste dem Sande zufluthet.

2) Mit ihren löslichen Humussäuren, so namentlich mit der Quellsäure, und ihrer Kohlensäure wirken aber die Gewässer auch zersetzend auf alle oxydulhaltigen Minerale, so hauptsächlich auf die Glimmer-, Hornblende-, Augit- und Hypersthentrümmer des Sandes ein. Ueberall nemlich, wo solches Wasser in den tieferen, mehr gegen die Luft abgeschlossenen Lagen einer starken Sandablagerung mit den genannten eisenoxydhaltigen Mineralresten in Berührung kommen, entziehen sie denselben mit ihrer Quell- oder Kohlensäure den Eisenoxydulgehalt und lösen denselben als quell- oder doppelkohlensaures Eisenoxydul in sich auf. Dringen sie dann mit diesem Eisensalze in höhere, mit der Luft in Berührung stehende, Sandschichten ein, so verdunstet zunächst das Lösungswasser dieses Salzes, so dass es sich an allen Sandkörnern absetzt und sie auch wohl mit einander verkittet, alsdann aber wandelt es sich durch Anziehung von Sauerstoff in ockergelbes Eisenoxydhydrat um. In dieser Weise wird also früher loser, eisenarmer Sand nach und nach in eisenschüssigen Sand, Ortstein oder gar Eisensandstein umgewandelt.

b. Nächst dem Wasser üben nun auch die auf dem Sande wohnenden Pflanzen durch die bei ihrem Absterben entstehenden Humussäuren einen bedeutenden chemischen Einfluss auf alle zersetz- und lösbaren Gemengtheile des Sandes aus: Sie wirken durch diese Substanzen ganz ähnlich wie das Wasser, welches Verwesungsstoffe mit sich führt.

Ausserdem wirken sie aber auch noch durch die bei ihrer voll-

ständigen Verwesung im Sande zurückbleibenden mineralischen Aschenbestandtheile verändernd auf den Sand ein. Alle die so äusserst spär-
lich im Sande vorhandenen löslichen Mineralsalze saugen diese Pflanzen
unermüdlich während ihres Lebens in sich auf, sammeln sie haushälterisch
zu beträchtlichen Mengen in ihrem Körper an und geben sie dann bei
der vollständigen Zersetzung ihres Körpers in reichlicher Masse und
meist als kohlensaure Salze oder Chlormetalle ihrem Standorte zurück.
Durch diese Salze erhalten nun nicht blos ihre Nachkommen ein reich-
licheres Nahrungsmagazin, sondern auch die veränderlichen Gemengtheile
des Sandes gar mancherlei Zersetzungsagentien.

Aber eben durch diese Salze kann auch ein Sandgemenge ein reichliches Material zur Bildung von dem nun schon so oft erwähnten Raseneisenerze bekommen. Denn eine grosse Reihe von Versuchen haben
z. B. mir selbst gelehrt, dass, wenn Sandgewächse, so namentlich die
Haidewälder der Lüneburger Haide, Eisensalzlösungen in sich aufsaugen,
sie dieselben bei ihrer vollständigen Verwesung als Eisenoxydhydrat in
reichlichem Maasse ihrem Standorte wieder übergeben. (Vgl. hierzu: Senft:
die Humus-, Marsch-, Torf- und Limonitbildungen § 66, S. 193 ff.) —
Endlich darf auch hier nicht die eigenthümliche Einwirkungsweise der
Moorpflanzen auf eine sandige Unterlage unerwähnt bleiben. Schon unter
der Beschreibung des unter dem Namen „Wiesenmergel oder Alm“ bekannten Kalksandes wurde erwähnt, welchen Einfluss vertorfende Moor-
gräser auf die Bildung dieses Sandes haben. Wieder ganz anders zeigt
sich die Wirkung dieser Gewächse, namentlich der Wassermoose, auf die
Moorhaide, wenn sie bei ihrer Vertorfung mit eisenschüssigem Sande
oder mit Magneteisenkörnern im Sande in Berührung kommen; denn
dann bereiten sie, wie bei der Beschreibung des Raseneisenerzes schon
gelehrt worden ist, aus der Eisenoxydrinde der einzelnen Sandkörner
oder aus den einzeln im Sande umherliegenden Magneteisenkörnern auf
dem Grunde der Moore zusammenhängende Morasterzlager, wie man
unter anderen in den Mooren Hollands, Ostfrieslands und selbst der
Dünen Jütlands bemerken kann.

c. Alles, was das Wasser und die Pflanzenwelt nur allmählig im Sande
verändert, das vollbringt rasch und im verstärkten Maasse der Mensch
mit künstlichen und zusammengesetzten Düngmaterialien. Nichts wirkt
veranderlicher auf einen mit zersetzbaren Gemengtheilen reichlich versehenen Sand ein, als die mit Schwefelalkalien (Schwefelkalium, Schwefelnatrium, Schwefelammonium und Schwefelcalcium), Chlornatrium, kohlensaurem Ammoniak, Salpeterarten, huminsauren Alkalien und anderen
Zersetzungsmitteln untermengte Düngerjauche.

α. Kommt dieselbe mit Silicaten in längere Berührung, welche Alkalien, alkalische Erden und Eisenoxydul enthalten, so werden sie in verhältnissmässig kurzer Zeit in der Weise zersetzt, dass

1) die huminosen Alkalienlösungen der Jauche aus ihnen lösliche kiesel- und kohlensaure Alkalien,

2) die in der Jauche gelösten Schwefelalkalien das Eisenoxydul der Silicate in unlösliches Schwefeleisen, — aus welchen dann später unter Einfluss der Luft schwefelsaures Eisenoxydul entstehen kann,

3) das etwa in der Jauche gelöste Ammoniak von den eben erst aus den Silicaten freigewordenen kohlensauren Alkalien in Kali- oder Natronsalpeter

umgewandelt werden. Enthalten diese so angegriffenen Silicate auch kieselsaure Thonerde in hinreichender Menge, so bleibt dann bei der vollständigen Zersetzung dieser Silicate so viel Thon übrig, dass aus den vorher ganz erdfreien Sandgehäufen ein thoniger Sand wird.

β. Kommt die ammoniakhaltige Düngerjauche mit Kalkhörnern im Sande in Berührung, so wird die Veranlassung zur Bildung von Kalksalpeter gegeben; und wird dieselbe mit Gyps gemischt, so bildet sich schwefelsaures Ammoniak und kohlensaurer Kalk.

Indessen wer vermöchte im Allgemeinen alle diese Veränderungen zu schildern, welche die Düngerjauche in einem noch umwandelbaren Sandgemenge hervorzubringen vermag! Die Jauche ist ja nicht immer in ihrem Gehalte an Zersetzungsmitteln eine und dieselbe und der Sand, auf welchem sie einwirkt, ist auch nicht immer derselbe. Statt aller muthmasslichen Beschreibungen sei es daher vergönnt, folgende Versuche hier zu erwähnen, welche die Mineralzersetzungskraft der Düngerjauche gewiss bestätigen werden.

Auf einem Gute in der Umgebung des Bades Liebenstein bereitete man sich dadurch einen sehr fruchtbaren Dünger für eine sandigthonige Ackerkrume, dass man verwitternden Granitsand aus dem naheliegenden Thüringerwalde im Frühjahre in grosse mit flüssigem Dünger (Jauche) gefüllte Gruben warf und das Gemisch unter öfterem Umrühren 6 Monate stehen liess. — Auf einem anderen Gute in der Nähe von Eisenach bereitet man sich auf ähnliche Weise einen äusserst fruchtbaren Dünger aus Basaltsand, welchen man von den mit Basaltsteinen belegten Chausseen sammelte. — Um zu erfahren, ob diese Art von Düngerfabrikation wirklich ihren Zweck erfüllte, habe ich folgende Versuche im Kleinen angestellt.

1) Fünf Pfund grobgepulverten, schon angewitterten, Granites wurde in einem Fass mit 4 Eimern voll gewöhnlicher „Viehjauche"

übergossen. Nach 6 Monaten waren von dem Granite nur noch Quarzkörner, eine ockergelbe thonige Masse und einzelne rothbraune Glimmerschuppen übrig; der Feldspath (Oligoklas) aber war grösstentheils zersetzt. Nachdem die Jauche vollständig abgegossen und der sandigerdige Rückstand gehörig ausgetrocknet worden war, zeigte der letztere nur noch ein Gewicht von 3 Pfd. 22 Lth. Es waren also aus dem Granitsande durch die Jauche 1 Pfd. 10 Lth. Bestandtheile ausgezogen worden.

2) Basaltsand ebenso behandelt war so zersetzt, dass nur noch eine braungelbe, nicht mit Säuren aufbrausende, von schwarzen Augitsplitterchen durchzogene Masse vorhanden war, welche nach dem vollständigen Austrocknen 2 Pfund und 28 Loth wog.

3) 60 Gran Oligoklaspulver wurde von 10 Unzen huminsaurer Kalilösung in einem Zeitraume von 5 Monaten vollständig zersetzt; eben soviel gemeine Hornblende dagegen wurde erst in 7 Monaten von 12 Unzen huminsauren Kali in der Weise zersetzt, dass sie eine graugrüne specksteinartige Masse bildete.

d. Ausser dem Wasser, den Pflanzen und den künstlichen Düngstoffen kann endlich noch eine Potenz gewaltig verändernd auf die Masse einer Sandablagerung einwirken, — nemlich die Luftströmungen; denn einerseits entführen diese einer thonhaltigen Sandablagerung während ihres ausgetrockneten Zustandes ihre sämmtlichen Erdkrumetheile und wandeln sie so in ein loses Sandgehäufe um, andererseits aber können sie auch einen sandarmen, thon- oder lehmreichen Boden mehr oder weniger stark mit pulverigem Kalk oder mit Mehlsand überschütten und endlich einem bindungslosen Sande nicht blos solche Krumentheile, sondern auch — namentlich am Meeresstrande — mit nahrhaften Salztheilen gefüllten Wasserdunst zuleiten.

Nach allen eben Mitgetheilten kann also eine Sandablagerung in ihrer Masse verändert werden

a. auf mechanischem Wege

α. durch Zutritt von neuen Sandtheilen, erdigen Substanzen, Eisenoxydtheilen, Humusmasseu und im Wasser löslichen Salzen, z. B. von Gyps, Kochsalz, Eisenvitriol, Glaubersalz, Bittersalz etc.

β. durch Wegschlämmung von erdigen Theilen und Auslaugung von Salzen;

γ. aber auch durch Wegwehung oder Zuführung von Bestandtheilen durch die Luftströmungen.

b. auf chemischem Wege

α. durch Lösung und Auslaugung seiner in Kohlensäure haltigem Wasser loslichen Gemengtheile, so namentlich des Kalkes und der Conchylienreste

β. durch Zersetzung seiner veränderlichen Silicatgemengtheile, so namentlich seiner Feldspath-. Hornblende-, Augittrümmer, sei es nun, dass dieselben in andere schwer zersetzbare Minerale umgewandelt werden, so die Hornblende und der Augit in Speckstein, sei es, dass aus ihnen

    1) lösliche kohlensaure Alkalien und alkalische Erden, sowie freie Kieselsäure,

    2) Eisenerze,

    3) Thonkrumen

entstehen.

§. 46. Resultate über das Verhalten des Sandes zur Bodenbildung und Pflanzenwelt. — Blickt man auf die Thatsachen zurück, welche in der vorstehenden Beschreibung des Sandes mitgetheilt worden sind, so erhält man folgende Resultate:

1) Eine Sandablagerung, welche nur aus Mineraltrümmern besteht, welche durch Kohlensäure führendes Wasser entweder ganz aufgelöst oder gar nicht verändert werden können, welche also entweder nur aus Kalk- oder nur aus Quarzkörnern oder auch aus diesen beiden Arten von Mineralien zugleich besteht, kann für sich allein keine Erdkrume und folglich auch keine das Pflanzenleben für die Dauer erhalten könnende Unterlage bilden, wenn sie nicht an Orten lagert, an denen ihr vom Wasser unaufhörlich theils Verwesungsstoffe oder erdige Substanzen, theils nahrhafte Salzlösungen zugeführt werden, wie dies z. B. mit Sandanhäufungen am Strande des Meeres der Fall sein kann. Denn eine nur aus Kalk- oder Quarzkornern bestehende Sandmasse besitzt weder Feuchtigkeitsanziehung, noch Wasserhaltung, und ausserdem so wenig Bindigkeit, dass bei trockner Lage die Luftströmungen sie in fortwährender Bewegung erhalten und von Stelle zu Stelle jagen.

2) Eine Sandablagerung, welche aus thonerdehaltigen Silicaten besteht, wie z. B. aus Feldspatharten, gemeiner Hornblende, gemeinem Augit oder Glimmer, oder auch wohl Syenit-, Diorit-, Diabas-, Gabbro-, Melaphyr-, Basalt- oder Lavatrümmern, verliert durch den Einfluss von Kohlensäure führendem Wasser seinen Sandcharakter immer mehr und giebt zuletzt eine mehr oder minder thonige Erdkrume, welche höchstens noch mit einzelnen, noch nicht ganz zersetzten, Silicatresten oder auch wohl mit Eisenoxydtheilen untermengt ist. Bei dieser Umwandlung, welche um so rascher vor sich geht, je mehr Verwesungssubstanzen auf den Sand einwirken können, wird allmählig eine grosse Quantität von unlöslichen Carbonaten des Kalis und Natrons, vorzüglich aber des Kalkes und der Magnesia frei, welche den auf diesen veränderlichen Sandablagerungen wohnenden Gewächsen um so reichlicher zu Theil werden, je weiter die Zersetzung der Sandtheile vor sich schreitet.

3) Eine Sandablagerung, welche aus einem Gemenge von Quarzkörnern und den ebengenannten thonerdehaltigen Silicaten besteht, erhält mit der Zeit um so mehr thonige Erdkrume, je mehr es von diesen Silicaten enthält. Ist aber der Quarz so stark vorherrschend, dass diese Silicate nur 5—10 pCt. seiner Masse betragen, dann lässt der zur fortwährenden Verdunstung geneigte Quarzsand ihre Zersetzung nur sehr langsam vor sich gehen, wenn ihm nicht grosse Quantitäten von feuchten Verwesungsstoffen zugeführt werden. Den meisten Thongehalt führen ihm die Trümmer der kieselsäurereichen Feldspathe, so namentlich der Orthoklas und Oligoklas, zu, aber diese bedürfen auch der längsten und stärksten Einwirkung von kohlensäurehaltigem Wasser. — Eisenreiche Glimmer, Hornblenden und Augite verwittern schon schneller, aber sie geben zu wenig Thon und nebenbei sehr oft so viel Eisenoxydhydrat, dass dadurch der Sand eisenschüssig wird, was unter Umständen die Bildung von Bodeneisenerzen herbeifuhren kann.

Unter den veränderlichen Gemengtheilen des Sandes liefern:

1) an löslichem kohlensauren Kalk

 sehr viel: die Kalktrümmer selbst und die Conchylien- und Korallenreste;

 viel: Kalkaugit, Kalkhornblende und Labrador;

 weniger: der gemeine Augit und Oligoklas;

 am wenigsten: die gemeine Hornblende;

2) an löslichen kohlen- oder kieselsauren Alkalien (Kali und Natron)

 am meisten: Orthoklas und Oligoklas; ersterer mehr Kali, letzterer mehr Natron;

 weniger: Labrador (Natron) und Kalkoligoklas;

 noch weniger: die Glimmerarten, schon weil sie sich zu langsam zersetzen;

 am wenigsten: die Hornblenden und Augite:

2) an löslichen Eisenoxydulsalzen:

 am meisten: Eisenkies, welcher Eisenvitriol, und Eisenspath, welcher kohlensaures Eisenoxydul spendet;

 weniger: der Eisenglimmer, Hypersthen und Augit;

 noch weniger: die Hornblende und der Diallag;

 am wenigsten } die Feldspathe.
 oder gar nicht

4) Je mehr indessen ein solches veränderliches Sandgemenge mit verwesenden Organismenresten versorgt wird, um so mehr und um so schneller wird es dieser veränderlichen Gemengtheile beraubt, so dass zuletzt nur noch von seiner Masse die unveränderlichen, für das

Pflanzenleben nicht mehr chemisch brauchbaren Sandkörner übrig
bleiben.

5) Wenn nun aber auch nach allem diesen der Sand für sich allein nur
dann einen für das Pflanzenleben tauglichen Wohnsitz abgeben kann,
wenn er entweder viel veränderliche, Thon producirende, Gemengtheile
besitzt oder doch recht oft von Wasserfluthen, welche ihm nahrhafte
Substanzen zuführen, benetzt wird, so ist er doch überhaupt ein unent-
behrlicher Gemengtheil für alle diejenigen Erdbodenarten, welche vorherrschend aus Thon bestehen. Wie bei der Beschreibung dieses Boden-
gemehgtheiles noch näher gezeigt werden wird, so besitzt derselbe
gerade die entgegengesetzten Eigenschaften des Sandes; denn er zeigt
nächst den humosen Substanzen die grösste Wasseransaugungs- und
Wasserhaltungskraft unter allen Bodengemengtheilen und ist in Folge
davon zumal in an sich feuchter Lage immer nass und kalt und zur
Schlammbildung geneigt, so dass er für sich allein nur Sumpf- und
Wasserpflanzen einen geeigneten Wohnsitz gewähren kann. Dabei zeigt
er aber andererseits wieder die Eigenschaft, dass er beim Austrocknen
sich mit seinen Theilen so fest zusammenzieht, dass seine Masse zu
lauter steinharten Stücken zerspringt und hierbei die in ihr befindlichen
Pflanzenwurzeln zerquetscht und zerreisst. Wird nun aber einer solchen
Thonmasse eine geeignete Menge Sand gleichmässig beigemischt, dann
wird sie in jeder Beziehung verbessert; denn der Sand befördert zunächst die Auflockerung derselben, indem er sich zwischen die einzelnen
Thonkrumen setzt und so deren gegenseitige innere Anziehung und folglich auch das Zerspringen der ganzen Thonmasse in harte Stuckchen bei
ihrer Austrocknung verhindert. Indem er aber eine mit ihm gemengte
Thonmasse locker erhält, bewirkt er zugleich auch, dass Luft und Wärme
in sie eindringen und einerseits das in ihr befindliche Wasser theilweise
zur Verdunstung bringen und andererseits die in ihr vorhandenen Organismenreste zur normalen Verwesung anregen. So erscheint denn
also der Sand als Mittel, durch welches thonreiche Bodenarten gelockert, erwärmt, durchlüftet und zur Verdunstung
ihres Wassergehaltes angeregt werden. Und wie für den Thonboden, so erscheint auch der Sand für die allzu humusreichen Bodenarten und überhaupt für alle erdigen Substanzen, welche zur Nässe,
Erkältung und Verschliessung gegen die Luft geneigt sind als ein Verbesserungsmittel. Nur muss er in einer zweckmässigen Menge angewendet und gleichmässig mit dem zu verbessernden Boden gemengt sein.
Diese gleichmässige Mengung hat indessen ihre Schwierigkeit; denn wenn
auch dieselbe von vornherein wirklich stattgefunden hat, so bleibt sie
doch für die Dauer nicht gleichmässig; denn da der Sand an sich
schwerer ist als z. B. der Thon, so hat er stets die Neigung, sich nach

der Tiefe zu senken. Wird nun in nassen Wintern die zwischen seinen Körnern befindliche Thonmasse schlammig weich, so vermag sie die zwischen ihr befindlichen Sandkörner nicht fest zu halten. In Folge davon sondern sich diese letzteren immer mehr vom Thone ab und senken sich in wenigen Jahren so, dass sie eine mehr oder weniger abgesonderte Sandlage oder auch grössere oder kleinere Sandknollen in oder unter dem Thone bilden. Ganz vorzüglich zeigt sich die Knollen- oder Klumpenbildung bei den mit Eisenoxydrinden versehenen Sandkörnern. Dass aber hiermit ihre Wirksamkeit im Boden aufhört, lässt sich wohl denken.

6) Der Sand bildet indessen nicht nur ein Verbesserungsmittel der physikalischen Eigenschaften des Thon- und Humusbodens, sondern auch das eigentliche Pflanzennahrungsmagazin für den Boden, wenn er die obengenannten veränderlichen Gemengtheile in reichlicher Quantität enthält. Wie später auch noch weiter gezeigt werden wird, so enthält weder der Thon noch der Lehm im reinen Zustande diejenigen Mineralsalze, welche die Pflanze zu ihrer Ernährung braucht; ja selbst die Humussubstanz vermag den Gewächsen nicht das Maass von mineralischen Nahrstoffen darzubieten, welche ihnen zu ihrem Gedeihen für die Länge der Zeit nöthig ist. Das vermögen nur die einer Bodenmasse beigemengten Fels- und Mineraltrümmer und vor allen die vermöge ihres kleineren Volumens leichter verwitterbaren und — was nicht zu übersehen ist — auch gleichmässiger der Bodenkrume beimengbaren, veränderlichen Gemengtheile des Sandes, so namentlich die Kalk-, Gyps-, Feldspath-, Hornblende- und Augittrümmer.

Alle diese wirken einerseits schon unmittelbar durch die aus ihnen durch das kohlensaure Wasser erzeugten kohlen-, kiesel-, phosphor- oder schwefelsauren Alkalien und alkalischen Erden und andererseits mittelbar dadurch ernährend auf die Pflanzen ein, dass die aus ihnen erzeugten kohlensauren Alkalien und alkalischen Erden die Zersetzung der fauligen Organismenreste befördern und mittelst deren Stickstoffgehalt die für das Pflanzenleben so wichtigen salpetersauren Alkalien und alkalischen Erden erzeugen. Die Humussubstanzen und die veränderlichen Gemengtheile einer Sandmasse stehen daher in einer bestimmten Wechselwirkung zu einander. Die ersteren schliessen das im Sande vorhandene Nahrungsmagazin mit der sich aus ihnen entwickelnden Kohlensäure auf und bereiten mittelst der letzteren aus den noch ungeniessbaren Bestandtheilen desselben lösliche Pflanzennahrstoffe. Und die hierdurch freigewordenen kohlensauren Alkalien bewirken ihrerseits wieder die vollständige Zersetzung der Humussubstanzen und präpariren aus ihnen die Salpeterarten. Nebenbei vermehren sie dann auch noch durch den bei ihrer Zersetzung entstehenden Thon die Erdkrumenmasse des Bodens.

Nur derjenige Sand, dessen Körner mit einer Eisenoxydrinde überzogen sind, zeigt sich als Bodengemengtheil insofern nachtheilig, als einerseits diese Eisenrinde die Verwitterung der von ihr umhüllten Sandkörner verhindert und andererseits aus dieser Eisenrinde durch die Einwirkung der im Boden vorhandenen Fäulnisssubstanzen Raseneisenerz entstehen kann.

———

B.

Vom Erdschutte.

§ 47. **Allgemeines.** Durch den Verwitterungsprocess können aus den Felsarten und namentlich aus denjenigen kieselsauren Mineralien, welche neben kieselsaurer Thonerde noch Kalkerde und Eisenoxydul enthalten, mehrere Substanzen entstehen, welche in der Form von staubig pulverigen oder erdartigen Aggregaten auftreten, so vorzüglich Thon, pulveriger Kalk, Gyps und Eisenoxyd. Versteht man nun aber unter Erdschutt alle diejenigen massig auftretenden, staubig pulverigen oder erdigen Mineralaggregate, welche das bleibende und unter den gewöhnlichen Verhältnissen in seiner wesentlichen Masse nicht veränderliche Bildungsmaterial derjenigen Erdrindenmassen darstellen, aus denen der gegenwärtige, Pflanzen tragende und ernährende, Erdboden besteht, dann dürfen unter diesen pulverigen Verwitterungsproducten der Mineralien nur diejenigen zum Erdschutte gerechnet werden, welche

1) nicht krystallisirbar sind, sondern in der Form von Krümeln (Erdkrumen) oder anch klumpigem Pulver auftreten;

2) im durchfeuchteten Zustande mehr oder weniger Anhaftung (Bindigkeit) zwischen ihren einzelnen Theilen besitzen und sich mehr oder weniger kneten, ballen und formen lassen;

3) eine so bedeutende Wasseransaugung und Wasserhaltung besitzen, dass sie sich durch Wasser in die möglichst feinsten Theilchen zertheilen lassen und alsdann in demselben lange schwebend erhalten, (also schlämmbar sind);

4) sich aber trotzdem weder im Wasser vollständig lösen, noch durch Kohlensäurewasser zersetzen lassen.

Kohlensaurer Kalk, Gyps und Eisenoxydhydrat oder Eisenoxyd können für sich allein also hiernach keinen wahren stabilen Erdschutt bilden; denn einerseits können sie keine bindige Erdkrume darstellen und andererseits werden sie theils schon durch reines Wasser (z. B. der Gyps), theils durch Kohlensäurewasser (z. B. der Kalk), theils auch durch faulige Organismenreste (z. B. das Eisenoxyd) löslich gemacht. — Unter allen erdigen Verwitterungsproducten der Mineralien giebt es in der That nur ein einziges, welches alle oben angegebenen Eigenschaften des stabilen Erdschuttes in sich vereinigt und demnach geeignet ist, sei es für sich allein sei es im Verbande mit anderen Modificationen des Steinschuttes, nicht blos einen dauernden Wohnsitz für die Pflanzenwelt, sondern auch ein taugliches Material für die Bildung neuer Erdrindemassen darzustellen. Und dieses ist die gewässerte kieselsaure Thonerde oder die Thonsubstanz. Von ihr hängt demnach die ganze Natur alles wahren Erdschuttes, die Bildung aller Bodenarten ab; sie muss daher vor allen anderen Bestandtheilen des Erdschuttes genau untersucht werden, wenn man sich ein richtiges Urtheil über die Bildung, Natur und Pflanzenproductionskraft des Bodens schaffen will. Was bis jetzt durch Versuche und Erfahrung über dieselbe bekannt geworden ist, das soll im Folgenden mitgetheilt werden.

I. Die Thonsubstanzen.

§ 48. **Allgemeiner Charakter:** Nicht krystallisirbare, im trocknen Zustande theils fest zusammenhängende steinartige, theils pulverig-erdige, im durchfeuchteten Zustande weiche, knet- und formbare, im ganz durchnässten Zustande aber breiartige und durch Wasser schlämmbare Mineralmassen, welche aus **wasserhaltiger kieselsaurer Thonerde** bestehen und als die letzten, nicht weiter durch kohlensäurehaltiges Wasser zersetzbaren, Verwitterungsrückstände thonerdehaltiger kieselsaurer Mineralien zu betrachten sind.

Nähere Angaben über den Bestand und die chemischen Eigenschaften.

1) Wie schon im I. Abschnitte bei der Beschreibung des Verwitterungsprocesses der Silicate gezeigt worden ist, so sind es hauptsächlich die kieselsäurereichen Feldspathe (Orthoklas, Oligoklas und Sanidin), welche dadurch, dass sie durch kohlensäurehaltiges Wasser nach und nach ihrer stark basischen Oxyde, namentlich ihrer Alkalien und alkalischen Erden, und eines Theiles ihrer Kieselsäure beraubt werden, zuletzt sich in Thon umwandeln. Der bei dieser Umwandlung stattfindende Process ist zuerst durch Forchhammer in folgender Weise dargestellt worden:

3 Atome Orthoklas bestehen aus: 3 At. Thonerde, 12 At. Kieselsäure, 3 At. Kali.

Durch die Verwitterung verschwinden: 8 At. Kieselsäure, 3 At. Kali.

Es bleiben übrig: 3 At. Thonerde, 4 At. Kieselsäure d. i. Thonsubstanz.

Hiernach besteht also die reine Thonsubstanz nach Zutritt von Wasser, wenn man die Kieselsäure aus 1 At. Kiesel und 3 At. Sauerstoff bestehend, also SiO^3 (oder $\overset{...}{Si}$) annimmt, aus 3 At. Thonerde, 4 At. Kieselsäure und 6 At. Wasser, also aus $3\,Al^2O^3,\ 4\,SiO^3 + 6\,HO$, oder, wenn man für die Kieselsäure 2 At. Sauerstoff ($= Si$) beansprucht, aus 1 At. Thonerde, 2 At. Kieselsäure und 2 At. Wasser, also aus $Al^2O^3,\ 2\,SiO^2 + 2\,H^2O$ d. i. aus **zwei Drittel kieselsaurer Thonerde.** Dieser Formel gemäss enthält daher die reine Thonsubstanz:

$$2\ \text{At. Kieselsäure} = 47{,}05$$
$$1\ \text{„ Thonerde} = 39{,}21$$
$$2\ \text{„ Wasser} = 13{,}74,$$

eine Zusammensetzung, welche auch nach den Analysen möglichst reiner Thonproben durch die bewährtesten Analytiker im Allgemeinen richtig ist. So rein aber findet sich die Thonsubstanz in der Natur nur selten. Gewöhnlich erscheint ihre Masse auf die mannichfachste Weise verunreinigt theils durch halb chemisch mit ihr verbundene, durch blosses Schlämmen nicht von ihr entfernbare, Stoffe, so durch erstarrte Kieselsäure (Kieselmehl), kieselsaure Alkalien oder kohlensaure Salze des Kalkes, der Magnesia, des Eisen- oder Manganoxydules, theils durch, ihr rein mechanisch beigemengte und durch reines Wasser von ihr abschlämmbare, Mineralreste, so durch Eisenoxyd, verschiedenartigen Sand, im Wasser lösliche Salze oder auch durch faulige oder kohlige Organismenreste. Indem man nun gewöhnlich wenigstens die halb chemisch mit dem Thone verbundenen Beimengungen, so namentlich das Kieselmehl (amorphe Kieselsäure) und das Eisenoxyd, nicht erst für sich aus der Thonmasse entfernte, sondern bei der Analyse als wirklich wesentliche Bestandtheile des Thones gelten liess, so entstanden hierdurch sehr verschiedene, oft sogar stark von einander abweichende, Angaben des chemischen Bestandes von der Thonsubstanz.

2) Die Ursachen von dieser Verschiedenartigkeit in dem Bestande der Thonsubstanz liegen einerseits in ihrer Entstehungsweise und andererseits in ihrer Wasseransaugungskraft.

Da die Thonsubstanz der letzte Ueberrest von zersetzbaren Silicaten ist, so liegt es auf der Hand, dass sie nicht eher vollkommen rein erscheinen kann, als bis alle anderen Bestandtheile der in Zersetzung begriffenen Silicate vollständig ausgelaugt worden sind. Indem nun aber diese Auslaugung nur ganz allmählig vor sich geht, so können schon hierdurch eine Menge Abstufungen von den ersten Anfängen sich entwickelnden Thones bis zum vollständig ausgebildeten Thone entstehen, von denen schon viele wenigstens die physischen Eigenschaften des letzteren an sich tragen. Dazu kommt nun noch, dass schon die ersten Spuren des sich eben erst entwickelnden Thones die Eigenschaft besitzen, Wasser und alles, was sich in demselben befindet, in sich aufzusaugen und so mit ihrer Masse zu verbinden, dass jeder seiner kleinsten Theile irgend ein Quantum von der eingesogenen Lösung empfängt und dann auch festhält. Hierdurch kann aber der eben erst entstandene Thon die aus der Zersetzung seines Mutterminerales freigewordenen Auslaugungsproducte, wie Kieselsäure, Alkali-, Magnesiasilicat, oder Kalk- und Eisenoxydulcarbonat, gleich wieder, wenn auch nicht chemisch, doch aber so innig und fest mit seiner Masse verbinden, dass diese angesogenen Substanzen selbst nach ihrer Erstarrung durch einfaches Schlämmen mit reinem Wasser nicht wieder vom Thone zu entfernen sind und in dieser Weise scheinbar zu chemischem Gehalt des Thones werden. Dass so aus einfachem Thone Lehm, Mergel, Eisenthon, thoniger Spatheisenstein u. s. w. werden kann, wird später gezeigt werden. — Es ist diese ganz eigenthümliche Erscheinung wohl beachtenswerth. Denn nur durch sie lässt es sich erklären, wie Mineralsubstanzen von so verschiedenem specifischen Gewichte, wie Kieselmehl, Kalk oder Eisenoxyd und Thon so innig und gleichmässig mit einander gemengt bleiben können, dass selbst oft wiederholtes Schlämmen sie nicht von einander trennen kann. Man hat wohl gemeint, durch einfache mechanische Mengungen

  von Kalkpulver und Thon Mergel,

  von Quarzsand und Thon Lehm,

  von pulverigem Eisenoxyd und Thon eisenschüssigen Thon

zu erzeugen. Man lasse aber nur diese Mengungen durch Wasser zu dünnem Schlamm werden; sicher wird man dann finden, dass sie sich bei ihrer Ausscheidung aus dem Wasser nicht wieder als gleichmässige Mischungen, sondern als verschiedene Ablagerungen über einander setzen. Dasselbe bemerkt man ja auch schon im Grossen auf streng thonigen Aeckern, deren Krume mit Sand oder Kalk untermengt worden ist. Liegen nemlich diese Aecker mehrere Jahre lang uncultivirt und werden sie während dieser Zeit nicht wiederholt umgearbeitet, so senkt sich sowohl der Sand wie der Kalk und scheidet sich zuletzt in den tieferen Lagen der Thonkrume als mehr oder weniger selbständige Ablagerung aus. Was aber hier schon in wenigen Jahren in einer thonigen Ackerkrume geschieht, das muss noch in einem weit stärkeren Grade geschehen, wenn Thonmassen durch Wasserfluthen in möglichst feinzertheilten Schlamm umgewandelt und weit fortgeführt werden. — Lehm, Mergel, Eisenthon, thoniger Eisenspath, ja selbst bituminöser und humoser Thon sind also unter den gewöhnlichen Verhältnissen nicht durch einfache Zusammenschlämmung entstanden, sondern dadurch, dass jedes Theilchen einer Thonmasse Lösungen von diesen Substanzen so fest in sich einsog, dass diese letzteren auch bei dem Verluste ihres Lösungswassers mit den einzelnen Thontheilen verbunden bleiben mussten und nur durch chemische Zersetzungsagentien davon getrennt werden können.

Bemerkenswerth bleibt indessen die Erscheinung, dass, wenn ein inniges Gemisch von Thon, Lehm oder Mergel mit Eisenoxydhydrat (d. i. Eisenocker), wie es uns in dem gewöhnlichen Thone, Lehm oder Mergel entgegentritt, in feingeschlämmtem Zustande mit Sand oder auch mit feinzertheiltem Humusschlamm zusammengemischt und tüchtig umgerüttelt wird (— etwa so wie es durch wirbelndes Flusswasser in tiefen Seitenbuchten der Flüsse geschieht —), dass in diesem Falle sowohl der Sand wie auch der Humus innig mit dem Thone oder Lehme untermischt bleibt. In den schlammigen Seitenbuchten der Flüsse, aber ebenso auch in den oft gewaltigen Lehmablagerungen alter Seeenbuchten kann man diese Erscheinung, welche später da, wo von den Beimengungen des Thones die Rede ist, noch weiter erörtert werden soll, beobachten.

3) Wird reiner Thon mit concentrirter Schwefelsäure längere Zeit gekocht, so wird er zersetzt, indem sich schwefelsaure Thonerde bildet und Kieselsäure ausscheidet. In der Kälte aber wird er fast gar nicht oder doch nur wenig von dieser Säure angegriffen. Kochende Aetzkalilauge löst ihn dagegen vollständig ohne weitere Zersetzung auf; enthält er aber neben seiner kieselsauren Thonerde noch beigemischte überschüssige Kieselsäure (Kieselmehl), so lässt sie die Thonsubstanz selbst fast unberührt. — In ganz reinem Zustande frittet der Thon bei starker Erhitzung wohl zusammen, aber er schmilzt nicht; enthält er aber Beimischungen von Alkalien, Kalkerde oder Eisenoxyd, dann schmilzt er um so leichter, jemehr er von diesen Substanzen besitzt. Aller Thon aber verliert in der Hitze soviel Wasser, dass seine Masse stark schwindet und in Folge davon ein weit kleineres Volumen annimmt oder in kleinere Stücke zerberstet, wenn seine vollständige Austrocknung in seiner ganzen Masse nicht gleichmässig stattfindet. Endlich ist noch zu erwähnen, dass Thon bei starker Erhitzung mit Kobaltsolution befeuchtet und nochmals erhitzt sich um so reiner blau färbt, je freier seine Masse von Eisen- oder Manganoxyd und anderen Beimischungen ist.

§ 49. **Physische Eigenschaften der Thonsubstanz.** — 1) Im trocknen oder nur wenig feuchten Zustande fühlt sich die reine Thonsubstanz mager an, aber schon eine geringe Beimischung von Magnesia macht sie fettiger. Ferner glättet sie sich beim Reiben am Fingernagel, so dass ein mehr oder weniger spiegelnder Fleck entsteht. Endlich hat sie eine so grosse Begierde Wasser und alle in demselben gelösten Stoffe, sowie auch Oele und Gase in sich aufzusaugen, dass sie einerseits sich augenblicklich an jedem feuchten Körper — z. B. an der feuchten Lippe — festsaugt und anklebt, andererseits bei der Befeuchtung an ihrer Oberfläche gleich wieder trocken erscheint und ausserdem beim Anhauchen oder Erwärmen in Folge der von ihr angesogenen und nun wieder frei werdenden Gase einen unangenehmen dumpfammoniakalischen Geruch von sich giebt.

2) Wird ein ganz ausgetrockneter harter Thon ungleichmässig und nur oberflächlich befeuchtet, wie z. B. durch die sogenannten Sonnen- oder Strichregen geschieht, so zerfällt er in lauter eckige Stückchen, indem die befeuchteten Theile desselben sich sehr stark ausdehnen, die nicht befeuchteten aber nicht. Trocknen alsdann die feuchten Theile wieder aus, so verbinden sie sich nicht mehr mit den übrigen noch trocknen Thontheilen. Anders dagegen ist es, wenn so zersprungener Thon vor seinem Austrocknen gewalzt oder gepresst wird. Da hierdurch die einzelnen Theile einander genähert werden, so verbinden sie sich beim Austrocknen wieder fest mit einander. — Ein ähnliches Zerreissen seiner Masse zeigt auch der Thon, wenn seine Austrocknung von Aussen her sehr rasch vor sich geht. In diesem Falle nemlich berstet er an seiner schon ausgetrockneten Oberfläche in lauter eckige Schalenstückchen, weil seine unteren noch feuchten Lagen noch ein grösseres Volumen haben und in Folge ihrer Adhäsion an den oberen austrocknenden Lagen die Zusammenziehung dieser letzteren nicht gestatten.

3) Wird aber ganz ausgetrockneter Thon ganz mit Wasser umgeben, so vermag er trotz seiner grossen Wasseranziehungskraft doch nicht mit einem Male so viel Wasser in sich aufzusaugen, dass seine ganze Masse gleichmässig durchweicht und schlammig wird. Vielmehr bemerkt man, dass seine einzelnen Stücken von Aussen nach Innen hin allmählig und lagenweise zuerst in zerbröckelte Schalen und dann in Schlamm umgewandelt werden. Ist aber in dieser Weise das Wasser erst bis zum innersten Kerne seiner Stücken gelangt, dann saugen sich auch seine einzelnen Massetheile so voll Wasser, dass sie sich in dem letzteren ganz zertheilen und nun lange in demselben schwebend erhalten. Wenn sich nun solche von Wasser ganz durchdrungene Thontheilchen allmählig aus dem Wasser wieder ausscheiden und zu Boden setzen, dann verbinden sie sich durch gegenseitige Adhäsion so innig mit einander, dass sie einen zarten, möglichst dichten, klebrigen, allen Gegenständen, — z. B. den Pflanzenwurzeln — fest anhaftenden Schlammbrei bilden, welcher für Wasser ganz undurchlässig und „wasserhart" geworden ist.

1) Für das Verhalten des Thones als Bodenbildungsmittel sind diese Eigenschaften sehr ungünstig: Ungleich austrocknender Thon zerreisst oder zerquetscht die Wurzelzasern der in ihm stehenden Pflanzen; zu Brei gewordner Thon dagegen umschliesst sie mit einer ewig nassen, die Luft abschliessenden, Rinde und befördert dadurch ihre Vertorfung, und trocknet er einmal wieder aus, so wird diese Rinde steinhart und alsdann ebenfalls todtlich für die von ihr umschlossenen Pflanzenwurzeln.

2) Ich habe gefunden, dass wenn man einen ganz mit Wasser gesättigten zähen Thonschlamm mit Sand gleichmassig untermengt, derselbe die Sandkorner nicht in seiner Masse untersinken lässt, sondern ganz festhält. Die Ursache hiervon liegt doch wohl darin, dass die einzelnen Thontheile fest am Sande anhaften und, indem sie auch einander selbst fest ankleben, in dieser Weise auch den Sand trotz seiner grösseren Schwere in seiner Masse festhalten. Sobald man nun aber eine solche Sandthonmengung wieder mit

vielem Wasser in moglichst dünnen Schlamm umwandelt, dann scheiden sich alle Sandkorner vom Thon ab und fallen zu Boden, weil sie sich nicht wie der feinzertheilte Thon im Wasser schwebend erhalten konnen.

4) **Verhalten des Thones gegen den Frost.** Wenn nasser Thon gefriert, so zerfällt die ganze Masse in krümliche Erde, indem ihre sämmtlichen Theile durch das zwischen ihnen haftende und gefrierende Wasser auseinander getrieben werden. Tritt nun allmähliges Thauwetter ein, so behalten seine Theile die durch das Gefrieren erlangte mulmige Beschaffenheit; erscheint aber das Thauwetter plötzlich und mit starker Nässe, so wird der gefrorene Thon in Brei umgewandelt. Ganz besonders gilt dieses für den, mit feinzertheiltem Humus untermengten, thonigem Wasserschlamme.

5) **Verhalten des Thones gegen die Wärme.** — Von Feuchtigkeit ganz durchdrungener Thon zeigt sich selbst bei höheren Temperaturgraden je nach der Menge des in ihm vorhandenen Wassers kühl oder sogar kalt. So zeigte bei einer Lufttemperatur von 18 ^{0} R. Wärme im Schatten ein weissgrauer Thon mit 50 pCt. Wassergehalt $+$ 8 ^{0} R., derselbe Thon mit 70 pCt. Wassergehalt aber nur $+$ 5 ^{0} R. Der Grund davon liegt, wie allbekannt ist, in der starken Verschluckung der Wärme durch das Wasser, welches verdunsten will. Wenn aber Thon ganz ausgetrocknet ist, dann zeigte er ein ganz anderes Verhältniss zur Wärme: Der zu festen Steinknollen erhärtete Thon nimmt dann die Wärme leicht auf und hält sie auch meist ziemlich lange fest; der zu Mulm zerfallene Thon erwärmt sich dagegen langsam, bleibt aber auch lange warm, wenn er an einem recht trockenen luftigen Orte lagert. Einen bedeutenden Einfluss hierbei übt freilich wieder die Farbe des Thones aus: Nach Versuchen, welche ich mit verschieden gefärbten, ganz trocknen Thonen anstellte, erwärmte sich bei einer und derselben Bestrahlung durch die Sonne weissgrauer Thon am langsamsten, ockergelber schneller, rothbrauner noch schneller, durch Kohlenpulver gefärbter am schnellsten und stärksten. Als ich aber die so erwärmten Thonmassen in ein sehr kühles Gewölbe stellte und vier Stunden später wieder untersuchte, zeigte der weissgraue Thon fast noch dieselbe Temperatur, während der schwarzgraue am meisten von Temperatur verloren hatte.

Durch Glühen verändert indessen der Thon seine sämmtlichen Eigenschaften. All sein mechanisch gebundenes Wasser wird ausgetrieben und hierdurch zugleich auch seine wasserhaltende Kraft bedeutend vermindert, obgleich seine Wasseransaugungskraft fast noch ebenso stark wie vor dem Glühen ist. Mit dieser Schwächung seiner Wasserhaltungskraft wird auch seine Eigenschaft, im Wasser zu zerfallen und einen formbaren Teig zu bilden, aufgehoben, seine Zähigkeit und Anhaftungskraft vernichtet und endlich seine Masse immer inniger zusammengezogen, bis sie hart und klingend geworden ist. Und mit dem Verluste aller dieser Eigenschaften wird er zugleich ein guter Wärmeleiter.

6) **Das specifische Gewicht des reinen, bei $+$ 100 ^{0} C. getrockneten**

Thones beträgt 2,2—2,5. Durch allmähliges Erhitzen steigt dasselbe allmählig bis 2,4; bei zu starker Hitze aber sinkt es wieder. So zeigt nach Schulze der gemeine Thon bei obiger Trocknung 2,44, bei gesteigerter Hitze 2,70, und bei sehr hoher wieder 2,48. Uebrigens ist es sehr schwierig, hier das richtige Mittel zu finden, da schon bei geringen Beimischungen von Kieselmehl, Eisenoxyd u. s. w. das specifische Gewicht des Thones sich anders zeigt.

§ 50. **Verhalten des Thones gegen Lösungen.** Wie man aus dem Vorigen ersieht, so besitzt der Thon ein grosses Wasseransaugungs-Vermögen. Nach meinen Versuchen können 100 Theile ausgetrockneten Thones in einer Stunde 0,3083 ... Theile Feuchtigkeit aus der Atmosphäre in sich aufnehmen. — Ebenso hat Schübler gezeigt, dass reiner Thon 70 pCt. Wasser in sich aufzunehmen und festzuhalten vermag und von 100 Theilen eingesogenen Wassers bei + 15 ° R. in 4 Stunden 32 Theile verdunsten lässt.

Zugleich mit dem Wasser saugt aber der Thon auch alle die in dem ersteren aufgelösten Gase, Säuren und Salze, ja selbst die möglichst fein geschlämmten Humussubstanzen, Eisenoxyd- und Kalktheilchen in sich auf und hält dann diese letzteren so fest mit seiner Masse verbunden, dass sie auch nach dem Verdunsten ihres Schlämm- oder Lösungswassers innig und gleichmässig mit den einzelnen Massetheilchen des Thones verbunden bleiben. Es ist dieses eine so merkwürdige und für die Bedeutung des Thones als Bodenbildungsmittel und Pflanzennahrungsmagazin so wichtige Eigenschaft, dass sie näher betrachtet werden muss.

Wenn man auf eine mässig durchfeuchtete, — aber noch nicht schlammige — dickteigartige, plastische Thonmasse eine Lösung von Kochsalz oder Gyps schüttet, so wird sie von der ersteren vollständig eingesogen und so gleichmässig an die kleinsten Theile ihrer Masse vertheilt, dass jedes dieser Thontheilchen nach Salz schmeckt oder bei der chemischen Untersuchung irgend ein Quantum Kochsalz oder Gyps zeigt. Hat man nun auf diese Thonmasse eine Lösung gegossen, welche mehr Kochsalz oder Gyps enthält, als jedes einzelne Thontheilchen mit sich verbinden kann, so scheidet sich aus der noch übrigen Lösung das noch in ihr vorhandene Kochsalz oder der Gyps bei der allmähligen Verdunstung seines Lösungswasser und der Austrocknung des Thones zwischen der Masse des letzteren selbst in ganz regelrecht ausgebildeten und gewöhnlich gruppenweise verbundenen Krystallen aus. Ganz dasselbe geschieht auch, wenn man etwas concentrirte Lösung von Eisen-, Kupfer- oder Zinkvitriol oder von Glaubersalz, Bittersalz, ja selbst von Potasche, Soda oder Salpeter in Ueberschuss auf eine in der Austrocknung befindliche Thonmasse giesst. Aber in allen diesen Fällen wird man, wie gesagt, nur dann eine abgesonderte Ausscheidung von Krystallen der zersetzten Salzlösungen beobachten, wenn so viel von ihnen dem Thone gereicht wurde, dass erst jedes seiner Theilchen sich mit der dargebotenen Kost vollständig sättigen konnte. Uebergiesst man nun weiter eine solche Salzthonmischung mit soviel Wasser, dass dieselbe ganz dünn und schlammig wird, dann giebt sie an das letztere ihren ganzen Salzgehalt so vollständig wieder ab, dass man in ihrer Masse kaum noch eine Spur von ihrem ehemaligen Salzgehalte findet. Aber nicht nur im reinem Wasser lösliche Salze, sondern auch in Kohlensäurewasser gelöste Substanzen, wie kohlensauren Kalk, Dolomit, Eisenspath, kieselsaure Akalien, gelatinöse Kieselsäure und phosphorsauren Kalk, saugt der mässig durchfeuchtete oder auch in Austrocknung begriffene Thon begierig in sich auf und vertheilt sie gleichmässig an seine einzelnen Massetheilchen, wie folgende Versuche lehren:

a. Wenn man gepulverte Kreide in ein Glas mit Wasser thut und leitet Kohlensäure hinein, so löst sie sich allmählig ganz auf. Schüttet man nun diese Lösung auf mässig feuchten, knetbaren Thon, so verschwindet sie rasch in der Masse des letzteren. Lässt man dann die Thonmasse vollständig austrocknen, so wird man bei der Untersuchung bemerken, dass jedes, auch das kleinste Theilchen des Thones mit Salzsäure aufbraust, also irgend ein Quantum Kalk erhalten hat. Hat man bei diesem Versuche soviel Kalklösung angewendet, dass nach Sättigung der einzelnen Thontheile mit Kalk noch freie Lösung von doppelt-kohlensaurem Kalke übrig bleibt, so bildet derselbe bei der Verdunstung seines kohlensauren Lösungswassers schöne Kalkspatkrystalldrusen innerhalb der zu Mergel gewordenen Thonmasse. — Ganz so wie zum kohlensauren Kalk verhält sich der Thon zu den kohlensauren Lösungen von Dolomit, Eisenspath, und phosphorsaurem Kalk; auch diese bilden, wenn von ihren kohlensauren Lösungen noch ein nicht mehr von Thon ansaugbares Quantum in der Masse des letzteren übrig bleibt, in der Thonmasse kleine Krystallgruppen von Dolomit, Eisenspath und Apatit (phosphorsaurem Kalk) sobald ihr Lösungswasser allmählig verdunstet. — Die so entstandenen innigen und gleichmässigen Mischungen von Thon mit kohlensaurem Kalk oder Dolomit, oder von Thon mit kohlensaurem Eisenoxydul oder auch von Thon mit phosphorsaurem Kalk können indessen nicht wieder durch Schlämmen mit reinem Wasser von einander getrennt werden, weil einerseits ihre Mischung sehr fest und innig ist und andererseits die mit dem Thone verbundenen Mineralsubstanzen in reinem Wasser unlöslich sind. Nur die Einwirkung von kohlensaurem Wasser vermag sie noch durch Auflösung dieser Substanzen von einander zu trennen. Diese so entstandenen innigen und nur durch den Einfluss von Säuren zu trennenden Mischungen des Thones mit kohlensaurem Eisenoxydul bilden den thonigen Eisenspath.

b. Wenn man gelatinöse Kieselsäure (welche man aus der Behandlung des basischen kieselsauren Kalis oder auch des gemeinen Zeolithes mit Salzsaure oder kohlensaurem Wasser erhält), mit Kohlensäurewasser löst und auf knetbaren Thon giesst, so wird auch sie ganz ähnlich dem kohlensauren Kalk von dem letzteren eingesogen und gleichmässig an seine einzelnen Massetheilchen vertheilt. Beim vollständigen Austrocknen der Thonmasse erstarrt dann die angesogene Kieselsäure (**Kieselmehl**), welche so fest mit den einzelnen Thontheilchen verbunden bleibt, dass sie absolut nicht durch Schlämmen von ihnen zu entfernen ist und sich auch nicht wieder in Kohlensäurewasser, sondern nur in Aetzkali oder Aetznatronlauge löst. **Die so entstandene innige und nur durch alkalische Laugen wieder trennbare Mischung von Thon mit Kieselmehl bildet die Grundmasse des Lehmes.**

Endlich saugt auch der Thon, selbst noch im schlammigen Zustande, humussaure Salze, Oele und Gase, welche bei der Verwesung, Fäulniss oder Vertorfung von Organismenresten entstehen und frei werden, in sich auf und hält sie so innig und fest mit sich verbunden, dass sie nur erst bei mehr oder weniger starker Erhitzung der Thonmasse oder durch kräftige Einwirkung des Sauerstoffs wieder frei werden.

1) Der dumpfe unangenehme Geruch, welchen jeder Thon beim Anhauchen oder Erhitzen von sich giebt, rührt von Ammoniak her, welches die thonigen Substanzen aus ihrer Umgebung aufsaugen. Daher kommt es, dass der Thon oder Lehm von den Wänden der Viehställe und auch der Cloaken beim Erhitzen diesen Geruch am stärksten entwickelt und dass die Lehmbacksteine von diesen Orten ein so gutes Düngemittel auf magerem Boden bilden. Neben dem Ammoniak enthält aber der Thon aus dem Grunde von Gewässern und Cloaken auch noch ein übelriechendes empyreumatisches Oel.

2) Der Thon auf dem Grunde von stillstehenden Gewässern und namentlich von Mooren saugt aber auch die aus der Verfaulung oder Verkohlung von Pflanzen freiwerdenden ölartigen Kohlenwasserstoff-Verbindungen begierig in sich auf, verdichtet sie in seiner Masse zu Erdharz oder Bitumen, färbt sich in Folge davon rauchbraun bis schwarzgrau und giebt sie nur bei starker Erhitzung oder bei Behandlung mit Säuren wieder frei. Daher der unangenehm schwefelig-pechartige Geruch, welchen erhärteter Thonschlamm aus versumpfenden Wasserpfuhlen beim Erhitzen ausstösst.

3) Dagegen scheint der Thon — wenigstens nach meinen Erfahrungen — atmosphärischen Sauerstoff und Kohlensäure nur dann anzusaugen und festzuhalten, wenn er Substanzen enthält, welche sich mit diesen Atmosphärenstoffen verbinden wollen. Sehr beachtenswerth bei dieser Aufsaugung von gelösten Substanzen durch den Thon ist noch die Erscheinung, dass eine und dieselbe Quantität Thon zu gleicher Zeit oder auch nach einander sehr verschiedenartige Stoffe zugleich in sich aufnehmen kann, so lange sie sich noch

nicht mit einer Art aufgesogener Substanzen gesättigt hat. Der Thon verhält sich also in dieser Beziehung so, wie Kohle und Humussubstanz. Es darf darum nicht wunderbar erscheinen, wenn ein mit Kohle oder Humus innig untermengter Thon diese Aufsaugung von Stoffen verschiedener Art in einem noch stärkeren Grade zeigt. Es scheint indessen, als ob der Thon nicht von Lösungen gleich viel aufnehmen könne. Vielleicht liegt aber auch der Grund von diesem Verhalten darin, dass die von ihm aufgesogenen schon in reinem Wasser wieder löslichen Substanzen, wie namentlich die Salze der Alkalien, ihm sehr leicht wieder entzogen werden können. Die stärkste Ansaugung und Festhaltung übt er gegen die kohlensauren Lösungen des Kalkes, des Eisenoxydules und der Kieselsäure aus. Hat er von diesen Stoffen viel aufgenommen, dann saugt er von alkalischen Salzen nur wenig noch in sich auf.

Ich habe vielfache Versuche in dieser Beziehung angestellt, bis jetzt aber nur folgende Resultate erhalten:

1) Thon, welcher mit einer Mischung von kohlensaurem Kali, Natron und Ammoniak übergossen wurde, sog die sammtlichen Lösungen in sich; denn bei der allmähligen Austrocknung derselben und der darauf unternommenen Schlämmung desselben fanden sich diese Salze fast in denselben Mengen, in welchen sie angewendet worden waren, wieder in dem Schlämmwasser.

2) Thon, welcher mit einer gelösten Mischung von gleichviel Kochsalz, Glaubersalz, Potasche und Bittersalz übergossen worden war, sog ebenfalls die ganze Mischung in sich auf und zeigte bei der Austrocknung und nachherigen Schlämmung alle die eingesogenen Salze in den erhaltenen Mengen wieder, — mit Ausnahme des Glaubersalzes, welches bei dem Austrocknen des Thones aus der Thonmasse heraustrat und efflorescirte.

3) Thon wurde mit einer möglichst concentrirten Lösung von doppeltkohlensaurem Kalk übergossen. Nachdem er die ganze Lösung in sich aufgesogen hatte, wurde er noch mit einer Losung von Kochsalz überschüttet und dann zur Austrockuung auf einen warmen Ofen gesetzt. Bei dieser Austrocknung efflorescirte sowohl auf seiner Oberfläche wie in einzelnen Spalten Kochsalz. Nachdem diese Salzausblühungen sorgfaltig entfernt worden waren, wurde seine Masse wieder mit vielem reinen Wasser tüchtig ausgelaugt und dann zuerst das Schlämmwasser darauf der Thonschlamm selbst chemisch untersucht. In dem ersteren fand sich nur noch ein wenig Kochsalz, aber keine Spur von Kalk; in dem Schlamme selbst aber fand sich aller angewandte Kalk als einfach kohlensaurer, jedoch keine Spur von Kochsalz. Der Thon hatte demnach allen Kalk, aber nicht alles Kochsalz mit seiner Masse verbunden, denn sonst hätte dieses letztere bei der Austrocknung nicht ausblühen können.

3) In kohlensaurem Wasser geloste Kieselsäure verhielt sich in dieser Weise ganz ähnlich wie der kohlensaure Kalk. Dasselbe war auch der Fall bei einer zuvor mit doppeltkohlensaurem Eisenoxydul und

Gyps gesättigten Thonmasse. Aus diesem Verhalten habe ich nun den Schluss gezogen, dass wenn Thon zuerst eine in reinem Wasser schwer oder nicht lösliche Salzmasse in sich aufgenommen hat, derselbe dann gegen leicht in reinem Wasser losliche Salze um so weniger Verbindungsneigung zeigt, je mehr er von der schwer löslichen Salzmasse vorher aufgenommen hat.

4) Wiederholte Versuche haben mir gelehrt, dass

1 Theil Thon bis 15 Theile Kieselsäure,
  bis 10 Theile kohlensauren Kalk,
  bis 6 Theile Gyps (unsicher?),
  bis 5 Theile kohlensaures Eisenoxydul

mechanisch mit sich verbinden und festhalten kann.

5) Es ist mir aber auch vorgekommen, dass Thon, welcher mit einer concentrirten Salpeterlösung so vollständig gesättigt war, dass viel Salpeter bei seiner Austrocknung ausblühte und die darauf untersuchte Thonmasse selbst noch viel Salpeter zeigte, — dass solcher mit einer Salzlösung gesattigte Thon dann doch noch von neuem die Losung einer anderen Salzart (z. B. in dem eben erwähnten Falle Potasche) in sich aufnahm, ohne von der ersteren etwas freizugeben.

Bei dieser Aufnahme von verschiedenen Salzen kommt es nun aber auch vor, dass im Thone Salzlösungen mit einander in Berührung kommen, welche chemisch auf einander einwirken, sich gegenseitig einander zersetzen und so neue Salze bilden, welche ganz andere Eigenschaften besitzen, als die ursprünglich vom Thone eingesogenen.

In dieser Beziehung treten am häufigsten zweierlei Processe auf:

1) Zwei vom Thone aufgesogene Salze tauschen gegenseitig ihre Säuren aus. Dies kommt unter anderem sehr häufig im Mergel vor, sobald eine Lösung von Eisenvitriol von der Masse des Mergels aufgesogen wird. Denn in diesem Falle bildet sich aus dem kohlensauren Kalke des Mergels Gyps und aus dem eingedrungenen Eisenvitriol kohlsensaures Eisenoxydul (Eisenspath). Der Kalkmergel wird hierdurch in einen vom Eisenspath durchzogenen Gypsmergel umgewandelt.

6) Von zwei im Thone zusammentretenden Salzen treibt die Basis des einen Salzes die Basis des anderen zur Bildung einer Säure an, mit welcher sich dann die erstere Basis zu einem neuen Salze verbindet. Dies geschieht z. B., wenn in einer Thonmasse kohlensaures Ammoniak mit kohlensaurem Kali oder Kalk in Berührung tritt. In diesem Falle treibt das Kali oder der Kalk das Ammoniak an, durch Anziehung von Sauerstoff Salpetersäure zu bilden, mit welcher sich dann das Kali oder der Kalk zu Kali- oder Kalksalpeter verbindet.

In dieser Weise giebt also der Thon durch seine Aufsaugung von Salzen verschiedener Art mannichfache Veranlassung zum Stoffwechsel im Mineralreiche; ja es kann unter diesen Verhältnissen sogar vorkommen, dass der Thon selbst zersetzt und in eine andere Mineralsubstanz umgewandelt wird. Wenn z. B. ein kohlensaurer Kali haltiger Thon die Producte sich oxydirender Schwefelkiese, also schwefelsaures Eisenoxydul in sich aufsaugt, so kann aus ihm schwefelsaure Kalithonerde, d. i. Alaun, werden, ein Fall, welcher oft bei Thonen vorkommt, welche Eisenkiese beigemengt enthalten.

Es fragt sich nun: Besitzt aller Thon diese Aufsaugungskraft von Lösungen verschiedener Art? Unter welchen Bedingungen zeigt er sie am stärksten? Woher erhält er im Allgemeinen die aufsaugbaren Stoffe? Und wodurch kann er die von ihm eingesogenen Salze wieder verlieren? Auf alle diese Fragen mögen folgende Antworten hier ihren Platz finden:

So weit meine Erfahrungen reichen, zeigt die ganz reine, weisse, eisenfreie, als Kaolin bekannte Thonart diese Aufsaugungskraft von Lösungen am schwächsten und der 3—5pCt. Eisenoxydhyrat oder auch fein zertheilte Humussubstanz haltige, graulich ockergelbe, gemeine Thon am stärksten. Ja meine Versuche haben mir gelehrt, dass das Eisenoxydhydrat — z. B. bei der Anziehung von Ammoniak, Kieselsäure und Kalkcarbonat — erst den mit ihm gemischten Thon zur Aufsaugung dieser Stoffe anregt und dann zugleich auch gewissermassen das verkittende Glied zwischen den Thon und seinen angesogenen Stoffen bildet. Wenigstens spricht für dieses letztere die Erscheinung, dass wenn man einen, viel Kieselmehl haltigen, ockergelben Thon oder Lehm mit Salzsäure behandelt, nicht nur das Eisenoxydhydrat, sondern auch der ganze Kieselmehlgehalt desselben ausgeschieden wird. — Unter allen Verhältnissen aber offenbart sie jeder Thon am stärksten, wenn er mässig durchfeuchtet ist, so dass man ihn gerade kneten und formen kann, dagegen am schwächsten, wenn er durch Wasser in einen dünnen Schlamm umgewandelt ist, ja in diesem letzten Falle kann er sogar wenigstens die im Wasser leicht lösbaren und von ihm früher eingesogenen Salze wieder verlieren. — Das von ihm einzusaugende Material enthält er entweder aus der Zersetzung der ihn selbst producirenden Felsmassen oder der in seiner Masse eingebettet liegenden Mineraltrümmer oder aus den mineralischen Bestandtheilen der in ihm oder seiner Umgebung verwesenden Pflanzenreste oder endlich auch von Wasserfluthen, welche ihn durchziehen oder überschwemmen. Unter diesen den Thon mit ansaugbaren Substanzen versorgenden Agentien können aber auch die Wasserfluthen sowohl wie die Pflanzen und ihre Verwesungsstoffe dem Thone wieder die von ihm angesogenen Substanzen entziehen. Wie in dieser Beziehung das Wasser wirkt, ist schon oben gezeigt worden, wie die lebende Pflanze mit ihren Saugwurzelzasern dem Thone alle im Wasser löslichen Substanzen entzieht, wird weiter unten näher betrachtet werden; es ist also hier nur der Einfluss der vegetabilischen Verwesungs- oder Fäulnissproducte näher ins Auge zu fassen:

1) Wenn Pflanzenmassen unter Luftzutritt sich zersetzen, so entwickeln sich

aus ihnen die sogenannten Humussäuren, welche, wie ich in meinem
Werke über Humus-, Marsch-, Torf- und Limonitbildungen gezeigt habe,
das Eigenthümliche besitzen, dass sie nicht nur mit reinen, sondern auch
mit kohlensauren Alkalien im Wasser lösliche, gelb- bis kaffeebraun gefärbte, Verbindungen darstellen, welche die Kraft besitzen, an sich unlösliche, kohlen-, phosphor- und schwefelsaure Salze unzersetzt in sich
aufzulösen und erst dann wieder abzusetzen, wenn sie durch ihre Umwandlung in Kohlensäure verdunsten können. Kommt nun demgemäss
eine alkalienhaltige humussaure Lösung mit einem Thon in Berührung,
welcher kohlensauren Kalk oder auch kohlensaures Eisenoxydul beigemischt enthält, so laugt die Humuslösung diese Beimengungen des Thones
allmählig so aus, dass der Thon selbst zuletzt ganz kalkleer erscheint.
So zeigte ein gepulverter Mergel, welcher 45 pCt. Kalk enthielt, nachdem er mit einer Lösung von humussaurem Kali 2 Zoll hoch übergossen worden war, schon nach 6 Wochen nur noch 15 pCt. Kalk,
während die von ihm abfiltrirte Humuslösung allen ubrigen Kalk enthielt
und allmählig absetzte, als sie in einem flachen Gefässe an der Luft
stehend ihre Humussäure in Kohlensäure umwandelte und allmählig ver-
dunstete. An geneigten Ebenen, z. B. an Hügelabhängen lagernde
Mergelbodenmassen können demnach in dieser Weise durch viel zuge-
setzten flüssigen Dünger entkalkt und allmählig in kalkarmen Thonboden
umgewandelt, werden.

2) Ganz ähnlich wirken auch die aus der Vertorfung von Pflanzenmassen
entstehenden Pflanzensäuren (Geïn-, Quell- und Quellsatzsäure) auf kalk-
und alkalienhaltigen Thon ein. Ausserdem aber wirkt die bei Luftabschluss — z. B. im Untergrunde von strengthonigen Bodenarten oder
auf dem Boden von stehenden Gewässern — sich zersetzende Pflanzenmasse auch noch in anderer Weise verändernd auf ihre thonige Umgebung ein. Ist nemlich der Thon dieser letzteren mit Eisenoxydhydrat
gemengt, so entzieht sie diesem Oxyde einen Theil seines Sauerstoffes,
um sich selbst durch denselben zersetzen zu können. Die hierdurch
aus ihr entstehende· Kohlensäure aber verbindet sich augenblicklich mit
dem aus dem Eisenoxydhydrate des Thones entstandenen Oxydule zu
doppeltkohlensaurem Eisenoxydule, welches sich nun in dem Wasser des
Bodens oder der Moose auflöst und so aus dem Thone ausgelaugt wird,
so dass derselbe zuletzt ganz eisenfrei werden kann. Freilich kann er
aber auch unter Umständen — z. B. bei seiner Austrocknung — das
im Bodenwasser gelöste kohlensaure Eisenoxydul wieder in seine Masse
aufsaugen und sich in Folge davon zuerst in thonigen Spatheisenstein
und dann bei höherer Oxydation des Eisenoxydules in thonigen Brauneisenstein oder wenigstens in ockergelben, eisenschüssigen Thon umwandeln. Es ist sogar nicht unwahrscheinlich, dass der meiste ocker-

gelbe Thon in dieser Weise aus einem ursprünglich weissen Thone entstanden ist, welcher kohlensaures Eisenoxydul in sich aufgesogen hatte, was sich dann später bei der Umarbeitung des Thones und dem hierdurch herbeigefuhrten Zutritte von Sauerstoff in Oxydhydrat umwandelte.

§. 51. Die Eigenschaft, Gase, Säuren und Salzlösungeu in sich aufzusaugen, besitzt zwar auch die Humussubstanz, aber nicht in dem Grade wie der eisenoxydhydrathaltige Thon. Ja dieser letztere erhält durch diese Eigenschaft erst seine grosse Bedeutung sowohl als Pflanzennahrungsmagazin, wie als Hauptbildungsmittel der verschiedenen Bodenarten. Für sich allein und im reinen Zustande vermag der Thon keine Pflanze zu ernähren, denn die kieselsaure Thonerde ist ja unlöslich im Wasser und demnach auch nicht von dem Pflanzenkörper aufsaugbar. Indem er aber namentlich alle diejenigen Salzlösungen, welche den Pflanzen zur Nahrung dienen können, in sich aufsaugt, festhält und so unter den gewöhnlichen Verhältuissen gegen Auslaugung aus dem Boden schützt, wird er zu einem Pflanzennahrungsmagazine, welches nicht nur im Augenblicke den in ihn eindringenden Saugwurzeln Nahrung spendet, sondern auch unermüdlich immer wieder von neuem die aus ihm entnommener Nahrstoffe ersetzt, indem es jeder den Boden durchsinternden Feuchtigkeit alles abnimmt, was sie nur in sich gelöst enthält, — wird er durch diese Eigenschaften gewissermassen geradezu zur Mutterbrust, welche den an die Scholle gefesselten Gewächsen alles gewährt, was sie zu ihrer Ernährung gebrauchen.

Zugleich aber erhält der Thon durch diese Aufsaugung von Mineralsalzen auch diejenigen Eigenschaften, durch welche allein er befähigt werden kann, der Pflanzenwelt nicht blos die ihr gebuhrenden Nahrstoffe zu spenden, sondern auch einen günstigen Standort, d. h. einen Boden zu gewähren, in welchem sie einerseits das Maas von Luft, Wärme und Feuchtigkeit, was sie zu ihrem Gedeihen beansprucht, und andererseits den Raum findet, in welchem ihre Wurzeln sich ohne Hindernisse recken und dehnen können. Für sich allein vermag dies alles der Thon nicht, denn da ist er zu nass, zu kalt und zu leicht gegen die Luft verschliessbar, da bildet er mit zu viel Wasser einen Schlamm, in welchem keine Pflanze einen festen Halt gewinnen kann, da bildet er beim vollständigen Austrocknen eine steinharte, nach allen Richtungen berstende Masse, welche keine Pflanzenwurzel zu durchdringen vermag. Aber wenn der Thon durch Ansaugung jedes seiner Theilchen mit Kalk, Kieselmehl, Humuskohle oder auch mit Eisenoxydhydrat versorgt hat, dann vermag er eine lockere, warme, mässig feuchte Erdkrume zu bilden, in welcher jede Pflanze ihre Wurzeln behaglich strecken und alle Bedürfnisse ihres Lebens befriedigen kann, dann ist er auch befähigt, alle die verschiedenen Erdkrumenarten darzustellen, welche im Folgenden näher betrachtet werden sollen.

II. Abarten der Thonsubstanz.

§ 52. **Entstehungsweise der Thon-Abarten.** Unter allen den Stoffen, welche die Thonsubstanz in sich aufsaugt, verändern diejenigen, welche bei der Austrocknung des Thones, bei der Verdampfung ihres Lösungswassers oder auch durch höhere Oxydation in reinem Wasser unlöslich werden, die physischen Eigenschaften der Thonsubstanz so, dass sie in mancher Beziehung ein anderer Mineralstoff wird. Alles dieses ist hauptsächlich der Fall, wenn die Thonsubstanz kohlensauren Kalk, kohlensaures Eisenoxydul (oder auch Eisenoxydhydrat), Kieselsäure oder Vertorfungsöle (Bitumen) in solcher Menge in sich aufgesogen hat, dass jeder ihrer Massetheile mit diesen Stoffen gesättigt worden ist.

Aber nicht blos durch diese, als Lösungen eingesogene und erst in den austrocknenden Thonmassen erstarrte, fest und innig (man möchte sagen: halb chemisch) mit der letzteren verwachsenen Beimischungen, sondern auch durch die rein mechanisch beigemengten, schon durch blosses Schlämmen mit reinem Wasser wieder aus ihr entfernbaren Mineral- und Organismenreste (Gerölle, Kies, Grus, Sand, Kohle, Humus), welche die Thonsubstanz durch das Wasser zugefluthet erhält, werden die physischen Eigenschaften derselben mannichfach abgeändert, so dass auch diese mechanischen Beimengungen Veranlassung zur Bildung von Thon-Abarten geben. — Indem nemlich sowohl jene halb chemischen, wie diese rein mechanischen Beimengungen zwischen einzelnen Thontheilen liegen, hemmen und schwächen sie die gegenseitige innige Anziehung dieser letzteren und in Folge davon einerseits ihre feste Zusammenziehung beim Austrocknen oder ihr Zusammenkleben während ihres feuchten Zustandes und andererseits ihre Wasserhaltungskraft, Nässe und Kälte. Da nun aber diese Beimengungen, namentlich die halb chemischen, meistens auch die entgegengesetzten physischen Eigenschaften vom Thone, namentlich in ihrem Verhalten zur Wärme und Wasseranziehung, besitzen, so müssen sie auch in dieser Beziehung mannichfach abändernd auf die Natur des Thones einwirken, seine Masse für die Wärme zugänglicher und in Folge davon für die Verdunstung seines Wassers und für die Aufnahme von atmosphärischer Luft empfänglicher machen. Dass nun diese Einwirkung der Beimengungen um so durchgreifender und stärker hervortreten muss, je inniger, fester und gleichmässiger die Thonmasse mit diesen Substanzen gemischt ist, das ist einleuchtend. Daher kommt es denn nun auch, dass jene halb chemischen Mischungen von Thon mit Kalk, Kieselmehl oder Eisenoxyd, welche wir als Mergel, Lehm und Eisenthon bezeichnet haben, oder von Thon mit Bitumen (bituminöser Thon) sich weit auffallender in ihren physischen Eigenschaften von der reinen Thonsubstanz unterscheiden, als die stets ungleichmässigen, rein mechanischen Zusammenmengungen von Stein- oder Organismenschutt mit Thon.

Die in dieser Weise entstehenden Abarten der reinen Thonsubstanz lassen sich nun im Allgemeinen unter folgende Uebersicht bringen:

Die Thonsubstanz erscheint:

a. rein, einfach als **Kaolin**

b. unrein, gemengt und dann

1. innig und gleichmassig (halb chemisch) mit Kieselmehl, Kalk, Gyps, Eisenoxydhydrat oder auch Bitumen. Je nach diesen Beimischungen erscheint nun der Thon

2. oberflächlich und ungleichmässig (rein mechanisch)

mit Mineralsubstanzen — mit Humussubstanzen

Diese Mengungen geben die steinigen, sandigen und humosen Abändernngen der unter a und b 1 angegebenen Thonarten.

als **gemeiner Thon**, wenn er 5 bis 10 pCt. Kieselmehl u. höchstens 5 pCt. Eisenoxyd enthält;

als **Lehm**, wenn er mehr als 10 pCt. Kieselmehl u. mehr als 5 pCt. Eisenoxyd besitzt.

als **Mergel**, wenn er neben Kieselmehl (und auch wohl Eisenoxyd) so viel kohlensauren Kalk enthalt, dass jedes Theilchen mit Sauren aufbraust;

als **Gypsmergel**, wenn er wenigstens 5 pCt. Gyps besitzt.

als **Eisenthon** oder eisenschüssiger **Thon**, wenn er so viel Eisenoxyd) besitzt, dass er intensiv ockergelb oder hraunroth gefärbt erscheint.

als **bituminöser Thon**, wenn er schwarzlich ist, beim Erhitzen stark bituminos riecht u. beim Glühen verbleicht.

Indessen so rein, wie in dieser Uebersicht die Thonabarten angegeben werden, trifft man sie in der Natur nur selten, am ersten noch in der nächsten Umgebung ihrer Muttergesteine oder da, wo sie nach Absatz aus ihrem Schlämmwasser dem Einflusse von nur einer Art Lösung ausgesetzt gewesen sind. Am gewöhnlichsten erscheinen sie neben Ihrer charakterisirenden Beimischung noch mit Eisenoxydhydrat oder mit irgend einem Quantum feinen abschlämmbaren Sandes oder auch von Bitumen verunreinigt. In den unten folgenden Beschreibungen dieser Thonabarten soll dieses näher angegeben werden.

§ 52. Nähere Beschreibung der Abarten.

A. Reine, einfache, weisse Thonabarten.

1) **Kaolin** (Porcellanerde, Porcellanthon): Im festen Zustande derbe, steinharte oder auch krümelig- oder staubig-erdige Massen, welche ein specifisches Gewicht $= 2{,}2$ besitzen, zerreiblich sind, sich mager anfühlen und im reinen Zustande eine weisse, bei Beimengungen von etwas Eisenoxyd aber gelbliche oder röthliche Färbung zeigen. Wenig an der feuchten Lippe klebend, im durchfeuchteten Zustande sehr formbar, ohne stark den bearbeitenden Instrumenten anzuhaften. — Im Feuer zusammenfrittend und sehr fest werdend, ohne zu schmelzen. — Im Glaskolben erhitzt stark Wasser ausschwitzend. Chemischer Bestand im

Mittel: 37,₁ Kieselsäure, 39,₂ Thonerde und 13,₇ Wasser, aber oft verunreinigt durch mechanische Beimengungen von Zersetzungsproducten
derjenigen Mineralmassen, aus den das Kaolin entstanden ist, oder auch
von Quarz- und anderem Mineralsand, bisweilen auch von silberweissen
Glimmerschüppchen.

Die Hauptbildungsmineralien des Kaolins sind die kieselsäurereichen
Feldspathe, so namentlich Orthoklas und Oligoklas. Daher finden sich seine
Massen auch am häufigsten und mächtigsten entwickelt in der Umgebung
der feldspathreichen Felsarten, so des Granites, glimmerarmen Gneisses,
Granulites, Felsitporphyres und auch wohl des Syenites; ja, bisweilen besteht die Masse dieser Felsarten geradezu aus einem Gemenge von erhärtetem Kaolin, Quarz und Glimmerschuppen, in welchem Falle man
auch wohl das Kaolin noch in der wohlerhaltenen Form der Feldspathkrystalle bemerkt. Ausserdem aber bildet es auch oft, durch Wasserfluthen von seiner Mutterstätte weggeschlämmt, das Bindemittel von Sandsteinen und selbständige Ablagerungen namentlich im Gebiete der Buntsandsteinformation, so am Rande des Thüringerwaldes, z. B. am Gold-
berg bei Eisenach, ferner zu Freienhagen bei Cassel, bei Münden etc.
Gewöhnlich erscheint es dann aber theils durch Sand und Glimmer,
theils durch vegetabilische Verwesungsstoffe, theils auch durch etwas
kohlensauren Kalk verunreinigt.

Eine Abart des Kaolins ist das, im Mittel 45,₂₄ Kieselsäure,
36,₅ Thonerde, 2,₇₅ Eisenoxyd und 14 Wasser bestehende, röthlichweisse bis fleischrothe, sich fein und fettig anfühlende und oft in
Pseudomorphosen nach anderen Mineralgestalten auftretende Steinmark.

B. Durch Beimischungen verunreinigte Thonabarten.

a. Kalklose, nicht mit Säuren aufbrausende.

α. Fette Thone: Im trocknen Zustande harte Bruchstücke bildend, am
Fingernagel sich stark glätttend und spiegelnd; im feuchten Zustande
klebrig, teigartig, sehr formbar, in dünne Blätter auswalzbar, ohne
dabei an den Rändern zu bersten.

1) Pfeifenthon (Walker-, Koller- oder Wascherde): fettig anzufühlende,
im Schnitte glänzend werdende, graulich-, blaulich- oder gelblich-weisse
oder auch blaulich-graue Thonmasse, welche aus kieselsaurer Thonerde
mit 10—12 pCt. überschüssiger, durch Aetzkali ausziehbarer Kieselsäure
besteht und ausserdem auch noch mehr oder weniger durch Wasser ab-
schwemmbaren feinen Sand und meist auch 0,₅ pCt. vegetabilischer Ver-
kohlungsstoffe beigemengt enthält. Durch Wasser leicht abschlämmbar
und einen sehr plastischen Teig bildend. Im Feuer wenig oder nicht
schmelzend, aber sich weiss brennend; Fette sehr begierig aufsaugend.
Spec. Gew. = 2,₄₄.

Er bildet namentlich im Gebiete der Braunkohlenformation gewöhnlich in Gesellschaft von Quarzsand Ablagerungen. Berühmt sind die Ablagerungen dieses vorzüglich zu feuerfesten Schmelztiegeln und thönernen Pfeifen benutzten Thones bei Grossalmerode in Hessen.

2) **Gemeiner Thon** (Töpferthon, fetter Thon, Klay): Im ganz ausgetrockneten Zustande scheiben- oder knollenförmige, steinharte, aber doch am Finger abfärbende Masse, welche durch Reiben mit dem Fingernagel eine glatte spiegelnde Oberfläche erhält; im ganz durchfeuchteten Zustande eine sehr zähe, an den Fingern anklebende, Teigmasse bildend, welche sich in dünne Blätter und Stengel auswalzen, leicht formen und durch schneidende Instrumente in fest zusammenhängende und sich lockende Spähne zerschneiden lässt. — An der feuchten Lippe stark anklebend; angehaucht stark und dumpf ammoniakalisch riechend. Vorherrschend unrein graulich-, grünlich-, oder blaulich-ockergelb; beim Brennen aber durch Entwässerung seines beigemengten Eisenoxydhydrates braunroth werdend und in starker Hitze meist verglasend. — Spec. Gew. $= 2{,}56$ bis $2{,}56$. Der chemische Gehalt ist so schwankend, dass man nur im Allgemeinen als Mittel 60,8 Kieselsäure, 30,2 Thonerde und 10 Wasser annehmen darf. Von der Kieselsäure lassen sich 10—12 pCt. durch Aetzkali ausziehen; es ist daher zu vermuthen, dass die Masse des gemeinen Thones neben ihrer kieselsauren Thonerde auch noch mehrere Procente mechanisch angesogener erstarrter Kieselsäure enthält. Ausserdem aber ist auch noch eine nie fehlende mechanische Beimengung von 2—5 pCt. Eisenoxydhyrat bezeichnend für den gemeinen Thon. Sehr häufig erscheint ferner seine Masse verunreinigt durch irgend ein Quantum von kieselsauren oder kohlensauren Alkalien, kieselsaurer Magnesia, kohlensaurem und schwefelsaurem Kalk, Salpeter oder Humussubstanzen. In der Nähe von Steinsalzlagern oder am Meeresstrande enthält er Koch-, Glauber- und Bittersalz, und da, wo in seiner Masse Eisenkiese auftreten, fehlt es auch nicht an Alaunbildungen. Kurz, die Qualität und Quantität seiner Beimengungen zeigt sich sehr verschieden je nach seinen Ablagerungsorten und der Art der in seiner Masse eingebetteten Mineraltrümmer und Organismenreste.

Seine beträchtlichsten Ablagerungen befinden sich in den von Fliessgewässern durchzogenen Ebenen, Auen und Thälern, sowie auch am Meeresstrande. Aber auch in den verschiedenen Sand- und Kalksteinformationen der Erdrinde tritt er häufig in mehr oder minder mächtigen Zwischenablagerungen auf. Dagegen findet man ihn nicht in der nächsten Umgebung derjenigen krystallinischen Felsarten, welche doch erst das Material zu seiner Bildung geliefert haben, so dass der gemeine Thon nach seiner gegenwärtigen Beschaffenheit kein unmittelbares und reines Verwitterungsproduct, sondern erst aus der Wegschlämmung und

Vermischung des ursprünglichen Verwitterungsthones mit den gegenwärtig seiner Masse beigemengten Substanzen entstanden ist.

Als besondere Abarten von dem gemeinen Thon unterscheidet man:

a. den Salzthon, einen dunkelgrauen, von Bitumen durchzogenen und von Kochsalz durchdrungenen und darum salzig schmeckenden Thon, welcher stets in der nächsten Umgebung von Steinsalzlagern auftritt.

b. den Alaunthon oder Vitriolthon, einen ebenfalls dunkelrauchgrauen Thon, welcher ganz durchdrungen erscheint von feinzertheilten Eisenkiestheilchen und kohligen Organismenresten, so dass er an der Luft liegend durch Einfluss der vitriolescirenden Eisenkiese auf seinen Thonerdegehalt sehr bald so viel Alaun oder auch Eisenvitriol entwickelt, dass er einen süsslich zusammenziehenden oder auch tintenähnlichen Geschmack entwickelt.

3) Eisenschüssiger Thon (Eisenthon): Braunrother Thon, dessen Masse wenigstens 5—20 pCt. Eisenoxyd und ausserdem auch sehr gewöhnlich mehrere Procente Quarzkörner, Feldspathstückchen, Hornblendesplitter oder Glimmerblättchen enthält, in sehr schattigen Lagen schmierig wird, in sonnigen Lagen aber vermöge seiner dunkelen Färbung leicht austrocknet und dann nach allen Richtungen hin in ein loses Haufwerk von kleinen, eckigen Schieferstückchen zerfällt. Er entwickelt sich namentlich aus verwitterndem Melaphyr und eisenreichem Magnesiaglimmerschiefer und findet sich darum oft in den Thälern und Buchten zwischen den aus diesen Gesteinen bestehenden Bergen. Ebenso aber bildet er auch im erhärteten Zustande das Bindemittel von Conglomeraten und Sandsteinen, z. B. des Rothliegenden, oder auch selbständige, oft sehr mächtige, Ablagerungen in den Formationen des Rothliegenden und Bundsandsteines. Und endlich bemerkt man ihn auch vom Wasser weggefluthet in den breiten Thalebenen zwischen den Bergketten des Buntsandsteines. Ihm nahe verwandt ist:

a. Glimmeriger Thon, ein ockergelber oder braunrother, wenigstens 5 pCt. Eisenoxyd haltiger und reichlich mit zarten silberweissen, messinggelben oder kirschrothen Glimmerschüppchen untermengter und oft auch mehrere Procente feinen Quarzsand haltiger Thon, welcher im durchnässten Zustande schmierig und fett ist, im ausgetrockneten aber deutlich Anlage zur Schieferbildung zeigt und oft bedeutende Ablagerungen in den Thälern und Buchten der Gneiss- und Glimmerschieferberge bildet. Bisweilen ist seine Masse so mit äusserst zarten Glimmerschüppchen durchzogen, dass sie im Sonnenscheine stark glitzert und alle mit ihr in Berührung kommenden

Gegenstände mit Glimmer bedeckt. In diesem Falle wird er in sonnigen Lagen leicht heiss, dürr und sogar pulverig.

4) Btuminöser Thon (Humoser schieferiger Töpferthon, Schieferthon, Schieferletten). Ein von verschiedenartigen Humusstoffen oder kohligen Substanzen ganz durchzogener, bläulich- oder rauchgrauer bis schwärzlicher, im durchnässten Zustande fetter, zäher und schmieriger, im ausgetrockneten Zustande sich blätternder und schiefernder Thon, welcher ein specifisches Gewicht $= 2{,}54 — 2{,}57$ hat und beim Glühen zuerst verbleicht, dann aber sich gelb und roth brennt. Häufig auch feinen Sand beigemengt enthaltend. Er findet sich namentlich auf der Sohle von alten Fluss- und Seeenbetten, aber auch von Torfmooren und Braunkohlenflötzen. Ebenso bildet er in der Lettenkohlengruppe der Keuperformation bedeutende Ablagerungsmassen. — Frisch aus dem Grunde von Gewässern oder Mooren genommen reagirt er sauer, enthält Humussäuren (Torf- und Geïnsäure) und zeigt sich sehr unfruchtbar; liegt er aber einige Zeit an der Luft, dann wandelt sich sein saurer Humus in milden um und dann zerfällt er in ein krümliges Pulver, welches einen guten Dünger auf kalk- und sandreichen Bodenarten abgiebt.

β. Magere Thonabarten: Sie enthalten über 5 pCt. Eisenoxydhydrat und über 10 pCt. nur durch Kalilauge abscheidbares, Kieselmehl, ausserdem aber in der Regel auch noch eine mehr oder minder grosse Menge von feinem, durch Kochen mit Wasser, abschlämmbaren Sande. In Folge dieses grösseren Eisenoxyd- und Kieselmehlgehaltes fühlen sie sich im ausgetrockneten Zustande rauh und mager an, und glätten sich wenig oder nicht am Fingernagel, lassen sie sich ferner nicht im durchfeuchteten Zustande in dünne Blätter und Drähte auswalzen, bersten sie endlich nicht beim Austrocknen, sondern zerfallen sie in ein mulmiges Krumengemenge. Zu ihnen gehören:

1) Der Eisenthon, ein dem eisenschüssigen Thone sehr ähnlicher, vorherrschend intensiv ockergelber, lederbrauner oder braunrother Thon, welcher 15 — 20 pCt. Eisenoxydhydrat oder auch Eisenoxyd so innig beigemengt enthält, dass dasselbe nur durch Salz- oder Salpetersäure von ihm los zu trennen ist, bisweilen aber auch geradezu aus einer chemischen Mischung von kieselsaurem Eisenoxyd und kieselsaurer Thonerde und zwar in der Weise besteht, dass das erstere an Menge der letzteren wenigstens gleich steht und so die Stelle der letzteren theilweise vertritt. — Diese chemischen Mischungen besitzen ein specifisches Gewicht $= 2{,}2 — 2{,}5$, zerfallen im Wasser zu Pulver und bestehen theils aus 1 Theil kieselsaurer Thonerde und 2 Theilen kieselsaurem Eisenoxyd (— so die Gelberde —), theils aus 1 Theil kieselsaurer Thonerde und 1 Theil Eisenoxyd (— so der Bol oder Bolus —), und enthalten 4—7 Theile Wasser.

Die physischen Eigenschaften dieses Thones hängen übrigens zum Theil von der Art und Menge des Eisengehaltes, zum Theil von der Verbindungsweise des Eisens mit dem eigentlichen Thone ab. — Besitzt dieser Thon das Eisen nur als chemischen Bestandtheil, dann nähert er sich in seinen Eigenschaften dem gemeinen Thon um so mehr, je mehr das Eisen die Thonerde vertritt. Mit einem fast ebenso starkem Wasseransaugungsvermögen wie jener begabt, bildet er sehr bald eine schmierige, zähe Schlammmasse, die nur ganz allmählig wieder austrocknet und dann berstet und in feste Knollen zerfällt; sind ihm dagegen ausser seinem chemischen Eisengehalte noch, wenn auch nur einige, Procente feinpulverigen Oxydhydrates oder Oxydes recht gleichmässig mechanisch beigemengt, dann ändert sich das ebenbeschriebene Verhalten des Eisenthones in vielem Betrachte um. Der oxydhydrathaltige Thon hat zwar dann auch noch ein starkes Wasseransaugungsvermögen, aber auch eine stärkere Wärmehaltungskraft, in Folge deren er einerseits nie so nass und schlammig wird, wie der oben beschriebene Eisenthon, und andererseits mehr gleichmässig warm und feucht sich zeigt. Beim allmähligen Austrocknen an der Luft bildet er eine feinkrumige bis pulverige Masse. — Der oxydhaltige Thon dagegen zeigt bei einigen Procenten mechanisch beigemengten Eisens eine weit geringere Wasseransaugungskraft und eine viel stärkere Erwärmungs- und Wärmehaltungsfähigkeit, weshalb er auch sehr bald austrocknet und dann in eine aus dünnen Blättchen und eckigen Stückchen bestehende, äusserst lockere Masse zerfällt, die nur allmählig den Charakter einer grobmulmigen Krume annimmt. — Noch viel stärker aber wird diese Eigenschaft — selbst bei dem Oxydhydratthon, — wenn seiner Thonmasse ausser dem Eisen auch noch mehrere Procente Glimmerblättchen und Sandkörner beigemengt sind.

Obgleich der Eisenthon gewöhnlich arm an allen alkalischen Beimengungen ist und noch am häufigsten (bis zu 2 pCt.) Kalkerde zeigt, so besitzt er doch, namentlich der oxydhydrathaltige, die Kraft, aus seiner Umgebung viel Ammoniak aufzusaugen, woher es denn kommt, dass er bei starker Erhitzung fast stets einen ammoniakalischen Geruch verbreitet.

2) Der Lehmthon oder Grundlehm. Ein fast stets unreinockergelber, auch lederbrauner, 7—10 pCt. Eisenoxydhydrat und mindestens 15 pCt., nicht durch Schlämmen absonderbaren, Kieselmehls haltiger, ausserdem aber meist auch noch durch wenigstens 15 pCt., durch Kochen mit Wasser abschlämmbaren, äusserst feinen Sandes verunreinigter, Thon. Im trocknen Zustande fühlt er sich mager und nur wenig fettig an. Am Fingernagel glättet er sich wenig oder nicht. Zwischen den Fingern wird er zerrieben, ohne stark zu färben. Der Sonne ausgesetzt,

wird er zwar nicht so schnell und stark erhitzt, als der trockene Thon, bleibt aber länger warm als der letztere. Eben so zeigt er nicht die feste, aus einzelnen festen Knollen und Stücken bestehende, Oberfläche des Thones, sondern eine gleichartige, mulmige Beschaffenheit seiner Krumentheile. Sein Wasseransaugungs- und Wasserhaltungsvermögen aber zeigt sich in diesem Zustande bedeutend stark; denn er vermag ausgetrocknet 40—50 pCt. Wasser in sich aufzunehmen und festzuhalten. Das specifische Gewicht $= 2{,}50—2{,}6$. Im feuchten Zustande lässt er sich zwar kneten und in plumpe Formen verarbeiten, aber nie, wie der Thon, in dünne Platten walzen oder in schmale Cylinder ausstrecken. Dabei zeigt er sich nur wenig anklebend gegen die ihn bearbeitenden Instrumente. Ueberhaupt wird er durch die Nässe nicht so schmierig und zäh, dass er die mulmige Beschaffenheit seiner Krume verlöre.

Sein Erwärmungsvermögen ist in diesem Zustande zwar nicht bedeutend, aber doch stark genug, um einen Theil seines angesogenen Wassers wieder zum Verdunsten zu bringen. Dabei zeigt er sowohl im trocknen, als im feuchten Zustande ein heftiges Bestreben, nicht nur atmosphärische Luft, sondern auch alles Ammoniak aus seiner Umgebung aufzusaugen.

Der Lehmthon oder Grundlehm ist ein Verwitterungsproduct der glimmer-, hornblende- und augitreichen krystallinischen Felsarten und in den meisten Fällen die Hauptmasse der Verwitterungsrinde von diesen letzteren. Er findet sich daher öfters in den Mulden und Thälern der kaliglimmerreichen Granite, Gneisse, Syenite und Diorite. Gewöhnlich erscheint er dann aber untermengt mit gemeinem Thon oder auch mit mehr oder weniger grossen Mengen von Grus und Sand von denjenigen Mineral- und Gesteinsresten, aus deren Verwitterung er entstanden ist. — Ausserdem entsteht er auch aus der Verwitterung und Schlämmung feinkörniger, nicht zu bindemittelreicher Sandsteine, wie diese selbst eigentlich von Haus aus nichts weiter als steingewordene alte Lehmablagerungen sind. In diesem Falle ist er arm an noch zersetzbaren Sandtheilen, enthält höchstens noch Glimmerblättchen und Feldspathstückchen neben Quarzkörnern und lagert in den Buchten und am Fusse von Sandsteinbergen. Endlich aber bildet er auch vom Wasser fortgefluthet und dann mit Sand und Geröllen verschiedener Art untermengt das Bildungsmaterial des gemeinen Lehmes oder des Schwemmlehmes.

b. Kalkhaltige Thonsubstanzen.

§ 54. **Allgemeine Charakteristik.** — Alle hierher gehörigen Erdkrumenarten brausen, — aber oft erst beim Erwärmen — mit Salz oder Salpetersäure mehr oder weniger stark in ihrer ganzen Masse gleichmässig auf und lösen sich dabei theilweise unter Ausscheidung eines Rückstandes von gemeinem Thon und oft auch von Sand oder Kieselmehl auf.

Die hierdurch erhaltene Lösung giebt nach dem Abfiltriren mit Oxalsäure einen weissen Niederschlag von oxalsaurem Kalk, aus welchem man dann durch Glühen wieder soviel kohlensauren Kalk erhalten kann, als ursprünglich in der thonigen Erdkrume vorhanden war. — Es sind demnach die hierhergehörigen Krumen innige und gleichmässige Mischungen von kohlensaurem Kalk oder auch von Dolomit mit gemeinem Thon oder mit Lehm, welche dadurch entstanden sind, dass diese beiden lezteren Thonabarten Lösungen von kohlensauren Kalk in sich aufnahmen, dieselben gleichmässig in ihrer ganzen Masse vertheilten und den Kalkgehalt derselben auch nach dem Verdunsten seines Lösungswassers so fest hielten, dass er durch Schlämmen mit Wasser nicht wieder von ihnen zu trennen ist. Durch diese letztgenannte Eigenschaft aber sind gerade diese Mischungen von den mechanischen Mengungen von Thon mit Kalkpulver, Kalkschlamm oder Kalksand, welche man kalkigen Thon oder Kalkthon nennt, unterschieden, — abgesehen davon, dass diese letzteren nie gleichmässig, sondern nur da, wo grade ein Kalktheilchen liegt, aufbrausen.

Diese innigen und gleichmässigen, nicht durch Schlämmen von einander zu trennenden, Mischungen von Thon oder Lehm mit kohlensaurem Kalk (oder Dolomit), welche noch überall da entstehen, wo Lösungen von dem letzteren in Thon- oder Lehmablagerungen eindringen und bald in der Form von festen Gesteinen, bald als erdige Krumen auftreten, nennt man:

Mergel.

§ 55. Bestand, Abarten und Eigenschaften desselben. — Da der als festes Gestein auftretende Mergel schon im I. Abschnitte näher beschrieben worden ist, so kann hier nur die Rede von dem erdigen Mergel oder der Mergelkrume sein.

a. **Bestand und Abarten der Mergelkrume.** Die wesentlichen Gemengtheile alles Mergels sind kohlensaurer Kalk und Thon, in manchen Fällen auch noch kohlensaure Magnesia. Ausserdem aber fehlt fast in keinem Mergel irgend ein Quantum von Eisenoxydhydrat oder Eisenoxyd und von Kieselmehl, zu welchem sich oft auch noch eine grössere oder kleinere Menge abschlämmbaren Sandes gesellt; ja es scheint fast, als ob ganz reiner, eisenoxydhydrat- und kieselmehlfreier Thon nur wenig Ansaugungskraft zum kohlensauren Kalk besitze, denn nach meinen Versuchen vermochte solcher reiner Kaolin höchstens 2 pCt. kohlensauren Kalk in sich aufzunehmen und festzuhalten. Endlich giebt es auch von Bitumen durchdrungene Mergel, welche aber nie mehr als höchstens 20 pCt. Kalk enthalten. Der Grund von diesem geringen Kalkgehalte liegt indessen nicht sowohl in dem Unvermögen dieser bituminösen Mergel mehr Kalk in sich aufzunehmen, als vielmehr in dem Umstande, dass sich unter Luftzutritt und Feuchtigkeit aus ihrem kohlenstoffreichen Bitumen Kohlensäure entwickelt, durch welche der kohlensaure Kalk der Mergelmasse doppeltkohlensauer und hierdurch löslich und auslaugbar gemacht wird.

Je nach dem Mengeverhältnisse des Thones und Kalkes nun unterscheidet man im Allgemeinen folgende Mergelkrumen:

1. Mergeligen Thon, welcher 5—10 pCt Kalk, 90—95 pCt. Thon enthält und nur dann mit Säuren aufbraust, wenn man ihn fein pulvert und mit heisser Salzsäure behandelt;

2. Thonmergel, welcher 15—25 pCt. Kalk und 75—85 pCt. Thon enthält und erst als Pulver langsam mit Säuren aufbraust;

3. Gemeinen Mergel, welcher 25—50 pCt. Kalk, 50—80 pCt. Thon besitzt und bisweilen auch 5—10 pCt. Magnesiacarbonat enthält und erst beim Erwärmen mit Salzsäure langsam aufbraust;

4. Lehmmergel, welcher 15—25 pCt. Kalk und 20—25 pCt. Thon enthält und beim Behandeln mit Salzsäure auch 25 bis 75 pCt. Kieselmehl und feinen Sand ausscheidet;

5. Kalkmergel, welcher 50—90 pCt. Kalk und 10—25 pCt. Thon nebst Kieselmehl besitzt und mit Säuren rasch und stark aufbraust;

6. Magnesiakalkmergel, welcher 10—30 pCt. Kalk, 20—50 pCt. Thon, 10—40 pCt. Magnesia enthält und erst beim Pulvern und Erwärmen mit Salzsäure zwar nur allmählig, aber lange aufbraust. Hat man bei einer Zersetzung Schwefelsäure angewendet, so giebt er Gyps und schwefelsaure Magnesia (Bittersalz), welche man leicht am Geschmack des Filtrates bemerken kann.

7. Thonigen Kalk, welcher weniger als 10 pCt. Kalk besitzt und demnach schon zu den eigentlichen Kalkkrumen gehört.

Ausserdem unterscheidet man auch noch Gypsmergel oder Gypsthon, welcher ein von Gyps durchzogener Thon ist und seinen Gypsgehalt in Folge der Löslichkeit dieses letzteren unaufhörlich verändert.

b. Eigenschaften der Mergelkrume. Die Farbe des Mergels hängt zum Theil von der Menge seines Kalkes, zum Theil von der Oxydationsstufe seines Eisengehaltes ab und zeigt sich darum bei einem und demselben Mergel sehr verschieden. Enthält er viel Kalk und wenig oder kein Eisen, so erscheint er gewöhnlich grau, ins gelbliche oder weiss; besitzt er dagegen 1—3 pCt. Eisen, so zeigt er sich weisslichgrau von kohlensaurem Oxydulhydrat, blau bis grünlich vom Oxyduloxyd, ockergelb vom Oxydhydrat, rothbraun vom Eisenoxyd. Diese Farbennuancen sind gewöhnlich in den einzelnen Lagen des Mergels scharf abgeschnitten, wie man dies auch an den bunten Mergeln des bunten Sandsteins und Keupers am schönsten bemerken kann. Oft aber sieht man auch diese verschiedenen Farben nach und nach an einer und derselben Krume hervortreten, was von einer steigenden

Oxydation ihres Eisengehaltes herrührt und namentlich dann stattfindet, wenn man oxydulhydrathaltigen Mergel der Luft aussetzt. — Wenn Mergel sehr viel humose Stoffe beigemengt enthält, so zeigt er sich dunkelgraubraun bis schwarz gefärbt, verbleicht aber beim Erhitzen oder auch schon an der Luft.

Das specifische Gewicht des Mergels ändert sich nach seinen Beimengungen zwar sehr ab, jedoch kann man als die niedrigste Stufe desselben $2{,}63$ und als die höchste $2{,}7$ ansehen.

Unter seinen übrigen Eigenschaften tritt namentlich die Eigenthümlichkeit hervor, dass alle wirklichen Mergel dem wechselnden Einflusse der Witterung ausgesetzt ihren Zusammenhang verlieren und in ein lockeres Haufwerk von Blättchen und eckigen Stückchen zerfallen, welche sich wiederum zertheilen und am Ende eine feinkrümelige mürbe Erdmasse bilden, die sich mit anderen Bodengemengtheilen gleichartig vermischen lässt und diesen nun denselben Grad von Bindigkeit und Lockerheit mittheilt, den sie selbst besitzt. Das Verhalten gegen das Wasser, die Luft und die Wärme aber wird bedingt durch den vorherrschenden Bestandtheil eines Mergels. Die Feuchtigkeitsansaugung ist bei allen Mergeln ziemlich stark und der des Lehmes gleich, wenn sie nicht einen zu starken Sandgehalt besitzen; am stärksten tritt sie jedoch bei den Thonmergeln und vorzüglich den magnesiahaltigen hervor, welche unermüdlich Wasser aufsaugen und doch immer trocken (was jedoch von ihrem gewöhnlich starken Eisengehalte herrühren mag) erscheinen. Nicht so ist es mit der Wasser anhaltenden Kraft. Diese wird gesteigert durch den zunehmenden Thon- und Magnesiagehalt und vermindert durch die steigenden Procente von Kalk, Sand und mechanisch beigemengtem Eisenoxyd; sie zeigt sich demnach am stärksten im magnesiahaltigen Thon- und Lehmmergel, am schwächsten im eisenschüssigen und sandigen Lehm- und Kalkmergel. — Mit der Wasser haltenden Kraft steht aber die Erhitzungs- und Verdunstungsgrösse des Mergels in umgekehrten Verhältnisse, daher: je stärker jene, desto schwächer diese und umgekehrt.

Wie in den oben genannten Eigenschaften, so zeigt sich der Mergel auch verschieden in seiner Consistenz. Diejenigen Mergel, welche neben einem vorherrschenden Thongehalte viel Eisenoxyd und Magnesia besitzen, zeigen sich im trocknen Zustande blätterig und verharren in dieser Aggregatform beim Durchnässen (Schiefermergel des bunten Sandsteins und Keupers). Tritt in diesen Thonmergeln der Eisen- und Magnesiagehalt mehr und mehr zurück, so nähern sie sich sowohl während des Austrocknens, als im nassen Zustande dem gemeinen Thon um so mehr, je mehr sie von diesem Bodengemengtheile in ihr Gemisch aufnehmen, und es tritt ihre Mergelnatur erst dann wieder hervor, wenn sie einige Zeit an der Luft gelegen haben, oder wenn sie während ihrer Austrocknung von einem sanften Sommerregen befeuchtet worden sind. — Die Lehmmergel und thonigen oder magnesiahaltigen Kalkmergel ferner zeigen sich im trockenen, wie nassen Zustande feinkrümelig. —

Die mit Sand untermengten Mergel endlich bilden im Austrocknungszustande namentlich bei vorherrschendem Kalkgehalte und nach vorhergegangener starker Durchnässung sehr häufig Steinknollen, die sich ähnlich wie verhärteter Mörtel verhalten, indessen bei erneuter mässiger Befeuchtung allmählig in eine lockere Krume zerfallen.

c. Verhalten des Mergels gegen Lösungen und durch dieselben herbeigeführten Veränderungen seiner Masse. In Folge seines Thongehaltes vermag der Mergel ebenso wie der Thon Lösungen der verschiedensten Substanzen in sich aufzusaugen und festzuhalten. Indessen ist seine Aufsaugekraft viel schwächer und überhaupt um so geringer, je kleiner sein Thongehalt ist. Am meisten vermag er alsdann noch kohlensaure Alkalien und kohlensaures Eisenoxydul in sich aufzunehmen, in kohlensaurem Wasser gelöste kieselsaure und phosphorsaure Salze oder auch Kieselsäure dagegen nimmt er stets in weit geringeren Mengen auf, als der gemeine Thon. Dabei wirken diese letztgenannten Stoffe auch noch verändernd auf seine Masse ein, wie mir Versuche gelehrt haben. Giesst man nemlich auf einen (— 30 — 40 pCt. Kalk haltigen —) feuchterdigen Mergel eine starke kohlensaure Lösung von basisch kieselsaurem Kali (sogenanntem Wasserglas) oder von phosphorsaurem Kalk, lässt das Gemisch einige Stunden lang in einem verdeckten Gefässe stehen und verarbeitet es dann mit sehr viel Wasser zu einem dünnen Schlamm, so zeigt das abfiltrirte Schlämmwasser bei der Untersuchung doppeltkohlensauren Kalk, der zurückgebliebene Thonschlamm aber unlöslichen phosphorsauren Kalk oder unlösliches kieselsaures Kali. Es hat demnach der einfach kohlensaure Kalk des Mergels dem phosphorsauren Kalk oder dem kieselsauren Kali die Lösungskohlensäure geraubt und sich selbst hierdurch in löslichen doppeltkohlensauren Kalk umgewandelt, so dass nun aus dem Mergel ein Gemisch von Thon und phosphorsaurem Kalk oder kieselsaurem Kali entstanden ist. In ähnlicher Weise wandeln, wie auch früher schon mitgetheilt worden ist, lösliche schwefelsaure Salze des Eisen- oder Kupferoxydes oder überhaupt der Schwermetalloxyde, sobald sie in die Masse des Mergels gelangen, denselben in ein Gemenge von kohlensauren Schwermetalloxyden (Eisenspath, Malachit etc.) Gyps und Thon um. Und kommen Lösungen von humussauren Alkalien in die Mergelmasse, so entziehen sie derselben allen kohlensauren Kalk, indem sie denselben unzersetzt in sich auflösen. — Abgestorbene Organismenreste endlich werden durch den Einfluss des stark basischen Kalkes im Mergel rasch zur Zersetzung gebracht. Durch die hierdurch erzeugte Verwesung aber wirken sie in doppelter Weise zersetzend auf den Mergel ein. Einerseits nemlich wandeln sie durch die aus ihnen sich entwickelnde Kohlensäure den unlöslichen einfach kohlensauren Kalk in löslichen doppeltkohlensauren um, und andererseits entwickelt sich aus ihnen, wenn sie stickstoffhaltig sind, zuerst Ammoniak und dann aus diesem durch Anziehung von Sauerstoff Salpetersäure, mit welcher sich ebenfalls der Kalk des Mergels zu leicht löslichem Kalksalpeter verbindet. Viel guter Dünger kann demnach aus dem Mergel auch viel gute Pflanzennahrung entwickeln, aber ihn auch bald so entkalken, dass nur noch gemeiner Thon von seiner Masse übrig bleibt.

d. Bildungs- und Lagerstätte des Mergels. Wie schon wiederholt bemerkt, so entsteht der wahre Mergel keineswegs durch eine einfache Zusammenmengung von Kalksand oder Kalkpulver mit Thon, sondern dadurch, dass Lösungen von kohlensaurem Kalk so innig und gleichmässig von Thonmasse aufgesogen werden, dass der Kalk auch nach der gänzlichen Verdunstung seines Lösungswassers fest mit dem Thone verbunden bleibt, so dass kein reines Wasser ihn von dem letzteren losreissen kann.

Hierin besteht gerade der wesentliche Unterschied zwischen Mergel und kalkigem Thon. Verwandelt man Mergel durch Wasser in den dünnsten Schlamm, so bleibt doch noch jedes Schlammtheilchen Mergel; wird dagegen eine einfache mechanische Mengung von Kalkpulver und Thon in dünnen Schlamm umgewandelt, so sondert sich das Kalkpulver vom Thon ab und senkt sich zu Boden, so dass allmählig zwei über einander stehende Lagen — eine untere aus Kalk und eine obere aus reinem Thon gebildete — entstehen. Dies geschieht stets, auch wenn die Mengung noch so innig und gleichmässig gemacht worden ist.

Nach dem eben Mitgetheilten wird demnach Mergelmasse nur da entstehen können, wo Wasser mit gelöstem doppeltkohlensaurem Kalk in Thon- oder Lehmmassen einsintert. Dies ist unter anderem der Fall,

1) wenn sich auf einer Felsart, welche kalkerdehaltige Mineralien (— Oligoklas, Labrador, Kalkhornblende, Augit oder Diallag —) enthält, eine thonige Verwitterungsrinde gebildet hat. Bei Diabasen, Kalkdioriten und Basalten erscheint daher diese Rinde immer mehr oder weniger mergelig. Wäscht nun Regen dieselbe immer, so wie sie sich entwickelt hat, ab, so können sich im Zeitverlaufe am Fusse, in den Spalten, Klüften und Thälern der aus diesen Felsarten bestehenden Bergmassen mehr oder weniger mächtige Mergellager bilden.

Recht auffallend bemerkt man dies an den ganz mit groben Blöcken bedeckten Basalt- und Doleritbergen. Die zwischen diesen Blöcken befindlichen Klüfte sind alle mit einer dunkelgefärbten Mergelerde gefüllt, welche 25—30 pCt. Kalk enthält und äussert fruchtbar ist.

2) Ebenso werden Thon- oder Lehmablagerungen, welche sich am Fusse oder in Thälern von bewaldeten Kalk- oder Kalksandsteinbergen befinden, mit der Zeit mergelig, indem das aus den verwesenden Baumabfällen reichlich entstehende Kohlensäurewasser unaufhörlich Kalk auflöst und bei jedem Regengusse den am Fusse der Kalkberge lagernden Thon-

oder Lehmmassen zuleitet. Die Mergelungsquelle versiegt indessen, sobald die genannten Berge entwaldet werden und mehrere Jahre hindurch unbepflanzt liegen bleiben; denn alsdann trocknen und dürren die Bergflächen so aus, dass sich kein Kohlensäurewasser mehr bilden kann. Und dann reisst jeder Regenguss von den ausgedörrten Kalkbergen nicht nur alle noch vorhandene Krume, sondern auch Gerölle, Sand und Pulver von Kalksteinen mit sich fort und führt sie den Thon- und Lehmlagern am Fusse dieser Berge zu. Hierdurch aber werden diese nicht mehr gemergelt, sondern nur mit Kalkschutt ungleichmässig gemengt und in Folge davon nur kalkig-thonig.

3) Endlich können aber auch Mergelablagerungen fern von allen Kalk spendenden Erdrindemassen da entstehen, wo Gewässer, welche aus kalkhaltigen Gebirgsgegenden kommen und demgemäss gelösten kohlensauren Kalk enthalten, ihre Ufer überfluthen und sich auf thon- oder lehmhaltigen Bodenstrecken ausbreiten. Dasselbe kann indessen auch da geschehen, wo überfluthende Wassermassen schon fertigen Mergelschlamm mit sich führen.

Nach allem diesen können demnach Mergelablagerungen an den verschiedenartigsten Orten der Erdoberfläche vorkommen. Ihre Hauptablagerungsstätten finden sich indessen, wie schon im I. Abschnitte angegeben worden ist, im Gebiete der verschiedenen Kalksteinformationen, sodann in der Umgebung namentlich labrador- oder oligoklas- und augithaltiger Felsarten, endlich in den breiten Flussthälern, welche von Gewässern durchzogen werden, die aus Kalksteingebieten hervortreten.

e. Der Mergel als Bodengemengtheil und Pflanzenerhalter. Vermöge seiner Zusammensetzung besitzt der Mergel in physischer Beziehung eine Doppelnatur, durch die er einerseits nasse, zähe und kalte Bodenarten zum Verdunsten reizt, krümelig macht und mit Wärme versorgt, andererseits trockene, lose und hitzige Krumen feucht, bindig und mässig warm macht, — und folglich im Allgemeinen zur physischen Verbesserung einer jeden Bodenart tauglich wird. Hierbei ist indessen wohl zu merken, dass

1) nach dem im Vorigen Mitgetheilten nicht alle Mergelarten von gleicher Güte für je eine Bodenart sind, dass also für einen Thonboden ein Kalkmergel geeigneter ist, als ein Thonmergel, und für einen Sandboden wieder ein Mergel der letzten Art besser passt, als ein Sand- oder Kalkmergel;

2) die Mergel nur dann ihren Bodenverbesserungsdienst normal erfüllen können, wenn sie einer Erdkrume recht innig und gleichmässig beigemengt werden; und

3) die Masse des anzuwendenden Mergels sich nicht blos nach der physischen Beschaffenheit, sondern auch nach der Mächtigkeit der zu düngenden Krume und der Beschaffenheit der in dieser Krume zu erziehenden Gewächse richtet.

In chemischer Beziehung wirkt der Mergel hauptsächlich durch seinen kohlensauren Kalk und steht dem Kalke selbst in seinem Wirkungsvermögen nicht nur sehr nahe, sondern übertrifft ihn auch noch insofern, als er mittelst seines Thongehaltes einestheils allmähliger, aber eben deshalb auch nachhaltiger wirkt, und anderntheils die chemischen Producte seiner Wirksamkeit, wie kohlensaures Ammoniak und dergleichen mehr, besser zusammenhält als jener. Zugleich übergiebt er neben seinem Kalke der Erdkrume eine grössere oder kleinere Quantität Sand und Thon und mit diesem gewöhnlich eine oft nicht unbedeutende Menge verschiedener alkalischen Salze, hauptsächlich aber Salpeter und phosphorsaure Magnesia-Kalkerde. Durch dieses Alles wird er nicht nur zum Verbesserungs-, sondern auch zum Vermehrungs- und Verjüngungsmittel der Erdkrume und dadurch von dem höchsten Werthe für das Pflanzenleben, ja zum eigentlichen Sitze der so üppigen und mannichfaltigen Kalkflora. Nur schade, dass auch er, ähnlich wie der Kalk, im Verlaufe der Zeit seine düngende Kraft verliert und durch den Verlust seines Kalkes zu gemeinem oder sandigem Thon herabsinkt, wodurch er eine an sich schon thonige Krume oft noch unwirthbarer macht, als sie vor der Mergelung war.

C.

Vom gemischten Felsschutte oder Erdboden.

§ 56. **Allgemeines.** — Wenn auch die in dem vorigen Abschnitte beschriebenen Abarten des Erdschuttes häufig für sich allein schon bedeutende Ablagerungsmassen theils zwischen den Gesteinsgliedern der verschiedensten, älteren wie jüngeren, Formationen der Erdrinde, theils auf der Oberfläche des Erdkörpers bilden, so treten sie doch noch viel häufiger in mannichfacher mechanischer Untermengung einerseits unter sich selbst oder mit Geröllen, Grus und Sand und andererseits mit den in Zersetzung begriffenen Resten abgestorbener Organismen auf. Die Ursache hiervon liegt in der Entstehungs- und Ablagerungsweise dieser Schuttmassen. Denn (wie auch schon früher bemerkt worden ist) alle Thonsubstanzen entstehen aus gemengten krystallinischen Felsarten und müssen demgemäss schon von ihrem Entstehungsmomente an mit den schwer und langsam oder auch gar nicht verwitternden Felsgemengtheilen untermischt und verunreinigt erscheinen. Ferner entstehen ja aus den verschiedenen Gemengtheilen von einer und derselben Felsart verschiedenartige Thonsubstanzen, — so z. B. im Granite aus dem Orthoklas Kaolin und aus dem Glimmer eisenschüssiger Lehmthon, — welche sich schon bei ihrer Bildung unter einander mischen müssen. Endlich schlämmt und schwemmt das Regenwasser alle die Verwitterungsproducte einer Felsart von ihrer Mutterstätte weg und setzt sie bunt durch einander gemengt an irgend einem zweiten Orte wieder ab. Indessen eben dieses Schwemmwasser kann auch gerade durch seine Schlämmkraft das Reinigungsmittel von diesen Erdschuttgemischen werden; denn wenn es mit Schutt aller Art beladen in irgend eine Bodenvertiefung, sei es in einen Erdfall, ein Kesselthal oder ein Seebecken, fliesst und daselbst zum Stillstand gelangt, so setzt es seinen mitgeführten Schutt je nach dem grösseren oder geringeren Gewichte und der leichteren oder schwereren Schlämmbarkeit der einzelnen Schutttheile in parallel über einander liegenden Lagen in der Weise ab, dass die schwersten und nur rollbaren Theile (so das Gerölle und der Sand) die untersten und die am leichtesten schlämmbaren Theile (— so der reine Thon —) die obersten Ablagerungsmassen bilden. Hiervon macht jedoch der eisenschüssige Thon, Lehmthon und Mergel eine Ausnahme; denn diese Krumenarten haben zusammengesetzte Gemengtheile (wie auch früher bei der Beschreibung der Thonsubstanz schon bemerkt worden ist) und sind in Folge davon schwerer, besitzen aber eben deshalb auch einerseits eine geringere Schlämmbarkeit, so dass sie sich viel rascher zu Boden senken, als der reine Thon, und andererseits eine grössere Tragkraft, so dass der mit ihnen während ihrer Fortschlämmung gemengte Sand und Grus mit ihnen auch bei ihrem Absatze gemengt bleibt. — Ebenso wird aber auch selbst die reine Thonsubstanz noch mit Steinschutt gemengt bleiben, wenn

1) die Zersetzung einer Thon spendenden Felsart so langsam erfolgt, dass die hierbei entstehende Thonmasse mehr trockenerdig bleibt und so eine starke Consistenz behält; oder

2) die vom Wasser fortgeflutheten Schlammtheile in Räume geführt werden, welche schon mit grobem oder feinen Steinschutt mehr oder weniger erfüllt sind. Denn in diesem Falle setzt sich der fein geschlämmte Thonschutt in alle Lücken und Räume zwischen dem Steinschutte, bis er sie alle ausgefüllt hat; aber in diesem Falle ist er auch nicht der tragende, sondern der vom Steinschutt getragene Theil. Bleibt alsdann nach Ausfüllung aller Räume zwischen dem Steinschutte noch Erdschutt übrig, so lagert sich derselbe fast rein über dem ersteren ab, so dass es den Anschein hat, als hätte sich die unter der reinen Thonlage befindlichen Steinschuttmasse allmählig in die Tiefe gesenkt. — Diese Mengungen bemerkt man in allen Buchten, Thälern und Ebenen, welche Ströme überfluthen, die von Gebirgen kommen und bei starken Anschwellungen allen möglichen Felsschutt mit sich fortfluthen; ja man darf behaupten, dass wohl alle gemengten Erdkrumen in Thälern und Ebenen auf diese Weise entstanden sind.

Die aus der mechanischen Mengung der im vorigen Abschnitte beschriebenen Arten des Feldschuttes entstehenden, vorherrschend erdkrümlichen Aggregationen sind es nun, welche man mit dem Namen Erdboden, Ackerkrume oder Boden schlechthin bezeichnet.

Es erscheint also hiernach der für die Pflanzencultur benutzbare Erdboden als ein Gemenge

theils von Erdschutt mit Erdschutt,

theils von Erdschutt mit Steinschutt,

theils von Erd- und Steinschutt mit Organismenschutt,

und so verhalten sich demnach die einzelnen Arten des Felsschuttes zu den einzelnen Bodenarten, wie die einfachen krystallinischen Mineralien zu den von ihnen zusammengesetzten krystallinischen Felsarten.

Man könnte die Frage aufwerfen: Kann denn von den im vorigen Abarten des Steinschuttes nicht jede auch für sich allein eine Bodenart darstellen? Allerdings, sobald man nur hierbei die räumlich ausgedehnten Massen im Auge hat, denn sowohl der Sand, wie der Thon, Lehm und Mergel bilden ja für sich allein schon gewaltige Ablagerungsmassen; denkt man aber bei der obigen Frage zugleich daran, dass der Erdboden der Träger, Ernährer und Erhalter der Pflanzenwelt — und zwar für die Dauer — sein soll, dann wird man diese Frage dahin beantworten, dass unter allen diesen einfachen Arten des Felsschuttes nur der Mergel, — aber auch nur so lange als er noch kohlensauren Kalk enthält, — einen geeigneten Träger der Pflanzenwelt abgeben kann.

Mit Beziehung auf alle diese Verhältnisse lassen sich nun die allgemein vorkommenden Pflanzen tragenden Bodenarten je nach ihrem Bildungsmateriale eintheilen:

1) in Bodenarten, welche nur aus Mineralschutt zusammengesetzt sind (Mineral- oder Rohboden),

2) in Bodenarten, welche aus einem Gemenge von Mineral- und Organismenschutt bestehen (Humus- oder Culturboden).

Da unter diesen beiden Klassen die erste zugleich das Bildungsmaterial der zweiten enthält, so muss jene zuerst ins Auge gefasst werden.

I. Mineral- oder Rohbodenarten.

a. Im Allgemeinen.

§ 57. Das Gemenge derselben. In jeder gemengten Bodenart kann man dreierlei mineralische Gemengtheile unterscheiden, nemlich

1) solche, welche die Gesammtmasse einer Bodenkrume bilden und ihr sowohl einen bestimmten mineralischen Charakter, wie auch gewisse, nur ihnen zustehende, physische Eigenschaften ertheilen.

Diese Gemengtheile sind als das wesentliche Bildungsmaterial einer Bodenart zu betrachten. Sie sind im reinen Wasser unlöslich, können aber durch Kohlensäurehaltiges Wasser häufig wenigstens zum Theil aufgelöst werden. Unter ihnen spielt nach dem früher schon Mitgetheilten die Thonsubstanz eine Hauptrolle; ja sie ist gradezu als das — unter den gewöhnlichen Verhältnissen — allein stabile Universalbodenbildungsmittel zu betrachten, da ohne ihre Hülfe kein anderer Bodengemengtheil im Stande ist, für die Dauer einen behaglichen Wohnsitz für die Pflanzenwelt abzugeben. Nächst der Thonsubstanz ist nur noch der Quarzsand als stabiler Bodengemengtheil anzusehen; der Kalk dagegen erscheint um so vergänglicher, je mehr sich die Pflanzenwelt auf einer Bodenart herrschend gemacht und dieselbe mit ihren Kohlensäure entwickelnden Abfällen versorgt hat. — Man kann demgemäss unter den wesentlichen Gemengtheilen eines Bodens bleibende, zu denen der Thon und Quarzsand gehört, und allmählig verschwindende, zu denen der kohlensaure Kalk (Dolomit) und Gyps zu rechnen ist, unterscheiden.

2) solche, welche in einer gegebenen Bodenart fehlen können, ohne dass dadurch der mineralische Charakter der letzteren aufgehoben wird, obwohl sie, zumal bei reichlichem Auftreten, einen mehr oder minder grossen wesentlichen Einfluss auf die Umänderung der physischen Eigenschaften (Verhalten gegen Wärme, Luft und Wasser, Consistenz) und der Fruchtbarkeitsverhältnisse der von ihnen bewohnten Bodenart ausüben können. Unter ihnen, die man in Beziehung auf ihr Verhältniss zur Gesammtmasse eines Bodens als unwesentliche Beimengung des letzteren bezeichnet, sind indessen wieder zwei Gruppen zu unterscheiden:

a. Die Einen von ihnen treten in der Form von gröberem oder kleinerem Felsschutt, also als Blöcke, Gerölle, Grus oder grober Sand, in einem Boden auf und sind in der Regel der Masse des letzteren ungleichmässig beigemengt. Einen mit ihnen reichlich versehenen Boden nennt man zur näheren Bezeichnung geröll-, grus-, steinreich oder kurzweg steinig. Diese steinigen Beimengungen haben für den von ihnen besetzt gehaltenen Boden, zumal wenn sie in grosser Menge vorhanden sind, eine sehr hohe Bedeutung:

1) ändern sie die Cohärenzverhältnisse eines Bodens, indem sie strengthonige Bodenarten lockern, aber sandreiche Bodenarten auch — wenigstens so lange sie unverwittert sind, — fast aller Bindung berauben;

2) ändern sie hierdurch auch das Verhalten des Bodens zu Luft und Wasser, indem sie der Luft und dem Wasser den Zutritt in das Innere des Bodens verschaffen, bei allzugrosser Menge aber auch Kanäle bilden, durch welche das Wasser schnell in den Untergrund eines Bodens gelangt und so der Bodennahrungsschichte entzogen wird;

3) ändern sie aber auch das Verhalten des Bodens gegen die Wärme und die Verdunstung seines Wassers, wie bei der Beschreibung des groben Steinschuttes schon erwähnt worden ist;

4) endlich bilden sie das Hauptmaterial, aus welchem die Natur wenigstens zum Theil mittelst des Sauerstoffs, der Kohlensäure und des Wassers nicht blos die für die Pflanzenwelt nöthigen Nahrungsmittel, sondern auch die Mineralstoffe schafft, durch welche die Mineralmasse eines Bodens im Verlaufe der Zeit umgeändert wird.

> Bemerkung. Da alle diese Verhältnisse schon bei der Beschreibung des groben und feinen Steinschuttes besprochen worden sind, so bedürfen sie hier keiner weiteren Erörterung, zumal sie bei der Beschreibung der einzelnen Bodenarten nochmals erwähnt werden müssen.

Indessen sind auch unter diesen steinigen Beimengungen wieder zu unterscheiden: unveränderliche oder stabile, welche die Eigenschaften eines Bodens bleibend verändern und nicht zur Pflanzenernährung verwendet werden können (Quarz- und Feuersteingerölle), und veränderliche, welche durch Kohlensäurehaltiges Wasser entweder ganz aufgelöst (— z. B. Kalk, Eisenspath, phosphorsaurer Kalk, Flussspath —) oder zersetzt und nur theilweise aufgelöst werden können (— so die Alkalien, Kalkerde, Magnesia und Eisenoxydul haltigen kieselsauren Minerale —). Unter diesen veränderlichen Beimengungen verändern die ganz löslichen die physischen Eigenschaften und die Pflanzenproductionskraft eines Bodens solange, als von ihnen noch Massen vorhanden sind, die nur theilweise löslichen aber verändern nicht nur die physischen Eigenschaften eines Bodens, sondern vermehren auch die Krume und das Pflanzennahrungsmagazin desselben; sie sind also von bleibenderen Werth für denselben, als die ganz löslichen.

b. Die zweite Gruppe von den sogenannten unwesentlichen Bodengemengtheilen findet sich in dem Wasser des Bodens aufgelöst und besteht demnach aus lauter Mineralstoffen, welche entweder schon in reinem oder doch in kohlensaurem Wasser mehr oder weniger leicht löslich sind. Sie entstehen aus der Zersetzung oder Lösung der veränderlichen, wesentlichen oder unwesentlichen Bodengemengtheile und werden sich darum um so häufiger und mannichfaltiger in einem Boden erzeugen, je mehr und verschiedenartigere feste Gemengtheile er enthält. Für den von ihnen bewohnten Boden haben sie einen mehrfachen Werth:

1) Sie können den mineralischen Charakter seiner Gesammtmasse verändern und vermehren, sei es nun vorübergehend, wie dies der kohlensaure Kalk und alle Carbonate thun, welche sich nicht höher oxydiren, oder bleibend, wie dies einerseits die aus ihren Lösungen ausgeschiedene und erstarrte Kieselsäure, und anderer-

seits der Eisenspath thut, welcher durch Anziehung von Sauerstoff in unlöslichen Raseneisenstein umgewandelt wird.

2) Sie befördern die Zersetzung und Umwandlung der in einem Boden auftretenden steinigen Beimengungen. Einige Beispiele werden dies bestätigen:

a. Lösungen von schwefelsaurem Eisenoxydul, welches bekanntlich aus der Oxydation von Eisenkies entsteht, wandeln die Beimengungen von Kalk und phosphorsauren Kalk in Gyps um, während ihr Eisengehalt selbst zu kohlen- oder phosphorsaurem Eisenoxyd, beides unangenehme Gäste im Boden, wird; ebenso vermögen sie Thon und selbst Feldspath in Alaun umzuwandeln; endlich sind sie überhaupt die Erzeugungsmittel der schwefelsauren Alkalien.

b. Kommen Lösungen von kohlensauren Alkalien mit Thon, welcher erstarrte Kieselsäure enthält, in innige Berührung, so lösen sie die letztere auf und verbinden sich mit ihr zu löslichen kieselsauren Alkalien.

c. Kommen kohlensaure Lösungen von kohlensauren Alkalien mit Steintrümmern des Bodens in Berührung, welche Kalkerde oder Magnesia enthalten (z. B. mit Hornblende oder Augit), so entziehen sie diese beiden alkalischen Erden ihren Verbindungen und wandeln sie in lösliche kohlensaure Kalkerde oder Magnesia um.

d. Die Erfahrung lehrt aber auch, dass Lösungen von kohlensaurer Kalkerde oder Magnesia zersetzend auf Feldspath einwirken.

Man darf darum wohl mit Sicherheit behaupten, dass eine Bodenart, welche Steinschutt und lösliche Mineralsalze enthält, so lange in der Umwandlung ihrer Masse begriffen ist, als sie noch eine Spur einerseits von veränderlichem Mineralschutt und andererseits von löslichen Mineralsalzen besitzt, deren Bestandtheile zu den chemischen Bestandtheilen des Schuttes eine grössere Verbindungsneigung haben, als zu den schon in ihrer Masse verbundenen Bestandtheilen.

3) Sie sind mit wenigen Ausnahmen (z. B. der sauren schwefelsauren Schwermetalloxyde) die eigentlichen Nahrungsmittel, welche ein Boden den in seiner Masse wurzelnden Pflanzen bieten kann. Von ihrer Art und Menge hängt daher zum grössten Theile die Pflanzenproductionskraft eines Bodens ab.

Mit Recht kann man daher in Beziehung auf ihre eben angedeutete Bedeutung diese im Wasser löslichen Gemengtheile, welche Leben oder Bewegung in die todte Masse eines Bodens bringen, ihren Stoffwechsel befördern und ihre Fruchtbarkeitsverhältnisse bestimmen, die Gewürze eines Bodens nennen. Aber eben wegen dieser ihrer Wichtigkeit müssen diese Bodengemengtheile, welche wir im Folgenden kurzweg die Bodensalze nennen wollen, genauer in's Auge gefasst werden.

§ 58. **Die Bodensalze.** — Sieht man von dem schwachbasischen Eisen- und Manganoxyde ab, welches sich nur mit starken Säuren, aber nicht mit der Kohlensäure, verbinden kann, so möchte wohl nur in sehr seltenen Fällen ein freies basisches Oxyd in einer Bodenart zu finden sein, welche von dem Kohlensäure führenden Meteorwasser durchdrungen wird; denn alle stark basischen Metalloxyde (d. h. alle Metalloxyde, welche sich mit jeder Art von Säuren zu Salzen verbinden können), vor allen die Alkalien und alkalischen Erden, verbinden sich mit dieser Säure, ja besitzen sogar die Eigenschaft, andere, nicht saure Substanzen, z. B. die fauligen Organismenreste und selbst das für sich schon basische Ammoniak, zur Säurebildung anzuregen, um sich dann mit ihren Säuren zu verbinden. Aber eben deshalb werden auch andererseits freie Säuren nur in einer solchen Bodenart auftreten können, welche gar keine basischen Metalloxyde oder nur solche Oxyde oder Salze enthält, welche zu den vorhandenen Säuren keine Verbindungsneigung besitzen. Sieht man nun von der Kohlensäure, welche fort und fort durch die Atmosphäre und das Wasser dem Boden zugeleitet wird, und von der einmal erstarrten und dadurch gegen Basen sehr unempfindlich gewordenen Kieselsäure ab, so möchte auch nur selten eine freie Säure in einer mineralischen Bodenart zu finden sein. Wenn nun aber demungeachtet eine Bodenart sauer reagirt, d. h. Lakmuspapier röthet, so rührt dies entweder von Salzen, welche überschüssige Säuren enthalten, also sauer sind (wie dies unter anderem bei dem aus der Verwitterung von Eisenkiesen abstammendem sauren schwefelsauren Eisenoxydul der Fall ist), oder von sogenannten Humussäuren her, wie wir später weiter zeigen werden.

Unter den gewöhnlichen Verhältnissen bestehen demnach die im Wasser löslichen Gemengtheile eines Mineralbodens weder aus reinen Basen noch aus freien Säuren, sondern aus den Verbindungen dieser beiden Arten von Stoffen d. i. aus Salzen. Die wichtigsten und am meisten in den verschiedenen Bodenarten vorkommenden und entweder in reinem oder in kohlensäurehaltigem Wasser löslichen Arten dieser Salze erscheinen als Verbindungen

<table>
<tr><td>der Kohlensäure</td><td rowspan="5">mit</td><td>Kali</td></tr>
<tr><td>Salpetersäure</td><td>Natron</td></tr>
<tr><td>Schwefelsäure</td><td>Ammoniak</td></tr>
<tr><td>Phosphorsäure</td><td>Kalkerde</td></tr>
<tr><td>Kieselsäure</td><td>Magnesia</td></tr>
<tr><td></td><td></td><td>Eisenoxydul</td></tr>
</table>

oder von Chlor oder Fluor mit Kalium, Natrium, Ammonium oder Calcium.

§ 58. **1. Die kohlensauren Salze oder Carbonate** bilden sich in allen Bodenarten, welche

einerseits von der atmosphärischen Luft, von Kohlensäure führendem Wasser oder auch von den Säuren verwesender Organismenreste durchzogen werden und

andererseits Mineralreste enthalten, welche Monoxyde (d. h. Metalloxyde, in denen auf 1 Theil Metall 1 Theil Sauerstoff kommt, z. B. Alkalien, alkalische Erden und Eisenoxydul) unter ihren chemischen Bestandtheilen besitzen.

Ihren Bildungsquellen nach haben sie demnach nicht nur das weiteste, sondern auch das reichste Gebiet; denn nicht genug, dass alle veränderlichen Silicatreste — Gerölle wie Sand — sie unter dem Einflusse von Kohlensäurewasser produciren können, kommen sie auch schon fix und fertig als Kalksteine, Dolomite u. s. w. in unermesslichen Massen und Mengen vor. Und ist erst ein Mineralboden mit Pflanzen bewachsen, dann liefern auch diese in ihren mineralischen Bestandtheilen dem sie tragenden Boden unaufhörlich Carbonate. Wenn man nun aber demungeachtet in dem Wasser eines Bodens verhältnissmässig nur kleine Quantitäten von diesen Salzen trifft, so liegt der Grund davon

1) in der leichten Lösbarkeit und Auslaugbarkeit der meisten dieser Salze, namentlich der Alkalicarbonate,

2) in der leichten Umwandelbarkeit derselben, indem

a. viele von ihnen unlöslich werden, sobald sie mit der Luft in Berührung kommen, sei es nun durch blossen Verlust ihres kohlensauren Lösungswassers (so alle Carbonate der alkalischen Erden und Schwermetalloxyde), sei es durch Anziehung von Sauerstoff und dadurch erfolgender Zersetzung (so des Eisenoxydulcarbonates, welches sich an der Luft in einfaches unlösliches Eisenoxydhydrat umwandelt),

b. die meisten von ihnen von den im Boden vorkommenden Silicatresten aufgesogen und zersetzt werden können, so alle kohlensauren Alkalien und die kohlensaure Magnesia, welche von den Feldspath-, Glimmer- und Hornblenderesten eines Bodens aufgesogen und in Theilsilicate ihrer Masse umgewandelt werden, wobei sich indessen meistens kohlensaure Kalkerde entwickelt,

c. alle durch andere Säuren — z. B. durch freie Schwefelsäure verwitternder Eisenkiese — zersetzt werden, weshalb z. B. in einem Boden, welcher Schwefeleisen enthält und in Folge davon auch Schwefelsäure entwickelt, um so weniger Carbonate auftreten können, je mehr solcher vitriolescirender Eisenkiese in ihm vorhanden sind,

3) in der grossen Begierde aller Pflanzen, Carbonate als die eigentlichen Spender der für ihre Ernährung nöthigen Kohlensäure in sich aufzusaugen.

Dies vorausgesetzt erscheinen nun die in einem Boden auftretenden Carbonate je nach ihrem Verhalten zum Wasser von doppelter Art: die Einen, so die Alkalicarbonate, sind selbst als basische Salze (d. h. wenn auf 1 Alkali 1 Kohlensäure kommt) in reinem Wasser leicht löslich, die Andern dagegen, so die Carbonate der alkalischen Erden und der Schwermetallmonoxyde, lassen sich als basische Salze nicht in reinem, sondern nur in Kohlensäurehaltigem Wasser auflösen. In dem Bodenwasser finden sich jedoch alle Carbonate in der Regel in kohlensaurem Wasser, also als zweifach kohlensaure Salze, aufgelöst. Für das Verhalten dieser Salze zum Pflanzenleben ist dieses von der grössten Wichtigkeit; denn die basischen Alkalicarbonate würden nur ätzend und zerstörend auf die Zellenmembran des Pflanzenkörpers einwirken, wie man leicht beobachten kann, wenn man in Töpfen stehende Pflanzen selbst mit den verdünntesten Lösungen von einfach oder basisch kohlensaurem Kali oder Natron begiesst.

Obgleich die Wichtigkeit der löslichen Carbonate für die Fortbildung einer Bodenmasse und die Ernährung der Pflanzen schon aus dem Obigen erhellt, so sei hier doch noch einmal darauf aufmerksam gemacht:

1) Die kohlensauren Alkalien schliessen die in einem Boden auftretenden Mineralreste auf und lösen an sich unlösliche Mineralsalze.

2) Sie befördern die Verwesung abgestorbener Organismen, indem ihre Sucht, sich mit stärkeren Säuren zu verbinden, diese Verwesungsstoffe zur Sauerstoffanziehung treibt und so aus ihm Humus- und Salpetersäure entwickelt.

3) Das sich beim Zersetzungsprocesse von stickstoffhaltigen Organismenresten entwickelnde Ammoniak treiben sie zur Bildung von Salpetersäure, mit welcher sie sich dann selbst zu salpetersauren Salzen verbinden.

4) Sie bilden als doppeltkohlensaure Salze das hauptsächlichste Nahrungsmittel der Pflanzen, indem sie ihnen einerseits die für den Aufbau des Pflanzenkörpers unentbehrliche Kohlensäure liefern und andererseits die in dem Körper der Gewächse selbst sich entwickelnden organischen Säuren abstumpfen, oder ganz unlöslich machen.

Die Reactionen und einzelnen Arten der Carbonate sind auf der beifolgenden Tafel: „Die wichtigeren Bodensalze" näher angegeben.

§ 58.   **2. Die salpetersauren Salze oder Nitrate** bilden sich, wie schon im I. Abschnitte bei der Beschreibung des Salpeters angegeben worden ist, hauptsächlich unter dem Einflusse von kohlensauren Alkalien und alkalischen Erden auf Stickstoff haltige oder Ammoniak entwickelnde Organismenreste, indem sie den Stickstoff der letzteren antreiben, durch Sauerstoffanziehung Salpetersäure zu bilden, mit welcher sie sich dann zu Nitraten verbinden. Es bilden sich daher diese Nitrate vorherrschend in einem Boden, welcher

     einerseits viel Carbonate der Alkalien und alkalischen Erden
          und

     andererseits viel verwesende — namentlich stickstoffhaltige
          — Organismenreste

enthält. In einem rein mineralischen Boden dagegen kommen sie nur selten und in sehr geringen Mengen, und zwar nur da, vor, wo sich auf seiner Oberfläche Flechten oder Anhäufungen thierischen Unrathes befinden, oder wo er von Gewässern, welche Verwesungssubstanzen enthalten, durchzogen wird. Bemerkenswerth erscheint es, dass man indessen auch Salpeterbildungen in einem von Eisenoxydhydrat ganz durchdrungenen, düngerleeren, sandreichen Boden und Mergel beobachtet.

> Kalkreiche oder mit Kalk- oder Feldspathgrus untermengte Bodenarten, welche vom Vieh beweidet oder von den Meereswellen bespült werden, ebenso mit Asche und flüssigem Dünger versorgte Aecker zeigen die Salpeterarten am reichlichsten.

Wie die Carbonate, so trifft man auch die Nitrate gewöhnlich nur in geringen Mengen im Wasser eines Bodens gelöst an, auch wenn noch so reichliches Material zu ihrer Bildung vorhanden ist, weil sie alle sehr leicht im Wasser löslich und darum auch leicht auslaugbar sind. Am ersten findet man sie daher noch in solchen Bodenarten, welche eine flachbeckenförmige Ablagerung und einen undurchlässigen Untergrund haben. In diesem Falle häufen sie sich bisweilen so in der Erdkrume an, dass sie namentlich nach Gewittern und darauf folgenden heissen Tagen ausblühen und die Oberfläche des Bodens weissmehlig beschlagen. Ausserdem aber werden sie alle äusserst begierig von den Pflanzen aufgesogen, denen sie in ihrer Salpetersäure den Stickstoff zur Bildung der Proteïnsubstanzen (Eiweiss, Käsestoff, Pflanzenfibrin) liefern.

Nicht unerwähnt darf die Beobachtung bleiben, dass die Bildung der Nitrate in einem Boden, welcher Eisenkiese und saures schwefelsaures Eisenoxydul enthält, ganz gehemmt wird oder gar nicht zu Stande kommt, weil die Schwefelsäure dieses Eisensalzes alle die Carbonatbasen, welche zur Salpetersäurebildung anregen könnten, an sich reisst und so einerseits diese Basen unwirksam macht und andererseits selbst das sich entwickelnde Ammoniak an sich zieht und in nicht weiter zersetzbares schwefelsaures Ammoniak umwandelt.

Die Reactionen und wichtigeren Arten der Nitrate siehe auf der beifolgenden Tafel.

§ 58. 3. **Die schwefelsauren Salze oder Sulfate.** Wie schon im I. Abschnitte bei der Beschreibung des Eisenkieses und des Eisenvitrioles gezeigt worden ist, so bilden sich schwefelsaure Salze hauptsächlich aus der Oxydation von Schwefelmetallen. Dies findet auch im Erdboden statt. Wenn nemlich in einem strengthonigen, sich leicht gegen die Luft verschliessenden Boden Schwefelmetalle vorhanden sind, und es wird derselbe so umgearbeitet, dass atmosphärische Luft bis zu seinen Schwefelmetallen gelangen kann, so werden diese letzteren in Sulfate umgewandelt. In dieser Weise wird demnach aus dem Schwefeleisen, einem sehr häufigen Bewohner der tieferen Lagen strengthoniger Bodenarten, saures schwefelsaures Eisenoxydul, aus dem Schwefelkalium, Schwefelnatrium, Schwefelammonium oder Schwefelcalcium, — lauter

Schwefelmetallen, die theils aus tief im Boden vergrabenen stickstoff- und schwefelhaltigen Organismenresten, theils aus Fäulnisssubstanzen haltigem und in den Boden eindringenden Wasser entstehen, — schwefelsaures Kali, Natron, Ammoniak oder schwefelsaure Kalkerde, sobald der nasse Sitz dieser Schwefelmetalle der Luft zugänglich gemacht wird.

In der Jauche grosser Düngerstätten findet sich sehr gewöhnlich das im Wasser leicht lösliche Schwefelammonium, oft auch das ebenfalls leicht lösliche Schwefelkalium und Schwefelnatrium. Diese Schwefelmetalle befördern die gelb- bis lederbraune Färbung der Jauche. Wenn man nun solche Jauche in ein flaches Gefäss schüttet, so dass sie der Luft eine grosse Fläche darbietet, so ziehen ihre Schwefelalkalimetalle leicht Sauerstoff an und wandeln sich in Folge davon in schwefelsaure Alkalien um, woher es kommt, dass die Jauche bei der chemischen Untersuchung stark auf Schwefelsäure reagirt.

Die Jauche von Verwesungssubstanzen giebt indessen oft auch dadurch Veranlassung zur Bildung von Schwefelmetallen, dass sie Schwefelwasserstoff-Ammoniak entwickelt und durch dieses die in einem Boden vorhandenen Carbonate des Eisenoxydules, Kalis, Natrons, Kalkes u. s. w. in Schwefelmetalle umwandelt. In dieser Weise können also auch in einem Boden, welcher von Haus aus keine Schwefelmetalle besitzt, diese entstehen, sobald er

einerseits Carbonate besitzt, welche sich durch Schwefelwasserstoff umwandeln lassen, z. B. Eisenoxydulcarbonat, und

andererseits mit fauligen Substanzen periodenweise in Berührung kommt, welche Schwefelwasserstoff entwickeln.

Meeresüberfluthungen während der Sommerzeit, abgestorbene Thiere, Seetangmassen, welche von den Meereswellen auf Bodenarten des Strandes geschleudert werden, befördern gar sehr die Schwefelmetallbildungen, aber auch mittelbar durch diese die Erzeugung von Sulfaten in einem Boden, welcher der Luft geöffnet ist.

Unter den eben angegebenen, aus Schwefelmetallen entstehenden Sulfaten sind nur diejenigen, welche Alkalien oder alkalische Erden enthalten, von Dauer; die Sulfate des Eisens und der anderen etwa vorkommenden Schwermetalle dagegen können sich nur dann längere Zeit in einem Boden erhalten, wenn derselbe keine kohlensauren (oder auch salpetersauren) Salze der Alkalien oder alkalischen Erden enthält. Denn ist dieses der Fall, dann entreissen die alkalischen Basen der Carbonate den Schwermetallsulfaten die Schwefelsäure und geben ihnen dafür ihre Kohlensäure, wenn anders die eben freigewordenen Schwermetalloxyde sich mit der Kohlensäure verbinden können, so dass also

einerseits schwefelsaure Alkalien und alkalische Erden und

andererseits kohlensaure oder auch einfache Schwermetalloxyde (z. B. Eisenoxydhydrat) entstehen. In dieser Weise also erscheinen die löslichen Sulfate der Schwermetalle, namentlich des Eisenoxydules, als ein wichtiges Material für die Erzeugung der für das Pflanzenleben so nützlichen Sulfate der Alkalien und alkalischen Erden, aber ebenso zeigen sich in dieser Weise die Carbonate der Alkalien und alkalischen Erden als die besten Zerstörungsmittel der für das Pflanzenleben so schädlichen, in der Regel sauren schwefelsauren Schwermetalloxyde.

> Der Boden eisenkiesreicher Thonschiefer und Schieferthone, sowie des auf ehemaligen Moor- und Seeenbecken gelegenen Thones ist wenigstens in seinen tieferen Lagen oft reich an saurem schwefelsaurem Eisenoxydul und arm an alkalischen Carbonaten, darum sehr unfruchtbar. Eine kräftige Düngung mit Kalksteinen, Kalkschutt oder Asche hebt seine Unfruchtbarkeit, weil diese Substanzen das Eisensulfat zerstören.

Mit Ausnahme des Baryt-, Strontian- und Bleisulfates — drei nur ausnahmsweise in einem Boden vorkommenden Salzen — sind alle Bodensulfate im Wasser löslich: die Alkali-, Magnesia- und Eisenoxydulsulfate leicht, das Kalksulfat aber nur schwer und in vielem Wasser. Alle können daher von den Pflanzen als Nahrmittel aufgenommen werden. Aber nicht alle wirken günstig auf den Pflanzenkörper ein:

> die neutralen schwefelsauren Alkalien und alkalischen Erden, vor allen das schwefelsaure Ammoniak und der schwefelsaure Kalk sind die Hauptlieferanten für den Schwefel, welchen die Pflanze zur Erzeugung ihres Eiweisses, Käsestoffs und Klebers braucht; sie sind also unentbehrlich für alle Pflanzen, welche Samen erzeugen wollen, vorzüglich aber für die Hülsenfrüchtler (Leguminosen); die sauren schwefelsauren Schwermetalloxyde dagegen wirken namentlich durch die ätzende Kraft ihrer nicht oder nur lose gebundenen Schwefelsäure nachtheilig und zerstörend auf die Zellenmembran des Pflanzenkörpers ein.

Auf die mineralischen Bestandtheile eines Bodens üben unter den gewöhnlichen Verhältnissen nur die Schwermetallsulfate ein, wenn sie mit alkalihaltigen Substanzen in Berührung kommen. Wie sie in dieser Beziehung einerseits aus dem kohlensauren Kalke Gyps, aus dem Dolomite Gyps und schwefelsaure Magnesia, aus dem Kochsalze Glaubersalz, aus den thonerde- und alkalienhaltigen Silicaten Alaun, aus dem Chlorit und Serpentin Bittersalz schaffen und andererseits zur Bildung von Raseneisenerz-Ablagerungen beitragen können, das alles ist schon im I. Abschnitte bei den Beschreibungen der Salze, des Gypses, Kalkes, Mergels, Eisenspathes und Raseneisenerzes mitgetheilt worden.

Indessen können auch sämmtliche schwefelsaure Salze durch faulige Organismenreste wieder in Schwefelmetalle umgewandelt werden, sobald ihre Lösungen bei Abschluss von Sauerstoff führender Luft mit diesen Substanzen in längere Berührung kommen.

Dies ist z. B. der Fall auf dem Grunde von Schlammwasser reichen Mooren, Morästen und selbst in den tieferen Schichten von nassen, gegen die Luft sich verschliessenden, Bodenarten. Kommen unter diesen Verhältnissen schwefelsaure Salze mit abgestorbenen Organismen, sei es Thieren oder Pflanzen, in Berührung, so entzieht der Kohlenstoff dieser Substanzen sowohl der Schwefelsäure, wie auch den Metalloxyden allen Sauerstoff, so dass nun aus schwefelsauren Metalloxyden Schwefelmetalle werden, welche entweder fein zertheilt oder in krystallinischen Ueberzügen an den kohligen Organismenresten haften oder auch in Knollen in dem Boden eingebettet liegen.

Ueber die Reactionen und wichtigeren Arten der Sulfate vergleiche die Tafel der Bodensalze.

§ 58. 4. **Die phosphorsauren Salze oder Phosphate** kommen unter den gewöhnlichen Verhältnissen in dem Wasserauszuge eines nur aus Mineralstoffen bestehenden Bodens in der Regel wohl oft, aber meist nur in sehr kleinen Mengen, am ersten noch dann vor, wenn die Mineralreste eines Bodens verwitternden Kaliglimmer, Augit, Kalkhornblende, Phosphorit, Apatit oder auch bituminösen Kalk enthalten. Untersuchungen, welche ich in dieser Beziehung angestellt habe, haben mir gelehrt, dass das Bodenwasser der Verwitterungskrume der meisten Basaltgesteine, Feldspathglimmergesteine (namentlich des Gneisses), Diabase, Glimmerdiorite und bituminösen Kalk- und Mergelgesteine, sowie überhaupt der Thierversteinerungen führenden Felsarten fast stets deutliche Spuren von Phosphorsäure zeigen. Am meisten und reichlichsten freilich zeigen sich die Phosphate in den mit stickstoffhaltigen Organismenresten (— vorzüglich mit Knochen, Haaren, Horn, Eingeweiden oder mit den Körpergliedern der Hülsenfrüchtler und Gräser —) wohl versorgten Bodenarten. Indessen hat auch die Erfahrung gelehrt, dass sie in einem mit solchen Düngstoffen gut versehenen Boden nur dann in merklicher Menge auftreten, wenn derselbe locker, luftig, warm und nicht zu nass ist, in einem gegen die Luft verschlossenen, nassen Boden aber nur wenig oder auch gar nicht bemerkbar sind. Der Grund von dieser Erscheinung liegt wohl wahrscheinlich darin, dass die verwesen wollenden Organismenreste aus Mangel an atmosphärischem Sauerstoffe der sich aus ihnen entbindenden Phosphorsäure den Sauerstoff entziehen, so dass Phosphor entsteht, mit welchem sich nun rasch der aus den Fäulnisssubstanzen frei werdende Wasserstoff zu Phosphorwasserstoff, — jenem nach faulen Fischen riechenden Gase, welches sich zur Sommerzeit aus Sümpfen, Morästen, schlammigen Thonbodenarten und manchen frischen Marschablagerungen entwickelt, — verbindet.

Unter den in einem Boden vorkommenden Phosphaten sind nur die phosphorsauren Alkalien, welche freilich gerade am wenigsten sich bemerklich machen, in reinem Wasser löslich; die phosphorsauren alkalischen Erden (— z. B. Knochenmassen oder Kalkphosphat —) aber und die phosphorsauren Schwermetalloxyde (z. B. phosphorsaures Eisenoxydul) werden nur durch Kohlensäurewasser oder humussaure Alkalien (so namentlich durch huminsaures Ammoniak) gelöst.

Darum thut eine Knochendüngung nur dann ihre volle Wirkung, wenn sie mit Düngmassen, welche aus sich Kohlensäure oder humussaures Ammoniak entwickeln, untermischt dem Boden übergeben wird. Uebrigens enthält der frische, ungebrannte Knochen in seinem thierischen Kleber oder Leim schon von Natur ein Mittel, aus welchem sich sowohl Kohlensäure wie huminsaures Ammoniak reichlich genug zur Lösung der Knochenmasse entwickelt.

So lange die phosphorsauren Salze der Alkalien und alkalischen Erden in einem Boden nicht mit Lösungen von schwefelsauren Schwermetalloxyden in Berührung kommen, werden höchstens nur die phosphorsauren alkalischen Erden durch Alkalicarbonate in der Weise zersetzt, dass sich phosphorsaure Alkalien und kohlensaure alkalische Erden bilden. Kommen aber Phosphate der Alkalien oder alkalischen Erden z. B. mit schwefelsaurer Eisenoxydullösung in Berührung, — was vorzüglich in den tieferen Lagen von nassen, luftverschlossenen Bodenarten oder auf dem Grunde von Morästen stattfinden kann —, dann werden sie in schwefelsaure Salze umgewandelt, während aus dem schwefelsauren Eisenoxydul phosphorsaures Eisenoxydul oder Eisenoxyd, jener weisse, an der Luft blaugrün werdende Hauptbestandtheil aller Morast- und vieler klumpigen Raseneisenerze, entsteht.

Die löslichen phosphorsauren Alkalien und alkalischen Erden, deren wichtigere Arten auf der Tafel der Bodensalze näher angegeben sind, haben für die Pflanzenwelt einen sehr hohen Werth, denn sie werden von derselben ähnlich, wie die Sulfate, zur Darstellung der Stickstoffsubstanzen namentlich in den Blättern und Früchten verwendet. Ganz vorzüglich gilt dies von den Hülsenfrüchtlern, Kohlgewächsen und Gras- oder Getreidearten, überhaupt von allen den Pflanzenarten, deren Stengel, Blätter und Samen den Thieren und Menschen die besten Nahrmittel gewähren.

§ 58. 5. **Die löslichen kieselsauren Salze oder Silicate** kommen nur in solchen Bodenarten vor, welche

1) noch viel Trümmer von Kali, Natron, Kalkerde haltigen kieselsauren Mineralien, also von Feldspathen, Kaliglimmer, gemeiner Hornblende und auch wohl von Augit, enthalten, und von, Kohlensäure oder huminsaures Ammoniak haltigem, Wasser, welches bekanntlich diese Mineraltrümmer zersetzt, durchzogen werden,

2) von Gewässern gespeist werden, welche diese Silicate schon in sich gelöst enthalten, oder

3) Gewächse tragen, welche bei ihrer Verwesung lösliche Silicate freigeben, wie dies vorzüglich bei den grasartigen Gewächsen der Fall ist (— Nutzen der sogenannten grünen Düngung —).

Alle diese durch Kohlensäure haltiges Wasser auslaugbaren Silicate haben übrigens das Merkwürdige, dass, wenn sie längere Zeit in dem Kohlensäure haltigen Wasser gelöst bleiben, sie sich in der Weise zersetzen, dass aus ihnen Carbonate entstehen, während die vorher mit ihnen verbunden gewesene Kieselsäure für sich allein von dem noch übrigen kohlensauren Wasser gelöst wird. Ganz besonders gilt dies von dem kieselsauren Kalk, welcher schon im ersten Momente seiner Lösung in kohlensauren Kalk umgewandelt wird, weil seine Basis eine grössere Verbindungsneigung zur Kohlensäure hat, als zur Kieselsäure. In diesem Verhalten liegt auch der Grund, warum man zunächst nie gelösten kieselsauren Kalk im Bodenwasser findet und warum man überhaupt auch die kieselsauren Alkalien verhältnissmässig nur wenig in der Feuchtigkeit eines Bodens antrifft und am ersten noch in den aus verwitternden Silicatgesteinen hervortretenden Quellen bemerkt. Diese leichte Zersetzbarkeit ist nun aber um so bemerkenswerther, da viele Beobachtungen vorliegen, welche umgekehrt beweisen, dass kohlensaure Alkalien sich in lösliche Silicate wieder umwandeln, sobald sie längere Zeit mit gelöster Kieselsäure in Berührung gebracht werden. In dieser Weise entsteht z. B. lösliches kieselsaures Kali, wenn eine Lösung von Kalicarbonat durch Thon, welcher überschüssige — zwar erstarrte, aber doch noch lösbare Kieselsäure — enthält, aufgesogen wird. Vielleicht entstehen alle die in kohlensaurem Wasser löslichen kieselsauren Alkalien, welche man bei der Zersetzung des Thones findet, auf die eben angegebene Weise, zumal da diese Alkalisilicate fast nur in thon- oder lehmreichen Bodenarten gefunden werden.

Aus allem eben Mitgetheilten ergiebt sich, dass unter den gewöhnlichen Verhältnissen in einem Boden nur lösliche kieselsaure Alkalien (Kali und Natron) und allenfalls noch kieselsaure Magnesia vorkommen können. Die kieselsaure Magnesia, welche öfters in Pflanzen angetroffen wird, ist indessen nur in viel Kohlensäure haltigem Wasser löslich und zersetzt sich leicht in kohlensaure Magnesia, sobald sie lange mit der Kohlensäure in Berührung bleibt; daher findet man sie nur selten in dem Bodenwasser. Die kieselsauren Alkalien aber treten unter einer doppelten Form im Boden auf: Die Einen sind schon in reinem, die Andern dagegen nur in kohlensaurem Wasser löslich. In den Ersten kommen auf 1 Theil Alkali höchstens 3 Theile Kieselsäure (basische Silicate), in den Zweiten aber besitzt 1 Theil Alkali wenigstens 4 Theile Kieselsäure (saure Silicate). Diese sauren Silicate entstehen nach meinen bisherigen Erfahrungen stets zunächst aus der Zersetzung von kieselsauren Mineralien; jene basischen aber bilden sich aus der Einwirkung von Alkalicarbonaten auf lösliche Kieselsäure. Alle beiden Formen aber, sowie auch die etwa vorkommenden kieselsauren alkalischen Erden, können sich nur in solchen Bodenarten erhalten, welche einerseits keine vitriolescirenden Eisenkiese und andererseits keine humussauren Alkalien enthalten. Durch diese beiden Arten von Bodenbeimengungen werden sie unter Abscheidung von gelatinöser und in Kohlensäure haltigem

Wasser löslicher Kieselsäure theils in schwefelsaure theils in humin- und kohlensaure Salze umgewandelt.

Im Bodenwasser erkennt man sie am leichtesten, wenn man dasselbe stark eindampft und dann die noch übrige Lösung mit Salzsäure versetzt. Ein hierdurch entstehender schleimiger oder gallertartiger Niederschlag zeigt die Kieselsäure an.

Die löslichen Silicate des Bodens versorgen die Pflanzen mit der für die Festigung ihrer Zellenmembran und überhaupt ihrer einzelnen Glieder so nothwendigen Kieselsäure. Am meisten wird sie in dieser Weise von den grasartigen Gewächsen (Gramineen) verwendet, deren Halmknoten, Blätter und Blüthendecken, wenigstens bei den grösseren Arten (z. B. bei dem Bambus) oft sogar krystallisirte Kieselsäure enthalten. In diesem Bedürfnisse der Gräser liegt auch der Grund, warum dieselben immer dem mit zersetzbaren Silicatresten gemengten Lehm- und Thonboden, ja auch den mit verwitternden Feldspathkörnern reichlich versehenen sandigen Bodenarten nachziehen, warum die üppigsten Grasfluren in den von Quellen berieselten Thälern und Buchten der aus Feldspathgesteinen bestehenden Gebirge auftreten, warum eine Düngung mit verwitterndem Grus von Granit-, Gneiss-, Basaltgesteïnen auf an Silicaten armen Getreideäckern so gute Erfolge hat. Aber nicht nur die Gräser, sondern auch die Eichen, Hainbuchen, Birken, Erlen, Eschen und viele andere Pflanzen verlangen von dem sie tragenden Boden lösliche Silicate, daher ziehen auch sie vorherrschend den mit Silicatresten versehenen lehmigen und sandigen Bodenarten nach. Ueberhaupt darf man vielleicht den Grundsatz aussprechen, dass alle Kieselsäure begehrenden Gewächse ihre Hauptheimath auf den reichlich mit verwitterbaren Kieselsäuremineralresten versehenen sandig-lehmigen und thonig-sandigen Bodenarten haben.

Indessen können die löslichen Alkali- und Magnesiasilicate trotz ihres hohen Werthes doch auch insofern einen ungünstigen Einfluss auf die einem Boden beigemengten verwitterbaren Silicattrümmer ausüben, als sie dieselben dadurch, dass sie sich mit ihrer Masse verbinden, in mehr oder minder schwer verwitter- und zersetzbare Mineralmassen umwandeln. Wenn nemlich in den tiefern, nassen, gegen die Luft abgeschlossenen Lagen eines streng lehmigen oder thonreichen Bodens in Kohlensäurewasser gelöste Alkali- oder Magnesiasilicate mit kalkerdehaltigen Silicatmineralien in lange Berührung kommen, so drängen sie sich in die gelockerte Masse derselben ein: Die in diesen Mineralien vorhandene Kalkerde wird jetzt nun durch das kohlensaure Lösungswasser der eingedrungenen Silicate aus ihrer Verbindung gezogen und als doppeltkohlensaure Kalkerde ausgelaugt, das eingedrungene Alkali- oder Magnesiasilicat aber reisst die vorher mit dem Kalk verbunden gewesene Kieselsäure an sich, verbindet sich in Folge davon mit der noch übrigen Silicatmasse und wandelt nun so diese letztere in ein schwer zersetzbares, an Kieselsäure reicheres, Mineral um.

Dieser Umwandlungsprocess lasst sich etwa in folgender Weise veranschaulichen:

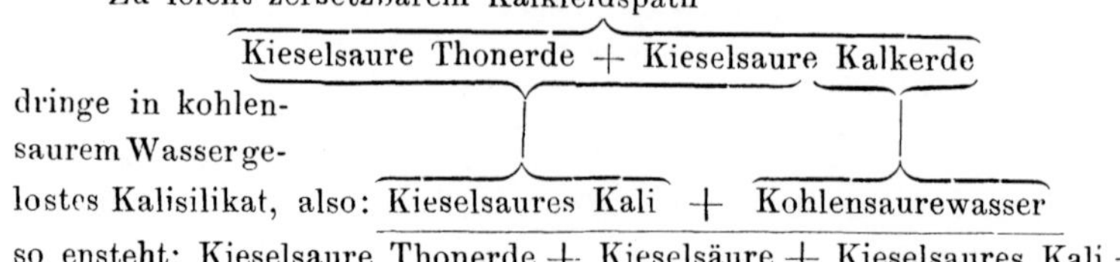

In dieser Weise kann also durch lösliches Kalisilicat leicht zersetzbarer Kalkfeldspath in schwerer zersetzbaren Orthoklas oder Oligoklas und leicht zersetzbare Kalkhornblende in schwer zersetzbaren Glimmer, ebenso durch lösliche kieselsaure Magnesia leicht zersetzbare Kalkhornblende oder Augit in schwer zersetzbaren Glimmer, Chlorit oder auch Serpentin umgewandelt werden. Da diese Umwandlungen vorherrschend an kalkerde- und eisenoxydulreichen Silicatmineralien in gegen die Luft verschlossenen oder nassen Bodenarten vor sich gehen, so kann man sie verhüten, wenn man durch öftere Umarbeitung des Bodens der Luft freien Zutritt verschafft; denn dann werden diese durch lösliche Silicate so leicht umwandelbaren Mineralien durch Einfluss des atmosphärischen Sauerstoffes und der Kohlensäure sich schneller zersetzen, als die löslichen Silicate des Bodens auf sie einwirken können.

§ 58. 6. **Die löslichen Haloidsalze** (Verbindungen des Chlors und Fluors mit Metallen) werden im Boden des Binnenlandes vorherrschend durch das Kochsalz oder Chlornatrium und den Salmiak oder Chlorammonium, seltener durch Flussspath oder Fluorcalcium vertreten; in den vom Meereswasser gespeisten und befruchteten Marschen aber findet man nächst dem Kochsalze auch noch Chlorcalcium, Chlorkalium, Chlorammonium, Chlormagnesium und auch wohl Jod- und Bromkalium. Mit Ausnahme des nur in Kohlensäurewasser löslichen Fluorcalciums, das sich immer nur spurenweise in den glimmer- und hornblende- oder turmalinhaltigen Bodenarten findet, sind alle die genannten Haloidsalze schon in reinem Wasser löslich und darum auch leicht auslaugbar. Unter ihnen die wichtigsten:

1) Das Kochsalz, welches schon im I. Abschnitte ausführlich betrachtet worden ist, findet sich nicht blos im Wasser von Bodenarten, welche in der Umgebung von Steinsalzlagern auftreten oder von Salzquellen oder Meeresfluthen durchfeuchtet werden, sondern auch im Boden verschiedener gemengten krystallinischer Felsarten, so vor allen der vulcanischen Laven, Trachyte, Basalte, dann auch der Porphyre und mancher

Gneisse und Thonschiefer. Ausserdem gelangt es auch durch den Dünger der Wiederkäuer in einen Boden.

a. Man kann sein Vorhandensein im Bodenwasser am ersten durch salpetersaure Silberlösung und durch antimonsaures Kali erkennen, mit welchen beiden Reagentien es einen weissen, durch Salpetersäure nicht wieder löslichen, Niederschlag bildet.

b. Bei grösserer Menge im Bodenwasser giebt es sich durch seinen Geschmack zu erkennen und auch wohl durch das Auftreten von sogenannten Salzpflanzen (Aster Tripolium, Salicornia herbacca, Poa maritima, Glaux maritima, Triglochin maritimum, Salsola Kali etc.).

2) Der Salmiak, welcher vorherrschend in Bodenarten, die mit dem Abwurfe von Zweihufern oder auch mit Steinkohlenasche gedüngt worden sind, auftritt, aber auch in dem Boden vulcanischer Laven, Tuffe und Aschen vorkommt und mit Silberlösung einen weissen, unlöslichen Niederschlag giebt, mit Kalilauge erhitzt aber den bekannten stechenden Ammoniakgeruch entwickelt, ist ebenfalls schon im I. Abschnitt näher beschrieben worden.

In sehr verdünnten Lösungen erscheinen alle Haloidsalze als gute Pflanzennahrmittel; in concentrirten Lösungen aber sollen sie auf die meisten Pflanzen nachtheilig einwirken.

§ 58 7. Die wichtigeren Mineralsalzarten, welche im Wasser eines Bodens aufgelöst vorkommen können, nach Vorkommen und Erkennungsmitteln. (Siehe Tabelle im Anhange.)

§. 59. Veränderlichkeit des Salzgehaltes in einem Boden.

1) Nichts ist in einer Bodenmasse veränderlicher, als die Qualität und Quantität der im Wasser löslichen Bodensalze. Die in einem Boden vorhandenen Mineral- und Organismenreste, die in demselben wurzelnden Pflanzen, die ihn durchsinternden Wassermassen, ja selbst die Ablagerungsweise und die mineralischen Umgebungen desselben wirken unaufhörlich verändernd auf seinen Salzgehalt ein, wie man leicht beobachten kann, wenn man von einer und derselben Stelle eines Bodens Proben in verschiedenen Zeiten während eines und desselben Jahresraumes untersucht. Man wird alsdann namentlich bemerken: dass ein Boden

a. im Frühjahre vor dem Wiederausbruche der Vegetation reicher an Salzen ist, als im Nachsommer, wenn die Pflanzen ihre Früchte zur Reife gebracht haben;

b. in der von den Pflanzenwurzeln durchdrungenen Bodenlage die wenigsten, dagegen in den unter dieser Vegetationsschicht befindlichen Lagen die meisten Salze enthält, welche dann in dem Grade, wie die Salze der oberen Bodenschichte von den Pflanzen verbraucht werden, durch die Feuchtigkeitsanziehung dieser oberen Schicht zum Ersatze der verlorengegangenen Salzlösungen allmählig aufgesogen werden;

c. überhaupt in seinen tieferen Lagen mehr Salz gelöst enthält, als in seinen oberen, weil einerseits alle Salzlösungen sich immer mehr nach unten senken und andererseits die nur in kohlensaurem Wasser löslichen Salze in den oberen von der Luft durchzogenen Bodenlagen durch Verdunstung ihres kohlensauren Wassers leicht unlöslich werden; dass also

d. die nur in kohlensaurem Wasser löslichen Carbonate und Phosphate der alkalischen Erden gewöhnlich nur in den unteren Bodenlagen gelöst enthält und nur dann auch in seinen oberen Räumen zeigt, wenn dieselben eine mehr oder minder starke Decke von verwesenden Pflanzenabfällen besitzen;

e. nach jedem starken und anhaltenden Regen, zumal wenn er eine geneigte Ablagerung besitzt oder von Pflanzen entblöst ist, von seinen Salzen verliert;

Mergelboden, welche an Hügeln oder Bergabhängen lagern, werden im Verlaufe der Zeit lediglich in Folge von Regengüssen an den oberen Gehängen ihrer Ablagerungsorte immer kalkärmer, am Fusse dieser letzteren aber immer kalkreicher, so dass sie zuletzt an der Höhe der Abhänge kaum noch aus Mergelthon, am Fusse derselben aber aus Kalkmergel bestehen. Der interessanteste· Fall dieser Art kommt bei Madelungen (einem Dorfe bei Eisenach) vor. In der Umgebung dieses Ortes befinden sich Hügelreihen, welche ehedem aus Kalkmergel bestanden und mit prächtigen Waldungen bedeckt waren. Als nun diese letzteren niedergeschlagen worden waren, wurden die Kalkmergel immer kalkärmer und die am Fusse ihrer Hügel lagernden sandigthonigen Wiesengründe immer kalkreicher;

f. durch Flüsse, welche seine Massen von den Ufern aus durchdringen oder sie auch periodisch überfluthen, fortwährend Veränderungen in der Qualität und Quantität ihres Salzgehaltes erleiden, indem die Flüsse seiner Masse nicht blos Bestandtheile zuführen, sondern auch entziehen.

Ein mit gelöstem Kalk versehenes Flusswasser versorgt sein Ufergelände fortwährend mit Kalk, welcher vom Ufer aus immer weiter in die Bodenmasse hineingetrieben wird. Ebenso fehlt es aber auch nicht an Beispielen, dass ein an sich ganz eisenfreier Boden durch Flüsse, welche Eisenlösungen führen, von den Ufern aus immer weiter in seine Masse hinein mit Eisenoxydhydrat durchzogen wird;

g. ein Boden um so weniger Salze besitzt, je mehr die in seiner Masse vorhandenen veränderlichen Mineraltrümmer an Menge abnehmen.

Die noch frischen, ganz mit zersetzbarem Gesteinsgrus untermengten Bodenarten, welche am Fusse oder in den Buchtenthälern der gemengten krystallinischen Felsarten auf einer undurchlässigen Gesteinssohle lagern, sind verhältnissmässig am reichsten an Bodensalzen; die fortgeschlämmten, nur sehr wenig Steintrümmer besitzenden Lehm- und Thonablagerungen der Ebenen am ärmsten an diesen Salzen, so lange sie keine Dungstoffe von Aussen her empfangen haben.

Zusatz: Obgleich im Anhange zu diesem Buche noch eine besondere Anleitung, einen Boden auf seine Gemengtheile zu untersuchen, gegeben werden wird, so soll hier doch für den Gebrauch der vorstehenden Salzübersicht kurz Folgendes angedeutet werden:

a. Um die schon in reinem Wasser löslichen Salze eines Bodens zu finden, übergiesst man etwa ein Pfund des zu untersuchenden Bodens, welches man etwa 6 Zoll unter der Bodenfläche ausgestochen hat, mit einem Maasse abgekochten oder destillirten Wassers in einer Bouteille, rührt das Gemisch wiederholt tüchtig um und schüttelt es dann nach halbstündigem Stehen auf ein — in einem Trichter liegendes — Fliesspapierfilter. Die hierbei abgelaufene Flüssigkeit dampft man so ein, dass nur noch ein Viertel derselben übrig bleibt. Diese nun noch rückstandige Flüssigkeit theilt man in zwei Portionen: die eine dieser Portionen dient zur Aufsuchung der Basen in den Bodensalzen; sie vertheilt man in 6 Probirglaschen so, dass in jedes derselben ein halber Theeloffel voll kommt. Die andere Portion aber dient zur Aufsuchung der Sauren in den Bodensalzen; sie vertheilt man ebenfalls halbtheelöffelweise in 6 Probirglaschen. Nachdem man so das Bodenwasser vertheilt hat, versetzt man jedes der Probchen mit ein paar Tropfen der auf der Salzübersicht angegebenen Reagentien, wodurch man die auf dieser Uebersicht genannten Reactionen erhalt. Hat man z. B. in dieser Weise in einer der für die Untersuchung der Basen bestimmten Probe des Bodenwassers durch Platinchlorid einen gelben Niederschlag erhalten, so würde dieser Kali andeuten, und hat man dann weiter in einer für die Untersuchung der Sauren bestimmten Probe mit Barytwasser einen weissen, in Salzsaure unlöslichen Niederschlag erhalten, so würde dieser auf Schwefelsäure hindeuten, so dass man also in dem Bodenwasser schwefelsaures Kali gefunden hatte.

b. Die durch reines Wasser ausgelaugte und im Filter zurückgebliebene Bodenmasse füllt man in eine mit kohlensaurem Wasser (Sodawasser) zu Zweidrittel gefüllte Bouteille, verpfropft diese dann rasch und luftdicht und lasst sie 24 Stunden lang an einem nicht zu warmen Orte stehen. Hierdurch werden die nur in kohlensaurem Wasser loslichen Bodensalze wenigstens zum Theil gelöst. Noch besser ist es, wenn man diesen Bodenrückstand mit Wasser überschüttet und dann tüchtig Kohlensaure hinleitet. Nach 24 Stunden filtrirt man die Flüssigkeit ab und verfahrt dann mit ihr wie mit dem wassrigen Bodenauszuge.

b. Specielle Beschreibung der wichtigeren Abarten des Mineralbodens.

§ 60. **Uebersicht der Bodenarten.** — Nach dem früher Mitgetheilten sind alle sogenannten Mineralbodenarten nichts weiter als

Mischungen von irgend einem Quantum einer Thonsubstanz (gemeiner Thon, Lehm oder Mergel) mit irgend einem Quantum unveränderlichen oder veränderlichen Sandes oder allgemein ausgedrückt: Mischungen von einem die Krume des Bodens bildenden

Gemengtheile mit einem die physischen Eigenschaften dieser Krume umändernden und bestimmenden Gemengtheile.

Indem nun aber eben je nach dem Vorherrschen des einen oder des anderen dieser beiden Gemengtheile ein Erdboden ganz verschiedene physische Eigenschaften und ebenso ganz verschiedene Fruchtbarkeitsverhältnisse zeigt, hat man zur schärferen Charakterisirung eines jeden Bodens je nach dem in seiner Masse an Menge vorherrschenden Gemengtheile verschiedene Arten des Erdbodens unterschieden. Die wichtigeren dieser Bodenarten lassen sich in folgende Uebersicht bringen:

Bodenarten

kalklose   kalkhaltige

1) sandreiche. 2) thonreiche. 3) lehmreiche.   kalkarme   kalkreiche.

4) kalkigthonige   6) kalkiglehmige
und   und
5) mergeligthonige   7) mergeliglehmige

8) thonigkalkige   10) mergelreiche.
und
9) lehmigkalkige.

In den folgenden Beschreibungen sollen indessen diese verschiedenen Bodengemische in folgende Gruppen vereinigt werden:

1) Sandreiche Bodenarten.
2) Thonreiche Bodenarten
    α. kalklose
    β. kalkhaltige.
3) Lehmreiche Bodenarten
    α. kalklose
    β. kalkhaltige.
4) Kalkreiche Bodenarten
    α. kalksandige
    β. mergelige.

§ 61. Beschreibung der sandreichen Bodenarten. 1. Gemenge: Körnige bis staubige, fast bindungslose, Bodenmasse, welche beim Abschlämmen höchtens 20 pCt. thoniger Substanz und wenigstens 80 pCt. Sand von verschiedenen Mineralien, aber nicht von kohlensaurem Kalk, besitzt.

2) Nähere Angaben über den Sandgehalt. Obgleich schon bei der Beschreibung des Sandes angegeben worden ist, dass alle pulver- bis erbsengrosse Mineralreste, mögen sie nun veränderlich oder unveränderlich sein, zum Sand gerechnet werden, so soll hier doch nochmals darauf aufmerksam gemacht werden, Wenn man nun aber auf diese Angabe Rücksicht nimmt, so

muss man je nach der mineralischen Beschaffenheit ihres Sandgehaltes von vornherein folgende Sandbodenarten unterscheiden:

a. Sandbodenarten, deren Sand durch Kohlensäure haltiges Wasser oder auch durch Verwesungssubstanzen (Humussäuren) allmählig ganz zersetzt oder auch ganz aufgelöst wird, so dass zuletzt sandleere, nur aus Erdkrume bestehende Bodenarten entstehen:

b. Sandbodenarten, deren Sand nur zum Theil zersetzbar ist, so dass sie zuletzt noch ein Quantum unzersetzbaren Sandes behalten und dann eine sandärmere, aber krumenreichere Bodenart darstellen;

c. Sandbodenarten, deren Sand in seiner ganzen Masse unveränderbar ist, so dass sie in ihrem Gemenge keine Veränderung erleiden, wenn ihnen nicht von Aussen her — z. B. durch Wasserfluthen — erdige Theile zugeführt oder auch entzogen werden.

Die unter a. und b. genannten Bodenarten mit veränderlichem Sande entstehen vorzüglich aus der Verwitterung der gemengten krystallinischen Felsarten und zwar die unter a. erwähnten aus den quarzlosen, Feldspathe und Hornblende- oder Augitarten enthaltenden, die unter b. erwähnten aber aus den Quarz, Feldspath und Glimmer oder gemeine Hornblende besitzenden Gesteinen. Zu dieser Art sandreicher Bodenarten gehören demnach vorzüglich diejenigen Verwitterungskrumen, welche entweder noch im ersten Stadium ihrer Entwicklung begriffen und demgemäss noch arm an eigentlicher Erdkrume sind, oder auch solche Verwitterungskrumen, welche in Folge ihrer Ablagerung an Gebirgsgehängen durch Regengüsse ihrer erdigen Gemengtheile mehr oder weniger beraubt worden sind. Ausserdem gehören hierher die Zertrümmerungsmassen derjenigen Sandsteine, welche viel Feldspathkörner und Glimmerblättchen, aber nur ein sehr geringes thoniges Bindemittel haben. Und endlich bemerkt man auch sandreiche Bodenarten mit zum Theil veränderlichem Sande im Gebiete des Schwemmlandes.

Nach allen diesen kann man also die obengenannten drei Arten des Sandbodens unter zwei Gruppen vertheilen, nemlich

1) in Sandbodenarten, deren Sandgehalt mit der Zeit ganz oder zum grossen Theile verschwindet, so dass sie bei vollständiger Zersetzung ihres umwandelbaren Sandes eine Krume bilden, welche höchstens noch 40 pCt. stabilen Sandes enthält. Zu ihnen gehören nach dem Obigen die, ihrer Krumentheile beraubten oder noch in der ersten Entwicklung begriffenen, Verwitterungsbodenarten der gemengten krystallinischen Felsarten — oder: die grusreichen Bodenarten, wie sie schon in den einzelnen §§, welche die Verwitterungsproducte der krystallinischen Gesteine schildern, beschrieben worden sind;

2) in Sandbodenarten, welche bei vollständiger Entwicklung ihrer Masse mindestens 60 pCt. stabilen Quarzsandes enthalten. Zu ihnen

gehören die eigentlichen Sandbodenarten, von denen im Folgenden hauptsächlich die Rede sein soll.

3. Abarten.

Diese eigentlichen Sandbodenarten nun erscheinen ihren erdigen Gemengtheilen nach unter folgenden Formen:

a. Sandbodenarten, deren Krumentheile aus Thon bestehen (thoniger Sandboden),

b. Sandbodenarten, deren Krume aus lehmigen Theilen besteht (lehmiger Sandboden),

c. Sandbodenarten, deren Krumentheile aus erdigem Mergel bestehen (mergeliger Sandboden),

d. Sandbodenarten, deren erdige Theile aus ockergelbem Eisenthon oder auch geradezu aus pulverigem Eisenoxydhydrat bestehen (eisenschüssiger Sandboden und Ortsand z. Th.),

e. Sandbodenarten, deren erdige Theile aus feinzertheilter Humussubstanz oder auch aus Torfkohle bestehen (humoser und kohliger Sandboden, Bleisand z. Th.).

Ihrem Sandgehalte nach aber lassen dieselben folgende Abstufungen bemerken:

a. Sandbodenarten, welche gar keinen oder höchstens 5 pCt. veränderbaren Silicatsandes besitzen (quarzreiche oder silicatarme);

b. Sandbodenarten, welche bis 10 pCt. veränderlichen Silicatsandes besitzen (silicathaltige);

c. Sandbodenarten, welche über 10 bis 25, in einzelnen Fällen sogar bis 35 pCt., veränderlichen Silicatsandes enthalten (silicatreiche);

In den unter b. und c. genannten silicathaltigen Sandbodenarten ist nun weiter zu unterscheiden, welchen Mineralarten die Silicatsandkörner angehören. Wie schon bei der Beschreibung der Sandarten angegeben worden ist, so enthält

der Sand des norddeutschen Schwemmlandes da, wo er nicht noch gegenwärtig von der Oder, Elbe, Elster, Saale, Weser bespült wird, namentlich Feldspath-, Hornblende-, Augit- und Hypersthenkörner, so im Allgemeinen

im Gebiete zwischen Weser und Elbe bis 5 pCt. Oligoklas und bis 7 pCt. Augit- oder Basaltkörnchen;

zwischen Elbe und Oder (z. B. in der Mark Brandenburg) bis 10 pCt Hornblende (oder Augit und Hypersthen?) und bis 12 pCt. Orthoklas- oder Oligoklaskörnchen, ja in einer Sandprobe aus der Lausitz (aus der Umgegend von Muskau) sogar 35 pCt. Oligoklasreste, und in einer Bodenprobe aus der Mark Brandenburg 17 pCt. Hornblende und Hypersthen.

der Sand der Sandsteine im Allgemeinen nur wenig veränderliche
Silicate, am ersten noch Orthoklaskörner und Glimmerblättchen,
Ich glaube gefunden zu haben, dass der Sand der Sandsteine
um so weniger veränderliche Silicate enthält, je jünger
die Formationen sind, denen seine Muttergesteine angehören, und dass er alsdann vorherrschend aus solchen
Silicaten besteht, welche, wie Orthoklas, Kaliglimmer
und Chlorit, sehr schwer zersetzbar sind (vergl. die Beschreibung der Sandarten).

Noch möge hier abermals die Bemerkung ihren Platz finden,
dass die Mineralart der Sandkörner oft verdeckt und gegen die
Zersetzung geschützt wird durch die Eisenoxydhydrat- oder Kohlen-
rinden, welche häufig die Sandkörner z. B. der norddeutschen
Geest umschliessen, so dass dieselbe erst nach der Behandlung
des Sandes mit Salzsäure oder auch nach starkem Glühen desselben
bemerklich wird.

d. Sandbodenarten, welche mehr oder weniger Bruchstückchen von — aus
kohlensaurem Kalk bestehenden — Muscheln, Schnecken oder Polypen
enthalten (kalkhaltige).

(Vergl. ihre Beschreibung bei den kalkhaltigen Bodenarten.)

4) Eigenschaften des Sandbodens im Allgemeinen und seiner
Abarten. Der sandreiche Boden besitzt um so weniger Bindung, je ärmer
er an erdkrumlichen Theilen ist; mit Wasser durchfeuchtet wird zwar dieselbe
etwas stärker, jedoch nicht so, dass er beim Zusammendrücken in der Haud
einen festen Knollen bildet. Aber eben wegen der geringen Adhäsion seiner
Theile vermag er auch das ihn benetzende Regenwasser nur sehr wenig festzuhalten: er lässt es rasch seine Masse durchsinken; um so schneller, je grobkörniger, je quarzreicher und je krumenärmer seine Masse ist. In mancher
Beziehung anders zeigt sich indessen ein feinkörniger Sandboden, wenn seine
einzelnen Körner eine, — wenn auch noch so schwache — Rinde von Eisenocker oder Humuskohle besitzen; denn indem diese Rindensubstanzen begierig
nach Feuchtigkeit sind und dieselbe auch festhalten, machen sie ein an sich
loses Sandgehäufe bindiger und auch wasserhaltiger, ja an feuchten Ablagerungsorten sogar geeignet zur Aufnahme von Sumpfmoosen und Moorhaide. —
Ebenso ist die Erscheinung bemerkenswerth, dass wenn die Masse eines Sandbodens pulverkörnig ist, sie nach dem vollständigen Austrocknen das auf sie
herabfallende Regenwasser nur wenig in sich eindringen, sondern in — mit
Staub umhüllten — Tropfenkugeln von seiner Oberfläche abfliessen lässt. Besitzt daher ein solcher sandreicher Boden nicht einen an sich feuchten Ablagerungsort oder eine undurchlässige, das ihn durchsinkende Wasser festhaltende und ansammelnde, Unterlage, so ist er zur Ausdürrung um so mehr
geneigt, je weniger er thonige oder humose Theile besitzt. Besässe er nun

nicht, wie schon bei der Beschreibung des Sandes mitgetheilt worden ist, unter allen Bodenarten das stärkste Wärmeausstrahlungsvermögen und in Folge davon in freien, offenen Lagen die stärkste Bethauung, so würde er wenigstens für höhere, viel Bodennahrung beanspruchende, Gewächse, unbewohnbar sein. Mit dieser leichten Erhitzbarkeit während des Tages und schnellen und starken Erkältung während der Nacht steht indessen im Verbande, dass der sandreiche Boden leichter, wie kein anderer Boden, die auf ihn stehenden Pflanzen in kalten Frühlingsnächten, welche auf heisse Tage folgen, erfrieren lässt. Wie nun aber dieser Boden leichter als jeder andere das zwischen seinen Theilen befindliche Wasser zu Eis erstarren lässt, so thaut auch kein anderer im Frühlinge leichter in seiner ganzen Masse auf, woher es auch kommt, dass auf ihm die Frühlingsflora schneller erwacht, als selbst auf dem mit ihm in gleicher Lage befindlichen kalkreichen Boden.

5) **Bildungsweise, Umänderungen und Ablagerungsorte.** Der eigentliche sandreiche Boden kann entweder aus der Verwitterung von quarzreichen und an Thonerdesilicaten armen Felsarten entstehen, so vorzüglich aus Quarzfels, Kieselschiefer, Hornsteinporphyr und bindemittelarmen Sandsteinen, oder er wird durch Wasserfluthungen erzeugt, sei es nun, dass diese ihn dadurch hervorbringen, dass sie aus einem früher thonigen oder lehmig-sandigen Boden die leicht schlämmbare Erdkrume fortfluthen, sei es, dass sie in eine früher ganz krumenlose Sandablagerung erdige Theile hineinfluthen.

1) Der aus der Verwitterung von quarzreichen Gesteinen entstehende Sandboden, welchen wir **Verwitterungssandboden** nennen wollen, findet sich daher vorzüglich im Gebiete derjenigen Gebirgsformationen, welche mächtige Ablagerungen von Sandsteinen besitzen, und zwar nicht blos der bindemittelarmen, sondern auch oft der bindemittelreichen. Er kann nemlich auch aus den letzteren hervorgehen, sobald ihr gewöhnlich sandigthoniger, sandiglehmiger oder auch sandigmergeliger Verwitterungsboden eine solche abhängige Lage hat, dass er durch Regenwasser seiner erdigkrümlichen Theile allmählig beraubt werden kann. An den Abhängen von Sandsteinbergen trifft man gar häufig zweierlei Bodenarten, nemlich an den oberen Gehängen eine sandreiche und an den unteren Gehängen oder am Fusse dieser Berge in der denselben vorliegenden Ebene eine krumenreiche. An einem kahlen Sandsteinhügel kann man schon nach anhaltenden Regengüssen am unteren Rande seines sandigen Bodens die Bildung einer erdschlammigen Bodenzone beobachten, welche nach jedem Regengusse sich weiter ausdehnt und aus der Krumenmasse des an den oberen Gehängen dieses Hügels lagernden sandigthonigen oder sandiglehmigen Bodens entsteht. Um daher die Krumenberaubung eines solchen Bodens zu verhüten, muss man ihn mit einer, die Schlämmkraft des Regens schwächenden, Pflanzendecke versorgen.

2) Abgesehen von diesem, durch Ausschlämmung seiner erdigen Theile ent-

stehenden, Verwitterungssandboden ist das eigentliche Ablagerungsgebiet des Schwemmsandbodens in den Ebenen der von grossen Strömen durchzogenen Landesgebiete, vor allen aber in dem vom Meere bespülten Flachlande zu suchen. Da wirft das Meer seine bindungslosen Flugsandgehäufe auf, welche nun der Wind landeinwärts trägt, weit ausbreitet und im Zeitverlaufe zu massigen Ablagerungen anhäuft, welche dann oft genug den Grabhügel des fruchtbarsten Bodens bilden; in solchem Flachlande kann es vorkommen, dass die landüberfluthende Meereswoge nach einigem Verweilen bei ihrem Rückzuge dem von ihrem Wasser durchweichten thonigen und lehmigen Boden die grösste Menge seiner Erdkrume raubt und nichts weiter als seinen gröberen Sandgehalt lässt, aber in solchem Flachlande kann es auch geschehen, dass die, Erdschlamm und Verwesungsstoffe führenden, Fluthen der Ströme und des Meeres den — von ihnen vielleicht früher beraubten — fast krumenleeren Sandboden mit fruchtbarer Krumenmasse so reichlich versorgen, dass aus einem früher öden, dürren, bindungslosen Sandgehäufe ein fetter, bindiger, krumenreicher Thon-, Mergel-, Lehm- oder Humusboden wird. Alles dieses kann an einem und demselben Boden nach und nach vorkommen; wenigstens sprechen dafür einerseits die unter dem dürren Sandboden des Tieflands sehr gewöhnlich vorkommenden Thon-, Lehm- und Mergelablagerungen und andererseits die an vielen Orten des ebengenannten Landgebietes beobachteten Wechsellagerungen von krumenarmem Sandboden mit krumenreichen Bodenarten. Ist doch wahrscheinlich die so verrufene Geest Norddeutschlands nichts weiter als ein ehemaliger, seiner Krume durch die von seiner Oberfläche abziehenden Meeresfluthen beraubter, lehmiger Boden.

> Bemerkung. Dass der ockergelbe, eisenschüssige Sandboden der Geest und vieler Orte des norddeutschen Tieflandes sehr oft der Sitz des Rasensteines ist oder wenigstens in den Eisenoxydrinden seiner Sandkörner das Material dazu enthält, ist schon mehrfach bei der Beschreibung theils des Sandes, theis des Raseneisensteines selbst erwähnt worden. Ausführlich habe ich dasselbe in meinem Werke über Humus-, Torf- und Limonitbildungen beschrieben.

§ 62. **Beschreibung der thonreichen Bodenarten.** 1) Gemenge: Bindige, im feuchten Zustande mehr oder weniger zähe und anklebende, im trockenen Zustande aber mehr oder weniger fest und rissig werdende Gemenge von wenigstens 60 pCt. gemeinen Thones und höchstens 50 pCt. Sandes; ausserdem 2 bis 7 pCt., durch Natronlauge ausziehbaren, Kieselmehls und 4 bis 5 pCt. Eisenoxydhydrat oder Eisenoxyd beigemischt enthaltend und durch dasselbe graulich oder ockergelb bis braunroth ge-

färbt; und endlich fast stets mit einer grösseren oder kleineren
Menge von Steintrümmern versehen. Um so mehr Feuchtigkeits-
anziehung und Wasserhaltungskraft besitzend, je grösser sein
Gehalt von Thon ist.

2) Abarten.

   α. Kalklose thonige Bodenarten.

      1) Gemeiner oder zäher thoniger Boden (strenger Boden): mit
         höchstens 30—35 pCt. sehr feinen, nur beim Schlämmen
         mit warmem Wasser ganz hervortretenden Sandes. Im
         Uebrigen ganz mit den Eigenschaften des gemeinen Thones. In
         seinem Bodenwasser findet man häufig Kieselsäure und alkalische
         Salze, bisweilen aber auch Alaun und Eisenvitriol aufgelöst. Lagert
         er in Becken oder überhaupt an Orten, die das Regenwasser nicht
         abfliessen lassen, so zeigt sich auf ihm bald eine Morast- oder Torf-
         flora, so namentlich Wassermoose (Sphagnum), die Sumpfdotterblume
         (Caltha palustris), das Sumpfläusekraut (Pedicularis), das Wollgras
         (Eriophorum), Riedgras (Carex) und der Sumpfschachtelhalmen (Equi-
         setum palustre).

         Bei solchen nassen Lagen zeigt er sich auch häufig in eine
         untere sandige und eine obere fast rein thonige Schicht abgesondert.

      2) Sandig-thoniger Boden: Eine ungleichmässige Mengung
         von Thon mit 40—50 pCt. gröberen und feineren, schon
         beim Reiben des Bodens in der Hand fühlbaren Sandes.
         Zwar begierig Wasser ansaugend, aber es nicht so festhaltend als
         der gemeine Thonboden, daher wärmer und lockerer als dieser. Sich
         dem Lehme, namentlich in sonnigen Lagen, nähernd, aber beim
         Austrocknen um so leichter hart werdend und berstend, je ungleich-
         mässiger sein Gemenge ist. In beckenförmigen Lagen und über-
         haupt an Orten, wo er zeitweise unter Wasser steht, trennen sich
         oft seine sandigen Beimengungen von dem Thone und senken sich
         nach dem Untergrunde, so dass man in seiner Masse eine untere
         sandige und eine obere thonige Schicht unterscheiden kann. Gar
         nicht selten bilden dann auch die sich aus der Thonmasse absondern-
         den Sandkörner unter einander kugel-, ei-, käse- oder knollenförmige
         Aggregate.

         Unter seinen Sandtheilen bemerkt man Quarzkörner, Feldspath-
         splitter, Hornblendetheile und namentlich oft auch Glimmerblättchen.
         Aus der allmähligen Verwitterung dieser Mineralreste entstehen, vor-
         züglich bei luftiger Lage des Bodens, eine Menge löslicher kiesel-
         saurer und kohlensaurer Alkalisalze, welche seine Fruchtbarkeit
         erhöhen.

      3) Eisenschüssiger thoniger Boden (Eisenthonboden?) Ein von

Eisenoxydhydrat oder Eisenoxyd ganz durchdrungener, intensiv ockergelb oder rothbraun gefärbter Thon, welcher mit mehr oder weniger vielen, kleineren oder grösseren Sandkörnern, Stückchen und Blättchen von verschiedenen Mineralien und Felsarten, hauptsächlich aber von Porphyr, Kieselschiefer, Glimmerschiefer, Hornblende und Melaphyr, ungleichmässig gemengt erscheint. Häufig mit bläulichen, gelbbraunen oder rothbraunen Flecken, Adern und nierenförmigen Ausscheidungen von Eisenchlorit.

Im Allgemeinen wegen seiner dunkeln Farbe und seines starken Eisenoxydgehaltes, vorzüglich bei einer schattenlosen Lage, leicht zur Verdunstung und Erhitzung geneigt und dann bei vollständiger Ausdürrung zuerst in ein lockeres Haufwerk von eckigen Scheibchen und Blättchen, zuletzt aber in eine fast lose, pulverige Krume zerfallend; in fortwährend nassen Lagen dagegen ebenso schmierig und schlammig werdend, wie der gemeine thonige Boden.

Auch bei ihm bemerkt man die schon oben erwähnte Sonderung seiner Gemengtheile in mehrere Schichten.

4) **Salziger thoniger Boden.** Thon mit mehreren Procenten Kochsalz, deshalb salzig schmeckend. Ein im nassen Zustande unfruchtbarer Boden, der nur durch zweckmässig angelegte Abzugsgräben verbessert wird. (Vergl. Salzthon.)

Oft erthält dieser Boden auch Alaun oder Eisenvitriol und dann ist er durchaus unfruchtbar und kann nur durch tüchtige Kalk- und Mergeldüngungen verbessert werden.

β. **Kalkhaltige thonige Bodenarten.**

5) **Gemeiner Kalkthonboden.** Thon in ungleichmässigem Gemenge mit 6—10 pCt. grösserer und kleinerer, schon durch blosses Sieben oder Abschlämmen entfernbarer Stücken und Körner von Kalk. Ausserdem meist noch mit einer grösseren oder geringeren Menge von Sand und staubförmigen Kalktheilchen, welche so innig mit den Thontheilen vermischt sind, dass man sie nur durch oft wiederholtes Schlämmen oder gar nur durch Salzsäure vom Thone lostrennen kann. In sonnigen, luftigen Lagen ein schwer zu bearbeitender, leicht berstender Boden; in einer mehr schattigen, jedoch nicht allzufeuchten Lage mehr mulmig und ausserordentlich fruchtbar, indem er eine rasche Zersetzung der auf und in ihm befindlichen Pflanzenabfälle bewirkt und durch die hierdurch erzeugte Kohlensäure viel doppeltkohlensauren Kalk bildet.

6) **Mergeliger Thonboden (Kley).** Gemeiner Thon, welcher mit 4, höchstens 10 pCt., feinen staubförmigen Kalkes so innig vermischt ist, dass sich der Kalk nur durch Behandlung mit Salzsäure voll-

ständig vom Thone trennen lässt, woher es kommt, dass die abgeschlämmten Theile dieses Bodens gewöhnlich in ihrer ganzen Masse
mit Säuren gleichmässig aufbrausen. Sich lange feucht erhaltend,
ohne so nass zu werden, wie der gemeine Thonboden; ganz durch-
nässt zwar schlüpferig, allein den Pflanzenwurzeln nicht fest anklebend; beim Austrocknen zwar anfangs berstend, aber bald zerfallend und dann ein mürbes, ziemlich warmes, langsam verdunstendes,
Erdreich bildend. Besser bearbeitbar, als der vorige Boden. Vermöge seines Kalkgehaltes den Dünger bald zersetzend und dann die
entstehende Kohlensäure zur Auflösung seines Kalkes verwendend,
vermöge seines Thongehaltes aber die sich bildenden Salze fest-
haltend; daher der Düngung nicht so oft bedürfend, als andere
Bodenarten. Hauptsitz aller möglichen Kalk-, Kali- und
Kieselpflanzen.

3) Ablagerungsorte der thonigen Bodenarten.

   1) Der gemeine Thonboden, welcher nicht nur durch die Zersetzung
feldspathreicher und thonsteinhaltiger Felsarten, sondern auch durch
die Verwitterung bindemittelreicher Thonsandsteine erzeugt wird,
findet sich vorzüglich an den sanften Gehängen niederer Gebirge
und in den flachhügeligen oder wellenförmig gelegenen Thalsohlen
sowohl der meisten Formationen, als auch des Diluviums und Alluviums. Er lagert entweder auf seinem Muttergesteine oder auf
einer mehr oder minder mächtigen Geröll- und Sandlage, oder
wechselt mit Sandlagern, die nach der Tiefe zu immer mächtiger
und geröllreicher werden. Im Gebiete der Marschen bildet er in
Wechsellagerung mit Sand und Knick die oft ganz mit Humussubstanzen durchzogenen mächtigen Ablagerungen des sogenannten
Schlick.

   2) Der sandige Thonboden, welcher sich vorzüglich aus quarzreichem,
feinkörnigen Granit und Gneiss, quarzführendem Porphyr, Glimmerschiefer und gemeinem Thonsandstein bildet, findet sich gewöhnlich
auf dem Plateau und an den oberen Gehängen sanftansteigender Gebirge oder in Thälern, welche am Fusse der Gebirge liegen und von
Gebirgsbächen durchzogen werden, vorzugsweise aber auch an den
sanften Gehängen und in den muldenförmigen Thalebenen der Bund-
sandsteinformation. Seine Mächtigkeit ist in der Regel nicht so bedeutend, als die des gemeinen Thonbodens. Seine Sohle besteht gewöhnlich aus Sand, Geröll oder festem Gesteine.

   3) Der salzige Thonboden findet sich vorzüglich am Strande des
Meeres, im Gebiete der Marschen, ausserdem aber auch in denjenigen Formationen, welche Steinsalzlager enthalten, z. B. im Gebiete des bunten Sandsteins, Muschelkalks und Keupers. Er wechsel-

lagert dann gewöhnlich mit gypshaltigen Thonlagen. — Der alaun-
und eisenvitriolhaltige Thonboden zeigt sich hier und da im
Gebiete des Schwefelkies führenden Thonschiefers, der Stein- und
Braunkohlen. Häufig liegt ein schädlicher Salzgehalt nur in den
untern Lagen des Bodens und wird erst durch tieferes Umackern in
die obere Krume emporgehoben.

4) Der eisenschüssige Thonboden. Bei weitem am mächtigsten
zeigt sich dieser Boden entwickelt im Gebiete der Conglomerate und
Sandsteine mit eisenschüssigem Thonbindemittel (z. B. des Rothliegenden und bunten Sandsteins), an den Bergen und in den Thälern
des Glimmerschiefers, in der Nähe von Ablagerungen des gelben und
rothen Thoneisensteins und in der Umgebung des Melaphyrs. Weniger findet man ihn im Gebiete des Feldsteinporphyrs. In Gebirgsgegenden hat er gewöhnlich sein Bildungsgestein zum Untergrund;
in Ebenen dagegen, wo er jedoch weniger vorkommt, lagert er gewöhnlich auf sandigem Gerölle.

5) Der gemeine kalkigthonige Boden findet sich im Gebiete der
Kalkformationen, namentlich auf den unteren Gliedern des Muschelkalkes (auf dem Wellen- und Terebratulitenkalke) und bildet sich
aus den mit den dünnen Schichten dieser Felsart wechsellagernden
Thonschichten, indem diese die durch die Verwitterung frei werdenden
Stücke und Theile des Kalkes in sich aufnehmen. Die Mächtigkeit
seiner Krume ist deshalb in der Regel auch nicht bedeutend und
seine Sohle steinig oder geradezu felsig. Bei fortschreitender Verwitterung seiner Kalkstücke wird er mit der Zeit mergelig. —
Eine Abart dieses Bodens ist der mit zahlreichen Conchylienresten
untermengte Muschelthonboden, welcher sich nicht selten im Gebiete der Meeresmarschen und auch wohl im Diluvialgebiet des Tieflandes befindet.

6) Der mergeligthonige Boden. Dieser Boden entsteht entweder
aus dem Kalkthonboden, wenn dessen Kalkreste vollständig verwittern, oder dadurch, dass das Meteorwasser den auflöslich gemachten Kalk von den oberen Gehängen der Kalkberge losspült und
deren thonigen Zwischenlagen zuleitet, dann in dem Gebiete von Kalksteingebirgen, mehr jedoch am Fusse und in den Thälern derselben,
als auf ihren Höhen; ebenso auch mehr im Gebiete der jüngern Kalkformationen, z. B. des Lias, Jura und der Kreide, als in den ältern. Bisweilen erscheint er jedoch auch in dem Gebiete der Basalte und Diabasite.

§ 63. **Beschreibung des lehmreichen Bodens.** 1) Gemenge.
Krümelige Lehmsubstanz (d. i. inniges und gleichmässiges Gemisch von
Thon mit 12—20 pCt. Kieselmehl und 7—10 pCt. Eisenoxydhydrat) in
gleichmässiger mechanischer Mengung mit 35—60 pCt. gröberen

und feineren, schon durch das blosse Gefühl oder Gesicht bemerkbaren und durch Schlämmen abscheidbaren, Sandes; ausserdem auch sehr häufig mit einigen Procenten kohlensauren Kalkes.

Die Eigenschaften der schon früher beschriebenen Lehmsubstanz um so deutlicher zeigend, je mehr sein Gehalt an grobem Sand zurücktritt und das Eisen als Oxydhydrat sich bemerklich macht. Im Allgemeinen ein tüchtiger Luft- und Feuchtigkeitsansauger und eben deshalb ein guter Düngerzersetzer; darum aber auch der wahre Sitz des milden Humus, dessen Gehalt bis zu 5 pCt. steigt. So lange in ihm der Gehalt an abschlämmbaren Theilen nicht unter 25 pCt. herabfällt, ist er für die guten Wiesengräser der geeignetste Boden; kommt zu seinen gewöhnlichen Bestandtheilen noch etwas Kalk, so zeigt er auch die Kalkflora in vollem Gedeihen und enthält er 6—10 pCt. humoser Gemengtheile, so zeigt er die Humusflora in einer Ueppigkeit, wie kein anderer Boden. Sinkt dagegen der Gehalt seiner abschlämmbaren Theile unter 25 pCt. herab, dann nähert er sich in seiner Pflanzenproductionskraft um so mehr dem lehmigen Sandboden, je luftiger und trockner seine Lage ist. Wenn endlich der Thongehalt des Lehms sich über 50 pCt. erhebt oder wenn dieser Boden bei einer an sich feuchten Lage einen thonigen Untergrund hat, dann kommt auf ihm die Sumpfflora immer mehr zum Vorschein.

2) Abarten des lehmreichen Bodens nach seinen wesentlichen Gemengtheilen.

1) Sandiger Lehmboden. Mit 21—30 pCt. abschlämmbarer Theile. Oft mit Feldspathsand und Glimmerblättchen. Bei öfterer Düngung mit, die Feuchtigkeit zusammenhaltenden, Stoffen häufig viel Kieselsäure und kohlensaure Alkalien erzeugend. Da er leicht verdunstet und seine Bindigkeit verliert, so darf er nicht zu viel gelockert und nicht zu tief bearbeitet werden.

2) Kalkiger Lehmboden. Ungleichmässiges und durch Schlämmung zu trennendes Gemenge von Lehm mit grösseren und kleineren Kalktrümmern oder Conchylienresten, daher auch mit Salzsäure ungleichmässig und nur da aufbrausend, wo gerade Kalktheile in seiner Masse liegen; locker und ziemlich stark verdunstend.

3) Mergeliger Lehmboden. Lehmiger Boden, welcher 4—10 pCt. innig und gleichmässig beigemischten und nur durch Salzsäure trennbaren, kohlensauren Kalkes und gewöhnlich auch bis 25 pCt. zum Theil veränderlichen und abschlämmbaren Sandes enthält, so dass er in der Regel reich an alkalischen Salzen ist. Rascher verdunstend als der vorige und deshalb in einer allzu luftigen Lage leicht austrocknend und iu eine pulverige Krume zerfallend. — Bei einer nicht zu hohen Lage aber ein vortrefflicher Boden, welcher auf die Zersetzung der Düngstoffe sehr vortheilt einwirkt und die Verwesungsproducte so zusammenhält, dass seine Gewächse zwar nie mit Nahrung überladen, aber sehr

nachhaltig versorgt werden, und er selbst auf ein Paar Jahre hin an
einer Düngung genug hat. — Wegen seines Lehmgehaltes ist er bei
nicht zu trockner Lage der Sitz der meisten Süssgräser und Getreidearten, vorzüglich aber der Gerste und des Roggens, und wegen seines
Kalkgehaltes ernährt er auch die meisten Hülsenfrüchte vortrefflich.

Er findet sich vorzüglich in den hügeligen Thälern oder auf den
Hochebenen, welche zwischen dem bunten Sandstein, Muschelkalke und
Keuper oder dem Liassandsteine und Liaskalke, oder auch dem Quadersandsteine und der Kreide vorkommen. Seltener erscheint er in dem
Gebiete des Grauliegenden. Er bildet sich entweder aus der Verwitterung von Basalten, Diabasen oder Sandsteinen mit sehr reichem
thonig-mergeligen Bindemittel oder aus der Zusammenfluthung von
Mergelthon mit Lehm. — In Thälern ist er gewöhnlich tiefgründig, auf
Anhöhen aber meist flachgründig und dann oft wiederkehrender Düngung
bedürftig. Aber auch in dem norddeutschen Schwemmlande — zumal
im Gebiete der Marschen — ist er nicht selten.

> Bemerkung. Bisweilen enthält sowohl der Mergelthon, als Mergellehm
> soviel Eisenoxyd beigemengt, dass er ganz rothbraun gefarbt er-
> scheint. Ist dies der Fall, dann ist vorzüglich die letzte Bodenart
> ausserordentlich zur Erhitzung und Austrocknung geneigt, wodurch
> ihre Fruchtbarkeit oft so herabsinkt, dass sie namentlich bei schatten-
> loser Lage nur Thaupflanzen produciren kann. (Manche Keuper-
> mergel.)

3) Ablagerungsorte und dadurch erzeugte Abarten des lehmigen Bodens. Der in der Natur als Boden auftretende Lehm zeigt sich
entweder noch in der nächsten Umgebung seiner Muttergesteine abgelagert
oder er findet sich entfernt von diesen letzteren an Orten, zu denen er nur
durch Wasserfluthungen gelangt sein kann. Mit Beziehung hierauf unterscheidet man nun

a. den Gebirgs- oder Verwitterungslehm.

1) Derjenige Lehmboden, welcher an den sanften Gehängen oder in den
Thälern der Gebirge lagert, enthält gewöhnlich noch eine Menge
kleinerer und grösserer Reste von den Mineralien, aus deren Zersetzung er hervorgegangen ist. In der Regel besitzt er auch ausser
einem feinen Sandgehalte noch eine grössere oder kleinere Quantität
freier löslicher Kieselsäure und einen ziemlichen Reichthum an Alkali-
salzen, wenn er so abgelagert ist, dass diese Stoffe durch das Wasser
nicht ausgelaugt werden können.

2) Anders erscheint der Lehmboden, welcher aus der Verwitterung von
thonigen Sandsteinen entstanden ist. Dieser zeigt in der Regel nicht
viel Beimengungen, weder an Mineralsesten, noch an Alkalien, was
sich leicht erklären lässt, wenn man auf die früher gegebene Entstehungsweise der Sandsteine Rücksicht nimmt. Da aber die Sand-

steine in der Regel von Kalksteinmassen oder Mergellagern begleitet sind, so ist dem aus ihnen entstandenen Lehm nicht selten auch kohlensaurer Kalk so innig beigemengt, dass man denselben nur durch Salzsäure von ihm lostrennen kann.

Dieser Verwitterungslehmboden findet sich hauptsächlich in den Buchten und Busen am Fusse der Gebirge, in den flachen Kesseln oder Thalsohlen und auf den grossen wellenförmigen Hochebenen der Sandsteingebirge, ausserdem auch in den engen, von Gebirgsbächen durchströmten, Kesselthälern und an den untern sanfteren Gehängen der Granit-, Gneiss-, Syenit- und Felsitporphyr-Gebirge. In allen diesen Fällen hat er einen felsigen oder steinigen Untergrund, häufig nur eine geringe Mächtigkeit und viele Beimengungen von grösseren und kleineren Stückchen der ihn umgebenden Felsarten.

b. den Schlämm- oder Diluviallehm. Derjenige Lehm, welcher durch Wasserströmungen nicht blos tüchtig durchgerührt, sondern auch weit von seiner ursprünglichen Lagerstätte fortgeschlämmt worden ist und nun gewöhnlich in den weiten Ebenen des Diluviums und sonst an Orten abgelagert erscheint, wo jetzt nicht mehr das Wasser mit seinen schlammigen Fluthen hingelangen kann, ist in der Regel sehr feinkörnig, arm an Mineralresten, aber oft überreich an Eisenoxyd, wodurch er Veranlassung zur Bildung der für das Pflanzenleben so gefährlichen Eisensalze und namentlich des gefürchteten Raseneisensteins giebt. Diese Salz- und Eisenerzbildung offenbart sich in ihm vorzüglich da, wo er, — wie es im nördlichen Deutschland der Fall ist, — den Untergrund einer sandigen Oberkrume bildet und viel halbverweste oder kohlige Organismenreste enthält. — Häufig bildet er dann auch den Leichenacker von urweltlichen Thieren, deren Repräsentanten gegenwärtig nur noch in der heissen Zone zu finden sind, z. B. des Elephanten und des Nashornes. — Gewöhnlich besteht seine Masse aus einzelnen deutlich unterscheidbaren und abwechselnden Schichten von reinem lettenartigen und sandigem Lehm mit Geröll- oder Sandlagen. Der Schlämm- oder Diluviallehm, welcher in mächtig entwickelten Lagern die grossen Ebenen Norddeutschlands ausfüllt, wird gewöhnlich in seinen unteren Massen sandreicher, bis zuletzt ein Gemenge von grobem Sande oder Geröllen mit magerem Lehm, seltener reiner Thon, den Untergrund bildet.

§ 64. **Beschreibung der kalkreichen Bodenarten.** Gemenge im Allgemeinen: Gleichmässige oder ungleichmässige, im angefeuchteten Zustande mulmige, im trockenen Zustande aber bei starkem Kalkgehalte leicht staubig werdende Gemenge von höchstens 75 pCt. gemeinen Thones und wenigstens 15 pCt. theils abschlämmbaren, theils nur durch Salzsäure lostrennbaren Kalkcarbonates, ausserdem aber oft auch mit einer grösseren oder kleineren Quantität feinsten bis gröberen Quarzsandes, Eisenoxydes und kohlensaurer Magnesia-kalkerde. Als ihnen vorzüglich eigenthümlich erscheint auch eine häufig bemerkbare stärkere oder geringere Beimengung von phosphorsaurer Kalkerde oder von Gyps.

Je nach der Verbindungsweise des Kalkes mit dem thonigen oder lehmigen Bestandtheile sind bei ihnen streng von einander zu unterscheiden:

1) Die eigentlichen Mergelbodenarten;
2) Die Kalkthonbodenarten.

§ 64.   1. **Die eigentlichen Mergelbodenarten.**

a. Gemenge: Gleichmässige und innige Mischung von wenigstens 15 pCt. Kalk und höchstens 75 pCt. Thon oder mit anderen Worten: eine massige und krümelige Aggregation von Mergelkrumentheilen, wie sie bereits näher beschrieben worden sind. Im Allgemeinen zwar reich an allen möglichen Bodennahrstoffen, im Besondern aber veränderlich in ihrer Feuchtigkeit je nach der Art und Menge ihrer Beimengungen. Je nach diesen unterscheidet man folgende Abarten des Mergelbodens.

b. Abarten nach ihren Gemengen und Lagerstätten.

1) Thonmergelboden. Ein Gemisch aus 15—20 pCt. Kalk, 50 bis 75 pCt. Thon und höchstens 25 pCt. abschlämmbaren Sandes bestehend; ausserdem auch häufig mehrere (2—6) Procent Oxyd oder Oxydhydrat von Eisen, bis 10 pCt. kohlensaure Magnesia und bisweilen eine geringe Menge Gyps enthaltend. — Mit Säuren nur dann recht aufbrausend, wenn er fein pulverisirt und mit Säure erwärmt wird. — Je nach der Menge und der Art seines Eisengehaltes verschieden gefärbt; am häufigsten graulich-braungelb bis rothbraun. — Pulverisirt und mit Wasser vermischt einen formbaren Teig bildend. Im trockenen Zustande an luftigen, sonnenreichen Orten sich anfangs fast wie Thon verhaltend, später aber sich durch den Einfluss der Luft in kleine eckige Scheibchen und Stückchen zertheilend, die ein äusserst loses Erdreich bilden, welches, wenn es nicht durch wiederholte Bewerfung mit feuchtem Dünger oder Bepflanzung mit Luftgewächsen bindiger gemacht und gegen den Einfluss der Sonne geschützt wird, lange Zeit braucht, ehe es für die Ernährung von ungenügsameren Pflanzen tauglich wird. Ist es aber einmal in eine fruchtbare Krume umgewandelt worden, dann muss es oft mit sogenanntem langhalmigen Mist gedüngt und mit starkwurzeligen Gewächsen bepflanzt werden, wenn es bei trockener Witterung nicht wieder fest werden und bersten soll. — Ueberhaupt bedarf der Thonmergel, auch bei sonst günstiger Lage, einer mässig feuchten, warmen Witterung, besonders zu der Zeit des Jahres, wo die Gewächse im vollsten Wachsthume begriffen sind, um diejenige Fruchtbarkeit zu zeigen, welche ihn dem Mergelthon ähnlich macht.

Am häufigsten findet sich dieser Boden, namentlich der eisenschüssige,

im Gebiete des bunten Sandsteins, ja die unteren Ablagerungen dieser
Formation bestehen vorherrschend aus eisenschüssigem Thonmergel. Ferner erscheint er auch oft im oberen Gebiete des Keupers, hier aber fast
stets magnesiahaltig und endlich auch an den unteren Gehängen und in
den Thälern der Kalkformationen, z. B. des Lias und Jura.

2) **Lehmmergelboden.** Aus 15—25 pCt. Kalk, 20—50 pCt. Thon und
25—50 pCt. Sand bestehend. Gelbbräunlich in's Ockergelbe. Gewöhnlich feinkörnig und sehr locker. Mit Wasser vermischt, sich wenig formbar zeigend. — In seinen Eigenschaften sich dem Mergellehme sehr
nähernd, besonders bei einer nicht zu sonnigen, luftigen Lage. Ist dies
letztere der Fall, dann bedarf er häufiger und starker Düngung, wenn
er seine Fruchtbarkeit bewahren und nicht ausdorren soll. — Wegen
seiner grossen Lockerheit lässt er durch anhaltende Regengüsse seine
Nahrstoffe leicht in die Tiefe laugen; er muss deshalb bisweilen tief
umgearbeitet werden.

Sandsteine mit reichem, mergeligem Bindemittel sind in der Regel
die Bildungsmittel für diesen Boden; daher kommt er auch am gewöhnlichsten im Gebiete der Sandsteinformationen, namentlich des Lias- und
Quadersandsteins vor. Ausserdem findet man ihn auch im Gebiete der
Keupermergel und der Kreide (mancher Boden des sogenannten Pläners).
Endlich bildet er sich auch aus dem zwischen den Kalkgebirgen lagernden Diluviallehme.

3) **Dolomitischer oder magnesiahaltiger Mergelboden:** Thon-,
Lehm- oder Kalkmergel mit 5—20 pCt. kohlensaurer Magnesia; ausserdem gewöhnlich mit mehreren (bis 20) pCt. Sand und häufig auch mit
1—10 pCt. Eisenoxydationen. Pulverisirt mit Säuren zwar sehr lange,
aber nur ganz allmählig aufbrausend, am ersten noch dann, wenn er
als Pulver mit der Säure erwärmt wird. Mit Wasser übergossen sehr
langsam einen unformbaren Schlamm bildend. An der Luft sich lange
feucht erhaltend, dann in ein Haufwerk kleiner eckiger Blätter, Scheiben
und Stucken zerfallend. In diesem Zustande unaufhörlich Feuchtigkeit
ansaugend, aber diese so stark an sich bindend, dass er äusserlich immer
trocken und lose erscheint; endlich aber hauptsächlich durch den Einfluss von reichlichen Düngstoffen und sanften Regengüssen sich zerkrü-
melnd und nun ein feinkrumiges bis pulveriges, Wärme und Feuchtigkeit
zusammenhaltendes, leicht zu bearbeitendes, Erdreich bildend. — Unter
seinen Nebenbestandtheilen tritt nicht selten phosphorsaure Kalkmagnesia
hervor. Der dolomitische Mergel ist ein merkwürdiger Boden, der in
einer und derselben Lage bald sehr pflanzenreich und fruchtbar, bald
sehr dürftig und öde erscheint. Die Hauptursache dieser Doppelnatur
mag einerseits in der Grösse seines Kalk-, Magnesia- und Sandgehaltes,
und andererseits in der Jahreswitterung liegen. In Beziehung auf die

erste Ursache zeigt bei gleichem Magnesiagehalte und sonst gleichen Verhältnissen sich derjenige Mergel am fruchtbarsten, welcher den meisten Kalk oder Sand enthält. Der Grund davon liegt jedenfalls in der starken Feuchtigkeitsanziehung der Magnesia, wodurch bei zu grossem Thongehalte der Boden leicht ein Uebermaass von Nässe und Kälte bekommt. In Betreff der zweiten obengenannten Ursache aber ist nur zu erwähnen, dass bei anhaltend trockener, warmer Witterung sich der thonreiche Magnesiamergel wieder fruchtbarer zeigt, als der sand- und kalkreiche, welcher vorzüglich einen feuchten Mai und Juni fordert.

Das Hauptgebiet dieses Bodens bieten die flachen, wellenförmigen Muldenthäler der bunten Keupermergel und der Juradolomite dar. In dem ersten zeigt er sich meist eisenreich und von vorherrschend rothbrauner, bläulicher und ockergelber Färbung; in den letzteren dagegen magnesiareicher und von gelblich grauer, hellerer Farbe. Ausserdem kommt aber im Gebiete des Kalkdiorits, Melaphyrs und Diabases ein mergeliger Boden vor, welcher sich ebenfalls magnesiahaltig zeigt.

4) **Sandmergelboden:** ein Mergel, welcher 40—50 pCt. feineren und gröberen, abschlämmbaren Sandes enthält. Ein heisser, schnell austrocknender, darum äusserst lockerer und leicht auslaugbarer Boden, der nur bei oft wiederholter, guter Düngung, bei feuchter Lage oder in feuchten Sommern seine Schuldigkeit thut.

Sandsteine mit geringem mergeligen Bindemittel, die sandigen Mergel der Kreideformation und manche Arten des Grobkalkes geben vorzüglich das Bildungsmaterial zu dieser Art des Mergelbodens ab.

5) **Kalkmergelboden:** 50—75 pCt. Kalk, 20—50 pCt. Thon und höchstens 5 pCt. Sand bilden mit einer stärkeren oder geringeren Menge grösserer oder kleinerer, abschlämmbarer Kalkstückchen ein Erdreich, welches im trockenen Zustande ganz lose und fast aller Bindigkeit entbehrend, nach einer Durchnässung und darauf folgender Hitze dagegen fest verkittet, mörtelähnlich und äusserst schwer zu bearbeiten ist. Die Productionskraft dieses bisweilen an den sonnigen Abhängen der Kalkberge verschiedener Formationen lagernden Bodens ist gewohnlich sehr kümmerlich und besteht hauptsächlich in der Erzeugung von Luftpflanzen, wie man sie ähnlich auf Sandgehäufen findet.

Bemerkungen über die Mergelarten. Die eben mitgetheilten Arten des Mergelbodens treten in grossen Massen selten so rein und selbständig auf, wie gewöhnlich angegeben wird, sondern zeigen die mannichfaltigsten Uebergange, die entweder durch ihre Lagerungsverhältnisse oder durch die auf ihnen wachsenden und an ihnen saugenden Pflanzen oder durch die Kultur herbeigeführt werden. — In Eisenach's Umgegend herrschen die Mergel des bunten Sandsteines und Keupers. Diese Mergel erscheinen in ihren einzelnen Schichten von sehr ver-

schiedener Zusammensetzung. So wechsellagern z. B. beim Dorfe Stregda
in kaum 20 Zoll starken Schichten wohl 20 mal mit einander:

Thonmergel mit 12 pCt. Eisenoxyd,
sandiger Thonmergel mit 6 pCt. Eisenoxydhydrat,
dolomitischer Lehmmergel mit 4—10 pCt. Magnesia,
gemeiner Thonmergel mit Glimmerblättchen.

Aber diese verschiedenartigen Schichten liegen nicht über-, sondern
fast senkrecht neben einander, so dass man fast bei jedem Schritte
einen neuen Mergel findet. Dazu kommt, dass der auf ihnen lagernde
Boden nicht parallel mit der Streichungslinie der Mergelschichten,
sondern quer auf dieselbe bepflügt wird, so dass durch die Pflugschaar
fort und fort Theile der einen Schicht auf die andere übertragen werden. Kann unter solchen Verhältnissen der Ackerboden noch eine
bestimmte Mergelart enthalten?

    c. Ueber Bildung und Lagerungsverhältnisse des Mergelbodens
im Allgemeinen. Obgleich schon bei der Beschreibung der Mergelfelsart
und der Mergelkrume über die Entstehungsweise der Mergelarten das Wichtigste
mitgetheilt worden ist, so möge hier doch noch Einiges über diesen Gegenstand
seinen Platz finden. Wie früher schon ausgesprochen worden ist, so ist aller
Mergel ein inniges, halb chemisches Gemisch, in welchem auf jedes Theilchen
Thon irgend ein Quantum Kalk kommt, welches demnach auch nicht durch
einfaches Schlämmen mit Wasser von einander getrennt werden kann. Demgemäss wird aber auch der Landwirth keinen Mergel erzeugen, wenn er Thon
mit Kalksand oder Kalksteinen untermengt, denn dieses Gemenge trennt sich
von selbst, sowie man es mit Wasser schlammig macht. Auch wird ein solches
Gemenge, selbst wenn es noch so gleichmässig dargestellt würde, ungleichmässig
mit Säuren aufbrausen und niemals die Art der Wärmehaltung, Wasserhaltung
und Wasserverdunstung zeigen, welches der wahre Mergel offenbart; ja es wird
auch bei seiner Austrocknung ähnlich der Thonkrume bersten und sich in
Steinknollen trennen, während der ächte Mergel zuletzt ein feinkrümeliges bis
lockermulmiges Erdreich bildet. Ja, mit der Zeit kann aus einem solchen
Gemenge wohl Mergel werden. — Der ächte Mergel entsteht, wie gesagt, entweder dadurch, dass Thon von Kalklösung durchdrungen und so mit Kalktheilchen versehen wird, dass nach der Verdunstung des Lösungswassers auch
jedes Thontheilchen mit einer Quantität Kalk verbunden erscheint oder auch
nicht selten dadurch, dass durch Wasser pulveriger oder staubiger Kalk geschlämmt und dann mit feinzertheiltem Thonschlamm tüchtig oder innig zusammengemischt wird. Demgemäss kann nun aber auch überall da Mergelboden
entstehen und vorkommen, wo Kalklösungen in eine thonige oder lehmige Erdkrume eindringen, also nicht blos im Gebiete der Kalkformationen, sondern
auch im Gebiete aller derjenigen krystallinischen Gesteine, welche bei ihrer
Verwitterung Thon, Lehm und Kalklösungen produciren, ja auch im Gebiete
des Schwemmlandes überall da, wo Kalktrümmer im thonigen oder lehmigen

Boden eingebettet liegen, oder wo Kalk führende Bäche und Flüsse die Ländereien ihrer Ufer speisen oder periodenweise überfluthen.

§ 64. **2. Der Kalkthonboden (Kalkboden).**

a. Gemenge: Ungleichmässige Mischung von wenigstens 75 pCt. Kalk, höchstens 30 pCt. Thon, meist auch 0,5—2,0 pCt. kohlensaure Magnesia und ausserdem mit einer grösseren oder kleineren Quantität Brocken und Sand von Kalk (seltener von Quarz). — Hell bis weiss gefärbt, sich leicht erhitzend und dann lange heiss bleibend; im nassen Zustande sehr wenig anklebend und nicht knetbar und formbar. Ist er sehr feinkrümelig und arm an Kalksand, so wird er beim Durchnässen teigähnlich und beim Austrocknen mit einer festen, allmählig in kleine Scheibchen zerspringenden Kruste überzogen. Er zersetzt bei etwas feuchter Lage den Dünger schneller, als irgend eine andere Bodenart und bedarf darum einer fortwährenden Düngung. Ueberhaupt kann er wegen seiner hitzigen Eigenschaften nicht leicht genug Feuchtigkeit oder Schatten erhalten; er zeigt sich darum auch am fruchtbarsten auf Inseln, am Meeresgestade oder in Niederungen. An Alkalien ist er um so ärmer, je mehr sein Thongehalt zurücktritt; bei der Düngung ist dieser Mangel zu berücksichtigen. Bei sonst nicht ganz ungünstiger Lage ist er der Hauptboden für die Hülsenfrüchtler und bei feuchter Lage producirt er auch sehr gut Wein, Kirschen und Buchen.

b. Abarten:

1) Steiniger Kalkboden: mit grösseren und kleineren Stücken noch unzersetzter Kalksteine und häufig auch Geröllen von Quarzarten, z. B. Feuersteinen. Ohne Beschattung höchst unfruchtbar und nur der Sitz einer kümmerlichen Flora, z. B. der Festuca ovina. — An den Gehängen der Kalkberge.

2) Sandiger Kalkboden: mit 15—20 pCt. Sand von Kalk und Quarz. In seiner Fruchtbarkeit wie der vorige.

3) Lehmiger Kalkboden: mit 30—40 pCt. Lehm, locker, mässig feucht und warm. Bei nicht zu luftiger Lage und mit 6—10 pCt. Humus ist er einer der fruchtbarsten Bodenarten, besonders für Roggen, Gerste und Luzerne.

4) Thoniger Kalkboden: mit 20—40 pCt. Thon. In trocknen Lagen oder anhaltend heissen Sommern bei wenig Humusgehalt unfruchtbar. Im Uebrigen sich dem kräftigen Thonboden nähernd.

II. Humus- oder Culturboden.

§ 65. **Die Zersetzungsproducte abgestorbener Pflanzen.** — Der nur aus mineralischen Substanzen bestehende Erdboden erleidet zwar auch schon durch die ihm vom Meteorwasser zugeleitete Kohlensäure in seinen noch zersetzbaren Mineralkörpern mancherlei Veränderungen; mannichfacher aber und stärker, sowie auch schneller, treten dieselben in seiner Masse hervor, sobald erst die Pflanzenwelt von ihm Besitz genommen hat und mit ihren alljährlich absterbenden Körpergliedern auf seine noch veränderlichen Mineralreste einwirkt. Denn jetzt wirkt nicht mehr blos das nur sehr geringe Mengen von Kohlensäure haltige Meteorwasser auf ihn ein, sondern die ganze Summa von Stoffen, welche bei der Zersetzung der Pflanzenreste entweder erst entstehen oder doch aus ihren bisherigen Verbindungen frei werden. Alle die unter dem Namen der Humussäuren bekannten Oxydationsproducte der, Kohlenstoff, Wasserstoff und Sauerstoff haltigen, Organismenreste, mögen sie nun Ulmin-, Humin-, Geïn-, Quellsatz- oder Quellsäure heissen, wirken eben so zersetzend und umwandelnd auf die Mineralsubstanz ein, wie die, aus der Zersetzung von stickstoff-, schwefel- oder phosphorhaltigen, organischen Substanzen entstehenden, Stoffe, (Ammoniak, Schwefelwasserstoff oder Phosphorsäure,) oder wie die nach der vollständigen Zersetzung der organischen Materie noch übrig bleibenden und freiwerdenden kohlen-, phosphor- oder schwefelsauren Alkalien. Mit vollem Rechte darf man daher behaupten, dass in einem Mineralboden erst dann der Stoffwechsel seiner Bestandtheile und die Production von den verschiedenartigsten Pflanzennahrmitteln den Gipfelpunkt erreicht, wenn derselbe in reichlichem Maasse mit in voller Zersetzung begriffenen Organismenresten versorgt ist. Wenn man nun aber diese aus der Erfahrung entlehnte Behauptung zugiebt, wenn man die Summa der aus der Zersetzung organischer Materien entstehenden Verwesungs-, Verfaulungs- oder Vertorfungssubstanzen wirklich für ein Magazin von Mineralzersetzungsstoffen hält, so muss man auch zugeben, dass die genaue Kenntniss dieser eigenthümlichen Substanzen vom grössten Werthe für die Erkenntniss aller der in einem Boden hervortretenden und nicht nur für die Veränderung seiner Masse, sondern auch für seine Pflanzentragkraft ist. Im Folgenden sollen daher diese Zersetzungsprodncte der abgestorbenen Pflanzen näher betrachtet werden, jedoch nur so weit als zum Verständnisse ihres Wirkungskreises im Boden nothwendig ist. Eine ausführliche Beschreibung derselben findet man in meinem schon genannten Werke: „Die Humus-, Marsch-, Torf- und Limonitbildungen."

Eine abgestorbene Pflanzenmasse kann sich, je nachdem Wärme, Luft und Feuchtigkeit gleichmässig oder ungleichmässig, in voller, geschwächter oder ganz gehemmter Kraft auf sie einwirken, hauptsächlich in dreierlei Weisen zersetzen:

    a. Zersetzt sie sich bei vollem Luftzutritte und unter Mitwirkung von mässiger Feuchtigkeit und nicht zu hoher Temperatur, so verwest sie und bildet dabei eine hell- oder dunkelbraune, erdige Substanz, welche Humus (Dammerde) genannt wird und mit reinen oder kohlensauren Alkalien in Berührung gebracht die sogenannten Humussäuren und die im Wasser mit gelber bis brauner Farbe löslichen humussauren Alkalien bildet.

    b. Zersetzt sie sich aber bei gehemmtem Luftzutritte und unter starker

Einwirkung von Feuchtigkeit, so vermodert oder verfault sie und bildet dabei eine grauschwarze, meist sauer reagirende, im frischen Zustande schlammige, im trocknen Zustande aber pulverige Masse, die man **sauren** oder **fauligen Humus, Moder** oder **Geïn** nennt.

c. Beginnt endlich ihre Zersetzung bei vollem Luftzuge und gewöhnlicher Temperatur, wird dann aber bei abgeschlossener Luft und unter Mitwirkung von erhöhter Temperatur und auch wohl von Wasser vollendet, so **vertorft** und **verkohlt** sie und bildet zuletzt eine von Bitumen durchzogene Kohlenmasse, welche man **Torf** nennt. Dass indessen diese Art von Verkohlung auch bei Pflanzen, welche stets unter Wasser existiren und scheinbar nie mit der Atmosphäre in Berührung kommen, wie dieses z. B. bei den Algen der Fall ist, vor sich gehen kann, wird später noch weiter erörtert werden. Hier sei vorerst nur erwähnt, dass grade der beste Schlamm- oder Baggertorf nur aus Wasserpflanzen auf dem Grunde von stehenden, gegen die Luft verschlossenen, Gewässern entsteht.

Unter diesen drei Modificationen der Pflanzen-Zersetzungsproducte sind namentlich die ersten beiden für die Veränderung von Bodenarten von Wichtigkeit; die dritte dagegen liegt unserem Gebiete ferner, da sie erst dann, wenn sie durch Einfluss der Luft oder alkalinischer Substanzen in die erste Modification umgewandelt worden ist, einen nutzbaren Bodengemengtheil abgibt.

a. Die Humussubstanzen.

§ 66. Der Bildungsprocess und das Wesen des Humus im Allgemeinen. — Wenn in Folge seiner unausgesetzten Thätigkeit und des abnehmenden Reizes der Sonnenstrahlen im Spätsommer die Lebenskraft eines Baumblattes mehr und mehr abnimmt, dann kommen auf seiner grünen Oberfläche immer mehr, anfangs stahlblaue, oft auch rothgeränderte, und später ockergelbe, häufig ganz kreisrunde, Flecke zum Vorscheine, welche sich von ihrem Umfange aus immer weiter über die Blattfläche ausdehnen, bis diese letztere durch sie ganz gleichmässig ockergelb oder lederbraun gefärbt erscheint. Sowie diese braune, den Tod des Blattes anzeigende, Färbung die ganze Ober- und Unterfläche eines Blattes in Besitz genommen hat, dann schrumpft dasselbe mehr und mehr zusammen, wird rissig und fällt von seiner Mutterpflanze ab zur Erde. Auf dieser aber wird unter dem Einflusse der Bodenfeuchtigkeit nicht nur seine ursprüngliche Gestalt, sondern auch sein ganzes inneres Gewebe allmählig immer mehr zerstört, bis es in seiner ganzen Masse endlich in eine anfangs faserigerdige und zuletzt pulverig- oder krümeligerdige, schwarzgraue oder schwarzbraune, Substanz, welche man **Humus** nennt, umgewandelt wird. — So geschieht es bei dem einzelnen Blatte, aber so geschieht es auch im Allgemeinen bei jeder Pflanzen-, ja auch bei jeder Thiersubstanz, bei der einen schneller und in die Augen fallender, bei der anderen langsamer und darum schwerer zu beobachten.

Welche Processe nun bei dieser Umwandlung aller Organismensubstanzen — und namentlich des Pflanzenkörpers — in Erde stattfinden und durch welche Potenzen und Agentien diese Umwandlungen herbeigeführt und vollendet werden, das soll im Folgenden kürzlich mitgetheilt werden.

Der Humificationsprocess (d. h. der Process, durch welchen namentlich die Pflanzensubstanzen, von denen hier vorzugsweise die Rede ist, in Humus umgewandelt werden) hat im Allgemeinen folgenden Verlauf:

Sobald sich die Trans- und Respirationsorgane des Pflanzenkörpers verstopfen oder verschliessen, kann der durch den Assimilationsprozess im Inneren des ersteren sich entwickelnde Sauerstoff sammt dem, von der Wurzel eingesogenen, Wasser nicht mehr entweichen. In Folge dessen verbindet er sich nun mit den, in den Pflanzengliedern vorhandenen, Säften und macht sie „faulig“. Die weitere Folge hiervon aber ist, dass eine grosse Schaar mikroskopisch kleiner, fadenförmiger Pilze (— sogenannte Bacterien —), deren Keime von Aussen her durch das von den Pflanzen eingesogene Wasser in das Innere der letzteren gelangt sind, in den faulig gewordenen Säften entstehen, welche nun dadurch, dass sie alle, aus den fauligen Säften entstehende, Kohlensäure rasch in sich aufsaugen und in Folge davon unaufhörlich Sauerstoff aus sich entwickeln, nicht nur die schon fauligen Säfte vollends zersetzen, sondern auch die Fäulniss und Zersetzung auf die sie umgebenden, noch frischen Pflanzensubstanzen fortpflanzen, so dass in kurzer Zeit alle Pflanzenglieder ihrer Umgebung zersetzt werden. Alles dieses geht um so schneller vor sich, je saftreicher die von ihnen in Besitz genommenen Pflanzentheile sind, und je mehr Wärme, Sauerstoff und Feuchtigkeit sie in ihrer Entwickelung unterstützen.

Bemerkung: Alles dieses kann man beobachten, wenn man Pflanzensäfte, z. B. Möhren-, Zucker-, Obstsaft an einem warmen, der Luft zugänglichen, Orte offen stehen lässt; die Hefe im Bier und Wein, der Schleim auf dem Essig u. s. w. bestehen vorherrschend aus diesen kleinen Pilzen. Ebenso ist es bekannt, dass ein fauler Apfel oder ein faules Ei alle Aepfel und Eier in der nächsten Umgebung faulig macht, indem die Bacterien des einen Apfels oder Eies rasch auf die anderen übersiedeln.

Wenn nun aber auch diese kleinen Pilze, deren, für uns unsichtbare, Keime überall in der Luft vorhanden sind und sich überall an kranken oder abgestorbenen Organismensubstanzen niederlassen und entwickeln, im Allgemeinen als Beförderungsmittel der Zersetzung und Verwesung von Organismenstoffen angesehen werden müssen, so sind sie doch nicht die Einleiter des Zersetzungsprocesses, indem sie sich, wie alle Pilze, immer nur an solchen Substanzen entwickeln können, welche schon in der Zersetzung begriffen oder faulig sind.

Bemerkung. In der gesunden Lunge des Menschen entstehen keine Bacterien, trotzdem der Mensch mit jedem Athemzuge ganze Schaaren von Bacterienkeimen in die Lunge sendet, wohl aber in der mit Geschwüren besetzten.

Ausserdem aber befinden sich in den meisten Pflanzenorganen noch Stoffe, welche unter Verhältnissen zerstörend auf alle Bacterien-Entwickelung einwirken können. Es sind dieses die Alkalien und Kalkerde, welche selbst noch in ihrer basischen Verbindung mit Kohlensäure ätzend und zerstörend auf ihre Fortbildung einwirken und auch die schon vorhandenen zerstören, weshalb man ja eben diese Alkalien (z. B. Asche und gebrannten Kalk) nicht blos zur Zerstörung der in den Excrementen des Menschen sich entwickelnden Bacterien, sondern auch zur raschen Zersetzung abgestorbener Organismenreste anwendet. Und dieser Alkalien gibt es ja mehr oder weniger in allen Theilen der Pflanzen, ja das Ammoniak, eins der stärkstätzenden Alkalien, entwickelt sich sogar erst bei der Verwesung von Organismenresten. In Alkalien armen oder freien Organismenstoffen mögen daher die Bacterien die Hauptbeförderungsmittel von deren Zersetzung sein, aber in Pflanzensubstanzen, welche reich an Alkalien oder Kalkerde (— also an Aschenbestandtheilen —) sind, müssen diese nächst dem Sauerstoff als die vorzüglichsten Einleitungs- und Ausführungsmittel des Verwesungsprocesses betrachtet werden, zumal wenn sie in ihrem Treiben von dem Sauerstoffe und einer mässigen Menge von Feuchtigkeit und Wärme unterstützt werden. Wie sie in dieser Weise wirken, wird das Folgende lehren.

In der lebenden Pflanze sind Kali, Natron, Kalkerde — kurz die alkalischen Oxyde mit Gerb-, Oxal-, Aepfel- —, oder sonst einer organischen — Säure verbunden und bilden dann im Verbande mit diesen Säuren hauptsächlich das Verdichtungs-, Festigungs- oder Erhärtungsmaterial hauptsächlich aller derjenigen Häute, aus denen das ganze Gewebe des Pflanzenkörpers besteht. Sobald nun das Leben im Pflanzenkörper erlöscht, dann wandeln sich zunächst die mit den Alkalien verbundenen organischen Säuren unter Anziehung von Sauerstoff in Kohlensäure um, wodurch also aus den organischsauren Alkalien kohlensaure Salze werden. Nun haben aber die kohlensauren Alkalien zu jeder anderen Säure eine stärkere Verbindungsneigung als zu der mit ihnen verbundenen Kohlensäure. In Folge davon regen sie

in stickstofffreien, d. h. nur aus Kohlen-, Wasser- und Sauerstoff bestehenden, Substanzen den Kohlenstoff an unter Ausstossung eines Quantums seines Wasserstoffes und Sauerstoffes sich mit dem noch übrig gebliebenen Wasser- und Sauerstoff zu Humussäuren zu verbinden, so dass nun humussaure Alkalien entstehen, welche dann vom Wasser gelöst und aus der Verwesungssubstanz ausgelaugt werden.

21*

In dieser Weise wird aus 1 Theil Zellsubstanz mit 44,44 C,
6,17 H und 49,38 O 1 Theil Huminsäure und Humin mit
59,74 C, 4,48 H und 35,78 O.

in stickstoffhaltigen, d. h. aus Kohlen-, Wasser-, Sauer- und Stickstoff nebst etwas Schwefel (oder Phosphor) bestehenden Substanzen zunächst den Stickstoff und dann auch den Schwefel
(oder Phosphor) an zur Anziehung von Sauerstoff und hierdurch
zur Bildung von Salpeter- und Schwefel- (oder Phosphor-)
säure, so dass nun salpeter-, schwefel- (oder phosphor-)
saure Alkalien entstehen, welche dann vom Wasser aus der
Verwesungssubstanz ausgelaugt werden.

Dieser Einfluss der alkalinischen Substanzen auf die Humification einer
abgestorbenen Organismensubstanz leitet nun nicht nur die Zersetzung der letzteren ein, sondern dauert auch so lange fort, als noch eine Spur von Alkalien
in den humificirenden Substanzen vorhanden ist. Demgemäss wird also
auch eine Pflanzensubstanz um so schneller und vollständiger verwesen, je reicher sie an Alkalien ist. Da nun aber in den Pflanzensubstanzen stets weit mehr Kohlen-, Wasser- und Sauerstoff vorhanden ist, als
die Summa der in ihnen vorhandenen Alkalien beträgt, so wird nach vollständiger Auslaugung aller alkalinischen Verbindungen noch eine bedeutende Menge
alkalienloser Substanz übrig bleiben, welche nur noch aus sehr vielem Kohlenstoff, weniger Sauerstoff und noch weniger Wasserstoff, als anfangs vorhanden
war, besteht und in Folge ihres Kohlenreichthums grauschwarz oder schwarzbraun gefärbt ist. Dieses kohlenreiche, bei seiner vollständigen Entwickelung
faserig- oder pulverigerdige, Verwesungsproduct nun ist es, was man Humin
nennt; in der landwirthschaftlichen Praxis dagegen nannte mau es wegen seines
stark vorherrschenden Kohlengehaltes kohligen oder auch tauben Humus,
weil man meinte, dass es nicht mehr von selbst, sondern nur noch bei Vermischung mit Asche oder gebranntem Kalke (— eine richtige Ahnung des Einflusses der Alkalien auf die Zersetzung der Verwesungssubstanzen! —) sich
vollends zersetzen könne. In der That ist auch diese alkalienleere Huminmasse
nicht taub oder todt; vielmehr schreitet ihre Zersetzung, wenn auch nur sehr
langsam, so lange fort, als noch eine Spur von ihr zersetzbar ist. Diese Zersetzung aber wird in ihrer Masse eingeleitet und ausgeführt durch ihren grossen
Kohlengehalt. Vermöge dieses Kohlengehaltes nemlich besitzt die Huminmasse
die Eigenschaft, sehr viel atmosphärische Luft nebst Feuchtigkeit (— wohl
das Funfzigfache ihres eigenen Volumens —) in sich aufzusaugen und so in
sich zusammenzupressen, dass zunächst die in der eingesogenen Luft und Feuchtigkeit gebundene Wärme frei wird, durch welche dann einerseits die an sich
indifferente Kohlenmasse des Humins angeregt wird, sowohl aus der angesogenen Luft wie auch aus dem aufgenommenen Wasser den Sauerstoff an sich zu
ziehen und mit ihm verbunden Huminsäure zu bilden und dann andererseits

durch die eben erst entstandene Huminsäure wieder der Stickstoff der von der Kohle eingesogenen Luft zur Verbindung mit dem freiwerdenden Wasserstoffe des Wassers zu Ammoniak angetrieben wird, so dass sich zuletzt huminsaures Ammoniak aus dem Humin und zwar so lange entwickelt, bis auch die letzte Spur von Humin in Huminsäure umgewandelt und so die ganze Humusmasse vernichtet worden ist.

In dieser Weise wird also der Humificationsprocess der verwesenden Pflanzensubstanz

a. beim Vorhandensein von alkalinischen Oxyden:

im ersten Stadium der Humification durch die in der abgestorbenen Pflanzenmasse vorhandenen alkalischen Oxyde eingeleitet, und dann, wenn diese verbraucht und ausgelaugt worden sind,

im zweiten Stadium dieses Processes durch die Kraft des Humins atmosphärische Luft in sich einzusaugen und mittelst des Sauerstoffes, Stickstoffes und Wassers derselben aus sich heraus huminsaures Ammoniak zu entwickeln, vollendet.

b. beim Mangel an alkalinischen Substanzen

1) in stickstoffhaltigen Pflanzensubstanzen herbeigeführt durch das gleich anfangs in denselben aus der Verbindung ihres Stickstoffes mit dem Wasserstoffe entstehende, stark basische, Ammoniak, welches ganz ebenso, wie Kali, Natron oder Kalk auf die Verwesungsmasse einwirkt und mittelst derselben huminsaures Ammoniak bildet,

2) in stickstofffreien Pflanzensubstanzen aber vollbracht durch die oben erwähnten mikroskopischen Pilze oder Bacterien.

Erklärungen zu den vorstehenden Angaben:

1) Wenn beim beginnenden Herbste die Blätter von ihren Mutterpflanzen abfallen, dann sehen sie zuerst lederbraun, später dann dunkelrauchbraun und zuletzt schwarzgrau oder erdfarbig aus. So lange sie noch lederbraun sind, zeigen sie noch unter dem Mikroskope deutliches, wenn auch zerrissenes, Zellengewebe, sind sie aber erst dunkelbraun geworden, dann zerfallen sie in ein faseriges, oder auch pulveriges Erdgemenge. Wenn man nun ein noch leder- oder ockerbraunes, scheinbar noch vollständiges, Blatt mit Wasser längere Zeit erwärmt, so erhält man eine mehr oder weniger weingelbe Lösung, welche bei der chemischen Untersuchung etwas Kali (bisweilen auch Natron) und gelbbraune Humussäure (— sogenannte Ulminsäure —) enthält. Wenn man aber schon schwarzbraun und faserig gewordene Blätter mit Wasser längere Zeit erwärmt, so erhält man eine dunkelkaffeebraune Lösung, welche bei Versetzung mit starker Essigsäure eine verhältnissmässig grosse Quantität von gelöst bleibendem essigsaurem Kali (oder auch Natron) und ausserdem einen braunen flockigen Niederschlag von Humussäure (— in diesem Falle von Huminsäure —) gibt. Aus diesen beiden Versuchen ersieht man, dass

bei der Zersetzung der Blätter und überhaupt jeder Alkalien haltigen Pflanzenmasse humussaure Alkalien entstehen und zwar bei dem Beginne der Zersetzung kleine Mengen derselben in Verbindung mit, gewissermaassen unreifer, gelbbrauner Humus- oder Ulminsäure, dagegen bei stark vorgeschrittener Zersetzung grosse Mengen derselben in Verbindung mit reifer Humus- oder Huminsäure. Demnach besteht auch die kaffeebraune Brühe, welche von selbst aus ganz durchnässten, in voller Zersetzung begriffenen, Blättern beim Zusammenpressen derselben abfliesst aus gelösten huminsauren Alkalien.

2) In einem Laubholzwalde, in welchem das alljährlich abfallende Laub ungestört sich über einander anhäufen kann, findet man stets drei verschiedene Laublagen über einander, nemlich:

a. eine obere, junge, dem vollen Luftzutritte und der atmosphärischen Temperatur zugängliche, mässig feuchte, lederbraune Laubschichte, welche sich im ersten Stadium der Verwesung befindet, darum nur unreife gelbbraune Humussäure (— Ulminsäure —) entwickelt und eben deswegen auch nur gelbbraune ulminsaure Alkalien bildet;

b) eine mittlere, ältere, stark feuchte, dunkelbraune, faserige Laubschichte, welche sich im zweiten Stadium der Verwesung befindet und darum aus sich reife Humussäure (— Huminsäure —) und durch diese kaffeebraune, huminsaure Alkalien entwickelt;

c) eine untere, älteste, nasse, grauschwarze, fast erdige Laubschichte, welche sich im letzten Stadium der Verwesung befindet und darum zunächst eine zur Bildung von Kohlensäure noch geeignetere, reifere Humussäure (— die gewöhnlich im Boden- oder Quellwasser gelöst vorkommende, weingelbe Quellsäure —) und dann quellsaures Ammoniak entwickelt.

Es können mithin in einer, mehrere Jahre hindurch ungestört liegen bleibenden Laubablagerung alle möglichen Modificationen des Humus und der aus ihm sich entwickelnden Humussäuren entstehen, wie später noch weiter gezeigt werden wird.

3) Alle die eben angegebenen und aus der Natur entlehnten Thatsachen über den Einfluss der Alkalien auf die Zersetzung abgestorbener Organismenreste hat der Praktiker schon längst erkannt; denn will er rasch, an sich schwer verwesbare, Pflanzen- und Thierabfälle zur Humusbildung anregen, so vermischt er sie mit Asche (kohlensaurem Kali) oder gebranntem (Kalkerde) oder auch kohlensaurem Kalk und befeuchtet sie auch noch zweckmässig mit Wasser oder auch wohl Düngerjauche. Die Fabrication des Schnelldüngers, ja auch des Salpeters aus Schafdünger gründet sich auf dieses Verfahren.

4) Welchen Einfluss überhaupt die Alkalien auf die Umwandlung von Organismensubstanzen in humussaure Alkalien ausüben, sieht man endlich

auch schon daraus, dass, wenn man frische Sägespähne oder auch Baumwolle mit einer Lösung von Alkali oder auch von kohlensaurem Kali erhitzt, sich aus denselben sehr bald eine dunkelbraune Lösung von huminsaurem Kali entwickelt.

§ 67. Beförderungs- und Hemmungsmittel der Humusbildung. — Wie aus dem im vorigen § schon Mitgetheilten hervorgeht, so gehört vor allen Dingen ungehinderter Zutritt von atmosphärischer Luft (Sauerstoff), eine nicht zu grosse Menge von Feuchtigkeit und eine weder zu niedere noch zu hohe (— im Allgemeinen 8 bis 17 ° R. betragende —) Wärme zu den nothwendigen Bedingungen, unter denen eine abgestorbene Pflanzensubstanz sich in wahren Humus umwandeln und vollständig zersetzen kann. Neben diesen allgemeinen Humificationspotenzen sind nun die Alkalien im Pflanzenkörper und unter gewissen Verhältnissen auch die beim Beginne des Verwesungsprocesses auftretenden Bacterien einerseits als die Anregungsmittel zur Anziehung des Sauerstoffes und andererseits als die Agentien zu betrachten, durch welche die Umwandlung der Pflanzensubstanz in Humus vollzogen wird. Es werden demgemäss auch diejenigen Organismensubstanzen, welche reich an Alkalien sind, Stickstoff enthalten und in Folge davon reichlich Ammoniak oder auch Alkaloide entwickeln, sich am schnellsten und vollständigsten zersetzen, zumal wenn sie auch saftig sind.

Diesen Beförderungsmitteln der Humusbildung gegenüber kommen aber in dem Körper vieler Pflanzen auch mancherlei Stoffe vor, welche die Umwandlung der Pflanzensubstanz in Humus mehr oder weniger hemmen. Zu ihnen gehören namentlich die fetten Oele, Wachse, Harze, der Gerbstoff und die Kieselsäure. Jemehr Pflanzenkörper von diesen Substanzen enthalten, um so mehr widerstehen sie zumal bei Luftabschluss, Mangel an Wasser und Armuth an Alkalien und stickstoffhaltigen Substanzen der eigentlichen Humusbildung. Grade diese Pflanzen sind es auch, welche sich am meisten zur Torfbildung und Verkohlung eignen.

Erklärungen: Ueber die ebengenannten Hemmungsmittel der Humification ist hauptsächlich folgendes zu erwähnen:

1) Die Kieselsäure, welche die Zellenwände der Pflanzen als feste Rinde überzieht, verhindert den Zutritt des Sauerstoffes zur organischen Faser; sie muss daher erst entfernt werden, wenn die Zersetzung dieser letzteren in vollen Gang kommen soll. Durch Versetzung solcher kieselsäurereichen Pflanzenreste, zu denen namentlich die saftlosen Halme und Borstenblätter so vieler Gräser, das Kernholz der Eichen und Birken und vor allen die Wassermoose gehören, mit reichlichem Wasser und Asche kann man diese Entfernung der Kieselsäure bewirken und die Humification beschleunigen. Aehnlich ist es mit den harz- oder wachshaltigen Pflanzen, wie z. B. mit den Nadelhölzern, den Haiden-, Sumpfgräsern u. s. w.

Auch bei diesen Pflanzen verhindern die harzigen oder öligen Ueberzüge der Zellenmembran die Humification der letzteren, aber auch bei ihnen kann durch alkalische Beimengungen (Asche) und Wasser die Harzsubstanz zerstört und dadurch die Humification beschleunigt werden.

2) Die gerbstoffartigen Substanzen sind unter den gewöhnlichen Beimischungen der Pflanzensubstanz die nach Sauerstoff gierigsten. So lange also eine gerbstoffreiche Pflanzenmasse an Orten lagert, zu denen der Sauerstoff nicht in gehöriger Menge gelangen kann, wird der Gerbstoff den letzteren ganz für sich verbrauchen und so die Oxydirung der Pflanzenfasermasse verhindern. Unter Wasser oder im Untergrunde eines nassen, sich gegen die Luft verschliessenden Bodens werden demnach gerbstoffreiche Pflanzenmassen, zumal wenn sie auch zugleich harzige Substanzen enthalten, wie dies der Fall bei den Haiden, Preisseln, Heidelbeeren, Weiden, Birken, Riethgräsern ist, nie in wirkliche Humussubstanz umgewandelt, sondern verkohlt werden, woher es auch kommt, dass alle die ebengenannten Pflanzenarten die Hauptbildungsmittel des Torfs abgeben.

§ 68. Allgemeine Eigenschaften des Humus. — Im ausgetrockneten Zustande bildet der Humus ein erdig-pulveriges Aggregat, welches vermöge seines starken Kohlengehaltes zwar im Wasser ganz unlöslich ist, aber trotzdem unter Entwickelung von Wärme gierig Wasser und alles, was in demselben aufgelöst ist, in sich aufsaugt und davon zuerst wie ein Schwamm aufquillt, dann aber zu einem breiartigen Schlamme zerfliesst, dessen Theile beim vollständigen Austrocknen sich so stark zusammenziehen, dass ihre Masse zuletzt in lauter scharfkantige, napfförmige, glänzende Stückchen mit muscheligem Bruche zerfällt. Wirkt dagegen starker Frost auf dieses Aggregat ein, so lange es schlammig ist, so zerstäubt es beim späteren Aufthauen und Austrocknen zu einem Pulver, das wohl noch Wasseransaugungskraft besitzt; aber sich in Folge seines Durchfrierens nicht mehr schlämmen lässt und sich überhaupt wie das Pulver von frisch ausgebrannter Kohle verhält. — Merkwürdig ist das Verhalten des pulverigen oder durch Wasser fein zertheilten Humus zu Thonschlamm. Kommt nemlich solch fein zertheilter Humus mit recht dünnem Lehm- oder Thonschlamme in Mischung, so saugen sich beide Körper so fest an einander an, dass auf jedes Thontheilchen irgend ein Quantum Humus kommt, wodurch ein grauschwarzes Gemisch entsteht, das beim allmähligen Austrocknen eine feinkrümelige, stets feuchte, mürbe Bodenmasse darstellt, in welcher der Humus viele Jahre hindurch unverändert bleibt. Dieses Gemisch ist der Hauptbestandtheil der sogenannten Dammerde.

Für sich allein ist die Humussubstanz ein ganz indifferenter Körper, welcher weder die Eigenschaften einer Säure, noch die eines basischen Oxydes, besitzt. Kommt sie aber (wie schon im vorigen § gezeigt worden ist) mit stark basischen Oxyden, namentlich mit Alkalien, in innige Berührung, so wird sie durch diese angetrieben, Sauerstoff anzuziehen und sich durch Einwirkung des letzteren in die sogenannten Humussäuren umzuwandeln. Durch die stark basischen Oxyde wird alsdann die Verbindungsneigung der Humussubstanz zum Sauerstoff so stark, dass sie den letzteren, wenn sie ihn nicht aus der Atmosphäre erlangen kann, ihrer ganzen nächsten Umgebung, so vor allen den Schwermetalloxyden und den schwefelsauren Metalloxyden, entzieht und hierdurch jene Schwermetalloxyde entweder in niedere Oxyde oder auch geradezu in reine Metalle, diese schwefelsauren Salze aber in Schwefelmetalle umwandelt. Da indessen nicht blos die ursprüngliche indifferente Humussubstanz, sondern auch die zunächst aus ihr hervorgehende Humussäure durch die nun mit ihr verbundenen (alkalischen) Basen zur fortwährenden Anziehung von Sauerstoff angetrieben wird, so entsteht nach und nach aus ihr eine ganze Reihe von verschiedenartigen Säuren, von denen jede nächstfolgende eine höhere Oxydationsstufe der vorhergehenden ist und ein Quantum Wasserstoff und Kohle weniger enthält als ihre Vorgängerin, bis zuletzt von ihrem ursprünglichen Kohlen-, Wasser- und Sauerstoffgehalte nur noch so viel Kohle und Wasserstoff vorhanden ist, dass aus der zuletzt entstandenen Humussäure unter Anziehung von Sauerstoff nur noch Kohlensäure und etwas Wasser — das höchste und letzte Oxydationsproduct des Humus — entsteht.

§. 69. **Die Arten der Humussäure.** — Die an sich indifferente Humussubstanz wird durch die Einwirkung der Alkalien und anderer starken Salzbasen angetrieben, Sauerstoff anzuziehen und sich in Kohlensäure umzuwandeln. Diese Umwandlung findet indessen nicht unmittelbar und gleich vom Anfange an statt, sondern geht nur nach und nach und zwar in der Weise vor sich, dass sich die Humusmasse von vorn herein

        1) zu Ulminsäure, diese weiter zu
        2) Huminsäure, diese weiter zu
        3) Quellsäure, diese zu
        4) Quellsatzsäure, diese endlich zu
        5) Kohlensäure umwandelt,

so dass also das letzte Zersetzungsproduct von allem Humus ein kohlensaures Salz der Alkalien oder alkalischen Erden ist. Jede dieser Humussäuren ist nun durch besondere, für die Veränderungen einer Bodenmasse wichtige Eigenschaften ausgezeichnet und darum sehr beachtenswerth, alle aber besitzen die höchst wichtige Eigenschaft gemeinschaftlich, dass ihre im Wasser löslichen alkalinischen Salze, vor allen das humussaure Ammoniak, andere an sich unlosliche Salze, ohne sie zu zersetzen, in sich auflösen können und dann auch wieder unzersetzt absetzen, sobald sie selbst sich in kohlensaure Salze umgewandelt haben, wenn anders nicht ihre alkalischen Basen zu den Säuren der aufgelösten Salze eine grössere Verbindungsneigung haben, als die schon mit ihnen verbundenen Basen.

1) In dieser Weise löst z. B. huminsaures Ammoniak gleichzeitig in sich auf gleiche Quantitäten von Kali-, Natron- und Kalkcarbonat ausserdem zugleich auch von Sulfaten des Kalis, Natrons und Eisenoxyduls. Sobald sich aber das huminsaure Ammoniak in kohlensaures umgewandelt hat, wird es beim Vorhandensein von Eisensulfat in schwefelsaures Ammoniak umgewandelt, während sich das Eisen entweder als Carbonat oder als Eisenoxydhydrat ausscheidet; beim Vorhandensein von Alkalicarbonaten aber wird das huminsaure Ammoniak bei seiner Oxydation zu kohlensaurem Ammoniak in Salpetersäure umgewandelt, welche sich nun mit den in der früheren huminsauren Lösung vorhandenen Alkalien zu Salpeter verbindet.

2) Ebenso vermag nach meinen oft wiederholten Versuchen das huminsaure Ammoniak (oder Kali) selbst die in kohlensaurem Wasser nur allmählig oder auch scheinbar gar nicht löslichen sauren Silicate der Alkalien und Magnesia, die Phosphate des Kalkes und Eisenoxydules, die Sulfate des Strontians, ja selbst des Barytes und Bleies (wenn auch letztere nur in sehr geringen Mengen) in sich aufzulösen.

Durch diese äusserst wichtige, und doch noch wenig bekannte Eigenschaft werden die im Wasser löslichen humussauren Alkalien ein Hauptmittel, durch welches die Natur die in einem Boden vorkommenden, in kohlensaurem Wasser nur schwer oder auch gar nicht zersetz- und lösbaren, Mineralsubstanzen löslich und dadurch theils zersetz- und umwandelbar, theils zu Nahrstoffen für die Pflanzen tauglich macht.

Soviel über die allgemeinen Eigenschaften der Humussäuren. Im Besonderen sei über jede dieser Säuren noch Folgendes erwähnt:

1) Die Ulminsäure, das niedrigste Oxydationsproduct, welches sich theils beim Beginne der Humification unter dem Einflusse von Alkalien aus absterbenden Pflanzentheilen, theils aus der Humussubstanz an Orten entwickelt, zu denen nur wenig Sauerstoff gelangen kann, z. B. in hohlen Bäumen (unter anderen in alten Ulmen, woher auch der Namen: „Ulmin“) und in den unteren Lagen thonreicher, zur Nässe geneigter, Bodenarten, bildet mit kohlensauren Alkalien hochgelbe bis gelbbraune Lösungen und mit Alkalien lösliche, mit alkalischen Erden (z. B. Kalk) aber unlösliche Salze, welche sich jedoch in ulminsaurem Ammoniak auflösen und dann mit demselben in Wasser lösliche Doppelsalze darstellen. Kommen aber ihre Salzlösungen — z. B. beim Umarbeiten des Bodens — mit der Luft in dauernde Berührung, so wandelt sie sich um in

2) die Huminsäure, das zweite Oxydationsproduct der Humussubstanz, welches sich aus dem Ulmin oder auch unmittelbar aus der Verwesungs-

substanz entwickeln kann, wenn dieselbe aus stickstoffhaltigen, rasch Ammoniak entwickelnden, Substanzen bei vollem Luftzutritt entsteht. Für sich allein ist sie eben so unlöslich im Wasser, wie die Huminsäure. Mit reinen wie mit kohlensauren Alkalien bildet sie im Wasser lösliche dunkelbraune Salze, mit alkalischen Erden dagegen stellt sie nur bei Anwesenheit von Ammoniak lösliche Salze dar. Die Verbindung dieser Säure mit Ammoniak ist es namentlich, welche auch andere, an sich unlösliche Salze, unzersetzt in sich auflösen kann. Auch hat diese ihre Verbindung mit dem Ammoniak die Eigenschaft, noch eine andere Basis in sich aufzunehmen, so dass eine Art Doppelsalz entsteht, welches aus der Huminsäure und zwei Basen besteht. — Sie entsteht vorherrschend aus abgestorbenen Pflanzenresten, welche dem Luftzuge fortwährend ausgesetzt sind und dabei eine feuchte Lage haben. Ist sie mit Ammoniak verbunden und dabei einem ununterbrochenen Luftzuge ausgesetzt, so wandelt sie sich um in

3) die Quellsäure, das dritte Oxydationsproduct der Humussubstanz. Gewöhnlich indessen entwickelt sich Quellsäure in Verbindung mit Ammoniak aus stickstoffhaltigen, alkalienarmen, Verwesungsubstanzen in quelligen oder nassen Bodenarten, namentlich in deren tieferen Lagen, durch Zersetzung des von den Humussubstanzen eingesogenen Wassers. Sie ist eine merkwürdige Säure, welche schon für sich mit goldgelber Farbe im Wasser löslich ist und fast mit allen basischen Oxyden im Wasser leicht lösliche, gold- oder weingelbe Salze bildet, die sich indessen an der Luft sehr rasch in kohlensaure Salze umwandeln. Frei kommt sie nie im Boden vor, da sie eben zu allen möglichen starken Basen grosse, ja so grosse Verbindungsneigung besitzt, dass sie sich zu gleicher Zeit mit vier verschiedenen Basen verbinden kann. Am häufigsten kommt sie indessen mit Ammoniak verbunden vor; tritt nun aber das quellsaure Ammoniak mit einem kali-, natron- und kalkerdehaltigen Silicate in längere Berührung, so zieht seine Quellsäure die ebengenannten drei Basen aus ihrer Silicatverbindung heraus und verbindet sich mit ihnen zu quellsaurem Ammoniak, Kali, Natron, Kalk, also zu einem vierbasischen Salze. Dass in dieser Weise das quellsaure Ammoniak zu einem der wichtigsten Zersetzungsmittel der in einem Boden vorhandenen Silicate und anderen Mineralreste wird, ist gewiss aus dem eben Mitgetheilten zu ersehen. Aber eben durch diese Eigenschaft kann das quellsaure Ammoniak auch in einem Boden, welcher eisenoxydulhaltige Mineralreste besitzt, zum Erzeugungsmittel von Bodeneisenerzen (Raseneisenstein) werden; denn wenn seine eisenhaltigen Lösungen mit der Luft in Berührung kommen, so zersetzen sie sich unter Abscheidung von Eisenoxydhydrat zu kohlensaurem Ammoniak.

Seine Salzlösungen findet man übrigens häufig namentlich während des Sommers nach Regengüssen in den Wasserpfützen thoniger und lehmiger Aecker, so wie auch in Quellen, deren Wasser von ihnen gelb gefärbt wird (— daher auch der Namen: „Quellsäure" —).

4) Die Quellsatzsäure, ebenfalls ein Oxydationsproduct der Huminsäure, welches sich aus dem huminsauren Ammoniak bei beschränktem Sauerstoffzutritt, also namentlich im Innern eines mehr gegen die Luft verschlossenen Bodens, vorzüglich dann entwickelt, wenn sich in demselben kohlensaure Alkalien oder alkalische Erden befinden. Ausserdem bildet sich auch quellsatzsaures Ammoniak an feucht gelegenen Kohlenmeilerstätten durch Einfluss des atmosphärischen Stickstoffes. — Wie die Quellsäure, so ist auch die Quellsatzsäure mit gelber Farbe im Wasser löslich, aber die letztere kann nur mit Alkalien und alkalischen Erden — nicht aber mit Schwermetalloxyden — im Wasser lösliche Salze bilden. Kommen aber die unlöslichen quellsatzsauren Salze mit quellsatzsaurem Ammoniak in Berührung, so verbinden sie sich mit diesem und werden dadurch löslich. Ueberhaupt aber kann das quellsatzsaure Ammoniak sich zu gleicher Zeit mit vier verschiedenen Basen verbinden, so dass dadurch fünfbasische Salze entstehen, welche sich jedoch sogleich wieder zersetzen, sobald die Quellsatzsäure sich zu Kohlensäure oxydirt, was an der Luft sehr rasch geschieht. Dass übrigens durch diese Eigenschaft das quellsatzsaure Ammoniak ganz ähnlich auf die zersetzbaren Mineralreste eines Bodens einwirken kann, wie das quellsaure Ammoniak, ist schon aus dem bei diesem letzteren Salze Mitgetheilten zu ersehen.

Soviel über die Humussubstanzen. Das Mitgetheilte wird schon zur Genüge gezeigt haben, dass dieselben für die Umwandlungen der in einem Boden vorkommenden veränderlichen Mineralreste von der grössten Wichtigkeit sind, da sie

a. durch ihre, in der Regel mit einem Alkali, namentlich mit Ammoniak, verbundenen Säuren

    1) viele an sich unlöslichen Mineralsalze unzersetzt in sich auflösen und so zu Pflanzennahrstoffen umwandeln können, und

    2) den im Boden auftretenden mehrbasischen Mineralsalzen ihre Salzbasen entziehen und diese Salze hierdurch zersetzen, aber hierdurch

    3) auch die Bodeneisenbildungen befördern können;

b. durch die Ammoniakentwickelung, die in einem Boden auftretenden alkalischen Carbonate zur Salpeterbildung antreiben;

c. durch ihre Schwefelwasserstoffentwickelung lösliche Metallsalze in Schwefelmetalle, aus denen dann schwefelsaure Salze entstehen können, umwandeln;

d. durch ihre Phosphorsäureentwickelung Veranlassung zur Umwandlung der Bodencarbonate in phosphorsaure Salze geben;

e. durch ihre, bei ihrer vollständigen Zersetzung freiwerdenden, alkalischen Salze nicht blos Pflanzennahrstoffe, sondern auch Mineral-
zersetzungsstoffe produciren;

f. aber auch bei mangelndem Luftzutritte Metalloxyde und Sulfate des-
oxydiren in niedere Oxyde und Schwefelmetalle umwandeln.

Für die Ernährung der in einem Boden wachsenden Pflanzen haben demnach die Humussubstanzen einen sehr grossen, wenn auch nur mittelbaren
Werth, insofern als sie aus den an sich unlöslichen Bodenbestandtheilen, lösliche und dann aufsaugbare Pflanzennahrung schaffen; unmittelbar aber kann
die Humussubstanz sammt allen humussauren Salzen nur dann als Nahrungsmittel von den Pflanzen benutzt werden, wenn sie aus sich selbst salpeter-
oder auch schwefel- und phosphorsaure Alkalien entwickelt oder wenn ihre
humussauren Alkalien erst zu kohlensauren Salzen geworden
sind.

§. 70. 2) Die **Geïnsubstanz** bildet sich namentlich auf dem Grunde
von stehenden Gewässern, Sümpfen und Moorungen, sowie in den tieferen
Schichten thonreicher, oft von Wasser überflutheter, Bodenarten, vorzüglich
aus gerbstoffhaltigen Pflanzensubstanzen. Sie stellt im nassen Zustande eine
schwarzgraue, unangenehm nach fauligen Fischen riechende, beim Umrühren
grosse Kohlenwasserstoffblasen entwickelnde, schlammige Masse dar, welche an
der Luft allmählig zu staubigem Pulver zerfällt und bekannt ist unter dem
Namen „Teichschlamm." Kommt sie mit kohlensauren Alkalien in längere
Berührung, so wandelt sie sich in eine, im Wasser lösliche Säure, Geïnsäure, um. Diese unter dem Namen „saurer Humus oder Ackersäure" bekannte Säure färbt Lakmuspapier stark roth, ätzt die organische Haut und
wirkt darum nachtheilig auf das Leben der meisten Pflanzen ein; wird sie
aber längere Zeit der Luft ausgesetzt und mit Kalk oder Asche versorgt, so
oxydirt sie sich sehr bald zu Quellsatz- und Quellsäure und verhält sich dann
auch wie diese.

> In dieser Eigenschaft der Geïnsäure liegt auch der Grund, warum
> Teichschlamm erst dann ein gutes Düngmittel auf Aeckern abgibt,
> wenn er längere Zeit an der Luft gelegen hat. — Es ist hier in-
> dessen auch noch zu bemerken, dass nach sorgfältigen Unter-
> suchungen des Professors Wicke zu Göttingen der Teichschlamm
> sehr häufig reich an feinzertheilten Schwefeleisen ist, was man leicht
> an dem Schwefelwasserstoffgeruch bemerken kann, wenn man Salz-
> säure auf den Teichschlamm giesst. Ist dieses der Fall, dann ent-
> steht in dem Teichschlamm, sobald er mit der Luft in Berührung
> kommt, freie Schwefelsäure und schwefelsaures Eisenoxyd. Durch
> die in dieser Weise entstehende freie Schwefelsäure wirkt der Teich-

schlamm ebenfalls gefährlich auf das Pflanzenleben. Durch Zusatz von Kalk oder Asche jedoch wird diese Schädlichkeit gehoben, indem sich dann Kalk- oder Alkalisulfat bildet.

In ihrem Verhalten zu Salzbasen steht sie der Huminsäure am nächsten, und bemerkenswerth ist es, dass sich ulmin- und huminsaures Ammoniak in geïnsaures Ammoniak umwandeln kann, wenn es im Wasser gelöst mit der Luft in Berührung kommt.

Der Geïnsäure sehr nahe verwandt und vielleicht mit ihr ganz identisch ist die Torfsäure, welche sich bei der Umwandlung der Pflanzensubstanz in Torf entwickelt und in dem, über oder zwischen den vertorfenden Pflanzenmassen befindlichen, Wasser gelöst vorkommt. Wenigstens verhält sich diese Säure gegen Sauerstoff und Basen ganz ebenso wie die Geïnsäure.

§ 71. 3) **Die Torfsubstanz** entsteht aus abgestorbenen Pflanzenmassen, wenn dieselben während ihrer Umwandlung in Humus unter Wasser versenkt werden und nun in Folge der Zusammenpressung, welche sie durch die über ihr stehende Wassermasse erleiden, soviel Wärme entwickeln, dass sie unter Entbindung von Kohlenwasserstoffkörpern verkohlen. Sie ist demnach den Untersuchungen, welche ich in meinem schon oft erwähnten Werke S. 132 mitgetheilt habe, zu betrachten als ein Gemenge

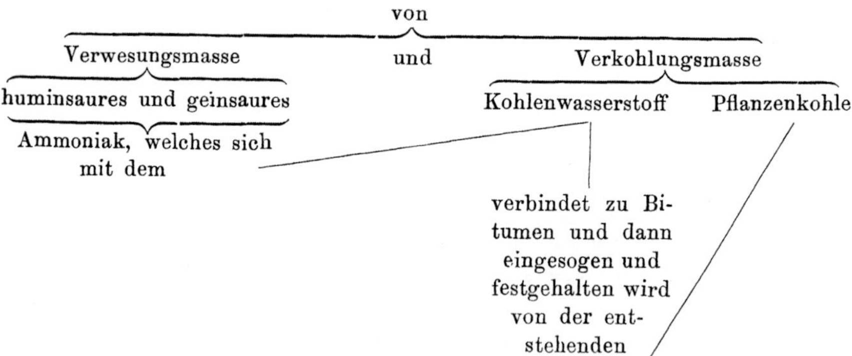

So lange eine Pflanzenmasse noch nicht vollständig verkohlt ist, zeigt sie sich als ein Gefilze von mehr oder weniger deutlich hervortretenden Pflanzentheilen (unreifer Torf), ist sie aber erst vollständig vertorft oder verkohlt (also sogenannter reifer Torf), dann erscheint sie im frischen nassen Zustande entweder als ein schwarzbrauner zarter Schlamm (Schlamm- oder Baggertorf) oder als eine klebrige, seifenartige, schneid- und formbare, fast pechschwarze, an der Schnittfläche wachsartig glänzende Masse (Pechtorf); im ganz ausgetrockneten Zustande aber als eine rissige, feste, dichte, fast wie Pech aussehende und mit flachmuscheligem Bruche versehene Substanz. — In ihrem frischen nassen Zustande nun besitzt die Torfsubstanz eine so grosse Wasseransaugungskraft, dass sie 50—90 pCt. Wasser in sich aufnehmen kann, ohne es tropfenweise wieder fahren zu lassen; dabei quillt sie ausserordentlich stark auf, bis sie sich zuletzt in einen zarten, klebrigen, trägfliessenden Schlamm verwandelt. Setzt sich dieser Schlamm, so bildet er eine so undurchlässige Lagermasse, das sich auf ihr Teiche des scheinbar reinsten Wassers bilden können. Im ganz ausgetrockneten Zustande, welcher übrigens nur ganz allmählig in trocknen heissen Sommern erfolgen kann, besitzt die Torfsubstanz merkwürdiger Weise weder Wasseransaugungs- noch Wasserhaltungskraft und erhält sie auch nicht wieder, wenn man sie auch noch so lange unter Wasser liegen lässt.

Die noch unreife Torfsubstanz zeigt jeder Zeit in ihrem Wasser geïnsaures Ammoniak, welches sich bei seiner Auspressung aus dem Torfe rasch in quellsaures umwandelt; die reife Torfsubstanz dagegen zeigt in ihrem Wasser torfsaures Ammoniak, welches sich an der Luft ebenfalls rasch in quellsaures Ammoniak umwandelt. Diese Torfsäure hat die grösste Aehnlichkeit mit der oxydirten Gerbesäure (Brenzsäure) und bildet wie diese mit Eisenoxydul eine bläulich-schwärzliche, tintenähnliche Lösung, aber keinen Niederschlag (wodurch sie sich von der Geïnsaure unterscheidet, welche mit Eisenoxydul ein unlösliches Salz bildet), besitzt aber ausserdem noch die Eigenthümlichkeit, dass sie organische Substanzen gegen die Verwesung schützt, indem sie selbst allen Sauerstoff an sich zieht.

Aus den eben angegebenen Eigenschaften der Torfsubstanz geht nun hervor, dass sie im Allgemeinen wenigstens im frischen Zustande zunächst wegen ihrer ausserordentlichen Wasseransaugungs- und Wasserhaltungskraft, sodann wegen ihrer gewaltigen Gier, allen Sauerstoff ihrer Umgebung mit sich selbst zu verbinden, endlich wegen der sich fortwährend aus ihr entwickelnden, dem Leben der meisten Pflanzen keineswegs günstigen Torfsäure für keine Bodenart, am allerwenigsten für eine thon- oder lehmreiche, einen vortheilhaften Gemengtheil bildet. Dazu kommt nun noch, dass sie vermöge ihrer Sauerstoffbegierde in eisenoxydhydrathaltigen Bodenarten das Eisenoxydhydrat in Eisenoxydul umwandelt und dadurch in der Torfsäure löslich macht und hierdurch am Ende bei der Oxydation der Torfsäure zu Kohlensäure Veranlassung zur Bildung von Morasterz-Ablagerungen gibt. In mancher Beziehung besser zeigt sich die austrocknende Torfsubstanz, sobald sie einem lockeren, sand- oder kalkreichen, immer der Luft geöffneten, Boden beigemengt ist. Ist in diesem Falle der Torf noch unreif, dann kann er namentlich in einem kalk- oder alkalienhaltigen (z. B. mit Asche gedüngten) Boden sich noch in eigentlichen Humus umwandeln und wie dieser wirken. Dies gilt namentlich von dem aus verkohlenden, kalkhaltigen Gräsern bestehenden Grastorf; weniger aber von dem aus harzhaltigen Haiden oder kieselsäurereichen Sumpfmoosen gebildeten Haide- und Moostorf. Ist dagegen eine Torfmasse schon ganz reif, dann ver-

hindert schon die sie ganz durchdringende Bitumenmasse ihre weitere Umwandlung in eigentlichen Humus; nur ihre durch Verbrennung des Bitumen-
gehaltes erhaltene Asche kann noch auf einem feuchten Boden ein erträgliches
Düngmittel abgeben.

b. Der Humus als Bodenbildungsmittel.

**§ 72. Der Pflanzenschutt in Mengung mit dem Mineral-
boden.** — Nach dem in den vorstehenden Paragraphen Mitgetheilten bildet
die verwesende Pflanzensubstanz das Magazin, aus welchem die Natur die
Hauptmittel entlehnt, durch welche sie einerseits den mineralischen Bestand
eines Bodens aufschliesst und theils in Erdkrume, theils in lösliche Pflanzennahrmittel umwandelt, und andererseits die sämmtlichen physischen Eigenschaften eines Mineralbodens umändert. Diese Substanz ist also, wie
schon ausdrücklich bemerkt worden ist, keineswegs das unmittelbare Nahrungsmagazin, sondern befördert blos mittelbar die Ernährung der Pflanzen dadurch, dass sie entweder die mineralischen Bestandtheile des Bodens in Pflanzennahrstoffe umwandelt oder aus sich selbst
theils auch durch den Einfluss des atmosphärischen Sauer- und Stickstoffs
solche Nahrstoffe, wie z. B. kohlensaures, schwefelsaures oder salpetersaures
Ammoniak, entwickelt. — Es versteht sich nun aber von selbst, dass, wenn
sie ihren Einfluss auf einen Boden wirklich in seiner vollen Kraft und der
günstigsten Weise geltend machen soll,

1) sie in irgend einem Verbande mit dem Mineralboden stehen muss, und
2) auch gerade diejenige ihrer Modificationen, welche für eine bestimmte
   Art des Mineralbodens sich eignet, mit dem für sie passenden Boden
   in Mengung tritt, da die Erfahrung lehrt, dass nicht aller Pflanzenschutt auch gleich günstig auf alle Bodenarten, ja nicht einmal immer
   günstig auf eine und dieselbe Bodenart unter allen Ablagerungsverhältnissen derselben einwirken kann.

Was nun zunächst das Auftreten der Humussubstanzen in Beziehung zum
Mineralboden betrifft, so erscheinen sie

<table>
<tr><td>entweder in massigen Ablage-
     rungen,
oder in einzelnen Bündeln,
oder feinzertheilt in zarten Häut-
     chen und Stäubchen</td><td>in oder auf
dem Boden
und dann</td><td>entweder in Lagen für sich,
oder theils gleichmässig, theils
    ungleichmässig mit der Mi-
    neralkrume gemengt.</td></tr>
</table>

Die massigen Ablagerungen des Pflanzenschuttes befinden sich in
der Regel auf der Oberfläche eines Bodens, können aber auch lagenweise in
der Masse desselben auftreten, wenn der sie tragende Boden von Zeit zu
Zeit durch Wasserfluthen mit Mineralschutt überdeckt wird, wie dies namentlich in den Thälern, Buchten und Vorländern der Gebirge oder auch bei den

Uferländereien starkfliessender und viel Steinschutt führender Gewässer oft der Fall ist. Sie werden alljährlich durch den Abfall der auf dem Boden wohnenden Pflanzen vermehrt, wenn anders die Natur nicht in ihrem Wirthschaften gestört oder ganz gehemmt wird, so dass man im Allgemeinen alsdann, z. B. in einem Laubholzwalde, wie früher schon erwähnt, wenigstens drei Humusablagerungen über einander bemerken kann, nemlich eine durch den diesjährigen Laubabfall entstandene, erst in der Verwesung begriffene unreife, hellbraune; unter ihr eine vom vorjährigen Laubabfalle hervorgebrachte, schon in voller Zersetzung befindliche, fast reife, dunkelbraune und unter ihr eine, durch den vorvorjährigen Laubfall erzeugte, ganz reife, grauschwarze (— theils aus Humin, theils auch aus Geïn bestehende —) Schichte. Trotzdem nun oft der Laubabfall sehr stark ist, so dass eine wohl mehrere Fuss hohe Pflanzenschuttablagerung entsteht, so ist doch eine, mit der Zeit zu mehreren Fussen anwachsende Lage von wirklichem Humus wenigstens in den Ländern der gemässigten Zone eine grosse Seltenheit, weil einerseits sich die Pflanzenschuttmassen immer mehr auf einander pressen und andererseits bei ihrer fortschreitenden Humification immer mehr an Masse verlieren. Bestehen nun vollends die Pflanzenabfälle aus leicht verwesbaren, saftigen, wenig Kiesel- oder Gerbsäure und wenig oder kein Harz führenden Pflanzentheilen, so werden sie, zumal wenn sie nicht an zu trockenen, den Sonnenstrahlen preisgegebenen Orten lagern, binnen Jahresfrist so zersetzt, dass der neue Pflanzenabfall schon auf eine ziemlich fertige Humusmasse gelegt wird. Hierbei ist indessen doch noch zu bemerken, dass ein solcher Pflanzenschutt, wenn er zu dick auf einander zu liegen kommt und namentlich aus grossflächigen, saftreichen Blättern besteht, zumal in nassen Herbsten nnd schneereichen Wintern leicht in mehr oder minder fest zusammenklebende, fast pappenähnliche, Lagen zusammengepresst wird, wodurch einerseits der Zutritt der Luft zu seinen untern Lagen verhindert und andererseits die Feuchtigkeit in seiner Masse sehr stark zusammengehalten wird. Die Folge davon ist, dass dann bei der wiederkehrenden warmen Jahreszeit zwar seine oberen, der Luft ausgesetzten Lagen sich in eigentlichen Humus umwandeln, seine unteren, von der Luft mehr oder minder abgeschlossenen Lagen aber„ in saure Gährung gerathen und vermodern,“ wie der Praktiker sagt, und eine geïnartige Humusmasse bilden, welche sogar Lakmuspapier röthet und dadurch ausgezeichnet ist, dass sie in ihrer ganzen Masse von Schimmel- und anderen Pilzbildungen durchzogen wird. Wird jedoch diese „Moderschichte“ rechtzeitig durch tüchtige Auflockerung der Luft geöffnet, so wandelt sie sich auch noch in guten Humus um.

Wenn nun auch eine solche dem Boden aufliegende Humusmasse bei ihrer fortschreitenden Zersetzung den unter ihr liegenden Boden fortwährend mit huminsaurem Ammoniak und Feuchtigkeit versorgt, so wirkt sie doch nicht in vollem Maasse gunstig auf ihn ein; denn einerseits entweichen in der warmen Jahreszeit, also gerade in derjenigen Zeit wo sie der Boden am ersten braucht, aus der Humusdecke eine Menge für die Mineralumwandlung des Bodens wichtiger Stoffe als Gas, so Schwefelwasserstoffammoniak und kohlensaures Ammoniak, und andererseits hält die Humusdecke, wenn sie irgend stark ist, die Feuchtigkeit allzu sehr zusammen, was zwar einem zur Austrocknung geneigten sand- oder kalkreichen Boden zu statten kommt, aber einen irgend thon- oder lehmreichen Boden nass und pfuhlig machen kann, wie weiter unten noch näher gezeigt werden soll; endlich ist auch nicht ausser Acht zu lassen, dass eine solche dicke Humusdecke den Zutritt der Luft in die Masse des Bodens mehr oder weniger hemmt.

Viel wirksamer für die Masse eines Bodens ist es, wenn die Humussubstanzen derselben möglichst gleichmässig beigemengt sind, einerseits weil der Humus im feinzertheilten Zustande sich rascher oxydirt, und andererseits, weil die sich nun aus ihm entwickelnden humussauren Salze nicht entweichen, sondern sich nach allen Richtungen hin durch den Boden vertheilen können. Eine solche gleichmässige Mengung ist indessen nur dann möglich, wenn die Humussubstanzen selbst oder doch die erzeugenden Pflanzenabfälle möglichst fein zertheilt sind. Die Natur vollbringt eine solche feine Zertheilung der Humussubstanzen vorzüglich durch das Wasser, und mengt dann die so feinzertheilten Humusmassen dem Boden auch gleichmässig bei durch eben dieses Element; denn wenn zur Sommerzeit die Meeresfluthen die tiefgelegenen Strandländereien überfluthen und durchsintern, so geben sie an alle von ihnen benetzten Bodentheile nicht blos ihre Salzlösungen, sondern auch die von ihnen in feinzertheilten Schlamm umgewandelten Humussubstanzen ab, so dass bei reichlicher Abgabe selbst die einzelnen Sandkörner mit einer Humusrinde uberzogen werden, wie man bei Marschbodenarten oft beobachten kann. Aber auch die Fliessgewässer des Festlandes führen, wenn sie zur Zeit des Frühjahrs aus dem Gebiete bewaldeter Berge in gewaltigen Strömen den Boden der Thalländer überfluthen, eine bedeutende Menge von solch' feinzertheiltem Humus der von ihnen durchdrungenen Erdkrume zu. Und endlich leitet auch jeder starke Regenguss aus der Humusdecke eines Bodens eine Menge feingeschlammter Humussubstanz dem Inneren des letzteren zu. Ausser dem Wasser bewirken indessen auch schon die zarten, einen Boden nach allen Richtungen hin durchziehenden Wurzelfasern der auf seiner Oberfläche wuchernden Pflanzen bei ihrer Verwesung eine feinzertheilte und auch ziemlich gleichmässig ausgebreitete Humussubstanz, wenigstens in der von den Wurzeln bewohnten Bodenschichte. Diese Humuszertheilung geht nun freilich am durchdringendsten in einem thon- oder lehmreichen Boden vor sich, weil, wie schon früher bemerkt, feinschlammiger Humus und ganz durchfeuchteter Thon sich gegenseitig innig anziehen und fest mit einander verbinden; indessen scheinen auch die feinen Sandkörner eine Anziehung gegen die im Wasser schwimmenden Humushäutchen auszuüben; wenigstens lehren dies die oben schon genannten Sandmarschen und ausserdem auch die Erfahrung, dass, wenn man Humushäutchen haltiges Wasser durch Sand laufen lässt, die sämmtlichen Humustheilchen an den Sandkörnern hängen bleiben, so dass das durchgeflossene Wasser rein von ihnen erscheint.

Auch der Mensch kann eine ziemlich gleichmässige Humuszertheilung im Boden herbeiführen, wenn er den Boden gleichmässig mit ausgetrocknetem und pulverig gewordenen Humusschlamm (Teichschlamm) oder mit den erdig gewordenen Massen seiner sogenannten Compostanhäufungen untermengt. Selbst die Jauche seiner Düngerstätten führt dem Boden nicht nur lösliche Humussalze, sondern auch fein zertheilte Humusmasse zu.

Wenn nun aber auch der normal entwickelte Humus das wichtigste Verbesserungsmittel für jeden Mineralboden ist, so kann er doch auch die Pflanzenproductionskraft und selbst die Umwandelbarkeit einer Bodenart beeinträchtigen, wenn einerseits seine einem Boden beigemischten Bildungsmaterialien von der Art sind, dass sie die einer Bodenart schon eigenthümlichen physischen Eigenschaften — so namentlich ihre Erhitzbarkeit — noch potenziren, und andererseits seine Menge so gross ist, dass der mineralische Bestand eines Bodens dagegen verschwindend klein erscheint.

Nicht jede humuserzeugende Verwesungssubstanz — oder mit anderen Worten: nicht jeder Dünger — ist gleich gut für jede Bodenart. Das ist ein alter Erfahrungssatz; und doch wird so häufig gegen ihn gefehlt, wie man auf unseren Culturländereien leider genug sehen kann. Denn wie häufig wird nicht ein sandreicher, an sich schon sich leicht erhitzender und zur starken Verdunstung seiner kärglichen Bodenfeuchtigkeit geneigter, Boden auch noch mit schwer zersetzbarem und zu seiner Verwesung viel Feuchtigkeit begehrenden, Haidekraut, Borstengras, Stroh, kurz mit sogenannten „langem Miste" gedüngt, und wie häufig wieder untermengt man den, an sich schon zur Nässe geneigten, thon- und lehmreichen Boden mit grossen Quantitäten frischen Teichschlamms, nasser, halbverfaulter Blättermassen, kurz mit sogenanntem „kurzen Miste"! Wenn man doch nur den alten Erfahrungssatz bedächte: Jeder Düngstoff, welcher die für die Fruchtbarkeit eines Bodens nachtheiligen Eigenschaften desselben erhöht, also einen an sich schon leicht verdunstenden Boden noch mehr zur Verdunstung reizt und einen an sich schon nassen Boden noch nasser macht, verschlechtert einen Boden schon dadurch, dass der ihm beigemischte Düngstoff selbst nicht gehörig verwesen kann. In der Natur selbst sehen wir diesen Erfahrungssatz bestätigt da, wo z. B. auf sandreichen Bodenflächen die Wälder des gemeinen Haidekrautes oder die dürrhalmigen Wiesentriften des Schafschwingels, oder auf thonreichen Bodenarten die sauren Wiesen der Simsen, Binsen und

Riethgräser sich ausbreiten. Auf diesen Bodenflächen finden wir nur sogenannten wachsharzigen, kohligen oder sauren, torfartigen Humus.

Wie indessen die Art des Humusmateriales die Güte einer Mineralbodenart beeinträchtigen kann, so ist dies auch der Fall, wenn einem Boden, der an sich schon zur Feuchtigkeit geneigt und arm an Kalk ist oder auch eine feuchte, kühle Lage hat, eine zu dicke Humusdecke auflagert, wie wir bei der weiter unten folgenden Beschreibung des Humusbodens sehen werden.

§. 73. **Humushaltige Bodenarten.** Zwischen der Humussubstanz und dem Mineralboden kann nun in qualitativer Beziehung ein doppeltes Mengungsverhältniss stattfinden. Entweder nemlich herrscht in einem mit Humus innig und gleichmässig untermengten Mineralboden der mineralische Bestand des letzteren weit über den Humusgehalt vor, oder es ist die Humusmasse der Hauptbestandtheil des Bodens und die Mineralmasse desselben tritt so zurück, dass sie gewissermassen dem Humus nur beigemengt erscheint. Im ersten Falle nennt man den mit Humusmasse reichlich untermengten Mineralboden einen humosen Boden; im zweiten Falle aber nennt man die mit Mineralmasse untermengte Humusaggregation einen Humusboden.

a. Der humose Boden ist nach dem eben Mitgetheilten eine innige Mischung von Mineralboden mit 5—20 pCt. feinzertheilter Humussubstanz. Vermöge der Feuchtigkeitsanziehungs- und Wasserhaltungskraft dieser letzteren ist er stets feucht, dabei aber warm, weil sowohl bei der weiteren Zersetzung der Humussubstanz selbst, wie auch bei der Zusammenpressung des von ihr angesogenen Wassers stets Wärme frei wird. Seine Färbung ist um so dunkelgrauer, je mehr er Humus enthält; sie verschwindet aber beim Glühen seiner Masse unter Luftzutritt, weil sich dann die Humussubstanz als Kohlensäure verflüchtigt. Mit Aetznatron gekocht lösst sich sein ganzer Humusgehalt von der Mineralmasse ab und bildet mit dem Natron eine braune Flüssigkeit von huminsaurem Natron. Filtrirt man nun diese Flüssigkeit ab, so erhält man im Filter nach dem Auswaschen mit reinem Wasser die in dem Boden vorhandene reine Mineralmasse. Alles dieses ist aber nur der Fall, wenn die im Boden vorhandene Humussubstanz frei ist von wirklichen Kohlen- oder Wachsharztheilen. Findet dieses letztere statt, dann löst sich die Humussubstanz nur in einer mit Weingeist gemischten Natronlauge; die etwa in ihr vorhandenen Kohletheilchen bleiben aber immer noch ungelöst zurück und können nur durch Gluhen der Bodenmasse entfernt werden.

Der humose Boden kann zwar auch dadurch entstehen, dass die in einem Boden vorhandenen zahlreichen Pflanzenabfälle normal verwesen oder dass Regenwasser von dem auf einem Boden lagernden Humussubstanzen Theile fein schlämmt, mit sich in den Boden führt und hier an die Erdkrumentheile abgiebt, wie dies unter anderem bei jedem mit Wald (oder auch mit Haide) bedeckten Boden der Fall ist; allein sein Hauptbildungsmittel ist doch das Wasser. Regengüsse reissen unaufhörlich Humussubstanzen, feinen Sand und erdige Theile von den mit Wald oder Culturland bedeckten Berggehängen weg und führen sie entweder in die zwischen den Bergen befindlichen Buchten und Thäler oder übergeben sie den Bächen, Flüssen und Strömen zum weiteren Transport. Erreichen diese nun Landesgebiete, welche nur sehr wenig geneigte Ebenen bilden, dann fliessen sie langsamer und lassen in Folge davon ihren gröberen Stein- und Sandschutt sinken, so dass nur die feinsten Sand-, Thon-, Lehm- und Mergeltheilchen im Verbande mit der zartvertheilten Humussubstanz im Wasser schwebend bleiben. Wo nun aber das Fliessbett der Gewässer fast wagrecht wird oder wo die Gewässer fast zum Stillstande kommen (z. B. in tief einschneidenden Uferbuchten) oder wo sie ihre flachen Ufer überschreitend sich weit über die Ufergelände ausbreiten, da wird ihre Tragkraft in dem Grade geringer, wie die Höhe und Bewegung ihrer Wassermasse abnimmt, — und da sind die Orte, wo die Gewässer am meisten ihre, mit Humussubstanz wohl untermengten, zartkrumigen, Erdbodenmassen absetzen. Wie die Fliessgewässer des Festlandes, so verhalten sich nun auch die, ihre flachen Strandgebiete überschreitenden, Meereswogen. Auch sie setzen all' ihren feinen Humus- und Erdschlamm vorherrschend auf solchen Stellen des Strandes ab, welche schon mehr erhöht worden sind, von den Meeresfluthen nur bei höherem Stande der letzteren überfluthet werden und eine durch Pflanzenreste oder auch gröberen Sand rauhe, die Schlammtheile des Meerwassers festhaltende, Oberfläche besitzen. Aber die Gewässer setzen nicht nur das erst mit dem Boden ihrer Umgebung geraubte Bodenbildungsmaterial ab, sondern enthalten schon von Haus aus eine um so grössere Menge von Humussubstanzen, je grösser die Zahl der in ihnen lebenden und sterbenden Thiere und Pflanzen ist. Und in dieser Beziehung überragt das Meer in unmessbarem Grade die Gewässer des Festlandes; kein Wunder daher, dass die namentlich während der Sommermonate („Schlickmonate") von dem Meere abgesetzten Strandbodenmassen so ausserordentlich reich an vegetabilischen und thierischen Humussubstanzen sind, welche zugleich solche Mineralsubstanzen, die die Umwandlung der Humussubstanz gar sehr befördern, reichlich beigemischt enthalten.

Schade für die Pflanzenwelt, dass diese von Anfang an so reichlich mit Pflanzennahrung aller Art versorgten humosen Bodenarten nicht stabil sind! Die atmosphärische Luft, die in ihnen vorhandenen Mineralsalze, die auf ihnen wachsenden Pflanzen, und vor allen der sie umarbeitende, alles von ihnen begehrende und leider ihnen gar häufig keinen Ersatz bietende, Mensch: — alle diese Agentien bewirken, dass ihr Humusgehalt immer mehr schwindet; bis sie zuletzt zu gewöhnlichen Mineralbodenarten herabgesunken sind. Am ersten ist dies der Fall bei den reichlich mit kohlensaurem Kalk versehenen humosen Kalkthon- (Klei-) und Mergelbodenarten, in denen durch Einfluss des Kalkes selbst die Humussubstanz sehr rasch zersetzt

und zur Bildung von doppeltkohlensaurem Kalk, schwefel- und salpetersaurem
Kalk verbraucht wird.   Daher kann auch ein kalkreicher Boden nicht genug
Humus bekommen.

> Diese humosen kalkreichen Bodenarten finden sich am meisten und
> besten entwickelt in den Buchtenthälern zwischen laubbewaldeten
> Bergen oder in den breiten Thälern, welche durch langsam fliessende,
> aus bewaldeten Kalkgebieten kommende, Flüsse gespeist worden, oder
> endlich in den vom Meere abgesetzten und mit Kalkstein-, Con-
> chylien- und Korallenresten reichlich versehenen, Marschländereien,
> welche man Kleiboden nennt.

Weit länger halten sich die Humusbeimengungen in den lehm- und thonreichen Bodenarten, zu denen unter anderen die meisten Schlickablagerungen
der Meeres- und Flussmarschen am Meeresstrande und in den breiten, von
langsam sich hinwälzenden Fliessgewässern durchzogenen, Vorlandsthälern der
aus bindemittelreichen Thonsandsteinen bestehenden Gebirgs- oder Bergländer.
Der Thon dieser Bodenarten hält, wie früher schon angegeben worden ist,
schon seiner Natur nach die Humussubstanz fest mit sich verbunden; sodann
halten diese Bodenarten das Wasser sehr fest, schliessen in Folge davon
ihre Krumentheile um so inniger aneinander, je freier sie von grobsandigen
Beimengungen sind, und bilden am Ende in Folge aller dieser Eigenthümlich-
keiten ein so innig zusammenhängendes Ganze, dass der Sauerstoff der Luft
nicht in ihr Inneres eindringen und den Humus derselben oxydiren kann.
Diese lehm- und thonreichen humosen Bodenarten bilden die wahre Heimath
aller grasartigen Gewächse und demzufolge die fettesten Grasfluren.   Sobald sie
aber der Mensch alljährlich umarbeitet und so der Einwirkung der Luft zugänglich macht, nimmt auch ihr Humusgehalt allmählig immer mehr ab, bis
sie zuletzt zu gemeinem Lehm oder Thon werden.

> Zusätze.   1) Die an sich so fruchtbaren humosen Lehm- oder Thon-
> bodenarten können indessen auch Veranlassung zur Bildung eines
> äusserst unfruchtbaren Bodengebildes geben, welches ich öfters in
> den tieferen Lagen derselben beobachtet habe, und zu welchem
> höchst wahrscheinlich auch der so verrufene Knick der Marsch-
> ländereien gehört.   Wenn nemlich der thonige Lehmgehalt dieser
> Bodenarten sehr reich an Eisenoxydhydrat, also eisenschüssig ist,
> und es verschliesst sich die Oberfläche dieser Bodenarten gegen
> den Stauerstoff der Atmosphäre mehr oder weniger, so entziehen
> die in den unteren, ganz von der Luft abgeschlossenen Boden-
> lagen vorhandenen Humussubstanzen dem, mit ihnen in enger Be-
> rührung stehenden, Eisenoxydhydrate des Lehmes einen Theil
> seines Sauerstoffes, um sich zu zersetzen.   Hierdurch entsteht nun
> einerseits aus dem Eisenoxyde des Lehms Eisenoxydul und anderer-
> seits aus dem Humus Quellsäure, welche sich augenblicklich mit

dem eben erst entstandenen Eisenoxydul zu quellsaurem Eisen-oxydul verbindet. Dies ist aber ein Salz, welches sich allmählig an alle Bodentheile absetzt und bei der Umarbeitung des Bodens und der dadurch herbeigefuhrten Sauerstoffeinwirkung rasch höher oxydirt und zuletzt als Eisenoxydhydrat alle Bodentheile fest mit einander verkittet und so den verrufenen Ortstein bildet. In diesem eigenthümlichen Verhalten des Knickes mag der Grund liegen, warum man bei der Bearbeitung der Marschländereien, in deren Untergrund so oft diese eisenproducirende Bodenlage auftritt, so grosses Gewicht darauf legt, dass ja nicht die Knicklage durch das Umackern mit der über ihr lagernden guten Schlicklage in Untermengung kommt. Nach Professor Wicke besteht der Knick aus:

$70,_{456}$ unlöslicher Kieselsäure,
$0,_{640}$ löslicher Kieselsäure,
$11,_{044}$ Thonerde,
$6,_{949}$ Eisenoxyd,
$0,_{862}$ Eisenoxydul,
$0,_{900}$ Kalk,
$1,_{363}$ Magnesia,
$2,_{316}$ Kali,
$1,_{563}$ Natron,
$0,_{188}$ Kohlensäure,
$4,_{221}$ Humussubstanz nebst chemisch gebundenem Wasser.
____
$100,_{502}$.

Zu bemerken ist übrigens, dass ich diese Eisenbildung noch in keinem kalkhaltigen humosen Boden beobachtet habe, wahrschein-lich weil der Kalk die Zersetzung des Humus sehr beschleunigt.

2) Oft recht viel Aehnlichkeit mit dem humosen Lehm hat in seinem Aeussern der Letten. Dieser besteht aus einer Mengung von feinsandigem Thon oder auch von Lehmsubstanz mit 4—10 pCt. zarten Humuskohlenhäutchen, welche so mit dem Thon oder Lehm gemischt sind, dass sie mehr oder minder deut-lich hervortretende Lamellen in der Masse des letzteren bilden und bei dsr Austrocknung derselben die ganze Bodenmasse in Schieferblättertheile (sogenannter Schieferletten) zertheilen. Bei Behandlung mit Aetznatron wird keinesweges seine ganze Humus-substanz gelöst, sondern es bleibt noch ein unzersetzbarer Rück-stand, welcher sich beim vorsichtigen Schlämmen der Lettenmasse von der Erdkrume absondert. Untersucht man diesen Ruckstand unter dem Mikroskope, so bemerkt man deutlich, dass er aus ver-

kohlten Pflanzenresten besteht, welche oft noch das Pflanzengewebe
bemerken lassen. Er ist höchst wahrscheinlich aus einer Mischung
von humosem Schlick und in der Verkohlung begriffenen Sumpfgräsern oder anderen Moorpflanzen auf dem Boden von gegenwärtig ausgetrockneten Seeen, Teichen, Sümpfen oder auch von
ganz langsam fliessenden Gewässern entstanden, wie auch seine
Hauptablagerungsorte schon andeuten. Er ist bei Weitem nicht so
fruchtbar, wie der humose Lehm- oder Thonboden, da einerseits
seine kohligen Theile nur unter dem Einflusse der Luft, Feuchtigkeit und Alkalien sich weiter zersetzen und andererseits eben diese
kohligen Theile auch die Ursache sind, dass er sich stärker erhitzt, leichter austrocknet und dann bei seiner vollen Austrocknung
in ein loses Gehäufe von Blättchen zerfällt.

Verschieden endlich zeigt sich der humose Sandboden in Beziehung
auf die Dauer seines Humusgehaltes. Der humose Sandboden besteht nemlich
aus einem innigen Gemenge von äussert zarten, fast mehlartigen, vorherrschend
aus Quarz bestehenden, Sandkörnern und fein zertheilter in Natronlauge ganz
lösbarer Humussubstanz, welche um die einzelnen Sandkörner herum Hüllen
bildet; oder er besteht aus Sandkörnern, dessen einzelne Körner mit einer
zarten, blei- oder schwarzgrauen Haut von wachsharzhaltigem Humus überzogen
sind, oder er zeigt sich als ein Gemenge von Sandkörnern und einer geringen
Menge von humoser Lehmkrume. Je nach dieser verschiedenartigen Zusammensetzung ist auch sein Verhalten gegen die Pflanzenwelt ein verschiedenes.

1) Sowohl in den vom Meere, wie in den von Strömen abgesetzten Marschländereien finden sich oft beträchtliche Ablagerungen, welche im nassen
Zustande fast schlammig aussehen, im trockenen aber fein pulverig erscheinen und in ihrem Aeusseren eher einem Teichschlamme, als einer
Sandmasse gleichen. Kocht man aber diese Massen mit Aetznatronlauge
und filtrirt dann die entstandene braune Lösung ab, so bemerkt man,
dass ihr Mineralbestand nur äusserst feine Sandkörnchen enthält. Besteht nun diese Sandmasse nur aus Quarzkörnern oder sehr schwer zersetzbaren Silicatresten, so dauert es zumal an trockenen Orten sehr lang,
ehe sich der die einzelnen Körper umhüllende Humusüberzug zersetzt;
bestehen aber die Körner der Sandmasse zum Theil aus Kalk, Conchylien-
oder Polypenresten oder aus leichter zersetzbaren Silicaten, dann zersetzt sich ihr Humusgehalt bald. In den ersten Jahren erscheint dann
ein solcher Boden fruchtbar; später aber, wenn sein Humusgehalt verschwunden und die Menge seiner zersetzbaren Sandkörner geringer geworden, um so unfruchtbarer.

2) Unter Haidewäldern oder an Orten, wo ehemals solche Haidewälder ge-
wuchert haben, findet man eine Art humosen Sandbodens, dessen einzelne Körner mit einer dünnen, bleigrauen oder rauchgrauen Haut von

einer Humussubstanz überzogen sind, welche jeder Verwitterung trotzt und von wässriger Natronlauge nur zum geringen Theile, von einer mit Weingeist untermischten Natronlauge aber ganz gelöst wird. Nach ihrem ganzen Verhalten besteht daher diese Haut nicht aus eigentlichem Humus, sondern aus einem Gemische von Geïn mit wachsharzigen Substanzen, also ziemlich aus derselben Humussubstanz, welche sich stets aus abgestorbenen Haidekraut erzeugt. Diese Sandmasse zeigt sich nur dann fruchtbar, wenn sie mit Kalk oder Asche gedüngt wird und viel Feuchtigkeit erhält. Zu ihr gehört auch wohl der über oder zwischen den Ortsteinablagerungen vorkommende, unfruchtbare Bleisand.

3) Aber im Gebiete der Haidewälder kommt auch ein humoser Sandboden vor, welcher aus einem Gemenge von 90—95 pCt. reiner Sandkörner und 5—10 pCt. humoser Theile besteht. Diese Bodenart kommt aber auch in den Muldenthälern bewaldeter Sandsteinberge vor, zeigt sich anfangs bei feuchter Lage ziemlich fruchtbar, verliert aber bald ihren Humusgehalt.

b. Der Humusboden besteht nach dem früher Mitgetheilten vorherrschend aus halb- oder ganz humificirten Pflanzenstoffen und enthält in der Regel nur in seinen untersten, unmittelbar mit dem Mineralboden in Berührung stehenden Lagen oder nur da, wo er durch Wasserfluthen mit Mineralresten untermischt worden ist, mineralische Beimengungen. Beim Glühen verliert er 30—50 pCt. seiner Masse und entwickelt dabei einen Geruch bald nach verbrannten Federn, bald nach Talg oder Wachs. Im frischen Zustande aber riecht er moderig, bisweilen auch sauer oder ammoniakalisch. In seinen übrigen Eigenschaften gleicht er um so mehr den früher beschriebenen vegetabilischen Zersetzungsproducten, je reiner dieselben in ihm auftreten. — Je nach der Art der ihn zusammensetzenden Humussubstanzen sind folgende Modificationen von ihm zu unterscheiden:

1) Der eigentliche Humusboden, ein Gemisch von halb noch in Verwesung begriffenen und schon vollständig humificirten Pflanzenresten, daher die Eigenschaften der eigentlichen Humussubstanz um so vollständiger zeigend, je ungestörter seine Entwickelung hat vor sich gehen können und deshalb am mächtigsten entwickelt in den noch nicht von des Menschen Hand cultivirten Wäldern Amerikas, Asiens, Afrikas und manchen Waldungen Europas — z. B. Russlands und der Alpen, oder auch in von Wäldern umschlossenen Buchten, in denen er durch zusammengefluthetes oder zusammengewehtes Laub entsteht. Aber eben an diesen seinen Lagerstätten ist er in fortwährender Umwandlung begriffen, indem sich auf die schon in Verwesung begriffenen Pflanzenmassen alljährlich neue Abfälle legen. Bei genauer Untersuchung überhaupt vier verschiedene Lagen zeigend: zu oberst die eben erst ihm übergebenen, mit der Verwesung beginnenden, noch die vollständige

Pflanzenstructur zeigenden, unrein ledergelben Abfälle: darunter die in der Verwesung vorgeschrittenen, nur noch wenig Pflanzenstructur zeigenden, sepienbraunen Zersetzungsmassen; darunter die ganz verweste, schlammige oder pulverige, keine Spur von Pflanzenstructur zeigende, Lackmuspapier nicht röthende, schwarzbraune eigentliche Humussubstanz; und zu unterst eine eben solche, aber Lakmuspapier röthende, saure und stark kohlige Humus- oder Geïnmasse. — An feuchten Orten immer nass, qualmig, pfuhlig, aufgequollen, an ganz trockenen Orten allmählig zu Pulver zerfallend und stets arm an Mineralbestandtheilen.

2) Der **Haidehumusboden**, eine aus der Verwesung des Haidekrautes (Calluna vulgaris) entstandene, schwarzgraue, rauhkrümelige, vorherrschend aus (2—10 pCt.) Wachsharz haltigen, kohligem Humus bestehende, Masse, welche beim Verbrennen einen unangenehm talgartig riechenden Qualm verbreitet, sich in einer weingeistigen Lösung von Natron nur theilweise löst und nur unter Einfluss von Feuchtigkeit, Kalk oder kohlensauren Alkalien (Asche) allmählig in eigentlichen Humus umgewandelt wird. Oft fast fussmächtige Ablagerungen unter den Haidewäldern bildend und in ihren unteren Lagen sich mit ihrem gewöhnlich sandreichen Mineralboden mischend und dann den oben angegebenen kohlig-humosen Sandboden darstellend.

3) Der **Torfboden** (Schollerde, Bunkerde), ein filzig-erdiges, fast wie ein Gehäufe von Sägemehl aussehendes, weissgraues oder gelbbraunes Gemenge von abgestorbenen Moorgewächsen (Flechten, Moorhaide, Borstengras, Gagel, Sumpfborst etc.) mit wachsharzhaltigen, kohligen Humus, welches sich namentlich auf der trockengelegten Oberfläche der Hoch- oder Haidemoore bildet und unter dem Einflusse der Luft allmählig in eine pulverige, braunschwarze, viel Wachsharz haltige, Humuserde umwandelt. Sie riecht säuerlich, moderig und beim Glühen talgartig, reagirt sauer und giebt beim Verbrennen sehr wenig, vorherrschend aus Kieselsäure und Eisenoxyd bestehende, Asche.

> **Bemerkung.** Da in diesem Werke hauptsächlich die **mineralischen** Bodenarten nach Entstehung, Eigenschaften, Mengungen und Veränderungen betrachtet werden sollen, so gehören strenggenommen die nur aus **vegetabilischen** Zersetzungsproducten bestehenden Bodenarten nicht hierher. Der Vollständigkeit wegen wurden sie indessen wenigstens nach ihren Haupteigenschaften hier angegeben. Näheres über sie findet man in meinem Werke: „Die Humus-, Marsch-, Torf- und Limonitbildungen.‘‘

D.

Die Bodenarten nach ihren Ablagerungsverhältnissen.

§ 74. Die einzelne Bodenart als Glied der Erdrinde. — Jede einzelne Bodenart ist so gut, wie jede einzelne Felsart, ein durch bestimmte Gemengtheile und physische Eigenschaften abgegrenztes Ganze und als solches für sich allein schon als ein fertiges oder noch in der Entwickelung begriffenes Bildungs- oder Formationenmitglied der Erdrinde zu betrachten. Als solches fullt sie aber nicht nur einen mehr oder minder grossen Raum der letzteren aus, sondern steht sie auch mit anderen Erdrindemassen in Verband. Man hat sie demnach in dieser Beziehung

1) nach ihrer eigenen Massenentwickelung und

2) nach den mit ihr im Verbande stehenden anderen Erdrindemassen

ins Auge zu fassen.

Was nun zunächst die Massenentwickelung einer Bodenart betrifft, so zeigt sich dieselbe sehr verschieden sowohl in ihrer Ausdehnung nach der Horizontalen d. i. in ihrer Ausbreitung, wie in ihrer Entwickelung nach der Senkrechten d. i. in ihrer Mächtigkeit. Die Menge ihres Bildungsmateriales einerseits und die Grösse und Gestalt ihres Ablagerungsraumes andererseits sind die beiden Factoren, von denen diese ebengenannten Massenentwickelungsverhältnisse einer Bodenart abhängen, so dass man im Allgemeinen behaupten kann, dass ein und dasselbe Bodenbildungsmaterial eine um so stärkere Mächtigkeit seiner Masse zeigt, je kleiner der Ort seiner Ablagerung ist, und umgekehrt eine um so geringere Mächtigkeit besitzt, je grösser die Fläche ist, auf welcher es ausgebreitet erscheint.

Recht deutlich kann man diese Verhältnisse schon bei einer Bodenart beobachten, welche aus der Verwitterung einer Felsart hervorgegangen ist, also bei einer sogenannten Verwitterungsbodenart. So lange nemlich dieselbe noch unvermischt mit den Abfällen der Pflanzenwelt und unangerührt vom Wasser auf der Oberfläche ihres Muttergesteines ruht, hat sie selten mehr als 1 Fuss Mächtigkeit und reicht ihr Ausbreitungsgebiet nur so weit, als die Oberfläche ihres Muttergesteines. Sobald sie aber vom Regenwasser abgespült und in enge Buchten, Schluchten oder Kesselthäler gefluthet wird, kann sie im Zeitverlaufe eine Mächtigkeit von 100 und mehr Fuss erreichen und zuletzt ihre neuen Ablagerungsorte ganz ausfüllen, wenn dieselben einen nicht allzugrossen Raum bilden. Wird sie nun vollends von ihren ursprünglichen oder auch neuen Ablagerungsorten durch Bäche und Flüsse in tiefgelegene, weite Ebenenländer geschlämmt und auf diesen ausgebreitet, dann kann sie wohl eine grosse Fläche überziehen, aber dann nimmt auch die Mächtigkeit ihrer Masse in dem Grade ab, wie ihre Ausbreitungsfläche wächst.

Wenn wir nun aber demungeachtet auf einer weiten Fläche eine einzelne Bodenart bemerken, welche nicht nur diese Fläche in ihrer ganzen Ausdehnung überzieht, sondern dabei auch eine bedeutende Mächtigkeit besitzt, so kann dies einen doppelten Grund haben: Entweder ist diese Bodenart das Zersetzungsproduct einer ganzen, weit ausgedehnten Gebirgsmasse, was wohl der seltenste Fall sein dürfte, oder sie ist das Product einer durch lange Zeiträume hindurch stattgehabten Anschlämmung durch das Wasser, sei es nun dass Fliessgewässer oder Meereswogen ihren Landesschutt auf die angrenzenden Landesflächen warfen, sei es, dass Flüsse und Bäche all ihren Schlamm in weite Wasserbecken führten und in denselben so lange anhäuften, bis diese Landessammelbecken ganz ausgefüllt waren. Freilich müssen dann diese Wasserfluthen viele Jahre hindurch immer ein und dasselbe Bodenbildungsmaterial mit sich geführt haben, oder ihr verschiedenartiges Material muss durch die Fluthen ihres Sammelbeckens (z. B. des Meeres) so durch einander gemischt worden sein, dass die ganze Masse desselben zu einer einzigen Bodenart wurde — In Meeresbecken oder bei Flüssen, welche entweder während ihres Laufes immer durch ein Gebiet von einer und derselben Felsart kommen, oder schleichend langsam fliessen und in Folge davon nur feinzertheilten Erd- und Humusschlamm führen, ist eine solche mächtige Entwickelung von einer und derselben Bodenart in der That schon möglich, wie uns die massigen thon-, lehm-, mergel- und humushaltigen Ablagerungen in ausgetrockneten Seeen und Meeresbecken oder im Ufergebiete aller das flache Tiefland durchschleichenden Ströme beweisen.

Im Allgemeinen jedoch wird man bemerken, dass die Gewässer schon während eines Jahresraumes nicht immer ein und dasselbe Bodenbildungsmaterial führen und dass darum die von ihnen abgesetzten einzelnen Bodenarten nur unter besonders günstigen Verhältnissen eine bedeutende Mächtigkeit erreichen können. Während des Sommers, in welchem der Boden der Gebirge und Anhöhen durch eine blattreiche Pflanzendecke gegen die Wucht des Regens geschützt ist, werden die Flüsse nur feine Erdkrume und Humussubstanz zum Abschlämmen erhalten; im Herbste, wenn das abgefallene Laub der Bäume den Boden bedeckt, erhalten sie rohen Pflanzenschutt und bei starken Regengüssen auch wohl Sand und Gerölle; im Winter erhalten sie nur Schlämmschutt, wenn kein Frost das schüttige Gebirge zusammengekittet hat und kein Schnee dasselbe schützt; aber beim beginnenden Frühjahre erhalten sie am meisten, wenn mit einem Male die wärmende Sonne die Eisbanden der schüttigen Gebirgsmassen sprengt und die Schneemassen als gewaltige Lavinen oder reissende Wasserströme von den Gebirgsgehängen niederstürzen, — da schwellen selbst die ärmlichsten Bäche zu reissenden Gebirgsströmen an und da erhalten sie Erdreich, Sand, Gerölle, Blöcke und Pflanzenschutt aller Art in reichlichster Fülle zur Bildung neuer Bodenablagerungen. Und wie mit den Fliessgewässern des Festlandes, so ist es auch selbst mit dem Meere: Auch dieses setzt nicht zu allen Zeiten des Jahres einerlei Erdreich ab. Während der warmen Sommermonate bringt es dem Lande seines Strandes humusreichen Schlamm, in der kalten Jahreszeit aber humusarmen Mineralschlamm. — Und wie die Landesabsätze des Wassers schon in den verschiedenen Zeiten eines und desselben Jahres verschieden ausfallen, so weichen sie auch qualitativ und quantitativ von einander ab in verschiedenen, auf einander folgenden, Jahresräumen. So bringen Flüsse dem Lande in trockenen Jahren wenig und, wenn sie angeschwellt durch einzelne starke Gewitterregen etwas absetzen, so ist es verhältnissmässig wenig und feinkrumig; in nassen Jahren dagegen bringen sie grosse Mengen Landesschutt aller Art. Das Meer aber setzt in trockenen, warmen Jahren nur zarten humusreichen Schlick, in kühlen, nassen Jahren dagegen viel humusarme Thon- und Sandmassen ab.

Bemerkung: Mehr über die Landesbildung durch Gewässer findet man in meinem schon angegebenen Werke § 22—28. (Seite 37—54.)

Aus dem eben Mitgetheilten ersieht man wohl zur Genüge,

1) dass auch die von Gewässern abgesetzte einzelne Bodenart nur unter besonders günstigen Verhältnissen eine bedeutende Mächtigkeit erlangen können;

2) dass die Mächtigkeit einer von dem Wasser abgesetzten Bodenart vorzüglich von den Witterungsverhältnissen, sodann aber auch von der mineralischen Beschaffenheit der Landesgebiete abhängt, welche Gewässer durchfliessen;

3) dass Gewässer in den verschiedenen Zeiten eines und desselben Jahres verschiedenes Bodenbildungsmaterial führen und schon aus diesem Grunde nicht eine und dieselbe Bodenart, sondern ihrem Bestande nach verschiedene Bodenlagen (Bodenschichtmassen) über einander absetzen müssen, von denen keine eine besonders hervortretende Mächtigkeit besitzt;

4) dass mächtige Bodenablagerungen nur vorkommen können:
   a. in Schluchten, Buchten und Kesselthälern von Gebirgsländern oder auch im unmittelbaren ebenen Vorlande eines Gebirges;
   b. im Unterlaufs- und namentlich Mundungsgebiete von fast wagerecht liegenden Flachländern, welche von trägschleichenden Strömen durchzogen werden;
   c. in den ausgefüllten Becken von ehemaligen Seeen und Meeren.

5) dass endlich aber doch auch eine Bodenart dann mächtig entwickelt erscheinen kann, wenn ein angeschwollenes Gewässer auf einem und demselben Landesgebiete zuerst eine grosse Menge losen Steinschuttes und später feingeschlämmten Erdschutt auf der Schuttunterlage absetzt. In diesem Falle nemlich sintert der später abgesetzte Erdschlamm zwischen die einzelnen Individuen dieses Schuttes und vermischt sich mit demselben zu einer einzigen Bodenmasse.

Die Mächtigkeit einer und derselben Bodenart ist indessen so lange keine stabile, als noch Atmosphärilien, Gewässer und selbst Pflanzen auf die letztere einwirken können.

1) Die Atmosphärilien, und namentlich die Meteorwasserniederschläge mit ihrer Kohlensäure, lösen gar manche Bestandtheile des Bodens, z. B. Kalk-, Gyps- und Silicatreste, und laugen sie um so leichter aus, je geneigter die Ablagerungsebene einer Bodenmasse ist. Dabei führt selbst der sanfteste Landregen immer auch Erdkrumetheile mit sich fort. So kann es kommen, dass vorzüglich bei Bodenarten, welche an Berg- und Hügelgehängen lagern, in verhältnissmässig wenig Jahren die Mächtigkeit eines Bodens gering geworden ist, ganz abgesehen davon, dass sich namentlich thonreiche Bodenmassen mit der Zeit stark setzen. — Ausser den wässerigen Atmosphärenniederschlägen entführen aber auch noch heftige Luftströmungen dem Erdboden, wenn er ausgetrocknet und pulverig geworden ist, eine Menge seiner Bestandtheile, und zwar nicht blos Krumentheile, sondern auch feinen Sand. Ein sandig-mergeliger Boden kann hierdurch immer krumeärmer und sandreicher werden. Aber, was diese Luftströmungen dem einen Bodendistricte nehmen, geben sie einem andern wieder. Sie sind demnach, wie auch die Erfahrung schon längst bewiesen, keineswegs ein zu verachtender Factor bei den Veränderungen einer Bodenmasse, und es braucht hier wohl nicht erst darauf hingewiesen zu werden, welche unermessliche Mengen Kalkstaub und Flugsand sie schon oft über Ländereien auf grosse Strecken hin geworfen haben.

2) Die Gewasser führen zwar in der Regel einer Bodenart neue Bestandtheile zu, ist aber ihre überfluthende Wassermasse sehr stark, so können sie zumal bei Bodenarten, welche eine geneigte Lage haben, bei ihrem Abzuge vom Lande eine grosse Menge wenigstens der leicht schlämmbaren Bodentheile mit sich fortreissen. Dies ist namentlich bei den Meereswogen der Fall. Dieselben führen stets neben ihrem Sandgehalte auch fein zertheilten Erdschutt und Humus mit sich. Wenn sie aber bei ihrem Anstürmen gegen den schief ansteigenden Strand ihren Schutt auf dem letzteren abgesetzt haben, so fegen sie bei ihrem Zurückrollen alle eben erst zwischen dem Steinschutte abgesetzten Erdschlammtheile auch wieder fort, so dass nur das aufgeschüttete Steingehäufe zuruckbleibt. Es ist gar nicht unwahrscheinlich, dass die unter dem Namen der „Geest" bekannten Sandanhäufungen des norddeutschen Tieflandes in der Vorzeit eine mit reichlicher Thon- oder Lehmkrume untermengte sandige Bodenmasse gewesen sind, welche durch das von ihr abziehende Meereswasser ihrer Erdkrume beraubt worden ist. — Alles, was in einem Boden leicht schlämmbar oder in reinem oder kohlensaurem Wasser löslich ist, kann unter Verhältnissen auch dem Boden durch Wasserfluthen entzogen werden. — Indessen findet diese Beraubung des Bodens durch Gewässer vorzüglich da statt, wo, wie eben erwähnt,

derselbe eine geneigte Lage hat; da, wo derselbe wagrecht oder gar beckenförmig oder doch so lagert, dass die ihn überfluthenden Gewässer nur ganz langsam sich wieder von ihm entfernen können, da nehmen sie ihm wenig oder nichts, da geben sie ihm vielmehr neues Material, da also vermehren sie nur seine Mächtigkeit.

3) Die Pflanzenwelt giebt zwar mit ihren abgestorben Gliedmassen dem Boden unaufhörlich Humussubstanzen und vermehrt durch diese seine Mächtigkeit, aber — nur vorübergehend, denn diese Substanzen verwesen und verwandeln sich am Ende in Kohlensäure und Wasser, — zwei Agentien, welche dem Boden immer Bestandtheile, namentlich Kalk und Silicate, entziehen und hierdurch seine Massenhaftigkeit vermindern.

Erst dann also, wenn eine Bodenart durch andere mineralische Auflagerungen so stark verdeckt worden ist, dass sie dem Einflusse der eben genannten drei Agentien entzogen erscheint, kann ihre Mächtigkeit eine stabile werden, obgleich nicht zu leugnen ist, dass auch jetzt noch ihre Masse, niedergezogen durch ihr eigenes Gewicht und zusammengepresst durch die über ihr lagernden Stein- und Erdschuttmassen, so lange noch von ihrer Mächtigkeit verlieren wird, bis sie die fur ihre Natur möglichst grösste Dichtigkeit erlangt hat.

§ 75. **Die einzelne Bodenart nach ihren Ablagerungsverhältnissen.** — Jede Bodenart muss als ein Glied der Erdrinde mit gewissen anderen Gliedern dieser letzteren in Verbindung stehen, sei es nun, dass diese letzteren ihre Unterlage oder Sohle oder ihre Decke bilden, sei es, dass sie selbst in mehrfach wiederholter Wechsellagerung mit ihnen steht.

I. Was nun zunächst die Unterlage oder Sohle betrifft, auf welcher eine Bodenart lagert, so besteht sie entweder aus derjenigen Felsart, aus welcher die auflagernde Bodenart entstanden ist, oder sie wird aus einer Erd-, Gesteins- oder Steinschuttmasse gebildet, welche ihrer ganzen Natur nach dem auf ihr ruhenden Boden fremd ist. Das erste nun ist der Fall bei allen aus der Verwitterung einer Felsart hervorgegangenen Bodenarten oder dem sogenannten Verwitterungsboden, das zweite aber kommt bei den durch Wasser zusammengeflutheten Bodenarten oder dem sogenannten Schwemmboden (Alluvium) vor.

1) Der Verwitterungsboden lagert entweder unmittelbar auf der festen Felsart, aus deren Zersetzung er hervorgegangen ist, oder auf einer mehr oder minder mächtigen Lage von Steinschutt seiner Mutterfelsart. — Der unmittelbar auf seinem Muttergesteine lagernde Boden ist in der Regel weit weniger mächtig und fruchtbar als der auf dem Steinschutte seines Muttergesteines liegende, weil das zu seinem Untergrunde dienende feste Gestein ihm selbst nicht so reichlich und rasch mit neuer Erdkrume und frischen Pflanzennahrstoffen versorgen kann, als das schon zu Schutt zerfallene Gestein. Dazu kommt nun

noch, dass das, seinen Untergrund bildende, feste Gestein manchmal mit senkrecht in die Tiefe setzenden Rissen und Spalten versehen ist, durch welche alle löslichen Bestandtheile der ihm auflagernden Bodenmasse, ja selbst feinzertheilte Erdkrumentheile in die Tiefe der Felsmasse gefluthet werden. Die Masse eines Verwitterungsbodens ändert sich indessen, sobald erst das Pflanzenleben auf ihr erwacht ist; denn dann erhält sie eine Decke von Humussubstanz, welche sich allmählig von oben nach unten mit ihr mischt, so dass man nun in ihrer Masse selbst drei, ihrer Zusammensetzung und ihren Eigenschaften nach verschiedenen Lagen oder Bodenschichten unterscheiden kann, nemlich von oben nach unten:

zu oberst als Decke: abgestorbene, noch in der Humification begriffene Pflanzenreste;

darunter eine dunkelbraun erdige, moderig riechende, feuchtwarme Lage von Humus;

darunter der eigentliche Verwitterungsboden, aber

1) in seiner obersten Lage untermischt mit feinzertheiltem Humus;
2) in seiner mittleren Lage untermischt mit noch in Vermoderung begriffenen Wurzelabfällen;
3) in seiner untersten Lage nur Mineralboden,

zu unterst endlich Felsgerölle oder festes Gestein.

Bemerkenswerth ist es, dass die oberste Lage (1) des Verwitterungsbodens der regste Sitz für die Zubereitung der löslichen Mineralsalze aus der Bodensubstanz ist, und dass darum in ihr namentlich die auf dem Boden wachsenden Pflanzen ihre mit Saugzasern versehenen Wurzelzweige ausbreiten.

2) Der Schwemmboden, d. i. der vom Wasser abgesetzte Erdboden, kann die verschiedenartigsten Erdrindemassen zur Unterlage oder Sohle haben. In Gebirgs- oder Bergländern findet man ihn oft noch auf Felsgesteinen lagernd, welche ganz identisch mit seiner Mutterfelsart sind, so dass man ihn noch für einen wahren Verwitterungsboden halten könnte, wenn er einerseits neben den Resten seines Muttergesteines nicht auch Reste von anderen Felsarten enthielte und andererseits nicht eine mehr oder minder deutlich hervortretende Schichtung wahrnehmen liesse, in Folge deren die sonst mitten und regellos in der Krume eingebetteten Steintrümmer abgesonderte Lagen bilden. — In den weiten, flachen Flussthälern der, von Gebirgen schon entfernter liegenden, Vor- und Tiefländer aber lagert er in der Regel auf grobem oder feinen Steinschutt von Felsarten der verschiedensten Art, auf Thon- oder Lehmablagerungen, ja selbst auf ausgetrockneten Torf- oder gar Braunkohlenlagern. Ganz dasselbe ist auch der Fall mit den von den Meereswogen abgesetzten Schwemmbodenarten.

In meinem Werke über Marsch- und Torfbildungen habe ich mehrere
Beispiele aufgeführt, welche beweisen, dass sowohl durch Wasserfluthen, wie auch durch Windströmungen Torfmoore ganz ausgefüllt
werden können durch eingeführte Bodenmassen.

1) So befinden sich im Werrathale bei Eisenach die schönsten kalkig-
lehmigen Aecker, deren Bodenmasse durch die Werra auf die an
ihren Ufern lagernden Wiesenmoore geschwemmt worden ist.

2) In Jütland hat der Wind viele Moore ganz mit Flugsand ausgefüllt. Aehnliches findet an vielen Orten der Mark Brandenburg statt.

3) In den Warfen von Ostfriesland lagert nach Ahrends der beste
Marschboden auf Darg (Diluvialtorf).

Die Sohle oder der Untergrund übt in mehr als einer Beziehung einen
grossen Einfluss auf die physischen Eigenschaften, den Bestand und die Fruchtbarkeitsverhältnisse der ihm auflagernden Bodenart aus. Die Ausdürrung,
Feuchthaltung oder Versumpfung der letzteren hängt eben so von ihm ab, wie
die Auslaugung oder Ansammlung von mineralischen Salzen, oder wie die
Hemmung oder Beförderung des Wurzelwachsthums der auf ihr wohnenden
Pflanzen.

a. Ein felsiger Untergrund erscheint hiernach

1) günstig für die ihm auflagernde Bodenart, wenn er aus mürben,
verwitternden Gesteinen besteht, welche reich an alkalischen Bestandtheilen sind; denn durch die Zersetzung dieser Gesteine wird nicht
nur die Masse, sondern auch der lösliche Salzgehalt der Bodenart
vermehrt. Hauptsächlich gilt dies von einem aus bröckeligen Mergeln, Kalksteinen, Basalten, Diabasen und Graniten bestehenden Untergrund.

2) ungünstig für die ihm auflagernde Bodenart,

α. wenn er aus Gesteinen besteht, deren Gemengtheile lösliche Eisenoxydulsalze entwickeln, wie z. B. Eisenkiese. Bei einem aus Thonschiefer oder Schieferthon oder auch aus Diorit bestehenden Untergrund kommt dies oft vor;

β. wenn er von mehr oder weniger senkrecht niedersetzenden Spalten
oder Rissen durchzogen ist, welche alle, in der auf ihm liegenden
Bodenart entstehenden, löslichen Mineralsalze durch sich in die
Tiefe fliessen lassen;

γ. wenn er eine beckenförmige, aus fest zusammenhängendem Gesteine bestehende, Oberfläche bildet; denn dann sammelt sich sehr
leicht das Regenwasser auf ihm an, so dass die auf ihm lagernde
Erde leicht nass und sumpfig werden kann;

δ. wenn er bei fest zusammenhängender Masse eine zu stark geneigte Fläche bildet; denn dann kann die auf ihm ruhende Boden-

masse durch starke Regengüsse oder Schneeschmelz leicht von
ihm abgefluthet werden.

b. Ein sandiger oder erdiger Untergrund wird dagegen sich günstig auf die ihn überlagernde Bodenmasse zeigen,

1) wenn er nicht solche Stoffe in grösserer Menge enthält, welche entweder für sich schon der Gesundheit der in der Oberkrume wachsenden Pflanzen gefährlich sind, oder doch mit Bestandtheilen der Ackerkrume der Fruchtbarkeit der letzteren nachtheilige Verbindungen eingehen können. Zu diesen Stoffen gehören das Eisenoxydul und seine
löslichen Salze, der Raseneisenstein und freie Säuren;

2) wenn er im Allgemeinen die entgegengesetzten physischen Eigenschaften der Erdkrume besitzt, also bei einer leicht sich erhitzenden
und darum schnell austrocknenden Ackerkrume undurchlässig, kühl
und die Nässe zusammenhaltend erscheint, bei einer kalten, nassen
oder viel lösliche Metallsalze haltenden Oberkrume aber warm, locker
und durchlässig ist.

Ein grandiger, steiniger oder sandiger Untergrund wirkt auf eine
sandige, kalkreiche oder sehr flache Oberkrume nur verschlechternd;
dagegen auf eine thonige oder zu humöse Ackerkrume höchst günstig ein.

§ 76. **Wechsellagerung der einzelnen Bodenarten untereinander.** — Es ist schon angedeutet worden, dass ein und dasselbe Gewässer nicht blos in verschiedenen, nach einander folgenden Jahren, sondern
selbst schon in den einzelnen Zeiträumen eines und desselben Jahres Ablagerungen von sehr verschiedenen Bodenarten bilden kann. So setzt z. B. das
Meer in kühlen, nassen Sommern vorherrschend humuslosen und in warmen
Sommern namentlich humusreichen Schlick ab; ebenso bildet es in einem einzelnen Jahresraume im Winter und Frühjahre humusarme Niederschläge und
im Sommer humusreiche. Es sind demnach für jede dieser verschiedenen Arten
von Bodenabsätzen neben dem vorhandenen Rohmateriale vor allem verschiedene
Witterungsverhältnisse nothwendig, welche nicht nur das verschiedene Bodenbildungsmaterial aus den vorhandenen Rohstoffen schaffen, sondern es auch
den Gewässern zum Transporte übergeben und diese dann so anschwellen, dass
sie es auch auf den sie begrenzenden Landesgebieten absetzen. So lange nun
ein und dieselben Witterungsverhältnisse dauern, wird auch das Wasser nur
die durch diese letzteren producirten und ihm überlieferten Materialien absetzen;
sobald sich aber diese Witterungsverhältnisse ändern, wird es andere und zwar
nur solche Stoffe mit sich führen, wie sie eben durch die neuen Verhältnisse
ihm geboten werden. In dieser Beziehung können überhaupt folgende Boden-
anschlämmungsverhältnisse stattfinden, wenn in einem von Gewässern durchzogenen Landesgebiete abschwemmbare Substanzen in genügender Menge vorhanden sind.

1) Die innerhalb eines längeren Zeitraumes — z. B. eines halben Jahres — auf einander folgenden Witterungsverhältnisse sind sich einander ziemlich gleich. In Folge davon werden die durch das Wasser in diesem Zeitraume abgesetzten Bodenmassen auch von ähnlicher, wenn nicht von gleicher, Art sein.

2) Die innerhalb eines solchen Zeitraumes auf einander folgenden Witterungsverhältnisse sind ganz verschieden von einander. In diesem Falle kann dreierlei geschehen:

    a. Bei jedem der auf einander folgenden Witterungszustände kann das Gewässer eine neue Art von Bodenbildungsmaterial erhalten und in Folge davon soviel verschiedenartige Bodenlagen über einander absetzen, als es eben durch die verschiedenen Witterungszustände verschiedenes Material erhalten hat;

    b. Die auf einander folgenden Witterungszustände sind von der Art, dass sie den Gewässern nicht immer oder auch gar kein Schwemmmaterial übergeben können. In Folge hiervon werden die Gewässer auch nicht alle die unter der Rubrik a. angegebenen Bodenniederschläge bilden können;

    c. Die innerhalb eines Zeitraumes auf einander folgenden Witterungszustände sind nur abwechselnd von zweierlei Art; dann werden auch die von ihnen den Gewässern übergebenen Bodenmaterialien abwechselnd nur von zweierlei Art sein und die von den Gewässern über einander abgelagerten Bodenlagen nur zweierlei, in mehrfachem Wechsel über einander sitzende, Bodenarten zeigen, so dass z. B. die ganze innerhalb eines und desselben Zeitraumes abgesetzte Bodenmasse abwechselnd aus humusarmen und humusreichen Lehmlagen oder auch aus Sand- und Lehmlagen besteht.

3) Es treten nach Ablauf eines Zeitraumes in jedem der folgenden Zeiträume dieselben Witterungszustände und zwar in derselben Reihenfolge, wie in den vorhergehenden Zeiträumen, wieder ein. Dem zu Folge werden nun auch in jedem dieselben Bodenbildungen und immer wieder in derselben Reihenfolge wie in den früheren Zeiträumen abgesetzt werden, vorausgesetzt, dass sich die Beschaffenheit desjenigen Erdrindegebietes, welches von Gewässern benagt wird, nicht so geändert hat, dass es den letzteren kein Schlämm- und Schwemmmaterial mehr liefern kann. Dieses letztere aber kann allerdings eintreten; denn,

    a. wenn die Gewässer ein Stück Erdrinde so vollständig seines Erd- und Steinschuttes beraubt haben, dass nur noch die kahle, feste Felsfläche von ihm vorhanden ist; oder

    b. wenn nackt daliegende, allem Regen preisgegebene, Bodenflächen bewaldet oder sonst mit einer schützenden Pflanzendecke versorgt werden,

23*

dann kann auch das Wasser ihnen keinen Erd- und Steinschutt mehr
rauben. — Ebenso werden aber auch alle Anschlämmungen auf einem
Bodengebiete aufhören müssen, wenn einerseits dass letztere sich so
erhöht hat, dass es die Gewässer nur in Ausnahmsfällen noch überfluthen
können, und andererseits die Gewässer selbst entweder an Wassermenge
verloren oder sich ein anderes Flussbett, welches das frühere Anschlämm-
gebiet nicht mehr berührt, genagt haben. In allen diesen Fällen ist
unter den gewöhnlichen Verhältnissen die Masse des angeschlämmten
Bodens fertig und nur noch veränderbar durch den Einfluss der Atmosphärilien, der Pflanzen und des cultivirenden Menschen.

Die Folge von diesen Bildungsweisen der Schwemmbodenarten ist nun,
1) dass die einzelne Schwemmbodenart nur selten für sich allein, und dann
nur da, wo die Gewässer in dem von ihnen bespülten Erdrindegebiete
immer nur ein und dasselbe Schwemmmaterial finden, ein ganzes Bodengebiet nach Länge, Breite und Tiefe ausfüllt;
2) dass überall da, wo die Witterungsverhältnisse oft grell wechseln,
das von den Gewässern bespülte Erdrindegebiet eine mannichfache
geognostische Zusammensetzung und reichlichen Stein-, Erd- und Pflanzenschutt besitzt, und endlich die von den Gewässern durchzogenen Land-
gebiete noch so flach sind, dass sie auch unter den gewöhnlichen Verwitterungsverhältnissen von den Gewässern leicht überfluthet werden
können, in der Regel mehrere Steinschutt- und Erdbodenlagen
so über einander lagern, dass sie wenigstens für das von
ihnen besetzte Erdrindegebiet einen bestimmten, zusammen-
gehörigen Schichtencomplex bilden, welcher
a. entweder ein einfacher, wenn er nur aus zwei verschiedenartigen,
mehr oder weniger häufig unter einander wechsellagernden, Bodenlagen — z. B. aus abwechselnden Sand- und Thonlagen — besteht;
wie dies z. B. im Werrathal unweit Salzungen der Fall ist, wo auf
20—30 Fuss Tiefe immer nur 6—10 Zoll dicke Lagen von Sand
und sandigem Thon mit einander wechseln, oder bei den Seemarschen
Ostfrieslands vorkommt, bei denen Klei und Darg in 6facher Wiederholung abwechseln; — oder
b. ein zusammengesetzter ist, und zwar
α. ein einfach zusammengesetzter, wenn er aus mehr als
zwei verschiedenen über einander liegenden Bodenarten in der
Weise gebildet wird, dass dieselben nur in einer einfachen Ueber-
einanderlagerung auftreten, z. B. von oben nach unten (im Werrathale bei Gerstungen) aus

humosem Lehmboden,
humusarmem, fetten Lehm,
humuslosem, sandigen Lehm,

lehmigem Sand,

reinem Sand.

Felslage als Sohle.

Beleg: In den Warfen von Ostfriesland fand man von oben nach unten:

Klei . . . . 10—14 Fuss mächtig,

Knick . . . . . . 2—3 „ „

Klei . . . . 15—18 „ „

Darg . . . . . . 6—15 „ „

Sand oder Lehm 2—12 „ „

Geest als Sohle.

β. ein mehrfach zusammengesetzter, wenn er aus zwei- oder mehrfach wiederholt über einander lagernden einfach zusammengesetzten Bodenschichten-Complexen besteht, z. B. von oben nach unten aus

I. { humusreichem Lehm, humusleerem sandigen Lehm, Sand;

II. { humusreichem Lehm, humusleerem sandigen Lehm, Sand;

III. { humusreichem Lehm, humuslosem sandigen Lehm, Sand.

Felslage.

In der Regel entspricht dann ein einzelner einfacher Schichtencomplex (deren in dem vorstehenden — aus der Gegend von Eisenach entlehnten — drei vorhanden sind), dem von dem Wasser in einem einzelnen Zeitraume gebildeten Bodenabsatze.

Beleg: Zwei Stunden westlich von Emden zeigte ein Bohrloch von oben nach unten:

Marsch . . . . 13 Fuss,

Darg . . . . 4 „

bituminösen Sand . . 1 „

Marsch . . . . 1 „

Darg . . . . 2 „

bituminösen Sand . . 1 „

Marsch . . . . 1 „

Darg . . . . 1 „

Marsch . . . . 2 „

Darg . . . . 3 „

bituminösen Sand . . 1 „

Die so übereinanderlagernden und durch unmittelbare Aufeinanderlagerung eng mit einander verbundenen, ja gar nicht selten in einander fliessenden Glieder eines einfachen oder zusammengesetzten Bodenschichtencomplexes stehen unter einander in steter Wechselwirkung und gleichen gewissermassen einer galvanischen Säule, in welcher zunächst das kohlensaure Meteorwasser, sodann aber auch die in den einzelnen Bodenschichten erzeugten Salzlösungen eine Leitung oder Strömung hervorrufen, durch welche alles das, was in der einzelnen Bodenschichte präparirt wird, allen anderen mit dieser Schichte in Verbindung stehenden Bodenlagen zugefluthet wird und überhaupt die Veränderungen in den einzelnen Bodenlagen eingeleitet und unterhalten werden. Alle die zu einem einzelnen Schichtencomplexe gehörenden Bodenlagen bilden daher gewissermassen ein zusammengehöriges Ganze und werden darum auch oft als ein zusammengesetzter oder gemischter Boden in der Praxis bezeichnet.

> Es kann indessen auch oft die enge Verbindung solcher auf einander liegenden Bodenarten zerstört werden, wenn sich z. B. zwischen ihnen eine Ablagerung von undurchlässigem Thon, Raseneisenstein, Steinmergel oder auch wohl Torf eingeschoben befindet.

Das gewöhnlichste Material, aus welchem die einzelnen Lagen eines solchen Bodencomplexes gebildet werden, besteht aus Geröllen und Sand verschiedener Art, aus Thon-, Lehm-, Mergel- und Humus- oder auch Torflagen. Am meisten aber herrschen die Lehm-, Thon- und Sandlagen in ihm vor, dagegen erscheint es nur durch besondere örtliche Verhältnisse veranlasst, wenn ein fruchtbarer Marschenklei im wiederholten Wechsel mit altem Diluvialtorf (Darg) steht, wie in den oben stehenden Belegen angegeben ist. Unter diesen verschiedenen Bodengliedern bilden nun diejenigen die für die Fruchtbarkeit eines gemischten Bodens günstigsten Schichtencomplexe, welche gewissermassen die entgegengesetzten physikalischen Eigenschaften besitzen und noch viel zersetzbare Mineralreste enthalten.

> In dieser Weise ist ein Schichtencomplex von Lehm- und Kalkmergel oder von fettem Lehm und Sand viel fruchtbarer als ein Wechsel von Lehm und Thon.

Ist nun die Ablagerungsmasse eines solchen Bodencomplexes so herangewachsen, dass sie unter den gewöhnlichen Verhältnissen nicht mehr vom Wasser überfluthet werden kann, dann erwacht auf ihr das Pflanzenleben und sie kann nun auf unberechenbar lange Zeiten hin der Wohnsitz der gerade in einem Landesgebiete einheimischen Pflanzengeschlechter werden, wenn sie nicht vom Menschen im Besitz genommen und cultivirt wird. Indessen kommt es doch auch vor, dass vielleicht erst nach Jahrhunderten oder Jahrtausenden durch Erdbeben, Erdeinsenkungen, Meereseinbrüche oder Veränderungen von Stromläufen ein solches fertiges Bodengebiet wieder unter Wasser gesetzt und dann wieder mit neuen Bodenablagerungen so lange überschüttet wird, bis es wieder fertig aus den Fluthen hervortritt und nun einem neuen, vielleicht von dem früheren ganz verschiedenartigen, Pflanzengebiete eine fruchtbare Wohnstätte darbietet. In den Strandgebieten der Nordsee ist dieser Fall nichts seltenes. Alsdann kann man an den Ueberresten der ehedem untergegangenen und nun von dem neuen Bodencomplexe überlagerten Pflanzendecke den Unterschied zwischen Sonst und Jetzt erkennen; sie bilden alsdann eine deutliche Grenzmarke der alten fertigen **Bodenformation** und der neuen, noch in der Entwickelung begriffenen.

§ 77. **Die Decke des Erdbodens.** — Wie eben schon angedeutet worden ist, so bildet die **Pflanzenwelt** sowohl mit ihren lebenden Individuen, wie durch ihre abgestorbenen Körpermassen unter den gewöhnlichen Verhältnissen die **Decke**, welche eine jede Bodenart erhält, sobald sie nur fähig ist, irgend einer Pflanzenart Wachsthumsraum und das Maas von Wärme, Wasser und Nahrungsstoffen zu bieten, welche dieselbe zu ihrem Gedeihen braucht. Wird nun das Verhältniss der jedesmaligen Pflanzenansiedelung zu ihrem Standorte durch keine Eingriffe von Aussen her gestört, so bildet sich diese Pflanzendecke ohne Aufhören und in der Weise fort, dass die jedesmalige Pflanzencolonie so lange auf einem Boden wuchert, als ihr derselbe alles das, was sie zu ihrem Gedeihen braucht, in derjenigen Qualität und Quantität, wie es ihr zum Leben nöthig ist, darbietet. Kann er das nicht mehr, dann verkümmert die ihn bis dahin bewohnende Colonie und macht einer neuen Ansiedelung von Gewächsen Platz, für welche gerade der eben freiwerdende Bodenraum eine geeignete Wohnstätte geworden ist. So folgt ein Pflanzenvolk dem anderen, wenn keine Störungen eintreten; jedes erhält vom Boden das, was zu seinem Wohlbefinden gehört; jedes nimmt dem pflegenden Boden, aber jedes giebt auch demselben bei dem jährlich eintretenden Absterben seiner Glieder alle die Substanzen, welche durch die Zersetzung seiner abgestorbenen Körperglieder frei werden. Und indem nun so die jedesmaligen Bewohner eines Bodens demselben fortwährend gewisse Stoffe entziehen und dafür andere geben, ändern sie die Masse ihres Standortes nach Qualität und Quantität so ab, dass sie selbst nicht mehr das in ihm finden, was sie zu ihrer nothdürftigen Existenz brauchen, was aber anderen Pflanzenarten gerade zu ihrem Gedeihen nothwendig ist. In dieser Weise also gräbt sich die jedesmalige Pflanzenansiedelung selbst ihr Grab, bereitet sie aber auch, sich selbst unbewusst, einer anderen Generation von Gewächsen den von ihr bis dahin bewohnten Boden zur behaglichen Wohnstätte vor. Das ist die Wechselwirthschaft im Haushalte der Natur; schön und wohlgeordnet in ihrer Art, aber dem cultivirenden Menschen oft hinderlich oder sogar feindlich sich entgegenstellend bei seinen Ansprüchen, welche er mit seinen Culturgewächsen an den Boden macht, und darum von ihm — leider häufig zu seinem eigenen Nachtheile —

verfolgt und in ihrem Wirken gestört; denn ihm erscheint jede natürliche Pflanzendecke eines Bodens, welche seinen Culturgewächsen theils den Wachsthumsraum versperrt, theils das ihnen gebührende Maas von Wärme, Luft, Feuchtigkeit und Nahrungsmitteln raubt oder abändert, als eine Sammlung schädlicher Unkräuter, obgleich diese gar manches Mal eben durch ihr Erscheinen und Wuchern auf seinem Culturboden ihm andeuten, welche physische Eigenschaften und lösliche Nahrstoffe sein Boden besitzt und welche Fehler er selbst bei der künstlichen Bewirthschaftung dieses Bodens gemacht hat, obgleich ferner diese sogenannten Unkräuter in der Regel die kärglichen Portionen von Nahrstoffen, welche sie mittelst ihrer nach allen Richtungen den Boden durchschleichenden Saugzaserwurzeln abgezwungen haben, bei ihrem Absterben dem Boden und den in demselben wurzelnden Culturgewächsen in angesammelten, reichlichen Mengen wieder zurückgeben; und obgleich endlich auch gar manches Mal diese Kräuter mit ihren zaserreichen Wurzelnetzen einem fast bindungslosen, sand- oder kalkreichen Boden diejenige Bindung, Wasserhaltigkeit und Kühle verschaffen, welche die auf ihm wohnen sollenden Culturpflanzen begehren. Freilich giebt es aber auch Pflanzengeschlechter, welche den von ihnen besetzt gehaltenen Boden auf lange Zeiträume hin nicht nur unzugänglich für alle andere Pflanzenarten machen, sondern auch in der Weise gegen alle Einwirkungen der Atmosphärilien und der Temperaturverhältnisse verschliessen, dass seine Masse als eine zeitweise todte oder sich höchstens zu ihrem Nachtheile verändernde erscheint. Zu diesen auf einen Mineralboden verderblich einwirkenden Gewächsen gehören alle dicht zusammenwachsenden, stark wuchernden, das Wasser stark anziehenden und festhaltenden, so vor allen die Wassermoose, Moorhaiden und Sumpfgräser; zu diesen ungünstig einwirkenden Decken eines Bodens gehören aber auch alle die allzu massig und dicht auf einander gehäuften, in Vermoderung begriffenen oder vertorfenden Pflanzenabfälle; denn sie sind es, welche einen Mineralboden mit immer mächtiger heranwachsenden Torfablagerung zudecken.

Bemerkung. Vergleiche das Verhältniss der Pflanzendecke zum Boden in meiner Abhandlung: „Die Vegetationsverhältnisse der Umgegend Eisenachs." Eisenach 1865.

Indessen nicht blos durch die Pflanzenwelt und ihre sich zersetzenden Körpermassen, sondern auch durch Steinschutt, welchen zusammenstürzende Bergmassen auf die an ihrem Fusse lagernden Bodenmassen schleudern, oder reissende Wasserfluthen auf den von ihnen überschwemmten Bodenablagerungen absetzen, oder heftige Luftströmungen oft in gewaltigen Anhäufungen weithin tragen und ausstreuen, erhält der Boden gar häufig eine mehr oder minder mächtige Decke. Besteht nun diese Schuttdecke aus Mineralmassen, welche leicht verwittern und so dem unter ihr liegenden Boden fort und fort neue Krumentheile und lösliche Salze zuführen, und ist sie dabei nicht zu mächtig, dann gereicht sie dem unter ihr vergrabenen Boden nur zum Vortheile, wie früher bei der Beschreibung des Steinschuttes schon hinlänglich gezeigt worden ist; besteht sie aus sehr schwer oder nicht verwitterbaren Steinresten oder ist sie allzumächtig in ihrer Masse, dann ist der von ihr vergrabene Boden auf lange Zeiträume hin als todt für alles Pflanzenleben zu betrachten. Ganz vorzüglich gilt dies von den durch Luftströmungen herbeigeführten Flugsandanhäufungen.

Nutzen der Bodendecke: Der Nutzen, welchen eine nicht zu mächtige und den Luftzutritt nicht hemmende Decke einem Boden bringt, besteht im Allgemeinen in Folgendem:

1) Nutzen einer lockeren, luftigen Steinschuttdecke:

    a. An abhängigen Lagen bildet sie einen das Fortschlämmen der Erdtheile verhindernden Damm.

    b. An rauhen Orten steuert sie den trocknen aushagernden Winden.

    c. An allzu sonnigen Stellen wehrt sie der Sonnengluth und bewahrt so den unter ihnen lagernden Boden vor Ausdürrung.

    d. Ebenso verhindert sie aber auch die Erkältung des Bodens, indem sie einen die Bodenwärme zusammenhaltenden und zurückwerfenden Schirm bildet. — Alles dies thun in vorzüglichen Grade die Gerölle der basaltischen Gesteine und des Thonschiefers. — Auf der Rhön würde der an sich fruchtbare, aber allen Winden und aller Sonnengluth preisgegebene Boden im Sommer aushagern, und im Winter sammt seinen Gewächsen auswintern, wenn er nicht mit Basaltsteinen bedeckt wäre.

    e. Bei ihrer Verwitterung vermehrt sie die Krume und versorgt sie mit neuen Salzen, auch wohl mit Stoffen, welche die in dem Boden vorkommenden freien Säuren und löslichen Eisenoxydulsalze vernichten. Dies letztere thun namentlich die Gerölle von Mergel- und Kalkgesteinen.

2) Nutzen einer lockeren, luftigen Decke von Pflanzenabfällen, hauptsächlich von Blättern.

    a. Sie schützt den Boden gegen den Frost des Winters und die Hitze des Sommers.

    b. Sie lässt starke Regenmassen nicht zu grell auf den Boden einwirken, wodurch das namentlich jungen Pflanzen so gefährliche Schlammigwerden desselben vermieden wird, sondern halten das auf sie eindringende Meteorwasser auf, so dass es nur allmählig und darum auch gleichmässiger in den Boden eindringen kann.

    c. Sie giebt bei ihrer Verwesung dem Boden die besten Düngstoffe.

d. Endlich bildet sie für den keimenden Samen wahre Brut-
plätze, in welchem das wachsende Pflänzchen nicht nur die
Wärme und Feuchtigkeit, die es braucht, sondern auch die
ihm nöthigen Nahrungsmittel im reichlichen Maasse vor-
findet.

§ 78. **Verhältniss des Bodens zur Pflanze.** — Jede Pflanze
bedarf zur vollkommenen Entwickelung aller ihrer Körpertheile vor allem
einen Raum, in welchem sie ihre Körperglieder naturgemäss entfalten und sich
mit ihrer Wurzel gegen die von Aussen her auf sie eindringenden Stürme befestigen kann, sodann ein bestimmtes Maas von Wärme, Luft und Feuchtigeit,
endlich aber auch gewisser, ihrer Art und Menge nach verschiedener Nahrungsmittel. Da sie sich nun nicht, wie das Thier, fortbewegen und die Mittel zur
Befriedigung ihrer Lebensansprüche nach ihrem Willen aufsuchen kann, sondern
in dem Boden und an dem Orte, in welchem sie sich von ihrer Geburt an
befestigt hat, für ihre ganze Lebenszeit bleiben muss, so folgt daraus von
selbst, dass sie die Befriedigung dieser ihrer Lebensansprüche von ihrem, gewissermassen mit ihr verwachsenen, Wohnsitze oder Standorte begehrt. Dieser
Standort aber umfasst im Allgemeinen nicht nur die Erdbodenstelle, in welcher
die Pflanze wurzelt, sondern die ganze Landschaft, in welcher diese Pflanze
ihren Wohnsitz aufgeschlagen hat, und gleicht gewissermassen einem Dorfe,
in welchem der Erdboden selbst die Häuser dieser letzteren bildet, in deren
einzelnen Räumen die verschiedenen Pflanzenarten, wie verschiedene Familien,
ihre specielle Wohnungen besitzen. Soll sich nun jede einzelne Pflanzenart in
ihrer Wohnung gesund befinden und kräftig gedeihen, so muss ihr diese ihre
specielle Wohnung — also die Erdbodenstelle, in welcher sie wurzelt —

1) denjenigen Raum gewähren, welchen sie braucht, um ihre Wurzeln nicht
nur gegen die Stürme der Atmosphäre und die Fluthen des Wassers zu
befestigen, sondern auch ihrer Natur gemäss entfalten zu können,

2) die Temperaturverhältnisse der Atmosphäre und namentlich ihrer näheren
Umgebung so reguliren, dass die in ihr wurzelnden Pflanzen dasjenige
Maas von Wärme, welches sie zu ihrem Wohlbefinden brauchen, auch
dann noch erhalten, wenn Sonne und Umgebung ihr dasselbe nicht gewähren können,

3) die Eigenschaft besitzen, aus der Atmosphäre und ihrer Umgebung soviel Wasser aufzusaugen, als die sie bewohnenden Pflanzen zu ihrem
Ernährungsprocesse nöthig haben, und dasselbe auch bis zu einem bestimmten Maasse festzuhalten, so dass ihre Pflanzen in Zeiten, in welchen die Atmosphäre ihnen kein Wasser darreichen kann, von ihr noch
wenigstens mit dem zur Befriedigung ihrer Lebensbedürfnisse nöthigsten
Wasser versorgt werden,

4) endlich auch das Magazin bilden, in dessen Masse sich nicht nur die
Materialien zur Erzeugung neuer Pflanzennahrmittel, sondern auch die

Vorrathskammern befinden, in welchen die durch das Wasser und die Luft von Aussen her eingeführten Nahrstoffe aufgespeichert werden.

Nach allem eben Mitgetheilten hat also der Erdboden viele Pflichten gegen die ihn bewohnenden Pflanzen zu erfüllen; ja er hat nicht nur alle die eben angegebenen Verrichtungen zu besorgen, sondern muss auch noch einer jeden in ihm wurzelnden Pflanze sowohl die Art, wie auch die Menge der ihr gebührenden Nahrung gewähren.

In welcher Art und durch welche Mittel nun der Erdboden alle diese Pflichten erfüllt, das wird das Folgende zeigen.

§ 79. **Der Erdboden als Wohnungsraum für die Pflanzen.** — Jede Pflanze hat nicht nur eine bestimmte Wurzelform, sondern auch eine bestimmte Art und Weise, in welcher sie die Theile ihrer Wurzel entwickelt und in dem sie tragenden Boden ausbreitet. Demgemäss verlangt sie von dem letzteren nicht nur einen bestimmten Raum, in welchem sie die Wurzeln ihrer Natur gemäss ausbreiten kann, sondern auch eine Bodensubstanz, welche sie auch mit ihren feinsten Wurzelfasern leicht durchdringen kann.

a) Der Wurzelausbreitungsraum eines Bodens nun wird bedingt durch die Tiefe oder Mächtigkeit seiner Ablagerungsmasse.

Je nach dieser seiner Mächtigkeit unterscheidet man gewöhnlich flachgründigen, bis 6 Zoll tiefen; mittelgründigen, 6—9 Zoll tiefen; tiegründigen, 9—12 Zoll tiefen; und sehr tiefgründigen, über 12 Zoll tiefen, Boden.

> Die flach- und mittelgründigen Bodenarten bestehen in der Regel aus den Verwitterungsproducten fester Gesteine und befinden sich darum theils auf den Rückenplateaus, theils an den Gehängen von Gebirgen. Sind diese letzteren nun waldlos, dann ist gewöhnlich der in den oberen Regionen der Abhänge befindliche Boden flachgründig, der aber in ihren unteren Regionen und am Fusse der Gebirge lagernde Boden mittelgründig oder sogar tiefgründig, wenn die Gebirgsgehänge steil abfallen. Sonst aber sind die tief- und sehr tiefgründigen Bodenarten in der Regel angeschlämmte Massen und befinden sich darum auch vorherrschend in den Buchten und Thälern der Gebirge, in den breiten, von Flüssen durchzogenen und gespeisten Auen und Ebenen oder auch am Flachstrande des Meeres, — kurz überall da, wo Gewässer hingelangen und ihren Schlamm absetzen können. Indessen kommt es doch auch bisweilen vor, dass eben diese Gewässer auch bei stürmischen Fluthungen und sehr raschen Stromungen einem Boden so viel Massetheile rauben können, dass er mittel- oder sogar flachgründig wird.

b) Die Durchdringlichkeit eines Bodens dagegen ist vorzüglich von der mineralischen Art seiner Massetheile abhängig.

Je nach ihrer leichteren oder schwereren Durchdringlichkeit unterscheidet man in der Praxis:

1) **lose, sehr lockere oder sehr leicht zu durchdringende Bodenmassen**, deren Zusammenhalt beim trockenem Zustande des Bodens schon durch geringe Luftströmungen unterbrochen oder zerstört werden kann, welche nur bei einer vollen Durchnässung einigen Zusammenhalt zeigen und vorherrschend aus Sand, bisweilen auch aus pulverigen Kalk (oder auch aus schlammigen Thon) bestehen;

2) **lockere, mulmige oder leicht zu durchdringende Bodenmassen**, welche auch im trockenen Zustande soviel Zusammenhalt zeigen, dass sich ihre Masse in der Hand zu einem Ballen, welcher indessen schon beim sanften Niederfallen wieder zerkrümelt, zusammendrücken lässt, und dann auch bei Durchnässung ihre Lockerheit nur wenig ändern. Sie bestehen vorzüglich aus sandreichem Lehm oder kalkreichem Mergel;

3) **bindige, noch ziemlich leicht zu durchdringende Bodenmassen**, welche im trockenen Zustande eine compaktere Masse bilden, deren Krumentheile in einander verschwimmen, ohne jedoch bei vollem Durchnässen schlammig zu werden. Sie lassen sich in der Hand ballen und zu Scheiben breit drücken, aber nicht in dünne Stengel auswalzen. Auch zerfallen die aus ihnen geformten Ballen, wenn sie zur Erde geworfen werden, ohne sich breit zu drücken. Ihre Hauptbestandesmasse ist sandarmer Lehm, feinsandiger oder kalkiger Thon oder auch thoniger oder lehmiger Mergel;

4) **zähe (knatzige), Bodenmassen**, welche im trockenen Zustande zu steinharten Knollen zerplatzen, im mässig durchfeuchteten Zustande eine innig zusammenhängende, knet-, walz- und streckbare, Masse, im durchnässten Zustande eine seifige, klebrige, beim Schneiden mit dem Messer lockige Spähne und beim Bearbeiten mit dem Pfluge grosse, glatte sich umbiegende Schollen bildende, Masse, im vollständig vom Wasser durchdrungenen Zustande endlich einen dünnen, bindungslosen Schlamm darstellen. Die aus ihrer Masse geformten Ballen drücken sich beim Niederwerfen breit, ohne zu zerfallen. Sie bestehen aus vorherrschendem, nur wenig oder auch gar keinen Sand oder Kalk haltigem, Thon. Der Thon für sich allein kann demnach seiner Consistenz nach dreierlei Bodenarten bilden, nemlich im ausgetrockneten Zustande einen steinharten und ganz undurchdringlichen, im durchnässten einen zähen, schwer durchdringlichen und im ganz vom Wasser durchzogenen einen ganz bindungslosen, schlammigen Boden.

Da, wo nun der Mensch noch nicht in das Wirthschaften der Natur ein gegriffen hat, wo also die Natur noch ungehindert ihren Wirthschaftsplan verfolgen kann, da bemerkt man:

a. auf flach-gründigem Boden:	1) mit loser, fast bindungsloser Bodenmasse:	Gesellige Gewächse, deren Wurzeln vom Wurzelstocke aus zahlreiche, strahlig nach allen Seiten hin wagrecht und lang ausgestreckte, Aeste, treiben, welche sich vielfach verzweigen und aus ihren Seiten heraus unendlich viele fadenförmige Fasern entwickeln, mit denen sie rings um sich herum alle Sandkörnchen des Bodens umklammern.
	2) mit mulmiger, lockerer Bodenmasse:	Gewächse, welche von ihrem Wurzelstocke aus lange, an ihren Enden mit flachziehenden vielfaserigen, Wurzelbüscheln versehene Ausläufer treiben und gesellig leben.
	3) mit bindiger Bodenmasse:	Gesellige Gewachse, welche von ihrem Wurzelstocke aus ganz kurze, an ihren Enden vielfaserige Wurzelbüschel treiben und in dieser Weise vielblattrige, den Boden schützende, Stauden bilden.
b. auf einem mehr tiefgründigen (6—12 Zoll tiefem) Boden:	1) mit loser, sandreicher Bodenmasse:	Gesellıge Gewächse, welche entweder mit ausserordentlich faserreicher und stark verastelter, sehr schwer ausziehbarer, tief eindringender Filzwurzel versehen sind oder aus ihrem ursprünglich einfachen Wurzelstocke ober- oder unterirdische zahlreiche Seitenausläufer treiben, deren jeder ein abwärts ziehendes Filzwurzelbüschel bildet (z. B. Haide- u. Borstengräser).
	2) mit mulmiger, lehmiger, mergeliger oder thonig-kalkiger Bodenmasse:	Hauptheimath aller ausdauernden Gewächse, namentlich der Stauden und Holzgewächse, mit leicht ausziehbarer, einfacher, kurzastiger, wenig kurze oder gar keine Ausläufer treibender, vorherrschend wagerecht sich ausbreitender, Wurzel.
	3) mit bindiger, sandig- oder kalkig-thoniger Erdkrume:	Gewächse mit kräftiger, schief abwärts steigender, holziger Pfahlwurzel oder auch mit kriechendem Wurzelstocke, welcher gegliedert ist und aus jedem Gliede ein Büschel abwärts ziehender Wurzelfasern treibt.
	4) mit zäher, vorherrschend thoniger, Erdbodenmasse:	Vorherrschend Gewächse mit holzigen, peitschenförmigen Pfahlwurzeln, welche seitlich aus sich mehr od. weniger wagrecht abziehende, sich vielfach verzweigende, Wurzeläste treiben. In sehr nass gelegenen, tiefgründigen, thon- oder humusreichen, schlammigen Bod narten aber vorzüglich Gewächse mit mehreren langen, peitschenförmigen, zahlreiche Fasern treibenden, Wurzelstämmen, welche senkrecht niederwärts steigen, um in dem festen Untergrunde des Bodens sich zu befestigen.

§ 80. Der Erdboden als Wärmespender. — Es ist allbekannt, dass jede Pflanze nur dann gedeihen und namentlich ihre Früchte normal entwickeln kann, wenn ihr nicht nur eine gewisse jährliche, sondern auch eine bestimmte sommerliche Wärmesumme gespendet wird. Nun erhält sie zwar unmittelbar einerseits durch die Sonnenstrahlen und andererseits durch die Atmosphäre ein bestimmtes Maas von Wärme, allein dieses Wärmequantum ist ein sehr schwankendes und nicht nur in den verschiedenen Jahres-, Monats- und Tageszeiten, sondern auch während der verschiedenen Zustände der Atmosphäre — d. h. während ihres grösseren oder geringeren Gehaltes an tropfbarem oder dunstförmigem Wasser und während ihres mehr ruhenden oder mehr bewegten Zustandes — sehr veränderliches; sollte daher die Pflanze nur von dieser Art Wärmespendung gedeihen, so würde sie gar häufig gerade zu der Zeit ihres Lebens, in welcher sie eine bestimmte Wärmemenge zu ihrer Lebensverrichtung nothwendig braucht, darben und kümmern müssen. Dazu kommt nun noch, dass die Atmosphäre nicht sowohl von den ihre Masse durchdringenden Sonnenstrahlen, sondern vielmehr durch die ihr von der Erdbodenoberfläche zugestrahlte oder zugeleitete Wärme empfängt. Und endlich ist auch nicht zu übersehen, dass die Wurzeln der Pflanzen die, zur Entwickelung ihrer Körperglieder und ihrer ganzen für die ganze Pflanze so äusserst wichtigen Lebensthätigkeit nöthige, Wärmesumme nicht unmittelbar von der Sonne und Atmosphäre, sondern von der sie umschliessenden Erdbodenmasse erhalten.

Der Erdboden soll demnach nicht nur den Vermittler der durch die Sonne und Atmosphäre den Pflanzen gebotenen Temperatur sein, sondern auch geradezu das Mittel abgeben, durch welches die Pflanzen Jahr aus Jahr ein dasjenige Maas von Wärme erhalten, welches ihnen zur vollen Entwickelung aller ihrer Körpertheile und namentlich ihres Wurzellebens absolut nöthig ist. Demgemäss muss der Erdboden

    a. die Kraft besitzen, die ihm von der Sonne zugesendeten Wärmestrahlen

        1) zum Theil in sich festzuhalten und anzusammeln, um während derjenigen Zeit des Jahres, in welcher die Sonne ihr keine Wärme spenden kann, doch noch die in ihr wurzelnden Pflanzen wenigstens mit der allernöthigsten Wärme versorgen zu können,

        2) zum Theil auch wieder an die Atmosphäre abzugeben, um in dieser nicht blos dasjenige Maas von Wärme anzusammeln, welches dieselbe für den augenblicklichen Bedarf der von ihr umflutheten Gewächse braucht, sondern auch immer und immer diejenige Wärmemenge zu ersetzen, welche ihr theils durch die Gewächse theils durch die Wassermassen der Erdoberfläche, theils durch die Erde selbst wieder entzogen wird oder auch in den Weltenraum ausstrahlt,

    b) in seiner Masse selbst auch Wärme erzeugen.

In welcher Weise nun der Erdboden alles dieses vollbringt, soll das Folgende zeigen:

1) **Verhalten des Erdbodens gegen die Wärmestrahlen der Sonne.** — Es ist bekannt, dass alle Körper der Erdoberfläche nur durch die Strahlen der Sonne und demgemäss auch stets nur an derjenigen Stelle erwärmt werden, auf welche grade diese Strahlen auffallen. Indem nun aber diese Stelle mit allen den sie umgebenden Bodentheilen in Berührung steht, so entziehen ihr diese letzteren um so schneller und stärker durch Leitung die ebenerst — von der Sonne durch Strahlung empfangene — Wärme, je inniger sie einerseits mit der erwärmten Stelle in Berührung stehen und je grösser der Unterschied zwischen ihrer Temperatur und der durch Strahlung erwärmten Bodenstelle ist. Und indem jeder andere Massetheil des Bodens die so empfangene Wärmesumme zum Theil weiter durch Leitung an andere von ihm berührte Bodentheile vertheilt, wird die ursprünglich nur an einzige Bodenstelle abgegebene Sonnenstrahlenwärme allmählig ein Gemeingut des ganzen, von der Sonne beschienenen, Bodens. Wieviel Grade indessen diese Erwärmung beträgt, wie schnell sie durch den Boden von der Sonne aufgenommen wird, wie rasch sie sich durch die ganze Masse eines Bodens verbreitet, und ob der Boden die durch Strahlung empfangene Wärme der Sonne ganz in sich aufnimmt oder zum Theil an die Atmosphäre wieder abgiebt, das hängt einerseits von der Dauer des Sonnenscheines und dem Winkel, unter welchem die Sonnenstrahlen auf die Erdoberfläche stossen und andererseits von dem Verhalten der verschiedenen Bodengemengtheile und der von ihnen gebildeten Bodenmassen gegen gestrahlte und geleitete Wärme ab.

Im Allgemeinen nun hängt die Empfänglichkeit eines **trockenen** Bodens für die Erwärmung durch die Sonnenstrahlen zum grössten Theile von **der Beschaffenheit seiner Oberfläche** ab. In dieser Beziehung lehrt die Erfahrung:

a) Je grobkörniger das Gemenge oder je dunkler die Färbung eines Bodens ist, desto schneller und stärker erhitzt er sich durch die Wärmestrahlen, aber um so schneller giebt er auch die hierdurch erhaltene Wärme wieder an die Atmosphäre ab, um so schneller also kühlt er sich auch wieder ab, sobald die Wärme spendende Sonne seine Oberfläche nicht mehr bescheinen kann.

b) Je feinkrümeliger oder dichter dagegen das Gemenge und je ebener in Folge davon die Oberfläche eines Bodens oder je heller gefärbt dieselbe ist, um so langsamer erwärmt sie sich durch die Wärmestrahlen, aber um so länger hält auch der Boden die einmal aufgenommene Wärme in sich zusammen.

c) Hat nun ein Boden ein grobkörniges Gemenge und dabei eine recht helle, weissliche Farbe, so vereinigt er beide unter a. und b. angegebenen Eigenschaften und wird sich demgemäss durch die Wärmestrahlen sehr schnell erhitzen und auch lange warm erhalten; ebenso wie sehr feinkrümeliger oder scheinbar dichter Boden mit dunkler — ockergelber, brauner bis schwarzer — Farbe vermöge dieser dunklen Farbe sich stark und schnell erhitzt, aber vermöge seiner dichten Consistenz die aufgenommenen Wärmestrahlen nur langsam wieder an die Atmosphäre abgiebt.

Demgemäss

wird:	von dunkler (ockergelber bis schwarzer) Farbe	von heller bis weisser Farbe
der sandreiche Boden:	sich am Tage am stärksten erhitzen, aber auch in der Nacht am schnellsten und stärksten abkühlen und in Folge davon am stärksten bethauen;	sich nicht nur am Tage stark erhitzen, sondern auch des Nachts noch warm erhalten und in Folge davon wenig oder nicht bethauen;
der kalkreiche (pulverige, mit fast glatter Oberfläche versehene) Boden:	sich am Tage stark erhitzen und auch des Nachts warm erhalten und in Folge davon fast gar nicht bethauen;	sich nur sehr langsam erhitzen, aber seine Temperatur auch lange gleichmässig bewahren und in Folge davon nur sehr wenig bethauen;
der thonreiche Boden:	1) wenn er ganz ausgetrocknet ist und steinharte dichte Knollen bildet:	
	sich durch Bestrahlung stark erhitzen und auch warm bleiben;	sich langsam erhitzen, aber auch lange warm bleiben;
	2) wenn er durchfeuchtet ist und eine dichte, fast krümliche Masse bildet:	
	das in ihm vorhandene Wasser bald verdunsten und warm werden und auch warm bleiben;	das in ihm vorhandene Wasser lang festhalten und in Folge davon lang kalt bleiben;
	3) wenn er stark durchnässt und schlammig weich ist:	
	sich nur langsam erwärmen u. auch mässig warm bleiben;	immer nass und kalt bleiben.

Das eben angegebene Verhalten der Hauptgemengtheile der verschiedenen Bodenarten gegen die strahlende Wärme wird nun aber mannichfach abgeändert, theils durch ihre gegenseitigen Mischungen, theils auch durch die Beimengungen von Verwesungssubstanzen, denn, was zunächst die aus Mineralstoffen gemengten Bodenarten betrifft, so werden die aus Sand und Thon gemengten, sobald ihre Mengung eine gleichmässige und innige ist, wie es z. B. beim lehmigen Boden stattfindet, in ihrem Verhalten gegen die Wärmestrahlen die Eigenschaften sowohl des Sandes wie des Thones verbunden zeigen und in Folge davon sich nie so stark erhitzen, wie der Sand, aber auch nicht so stark erkälten wie der Thon und demgemäss stets mässig warm bleiben, sich feucht erhalten und nie so heiss und dürr wie der Sand, aber auch nie so nass und kalt wie der Thon werden. Ebenso ist es auch mit den gleichmässigen und innigen Gemengen von Kalk und Thon (z. B. beim Mergel). Je ungleichmässiger aber ein solches Gemenge ist und je mehr in demselben der eine Gemengtheil vorherrschend an Masse wird, um so mehr nähert sich ein solches Bodengemenge in seinem Verhalten gegen die strahlende Wärme der von dem vorherrschenden Gemengtheile allein gebildeten Bodenart. Einen merkwürdigen Einfluss üben in dieser Beziehung die einem Boden beigemengten Verwesungssubstanzen aus. So lange nemlich dieselben noch nicht wirklich humificirt sind, verhalten sie sich gegen die Wärmestrahlung ähnlich wie die Mineralgemengtheile des Bodens; sind sie aber erst in voller Humification begriffen, dann saugen sie sehr begierig alle Feuchtigkeit ihrer Umgebung in sich auf und halten sie auch fest, so dass sie in dieser Beziehung sich in ihren Eigenschaften dem durchfeuchteten dunkelgefärbten Thone nähern würden, wenn sie nicht zu gleicher Zeit in Folge der in ihrer Masse stattfindenden chemischen Zersetzungen aus sich heraus viel Wärme entwickelten, durch welche sie die mit ihnen gemischte Mineralbodenmasse erwärmten.

2) Verhalten des Erdbodens gegen die geleitete Wärme. — Wenn ein Körper mit einem warmen Gegenstande in unmittelbare Berührung kommt, so wird er von diesem bald schneller bald langsamer mit soviel Wärme versorgt, bis beide sich berührende Körper gleich warm sind. Diese Art von Erwärmung, welche, stets bei der unmittelbaren Berührung von zwei ungleich warmen Körpern stattfindet, nennt man geleitete. Demgemäss wird nun auch in jedem Erdboden, welcher durch die Sonnenstrahlen erwärmt wird, die durch diese letzteren erwärmte Bodenstelle, wie oben schon bemerkt worden ist, die von der Sonne empfangene Wärme zunächst mit allen, von ihr berührten, Erdbodentheilen so lange theilen, bis sie alle gleichmässig von ihr erwärmt worden sind; sodann aber wird nun weiter jeder einzelne in dieser Weise erwärmte Bodentheil wieder die eben erst empfangene Wärme auf die anderen von ihm berührten Bodentheile übertragen. Indem nun jeder so erwärmte Bodentheil die empfangene Wärme in ganz gleicher Weise fortpflanzt oder von Bodentheil zu Bodentheil fortleitet, wird allmählig ein Boden in allen seinen Theilen und Lagen erwärmt. Die Geschwindigkeit und Stärke, in welcher die Wärmeleitung in einem Boden vor sich geht, wird demgemäss um so rascher stattfinden, je inniger die einzelnen Massetheile eines Bodens mit einander verbunden sind, oder je grösser mit anderen Worten die Bindigkeit eines Bodens ist. Hiernach also wird ein sandreicher Boden die Wärme um so langsamer durch seine Masse leiten, je grobkörniger und erdkrumenärmer er ist. Je schneller aber eine Bodenstelle die erhaltene

Wärme an ihre Umgebung, also auch an die Luft abgiebt, um so schneller muss sie erkalten, weshalb ein die Wärme gut leitender Boden stets ein schlechter Wärmehalter und umgekehrt ein die Wärme schlecht leitender Boden immer ein guter Wärmehalter ist. Demgemäss wird also ein Boden die erhaltene Wärme um so länger in sich festhalten, je lockerer und sandreicher seine Masse ist.

Das bisher angegebene Verhalten des Bodens gegen geleitete Wärme, und namentlich die Schnelligkeit, mit welcher er diese letztere in seiner Masse verbreitet, ist indessen nicht blos von der Art seiner Consistenz, sondern auch von der Grösse seines Wassergehaltes abhängig, da bekanntlich dieser letztere bedeutende Mengen Wärme verschluckt und hierdurch für den Boden unwirksam macht. Ein begierig Wasser aufsaugender und dasselbe sehr fest haltender Boden, — wie dieses z. B. bei dem thonreichen Boden der Fall ist, — wird demgemäss immer kalt sein, auch wenn ihm viel Wärme zugeleitet wird.

Der Erdboden empfängt nun aber die geleitete Wärme nicht blos von der durch die Sonnenstrahlen erwärmten Bodenstelle, sondern auch durch die atmosphärische Luft. Diese besitzt zwar von Natur keine freie Wärme, sondern erhält sie erst von der Erde, sei es nun dass diese die, ihr von den Sonnenstrahlen mitgetheilte, Wärme in die Atmosphäre ausstrahlt, sei es dass die überall mit dem Erdkörper in innige Berührung tretende Luft durch Leitung erwärmt wird, aber sie behält diese so ihr mitgetheilte Wärme nicht, sondern strahlt sie entweder in den freien Weltenraum aus oder giebt sie überall da, wo sie in das Innere eines kühleren Bodens eindringt, wieder an die mit ihr in Berührung kommenden Bodentheile bald schneller bald langsamer ab; schneller thut sie dieses, wenn sie rasch einen Boden durchströmt, dagegen langsamer, dann aber auch nachhaltiger, wenn sie zwischen den Theilen eines Bodens ruhig stehen bleibt, da ruhende oder stehende Luft ein guter Wärmehalter, bewegte Luft aber ein guter Wärmeleiter ist. In allem diesen liegt der Grund, warum ein recht lockerer Boden, — sowie er namentlich durch sandige Gemengtheile oder auch durch trockene, holzige und stengelige Pflanzenreste (— sogenannten „langen Mist" —) erzeugt wird, einen guten Behälter für stehende Luft gewährt und in Folge dessen sich auch länger warm erhält, als ein bindiger, feinkrumiger, schon seiner Natur nach die Wärme schnell weiter leitender. Alles dieses thut nur die trockene Luft; feuchte Luft, mag sie nun stehend oder bewegt sein, erniedrigt grade so wie das in einem Boden stehende Wasser die Temperatur eines Bodens.

Neben Sonne und Luft sind endlich als Erwärmungsmittel des Bodens nicht zu übersehen die chemischen Processe, welche in seiner Masse theils bei der Zersetzung der in ihr noch vorhandenen Mineraltrümmer theils, und hauptsächlich, bei der Verwesung der mit ihr untermengten Organismenreste vor sich gehen. Wie man schon an jeder Anhäufung verwesenden Laubes oder ieden anderen Düngers bemerken kann, so entwickelt sich bei der Zersetzung dieser Substanzen eine sehr grosse Menge Wärme. Je mehr daher solcher Verwesungsstoffe in einem Boden vorhanden sind, um so mehr kann der letztere Wärme erhalten, wenn derselbe anders nicht von Natur zu nass ist und dann auch der Luft ungehinderten Zutritt zu den sich zersetzenden Massen gestattet, wie dieses unter anderem der Fall ist bei den sandigthonigen lehmigen, mergeligen oder auch kalkigthonigen Bodenarten. Ja, selbst in einem strengthonigen Boden können diese Verwesungssubstanzen noch soviel Wärme erzeugen, dass er sein überflüssig in ihm aufgehäuftes Wasser zum grossen Theil verdunsten lässt und dadurch lockerer und trockener wird, zumal wenn er an luftigen, sonnigen Orten lagert und so umgearbeitet wird, dass Luft in seine Masse eindringen kann. In einem vorherrschend aus grobkörnigem Sande bestehenden Boden dagegen können diese Verwesungsubstanzen nur dann günstig wirken, wenn entweder der Boden eine schattige feuchte Lage hat oder sie selbst recht feucht sind oder tiefer in dessen Masse eingegraben liegen.

Nach allem eben Mitgetheilten erhält also die Masse eines Bodens ihre Wärme theils durch Strahlung (durch die Sonne) theils durch Leitung (durch die Luft und die in dem Boden vorhandenen Verwesungssubstanzen). Nun aber verhält sich diese Masse eines Bodens verschieden gegen diese beiden Arten von Wärmequellen; denn z. B.

ein sandreicher Boden wird
    a) bei heller Färbung seiner Masse
        durch die strahlende Wärme langsam erwärmt und bleibt lange warm,
        durch die geleitete Wärme schnell erwärmt und schnell wieder kalt,
    b) bei dunkler Färbung seiner Masse
        durch die strahlende Wärme schnell erwärmt und auch schnell wieder kalt,
        durch die geleitete Wärme langsam erwärmt und bleibt auch lange warm

oder allgemein ausgedrückt: In der Regel wird ein Boden, welcher durch Wärmestrahlnng sich rasch erwärmt und auch schnell wieder abkühlt, durch Wärmeleitung nur allmählig erwärmt, dann aber auch lange warm erhalten. Dieses entgegengesetzte Verhalten eines Bodens gegen Wärmestrahlung und gegen Wärmeleitung unterstützt sich demnach gegenseitig, so dass die Mängel, welche durch die eine Art der Erwärmung in einem Boden hervorgerufen werden, durch die andere Erwärmungsart wieder ausgeglichen werden; allein in vielen Fällen kann durch dieses Verhältniss auch die Fruchtbarkeit oder Pflanzenproductionsfähigkeit eines Bodens beeinträchtigt werden, wenn einerseits die Unterlage und andererseits die Decke eines Bodens nicht von der Beschaffenheit sind, dass sie die Wärmeverhältnisse in einem Boden reguliren können.

24*

a) Die Unterlage oder Sohle einer Erdboden-Ablagerung, mag sie nun aus Erdboden oder Steinschutt oder auch aus festem Gesteine bestehen, wird stets günstig auf die Temperaturverhältnisse der über ihr lagernden Bodenschichte einwirken, wenn sie in ihrem Verhalten zur Wärme gewissermassen die entgegengesetzten Eigenschaften der letzteren besitzt, wenn sie also z. B. die in den Boden eingedrungene Wärme in sich anzusammeln vermag, während die über ihr lagernde Bodenschichte sie schnell ausstrahlen lässt, oder wenn sie die Bodenfeuchtigkeit in sich festhält und durch diese die über ihr lagernde, sich leicht erhitzende und dann stark verdunstende, Bodenschichte abkühlt. In dieser Weise wird z. B. eine sehr sandreiche, sich wohl stark erhitzende, aber ihre Wärme auch schnell wieder ausstrahlende, Bodenschichte durch eine thonreiche oder torfige Unterlage dauernd und mässig warm und feucht erhalten, und ebenso wird umgekehrt eine sehr thonreiche, zur Kälte und Nässe geneigte Bodenablagerung durch eine kalk- und sandreiche Unterlage erwärmt und zur Verdunstung ihres überflüssigen Wassers angeregt. (Vgl. hierzu das schon früher über die Sohle eines Bodens Mitgetheilte.)

b) Wie die Decke eines Erdbodens auf die Temperatur dieses letzteren einwirkt, ist ebenfalls schon im § 77: „Die Decke des Erdbodens" angegeben worden.

c) Schliesslich darf hier nicht übersehen werden, dass auch die Mächtigkeit einer Bodenmasse von grossem Einflusse auf die Temperatur-Verhältnisse dieser letzten sind; denn je flachgründiger diese Masse ist, ist, um so schneller und greller wechseln in ihr hohe und niedrige Temperaturgrade, wenn anders nicht die Unterlage und Decke ihre Temperatur-Verhältnisse reguliren.

Die Sohle und die Decke eines Bodens, — diese beiden Factoren sind es also, welche das Wirthschaften sowohl der gestrahlten wie der geleiteten Wärme in einem Boden ordnen und den letzteren in ein Wärmemagazin umwandeln, welches nicht blos für den Augenblick, sondern das ganze Jahr hindurch den Wurzeln der Pflanzen das ihnen für ihre Lebensthätigkeit nöthige Wärmequantum darreichen kann, welche den zwischen ihnen lagernden Boden in der heissen Jahreszeit gegen die Gluth der Sonnenstrahlen und in der kalten Zeit des Jahres gegen die Aufsaugung seiner Wärme durch die eisige Luft schützen.

§ 81. **Der Erdboden als Wasserspender der Pflanzen. —** Das Wasser ist das wichtigste Lebensmittel für alle Pflanzen; denn nicht genug, dass nur die in demselben vollständig gelösten Substanzen der Pflanzen allein als Nahrungsstoffe dienen können, muss es selbst auch durch seinen Sauerstoff und Wasserstoff im Verbande mit Kohlenstoff alle Hauptsubstanzen des Pflanzenkörpers bilden, muss es ferner alle Ernährungsorgane im Innern der Pflanze geschmeidig erhalten und zur Thätigkeit anregen, muss es endlich auch die durch den Assimilationsprocess der Nahrungsstoffe entstehenden, für die Gesundheit der Pflanze untauglichen, Stoffe in sich aufnehmen und aus dem Pflanzenkörper fortschaffen. Mit vollem Rechte darf man daher sagen: „Wo kein Wasser, da kein Pflanzenleben." — Wenn nun aber die Pflanze all' das Wasser, was sie zu ihrem Gedeihen braucht, nur durch die atmosphärischen Wasserniederschläge, — sei es durch Regen, Schnee, Reif, Thau oder Nebel erhalten sollte, so würde sie in denjenigen Zeiten des Jahres, in welchen die versengendheissen Strahlen der Sonne und heisse dürre Luftströmungen ihre Glieder zur übermässigen Verdunstung anregen und alle Wasseransammlungen auf der Erdoberfläche fast bis zur vollen Trockenheit aufsaugen, verwelken und sogar vollständig verdursten, wenn nicht der Erdboden, in welchem sie wurzelt, in den Zeiten solcher Noth ihr helfen und sie mit Wasser versorgen könnte. So ist er also nicht blos ihr Schützer gegen Stürme und ihr Erwärmer in der Kälte, sondern auch ihr Wasserspender, wenn die Atmosphäre ihr kein Wasser darreicht. Dieses wichtige Amt vollbringt aber der Erdboden einerseits durch sein Wasseransaugungsvermögen und andererseits durch seine Wasserhaltungskraft.

a) Die Wasseransaugungskraft (Hygroscopizität) des Bodens. — Wenn man einen Blumentopf mit gut ausgetrockneter Erde füllt, dann denselben in einen Untersatz (oder Napf) setzt und endlich auf die in ihm befindliche Erde Wasser schüttet, so wird man bemerken, dass vom Anfange an alles aufgeschüttete Wasser rasch durch die Erde durchfliesst und sich in dem Untersatze des Topfes ansammelt. Hiernach hätte also die Erde nichts von dem ihr mitgetheilten Wasser in sich aufgenommen. Wenn man nun aber den Blumentopf sammt seinem Untersatze ruhig stehen lässt, so wird man bemerken, dass das Wasser aus dem Untersatze allmählig wieder in den Topf hineinzieht, aufwärts durch die in ihm befindliche Erde dringt und zuletzt die letztere ganz nass macht. Aus allem dem folgt zunächst, dass die ganz ausgetrocknete Erde keine Anziehung oder Ansaugung gegen das in sie eindringende Wasser ausübte, sodann aber, als das sie durchsinternde Wasser erst alle Krumen der Erde angefeuchtet hatte, die Anziehung dieser letzteren gegen das Wasser erregt wurde, in Folge deren sie nun das schon durchgedrungene und im Untersatze befindliche Wasser wieder in sich aufsog. Aus allem dem folgt aber ferner auch, dass der Erdboden nicht nur gegen das ihm von oben her, also aus der Atmosphäre benetzende, sondern auch gegen das in seinem Untergrunde befindliche Wasser eine Anziehung ausübt, und dass demnach der Untergrund auch in Beziehung auf die Feuchthaltung eines Bodens von grösster Wichtigkeit ist. Was nun in dem vorliegenden Fall der einfache Versuch lehrt, das findet auch in der Natur bei jedem Boden statt. Es wird demgemäss

1) ein Erdboden, welcher vollständig ausgetrocknet ist, das aus der Atmosphäre ihm zugesendete Wasser erst ungehindert durch seine Masse durch bis zu seinem Untergrund oder auch bis zu seinen tieferen, consistenteren und noch feuchten Lagen dringen lassen, dann aber, wenn das ihm durchdringende Wasser seine Masse angefeuchtet hat, das letztere wieder in sich aufsaugen;

2) ist aber die Masse eines Erdbodens noch etwas feucht, dann saugt sie gleich von vorn herein alles von Aussen her auf sie eindringende Wasser so lange in sich auf, bis sie sich vollständig mit ihm gesättigt hat, dann aber alles ihr noch weiter zufliessende Wasser entweder schon von ihrer Oberfläche abfliessen lassen oder nach ihrem Untergrunde, — diesem Reservoir für die Zeit der Noth — hin abfliessen lassen.

3) Die ganze Wasseraufsaugung eines Erdbodens ist demnach eine Thätigkeit der sogenannten Haarröhrchen-Anziehung oder Capillarität. Da nun diese Art der Anziehung, — welche sich indessen nur dann äussert, wenn die feinen Canäle, welche das Wasser durchdringen soll, angefeuchtet sind — sich um so schneller und stärker zeigt, je enger diese Canäle oder Röhrchen sind, so wird sie auch in einem Erdboden sich um so schneller und stärker offenbaren, wenn

a. die Masse eines Bodens noch nicht vollständig ausgetrocknet ist, aber auch nicht mehr viel Feuchtigkeit besitzt, wenn sie also mit anderen Worten dem Austrocknungspunkte nahe steht;

b. die Masse eines Bodens recht feinkrümelig und ziemlich bindig ist; denn je feinkrümeliger eine Bodenmasse ist, um so näher liegen sich die einzelnen Massetheile, um so enger sind die zwischen ihnen befindlichen Wassercanäle und um so mehr können sich die einzelnen Erdkrumentheile gegenseitig in ihrer Wasseranziehung unterstützen.

Demgemäss wird eine Anhäufung von Sand, um so weniger Ansaugung zeigen, je grobkörniger sie ist. Besteht aber ein solches Gehäufe aus sehr feinkörnigem Sand, wie dieses der Fall bei dem Mehl- und Quellsand ist, so zeigt es namentlich dann eine starke Wasseransaugung, wenn seine einzelnen Körner mit Thon, Eisenocker oder Humus überzogen sind. — Die stärkste Wasseransaugung zeigt zwar in der Austrocknung begriffener Thon, Humus und Torf; sind indessen diese Substanzen einmal ganz vollständig ausgetrocknet, dann zeigen sie auch nach ihrem Befeuchten entweder gar keine oder erst dann Wasseransaugung, wenn sie lange Zeit im Wasser gelegen haben. Am stärksten tritt dieses beim Torf hervor, weniger beim Thon.

Es ist bis jetzt blos von der Ansaugung tropfbaren Wassers durch den Boden die Rede gewesen; derselbe saugt indessen auch luft- oder dunstförmiges

Wasser oder Feuchtigkeit und zwar um so gieriger in sich auf, je mehr sich seine Masse der Austrocknung nähert, wie man deutlich erkennen kann, wenn man eine abgewogene Menge noch nicht vollständig ausgedürrter Erde eine Zeitlang an feuchte Luft legt und dann wieder abwägt. Man wird auch in diesem Falle bemerken, dass der reife Humus und nächst ihm der Thon die stärkste Feuchtigkeits-Anziehung offenbart.

> Bemerkung: Im Anhange ist unter I. a. angegeben worden, auf welche Weise man das Verhalten eines Erdbodens gegen das Wasser untersuchen kann.

b) Die Wasserfassungskraft des Erdbodens. — Wenn man in einem Blumentopfe eine Quantität mässig feuchter Erde nach und nach mit immer mehr Wasser übergiesst, so wird man bemerken, dass diese Erde zwar anfangs von dem aufgegossenen Wasser alles in sich aufnimmt, ohne auch nur einen einzigen Tropfen ausfliessen zu lassen, später aber bei mehr zugegossenem Wasser mit einem Male alles weiter zugesetzte Wasser auch gleich wieder aus ihrer Masse frei giebt. Man nennt diese Eigenschaft eines Erdbodens, irgend ein Quantum Wassers in seiner Masse so fest zu halten, dass auch nicht ein Tropfen desselben abfliessen kann, die Wasserfassungskraft des Erdbodens. Am stärksten zeigt sich diese Eigenschaft beim Torf, Humus und hellgefärbten, schwächer beim dunkelgefärbten Thon, Lehm und Mergel, noch schwächer beim reinen, pulverigen Kalk und am schwächsten beim groben Sand; dagegen merkwürdiger Weise sehr stark beim Mehl-, Trieb- oder Quellsande. Im Allgemeinen kann man jedoch sagen, dass in dem Grade, wie der Humus- oder Thongehalt eines Bodens zu, und der Kalk- oder Sandgehalt desselben abnimmt, auch die Wasserfassungskraft eines solchen Bodens wächst.

c) Die Wasserhaltungskraft des Erdbodens. — Es können zwei Bodenarten ein gleichstarkes Wasseransaugungs- und Wasserfassungsvermögen besitzen und vermögen doch nicht, die von ihnen aufgenommene Wassermenge auch gleich lange Zeit in ihrer Masse festzuhalten. Am langsten hält unter sonst gleichen Verhältnissen ein an Humus- und Thonsubstanz reicher Boden, ziemlich lang dagegen der Lehm und eigentliche Mergel; am wenigsten endlich der sandreiche Boden das von ihm aufgenommene Wasser in sich fest. Ueberhaupt kann man sagen, dass ein Boden um so mehr von seinem Wasserhaltungsvermögen verliert, je dunkler er gefärbt oder je mehr er mit Substanzen untermengt ist, welche seine Masse lockern und hierdurch der Wärme, Luft und Verdunstung öffnen.

Das Verhalten des Bodens gegen das Wasser ist von der grössten Wichtigkeit für seine Pflanzenproductionsfähigkeit. Stark das Wasser anziehende und dasselbe auch sehr festhaltende Bodenarten sind die Heimath der Sumpfgewachse; wahrend das Wasser nur wenig festhaltender Bodenmassen nur solchen Gewächsen einen geeigneten Standort bieten können, welche mit ihren, nach allen Richtungen den Boden durchrankenden, Filzwurzeln jede Spur von Erdfeuchtigkeit aufzusaugen vermögen und hauptsächlich von der Luftfeuchtigkeit getränkt werden. Die beste Heimath für die bei weitem meisten Gewächse bieten diejenigen Bodenarten, welche unter den gewöhnlichen Verhältnissen bei starker Wasseransaugung das in ihnen angesammelte Wasser mässig festhalten und mässig verdunsten.

§ 82. **Der Erdboden als Nahrungsspender der Pflanzen.** — Die Zellenmembran und alle die für Entwickelung und Ausbildung nicht blos dieser Membran, sondern überhaupt aller Substanzen des Pflanzenkörpers nothwendigen Bildungselemente sind: Kohlen-, Wasser-, Sauer- und Stickstoff, wozu sich bei vielen Stickstoffverbindungen noch Schwefel oder Phosphor gesellt. Ausserdem aber bemerkt man bei der vollständigen Verbrennung und überhaupt bei jeder chemischen Zerlegung einer Pflanzensubstanz noch ein grösseres oder kleineres Quantum von sogenannten Aschenbestandtheilen d. i. von erdigen Substanzen, welche bei der gewöhnlichen Verbrennung einer Pflanze sich nicht verflüchtigen, sondern als Asche zurückbleiben, und unter denen sich vorzüglich Salze des Kalis, Natrons, und der Kalkerde, sowie häufig auch Kieselsäure bemerklich machen. Von diesen Bildungselementen, — unter denen die erstgenannten hauptsächlich zur Erzeugung der Zellensubstanz, und der in den einzelnen Zellen vorhandenen Säfte, die Aschenbestandtheile aber vorzüglich zur Festigung des äusserst zarten Zellen- oder Pflanzenfasergewebes dienen —, erhält nun

die Pflanze

den Kohlenstoff aus der Kohlensaure	den Wasser- und Sauerstoff aus dem Wasser	den Stickstoff aus der Salpetersäure oder dem Ammoniak	den Schwefel aus der Schwefelsaure	den Phosphor aus der Phosphorsäure

Aber alle die ebengenannteu Nahrungstoffe sind, — wenn man vom Wasser und Ammoniak absieht — Säuren und wirken als solche für sich allein mehr oder weniger ätzend und zerstörend auf die Pflanzensubstanz ein; sie müssen darum in einer Verbindung in den Pflanzenkörper kommen, in welcher sie ihre ätzenden Eigenschaften nicht mehr äussern können. Dieses ist der Fall, wenn sie mit Alkalien (Kali, Natron, Kalkerde) verbunden als sogenannte neutrale Salze in den Pflanzenkörper gelangen. Nun vermag zwar die Atmosphäre der Pflanze Wasser und Kohlensäure, aber keine schwefel-, phosphor-, kiesel- und salpetersauren Salze der Alkalien, am allerwenigsten der Kalkerde, ja bei ihrem ewig bewegten Zustande und bei langdauernder trockener, heisser Witterung nicht einmal immer diejenige Menge von Wasser und Kohlensäure zu liefern, welche die verschiedenen Arten des Pflanzenreiches zu ihrem Gedeihen brauchen. Wenn daher die Pflanze nur von den Nahrungspenden der Atmosphäre abhängen sollte, so würde dieselbe zunächst nicht einmal das, durch den Kohlen-, Wasser- und Sauerstoff gebildete Gewebe ihres Körpers normal ausbilden und gegen ungünstige Lebensverhältnisse stark und fest machen, sodann aber überhaupt für die Dauer nicht bestehen können, wie uns die nur aus unveränderlichem Quarzsande bestehenden, unwirthbaren Dünen und Wüsten der heissen Zone deutlich genug zeigen. Was nun aber die Atmosphäre nicht vermag, das vollbringt der Erdboden

1) dadurch, dass er, namentlich im angefeuchteten Zustande, unermüdlich aus der Atmosphäre Feuchtigkeit und Kohlensäure in sich aufsaugt, ansammelt und festhält;

2) dadurch, dass er alle, bei der Verwesung der auf seiner Oberfläche oder auch in seinem Schoosse liegenden, Pflanzenabfälle, frei werdenden Säuren und Salzlösungen in sich aufnimmt und ansammelt;

3) dadurch, dass er mittelst der angesogenen Atmosphären- und Verwesungsstoffe die in seiner Masse vorhandenen Mineralreste zersetzt und aus ihnen, im Wasser lösliche Pflanzennahrungssalze bereitet.

Man ersieht aus dem eben Mitgetheilten, dass der Erdboden als Ernährer der Pflanzen hauptsächlich dreierlei Verpflichtungen zu erfüllen hat, dass er zunächst die ausserhalb seiner Masse vorhandenen Nahrungsstoffe in sich aufnehmen, sodann aus den Gemengtheilen seiner eigenen Masse Nahrungsstoffe zubereiten und endlich auch alle die so zubereiteten oder aufgenommenen Nahrstoffe in seiner Masse ansammeln, festhalten und so vertheilen muss, dass alle die in ihm wurzelnden Pflanzen zur rechten Zeit die ihnen nothwendige Art und Menge von Nahrungsstoffen erhalten. In der That ein schwieriges und zusammengesetztes Amt, welches er nur dann in jeder Beziehung gesetzmässig vollbringen kann, wenn er einerseits von dem in seine Masse eindringenden Regenwasser gehörig unterstützt wird und andererseits in seiner Masse selbst oder in deren nächsten Umgebung, — sei es nun in seiner Decke oder in seinem Untergrunde —, reichlich mit solchen Substanzen versorgt ist, aus denen er Nahrungsmittel zubereiten kann.

a) Was nun zunächst den Einfluss des Wassers auf die Fruchtbarkeit eines Erdbodens betrifft, so wirkt dasselbe bekanntlich einerseits als Lösungsmittel aller wahren Pflanzennahrung und andererseits als Zuleitungsmittel dieser Nahrung. In dieser Beziehung wirkt am besten das aus der Atmosphäre in den Boden eindringende Wasser; denn es bringt schon aus seiner Heimath Nahrungsmittel mit, sodann laugt es gleichmässig die in der Bodendecke vorhandenen Nahrungsstoffe aus, ferner führt es in jedem seiner Tropfen dem Boden Sauerstoff und Kohlensäure, also die besten Mittel zur Zersetzung und Lösung seiner Mineral- und Organismenreste zu und endlich vertheilt es von Krume zu Krume dringend die in ihm gelöst gehaltenen Nahrstoffe gleichmässig durch die ganze Masse des Erdbodens. Bei dieser Nahrungsvertheilung aber wirthschaftet das Regenwasser wieder in doppelter Weise: Es dringt von Aussen her zunächst in die Oberkrume ein. In dieser versorgt es, wenn anders der Erdboden dafür empfänglich ist, jede einzelne Krume so lange mit Nahrungsflüssigkeit, bis sie gesättigt ist. Gelangt nun noch mehr Regenwasser in die so gesättigte Erdkrume, dann dringt es durch dieselbe durch und versorgt den Untergrund derselben nicht nur mit schon zubereiteter Nahrungsflüssigkeit, sondern auch mit Sauerstoff und Kohlensäure, mittelst deren sich nun die in demselben vorhandenen Mineralreste in lösliche Nahrstoffe umwandeln können. Mit der in seiner Oberkrume angesammelten Nahrungsflüssigkeit versorgt alsdann der Erdboden in der Gegenwart die in ihm wurzelnden Pflanzen, mit der in seinem Untergrunde zubereiteten Nahrung dagegen muss er in der Zukunft seine ihn bewohnenden Pflanzen versorgen, wenn seine Oberkrume ausgesogen worden ist. Bewohnen ihn aber nun zu gleicher Zeit Pflanzen, von denen die einen mit ihren Wurzeln in seiner Oberkrume, die anderen aber tief eindringend in seinem Untergrund sich ausbreiten, dann muss Oberkrume wie Untergrund schon in der Gegenwart alle in seiner Masse aufgespeicherte Nahrung an seine Bewohner abgeben. In diesem Falle würde demnach ein Bodengebiet ganz nahrungsarm werden, wenn nicht einerseits in ihm noch zersetzbare Mineralreste vorhanden wären, andererseits von den es bewohnenden Pflanzen alljährlich ganze Individuen oder einzelne Körperglieder abstürben, verwesten und mit ihren Verwesungssubstanzen alle diejenigen Stoffe dem Boden wieder zurück gäben, welche sie ihm während ihres Lebens entnommen haben, und endlich auch das von Oben oder auch von den Seiten her in seine Masse eindringende Wasser nicht neue Nahrstoffe zuführte.

Wenn nun aber das Wasser, und namentlich das Regenwasser, in der eben angegebenen Weise auf einen Erdboden einwirken soll, dann muss auch dieser letztere selbst so beschaffen sein, dass das in ihn eingedrungene Wasser in seiner Circulation nicht gehemmt wird. Thonreiche Bodenarten z. B. geben von dem, in ihre Oberkrume eingedrungenen, Wasser nicht eher etwas an ihren Untergrund ab, als bis die erstere ganz schlammig geworden ist; sie ernähren daher die in ihnen wachsenden Pflanzen vorherrschend aus den Nahrungsvorräthen der Oberkrume. Kalk- oder sandreiche Bodenarten dagegen lassen das Regenwasser rasch durch sich durch in den Untergrund fliessen; sie ernähren daher ihre Pflanzen vorzüglich mit den Nahrungsstoffen dieses letzteren, wenn anders nicht ihrer Oberkrume reichlich Thon oder Humussubstanzen beigemengt sind. Ueberhaupt aber zeigen sich für das Wirthschaften des Wassers am günstigsten lehmige, sandigthonige, kalkigthonige und mergelige Bodenarten, zumal wenn auch jede derselben einen für ihre Natur geeigneten Untergrund besitzt.

b. Wie nun das in einen Boden eindringende und denselben nach allen Richtungen hin durchrieselnde Wasser die Zubereitung, den Transport und die Vertheilung der für die Pflanzen nöthigen Nahrungsmittel besorgt, so ist nun der Boden selbst nach allem eben Mitgetheilten zunächst das Magazin, in welchem die Natur alle Pflanzennahrung aufspeichert, sodann aber auch zugleich das Laboratorium, in welchem sich alle diejenigen Materialien befinden, aus denen das den Boden durchsinternde Wasser mit Hülfe der in seiner Masse gelöst gehaltenen Kohlensäure oder humussauren Alkalien die zur Pflanzenernährung nothwendigen kohlen-, salpeter-, schwefel- und phosphorsauren Salze der alkalinischen Basen zubereitet. Die Materialien zur Darstellung aller dieser Salze aber sind die in einem Boden vorhandenen und durch Kohlensäure haltiges Wasser zersetz- oder lösbaren Mineralreste. Von ihrer Art und Menge hängt daher nicht blos die Pflanzenproductionskraft eines Bodens im Allgemeinen, sondern auch die Art der Pflanzen ab, welche ein Boden entweder zu gleicher Zeit oder nach einander theils in der Gegenwart theils in der Zukunft tragen und ernähren kann.

Sind nun diese Mineralreste alle von einer und derselben Mineral- oder Gesteinsart, so werden sie auch den in einem Boden wachsenden Pflanzen immer nur ein und dieselben Nahrungssalze liefern können. In dieser Weise also wird ein nur mit Kalksteintrümmern versehener Boden den in ihm wurzelnden Pflanzen nur löslichen kohlensauren Kalk spenden oder eine mit Granittrümmern untermengte Erdkrume ihrer Vegetation nur die aus den Gemengtheilen des Granites freiwerdenden alkalinischen Salze darreichen können; stammen dagegen dieselben von verschiedenen Gesteinsarten ab, z. B. vom Granit, Syenit und Melaphyr, dann werden sie einem Boden um so verschiedenartigere Pflanzennahrungssalze liefern, je zusammengesetzter und mannichfaltiger der chemische Bestand der einzelnen verschiedenen Gesteinsreste ist. Dabei ist nun aber im Besondern noch Folgendes wohl ins Auge zu fassen:

1) Trümmer von einfachen Gesteinsarten, wie z. B. von Kalkstein oder Gyps, werden, wie schon angegeben, unter sonst gleichen Verhältnissen einem Boden immer nur ein und dieselben Nahrstoffe liefern und zu gleicher Zeit zersetzt werden. Sie würden daher einem Boden in der Gegenwart alles und in der Zukunft nichts gewähren, wenn sie alle von einer und derselben Grösse wären, wie man dieses z. B. bei einem Boden bemerken kann, welcher mit pulverisirtem Phosphorit, Kalk, Mergel oder Gyps gedüngt worden ist; derselbe ist reich in der Gegenwart, aber arm in der Zukunft, wenn er nicht immer und immer wieder mit den ebengenannten Düngmitteln versorgt wird. Feinsandige oder pulverige Mineralreste werden stets schneller und leichter zersetzt und gelöst, als grobsandige oder geröllartige; jene werden daher einen Boden in der Gegenwart, die gröberen Gesteinsreste aber nicht blos in der Gegenwart, sondern auch in der Zukunft mit Pflanzennahrstoffen versorgen; jene werden auch schnell aber mehr vorübergehend, die groberen Gesteinstrümmer dagegen nach und nach, langsamer und sparsamer, aber dafür auch nachhaltiger wirken. Ein mit grobem und feinen Stein-

schutte wohl versorgter Boden wird daher für Gegenwart und Zukunft reichlich Nahrungssalze für die in ihm wurzelnden Pflanzen erzeugen.

2) Die Trümmer von gemengten Felsarten dagegen werden, auch wenn sie von einer und derselben Gesteinsart, — z. B. nur von Granit oder nur von Basalt — abstammen, unter sonst gleichen Verhältnissen einem Boden stets nicht nur verschiedene Nahrstoffe in einer und derselben Zeit, sondern auch in verschiedenen Zeiträumen liefern, weil die verschiedenen Mineralgemengtheile einer solchen gemengten Felsart zunächst verschiedene chemische Bestandtheile besitzen, sodann aber auch nicht gleich schnell und leicht durch Kohlensäure haltiges Wasser zersetzt werden. Wenn z. B. ein solcher Gesteinstrümmer aus Kalknatronfeldspath und Kaliglimmer besteht, so wird er bei seiner Verwitterung nicht zu gleicher Zeit die Zersetzungsproducte des Feldspathes und auch des Glimmers liefern, weil diese beiden Mineralarten nicht gleich leicht und gleich schnell verwittern; vielmehr wird er zuerst nur die Zersetzungsproducte des Feldspathes — also lösliche kohlensaure Salze der Kalkerde und des Natrons — und erst viel später und spärlicher die Auslaugungssalze des Glimmers — also lösliches kohlen- und kieselsaures Kali und auch wohl etwas Natron — produciren. Demgemäss wird nun aber auch ein Boden, welcher nur aus Kalknatronfeldspath und Kaliglimmer bestehende Gesteinstrümmer enthält, in derjenigen Zeit, in welcher der Feldspath verwittert, Kalk begehrende Pflanzenarten tragen, dagegen dann, wenn aller Feldspath aus ihm verschwunden und nur noch verwitternder Kaliglimmer in ihm vorhanden ist, keine Kalk, wohl aber Kali begehrende Pflanzen ernähren können. Durch dieses Alles lässt es sich erklären, warum gewisse Pflanzenarten, welche jahrelang auf einem Boden herrschend waren, allmählig verkümmern, verschwinden und anderen Pflanzenarten Platz machen. Aus allem dem kann man aber auch ersehen, dass der Wechsel und das Gedeihen der einen Boden bewohnenden Pflanzenarten zum grossen Theile abhängig ist von der Art und Menge derjenigen löslichen Mineralsalze, welche ein Erdboden produciren kann.

Wenn nun aber auch eine Erdbodenmasse noch so reichlich mit zersetzbaren Mineraltrümmern versorgt ist, so kann sie doch im Verlaufe von Jahrhunderten dieselben nach und nach eben durch den Verwitterungsprocess alle verlieren. Sie würde alsdann öde und unfruchtbar da liegen und keine der Pflanzenarten, welche sie bis dahin gepflegt hat, mehr ernähren können, wenn ihr nicht schon von der Natur Ersatzmittel gewährt worden wären, durch welche sie das, was sie früher aus eigenen Mitteln den Pflanzen gespendet hat, ganz oder theilweise wieder erhielt.

a. Das erste und hauptsächlichste dieser Ersatzmittel wird dem Erdboden durch die in seiner Masse wurzelnden Pflanzen selbst geboten. Diese, welche während ihres Lebens unaufhörlich an dem sie tragenden Boden saugen und gierig auch die geringsten Mengen von Nahrungsmitteln in sich aufsaugen, geben bei der vollständigen Verwesung ihrer abgestorbenen Körperglieder ihrem Standorte alle die Mineralsalze, welche sie während ihres Lebens demselben entzogen haben, meist sogar in concentrirterer Menge, zurück. Alles dieses thun sie nun nicht blos durch ihre in dem Boden selbst liegenden und verwesenden Wurzeln, sondern auch durch ihre auf der Oberfläche des Bodens ausgebreiteten Verwesungssubstanzen; ja, man darf behaupten, dass diese beiden Arten von Pflanzenabfällen in mancher Beziehung ähnlich auf die Fruchtbarkeit eines Bodens einwirken, wie die verschiedenen, sich nach und nach zersetzenden, Mineralreste desselben. Denn die auf der Oberfläche eines Bodens liegenden Pflanzenabfälle zersetzen sich, zumal wenn sie weich und saftig sind, in Folge der unausgesetzt auf sie einwirkenden Temperatur und Luft weit rascher und leichter als die in dem Boden vergrabenen in der Regel härteren, saftloseren und holzigen Wurzelreste. Jene werden darum ihre vegetabilischen Nachkommen leichter und schneller mit Nahrungsmitteln versorgen als diese letztgenannten Wurzelreste; die auf der Oberfläche des Bodens verwesenden Pflanzenreste entsprechen darum den sich rasch zersetzenden Mineralresten im Boden und versorgen — ähnlich wie diese — den letzteren mehr in der Gegenwart mit Pflanzennahrstoffen, die verwesenden Wurzeln dagegen gleichen mehr den sich nur langsam zersetzenden Gesteinsresten im Boden und liefern, wie diese, mehr in der Zukunft der sie beherbergenden Bodenmasse Nahrungsmittel für die sie später bewohnenden Pflanzengeschlechter.

Aus allem dem folgt also, dass die in und auf einem Boden liegenden Pflanzenreste ebenso wie die in demselben vorhandenen Mineralreste Nahrungsmagazine für die in demselben wurzelnden Pflanzen sind, ja, dass dieselben auch bei ihrer Zersetzung sogar die besten Mittel liefern, durch welche die in und auf einem Boden vorhandenen, schwer zersetzbaren, Mineralreste leichter in Pflanzennahrung umgewandelt werden. Einem Boden seine lebende oder abgestorbene Pflanzendecke rauben, heisst daher so viel, als ihm seine besten Mittel nehmen, durch welche er die in seiner Masse verloren gegangene Pflanzennahrung ersetzen und aus den, in ihm noch vorhandenen, schwer zersetzbaren, Mineralresten neue Pflanzennahrung schaffen kann.

b. Ausser den Pflanzenabfällen bieten nun aber auch weiter die auf der Oberfläche eines Bodens liegenden Steinschuttmassen ein ausgezeichnetes Ersatzmittel für die in der Masse eines Bodens verloren

gegangenen Mineralreste, wenn sie aus Gesteinen bestehen, welche verwitterbare Mineralgemengtheile enthalten. Alles, was der Verwitterungsprocess aus ihrer Masse geschaffen, fluthet der Regen zunächst in die
zwichen ihren einzelnen Trümmern vorhandenen Spalten und Klüfte und
dann dem unter ihnen liegenden Boden zu. Bestehen diese Schuttmassen
nun aus leichter zersetzbaren Mineralien, wie dieses z. B. bei allen Felsarten, welche reichlich Kalksilicate enthalten, der Fall ist, dann bilden
sie, zumal wenn sich erst auf ihnen eine beschattende, die Feuchtigkeit
zusammenhaltende und nach ihrem Absterben leicht verwesende, Pflanzendecke gebildet hat, ein reiches und lange dauerndes Reservemagazin für
die verloren gehende Pflanzennahrung in dem unter ihnen lagernden
Erdboden.

c. Endlich bietet auch der Untergrund oder die Unterlage (Sohle) eines
Erdbodens in allen denjenigen Fällen ein Reserve-Nahrungsmagazin, in
welchen er einerseits noch Mineralsubstanzen besitzt, welche das in ihn
eindringende Bodenwasser zersetzen kann, und andererseits das mit seinen
Nahrstoffen beladene Wasser nur aufwärts in die über ihn lagernde
Bodenmasse, aber nicht abwärts oder seitwärts in Gesteinsklüfte oder
Schichtspalten dringen lässt und hierdurch dem Boden entzieht.

So viel über den Boden als Nahrungsspender der Pflanzen. — Blicken
wir nun nochmals auf alles in dieser Beziehung Mitgetheilte zurück, so erhalten
wir folgende allgemeine Resultate:

1) Alle diejenigen Mineralsubstanzen, — Oxyde, Salze oder Säuren —, welche
die Pflanze während ihres Lebens zum Aufbaue ihres Körpers braucht
und dann während ihrer Verwesung dem Boden übergiebt, kann sie nur
durch den sie tragenden Boden erhalten.

2) Dieser aber erhält sie theils von Aussen her durch das ihn durchdringende Wasser theils — und hauptsächlich — aus den in seiner Krumenmasse noch vorhandenen, zersetzbaren Steintrümmern. Je mehr daher
von diesen vorhanden sind, um so mehr und um so länger kann ein
Boden Pflanzennahrstoffe erzeugen.

3) Die Arten der von ihm erzeugten Nahrungsstoffe hängen nun aber ab
von den Arten seiner Gesteinstrümmer:

a. Trümmer von einfachen Gesteinen geben nur eine Art von Nahrmitteln;
daher wird ein Boden, welcher Schutt von nur einer einzigen einfachen Gesteinsart enthält, auch nur eine einzige Art von löslichen
Mineralsalzen produciren;

b. Trümmer von gemengten Felsarten geben stets um so verschiedenere
Arten Nahrungssalze, je mehr sie Gemengtheile haben und je verschiedenartiger diese Gemengtheile sind;

c. daher wird auch ein Boden, welcher durch Wasser zusammengefluthet
ist und in Folge dessen Trümmer der verschiedensten Gesteinsarten

enthält, die verschiedenartigsten · Pflanzennahrungsmittel produciren und in weiterer Folge hiervon auch die verschiedensten Pflanzenarten ernähren können.

4) So lange ein Boden noch zersetzbare Gesteinstrümmer enthält, kann er auch durch eigene Kraft die ihn bewohnenden Pflanzen ernähren; hat er aber dieselben — sei es durch den Verwitterungsprocess, sei es auch Wasserfluthen — verloren, dann kann er nur noch Pflanzen ernähren:

   a. durch die in und auf seiner Masse befindlichen Verwesungssubstanzen der ihn bewohnenden Pflanzen; denn diese geben bei ihrer Zersetzung dem Boden alle die Salze zurück, welche sie während ihres Lebens ihm entzogen haben;

   b. durch die auf seiner Oberfläche liegenden und zersetzbaren Gesteinstrümmer;

   c. durch die in seiner Unterlage vorhandenen, zersetzbaren Gesteinsmassen.

5) Soll daher ein Boden für die Dauer und auf lange Zeiträume hin fruchtbar sein, so muss er von oben nach unten aus folgenden Lagen bestehen:

   a. Zu oberst aus einer Decke, welche, — wie schon früher näher beschrieben worden ist —, aus verwesenden Pflanzensubstanzen und auch aus verwitternden Gesteinstrümmern gebildet wird. Diese Decke regelt einerseits die Temperatur- und Feuchtigkeitsverhältnisse des unter liegenden Bodens und giebt andererseits diesem letzteren nicht nur Nahrungssalze, sondern auch Stoffe, durch welche die in ihm vorhandenen, noch unzersetzten, Gesteinstrümmer leichter zersetzt werden;

   b. unter dieser Decke eine mächtige Lage von krümlichem, mit Gesteinsresten versorgten, Erdboden (— dem eigentlichen Erdboden —), welcher nicht blos aus den in ihm vorhandenen Trümmern reichlich Nahrung präparirt, sondern auch die ihm von seiner Decke oder von seiner Unterlage zugesendete Nahrungsflüssigkeit in sich ansammelt, festhält und gleichmässig an seine Massetheile vertheilt;

   c. zu unterst eine Unterlage, welche in Beziehung auf Wasserhaltigkeit gewissermaassen die entgegengesetzten Eigenschaften des über ihr lagernden Erdbodens besitzen muss, — also aus zur Nässe und Versumpfung geneigten Bodenarten das überflüssige Wasser ableiten und bei zur Austrocknung geneigten Bodenarten das in sie eindringende Wasser ansammeln und dann zur Zeit der Trockenheit wieder in den über ihr befindlichen Boden senden soll —, und dabei auch noch Stoffe enthält, aus denen sich Pflanzennahrungsmittel entwickeln, die sie dann mit dem aus ihr aufsteigenden Wasser dem Erdboden übergiebt, wenn derselbe keine Pflanzennahrung mehr entwickeln kann.

E.

Die Erdbodenarten in den einzelnen Formationen der Erdrinde.

§ 83. Begriff und Bildung der Formationen. — In den vorstehenden Abschnitten ist der Erdboden nach seinem Verhalten zu den Felsarten und nach seinen Beziehungen zur Pflanzenwelt betrachtet worden; es bleibt nun noch übrig, ihn auch als Glied der Erdrinde nach seinem Auftreten in den einzelnen Formationen der letzteren kurz kennen zu lernen. Zuvor aber ist es nothwendig darzuthun, was man unter einer Formation versteht und in welcher Weise diese letzteren unter einander zur ganzen Erdrinde verbunden sind. — Soweit der Erdkörper bis jetzt bekannt ist, so kann man an ihm, wie an einem Baumstamme, ein Inneres oder einen Kern und ein Aeusseres oder eine Rinde unterscheiden. Wie indessen sein Kern beschaffen ist, und aus welchen Massen er besteht, — das weiss man nicht und wird man auch wohl nie erfahren. Anders dagegen ist es mit der Rinde des Erdkörpers. Kennt man auch von derselben nur die äussere Schale, so genügt doch schon das, was man durch Beobachtung dieser, — vielleicht nur den sechsten bis achten Theil der ganzen Erdrindenmasse umfassenden —, Schale beobachtet hat, um sich einen deutlichen Begriff von der Art der Zusammensetzung der Erdrinde überhaupt machen zu können.

Nach diesen Beobachtungen nun besteht die Erdrinde von Unten nach Oben, also im senkrechten Durchschnitte, ähnlich der Rinde eines mächtig entwickelten Eichstammes, aus concentrisch über einander liegenden, — unter einander mannichfach hin und her gewundenen, aber doch parallelen —, Gesteinslagen, welche von Innen nach Aussen theils von ausserordentlich breiten theils von nur zolldicken, einfachen oder sich seitlich verästelnden, ungeschichteten, Gesteinsmassen in ähnlicher Weise durchsetzt werden, wie etwa der Holzkörper oder auch die Rinde von den, aus dem Marke oder Kern eines Baumstammes entspringenden, Markstrahlen.

Zweierlei Bildungsmassen sind es also, aus denen im grossen Ganzen die mächtige Rinde des Erdkörpers besteht, nemlich

1) Massen, welche in concentrischen, unter sich parallelen, Gesteinslagen, welche man Schichten nennt, über einander abgelagert erscheinen, und
2) Massen, welche aus derben oder auch mannichfach zerklüfteten, aber ungeschichteten (also nicht in parallele Lagen abgetheilten) Gesteinen bestehen und die geschichteten Gesteinsablagerungen von Innen nach Aussen in vielfacher Weise durchsetzen.

Jene geschichteten und parallel übereinander lagernden Erdrindemassen nun sind offenbar ein Schöpfungswerk des Wassers; denn alle Niederschläge, welche sich im Wasser bilden, setzen sich in parallelen Lagen über einander ab. Die ungeschichteten Erdrindemassen dagegen sind vulcanischer oder eruptiver Natur, wie auch schon der Umstand beweist, dass sie die geschichteten Gesteinsablagerungen vom Erdinnern aus nach der Erdoberfläche hin durchbrochen haben und im Allgemeinen aus denselben Bildungsmaterialien bestehen, durch welche die noch in der Gegenwart entstehenden vulcanischen Gesteine charakterisirt werden.

> Erklärung: Nach dem eben Mitgetheilten ist also unter einer Schichte eine Gesteinsablagerung zu verstehen, welche bei vollständiger Entwickelung in ihrer ganzen Ausdehnung eine obere und untere parallele Abgrenzungsfläche zeigt und demnach eine colossale Gesteinstafel darstellt. Da der Erfahrung gemäss die wirklich geschichteten Gesteine durch Niederschläge im Wasser entstanden sind, so nennt man sie auch neptunische oder hydrogene (d. h. durch Wasser erzeugte). Im Gegensatze zu ihnen nun stehen die durch vulcanische Eruptionen entstandenen Erdrindemassen, welche eben nach ihrer Bildungsweise vulcanische, eruptive oder auch pyrogene (d. i. durch Feuer entstandene) Felsarten genannt werden. Zwischen den neptunischen und vulcanischen Gesteinsarten giebt es aber noch Erdrindemassen, welche allem Anscheine nach entweder durch vulcanische Kraft entstanden und dann durch den Einfluss von Wasser umgewandelt, oder umgekehrt durch Wasser entstanden und durch vulcanische Potenzen umgewandelt worden sind; diese hat man deshalb auch metamorphische (d. i. umgewandelte) genannt.

Wenn aber Erdrindemassen in mehr oder weniger parallelen Schichten über einander lagern, so beweist dieses zunächst, dass diese Massen nach und nach in verschiedenen, auf einander folgenden, Zeiträumen entstanden sind, sodann dass nach der Entstehung einer jeden einzelnen Schichte ein längerer Zeitraum verflossen sein musste, ehe sich eine neue Schichte bilden und auf der ersteren absetzen konnte; denn alle die Substanzen, welche das Wasser in einem und demselben Zeitraume besitzt, benutzt es auch zur Bildung einer und derselben Schichtmasse. Ausserdem musste auch die Oberfläche einer Schichtmasse schon vollständig verdichtet sein, wenn eine neue Schichte sich auf ihr absetzen sollte; denn sonst würde die Masse der neuen Schichte mit der Masse der schon vorhandenen in Eins zusammen geflossen sein. Demgemäss wird nun auch jede einzelne Schichtmasse, aus welcher die Erdrinde besteht, eine Zeit lang die jedesmalige Oberfläche der Erde und der Wohnsitz der in dieser Zeit auf der Erde lebenden Organismen gewesen sein.

Die Arten dieser Organismen nun, deren Körperreste man noch gegenwärtig mehr oder weniger erhalten und gewöhnlich im versteinten Zustande (d. i. als Petrefacten oder Versteinerungen) in den Schichtenmassen findet, welche zur Zeit ihrer Existenz auf dem Erdkörper entstanden sind, bilden die

Denkmäler, aus denen der Geognost die Zeiträume bestimmt, in denen eine
Schichtmasse entstanden ist. — Bekanntlich bedürfen alle Organismen, vor
allen die Thiere, zu ihrem Gedeihen und Wohlbefinden bestimmter Lebens-
agentien und sterben oder verkümmern, wenn sich diese Agentien ändern, oder
wandeln im günstigsten Falle den veränderten Lebensverhältnissen gemäss ihre
Körperglieder um. Da nun während der Entwickelung der Erdrinde sich diese
Lebensverhältnisse stets veränderten, sobald sich auf den schon vorhandenen
Erdrinde-Ablagerungen neue, zumal aus ganz anderem Bildungsmateriale bestehende, erzeugt hatten, sobald ferner die Meeresräume, welche als die erste Mutterstätte des auf der Erde erwachenden Pflanzen- und Thierlebens anzusehen sind,
sich in ihrem Umfange, ihrer Tiefe und ihrem Wassergehalte änderten, sobald
endlich durch vulcanische Agentien oder sonstige Erderschütterungen neue Landesmassen aus dem Meeresgrunde in die Höhe gehoben und trocken gelegt oder
schon vorhandene Landesinseln an ihrem Umfange vergrössert oder auch umgekehrt wieder in die Tiefen des Oceans versenkt wurden, so mussten sich demgemäss auch die Geschlechter und Arten der Organismen ändern, mussten einerseits vorhandene Arten, — welche nicht mehr für die neuen Lebensverhältnisse
passten, untergehen —, und andererseits ganz neue Organismenarten, welche
für die neuen Lebensverhältnisse geeignet waren, entstehen. Nach allem
diesen musste also der Erdkörper in den verschiedenen Entwickelungs-Zeiträu-
men seiner Rinde und Oberfläche der Wohnsitz gar verschiedener Organismenarten sein; mussten in den ältesten und älteren Zeiten seiner Entwickelung,
in denen die Lebensverhältnisse in jeder Beziehung andere als in späteren
Zeiten und in der Gegenwart waren, auch ganz andere Organismen existiren,
als später, mussten überhaupt die Thier- und Pflanzenarten sich um so mehr
in ihren Körperformen von denen der Gegenwart entfernen, je älter die Erd-
rinde-Bildungszeit war, in welcher sie entstanden waren, und umgekehrt um
so mehr sich in ihren Körperformen der jetzt noch existirenden Organismenwelt
nähern, je jünger der Bildungszeitraum ihres Auftretens war und je mehr die
Landesmassen, Wasseransammlungen und klimatischen Verhältnisse sich den
jetzt noch auf der Erde herrschenden ähnlicher wurden. — Alle diese Thatsachen nun haben die Gebirgsforscher benutzt, um eine Entwickelungsge-
schichte des Erdkörpers und seines Thier- und Pflanzenlebens
(— welche man Geologie genannt hat —) aufzustellen. In dieser Geschichte
des Erdkörpers hat man dann, — ähnlich wie in der Weltgeschichte des Men-
schengeschlechtes —, je nach der Entwickelung des Thier- und Pflanzenreiches
verschiedene Perioden aufgestellt, deren jede dann wieder in mehrere Formationen zerfällt.

Während nun jede Erdentwickelungsperiode angiebt, welche Thier-
und Pflanzengeschlechter in ihr entstanden, weiter gebildet und untergegangen
sind, umfasst jede Formation die sämmtlichen Gesteins-Ablagerungen, welche

sich in den einzelnen, nach einander folgenden Zeiträumen einer jeden Periode entwickelt haben. Demgemäss hat man also unter einer **geologischen Formation** die Summa aller derjenigen geschichteten Gesteins-Ablagerungen zu verstehen, von denen man annehmen kann, dass sie in einer und derselben Entwickelungsperiode entstanden sind.

Jede dieser Formationen wird daher charakterisirt:

1) dadurch, dass sie bestimmte, nur ihr eigenthümliche, Gesteinsablagerungen besitzt, welche in einer bestimmten Alters- und Reihenfolge über einander abgelagert sind;

2) dadurch, dass sie bestimmte, nur ihr eigenthümliche, Versteinerungen oder Leitfossilien umschliesst;

3) dadurch, dass sie eine bestimmte ältere Formation, z. B. A., zur Unterlage und eine bestimmte jüngere Formation, z. B. B., zur Decke hat.

Nach unsäglichen Mühen und unausgesetzten Forschungen ist es den Geologen mit Hülfe der eben angedeuteten Thatsachen geglückt, die einzelnen geologischen Perioden und die einer jeden zugehörigen Formationen so, wie sie sich von der ersten Erdrindelage an bis zur Gegenwart nach einander entwickelt haben, in diejenige allgemein gültige Reihenfolge zu bringen, welche im Folgenden kurz mitgetheilt wird.

§ 84. Reihenfolge der geschichteten Formationen von der Gegenwart an bis zu ihren ältesten Ablagerungen.

Jüngste oder känozoische Periode: Alle Abtheilungen des Pflanzen- und Thierreiches, welche gegenwärtig noch auf Erden existiren, kommen nach und nach zum Vorschein, zuletzt aber der Mensch.

    I. Formation: Alluvium.

    II. Formation: Diluvium.

    III. Formation: Tertiär- oder Braunkohlenformation.

        a. Jüngste oder Pliocäne Br.

        b. Mittlere oder Mio- und Oligocäne Br.

        c. Alte oder eocäne Br.

Mittlere oder mesozoïsche Periode: Die unteren Abtheilungen des Thierreiches entwickeln sich sehr stark bis herauf zu den Reptilien, unter denen sich namentlich riesenmässige Eidechsen und Krokodile bemerklich machen; auch aus der Klasse der Vögel und Säugethiere zeigen sich in dieser Periode schon Spuren. Die Repräsentanten der Pflanzenwelt gehören aber vorherrschend den Schachtelhalmen, Farrn, Palmen und Zapfenbäumen der heissen Zone an.

    A. Gruppe der Kreideformationen.

        IV. Obere oder Senon- und Turonformation.

        V. Untere oder Cenoman-, Gault- und Neocomformation.

        VI. Wealden- oder Tithonformation.

B. **Gruppe der Juraformationen:**
 VII. Obere oder weisse Juraformation (Porland-, Kimmeridge-, Oxfordform).
 VIII. Mittlere oder braune Juraformation (Dogger).
 IX. Untere oder schwarze Juraformation (Lias).
C. **Gruppe der Triasformationen:**
 X. Keuperformation.
 XI. Muschelkalkformation.
 XII. Buntsandsteinformation.

Alte oder palaeozoische Periode: Die untersten Thierklassen entwickeln sich: Korallen, Strahlthiere, Molluscen, krebsartige Thiere und Scorpionen, aber alle von gegenwärtig nicht mehr vorkommenden Formen; von den höheren Thierklassen nur noch wunderlich gestaltete Knorpelfische (Haye) und plumpe Molche. In der Pflanzenwelt treten zuerst Meeresalgen, dann Inselpflanzen aus den Familien der Schachtelhalme, Farrn, Cicadeen und Palmen, seltner Zapfenbäume auf.

A. **Gruppe der Dyasformationen:**
 XIII. Zechsteinformation.
 XIV. Rothliegendes.
B. **Gruppe der Steinkohlenformationen:**
 XV. Steinkohlenformation.
C. **Gruppe der Grauwacke-Thonschieferformationen:**
 XVI. Jüngere oder Devonformation.
 XVII. Aeltere oder Silurformation.

Aelteste oder Azoische Periode: In ihr war die Erdoberfläche noch nicht geeignet zur Erzeugung des Thier- und Pflanzenlebens.
 XVIII. Urgneiss- und Urschieferformation.

§ 85. **Bildungsmaterial der Formationen.** — Mit Ausnahme der, vorzüglich aus Gneiss-, Glimmer- und Urthonschiefer bestehenden, ältesten und ersten Lagen der Erdrinde, welche muthmaasslich aus der oberflächlichen Abkühlung und Erstarrung der im glühenden Schmelze befindlichen, jungen Erde entstanden sind, erscheinen die Ablagerungsmassen aller übrigen Formationen aus Materialien gebildet, wie sie noch gegenwärtig überall da zum Vorscheine kommen, wo Absätze oder Niederschläge im Bereiche des Wassers entstehen. Sowohl hieraus, wie auch aus den in den allermeisten Formationen vorkommenden Versteinerungen von Wasser- und namentlich von Meeresthieren, muss man folgern, dass alle die übereinander lagernden Formationen, aus denen die Erdrinde vom Zeitalter der Grauwacke an bis zum Alluvium herauf besteht, vorherrschend aus Bildungsmaterialien entstanden sind, welche das erdumfluthende Meer den aus seinem Spiegel hervorragenden Landesmassen geraubt und dann nach und nach wieder auf dem Grunde seines Bettes abgesetzt hat. Demnach müssen nun auch die Ablagerungsmassen aller dieser

Reihenfolge und Ablagerungsgebiete der Erdr... kommende...

Formationenreihe.	Hauptglieder der einzelnen Formationen.	Allgemeine V... Form...
Erdrindebildungen der Gegenwart. (Alluvium.)	Zerstörungsproducte der Felsmassen. Erdbodenarten. — Stein- und Sandschutt. — Torf- und Humusbildungen. — Marschen. — Dünenbildungen. — Raseneisenstein. — Ueberhaupt alle durch Wasser hervorgebrachten Anschwemmungen.	Ueberall, ... potenzen und ... wirthschaften ... die Erdoberflä... men, schwemr... nen.
Erdrindebildungen der vorgeschichtlichen Vergangenheit. (Diluvium.)	Vorherrschend durch mächtige Wasserfluthen oder auch durch Gletscher abgesetzte Schuttmassen. Blöcke- u. Sandablagerungen; Thonlager; fetter Lehm; Mergel und Kalktuffbildungen; Alte Torflager.	In grossen ... Thälern; Tiefl... da, wohin g... wässer nich... können.
I. Plyocäne oder jüngere Braunkohlenformation.	Weiche, mürbe, blaugraue oder weisse Mergel und Mergelschiefer; thonige Kalksteine; glimmerreiche, graue, weiche Sandsteine.	In ehemalige... zogenen, Binn... Gebiete der ... mation, z. B. i... Rhein-Bodense...
II. Miocäne oder mittlere Braunkohlenformation.	Gerölle und glimmer- oder kohlenhaltiger, feiner Sand, sandiger oder fetter Thon, sandiger Kalkstein, Plattenkalkstein; grauer, kohliger Sandstein; Braunkohlenlager. — Kalkige Conglomerate (Nagelfluh).	In ehemalige... von Strömen d... am Rhein, Mai... Norddeutschla... Saale, Elster, ... Oder.
III. Eocäne oder ältere Braunkohlenformation.	Kalkige oder mergelige, graue oder braune Sandsteine, bituminöse Schieferthone, Mergelschiefer und Plattenkalksteine.	Ebenfalls in... seeen, so nam... Fusse der Kal... in Tyrol bei ...
I. Obere Kreideformation. (Senon- u. Turonform.)	Weisse oder hellgefärbte, oft auch grüngefärbte kalkige oder kieselige Sandsteine (Grün- und Quadersandstein); hellgefärbte Kalkmergel (Plänerkalk); Kreide: ausserdem loser weisser Sand.	Zwischen de... und dem nordd... Zone bildend, ... mauerförm. Ma... gebirge und ... Harz bilden, w... züglich am M... tritt.
II. Untere Kreideformation. (Cenoman-, Gault- und Neocomformation.)	Feinkörnige, hellgefärbte, seltener braunrothe Sandsteine oder auch loser Sand; blaulichgrauer oder brauner, oft schiefriger Thon, sandiger Kalkstein und sandige Mergel.	Wie die vorig... rande des Mit... Tiefland zu ei... (z. B. in Wes... Wald, Harz, ... und in Vorarlb...
III. Wealdenformation. (Tithonformation.)	Vorherrschend durch kohlige Theile dunkelgefärbte Schieferthone, Mergelschiefer und Kalksteine; zwischen ihnen lockere Sandsteine und einzelne Steinkohlennester.	Mulden in de... burger Waldes... Hannover ausfü... im Gebiete au... seeen.
I. Obere oder weisse Juraformation. (Portland-, Kimmeridge-, Coralrag- und Oxfordform.) *Malm*	Von oben nach unten: Gelblicher Plattenkalk (Lithographenstein), weisslicher Kalkstein und Dolomit; heller Rogenkalk u. dunkler Mergelkalk; thonige Kalksteine und grauer Mergel.	Die steilanste... und zerrissenen... schen und frän... dem die Bergre... darstellend.
II.	Von unten nach oben: Fette,	Mit dem üb...

V.

...mationen Deutschlands nebst den in ihnen vor-
...odenarten.

...sgebiete der ...pen.	Durchbruchs-Gesteine.	Hauptbodenarten in den einzelnen Formationen.
...rwitterungs- ...raturwechsel ...lie Gewässer ...n, abschläm- ...bsetzen kön-	In Deutschland keine, aber im oder am Meere: auf Inseln und Halbinseln: Laven. — Schlacken.—Bimsteine. — Asche.	In den Gebirgsländern vorherrschend Verwitterungsboden, welcher je nach der Art seiner Muttergesteine zwar verschieden, aber vorherrschend sandiglehmig, kalkigthonig, mergelig und stets mit mehr oder weniger Resten seiner Muttergesteine untermengt ist. — In den Hügel- und Ebenenländern dagegen vorherrschend Schwemmboden u. als solcher theils sandreich, theils lehm- und mergelreich, theils thonreich; in ehemaligen Seebecken: humusreich bisweilen auch moorig.
...lden; weiten ...hauptsächlich ...tig die Ge- ...ingelangen	Manche Basalte, Phonolithe und Trachyte mit ihren Tuffen und Conglomeraten im Rheingebiete.	Da die hierhergehörigen Bodenarten vorzüglich durch Schlämmung entstanden sind, so erscheinen sie mehr oder weniger ausgelaugt an Salzen und häufig schichtenweise über einander gelagert, so dass gar oft die Art des Bodens in verschiedenen Tiefen wechselt; der Thon und Lehm ist fetter und schmieriger, im Uebrigen aber den Alluvialbodenarten ähnlich.
...flüssen durch- ...namentlich im ...Kalksteinfor- ...er Becken am ...seeen, welche ...en wurden, so ...und Elbe; in ...den Seiten der ...vel, Elbe und ...igen Binnen- ...m nördlichen ...B. in Glarus, ...in Bavern am	Am meisten Basaltgesteine; ausserdem Phonolithe und auch Trachyte. z. B. in der Eifel, Siebengebirge, Westerwalde, Vogelsberg, Habichtswald, Meissner, Rhön u. s. w.	Da, wo die Braunkohlenformationen zu Tage treten, bilden sie vorzüglich theils dunkelgefärbte, fette oder feinsandige Thon- und Lettenlager, theils dunkelgraue, oder auch ockergelbe, sandige Mergelboden, bisweilen aber auch von Geröllen durchzogene kalkig mergelige Bodenablagerungen. Nicht selten tragen diese Bodenarten das Gepräge alten, verrotteten Teichschlammes an sich. Da endlich, wo Basalte auftreten, machen sich äussert fruchtbare, erdbraune Mergelbodenarten bemerklich, welche oft mit verwitterten Basaltgeröllen untermengt und mit Basaltschutt bedeckt sind.
...Mittelgebirge ...Tieflande eine ...Sandsteine in ...Elbsandstein- ...felsmauer am ...lie Kreide vor- ...B. Rügen) auf- ...ord- und West- ...ges nach dem ...ige Landeszone ...Teutoburger ...ten in Bayern ...lend. ...ung des Teuto- ...im Königreich ...wahrscheinlich ...kneter Binnen- ...n Kalkplateaus ...ffe des schwäbi- ...Jura; ausser- ...der Weserkette ...nen lagernden	(...sgesteine.)	Die Landesgebiete, welche von den Gliedern der Dyas- bis Kreideformation zusammengesetzt werden, bilden die Hauptheimath einerseits der eigentlich sandiglehmigen, sandigthonigen und sandigkalkigen, andererseits der kalkigthonigen, kalkiglehmigen, thonigkalkigen und mergeligen Bodenarten und zwar in der Weise, dass die eben genannten Bodenarten auf den Höhenplateaus und den Berggehängen am ausgebildesten, in den zwischen den Bergen gelegenen Thälern und Ebenen theils durch einander gemischt, theils schichtweise über einander gelagert erscheinen; da indessen zwischen den Kalk- und Sandsteinschichten häufig auch mächtige Thonablagerungen auftreten, so zeigen sich auch in den breiten Muldenthälern zwischen den Kalk- und Sandsteinbergen nicht selten mächtige, fette, etwas mit Säuren aufbrausende, Thon- und Lehmlager (Löss). — Im Besonderen sind: 1) Die vorherrschend aus Kalksteinen bestehenden Formationen sind die Hauptheimath der thonig kalkigen (so namentlich die Jura- und Kreideformation) und der kalkig thonigen Bodenarten (so namentlich die Lias-, Muschelkalk- und Zechstein - Formation), sowie auch der Phosphoritlager, welche sich jedoch am meisten in den, an Versteinerungen reichen, Ablagerungen der Lias- und Juraformation zeigen; während Mergelbodenarten in allen Formationen, welche aus abwechselnden Kalksein- und Thonschichten oder aus Wechsellagerungen von kalkigen und mergeligen Sandsteinen

Formation	Beschreibung	Vorkommen
Juraformation. (Dogger.)	artige Thone; dunkle Mergel u. Kalksteine; braune Sandsteine; braune Eisenrogensteine; schwarze Schieferthone.	schen und fr… Wallberge d… dend.
III. Untere oder schwarze Juraformation (Lias).	Von oben nach unten: Graulichgelbe oder lichtgraue Kalkmergel und Mergelschiefer; dunkle Thone und graue Kalkmergel; bituminöse Schieferthone, thonige Kalksteine und Mergelsandsteine.	Ehemalige … ligem Bergla… am Fusse der … bischen Alp; inselförmig a… am Nordrand … bei Eisenach…
I. Keuperformation.	Von oben nach unten: Theils kieselige oder mergelige Sandsteine, theils braunrothe und grüne Dolomitmergel; Dolomit; bunte Gypsmergel; Lettenschiefer; gelbgrauer Mergelschiefer: grauer Sandstein; oft auch Lettenkohlenlager.	Auf den b… der Muschell… Hügelreihen … Felsen bilde… massig entwi…
II. Muschelkalkformation.	Vorherrschend graue Kalksteine. Oben glatt- und dickschichtig. mit thonigen Zwischenlagen; in der Mitte Dolomit mit Gyps und Steinsalz: unten wellig geschichtet, dünnplattiger, an den Schichtflächen gerunzelter Wellenkalk mit dickschichtigen Kalkstein-Zwischenlagen.	Die zwische… dern oder am… genden Te… zusammensetz…
III. Buntsandsteinformation.	Von oben nach unten: Braunrothe, ockergelbe und grünliche Mergel (Röth) mit thonigen Sandsteinschichten; mergelige oder thonige Plattensandsteine; braunrother Schieferthon und Kaolinsandstein.	Die zwische… dern oder am… genden Wel… sammensetzen … Franken und … lage des Musc…
I. Zechsteinformation.	Von oben nach unten: Plattenkalk; Stinkkalk; Dolomit und Rauhkalk mit Gyps (und Steinsalz): bituminöser Kalkstein (Zechstein); bituminöser Mergel- oder Kupferschiefer; graues bituminöses Conglomerat und Sandstein (Grauliegendes).	Um die Geb… wall bildend, … mite stark e… klippige Felsr…
II. Rothliegendes-Formation.	Rothbraune, thonige Conglomerate, rothe Sandsteine und Schieferthone in vielfacher Wechsellagerung; nach unten auch mit Steinkohlenlagern und grauen Sandsteinen.	In den Stein… birge die mass… birgsrande das…
Steinkohlenformation.	Oben: Grauer Sandstein und Schieferthon im Wechsel mit Steinkohlenlagern. — Unten: Rauchgrauer Kalkstein und grober rother Sandstein.	In den Bucht… Urschiefergebi… schiefer und d…
I. Devonformation oder jüngere Grauwackeformation.	Graue, gelbe und rothe Sandsteine mit thonigem oder thonschiefrigem Bindemittel im Wechsel mit Thonschiefer; Schalstein und geaderter Kalkstein. — Unten: Grauwacke und Thonschiefer.	Die Grauwa… den Grundb… oder aufges… Form I zeigt si… und im rheini… Form II aber i… ger Wald, im …
II. Silurformation oder ältere Grauwackeformation.	Vorherrschend Thonschiefer mit Zwischenschichten von Kiesel-, Alaun- und Zeichenschiefer; gefleckter Kalkstein; Grauwackeconglomerat; oft auch Diabaszwischenlager.	Sudeten im Wa… und in den Sal…
Urthonschiefer- **Glimmerschiefer-** **Gneiss-** } Formation.	Urthonschiefer-, Glimmerschiefer und Gneiss mit Zwischenschichten von Granulit-, Talk-, Chlorit- und Hornblendeschiefer.	Sie bilden di… Längsgebirg… des Schwarzwa… Thüringer Wald… merwaldes, Rie…

ura, sowie die stphalica bil-	Basaltgesteine. Phonolithe. (Selten Durchbru	men. Unter diesen Mergelarten er- scheinen:

men. Unter diesen Mergelarten erscheinen:

    a) die kalkigen Mergelarten,
oft auch noch mit Sand untermischt, am meisten in der Kreide-
und oberen Juraformation;

    b) die dolomitischen Mergel-
arten am meisten in der oberen
Jura- und oberen Keuperformation;

    c) die gemeinen Mergelboden-
arten am häufigsten im Gebiete
des Lias und Muschelkalkes;

    d) die Gypsmergel- und Thon-
mergelbodenarten vorzüglich
im mittleren Keuper- und oberen
Buntsandsteingebiete;

    e) die bituminösen Mergel in der
unteren Lias- und mittleren Zechsteinformation, in letzterer aber oft
mit Sand und Geröllen untermengt.

Es muss indessen hierbei noch ganz besonders bemerkt werden, dass gar oft die
sogenannten bunten Mergel der Buntsand-
stein- und Keuperformation im Verlaufe der
Zeit durch die Pflanzenwelt und das Wasser
ihres Kalkgehaltes so beraubt worden sind,
dass sie nur noch dem Namen nach, aber
nicht mehr in der Wirklichkeit, Mergel sind.
Der Landwirth muss sie daher vor dem Ge-
brauche als Düngmittel erst mit Säuren untersuchen).

    2) Die vorherrschend aus Sandsteinen
bestehenden Formationen liefern stets
sandige — und zwar je nach dem Bindemittel derselben bald sandig thonige
oder lehmige, bald sandig kalkige —
Bodenarten. Unter diesen enthalten

    a) die sandigen Bodenarten der jünge-
ren Sandsteinformationen vorherrschend Quarzkörner und verhältnissmässig wenig Erdkrume;

    b) die sandigen Bodenarten der älteren
Sandsteinformationen neben Quarzkörnern auch noch Feldspath- und
Hornblendekörnchen, Glimmerblättchen und Verwitterungsgrus, ausserdem auch ziemlich viel Erdkrume.

Da nun aber oft an einem und demselben
Sandsteinberge Sandsteinmassen mit Zwischenschichten von Mergeln, Dolomiten und
Thonlagen wechsellagern, so kann es vorkommen, dass, wenn die einzelnen Schichten
dieser Berge senkrecht neben einander
stehen, auf der Oberfläche der letzteren verschiedene Bodenarten zonenweise neben einander lagern, wie man oft auch schon an der
verschiedenartigen Vegetation auf den einzelnen Bodenzonen bemerken kann.

Die Hauptbodenarten sind sandig thonig
oder aus blätterigem Letten zusammengesetzt
und, wenn sie viel Grus enthalten, fruchtbar; nicht selten aber sind sie auch zäh-
thonig und dann, wenn sie Eisenkiese enthalten, zur Eisenvitriol- und Alaunbildung
geneigt. — Da, wo Diabas und Gabbro massig
aus dem Grauwacke - Thonschiefergebiete
hervortritt, zeigt sich ein dunkler, mergeliger
Lehmboden; und, wo Kalksteine mächtig
entwickelt sind, ist der Boden reich an Kalksand und nur an schattigen feuchten Lagen
fruchtbar.

Heimath der Verwitterungsbodenarten der
gemengten krystallinischen Gesteine, wie sie
früher im Abschnitte — schon näher beschrieben worden sind.

Mittelspalte (senkrecht gedruckt):

Basaltgesteine. Phonolithe. (Selten Durchbru

Granit, Syenit, Diorit,
Diabas, Eklogit, Hypersthenfels,
Gabbro, Serpentin,
Felsitporphyr und Melaphyr.

Linke Spalte (am Rande abgeschnitten):

ura, sowie die
stphalica bil-

ten mit hüge-
end, so z. B.
en und schwä-
tschland mehr
im Leinethal,
ringer Waldes

igen Plateaus
wellenförmige
mauerförmige
ie Sandsteine

telgebirgslän-
r Gebirge lie-
Bergländer
in Thüringen).

telgebirgslän-
r Gebirge lie-
länder zu-
in Hessen,
falz. — Grund-

n einen Berg-
, wo die Dolo-
sind, pralle,

ohten der Ge-
e und am Ge-
rge bildend.

rauwacke- und
auch der Ur-
ses.

tionen bilden
r Massen-
Gebirge. Die
iglich am Harz
erglande; die
lichen Thürin-
ld, Voigtland,
ete, in Böhmen
Alpen.

tmasse aller
r Centralalpen,
Vogesen, des
gebirges, Böh-
rges u. s. w.

Formationen vorherrschend aus Substanzen bestehen, welche im reinen oder Kohlensäure haltigen Wasser entweder ganz löslich sind, oder sich schlämmen oder schwemmen lassen. In der That erscheinen auch die verschiedenen Formationen der Erdrinde

> theils aus Conglomeraten, Sandsteinen, Schieferthonen oder Mergelschiefern,
>
> theils aus diesen ebengenannten Erdrindemassen nebst Kalksteinen, Gyps und Steinsalz,
>
> theils nur aus Kalksteinen mit Zwischenschichten von Mergel und Thon und Einlagerungen von Gyps, Steinsalz, Dolomit oder auch Eisenspath,
>
> theils aus Sandsteinen, Schieferthonen und Stein- oder Braunkohlen,
>
> theils endlich aus Ablagerungen von Erdboden, Sand, Geröllschutt und auch wohl Torf, —

kurz aus lauter im Wasser lös-, schlämm- oder schwemmbaren Massen zusammengesetzt. Wie nun schon die eben angedeutete Gruppirung dieser Formationenmassen andeutet, so kommen alle die ebengenannten Ablagerungsmassen nicht immer in einer und derselben Formation zusammen vor, sondern sie erscheinen in einer gewissen Wechsellagerung und zwar in der Weise, dass, wenn in der einen Formation vorherrschend Conglomerate oder Sandsteine und Schieferthone auftreten, in der zunächst darauf folgenden Formation vorherrschend Kalksteine, Gyps, Steinsalz und Dolomite vorhanden sind, oder dass, wenn in einer und derselben Formation alle die genannten Ablagerungsmassen vereinigt erscheinen, doch der Kalkstein, Mergel, Gyps und Dolomit in den oberen Regionen dieser Formation und über den Sandsteinen und Schieferthonen lagert. Ebenso wird man in der Natur bemerken, dass im Allgemeinen

1) die Conglomerate haltigen Formationen in der nächsten Umgebung der Gebirge lagern und die Vorgebirge derselben bilden;

2) die vorherrschend aus Sandsteinen gebildeten Formationen vorzüglich die zwischen zwei Gebirgen liegenden Vorlandsgebiete zusammensetzen;

3) die vorherrschend aus Kalksteinen zusammengesetzten Formationen theils die meist terrassig auf- und niedersteigenden Plateauländer auf den Sandsteingebieten theils die langgezogenen Bergwälle zwischen den Berg- und Tiefländern aufbauen;

4) die Kohlenformationen endlich theils in den Buchten am Rande der Gebirge theils in den beckenförmigen Niederungen aller Formationen da, wo ehemals Binnenseeen standen, lagern.

Auf der beifolgenden Tafel V. „Uebersicht der Formationenreihe etc." ist dieses, soweit es die Formationengebiete Deutschlands betrifft, näher angegeben worden.

Es ist bis jetzt immer nur von den Gesteinsmassen, aus denen die verschiedenen Formationen bestehen, die Rede gewesen; wie steht es nun aber

mit dem Erdboden in diesen Formationen? — Geht man von dem
Gedanken aus, dass alle die Mineralsubstanzen, aus denen die bei weitem
meisten Ablagerungsmassen der Formationen bestehen, so namentlich die Conglomerate, Sandsteine, Schieferthone und Mergel, nichts weiter sind als Ver-
witterungs- und Zerstörungsproducte von urweltlichen Gesteinsmassen, welche
das Wasser zusammengeschwemmt hat, dass dieselben ganz aus demselben
Materiale bestehen, aus welchem noch jetzt die verschiedenen, mit Steinschutt
untermengten thonigen, lehmigen und kalkigen Bodenarten zusammengesetzt
sind, dass endlich alle die ebengenannten Gesteinsmassen ehedem ebensogut
den Grund und Boden abgaben, auf welchem die Pflanzenwelt der Vorzeit
ihren Wohnsitz hatte, wie dieses noch auf den gegenwärtigen Bodenarten der
Fall ist, so wird man zugeben müssen, dass alle diese Formationenglieder nur
durch Frost und Wasser zerstört zu werden brauchen, um wieder zu denjenigen
Bodenarten zu werden, welche sie ehedem waren und dass mithin aus den
Conglomeraten und Sandsteinen thonige, lehmige oder mergelige, mit Geröllen
oder Sand untermengte, aus den Schieferthonen und Mergeln aber einfache
thonige, mergelige oder auch kalkigthonige Bodenarten entstehen. Man kann
daher die einzelnen Formationen als Magazine von condensirten
Bodenarten der Vorwelt betrachten, welche nur zertrümmert oder
erweicht zu werden brauchen, um wieder zu Erdboden zu zerfallen. Nun hat man aber bis jetzt sehr häufig die Ansicht geltend zu machen
gesucht, dass der Erdboden von einer und derselben Gesteinsmasse, aber in
verschiedenen Formationen unter sonst ganz gleichen Verhältnissen in seiner
Pflanzenproductionskraft verschieden sei, dass z. B. der Kalksteinboden der
Muschelkalkformation eine andere Pflanzenproductionskraft besitze, als der der
Juraformation oder dass der Buntsandstein andere Fruchtbarkeitsverhältnisse
offenbare als der Quadersandstein. Trifft wirklich diese Ansicht bisweilen zu,
so sind daran nicht die verschiedenen Formationen schuld, sondern die verschiedene chemische und mineralogische Beschaffenheit oder der verschiedene
Ablagerungsort oder auch die verschiedene Umgebung des Kalk- oder Sandsteines oder einer Felsart überhaupt. Der Erdboden ist das Kind der
Felsarten; sein Bestand und seine Fruchtbarkeit richtet sich daher
nach der Natur dieser letzteren, nicht aber nach der Formation,
in welcher diese seine Muttergesteine lagern. Ist also z. B. ein Sandstein der
Buntsandsteinformation aus denselben Mineralresten zusammengesetzt, hat er
auch dieselbe Farbe und dasselbe Ablagerungsgebiet wie ein Sandstein der
Quaderformation, so wird er auch dieselbe Pflanzenproductionskraft in beiden
Formationen zeigen. Da nun aber doch die Formationen nicht immer aus
einen und denselben Gesteinsarten bestehen, da auch eine und dieselbe Gesteinsart in verschiedenen Formationen mancherlei Abänderungen in ihrem
Bestande zeigt, da endlich auch manche — und noch dazu geschätzte und
gesuchte — Gesteins- und Bodenart (z. B. Phosphorit und ächter Mergel) nur

in einzelnen bestimmten Formationen vorkommen, so wird sich auch der Boden in mancher Beziehung in den einzelnen Formationen verschieden zeigen, auch wenn dieselben scheinbar aus gleichen Ablagerungsmassen bestehen. Aus diesem Grunde ist es zweckmässig, die einzelnen Formationen ihren Hauptbildungsmassen nach genauer kennen zu lernen.

Ein paar Beispiele mögen das eben Ausgesagte bestätigen:

1) Der thonige Sandstein der Buntsandsteinformation enthält stets unter seinen Sandkörnern 10 bis 17 pCt. Feldspathkörner und meist auch mehr oder weniger feine Glimmerschüppchen; der thonige Sandstein der Lias- und Juraformation dagegen besitzt keine Feldspathkörnchen. Obwohl nun beide Sandsteine äusserlich häufig zum Verwechseln ähnlich sehen, so haben sie doch eine ganz verschiedene Pflanzenproduction. — Die Sandsteine der älteren Formationen enthalten ausser ihren Quarzkörnern fast stets noch mehrere pCte verwitterbarer Steinkörner, was bei den Sandsteinen der jüngeren Formationen in der Regel nicht der Fall ist.

2) Der rothe Schieferthon des Rothliegenden sieht gerade so aus wie der der Buntsandsteinformation; jener aber enthält keinen Kalk, was bei dem letzteren der Fall ist;

3) Die bunten Mergel der Buntsandsteinformation sind vorherrschend Thonmergel, die des Keupers aber theils Gyps-, theils Dolomitmergel.

4) Der Kalkstein der Liasformation sieht häufig dem Zechstein sehr ähnlich, aber er enthält neben seinem Bitumen auch noch phosphorsauren Kalk (Phosphorit), was bei dem Zechsteine nicht der Fall ist.

Schon diese Beispiele werden zur Bestätigung des oben Ausgesprochenen hinreichen; sie werden aber auch darthun, dass die Kenntniss der Ablagerungsmassen in den verschiedenen Formationen schon deswegen von Wichtigkeit ist, weil man nur hierdurch die Fundstätten gewisser, für die Verbesserung der Bodenarten wichtigen, Substanzen, — z. B. des schon genannten Phosphorites — kennen lernt. Aus diesem Grunde sind auf der beifolgenden Tafel V.: „Uebersicht der Formationenreihe etc." in einer besondern Rubrik die in den verschiedenen Formationen vorkommenden Bodenarten näher angegeben worden.

Anhang.

Kurze praktische Anleitung zur Untersuchung einer Bodenmasse.

Erklärung. Die nachfolgende Anleitung soll keineswegs ein Leitfaden zur vollständigen chemischen Analyse eines Bodens sein, sondern nur demjenigen, welcher, — aus Mangel an chemischen Kenntnissen und Gerathschaften oder an Zeit — sich nur einen allgemeinen Begriff von dem Bestande und den Eigenschaften eines ihm vorliegenden Bodens verschaffen will, leicht anwendbare, einfache Mittel angeben, durch welche er die, für die Pflanzenproductionskraft eines Bodens wichtigsten, Bestandtheile und Eigenschaften desselben auffindet.

I. Untersuchungen der physischen Eigenschaften und der mechanischen Gemengtheile eines Bodens.

---

a. Untersuchung des Verhaltens gegen das Wasser.

Unter den verschiedenen Methoden, das Verhalten eines Bodens gegen das Wasser zu erforschen, habe ich die Schübler'sche und Schulze'sche für den Praktiker am einfachsten und bewährtesten gefunden. Im Folgenden werden deshalb nur diese Methoden angegeben:

1) Die Feuchtigkeitsanziehungskraft.
(Hygroscopizität des Bodens.)

a. Aufsaugung der atmosphärischen Feuchtigkeit.

Die Stärke, mit welcher eine Erde die atmosphärische Feuchtigkeit aufsaugt, findet man, wenn man eine bestimmte Quantität der zuvor feingepulverten

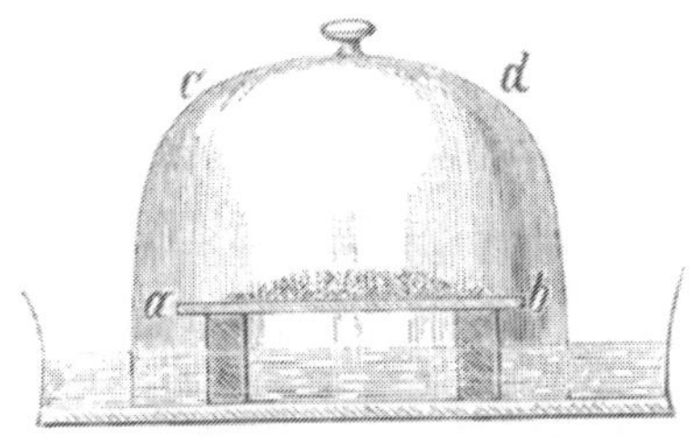

und wohl getrockneten Erde auf einer Scheibe (a. b.) ausbreitet, dann unter eine unten mit Wasser gesperrte Glasglocke (c. d.) setzt, bei einer Temperatur von 12—15 ° R. 10, 24—28 Stunden in dieser Lage lässt und dann wieder abwägt. Die Gewichtszunahme entspricht der Menge der eingesogenen Feuchtigkeit.

b. Aufsaugung der Feuchtigkeit aus dem Untergrunde.

Um zu erfahren, mit welcher Schnelligkeit eine Bodenart Feuchtigkeit aus ihrem Untergrunde aufsaugt, füllt man einen oben und unten offenen Glascylinder mit fein gepulverter und lufttrocken gemachter Erde, drückt sie in denselben zwar dicht, aber nicht zu fest zusammen und stellt nun den Cylinder in ein Gefäss, in welchem sich ganz durchnässter feiner Sand befindet. Hierbei kann man schon aus der Geschwindigkeit, mit welcher das Wasser in der Erde des Cylinders in die Höhe steigt, einen Schluss auf die Kraft, mit welcher die Erde die Feuchtigkeit aufsaugt, ziehen. Genauer wird indessen dieses Verfahren, wenn man zuvor den Cylinder sammt der trocknen Erde abwägt, und dann nochmals sein Gewicht bestimmt, sobald die Erde im Cylinder bis an ihre Oberfläche ganz durchfeuchtet erscheint.

2) Die Wasserfassungskraft.

Man nimmt eine gehörige Portion Erde, wo möglich frisch vom Felde, und lässt sie nur eben soweit abtrocknen, dass sie sich leicht pulverisiren lässt, dass man sie also noch nicht als ganz lufttrocken ansehen kann, und pulverisirt sie in einer Reibschale. Von der so vorbereiteten Erde schüttet man eine beliebige Portion, jedoch nicht unter 2000 Gran (etwa 172 Grm.), auf einen Glastrichter, in dessen Spitze sich ein nur etwa Zoll breites mit Wasser benetztes Filter von grobem Filtrirpapier (grauem Löschpapier) befindet. Dass die Erde nicht bis zum Rande des Trichters, sondern nur bis wenigstens einige Linien unterhalb desselben reichen darf, versteht sich von selbst: denn es muss ja noch Raum für darüberstehendes Wasser übrig bleiben. Das Filter dagegen kann nur klein sein und braucht die aufgeschüttete Erde bei weitem nicht zu fassen. Ist nun die Erde in den Trichter geschüttet und ihre Oberfläche abgeebnet, so übergiesst man sie mit der Vorsicht, dass sie nicht aufgerührt wird, zuerst mit wenig Wasser. Hat man den Versuch öfterer wiederholt, so erlangt man dadurch einen sehr sichern Takt für die Beurtheilung aller der kleinen Umstände, auf die es dabei ankömmt, namentlich ob die Erde schon gehörig mit Wasser durchzogen sei. Sobald man dies voraussetzen kann, giesst man kein Wasser von neuem auf, sondern wartet ab, bis das Abtropfen desselben aus der Spitze des Trichters aufgehört hat. Sollte das letztere sehr langsam geschehen, so bedeckt man den Trichter einstweilen mit einer Glasplatte, damit nicht unterdessen die Oberfläche der Erde, wenn auch nur wenig, abtrocknen kann. Von der so durchnässten Erde nimmt man nach 12 Stunden mit einem kleinen Löffel eine beliebige Quantität, etwa 2—3 Theelöffel voll, heraus, schüttet diese in ein tarirtes kleines Porzellangefäss, wägt sie mit demselben, und setzt sie so an einen mässiglauen, luftigen Ort in den Trockenapparat, bis alles Wasser verdunstet ist. Nach dem Trocknen wird sie wieder gewogen. Das Gewicht der trocknen Erde von der nassen abgezogen, giebt die Menge des Wassers in der letzteren. Gesetzt man hätte 485 Gran nasse Erde abgewogen und das Gewicht derselben nach dem Austrocknen betrüge 350 Gran, so hätte man 135 Gran Wasser. Wenn nun 350 Theile trockne Erde 135 Theile Wasser aufnehmen, so ist das ein Verhältniss von $100 : 38{,}571$, oder die wasserhaltende Kraft dieser Erde beträgt

38,₅₇₁ pCt. Wird der Versuch nach dieser Methode mit Befolgung aller theils erwähnten, theils sich von selbst verstehenden Vorsichtsmassregeln ausgeführt, so wird man bei mehrmaliger Wiederholung derselben Differenzen selten bekommen, die bis zu 1 pCt. betragen.

3) Wasserhaltende Kraft.

Es können zwei Bodenarten eine und dieselbe wasserfassende Kraft besitzen und zeigen sich doch verschieden in ihrem Verdunstungsvermögen, indem die eine das eingesogene Wasser lange in ihrer Krume festhält, die andere aber es schnell wieder an die atmosphärische Luft abgiebt.

Um das Verdunstungsvermögen eines Bodens zu finden, breitet man die zuvor völlig durchnässte und dann abgewogene Erde auf einer runden, mit erhöhtem Rande versehenen, Blechscheibe aus, wägt sie mit dieser zugleich ab, und stellt dann das Ganze in einem verschlossenen Zimmer mehrere Stunden lang zur Verdunstung hin. Nach Ablauf der bestimmten Zeit wägt man das Ganze wieder und bestimmt hieraus die Menge des verdunsteten Wassers. Um hierbei auch die gleich anfangs in der Erde vorhandene Wassermenge zu finden, trocknet man diese Erde nach obiger Prüfung aus, und zieht das jetzt stattfindende Gewicht von dem Gewichte der durchnässten Erde ab.

Beispiel (nach Schübler):

die ganz durchnässte Erde wiege . . . 310 Gran,
dieselbe Erde wiegt nach 24 Stunden. . 260 „
vollkommen ausgetrocknet wiegt sie . . 200 „
so hat sie in 24 Stunden verdunstet . . 50 Gran,
und ihr Wassergehalt betrug im Anfang . 110 „

Um nun zu erfahren, wie viel Procent Wasser von dem Wassergehalte dieser Erde überhaupt in 24 Stunden verdunsten, so setzt man:

$$110 : 50 = 100 : x;$$
$$x = 45,₅ \text{ Theile.}$$

b. Untersuchung des mechanischen Gemenges eines Bodens.

Man nehme von verschiedenen Stellen irgend eines Bodens — etwa 2—6 Zoll unter seiner Oberfläche — kleine Quantitäten Erde, menge sie wohl unter einander und lasse das Gemenge bei einer Temperatur von 25—30° R. gehörig austrocknen.

Bemerkung. Hat man vor dem Trocknen die Erde abgewogen und wägt sie nach dem Trocknen dann wieder ab, so ergiebt sich aus dem jetzt stattfindenden Gewichtsverlust der Wassergehalt der Erde.

Um aus dem getrockneten Erdgemenge die etwa vorhandenen Pflanzen-

fasern und Gerölle zu entfernen, reibt man eine Quantität derselben — etwa
20 — 30 Loth — durch ein sehr feinmaschiges Sieb.

Wenn man die zuletzt im Siebe zurückbleibenden Fasern und
Gerölle durch Waschen von aller ihnen anhängenden Erde reinigt,
trocknet und abwägt, so erhält man die Menge der in diesem
Boden vorkommenden Pflanzentheile und Gerölle. In vielen Fällen
ist dies von Wichtigkeit.

1) Auffindung der Menge der abschlämmbaren Erdtheile.

Es wird gewöhnlich auf die Menge der abschlämmbaren Theile eines
Bodens zu grosses Gewicht gelegt, indem man von derselben die Fruchtbarkeit
eines Bodens ableitet. Dies ist nun aber insofern unrichtig, als — wie auch
bei der Beschreibung des Thones schon ausgesprochen worden ist — diese
abschlämmbaren Theile vorherrschend aus Thonsubstanzen bestehen und demgemäss nur dann den Pflanzen Nahrungsstoffe bieten können, wenn sie vorher
Substanzen, welche in reinem oder kohlensaurem Wasser löslich sind oder sich
doch durch Wasser fein zertheilen lassen, an sich gesogen und fest mit sich
verbunden haben. Alle diese Substanzen werden aber nicht durch einfaches
Schlämmen einer Bodenmasse mit Wasser aufgefunden, sondern bleiben eben
mit den abgeschlämmten Thontheilen innig verbunden. Die abgeschlämmten
Erdtheile haben also nur mittelbar und insofern einen Einfluss auf die Pflanzen-
ernährungskraft eines Bodens als sie eben nur das Magazin bilden, in welchem
allenfalls dergleichen Nahrungstoffe aufgespeichert sein könnten. — Ein anderes
ist es aber, wenn man durch die Menge dieser Theile einen Schluss ziehen
will auf das Verhalten eines Bodens zur Wärme, zur Luft und zum Wasser;
in diesem Falle sind sie freilich von grösstem Einflusse. Da man aber diese
Eigenschaften des Bodens unmittelbar schon durch die im Vorhergehenden
angegebenen Untersuchungen einfacher auffinden kann, so würde das Schlämmen
eines Bodens zu diesem Zwecke überflüssig erscheinen, wenn man nicht eben
durch diese Operation zu gleicher Zeit einerseits die Menge der im Wasser
löslichen Bodensalze und andererseits die Menge des im Boden vorhandenen
Sandes auffände. Und darauf kommt das meiste bei der Untersuchung eines
Bodens an; denn von der Menge und der Art des Sandes in einem Boden
hängt ja nach dem früher Mitgetheilten nicht blos die Consistenz und das
Verhalten eines Bodens gegen Wärme, Luft und Wasser, sondern auch die
Menge und Art der mineralischen Nährstoffe, welche ein Boden produciren
kann, ab.

Um nun die Menge der abschlämmbaren Erdkrumentheile zu finden,
schüttet man die vorher durchgesiebte Erde in einen, etwas flachen, und mit
einem Ausgusse versehenen, Steingutnapf, übergiesst sie mit abgekochtem oder
destillirtem Wasser, rührt das Gemisch mit einem Glasstabe oder einer Por-
zellanmörserkeule tüchtig um und lässt es nun 3 — 4 Minuten lang ruhig

stehen. Alsdann giesst man sanft und behutsam die über dem zu Boden gesunkenen Sande stehende trube Flüssigkeit in ein cylindrisches Bierglas. Dem im Napfe sitzenden Sande aber, welcher gewöhnlich auch noch abschlämmbare Theile enthält, giesst man noch öfters und zwar so lange Wasser zu, bis selbst beim stärksten Umrütteln dasselbe sich nicht mehr trübt. Jede über dem Sande stehende Flüssigkeit schüttet man, so lange sie noch trüb erscheint, zu dem ersten Abgusse der abschlämmbaren Theile.

a. Da indessen leicht fein zertheilter Sand mit dem Schlämmwasser abgeflossen sein kann, so unterwirft man die in dem Glase befindliche Schlammwassermasse einer nochmaligen Schlämmung, indem man dieselbe wieder umrührt und das über ihr befindliche trube Wasser in ein neues Glas giesst. Die hierdurch vielleicht noch erhaltene neue Sandmasse mischt man unter die zuerst erhaltene und im Napfe befindliche. Dass im zweiten Glas erhaltene Schlammwasser aber giesst man wohl umgerüttelt auf ein, in einem Glastrichter befindliches, Filter, welches in dem Halse einer Bouteille steckt, und hebt nun die durchfiltrirte Flüssigkeit zur chemischen Untersuchung auf; denn in ihr sind die etwa im Boden vorhandenen und im Wasser auflöslichen Mineralsalze vorhanden. (Man nennt sie gewöhnlich den Wasserauszug eines Bodens.)

b. Sowohl im lehmigen und thonigen, wie im mergeligen Boden kann aber ausserdem noch sehr feiner Sand vorkommen, welcher sich durch kaltes Wasser nicht von der Erdkrume abschwemmen lässt. Um auch diese Sandsorte noch zu erhalten, muss man die, durch den vorhergehenden Versuch im Filter erhaltene, Erdschlammmasse eine halbe Stunde lang unter starkem Umrühren mit Wasser kochen und dann auf ähnliche Weise abschlämmen, wie oben mit dem übrigen Sande geschah.

Alle die in der oben beschriebenen Weise erhaltenen Sandmassen mengt man zusammen, trocknet sie dann gehörig aus und wägt ihre Gesammtmasse. Aus ihrer Menge erhält man dann durch Rechnung die Menge der abgeschlämmten Erdkrumenmasse.

Gesetzt, es enthielten z. B. 40 Loth untersuchter Erde 25 Loth Sand, so ist:

$$100 : 40 = x : 25,$$
$$x = 62\tfrac{1}{2} \text{ pCt. Sand.}$$

Zieht man diese Sandprocente von 100 ab, so erhält man die Procente der abschlämmbaren Erdkrumentheile (in diesem Falle $= 37\tfrac{1}{2}$ pCt.).

Bemerkung: Die vorstehend angegebene Methode, den Erdboden zu schlämmen, giebt freilich kein wissenschaftlich genaues Resultat; für den praktischen Land- und Forstwirth indessen, welchem es

nur darauf ankommt, sich ein allgemein gültiges Resultat
über die Menge des Sandgehaltes in einem vorliegenden
Boden zu verschaffen, möchte es wohl ausreichen, — noch dazu,
da die Menge des Sandgehaltes in einem Boden, sowohl in verschiedenen Tiefen, wie in verschiedenen Punkten einer und derselben Bodenlage desselben, sich keineswegs gleich bleibt. Wĕr
aber eine wissenschaftlich genaue Schlämmanalyse von einem
Boden durchführen will, der muss sich nach dem Werke Schöne's:
„Die Schlämmanalyse und ein neuer Schlämmapparat"
richten. Der Raum meiner Bodenkunde gestattet es nicht, hier
näher darauf einzugehen.

2) Untersuchung des Sandgehaltes.

Die durch das Abschlämmen der Erdkrume erhaltene und genau abgewogene Sandmenge benutzt man nun zugleich zur Untersuchung der Qualität des Sandes.

Zu diesem Zwecke zerreibt man den Sand in einem Steingutmörser zu
grobem Pulver (bei feinem Sande nicht nöthig) und versetzt ein kleines
Pröbchen desselben mit verdünnter Salzsäure (2 Theile Salzsäure und 3 Theile
Wasser). Braust dieses — kaum erbsengrosse — Pröbchen auf, so versetzt
man die ganze vorhandene Sandmasse in einem Napfe mit solcher verdünnten
Salzsäure so lange, bis bei frisch zugesetzter Salzsäure auch beim stärksten
Umrühren der Sandmasse kein Aufbrausen oder Blasenwerfen mehr erfolgt.
Ist dieses der Fall, dann bringt man nach Verlauf einer Stunde, während
welcher man den Sand noch öfter mit einem Glasstabe umgerührt hat, die
ganze Sandmischung wieder auf ein abgewogenes Filter und lässt die mit ihr
gemischte salzsaure Lösung in ein unterstehendes Glas abfliessen. Nachdem
man noch zweimal die im Filter befindliche Sandmasse durch aufgegossenes
Wasser ausgewaschen hat, nimmt man sie mit dem Filter aus dem Trichter
und trocknet sie sammt ihrem Filter in einer 35 ⁰ R. warmen Röhre vollständig aus.

> Bemerkung. Es versteht sich von selbst, dass, wenn die vorher
> von dem Sande genommene Probe mit Salzsäure nicht aufbraust,
> man die ganze Sandmasse gar nicht mit dieser Säure zu ver-
> setzen braucht, sondern gleich mit Wasser in der Weise, wie
> sie weiter unten beschrieben wird, behandelt. — Bei der Be-
> handlung mit Säure ist übrigens zu bemerken, dass man diese
> letztere immer nur nach und nach in kleinen Portionen der
> Sandmasse zusetzt, weil sonst leicht ein Ueberschäumen der Masse
> erfolgen kann.

Durch diese Behandlung der Salzmasse mit Salzsäure erfährt man, ob
kohlensaurer Kalk in ihr vorhanden ist. Wenn man dieselbe daher so lange

mit Salzsäure mischt, als irgend noch eine Spur von Aufbrausen sich bemerklich macht, so wird aus ihr aller Kalk entfernt und in Lösung gebracht. Filtrirt man dann den gelösten Kalk (als Chlorcalcium) ab, wäscht den übrig gebliebenen Sand mit Wasser aus, wägt ihn dann nach vollständigem Austrocknen mitsammt dem Filter, und zieht endlich das gefundene Gewicht von der ursprünglichen Sandmasse ab, so erfährt man schon auf diesem Wege, wie viel kohlensaurer Kalk in dem Sande vorhanden war.

Wie weiter unten gezeigt werden wird, so kann man die Menge des vorhandenen kohlensauren Kalkes noch bestimmter aus seiner salzsauren Lösung erfahren, wenn man dieselbe mit oxalsaurem Ammoniak behandelt.

Die nun noch übrige Sandmasse untersucht man in folgender Weise: Man übergiesst die gegebene Sandmasse in einer Bouteille mit reinem Wasser, schüttelt sie tüchtig um und giesst sie auf einen etwas geneigt stehenden — 8—10 Zoll langen und 3 Zoll breiten — kastenförmigen Trog, welcher vorn mit einer aufziehbaren Querwand (— einem sogenannten Schutze —) versehen ist und mit seiner Mündung auf einer, 5—6 Grad gegen den Horizont geneigten Glastafel ruht, welche 3 Fuss lang, an ihrem oberen Ende 3 Zoll breit (— also so breit wie der an diesem Ende sie berührende Trog —), am unteren Rande aber 6—8 Zoll breit ist, an ihren beiden langen Seiten eine 5 Linien hohe Einfassung besitzt und mit ihrem unteren Rande auf einer Schüssel liegt.

Nachdem man die Sandwassermasse im Troge nochmals tüchtig umgerührt hat, hebt man rasch den Schutz an dessen vorderer Mündung so weit, dass eine, zwei Linien hohe, Spalte entsteht. Das jetzt aus dieser Spalte hervorfliessende Wasser wird sich über die ganze Glastafel ausbreiten und dabei seinen Sandgehalt auf derselben absetzen, so dass es selbst bei einer richtigen Stellung der Glastafel gegen den Horizont fast sandfrei in die vor der letzteren

stehende Schüssel abfliesst. Untersucht man nun die auf der Glastafel sitzen-
gebliebene Sandmasse, so wird man bemerken, dass

1) dieselbe nicht gleichmässig und ordnungslos, sondern in mehrere quer-
lagernde Zonen auf der Glastafel verbreitet ist, wenn die Sandmasse aus
den Resten mehrerer Mineralarten besteht,

2) so viel Sandzonen sich auf der Glastafel befinden, als Mineralarten im
Sande vorhanden sind, und

3) die aus der specifisch schwersten Mineralart bestehende Zone dem oberen
Rande der Glastafel und der Mündung des Troges am nächsten, und die
aus der specifisch leichtesten Mineralart zusammengesetzte Sandzone am
weitesten unten auf der Glastafel lagert (— etwa in der Weise, wie es
in der vorstehenden Figur angegeben ist —).

> Bemerkung. Schon bei einiger Uebung wird man diese Zonen-
> bildung des Sandes deutlich wahrnehmen. Es kommt bei dieser
> Arbeit alles darauf an, dass einerseits die Glastafel nicht zu schief
> liegt und andererseits der Schutz des Troges in demselben Augen-
> blicke aufgezogen wird, in welchem grade die in dem Troge be-
> findliche Schwemmmasse umgerührt worden ist. Sehr zweck-
> mässig ist es, wenn man sich mit künstlich gemachten Sand-
> gemengen, deren einzelne Mineralarten man namentlich nach
> ihrem specifischen Gewichte und ihrer Farbe kennt, im Ab-
> schwemmen auf dem oben beschriebenen Apparate einübt. —
> Erscheinen die einzelnen Sandzonen noch nicht scharf von ein-
> ander getrennt oder zeigt sich die einzelne von ihnen bei der
> näheren Betrachtung (z. B. mit einer Loupe) noch verunreinigt
> durch andere Sandarten, so giesst man den Trog wieder voll
> reines Wasser, öffnet den Schutz desselben 1—2 Linien hoch,
> stellt die Glastafel einen Grad schiefer und lässt das Wasser über
> die mit Sandzonen bedeckte Tafel nochmals hinfliessen. Ge-
> wöhnlich nimmt es alsdann die zwischen den schweren Zonen
> vorkommenden leichteren Sandkörner mit sich fort und setzt sie
> dann in der Zone ab, welcher sie ihrer Schwere nach angehören.
> Sollte aber diese Reinigung der einzelnen Sandzonen in der oben
> angegebenen Weise nicht gelingen, so ist das beste, wenn man
> jede einzelne dieser Zonen behutsam mit einem Pinsel von der
> Glastafel in eine untergehaltene Schale wischt und dann noch-
> mals für sich der Schlämmung unterwirft. Bei fortgesetzter
> Uebung kann man in dieser Weise die einzelnen Mineralarten
> des Sandes ganz rein in ihrer ganzen Quantität erhalten.

Hat man in der oben angegebenen Weise die in einer Sandmasse vorhandenen Mineralarten in bestimmte Zonen von einander getrennt, dann

schreitet man zur mineralogischen Untersuchung dieser Zonen. Für diese Untersuchung möge folgende praktische Andeutung dienen:

a. Schon die Lage der auf der Glastafel ausgebreiteten Sandzonen kann zur Bestimmung ihrer Mineralkörner dienen:

Die specifisch schwersten Mineralreste bilden die obersten, die specifisch leichteren die mittleren, die specifisch leichtesten die am weitesten unten auf der Glastafel liegenden Zonen.

Unter den am gewöhnlichsten im Sande auftretenden Mineralarten liegen

in der obersten Zone die Minerale, deren specifisches Gewicht $= 4{,}6 - 5{,}2$ ist, z. B. Magneteisenerz, Eisenglanz, Eisenkies;

in der folgenden Zone die Minerale, deren specifisches Gewicht $= 3—4$ ist, so Granat, Hypersthen, Diallag, gemeiner Augit;

in der folgenden Zone die Minerale vom specifischen Gewicht $= 2{,}8—3$, so die gemeine und Kalkhornblende, bisweilen auch Chlorit und Glimmer, welcher jedoch wegen seiner Blätterform gewöhnlich vom Wasser weiter geführt wird;

in der folgenden Zone die Minerale vom specifischen Gewicht $= 2{,}6—2{,}7$, so Labrador, Anorthit, Oligoklas; oft auch Orthoklas und Quarz;

in der untersten Zone die Minerale vom specifischen Gewicht $= 2{,}5—2{,}6$, so Orthoklas und Quarz.

b. Ferner kann die Farbe der in den einzelnen Zonen auftretenden Minerale zu ihrer Unterscheidung dienen: Es zeigen sich unter der Loupe

eisenschwarz: Magneteisenerz und Eisenglanz, auch wohl Glimmer;

schwarz mit röthlichem Schimmer: Hypersthen;

gemeinschwarz: Hornblende, Augit, Kieselschiefer (bisweilen auch Kohlenstückchen);

bräunlich oder grünlich: Diallag, bisweilen auch Glimmer;

graugrün: Chlorit und Serpentin;

blutroth: Granat und Eisenoxyd;

braunroth: Orthoklas und auch verwitterter Magnesiaglimmer;

grau: Labrador;

röthlich oder gelblichweiss: Orthoklas;

grauweiss oder graubraun: Oligoklas;

weiss: Oligoklas, Quarz;

silberweiss: Kaliglimmer;

messinggelb: Eisenkies und auch verwitterter Kaliglimmer;

c. Ferner ist auch die **Farbe** des **pulverisirten** oder zu Mehl zerriebenen **Sandes** für viele äusserlich gleichfarbige Minerale charakterisirend; so giebt

das Magneteisen ein schwarzes, der Eisenglanz ein braunrothes, der Augit ein grauweisses, die Kalkhornblende ein braunes, die Hornblende ein grünliches, der Hypersthen ein fast ockergelbes Pulver.

Hat man nun die Sandkörner vor dem Schlämmen pulverisirt, so tritt dann in ihren Schlämmzonen die Farbe ihres Pulvers hervor. Hält man in diesem Falle die mit den Sandzonen bedeckte Glastafel vor das Auge gegen das Licht, so kann man sehr gut die verschiedenen Farben der Pulver unterscheiden.

d. Endlich sind auch noch mehrere physikalische und chemische Eigenschaften für die in den einzelnen Zonen auftretenden Mineralarten, zumal wenn sie pulverig sind, charakteristisch:

1) das weisse Ritzpulver der Feldspathe ist von dem des Quarzes (Glimmers), Augites, Diallages und der Hornblende dadurch zu unterscheiden, dass das Pulver der Feldspathe blau, das Pulver der Hornblende, des Augites, Diallages und Hypersthenes blassrosenroth, und das Pulver des Quarzes gar nicht verändert wird, wenn man es mit Kobaltsolution befeuchtet und mit dem Löthrohre vor der Spiritusflamme erhitzt.

2) Das Pulver des Labradors, Kalkoligoklases und Anorthits wird durch Kochen mit Salzsäure zersetzt und bildet einen Schleim, das des Nephelins bildet eine Gallerte, während das Pulver der gemeinen Oligoklases und Orthoklases von der Säure nicht angegriffen wird.

3) Die etwa vorhandenen Magneteisenkörner werden durch ein magnetisches Messer alle aus einem Sandgemische herausgezogen.

Zusatz. Da die Untersuchung des Sandes auf seine mineralischen Gemengtheile von der grössten Wichtigkeit für die Beurtheilung nicht blos der gegenwärtigen und zukünftigen Fruchtbarkeit, sondern auch der Veränderlichkeit eines Bodens ist, so kann man ihn nicht sorgfältig genug untersuchen. Es sei daher nochmals auf den Gang dieser Untersuchung aufmerksam gemacht.

Nachdem der Sand durch Abschlämmen von aller Erdkrume befreit worden ist, wird er

1) zuerst mit verdünnter Salzsäure von dem etwa vorhandenen Kalke befreit,

2) dann ausgewaschen und auf die Glastafel geschlämmt, die auf derselben entstehenden Sandzonen sind:

a. schwarz und können dann enthalten:

Magneteisen, Eisenglanz, Hornblende, Augit, Hypersthen, Kieselschiefer oder auch vielleicht kohlige Theile.

Man pulverisirt die Theile dieser Zone und

1) steckt ein Magnetstäbchen in dieselbe: vorhandenes Magneteisen wird herausgezogen:

2) glüht das Pulver in der inneren Flamme vor dem Löthrohre oder in einem verdeckten eisernen Löffel und steckt dann nochmals einen Magnetstab in dasselbe: vorhandener Eisenglanz wird entfernt; auch die Kohle;

3) schlämmt endlich das Pulver wieder auf der Glastafel ab und betrachtet die Farbe der Pulver:
   rothbraun ist das noch vorhandene Eisenoxyd;
   grauweiss der Augit;
   grünlichweiss die gemeine Magnesiahornblende;
   bräunlich die Kalkhornblende,
   gelblichweiss der Hypersthen.

b. blutroth bis rothbraun und können dann enthalten:
   Eisenoxyd, Granat, Orthoklas, auch wohl Oligoklas.

Man pulverisirt wieder die Theile der Zone und

1) glüht wie oben, um das etwa vorhandene Eisenoxyd zu entfernen;

2) glüht dann das Pulver auf Kohle vor dem Löthrohr mit Kobaltlösung; alle jetzt blau werdenden Theile sind Feldspathkörner.

c. graulich oder weiss und können dann sein:
   Oligoklas, Labrador, Anorthit (auch wohl Zeolith) und Quarz.

Man pulverisirt auch die Theile dieser Zone und

1) versetzt sie mit verdünnter Salzsäure: der etwa vorhandene Zeolith und Nephelin löst sich unter Abscheidung von Kieselsäuregallerte;

2) versetzt den Rest mit concentrirter Salzsäure und kocht; der etwa vorhandene Labrador löst sich unter Abscheidung von Kieselschleim; Anorthit löst sich ganz; Oligoklas und Quarz bleiben unberührt.

Statt dessen kann man auch gleich die ganze Zone mit Kobaltlösung glühen: die Feldspathe und etwa vorhandenen Zeolithe werden blau, der Quarz nicht.

d. metallisch silberweiss, messinggelb oder eisenschwarz und in Schüppchen und können dann enthalten;

> Kaliglimmer, silberweiss oder messinggelb, durch-
> sichtig;
> Magnesiaglimmer, eisenschwarz, durchsichtig;
> Eisenkies, speis- oder messinggelb, undurchsichtig.

Bei einiger Uebung erlangt man in dieser Untersuchung des Sandes soviel Sicherheit, dass man selbst die Quantitäten der einzelnen
Mineralarten in den einzelnen Sandzonen bestimmen, abwägen und
nach Procenten berechnen kann.

II. Chemische Untersuchung des Bodens.

Durch die Behandlung einer Bodenart mit zerlegenden Substanzen will
man erfahren:

1) die Qualität und Quantität ihrer Gemengtheile;
2) die Qualität und Quantität der in ihr enthaltenen Mineralsubstanzen,
   welche den auf ihr wachsenden Pflanzen schon jetzt oder erst in der
   Zukunft zur Nahrung dienen können;
3) die Qualität und Quantität ihrer Humussubstanzen.

Ohne hier weiter auf die Mängel und Fehler der bisher gewöhnlich angewandten Untersuchungsmethode einzugehen, mögen nur folgende Andeutungen
ihren Platz hier finden.

Die gewöhnliche Methode, nach welcher man ein gewisses Quantum Erde
trocknet, zu Pulver zerreibt, und dann zuerst mit Wasser und dann mit
Säuren behandelt, kann keine richtigen Resultate geben, da man durch sie
nicht erfährt; ob:

a. der etwa vorhandene kohlensaure Kalk als Sand im Boden vorhanden
   oder mit dem thonigen Gemengtheile innig zu Mergel verbunden war,
   — ein grosser Unterschied, auf welchen viel ankommt;
b. die aufgefundenen kieselsauren Alkalien erst aus der Zersetzung der
   im Boden vorhandenen Sandtheile durch Einfluss der angewandten
   Säure entsprungen sind, oder schon fein zertheilt von dem Thon oder
   der Humussubstanz angezogen vorhanden waren, — wieder ein grosser
   Unterschied, auf welchen viel ankommt;
c. die aufgefundene Kieselsäure von dem gepulverten Sande oder den
   zersetzten Silicatresten herrührt oder schon mit der Thonsubstanz
   verbunden war, — abermals ein gewaltiger Unterschied, welcher
   namentlich auf die Berechnung der chemischen Zusammensetzung
   der Thonsubstanzen von Bedeutung ist;
d. die Humussubstanz in einer schon durch Luft und Feuchtigkeit ver-
   besserlichen Form vorhanden ist oder erst des Zusatzes von kohlensauren Alkalien (Kalk oder Asche) bedarf, um sich zu ihrem und
   des Bodens Vortheile verändern zu können.

Nach meinen Erfahrungen werden alle diese Fehler vermieden und die oben aufgestellten Ansprüche an eine chemische Untersuchung des Bodens durch folgenden Untersuchungsgang befriedigt:

1) Von der zu untersuchenden Bodenart nimmt man zwei bestimmte Quantitäten:

eine zur Untersuchung der Humussubstanzen und der etwa vorhandenen humussauren Salze, und

eine andere zur Untersuchung der mineralischen Bestandtheile der vorliegenden Bodenart.

2) Die zur Untersuchung des mineralischen Bodenbestandes bestimmte Erdquantität wird nun vor allem mit reinem destillirten Wasser nach der oben angegebenen Weise gehörig geschlämmt. Hierdurch erhält man gleich von vornherein das Material, was nun weiter zu untersuchen ist, nemlich:

a. den Sand, welcher nun weiter nach der schon angegebenen Weise, hauptsächlich aber auch auf Kalk zu untersuchen ist;

b. die abgeschlämmte Erdkrumenmasse, welche nun weiter auf ihren Hauptbestandtheil und den diesem beigemischten Substanzen, nemlich auf Kalk, erstarrte Kieselsäure, kieselsaure Alkalien und auf Humussubstanz, zu untersuchen ist.

c. die in dem von der Erdkrumenmasse abfiltrirten Wasser vorhandenen und im Bodenwasser löslichen Salze.

Die nach dieser Methode vorzunehmendem Untersuchungen beschränken sich also auf folgende Specialanalysen:

1) Untersuchung der Humussubstanzen,
2) Untersuchung des Kalkgehaltes,
   a. im Sande,
   b. in der abgeschlämmten Erdkrume,
   c. in dem abfiltrirten Schlämmwasser,
3) Untersuchung der erstarrten Kieselsäure oder der mehlartigen Kieselsäure,
   a. im Sande,
   b. in der abgeschlämmten Erdkrume,
4) Untersuchung der in reinem oder angesäuerten Bodenwasser vorhandenen kiesel- oder humussauren Salze.

1) Untersuchung der Humussubstanzen.

1) Prufung des Bodens auf Quell- und Quellsatzsäure. Man erwärmt eine Handvoll Erdkrume mit Wasser einige Stunden lang und filtrirt dann ab. Die abfiltrirte Flüssigkeit dampft man auf einem Sandbade bis zur völligen Trockenheit ein, löst sie dann wieder in Wasser auf und filtrirt nochmals ab. Das jetzt erhaltene Filtrat säuert man mit Essigsäure an und versetzt es dann mit neutralem essigsauren Kupferoxyd. Ein jetzt entstehender

bräunlicher Niederschlag zeigt Quellsatzsäure an. Man filtrirt denselben ab und versetzt das Filtrat so lange mit kohlensaurem Ammon, bis es blau wird und erwärmt es dann. Entsteht jetzt ein bläulichgrüner Niederschlag, so ist Quellsäure vorhanden.

2) Prüfung auf Ulmin- und Huminsäure: Hierzu benutzt man die von der Quell- und Quellsatzsäure rückständige und im Filter sitzende Erdkrume. Dieselbe wird bei 80—90⁰ einige Stunden lang mit Sodalösung erwärmt und abfiltrirt; die abfiltrirte Flüssigkeit versetzt man nun mit Salzsäure bis ein Lackmuspapier stark geröthet wird. Scheiden sich jetzt braune Flocken ab, so rühren diese von Ulminsäure her, wenn sie gelbbraun, von Huminsäure, wenn sie dunkelbraun sind.

3) Prüfung auf Ulmin und Humin: Die mit Soda ausgekochte und mit Wasser tüchtig ausgewaschene Erde (welche im Filter sitzen geblieben ist), wird nun mit Aetzkalilauge gekocht, dann mit Wasser verdünnt und filtrirt; die abfiltrirte Flüssigkeit versetzt man nun wieder mit Salzsäure bis zur sauren Reaction, wodurch abermals gelbbraune Flocken von Ulminsäure niedergeschlagen werden; indessen sind diese beiden Säuren erst durch das Kochen des Bodens mit Kalilauge aus dem vorhandenen Ulmin oder dem Humin entstanden.

2) Untersuchung des Kalkgehaltes.

Der kohlensaure Kalk kommt entweder als abschlämmbarer Sand oder innig mit dem Thone verbunden im Boden vor. Im ersten Falle macht er den Boden zu kalkig sandigen Thon oder Lehm, im zweiten aber zu Mergel. Man hat darum nicht blos den Sand, sondern auch das abgeschlämmte Erdreich auf ihn zu untersuchen. Zu diesem Zwecke versetzt man:

1) ein bestimmtes Quantum des Sandes, wie oben bei der Untersuchung des Sandes schon gezeigt worden ist,

2) ein bestimmtes Quantum der abgeschlämmten Erde,

nach und nach unter Umrühren so lange mit etwas erwärmter und mit 3 Theilen Wasser verdünnter Salzsäure bis kein Blasenwerfen in der Bodenmasse mehr bemerkt wird. Nachdem man der Masse noch etwas (1 Esslöffel voll) Wasser zugesetzt hat, bringt man sie auf ein Filter und lässt die abfliessende Lösung in ein untergesetztes Glas tropfen. Um jede Spur von Kalk aus der Sand- oder Erdmasse zu erhalten, versetzt man die im Filter befindliche Masse nochmals mit 2 Löffel voll verdünnter Salzsäure; wenn jetzt die aus dem Filter ablaufende Flüssigkeit einerseits ein untergehaltenes Lackmuspapier röthet und andererseits in einem untergehaltenen und mit ein paar Tropfen Oxalsäure versehenen Gläschen keine milchige Trübung erzeugt, so ist aller Kalk aus dem Boden ausgelöst und man lässt nun die vom Filter abfliessende Flüssigkeit nicht mehr in das schon mit Kalklösung versehene Glas tropfen. Diese so gewonnene Kalklösung dampft man etwas ein und versetzt sie so lange mit einer Lösung von oxalsaurem Ammoniak, bis auch nach längerem Stehen bei Zusatz dieses Reagenses keine Spur von Niederschlag mehr erfolgt. Den so gewonnenen und aus oxalsaurem Kalk bestehenden Niederschlag sammelt man auf einem vorher gewogenen Filter, wäscht ihn tüchtig aus und glüht ihn tüchtig in einem eisernen Schmelztiegel so lange, bis er rein weiss erscheint und eine kleine Probe von ihm beim Betropfen mit Salzsäure stark aufbraust. Durch das Glühen nemlich ist der oxalsaure Kalk wieder in kohlensauren umgewandelt worden. Hat man nun die ganze Untersuchung so durchgeführt, dass weder beim Abfiltriren noch beim Glühen etwas vom Kalk verloren gegangen ist, so erhält man jetzt beim Abwägen des durch Glühen erhaltenen Kalkes überhaupt die im Sande oder in der Erdkrume vorhanden gewesene Menge desselben.

    Bemerkung. Um nicht eine vergebliche Arbeit vorzunehmen, muss man, wie beim Sand, erst eine kleine Probe der Erdmasse mit Salzsäure untersuchen. Braust dieselbe unter keiner Bedingung auf, so ist auch kein Kalk in ihr vorhanden und die ganze vorbeschriebene Untersuchung auf Kalk fällt dann weg.

Zusätze. 1) Es kann nun aber eine Bodenart neben kohlensaurem Kalk auch noch kohlensaure Magnesia (also Dolomit) oder kohlensaures Eisenoxydul oder endlich Eisenoxydhydrat enthalten, — Stoffe, welche sämmtlich neben dem Kalke von der Salzsäure mitgelöst werden.

    a. Enthält eine Bodenart Eisenoxydulcarbonat oder Eisenoxydhydrat, so ist die salzsaure Lösung um so grünlichgelber oder gelbbrauner gefärbt, je mehr Eisen im Boden vorhanden war. Das Eisen aber muss erst aus dem Boden entfernt werden, wenn man sicher auf den Kalk reagiren will. Zu diesem Zwecke versetzt man die salzsaure Lösung zuerst noch mit etwas Salzsäure, bis sie Lackmuspapier röthet, alsdann aber mit einigen Tropfen Ammoniak und endlich so lange mit Schwefelwasserstoff-Ammoniak bis keine Spur von schwarzem Niederschlag (d. i. von Schwefeleisen) mehr erfolgt. Nun filtrirt man ab. Die abfiltrirte Flüssigkeit enthält den Kalk. Ehe man aber die Reaction auf diesen vornimmt, versetzt man nochmals ein Pröbchen der Lösung mit Schwefelwasserstoff-Ammoniak: sollte jetzt noch eine schwärzliche Trübung in demselben entstehen, so muss man die ganze abfiltrirte Flüssigkeit wieder mit dem genannten Reagens versetzen, und dies überhaupt so lange fortsetzen, bis ein Pröbchen des Filtrates keine Spur von schwärzlicher Trübung bei Zusatz von Schwefelwasserstoff-Ammoniak mehr zeigt. Erst dann kann man die abfiltrirte Flüssigkeit als frei von Eisen betrachten; diese Flüssigkeit behandelt man nun mit oxalsaurem Ammoniak, wie oben gezeigt worden ist, wenn man zuvor ein kleines Probchen mit phosphorsaurem Natron und einem Tropfen Ammoniak auf Magnesia untersucht und durch das Unverändertbleiben der Lösung die Abwesenheit von Magnesia gefunden hat.

b. Sollte aber durch den eben angegebenen Versuch ein weisser krystallinischer Niederschlag in dem angewendeten Pröbchen entstehen, dann ist Magnesia in.der abfiltrirten Lösung vorhanden. Ist dieses der Fall, dann muss man diese Lösung mit einer Mischung von Ammoniak und kohlensaurem Ammoniak so lange versetzen, als noch ein Niederschlag erfolgt. Dieser Niederschlag nun besteht aus dem in der Lösung enthaltenen kohlensauren Kalk. — Die über diesem Niederschlag befindliche Lösung wird wieder abfiltrirt und nun mit phosphorsaurem Natron so lange versetzt, als noch ein Niederschlag entsteht. Dieser Niederschlag endlich besteht aus phosphorsaurer. Magnesia in Verbindung mit Ammoniak.

2) Durch die Salzsäure können aber neben den obengenannten Stoffen aus der geschlämmten Erdkrume auch Alkalien, welche mit Kieselsäure verbunden mechanisch von der Thonsubstanz festgehalten wurden, ausgelaugt worden sein. Um diese zu finden, benutzt man beim Fehlen der Magnesia die vom Kalk abfiltrirte Flüssigkeit, oder beim Vorhandensein der Magnesia die von ihr abfiltrirte Lösung, und dampft sie bis zur vollständigsten Trockenheit ein, um allen Schwefelwasserstoff und alles Ammoniak zu verjagen. Ein jetzt übrig bleibender, auch beim Glühen nicht verschwindender Rückstand zeigt die Gegenwart von Alkalien an. Diese können nun entweder nur Kali oder nur Natron oder beide zugleich enthalten. Um dies zu erfahren, löst man den eben erhaltenen Rückstand mit etwas warmem Weingeist wieder auf und zündet die Lösung an: Ist die Flamme röthlich violett gefärbt, dann enthält sie nur Kali; ist sie aber gelb gefärbt, dann enthält sie Natron. In dem letzten Falle kann nun aber auch Kali vorhanden sein, denn beim Vorhandensein von Natron ist die violette Flamme des Kali nicht zu bemerken. Um dies zu erfahren, versetzt man eine Probe der weingeistigen Lösung entweder mit Platinchlorid, wodurch beim Vorhandensein von Kali ein erbsgelber Niederschlag entsteht, oder mit 2 Tropfen Sodalösung und Weinsteinsäure, wodurch das etwa vorhandene Kali weiss niedergeschlagen wird.

3) Untersuchung der Kieselsäure in der abgeschlämmten Erdkrume.

Ausser dem gröberen, schon durch kaltes Wasser, und dem feinen, erst durch warmes Wasser abschlämmbaren, Sande befindet sich in jedem Lehm und sehr gewöhnlich auch im Mergel und gemeinen Thone noch mehlartige Kieselsäure, welche fast chemisch mit der Thonsubstanz verbunden ist und durch Aufsaugung von in kohlensaurem Wasser gelöster Kieselsäure in den Thon gelangt ist, wie früher bei der Beschreibung der Thonsubstanzen schon mitgetheilt worden. Diese amorphe Kieselsäure (Kieselmehl) nun ist aus der Thonsubstanz ganz auszuscheiden, sobald man diese letztere mit Aetzkali- oder Aetznatronlauge, — oder selbst mit einer Lösung von einfach kohlensaurem Kali — kocht. Da das hierdurch entstehende, schon in reinem Wasser lösliche, kieselsaure Alkali zur Nahrung für Pflanzen dienen kann, so ist es von Wichtigkeit, diese in den Thonsubstanzen vorhandene und schon durch kohlensaure Alkalien (z. B. durch Asche —) löslich werdende Kieselsäure ihrer Menge nach aufzusuchen. Man kocht zu diesem Zwecke ein bestimmtes Quantum Erdboden z. B. Lehm mit Aetzkalilauge, filtrirt dann nach halbstündigem Kochen die erhaltene Lösung ab, versetzt nun weiter diese mit Salzsäure so lange, als noch ein schleimig molkiger Niederschlag erfolgt und dampft endlich die Lösung sammt dem Niederschlage bis zur vollständigsten Trockenheit, ja bis zum Glühen, ein. Hierdurch wird die ausgeschiedene Kieselsäure ganz unlöslich gemacht; wenn man daher den geglühten Rückstand wieder mit etwas Wasser versetzt, so löst sich blos das entstandene Chlorkalium auf, die Kieselsäure aber bleibt vollständig als ein weisses unlösliches Mehl zurück, dessen Menge man durch das Gewicht bestimmt.

4) Untersuchung der in einem Boden vorkommenden, im Wasser löslichen Salze.

Eine Bodenart kann zu gleicher Zeit mehrere Salze enthalten, welche sich alle im Wasser auflösen lassen. Laugt man nun eine solche Bodenart mit warmem destillirten Wasser gehörig aus, so ist der hierdurch gewonnene Wasserauszug nicht als eine chemische Verbindung, sondern als ein mechanisches Gemenge von verschiedenartigen Salzen zu betrachten. Es können darum in einem solchen Auszuge nicht blos die verschiedenartigsten Basen, sondern auch ganz ungleichartige Säuren — z. B. Schwefel- und Kohlensäure, — welche bei einer chemischen Verbindung nicht zusammen vorkommen könnten, neben einander auftreten.

Es ist nun zwar schon da, wo die in einem Boden vorkommenden, im Wasser löslichen Salze betrachtet worden sind, eine Anleitung zur Untersuchung der Bodensalze gegeben worden, welche auch ganz zweckmässig erscheint, so lange man es nur mit einer einzelnen Salzart in einem Boden zu thun hat oder sobald man ein nach der folgenden Aufgabe gefundenes Salz nochmals näher bestimmen will. Kommen aber in dem Wasserauszuge eines Bodens mehrere Salze zugleich vor, so reicht diese Anleitung nicht aus; denn dann kann die Reaction auf ein einzelnes Salz oft auch auf mehrere Salze zugleich einwirken und so das Auffinden jeder einzelnen Salzart sehr erschweren oder auch ganz unmöglich machen. Zur Verhinderung dieser Uebelstände und zur leichteren Auffindung jedes einzelnen dieser, zusammen im Bodenwasser auftretenden, Salze soll darum im Folgenden noch eine kurze Anleitung wenigstens zur qualitativen Analyse der löslichen Bodensalze gegeben werden.

Man macht aus drei Hand voll Erde einen Wasserauszug, dampft ihn fast zur Hälfte ein und theilt ihn in zwei Portionen, von denen

　　　　die eine zur Aufsuchung der Basen,

　　　　die andere zur Auffindung der Säuren

in den Bodensalzen benutzt wird.

A.　Aufsuchung der Basen.

Obgleich gewöhnlich von Schwermetallen nur Eisen- oder höchstens Manganoxyde in deutlich wahrnehmbarer Menge in einem Boden vorkommen, so muss man doch auf alle Schwermetalle Rücksicht nehmen; denn sind ausser Eisen und Mangan vielleicht auch noch Kupfer, Blei, Arsen u. s. w. vorhanden, so können dieselben, wenn sie nicht von vornherein aus dem Wasserauszuge entfernt werden, die Auffindung aller übrigen Basen sehr unsicher, wenn nicht ganz unmöglich, machen. Aus diesem Grunde muss man — eben zur Entfernung von etwa vorhandenem Blei, Kupfer, Wismut, Arsen u. s. w. —

1) die zur Aufsuchung der Basen bestimmte Portion des Wasserauszuges mit einigen Tropfen Salzsäure versetzen, bis ein Lakmuspapierstreifen geröthet wird. Alsdann setzt man zuerst zu einem, 3 Tropfen starken, Pröbchen des Auszuges 1 bis 2 Tropfen Schwefelwasserstoff, sodann aber, wenn in diesem Pröbchen ein Niederschlag entsteht, zu der ganzen Portion so lange von dem genannten Reagens, bis die Lösung deutlich darnach riecht. Den so erhaltenen Niederschlag von Schwefelmetallen (Kupfer, Arsen, Blei, Wismut etc.) filtrirt man nun ab und setzt zu der abfiltrirten Lösung (Filtrat) erst noch einige Tropfen Schwefelwasserstoff, um zu sehen, ob noch eine Trübung entsteht. Ist dies letzte der Fall, dann muss man das Filtrat nochmals mit Schwefelwasserstoff versetzen und den hierdurch entstehenden Niederschlag wieder zu dem schon im Filter vorhandenen schütten. Erfolgt aber in dem Filtrat keine Trübung mehr bei Zusatz von Schwefelwasserstoff, dann ist auch kein durch dieses Reagens noch fällbares Metall vorhanden.

　Da der im Filter vorhandene Niederschlag in der Regel nur solche Metalle enthält, welche keine weitere Bedeutung für den Boden und das Pflanzenleben haben, so kann man ihn unbeachtet bei Seite setzen.

2) Die von dem Schwefelwasserstoffniederschlage abfiltrirte Lösung, oder auch die ursprüngliche angesäuerte Bodenflüssigkeit, — wenn dieselbe mit Schwefelwasserstoff keinen Niederschlag gab, — wird nun mit eini-

gen Tropfen Ammoniak und Schwefelwasserstoff-Ammoniak im Ueberfluss versetzt.

Jedoch auch erst wieder ein kleines Pröbchen der Lösung und erst dann, wenn dieses einen Niederschlag zeigt, die ganze Lösung.

Der hierdurch entstehende Niederschlag wird abfiltrirt und mit Wasser ausgewaschen und sammt dem Trichter vom Filtratglase weg auf ein leeres Glas gesetzt. Das Filtrat selbst aber wird zur Untersuchung 3 aufbewahrt.

Aber auch das von diesem Niederschlage abfliessende Filtrat muss nochmals mit Schwefelwasserstoffammoniak geprüft und so wie bei No. 1 behandelt werden.

Nach dem Auswaschen wird dieser Niederschlag schon auf dem Filter mit warmer verdünnter Salzsäure und etwas Salpetersäure übergossen. Die hierdurch aus ihm entstehende Lösung geht gleich durch das noch vorhandene Filter in das frisch untergestellte Glas. In diesem wird sie nun mit viel Aetzkalilösung versetzt. Entsteht jetzt ein brauner Niederschlag in ihr, so enthält sie Eisenoxyd; entsteht aber kein solcher Niederschlag, dann kann nur Thonerde in ihr vorhanden sein.

a. Um sicher zu gehen, löst man den durch Kali entstandenen Niederschlag wieder in Salzsäure und versetzt dann die Lösung mit Kaliumeisencyanür. Bestand der Niederschlag wirklich aus Eisenoxyd, so entsteht jetzt von neuem ein blauer Niederschlag.

b. Die von dem Kaliniederschlage abfiltrirte Lösung oder auch die Lösung, in welcher Kali keinen Niederschlag gab, versetzt man mit Ammoniak: Ein weisser, kleisterähnlicher Niederschlag rührt von Thonerde her, welche in diesem Falle nur mit Schwefelsäure als Alaun im Boden vorhanden gewesen sein konnte.

3) Die von dem Schwefelwasserstoff-Ammoniakniederschlage oder, wenn durch dieses Reagens kein Niederschlag entstanden ist, die ursprüngliche Bodenflüssigkeit wird nun auf Kalkerde, Magnesia, Kali und Natron untersucht und zu diesem Zwecke so behandelt, wie es bei der Untersuchung des Bodens auf seinen Kalkgehalt in den Zusätzen 1 und 2 schon beschrieben worden ist.

4) Von der ursprünglichen Lösung nimmt man eine kleine Probe und erhitzt sie mit Aetzkali: Geruch nach Ammoniak und weisse Nebel, welche über dem Gläschen entstehen, wenn man einen mit Salzsäure befeuchteten Glasstab über dasselbe hält, zeigen Ammoniak an.

B. Aufsuchung der Säuren.

Die hierzu bestimmte Portion des Wasserauszuges wird in drei ungleich grosse Quantitäten abgetheilt.

a. Die kleinste Quantität des Auszuges versetzt man stark mit concentrirter (Salzsäure oder) Salpetersäure.

1) Entsteht jetzt eine weisse Gallerte oder ein schleimiges Pulver, welches sich beim stärksten Erhitzen auf Kohle nicht ändert, so ist Kieselsäure vorhanden, welche vorher an Alkalien gebunden war;

2) entstehen aber nach einiger Zeit gelbe oder braune Flocken, so können dieselben von Humussäuren herrühren. (Alsdann sah auch der Bodenauszug weingelb oder bräunlich aus; siehe oben die Untersuchung auf Humussubstanzen.)

b. Die zweite etwas grössere Quantität theilt man nochmals in zwei Proben ab:

1) Zu der einen Probe setzt man einen Tropfen Silberlösung: Entsteht ein weisser käsiger Niederschlag, so ist Chlor vorhanden, welches gewöhnlich mit Natron, Kali oder Ammoniak verbunden war.

2) Zu der zweiten Probe setzt man ein Stückchen Eisenvitriol (und 1 bis 2 Tropfen Schwefelsäure): Wird der Vitriol braun, so ist Salpetersäure vorhanden, welche gewöhnlich mit Kali, Ammoniak oder Kalkerde verbunden war.

c. Die dritte und grösste Quantität der Lösung (1 Esslöffel voll) versetzt man mit Barytwasser: Entsteht ein weisser Niederschlag, so versetzt man denselben mit Salzsäure.

α. Derselbe lost sich durchaus nicht in dieser Säure wieder auf: es ist vorhanden Schwefelsäure.

NB. Hat man vorher bei der Untersuchung auf Basen Alkalien gefunden, so ist die Schwefelsäure mit diesen verbunden gewesen. Fehlen aber diese und ist Kalkerde oder Magnesia vorhanden, so ist die Schwefelsäure mit diesen im Verbande gewesen. Nur wenn die Alkalien und alkalischen Erden in einem Boden ganz fehlen, zeigt sich die Schwefelsäure im Verbande mit Eisenoxydul.

β. Derselbe löst sich ganz wieder auf,

§ 1 mit Aufbrausen, wenn nur Kohlensäure vorhanden,

§ 2 ohne Aufbrausen, wenn nur Phosphorsäure da ist.

NB. Die Kohlen- und Phosphorsäure kann dann nur mit Alkalien verbunden gewesen sein, da nur die Verbindungen dieser mit den genannten beiden Säuren im Wasser löslich sind.

γ. Der Niederschlag löst sich mit Salzsäure nur zum Theil wieder auf; dann ist neben der Phosphor- oder Kohlensäure auch Schwefelsäure vorhanden.

In diesem Falle muss man einen Theil der ursprünglichen

Lösung mit molybdänsaurem Ammoniak besonders auf Phosphorsäure prüfen.

1. Bemerkung: Um der Frage: „Wie findet man nun die in kohlensaurem Wasser löslichen Bodensalze?" zu begegnen, mögen folgende Angaben dienen:

1) Schon im reinen Wasserauszuge konnen solche Salze vorhanden sein, da doppeltkohlensaure Kalkerde und Magnesia, ebenso auch doppeltkohlensaures Eisenoxydul schon in reinem Wasser loslich ist. Um nun deren Vorhandensein im Wasserauszuge zu finden, so halte man vorerst fest, dass, wenn man in demselben neben viel Alkalien auch Kalkerde, Magnesia und Eisenoxydul und neben der Schwefelsäure keine andere Saure als Kohlensäure findet,

die Schwefelsäure mit den Alkalien und

die Kohlensaure mit den alkalischen Erden oder dem Eisenoxydul verbunden war; dass aber, wenn neben Schwefelsäure auch Phosphor- und Salpetersáure vorhanden war, die alkalischen Erden mit diesen letztgenannten Sáuren verbunden waren. Braust in diesem Falle die Lösung beim Versetzen mit Salzsäure auf, zeigt sie also trotzdem viel Kohlensäure, so ist es móglich, dass das Kalk-, Magnesia- oder Eisenphosphat in kohlensaurem Wasser gelöst war. — Am besten ist es, wenn man eine Portion des Wasserauszuges, — nachdem man durch Zusatz von einem Tropfen Schwefelsaure erfahren hat, dass nicht nur Kohlensáure, sondern auch Kalk (Bildung einer milchigen Trübung) vorhanden ist — auf einem Uhrglase vollstandig eindampft und den hierdurch erhaltenen Niederschlag mit Wasser wieder zu lösen sucht: Vorhandener Kalk lóst sich jetzt wenig oder gar nicht wieder auf.

2) Wenn man übrigens schon vor der Untersuchung den Boden auf seinen Kalkgehalt durch Behandlung mit Salzsäure untersucht hat (siehe oben unter 2 „Untersuchung auf Kalk"), so hat man hierbei auch schon die durch Kohlensäurewasser loslichen Bodensalze gefunden; denn was die Natur durch kohlensaures Wasser vollbringt, hat man hier mit der Salzsaure durchgeführt.

2. Bemerkung. Um die vorstehenden Bodenuntersuchungen ordentlich durchführen zu können, ist es gut, wenn man sich folgende Apparate anschafft:

1) ein sehr feinmaschiges Sieb (am besten von Draht).

2) zwölf cylindrische Probirglaser (6 von 10 Zoll Lange und 6 von 4 bis 5 Zoll Länge); eine oder zwei Bouteillen von wasserhellem farblosen Glase; einige grosse Bierglaser; zwei kleine und einen grossen Glastrichter; 4 glaserne Kochfläschchen, deren eines etwa 3 Unzen Wasser fassen kann;

3) drei Kochnäpfe von Steingut (etwa 4—5 Zoll im Durchmesser).

4) eine Spirituslampe.

5) einen kleinen Dreifuss von Eisenblech, und dazu eine flach gehöhlte Schaale von Eisenblech, welche mit trockenem Flusssand 2—3 Linien hoch belegt wird (ein sogenanntes Sandbad).

6) eine genaue Wage mit guten Gewichten (Grammen oder Grannen).

7) mehrere Bogen weisses Fliesspapier (ungeleimtes Druckpapier), um die nöthigen Filter daraus zu verfertigen. —

Zu diesem Zwecke schneidet man sich eine runde Scheibe aus dem kleinen Viertel eines Bogens, legt diese Scheibe so zusammen, dass ein halber Kreis entsteht, und diesen knickt man dann noch einmal zu einem Viertelkreise zusammen. Der Filter ist nun fertig und wird beim Filtriren so in einen Trichter gelegt, dass die eine Hälfte des Filters von einer einzigen Lage des Papiers, die andere Hälfte aber von einer dreifachen Lage desselben gebildet wird. Beim Gebrauch feuchtet man ihn erst leicht an, und will man eine abzufiltrirende Masse in denselben giessen, so hält man vor den Rand des Gefässes, in welchem sich die abzugiessende Masse befindet, ein Stäbchen, dass die Flüssigkeit an demselben senkrecht herab in den Filter fliesst. —

8) einige Bouteillen mit abgekochtem oder Regenwasser (weil Brunnenwasser nicht rein ist). —

9) eine Anzahl Reagentiengläser mit eingeriebenen Glasstöpseln und gefüllt mit folgenden Lösungen:

    a. mit Aetzkalilauge,
    b. mit Aetzammoniak,
    c. mit kohlensaurem Kali,
    d. mit kohlensaurem Natron,
    e. mit kohlensaurem Ammoniak,
    f. mit Salmiak,
    g. mit molybdäusaurem Ammoniak,
    h. mit oxalsaurem Ammoniak,
    i. mit phosphorsaurem Natron,
    k. mit Platinchloritlösung,
    l. mit antimonsaurem Kali,
    m. mit Barytlösung,
    n. mit salpetersaurem Silberoyyd,
    o. mit concentrirter Salzsäure,
    p. mit Salpetersäure,
    q. mit Essigsäure,
    r. mit Alkohol. —

10) Eine Anzahl 2—3 Linien breiter Streifchen von Lakmus- und Curcumapapier.

Druck von Fr. Aug. Eupel in Sondershausen.